面向新工科的电工电子信息基础课程系列教材

教育部高等学校电工电子基础课程教学指导分委员会推荐教材

信号与系统

贾永兴 主 编

朱 莹 副主编

王 渊 荣传振 杨 宇 参 编

清华大学出版社

北 京

内容简介

本书系统介绍信号与系统的基本理论和分析方法。全书共7章，围绕连续和离散两类系统，介绍了时域和变换域的分析方法。其中第1～4章讨论连续时间信号与系统的时域、频域分析和复频域分析，第5章和第6章讨论离散时间信号与系统的时域和 z 域分析。为了加强读者对知识的理解和掌握，在面向应用的基础上，第7章利用MATLAB/Simulink对信号与系统的一些应用进行实例仿真。本书简明易懂、重点突出，书中配有丰富的例题与课后习题，以及讲课视频。

本书可作为高等院校通信、电子信息、自动控制等专业的本科教材，也可为相关专业的科技工作者提供参考。

图书在版编目(CIP)数据

信号与系统/贾永兴主编. —北京：清华大学出版社，2021.3（2025.1重印）
面向新工科的电工电子信息基础课程系列教材
ISBN 978-7-302-57375-3

Ⅰ. ①信… Ⅱ. ①贾… Ⅲ. ①信号系统－高等学校－教材 Ⅳ. ①TN911.6

中国版本图书馆CIP数据核字(2021)第013290号

责任编辑：文 怡
封面设计：王昭红
责任校对：李建庄
责任印制：沈 露

出版发行：清华大学出版社
网　　址：https://www.tup.com.cn，https://www.wqxuetang.com
地　　址：北京清华大学学研大厦A座　　**邮　　编**：100084
社 总 机：010-83470000　　**邮　　购**：010-62786544
投稿与读者服务：010-62776969，c-service@tup.tsinghua.edu.cn
质量反馈：010-62772015，zhiliang@tup.tsinghua.edu.cn
课件下载：https://www.tup.com.cn，010-83470236
印 装 者：天津鑫丰华印务有限公司
经　　销：全国新华书店
开　　本：185mm×260mm　　**印　　张**：21.75　　**字　　数**：500千字
版　　次：2021年3月第1版　　**印　　次**：2025年1月第3次印刷
印　　数：3001～3100
定　　价：69.00元

产品编号：089267-01

前言

“信号与系统”课程是高等学校电类和信息科学类各专业的一门专业基础课程。它的历史悠久，课程内容相当稳定和成熟。其基本任务是研究确定性信号经线性时不变系统传输和处理的基本原理和一般分析方法。

编者根据多年的教学实践经验和教改要求，对教材的内容取舍和章节安排进行了精心设计，以“典型信号”“线性时不变系统”和“系统响应”为分析对象，按照从连续时间系统到离散时间系统，从时域到变换域编排教学内容。本书强调从系统的角度考虑问题，注重从实际出发，突出问题的物理概念，通过对比多种分析方法，达到综合应用知识的目的。为了加强对知识的理解，列举了多种系统分析的应用实例，并配有一定数量的例题和课后习题，方便授课和自学。

全书内容共分7章。第1章信号与系统概论，主要介绍信号的概念、描述与运算，以及系统的概念、模型和分类。第2章连续时间系统的时域分析，主要从时间角度求解信号通过线性时不变系统所产生的响应。第3章连续时间信号与系统的频域分析，通过引入傅里叶级数和傅里叶变换，讨论信号的频率特性、系统的频率特性和响应的频域求解方法。第4章连续时间信号与系统的复频域分析，介绍信号的拉普拉斯变换、系统的复频域特性以及响应的复频域求解。第5章和第6章介绍离散时间信号与系统的时域分析和 z 域分析，分别从时域和 z 域两个角度讨论离散时间信号和系统的描述、特性和响应求解。第7章基于 MATLAB/Simulink 的实例仿真，主要对信号与系统的一些典型应用实例进行软件仿真。

本书在编排上具有如下几个特点：①从知识体系上构建了“对象-原理-方法”的架构，结合三大变换，突出系统分析和域变换的思想，强调不同分析方法的特点和适用场合；②以概念原理为抓手，按照从简到难、从具体方法到一般方法的基本脉络，突出知识点之间的联系，保证了教材知识体系的完整性和连贯性；③强调理论分析方法的物理意义，拓展知识的工程背景，揭示问题的本质和知识发现过程，并通过实例分析，使原理的讲解通俗易懂；④以实际应用为出发点，介绍了 MATLAB/Simulink 仿真在信号与系统分析中的实现方法，进一步加强对信号与系统理论及工程实践的理解。同时，本书在内容上还加强了与后续相关课程(如“通信原理”“数字信号处理”等)的衔接统一。

本书由贾永兴主编，朱莹、王渊、荣传振、杨宇参与了本书的编写工作。其中贾永兴负责第1章和第2章的编写，朱莹负责第3章的编写，荣传振负责第4章的编写，王渊负责第5章和第6章的编写，杨宇负责第7章的编写。贾永兴校阅了全书初稿，并对全书进

前言

行了统稿。本书在编写过程中得到了陆军工程大学通信工程学院领导和专家的关心和支持,在此表示感谢。

由于编者水平有限,书中难免存在错误及不妥之处,恳请读者批评指正。

编　者

2020 年 12 月

大纲＋课件＋源码

目录

目录

目录

目录

第1章 信号与系统概论

在当今的信息社会，人们需要交流各种信息，就离不开承载各种信息的信号。为了信息的有效传输和处理，需要对信号的自身特性和传输系统的特性进行分析。

本章从信号与系统的基本概念入手，介绍信号的分类、描述和基本运算，然后讨论系统的描述与分类，最后简单介绍线性时不变系统的特性和分析方法，为后续各种分析方法打下基础。

1.1 信号与系统

1.1.1 信号的概念

人类在社会活动中，经常要传递各种类型的消息，这些消息蕴含着要表达的内容。但是这些消息要传递给接收者，就需要以一定的形式来呈现。信号就是这些消息的载体，比如日常聊天需要以声信号来承载聊天的内容，看电视需要以光信号的形式承载图像内容。通常来说，信号是消息的表现形式，消息则是信号的具体内容。

承载消息的信号可以有多种表现形式，例如声、光、电和温度等，它所包含的消息就蕴含在这些物理量的变化之中。本书主要讨论电信号，也就是随时间变化的电压或电流。许多非电的物理量，如温度、速度、压力、声音等，也都可以利用各种传感器变换为电信号进行处理和传输。例如，通过热电偶可将温度信号转换为电信号，通过速度传感器可将物体运动的速度转换为电信号等。由于电信号容易传送和控制，因而成为应用最广泛的信号。

为了对信号进行处理或传输，就需要对信号的特性进行分析研究，例如识别一个声音是男声还是女声，就需要对声音信号的特性进行分析。信号的特性分析既可以从信号随时间变化的快、慢、延时等分析信号时间特性，也可以从信号所包含的频率分量、振幅、相位来分析信号的频率特性。

要分析信号的特性，首先要采用某种方式来描述信号。信号描述方法通常可以采用数学表达式、波形图和数据表等。数学表达式是将信号看作一个或多个自变量的函数，从函数特点来分析信号。波形图是将信号的变化情况用图形的方式来描述，有时这种描述方法更加直观和形象。在某些情况下，只能得到信号的测量值，而无法得到一个确定的函数关系时，也可用数据表格的方式将信号值罗列出来。本书主要采用函数表达式和波形图来描述信号。由于信号可以用数学上的函数来表示，所以本书中信号与函数两个名称通用。

1.1.2 系统的概念

现代社会人们之间的交流已经突破了距离的限制，例如用手机打电话时，声信号并不是直接从说话人到达接听者。那么信号是如何实现远距离传输的？此时就需要通信系统对信号进行传输和处理。

所谓系统，是指由若干相互作用和相互联系的事物组合而成的具有特定功能的整体。在实际社会中存在各种类型的系统，例如操作系统、导航系统、通信系统、电力系统、生态系统等，每种系统都可以完成特定的功能。同时在一个大的系统中，还可以细分出不同的子系统，例如通信系统可以再细分为光纤通信系统、短波通信系统、卫星通信系统等。

当信号输入系统时，系统会对它进行某种方式的处理，再以信号的方式输出。通常把系统的输入称为系统的激励，而系统的输出称为系统的响应。信号通过系统的模型如图 1-1 所示，其中 $e(t)$ 表示激励，$r(t)$ 表示响应，信号通过系统的关系常表示为 $e(t)\rightarrow r(t)$，其中箭头"→"表示系统的作用。

图 1-1　信号通过系统的模型

不同系统由于功能不同，系统构成也不同。图 1-2 为信号通过通信系统进行传输和处理的基本模型，体现了信号与系统的关系。发送端将待传输的信息转换为信号，通过发送设备进行处理并发送，经信道传输，由接收设备接收处理，最终传送给受信者。

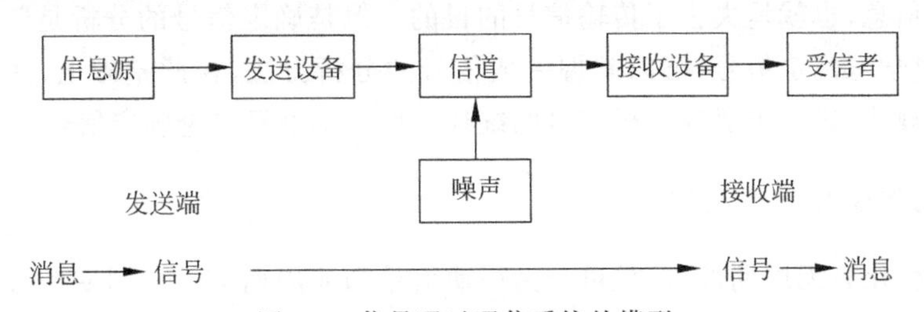

图 1-2　信号通过通信系统的模型

对系统的研究主要包括系统分析和系统综合两个方面。系统分析是指在给定系统的条件下，研究系统对于输入信号(激励)所产生的输出(响应)，并据此分析系统的功能和特性。系统综合又称系统设计，它是按照某种功能需求，根据系统输入-输出关系设计出符合要求的系统。本书对系统的讨论主要包括两个方面：①给定系统，求解信号通过系统的响应；②根据系统的输入-输出或系统模型，讨论系统的特性问题，例如判断系统是否稳定、系统能否无失真传输信号等。

1.2　信号的分类与描述

1.2.1　信号的分类

在实际应用中，存在各种类型的信号，它们有着不同的特性，采用的分析方法也会有所不同。所以在分析具体信号之前，首先从不同的角度对信号进行分类，以对信号的整体特性有所了解。常用的信号分类有以下几种。

1. 确定信号与随机信号

按信号变化是否具有随机性，信号可分为确定信号和随机信号。能用确定的函数来描述的信号称为确定信号。确定信号也称为规则信号，这类信号的特点是，给定时刻就可确定该时刻的信号值，如图 1-3 所示的三角信号。

带有不可准确预知的不确定性，不能用确定的函数来描述的信号称为随机信号。这类信号的特点是，给定时刻不能确定该时刻的确切信号值，只能根据某种统计规律分析信号特性。通信过程中的各种干扰和噪声就属于随机信号，如图 1-4 所示。

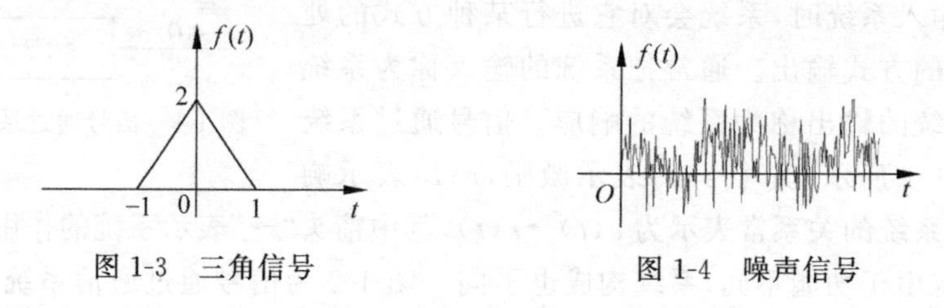

图 1-3　三角信号　　图 1-4　噪声信号

在实际通信应用中，通常对接收者来说，接收的信号应该具有随机性，否则就不能从中得到有效信息，也就是失去了传输信号的目的。但是确定信号的分析是随机信号分析的基础，通过学习确定信号，可以掌握一般信号的分析方法，在此基础上，才能根据随机信号的统计规律，进一步研究随机信号的统计特性。本书只讨论确定信号的分析。

2. 周期信号与非周期信号

按信号变化有无周期性，信号可分为周期信号和非周期信号。周期信号是按照一定的时间间隔周而复始、不断重复的信号，在 $-\infty<t<+\infty$ 整个时间域上应满足

$$f(t)=f(t\pm nT),\quad n=0,1,2,3,\cdots \tag{1.2-1}$$

满足式(1.2-1)的最小时间间隔 T 称为周期。图 1-5 所示的周期矩形脉冲信号就是一种典型的周期信号，其周期为 4。在实际工程应用中，严格意义上的周期信号是不存在的，所谓周期信号只是指在较长时间内按照某一规律重复变化的信号。

不具周期重复性的信号为非周期信号。图 1-6 所示的信号为非周期信号，它没有周期重复的特点。在某些特定的情况下，也可以把非周期信号可看作周期信号的周期趋于无穷大的一个特例。本书第 3 章讨论非周期信号的傅里叶变换时，就是利用了周期信号的周期趋向无穷大进行讨论的。

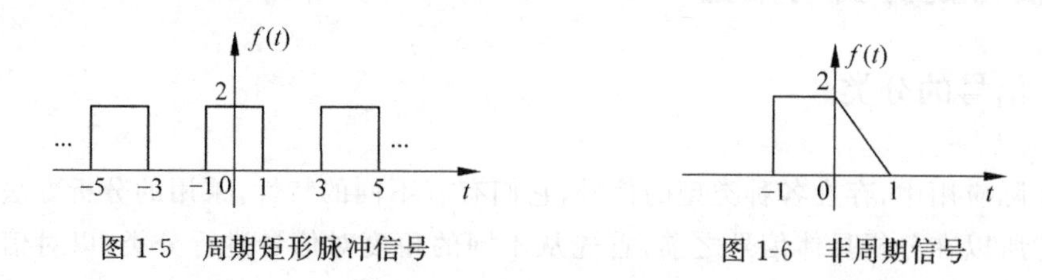

图 1-5　周期矩形脉冲信号　　图 1-6　非周期信号

3. 连续时间信号与离散时间信号

按信号时间取值连续与否，信号可分为连续时间信号和离散时间信号。自变量在时

间轴连续取值(除有限个间断点外)的信号称为连续时间信号,简称连续信号,如图 1-7 所示。日常生活中,存在大量的连续时间信号,例如语音信号、图像信号、温度信号等。如果信号幅度随时间连续变化,通常也称为模拟信号,如图 1-7(b)所示。

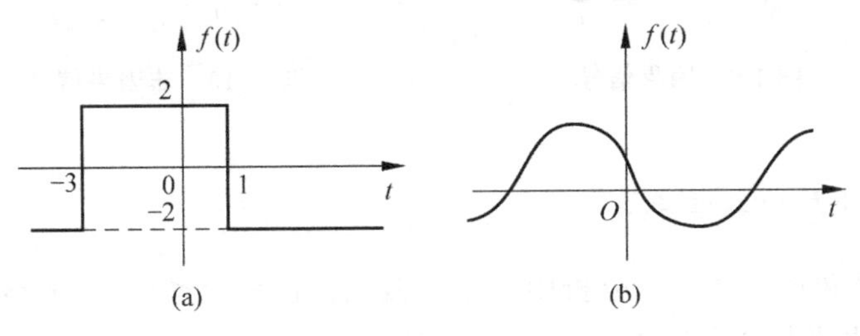

图 1-7　连续时间信号

离散时间信号在时间轴上取值是离散的,即信号只在某些离散时刻有定义,而在其他时间无定义,如图 1-8 所示。对于离散时间信号,通常函数取值的时刻为某个时间间隔 t_0 的整数倍,所以横轴为 n,表示时间为 nt_0。离散时间信号可以直接产生,例如统计整点时刻的温度,也可以从连续时间信号进行采样而获得,如图 1-8(a)所示,这类信号通常称为抽样(采样)信号。对于图 1-8(b)这种离散时间信号通常称为数字信号,它是将信号的幅值也进行了离散取值(只能取 1,2 和 −1)。注意,数字信号是离散时间信号,离散时间信号不一定是数字信号。

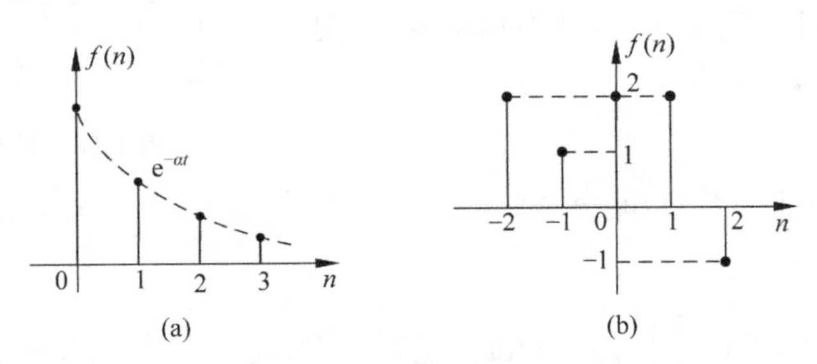

图 1-8　离散时间信号

模拟信号在传输过程中受到外界和通信系统内部的噪声干扰时,噪声和信号难以分开,而且噪声会随着信号被传输、放大,严重影响通信质量,所以抗干扰噪声能力较弱。而数字信号由于幅值是有限的几个值,接收方可以通过判决电路设定阈值,去除噪声,所以具有抗干扰能力强的特点。

4. 因果信号与非因果信号

按信号所存在的时间范围,可把信号分为因果信号与非因果信号。如果当 $t<0$ 时,信号 $f(t)=0$,则信号 $f(t)$ 称为因果信号；反之,称为非因果信号。因果信号也称为有始信号。图 1-9 和图 1-10 分别给出了因果信号和非因果信号的示例。

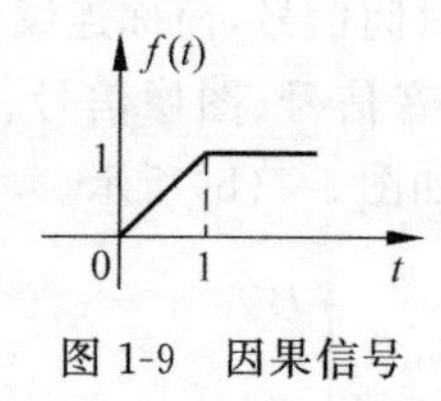

图 1-9　因果信号

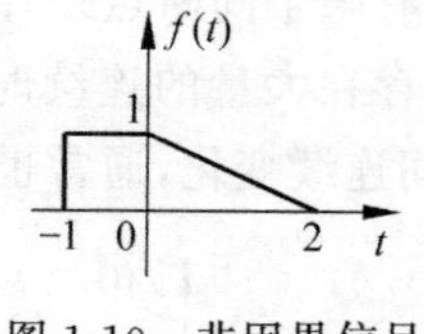

图 1-10　非因果信号

5. 能量信号与功率信号

信号的能量和功率是信号分析中常用的概念。在$-\infty<t<+\infty$整个时间域上，信号能量E和平均功率P分别为

$$E=\int_{-\infty}^{+\infty}|f(t)|^2\mathrm{d}t \tag{1.2-2}$$

$$P=\lim_{T\to\infty}\frac{1}{T}\int_{-\frac{T}{2}}^{\frac{T}{2}}|f(t)|^2\mathrm{d}t \tag{1.2-3}$$

按信号的能量和平均功率是否有限，信号可分为能量信号和功率信号。能量信号的能量为有限值，平均功率为零；功率信号的平均功率为有限值，能量为无穷大。

例 1-1　判断图 1-11 所示的信号 $f(t)$是能量信号还是功率信号。

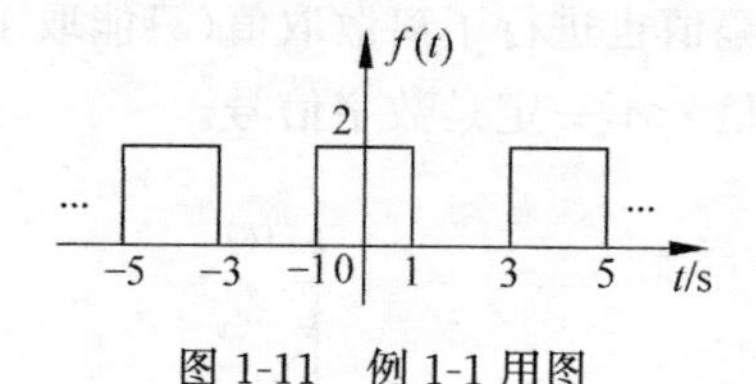

图 1-11　例 1-1 用图

解：从图中可以看出 $f(t)$是周期信号，周期$T=4$。

能量

$$E=\int_{-\infty}^{+\infty}f^2(t)\mathrm{d}t\to\infty$$

平均功率

$$P=\lim_{T\to\infty}\frac{1}{T}\int_{-\frac{T}{2}}^{\frac{T}{2}}f^2(t)\mathrm{d}t=\frac{1}{T}\int_{-\frac{T}{2}}^{\frac{T}{2}}f^2(t)\mathrm{d}t=\frac{1}{4}\int_{-1}^{1}4\mathrm{d}t=2$$

故 $f(t)$是功率信号。

一个信号不可能既是功率信号，又是能量信号，但可以既非功率信号，又非能量信号。一般来讲，实际工程中应用的周期信号和直流信号是功率信号，而持续时间有限的有界信号是能量信号。

1.2.2　常用的连续时间信号

对信号进行分析，就要了解信号的基本特征。对于确定性信号，通常可用数学表达式和波形图来描述。本节介绍常用的连续时间信号，许多复杂连续时间信号可以用这些基本信号的组合来表示。

1. 实指数信号

实指数信号的时域表达式为

$$f(t)=\mathrm{e}^{at}\quad (a\text{ 为实数})\tag{1.2-4}$$

其波形如图 1-12 所示。当 $a>0$ 时,$f(t)$随时间指数增长;当 $a<0$ 时,$f(t)$随时间指数衰减;当 $a=0$ 时,$f(t)$为常数 1,通常称为直流。$|a|$的大小反映了信号 $f(t)$随时间增长或衰减的速率。

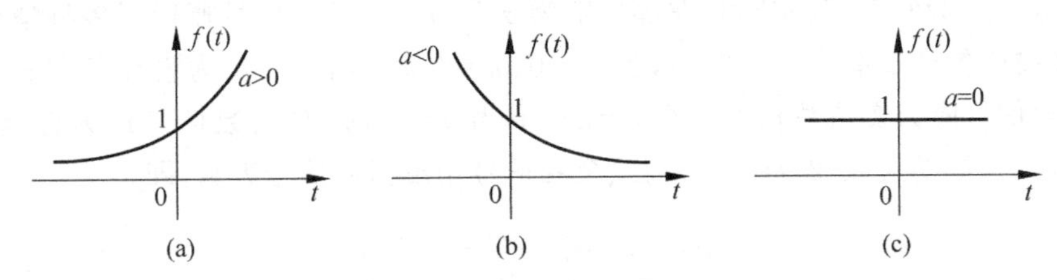

图 1-12　实指数信号的波形

实指数信号的优点在于它的导数和积分仍然是实指数信号,计算起来比较方便,所以本书很多情况下都用实指数信号来举例。

2. 正弦信号

正弦信号是一种常见的周期信号,其时域表达式为

$$f(t)=A_m\sin(\omega t+\theta)\tag{1.2-5}$$

式中,A_m 为振幅,是描述正弦信号在整个变化过程中所能达到的最大值的物理量;ω 为角频率,是描述正弦信号变化快慢的物理量,单位是弧度/秒(rad/s);θ 为初相位,是描述正弦信号初始位置的物理量,也就是正弦信号在 $t=0$ 时的相位角。正弦信号的波形如图 1-13 所示。

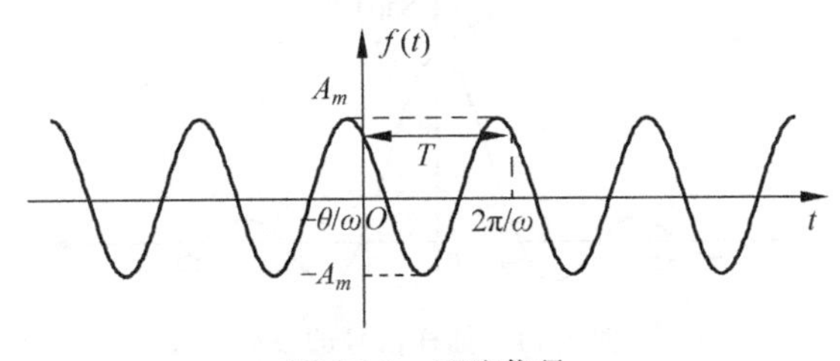

图 1-13　正弦信号

从表达式可以看出,有了振幅、角频率和初相位就可以确定一个正弦信号,所以通常这三个量称为正弦三要素。还有两个和角频率关系密切的物理量是频率 f 和周期 T。频率 f、周期 T 和角频率 ω 三者关系可以描述为

$$f=\frac{1}{T}\tag{1.2-6}$$

$$\omega = 2\pi f = \frac{2\pi}{T} \tag{1.2-7}$$

由于正弦信号与余弦信号两者仅在相位上相差 $\pi/2$，习惯上统称为正弦信号。

3. 复指数信号

复指数信号的时域表达式为

$$f(t) = k\mathrm{e}^{st} = k\mathrm{e}^{(\sigma+\mathrm{j}\omega)t} \tag{1.2-8}$$

式中，$s=\sigma+\mathrm{j}\omega$ 为复数，其实部和虚部分别为 σ 和 ω。复指数信号概括了多种情况，可以利用它来描述各种基本信号。例如，当 $\sigma=0$、$\omega=0$ 时，$f(t)=k$ 为直流信号；当 $\omega=0$ 时，复指数信号成为实指数信号 $f(t)=k\mathrm{e}^{\sigma t}$；当 $\sigma=0$ 时，复指数信号成为虚指数信号 $f(t)=k\mathrm{e}^{\mathrm{j}\omega t}$。借助式(1.2-9)可将正弦、余弦信号用虚指数信号表示，即

$$\begin{cases} \cos\omega t = \dfrac{1}{2}(\mathrm{e}^{\mathrm{j}\omega t} + \mathrm{e}^{-\mathrm{j}\omega t}) \\ \sin\omega t = \dfrac{1}{2\mathrm{j}}(\mathrm{e}^{\mathrm{j}\omega t} - \mathrm{e}^{-\mathrm{j}\omega t}) \end{cases} \tag{1.2-9}$$

式(1.2-9)称为欧拉公式。本书第 3 章讨论信号与系统频域分析时，会将信号分解为虚指数信号 $\mathrm{e}^{\mathrm{j}\omega t}$ 的线性组合；第 4 章讨论信号与系统的复频域分析时，将信号分解为复指数信号 e^{st} 的线性组合。

4. 抽样信号

抽样信号是正弦函数和自变量之比构成的函数，也称为 $\mathrm{Sa}(t)$ 函数，其时域表达式为

$$\mathrm{Sa}(t) = \frac{\sin t}{t} \tag{1.2-10}$$

其波形如图 1-14 所示。$\mathrm{Sa}(t)$ 信号波形具有以下特点。

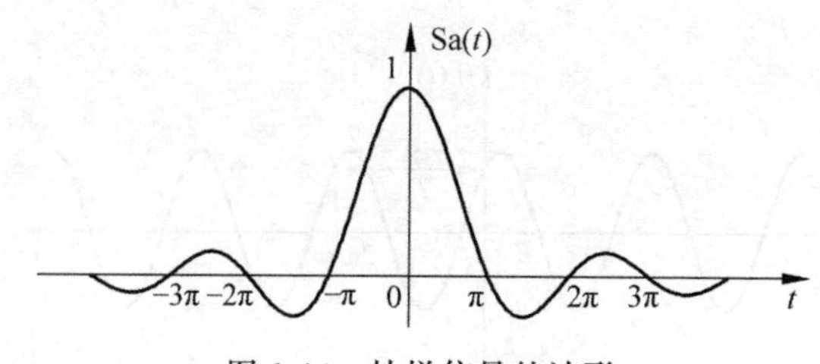

图 1-14 抽样信号的波形

(1) $\mathrm{Sa}(t)$ 是偶函数，即 $\mathrm{Sa}(t)=\mathrm{Sa}(-t)$；

(2) $t=0$ 时，$\mathrm{Sa}(t)$ 取得最大值，$\mathrm{Sa}(0)=1$；

(3) $t=\pm n\pi$(n 为正整数)时，$\mathrm{Sa}(t)$ 过零点，即 $\mathrm{Sa}(t)=0$；

(4) $\mathrm{Sa}(t)$ 随 $|t|$ 增大而振荡衰减，当 $t\to\pm\infty$ 时，$\mathrm{Sa}(t)\to 0$。

抽样函数是本课程一个很重要的函数，时域矩形脉冲信号的频谱函数是抽样函数，而时域抽样函数的频谱是一个频域的矩形窗。这些知识将在第 3 章学习信号的频域分析时进一步讨论。

5. 升余弦信号

升余弦信号的数学表达式为

$$f(t)=\begin{cases}\dfrac{A}{2}\left(1+\cos\dfrac{2\pi}{\tau}t\right), & |t|\leqslant\dfrac{\tau}{2}\\ 0, & \text{其他}\end{cases} \tag{1.2-11}$$

升余弦信号的时域波形如图1-15所示。在实际通信系统中，升余弦信号常用来替代矩形脉冲作为数字信号的波形，主要是它占用的频带较窄，而且也比较容易产生。本书第3章会对其频谱进行讨论。

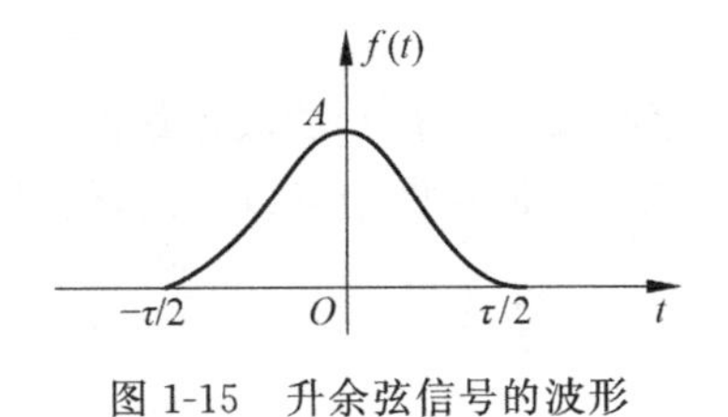

图1-15 升余弦信号的波形

1.2.3 奇异信号

如果信号本身，或其有限次导数，或其有限次积分存在不连续点的情况，这类信号统称为奇异信号。本节介绍的奇异信号主要有单位阶跃信号和单位冲激信号，这些信号在信号分析中占有重要的地位。

1. 单位阶跃信号

单位阶跃信号的时域表达式为

$$u(t)=\begin{cases}0, & t<0\\ 1, & t>0\end{cases} \tag{1.2-12}$$

单位阶跃信号的波形如图1-16所示。可以看出，信号值在$t=0$时刻发生跳变，因信号跳变幅度为1，故称为单位阶跃信号。

阶跃信号可用来描述开关的动作或信号的接入特性。如图1-17所示的开关，若$t<0$时开关处于位置“1”，则输出$y(t)=0$；若$t=0$时切换到位置“2”，则$t>0$时输出$y(t)=f(t)$。引入阶跃函数，则输出信号可表示为$y(t)=f(t)u(t)$。

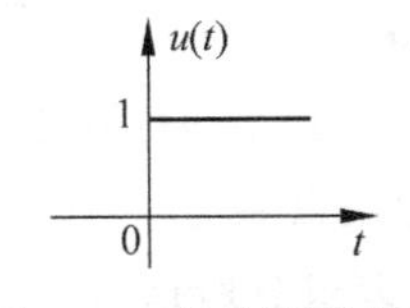

图1-16 单位阶跃信号

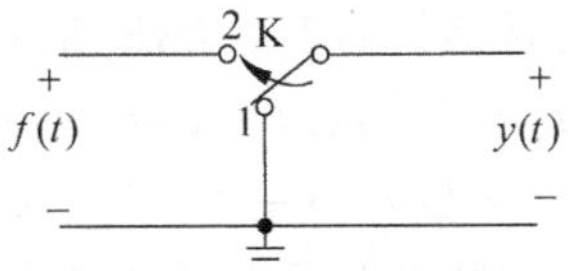

图1-17 开关电路

若信号跳变发生于t_0时刻，则该信号为延时的单位阶跃信号，其时域表达式为

$$u(t-t_0)=\begin{cases}0, & t<t_0\\ 1, & t>t_0\end{cases} \tag{1.2-13}$$

图1-18给出了$t_0=1$时，延时单位阶跃信号的波形。根据这个定义，则图1-19所示

的矩形脉冲信号可表示为 $f(t)=u(t)-u(t-2)$。

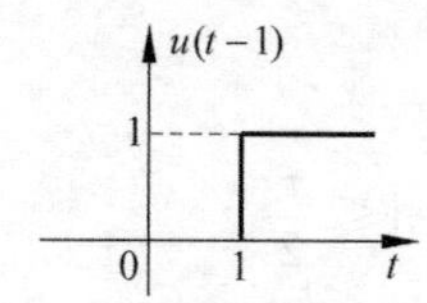

图 1-18　延时的单位阶跃信号

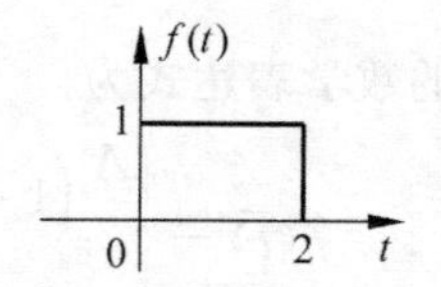

图 1-19　矩形脉冲信号

例 1-2　若 $f(t)$的波形如图 1-20 所示，利用阶跃信号写出 $f(t)$的表达式。

解：从波形图中可以看出，信号 $f(t)$用分段函数可写为

$$f(t)=\begin{cases}2\sin\pi t, & 0<t<6\\ 0, & \text{其他}\end{cases}$$

利用阶跃信号的表示方法，信号 $f(t)$的表达式为

$$f(t)=2\sin\pi t[u(t)-u(t-6)]$$

例 1-3　若 $f(t)$的波形如图 1-21 所示，利用阶跃信号写出 $f(t)$的数学表达式。

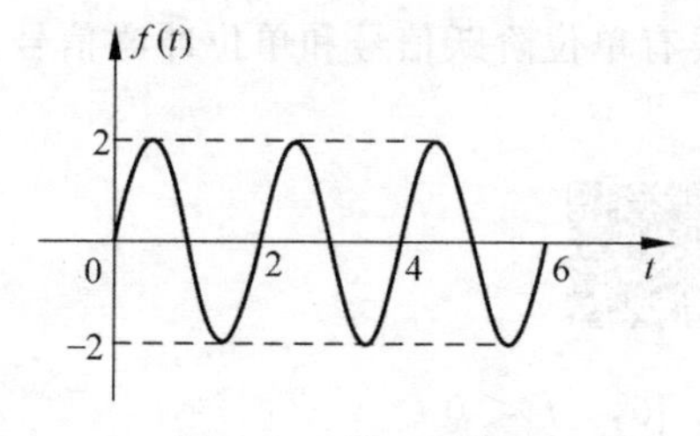

图 1-20　例 1-2 用图

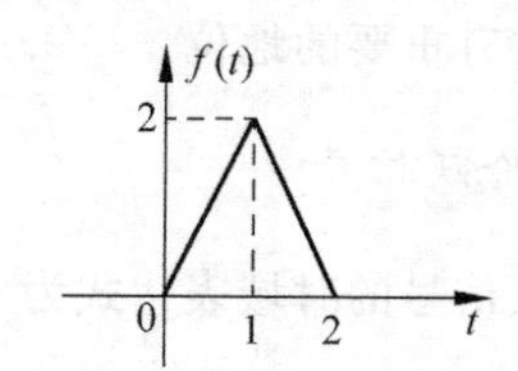

图 1-21　例 1-3 用图

解：从波形图中可以看出，信号 $f(t)$用分段函数可写为

$$f(t)=\begin{cases}0 & t\leqslant 0\\ 2t, & 0\leqslant t<1\\ 4-2t, & 1\leqslant t<2\\ 0, & t\geqslant 2\end{cases}$$

所以利用阶跃函数的表示方法，信号 $f(t)$的表达式为

$$\begin{aligned}f(t)&=2t[u(t)-u(t-1)]+(4-2t)[u(t-1)-u(t-2)]\\&=2tu(t)-4(t-1)u(t-1)+2(t-2)u(t-2)\end{aligned}$$

从上面两个例题可以看出，利用阶跃信号可以方便地表示分段信号。

图 1-22 所示的信号通常称为门函数，它是以原点为中心，时宽为 τ，高度为 1 且左右对称的矩形脉冲信号，通常可记为 $G_\tau(t)$。门函数用阶跃信号可表示为

$$G_\tau(t)=\left[u\left(t+\frac{\tau}{2}\right)-u\left(t-\frac{\tau}{2}\right)\right]\tag{1.2-14}$$

图 1-23 所示的信号通常称为符号函数，它用阶跃信号可表示为

$$\operatorname{sgn}(t)=-u(-t)+u(t)=2u(t)-1\tag{1.2-15}$$

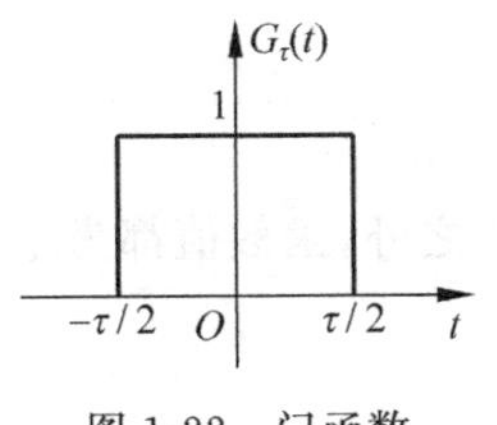

图 1-22　门函数

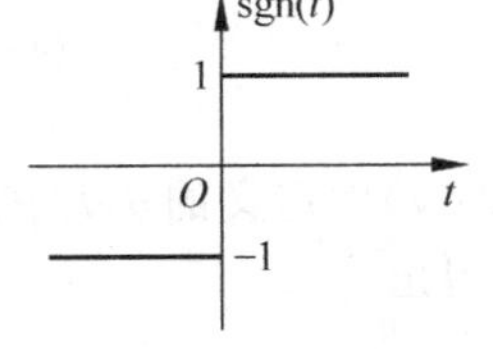

图 1-23　符号函数

2. 单位冲激信号

对某些物理现象，有时需要用一个时间极短但取值极大的函数来描述。单位冲激信号就可以用来描述这种现象。单位冲激信号通常记为 $\delta(t)$。

可以在用理想元件组成的电路中引入冲激概念。如图 1-24 所示电路，当 $t<0$ 时，开关 K 处于位置"a"，电路已稳定；当 $t=0$ 时，开关 K 由位置"a"切换到位置"b"。根据电路定律，可知电容元件 C 上的电压波形如图 1-25 所示，即 $v_C(t)=u(t)$。

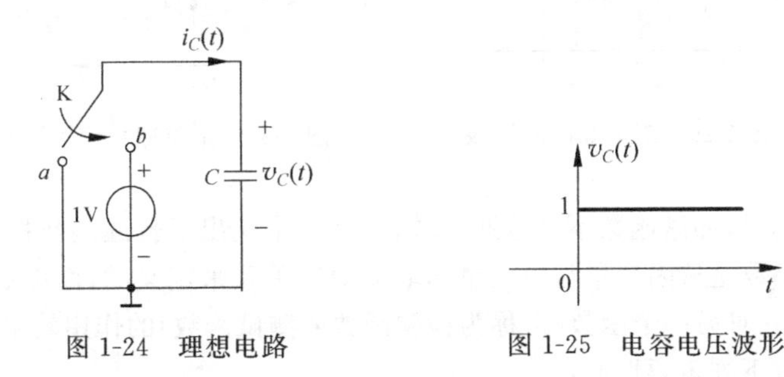

图 1-24　理想电路　　　　图 1-25　电容电压波形

根据电容元件的伏安关系，可得

$$i_C(t)=C\frac{\mathrm{d}v_C(t)}{\mathrm{d}t}$$

根据求导运算关系可知，当 $t>0$ 和 $t<0$ 时，流过电容的电流 $i_C(t)$ 为零，而在 $t=0$ 时，$i_C(t)$ 为无穷大。可以认为在 $t=0$ 时刻，有一无穷大的电流流过电容，将电荷转移到电容上，瞬时完成了对电容的充电，使得电容电压在这一时刻发生了跳变。

类似这种持续时间为零，幅度为无穷大，但时间积分有限的物理现象，就可以用单位冲激信号 $\delta(t)$ 来描述。这里给出两种冲激信号的定义。

定义 1（冲激函数的广义极限定义）　单位冲激函数 $\delta(t)$ 是面积为 1，等效宽度趋于 0 的常规普通函数的极限。

图 1-26 所示是一个脉冲宽度为 τ，幅度为 $1/\tau$，面积为 1 的矩形脉冲。当脉宽 $\tau\to 0$ 时，幅度 $1/\tau\to\infty$，矩形面积始终为 1。所以矩形脉冲在 $\tau\to 0$ 时的极限情况就可以定义为单位冲激函数 $\delta(t)$，其表达式为

$$\delta(t)=\lim_{\tau\to 0}\frac{1}{\tau}\left[u\left(t+\frac{\tau}{2}\right)-u\left(t-\frac{\tau}{2}\right)\right] \tag{1.2-16}$$

定义 2（狄拉克定义）　满足以下两个条件的函数 $\delta(t)$ 称为单位冲激函数，即

$$\begin{cases}\int_{-\infty}^{+\infty}\delta(t)\mathrm{d}t=1\\ \delta(t)=0,\quad t\neq 0\end{cases} \tag{1.2-17}$$

注意，式(1.2-17)中定义的$\delta(t)$函数除了$t=0$之外，函数值都为零，而函数的积分值(面积)为1，可以得出

$$\int_{-\infty}^{+\infty}\delta(t)\mathrm{d}t=\int_{0_-}^{0_+}\delta(t)\mathrm{d}t=1 \tag{1.2-18}$$

这意味着当$t=0$时，信号的幅度为无穷大。通常把这个积分值称为冲激强度，因其为1，所以称$\delta(t)$为单位冲激信号。

$\delta(t)$的波形如图1-27所示。注意，箭头所在位置$t=0$表示冲激发生的时刻，箭头旁边括号内的数值表示冲激强度，并不是表示信号幅度。

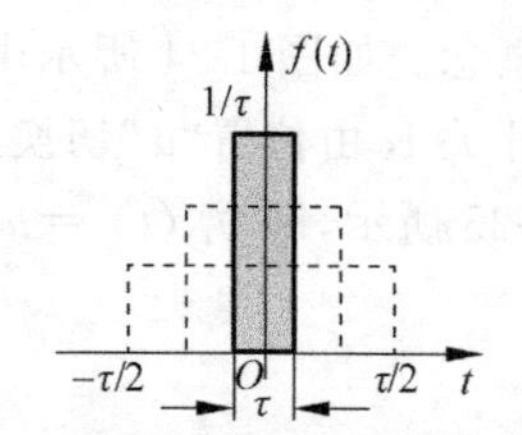

图1-26　矩形脉冲的极限

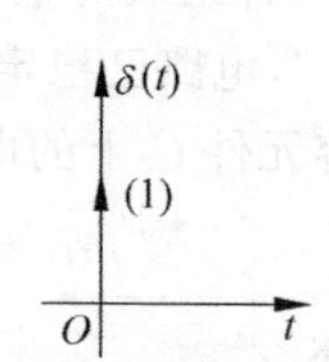

图1-27　单位冲激信号的波形

这里要强调的是，冲激函数不是普通函数，而是一个超出了普通函数概念的广义函数。我们常见的普通函数是从因变量与自变量的取值对应关系来定义的，而按照广义函数的理论，广义函数是由它对另一个函数(常称为检验函数或测试函数)的作用效果来定义的。

冲激函数具有下列重要性质：

(1) 冲激函数是偶函数，即

$$\delta(t)=\delta(-t) \tag{1.2-19}$$

从式(1.2-16)中可以看出，冲激函数可以看作图1-26所示的矩形脉冲在$\tau\to 0$时的极限情况，所以冲激函数为偶函数。

进一步可得

$$\delta(t-\tau)=\delta(\tau-t) \tag{1.2-20}$$

(2) 冲激函数具有抽样性。

若有界函数$f(t)$在$t=t_0$处连续，则有

$$f(t)\delta(t-t_0)=f(t_0)\delta(t-t_0) \tag{1.2-21}$$

式(1.2-21)左右两边形式类似，但是代表不同的含义，等式左边是信号$f(t)$与冲激函数的乘积，而等式右边为一个冲激函数，其冲激强度为信号$f(t)$在t_0时刻的值$f(t_0)$。

当$t_0=0$时，有

$$f(t)\delta(t)=f(0)\delta(t) \tag{1.2-22}$$

根据式(1.2-21)可得

$$\int_{-\infty}^{+\infty}f(t)\delta(t-t_0)\mathrm{d}t=\int_{-\infty}^{+\infty}f(t_0)\delta(t-t_0)\mathrm{d}t=f(t_0)\int_{-\infty}^{+\infty}\delta(t-t_0)\mathrm{d}t=f(t_0)$$

故可以得到以下积分结果：

$$\int_{-\infty}^{+\infty} f(t)\delta(t-t_0)\mathrm{d}t = f(t_0) \tag{1.2-23}$$

特别地，当 $t_0=0$ 时，有

$$\int_{-\infty}^{+\infty} f(t)\delta(t)\mathrm{d}t = f(0) \tag{1.2-24}$$

可以看出，抽样性体现了冲激函数对连续信号 $f(t)$ 的作用，其效果是“筛选”出冲激作用时刻所对应的信号值 $f(t_0)$，所以抽样性有时也称为筛选性。

(3) 尺度变换：

$$\delta(at) = \frac{1}{|a|}\delta(t), \quad a\text{ 为非零实常数} \tag{1.2-25}$$

例 1-4 化简下列算式：

(1) $(t^2+t+2)\delta(t)$；(2) $\cos(\pi t)\delta(t-1)$

解：(1) $(t^2+t+2)\delta(t)=(t^2+t+2)|_{t=0}\delta(t)=2\delta(t)$

(2) $\cos(\pi t)\delta(t-1)=\cos(\pi t)|_{t=1}\delta(t-1)=\cos\pi\delta(t-1)=-\delta(t-1)$

例 1-5 求下列表示式的函数值：

(1) $\int_{-\infty}^{+\infty}\sin\left(t-\frac{\pi}{2}\right)\delta(t)\mathrm{d}t$；(2) $\int_{-3}^{3}(t+4)\delta(t-2)\mathrm{d}t$；(3) $\int_{-2}^{2}(t^2+1)\delta(t-3)\mathrm{d}t$

解：(1) $\int_{-\infty}^{+\infty}\sin\left(t-\frac{\pi}{2}\right)\delta(t)\mathrm{d}t=\sin\left(-\frac{\pi}{2}\right)=-1$

(2) $\int_{-3}^{3}(t+4)\delta(t-2)\mathrm{d}t=(t+4)|_{t=2}=6$

(3) 在积分区间内 $\delta(t-3)=0$，故

$$\int_{-2}^{2}(t^2+1)\delta(t-3)\mathrm{d}t=0$$

单位冲激函数在科学研究中应用十分广泛。由于 $\delta(t)$ 函数的引入，使得函数在间断点处的导数乃至高阶导数都可以进行数学描述，人们对物理现象的描述和分析有了强有力的工具，所以单位冲激函数在信号与系统分析中有着举足轻重的作用。

1.3 信号的基本运算

在实际应用中，有时需要对信号进行处理，将一个信号变换为另一个信号。信号的处理可以看作信号的运算。信号的基本运算主要有三类：①信号的相加和相乘；②信号的时移、反褶(折叠)和尺度；③信号的微分与积分。它们是复杂信号处理的基础。

1.3.1 信号相加与相乘

信号的相加或相乘是指两信号在同一时刻的值相加或相乘，从而产生一个新的信号。设两个信号分别为 $f_1(t)$ 和 $f_2(t)$，它们相加和相乘的结果分别为 $y_1(t)$ 和 $y_2(t)$，则

$$y_1(t)=f_1(t)+f_2(t) \tag{1.3-1}$$

$$y_2(t)=f_1(t)\times f_2(t) \tag{1.3-2}$$

信号在传输过程中，会受到噪声的干扰。通常噪声分为加性噪声和乘性噪声，接收到的信号就可以看作信号与噪声的相加或相乘。注意，信号时域相加或相乘运算后仍然是时间 t 的函数。

例 1-6 信号 $f_1(t)$和 $f_2(t)$的波形如图 1-28 所示，画出 $f_1(t)+f_2(t)$和 $f_1(t)\times f_2(t)$的波形。

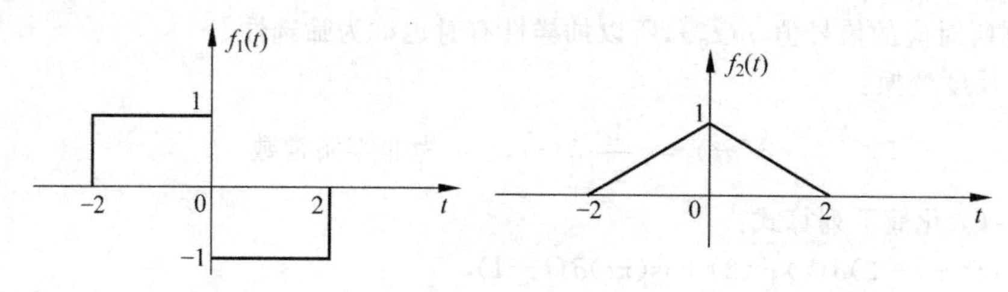

图 1-28 例 1-6 用图

解：信号相加和相乘是两信号同一时刻值相加或相乘，故两个信号相加的波形如图 1-29(a)所示，相乘的波形如图 1-29(b)所示。

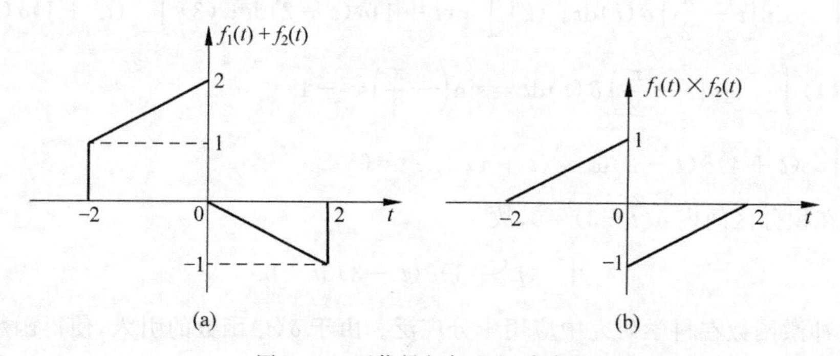

图 1-29 两信号相加和相乘波形

1.2 节介绍的冲激信号的相乘特性，即 $f(t)\delta(t-t_0)=f(t_0)\delta(t-t_0)$，就可以从信号相乘的波形运算来说明。设信号 $f(t)$的波形如图 1-30(a)所示，$\delta(t-t_0)$的波形如图 1-30(b)所示。按照信号相乘的定义，则相乘结果波形如图 1-30(c)所示，即相乘结果为 t_0 时刻的冲激，冲激强度为 $f(t_0)$，故 $f(t)\delta(t-t_0)=f(t_0)\delta(t-t_0)$。

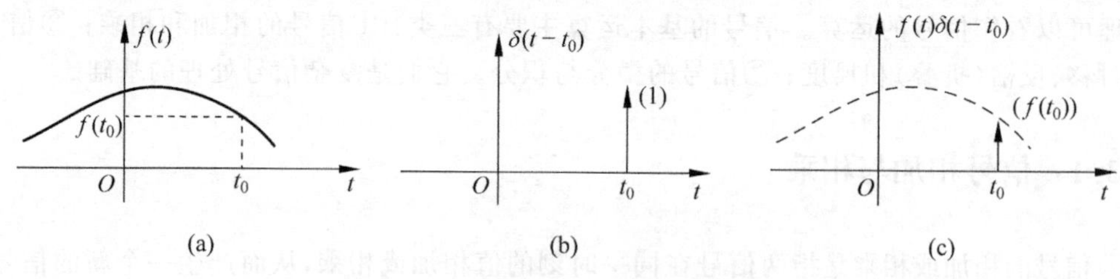

图 1-30 冲激信号相乘特性示例图

在通信系统的调制解调过程中，就会用到两信号的相加和相乘运算。例如在幅度调制中，完全调幅信号 $s_{\mathrm{AM}}(t)=[A_0+m(t)]\cos\omega_0 t$，就是待传输信号 $m(t)$ 叠加直流 A_0 后再与载波 $\cos\omega_0 t$ 相乘，具体波形如图 1-31 所示。

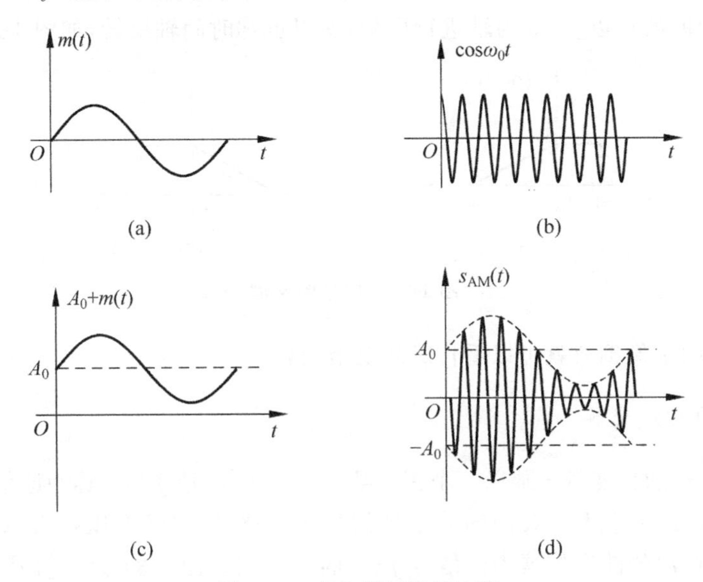

图 1-31　完全调幅信号波形

1.3.2 信号时移、反褶和尺度变换

1. 信号的时移

通常把信号 $f(t)$ 的波形在时间 t 轴上整体移位 t_0 称为信号 $f(t)$ 的时移，可用 $f(t\pm t_0)$ 表示。若 $t_0>0$，则 $f(t+t_0)$ 是 $f(t)$ 的波形在时间 t 轴上整体左移 t_0；$f(t-t_0)$ 是 $f(t)$ 的波形在时间 t 轴上整体右移 t_0。图 1-32 分别给出了原信号 $f(t)$ 及其左移 2 个单位和右移 1 个单位的波形。

信号时移也称为信号的时延、位移。在实际通信系统中，信号在传输一定的距离时，接收方收到的信号就会相比原信号有一定的时延。

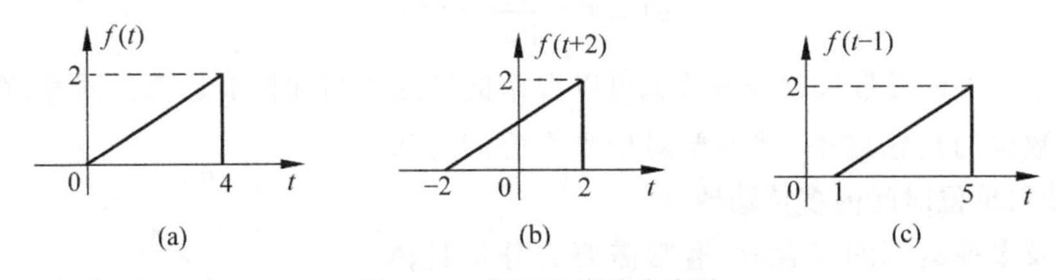

图 1-32　信号及其时移波形

2. 信号的反褶

将 $f(t)$ 的自变量 t 用 $-t$ 替换，得到的信号 $f(-t)$ 就是 $f(t)$ 的反褶信号。$f(-t)$ 的波形是 $f(t)$ 的波形以 $t=0$ 为轴进行反褶，所以也称时间轴反转，如图 1-33 所示。

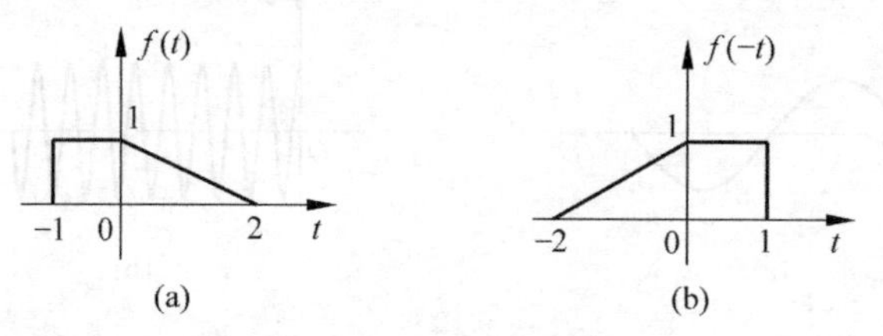

图 1-33 信号的反褶

日常生活的录像倒放就可以看作时间反褶运算。

3. 信号的尺度变换

将信号 $f(t)$ 的自变量 t 乘以一个正实数 a，得到的信号 $f(at)$ 称为原信号 $f(t)$ 的尺度变换。当 $a>1$ 时，信号 $f(at)$ 的波形是信号 $f(t)$ 在时间轴上压缩为原来的 $1/a$；当 $0<a<1$ 时，$f(at)$ 的波形扩展为原信号 $f(t)$ 的 $1/a$ 倍。图 1-34 为原信号 $f(t)$、压缩信号 $f(2t)$ 和扩展信号 $f(t/2)$ 的波形图。

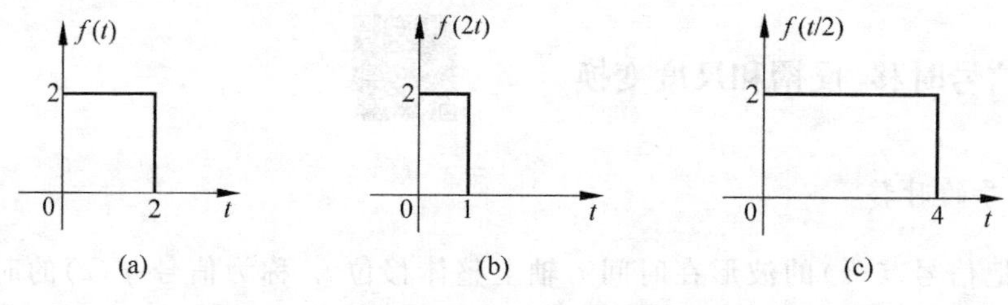

图 1-34 信号的尺度变换

注意，信号的压缩和扩展是时间轴上压缩或扩展，但幅度没有变化。式(1.2-25)给出了冲激信号的尺度变换性质，由于 $\delta(at)$ 是对 $\delta(t)$ 的压缩或扩展，幅度没有变化，故尺度变换后面积为原来的 $1/|a|$，冲激强度变为 $1/|a|$，故对单位冲激信号有

$$\delta(at)=\frac{1}{|a|}\delta(t)$$

日常生活中的磁带快放和慢放就可以看作信号的压缩和扩展运算。同时，在通信中为了提高数据的传输速率，就需要对信号在时间上进行压缩，使得单位时间内多传输数据。

当涉及多种运算的综合时，通常需要先分析具体涉及哪些运算，再按照一定的顺序，分步画出各运算对应的信号波形，直至得到最终的复合运算的结果。

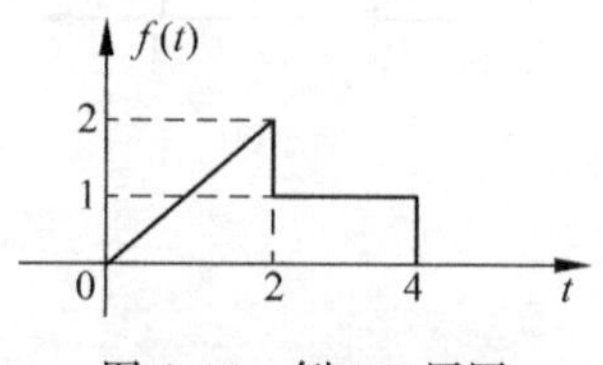

图 1-35 例 1-7 用图

例 1-7 信号 $f(t)$ 的波形如图 1-35 所示，画出

$f(-2t-2)$的波形。

解：本题涉及信号的时移、折叠和尺度变换三种基本运算。

方法一：因为 $f(-2t-2)=f[-2(t+1)]$，所以可以按照先尺度变换，再反褶，最后时移的运算顺序，即

$$f(t)\xrightarrow{\text{尺度变换}}f(2t)\xrightarrow{\text{反褶}}f(-2t)\xrightarrow{\text{时移}}f[-2(t+1)]=f(-2t-2)$$

具体而言，先进行信号尺度变换运算，将 $f(t)$的波形压缩得到 $f(2t)$的波形，再反褶得到 $f(-2t)$的波形，最后进行时移运算，将 $f(-2t)$波形左移 1 得到 $f(-2t-2)$的波形。波形运算过程如图 1-36 所示。

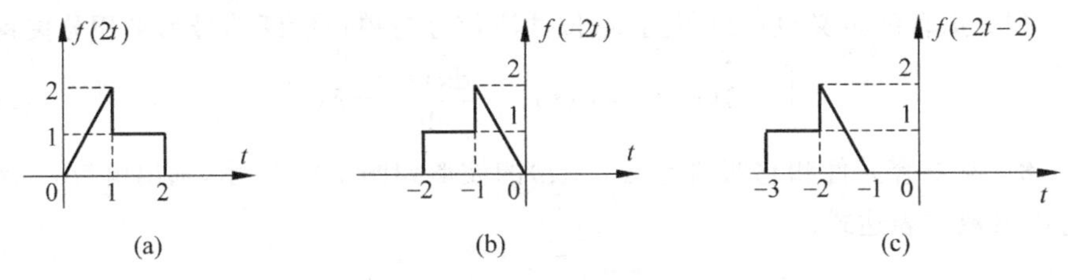

图 1-36 信号的波形尺度变换、反褶和时移

方法二：按照先时移，再尺度变换，最后反褶的运算顺序，即

$$f(t)\xrightarrow{\text{时移}}f(t-2)\xrightarrow{\text{尺度变换}}f(2t-2)\xrightarrow{\text{反褶}}f(-2t-2)$$

具体而言，先进行信号时移运算，将 $f(t)$的波形右移 2 得到 $f(t-2)$的波形，再进行尺度变换运算，由 $f(t-2)$的波形压缩得到 $f(2t-2)$的波形，最后进行反褶运算，由 $f(2t-2)$波形得到 $f(-2t-2)$的波形。波形运算过程如图 1-37 所示。

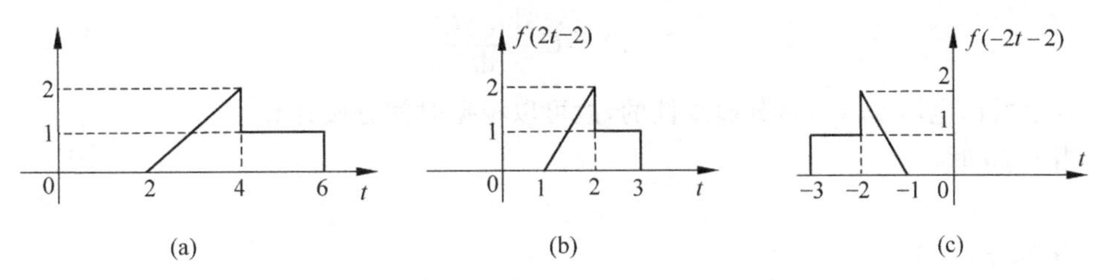

图 1-37 信号的波形时移、尺度变换和反褶

从上面的例题可以看出，不同变换顺序得出的最终波形完全一样。这里需要注意，分步求具体运算对应的波形时，每种运算都是针对自变量 t 来进行的。

1.3.3 信号微分和积分

信号 $f(t)$的微分运算是指 $f(t)$对 t 取导数，其表示式为

$$y(t)=\frac{\mathrm{d}}{\mathrm{d}t}f(t) \tag{1.3-3}$$

信号 $f(t)$的积分运算是指 $f(t)$在$(-\infty,t)$区间内的积分，表示式为

$$y(t)=\int_{-\infty}^{t} f(\tau)\mathrm{d}\tau \tag{1.3-4}$$

电子器件中,电容和电感的伏安关系就可以用微积分运算来表示。在关联参考方向下,电容元件伏安关系的微分形式和积分形式分别为

$$i_C(t)=C\frac{\mathrm{d}v_C(t)}{\mathrm{d}t},\quad v_C(t)=\frac{1}{C}\int_{-\infty}^{t} i_C(\tau)\mathrm{d}\tau$$

在关联参考方向下,电感元件伏安关系的微分形式和积分形式分别为

$$v_L(t)=L\frac{\mathrm{d}i_L(t)}{\mathrm{d}t},\quad i_L(t)=\frac{1}{L}\int_{-\infty}^{t} v_L(\tau)\mathrm{d}\tau$$

从微积分运算的定义也可以得出,单位冲激信号与单位阶跃信号为微积分关系,即

$$\int_{-\infty}^{t}\delta(\tau)\mathrm{d}\tau=u(t),\quad \frac{\mathrm{d}u(t)}{\mathrm{d}t}=\delta(t) \tag{1.3-5}$$

例 1-8 某电容元件和它两端电压 $v_C(t)$ 的波形如图 1-38 所示,画出电流 $i_C(t)$ 的波形,并写出其数学表达式。

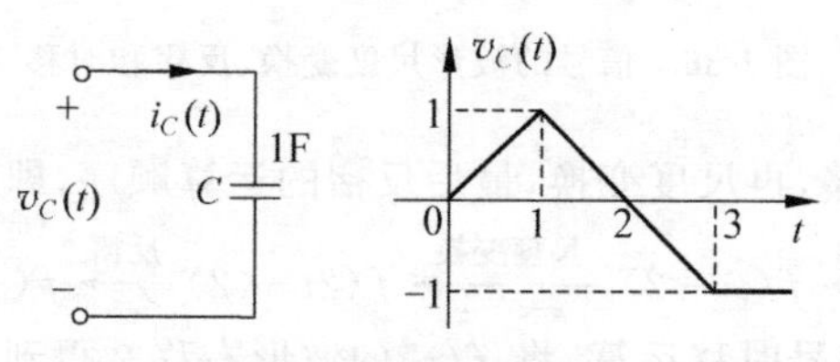

图 1-38 例 1-8 用图

解:流过电容 C 的电流和其两端电压的关系为

$$i_C(t)=C\frac{\mathrm{d}v_C(t)}{\mathrm{d}t}$$

可以看出电压 $v_C(t)$ 是分段线性的,故可以根据时间分段计算。

当 $t<0$ 时,

$$i_C(t)=0$$

当 $0\leqslant t<1$ 时,

$$i_C(t)=C\frac{\mathrm{d}v_C(t)}{\mathrm{d}t}=1$$

当 $1\leqslant t<3$ 时,

$$i_C(t)=C\frac{\mathrm{d}v_C(t)}{\mathrm{d}t}=-1$$

当 $t\geqslant 3$ 时,

$$i_C(t)=0$$

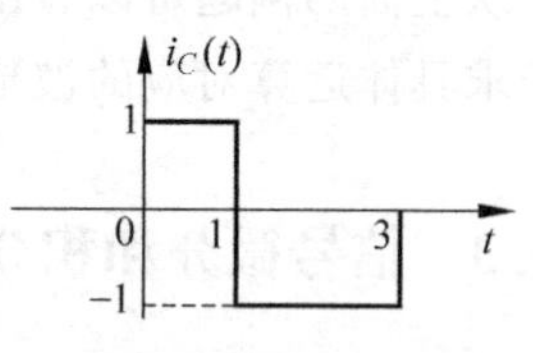

图 1-39 电流波形

电流波形如图 1-39 所示。

故电流的表示式为

$$i_C(t)=[u(t)-u(t-1)]-[u(t-1)-u(t-3)]$$

$$=u(t)-2u(t-1)+u(t-3)$$

例 1-9 已知信号 $f(t)$波形如图 1-40 所示，画出 $f'(t)$ 和$\int_{-\infty}^{t} f(\tau)\mathrm{d}\tau$ 的波形。

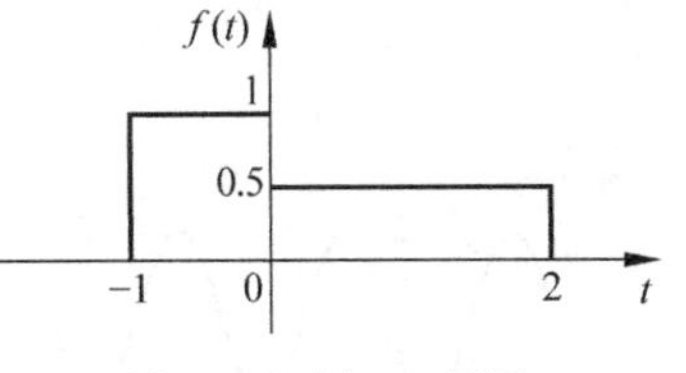

图 1-40 例 1-9 用图

解：从波形可以看出，信号 $f(t)$的表示式为

$$f(t)=[u(t+1)-u(t)]+0.5[u(t)-u(t-2)]$$
$$=u(t+1)-0.5u(t)-0.5u(t-2)$$

则

$$f'(t)=\delta(t+1)-0.5\delta(t)-0.5\delta(t-2)$$

故 $f'(t)$的波形如图 1-41(a)所示。而常数的积分是一条斜率为这个常数的直线，故信号$\int_{-\infty}^{t} f(\tau)\mathrm{d}\tau$ 的波形如图 1-41(b) 所示。

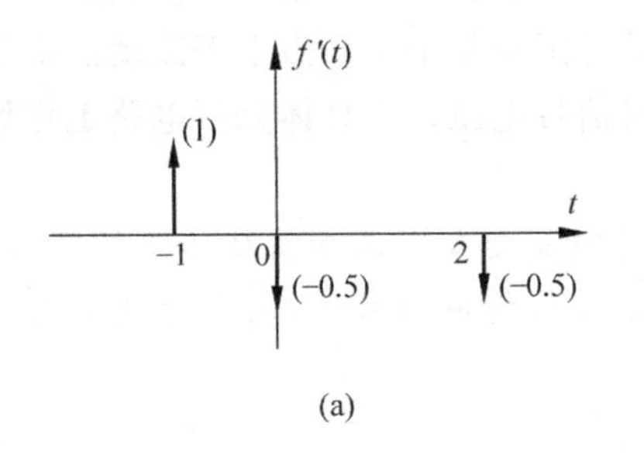

(a)

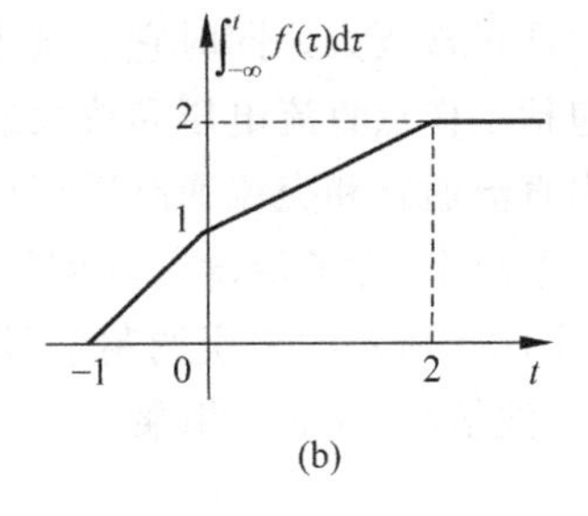

(b)

图 1-41 信号求导和积分运算结果波形

1.4 信号的分解

为便于研究信号传输和处理的问题，有时会将复杂信号分解成一些相对简单的信号分量(或基本信号)之和，通过对这些简单信号进行分析，得到复杂信号的一些特性。这与力学问题中将任意方向的力分解为几个分力类似。从不同的角度可以将信号分解为不同的分量。本节讨论两种基本的信号时域分解。

1.4.1 信号的直流和交流分解

信号 $f(t)$可以分解成直流分量和交流分量。直流分量是指信号中大小和方向都不随时间变化的分量，通常用 f_D 表示；信号中去除直流分量之后，余下的部分称为交流分量，通常用 $f_A(t)$表示。

直流分量是信号的平均值，计算如下：

$$f_D=\lim_{T\to\infty}\frac{1}{T}\int_{\frac{-T}{2}}^{\frac{T}{2}} f(t)\mathrm{d}t \tag{1.4-1}$$

交流分量 $f_A(t)=f(t)-f_D$，其平均值为零。

图 1-42 所示的信号 $f(t)$，就可以分解为直流分量 $f_D=1$ 和交流分量 $f_A(t)=\sin\pi t$ 的叠加。

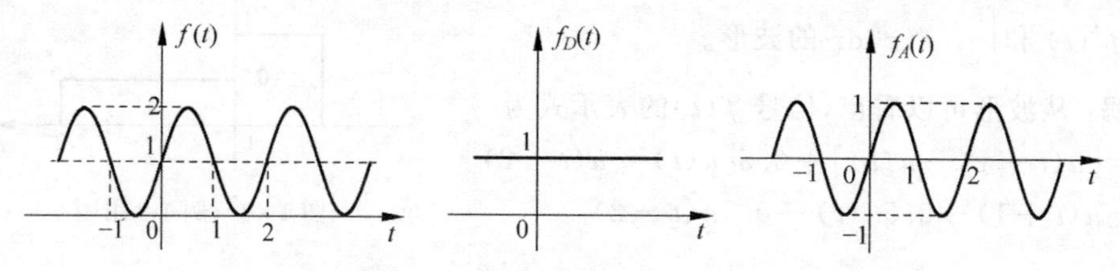

图 1-42　信号 $f(t)$可以分解为直流分量和交流分量

实际电路中，直流信号和交流信号往往叠加在一起，将信号分解成直流信号和交流信号更有利于电路工作原理的分析。例如，在三极管放大交流小信号时，为了保证三极管处于放大区，需要在三极管输入端叠加一个直流电压（直流偏置），使其处于导通状态，这样才能保证正常放大。同时它的输出信号是围绕某个工作点上下波动的电压信号，这个信号也包括工作点直流电压和放大的交流信号电压。在具体分析电路工作原理时，需要分别画出直流通路和交流通路进行分析。

在通信系统中，为了传输交流信号，有时也需要在发送端将待传输信号叠加直流信号，1.3 节图 1-31 所示的完全调制信号，就是在待传输信号 $m(t)$上叠加了直流信号 A_0 之后，再与载波信号 $\cos\omega_0 t$ 相乘。

1.4.2　信号的冲激函数分解

信号的冲激函数分解是将冲激信号作为基本信号，把任意信号分解为无穷多个冲激信号的线性组合。

一个连续时间信号 $f(t)$的时域波形可以用一系列矩形脉冲叠加来近似，如图 1-43 所示。

图 1-43 中信号 $f(t)$波形沿 t 轴被分割成宽度为 $\Delta\tau$ 的无穷多小段，时间间隔 $\Delta\tau$ 取值越小，用矩形脉冲近似 $f(t)$的误差越小，近似程度越好。如果每段内的函数值用该段起始时刻的函数值近似，如$[\tau,\ \tau+\Delta\tau]$时间段内的函数值用 $f(\tau)$近似，则在$[\tau,\ \tau+\Delta\tau]$范围内信号可以描述为

$$f(\tau)[u(t-\tau)-u(t-\tau-\Delta\tau)]$$

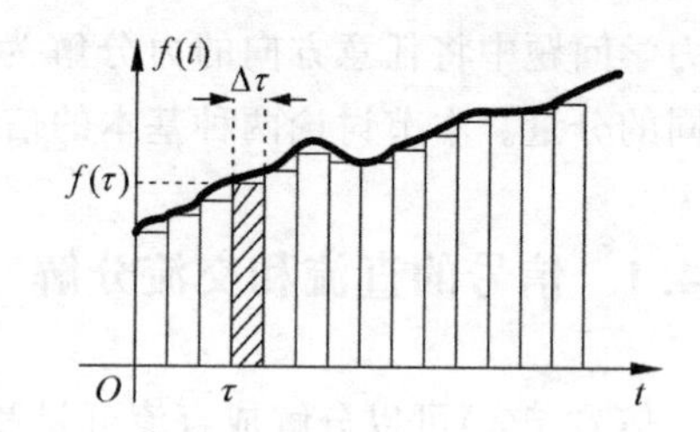

图 1-43　任意信号 $f(t)$的分解

当 $\Delta\tau\to 0$，无穷多矩形小段叠加在一起就是信号 $f(t)$。故信号 $f(t)$可以写为

$$f(t)=\lim_{\Delta\tau\to 0}\sum_{\tau=-\infty}^{+\infty} f(\tau)[u(t-\tau)-u(t-\tau-\Delta\tau)] \tag{1.4-2}$$

$$=\lim_{\Delta\tau\to 0}\sum_{\tau=-\infty}^{+\infty} f(\tau)\frac{[u(t-\tau)-u(t-\tau-\Delta\tau)]}{\Delta\tau}\cdot\Delta\tau$$

根据导数的定义，可知

$$\lim_{\Delta\tau\to 0}\frac{[u(t-\tau)-u(t-\tau-\Delta\tau)]}{\Delta\tau}=\frac{\mathrm{d}u(t-\tau)}{\mathrm{d}\tau}=\delta(t-\tau) \tag{1.4-3}$$

当 $\Delta\tau\to 0$ 时，$\Delta\tau\to\mathrm{d}\tau$，$\sum\limits_{\tau=-\infty}^{+\infty}\to\int_{\tau=-\infty}^{+\infty}$，可得

$$f(t)=\int_{-\infty}^{+\infty} f(\tau)\delta(t-\tau)\mathrm{d}\tau \tag{1.4-4}$$

式(1.4-4)中，$\delta(t-\tau)$表示 τ 时刻的冲激函数，$f(\tau)$表示信号 $f(t)$在 τ 时刻的取值，$f(\tau)\delta(t-\tau)$表示 τ 时刻冲激强度为 $f(\tau)$的冲激函数，而积分意味着相加，所以式(1.4-4)表明任意信号 $f(t)$可分解为无穷多个不同时刻、不同强度的冲激信号的线性组合。这种信号分解方式为后续利用卷积积分求任意激励通过线性时不变系统的零状态响应提供了数学基础。

1.5 系统的描述与分类

1.5.1 系统模型

从系统的角度来分析具体问题，首先需要针对实际问题建立系统模型。系统模型是系统物理特性的一种抽象描述，它可以是按照一定规则建立的用于描述系统特性的数学方程，也可以用具有理想特性的符号组合来表征系统特性。

通常把着眼于建立系统输入-输出关系的系统模型称为输入-输出模型或输入-输出描述，把着眼于建立系统输入-输出和内部状态变量之间关系的系统模型，称为状态空间模型或状态空间描述。本书主要从输入-输出关系讨论系统模型。

1. 系统的数学模型

系统的数学模型是系统物理特性的数学抽象，以数学表达式来表征系统特性。求解电路中某支路的电压和电流时，就可从电路特性着手，基于两类约束关系建立电路方程，这些电路方程就可看作该电路的数学模型。

例如图1-44所示 RC 电路，已知激励(输入)为 $v_S(t)$，求解电容 C 两端电压 $v(t)$(输出)时，可以根据基尔霍夫电压定律建立如下电路方程：

$$R_1\left(C\frac{\mathrm{d}v(t)}{\mathrm{d}t}+\frac{v(t)}{R_2}\right)+v(t)=v_S(t) \tag{1.5-1}$$

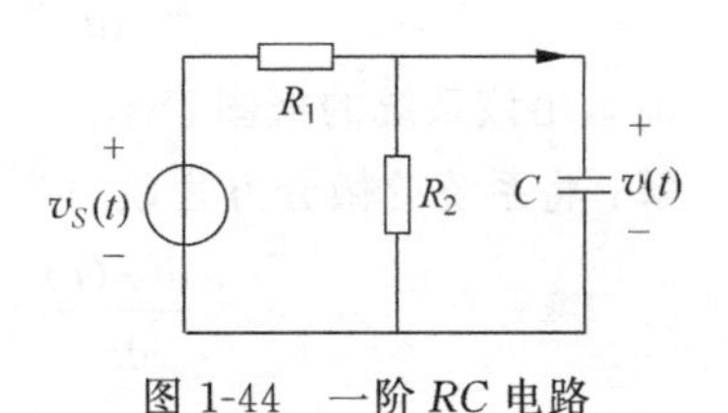

图1-44 一阶 RC 电路

式(1.5-1)即为求解电压 $v(t)$时建立的数学模型，可以看出这是一个一阶常系数线性微分方程。建立数学模型只是进行系统分析工作的第一步，为了求得具体响应值，就需要求解此微分方程，并再

对所得结果做出物理解释。因此系统分析的过程，是从实际物理问题抽象为数学模型，经数学解析后再回到物理实际的过程。第 2 章将详细介绍具体响应的求解过程。

2. 系统框图

系统的数学模型给出了输入信号和输出信号之间的数学关系，便于数学计算，但是这种描述方法对系统内部结构体现得不够直观。系统模型的另一种常用形式就是系统框图，它是将组成系统的部件用一些基本运算单元来描述，从而连接起来构成的图。

1）基本运算单元

对线性微分方程描述的系统，常用的基本运算单元包括加法器、数乘器和积分器等。

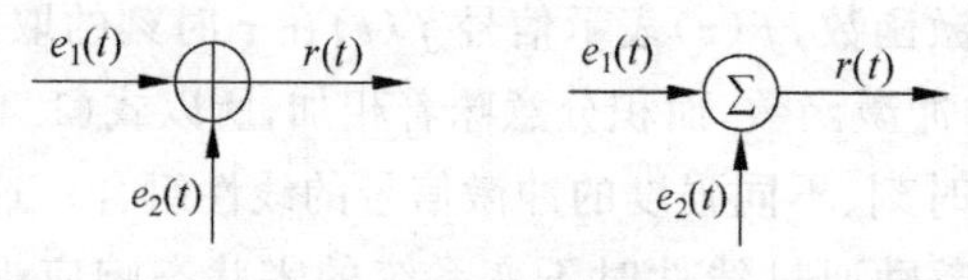

图 1-45　加法器符号表示

（1）加法器。图 1-45 是两种常用的加法器符号表示，它表示的基本运算为 $r(t)=e_1(t)+e_2(t)$。

（2）数乘器。数乘器通常也称为标量乘法器或倍乘器，图 1-46 是两种常用的数乘器符号表示，它表示的基本运算为 $r(t)=ae(t)$。

（3）积分器。图 1-47 是积分器的符号表示，它表示的基本运算为 $r(t)=\int_{-\infty}^{t} e(t)\mathrm{d}t$。

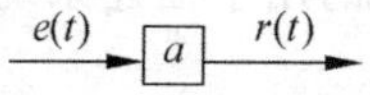

图 1-46　数乘器符号表示

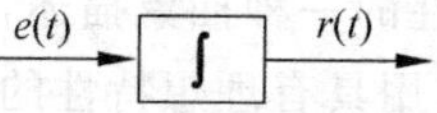

图 1-47　积分器符号表示

注意，也可以采用微分运算构成基本单元，但是实际应用中考虑到抑制突发干扰的影响，往往采用积分运算单元。

2）系统的框图描述

将一些基本运算单元按系统的功能要求及信号流动的方向连接起来而构成的图，即为系统框图。系统数学模型和框图模型可以相互转换，可以从系统方程画出系统框图，也可以从系统框图写出系统方程。

例 1-10　描述某系统的微分方程为

$$\frac{\mathrm{d}^2 r(t)}{\mathrm{d}t^2}+3\frac{\mathrm{d}r(t)}{\mathrm{d}t}+2r(t)=e(t)$$

请画出该系统的框图表示。

解：将系统的微分方程改写为

$$\frac{\mathrm{d}^2 r(t)}{\mathrm{d}t^2}=-3\frac{\mathrm{d}r(t)}{\mathrm{d}t}-2r(t)+e(t)$$

画系统框图时，可以从加法器着手，加法器的输出为 $r''(t)$，输入为三项之和，即

$e(t)$、$-2r(t)$和$-3r'(t)$。为了获得$-3r'(t)$和$-2r(t)$需要对$r''(t)$进行积分，再分别乘以-3和-2。根据微分方程得到的系统框图如图1-48所示。

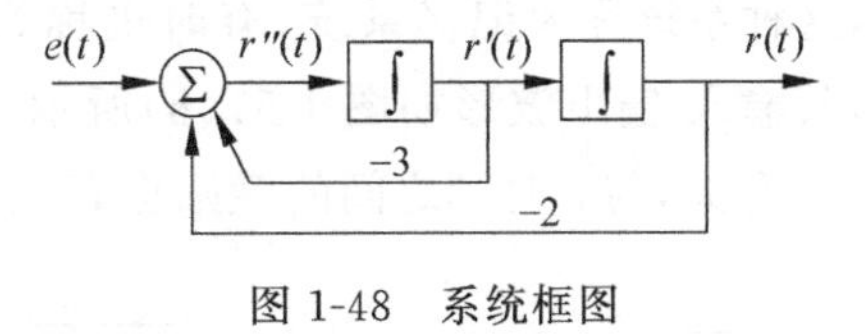

图1-48 系统框图

1.5.2 系统的分类

不同类型的系统建立的数学模型不同，分析方法也有所不同，所以在分析系统时，首先要考虑系统的类型。按照不同的划分角度，系统可以如下分类。

1. 连续时间系统与离散时间系统

若系统的输入和输出都是连续时间信号，其内部处理的也是连续时间信号，这样的系统称为连续时间系统，工程上有时称为模拟系统。日常生活中常用的扬声器电路就是一种连续时间系统，它将话音信号进行放大之后，仍以话音信号的方式输出，中间也没有转换为离散时间信号。

若系统的输入和输出都是离散时间信号，中间过程处理的也是离散时间信号，则称此系统为离散时间系统。离散时间系统容易做到精度高、可靠性好，便于大规模集成。数字计算机就是一种典型的离散时间系统，它只能处理离散时间信号。

随着大规模集成电路技术的发展和数字信号处理器的广泛使用，模拟技术和数字技术走向融合，越来越多的系统是由连续时间系统和离散时间系统组合而成的混合系统，图1-49所示的信号处理系统就是这样一类混合系统，其中A/D表示模拟信号到数字信号的转换，而D/A表示数字信号到模拟信号的转换。

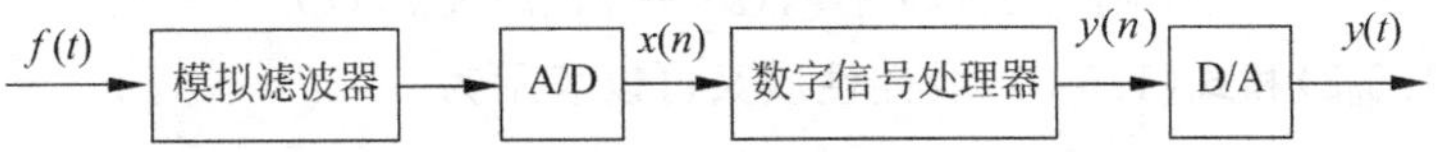

图1-49 混合系统结构

连续时间系统的数学模型是微分方程，离散时间系统的数学模型是差分方程。本书前4章主要讨论连续时间系统，第5章和第6章讨论离散时间系统。

2. 非记忆系统与记忆系统

如果系统的输出信号只取决于同时刻的激励信号，与它过去的工作状态无关，这样的系统称为非记忆系统，有时也称为即时系统。图1-50所示的电阻电路，其输出电压为

$$v_o(t)=\frac{R_2}{R_1+R_2}v_S(t)$$

可以看出，输出电压$v_o(t)$只取决于该时刻的激励$v_S(t)$，而与电路之前的状态无关，所以该电路是一个非记忆系统。

如果系统的输出信号不仅取决于同时刻的激励信号，而且与它过去的工作状态有

关，这种系统称为记忆系统，有时也称为动态系统。图 1-51(a)所示电路为峰值检波电路，其输入-输出波形如图 1-51(b)所示，可以看出，输出电压 $v_o(t)$不仅与该时刻的激励 $v_S(t)$有关，与 t 时刻之间的激励也有关，所以该电路是一个记忆系统。

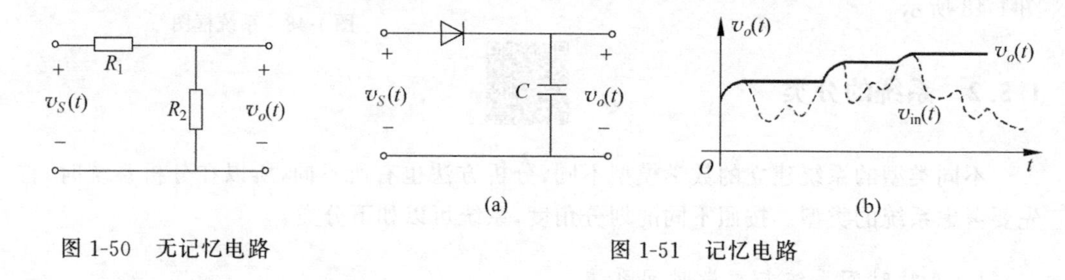

图 1-50　无记忆电路

图 1-51　记忆电路

3. 线性系统与非线性系统

同时满足齐次性和叠加性的系统称为线性系统，不满足齐次性或叠加性的系统则称为非线性系统。所谓叠加性是指当几个输入信号共同作用于系统时，总的输出等于每个输入单独作用时产生的输出之和；齐次性是指当输入信号增大若干倍时，输出也相应增大同样的倍数。

若用 $e(t)$表示激励，$r(t)$表示响应，箭头"→"表示系统的作用，则齐次性和叠加性可如下描述。

(1) 齐次性：若 $e(t) \to r(t)$

则　$ke(t) \to kr(t)$，　k 为实常数　(1.5-2)

(2) 叠加性：若 $e_1(t) \to r_1(t), e_2(t) \to r_2(t)$

则　$e_1(t) + e_2(t) \to r_1(t) + r_2(t)$　(1.5-3)

综合式(1.5-2)和式(1.5-3)，线性性质又可以表示为

若　$e_1(t) \to r_1(t), e_2(t) \to r_2(t)$

则　$k_1 e_1(t) + k_2 e_2(t) \to k_1 r_1(t) + k_2 r_2(t)$，　k_1 和 k_2 为实常数　(1.5-4)

线性系统具有简单的比例关系，各部分输入对输出的贡献是相互独立的，而非线性系统各部分输入之间彼此影响，发生耦合作用，这也是非线性问题相对复杂和多样的根本原因。

例 1-11　判断下列连续时间系统是否为线性系统，其中 $e(t)$和 $r(t)$分别代表系统的激励和响应。

(1) $r(t) = e^2(t)$；(2) $r'(t) + 2r(t) = e(t)$

解：(1) 从激励和响应关系可以看出，系统的作用是将激励信号取平方后输出，即

$$e(t) \to e^2(t) = r(t)$$

当激励为 $ke(t)$时，有

$$ke(t) \to [ke(t)]^2 = k^2 e^2(t) \neq kr(t)$$

可以看出该系统不具有齐次性。

设两个激励 $e_1(t)$ 和 $e_2(t)$ 分别作用于系统，产生的响应分别为 $r_1(t)$ 和 $r_2(t)$，即

$$e_1(t) \to e_1^2(t) = r_1(t), \quad e_2(t) \to e_2^2(t) = r_2(t)$$

当这两个激励同时作用于系统，可得

$$e_1(t) + e_2(t) \to [e_1(t) + e_2(t)]^2 = e_1^2(t) + 2e_1(t)e_2(t) + e_2^2(t)$$

而

$$r_1(t) + r_2(t) = e_1^2(t) + e_2^2(t)$$

即 $e_1(t)+e_2(t)$ 经该系统产生的响应不是 $r_1(t)+r_2(t)$。可以看出该系统也不具有叠加性，故该系统为非线性系统。

注意，判断系统为线性系统，必须同时满足齐次性和叠加性，只要两者有一个不满足，即可判断为非线性系统。

(2) 从激励和响应关系可以看出，这是一个常系数微分方程。

设两个激励 $e_1(t)$ 和 $e_2(t)$ 分别作用于系统时，产生的响应分别为 $r_1(t)$ 和 $r_2(t)$，即

$$r_1'(t) + 2r_1(t) = e_1(t), \quad r_2'(t) + 2r_2(t) = e_2(t)$$

当 $k_1e_1(t)$ 和 $k_2e_2(t)$ 同时作用于系统时，可得

$$k_1[r_1'(t) + 2r_1(t)] + k_2[r_2'(t) + 2r_2(t)] = k_1e_1(t) + k_2e_2(t)$$

$$[k_1r_1(t) + k_2r_2(t)]' + 2[k_1r_1(t) + k_2r_2(t)] = k_1e_1(t) + k_2e_2(t)$$

可以看出当激励 $k_1e_1(t)+k_2e_2(t)$ 同时加入系统时，系统响应是 $k_1r_1(t)+k_2r_2(t)$，所以该系统是线性系统。

严格地说，实际的物理系统大多数不是线性系统。但是，通过近似处理和合理简化，大量的物理系统都可在足够准确的意义下和一定的范围内视为线性系统进行分析。例如一个电子放大器，在小信号下就可以看作一个线性放大器，只是在大范围时才需要考虑其饱和特性即非线性特性。由于线性系统的理论比较完整，也便于应用，许多时候会将系统理想化或简化为线性系统，以便得出一些可用来指导设计的结论。

4. 时不变系统与时变系统

从系统的参数来看，参数不随时间变化的系统称为时不变系统，也称非时变系统。从系统的响应来看，若激励延时 t_0 作用于系统时，产生的响应也延时相同时间 t_0，且响应波形形状保持不变，这样的系统称为时不变系统，即

$$\text{若} \quad e(t) \to r(t), \quad \text{则} \quad e(t-t_0) \to r(t-t_0) \tag{1.5-5}$$

时不变特性可以用图 1-52 描述。

系统参数随时间变化或不满足式(1.5-5)特性的系统则称为时变系统。

例 1-12 判断下列连续时间系统是否为时不变系统，其中 $e(t)$ 和 $r(t)$ 分别代表系统的激励和响应。

(1) $r(t)=te(t)$；(2) $r(t)=e(2t)$

解：(1) 从激励和响应关系可以看出，系统的作用是将激励乘以 t 后作为响应输出，即

$$e(t) \to te(t) = r(t)$$

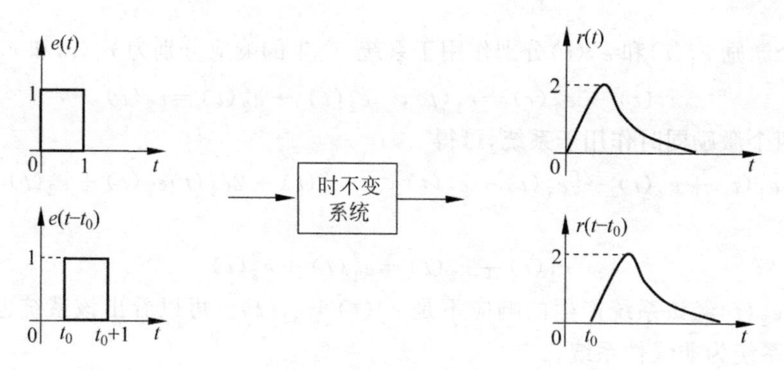

图 1-52　信号通过时不变系统

当激励延时 t_0 作用于系统时,有

$$e(t-t_0) \rightarrow te(t-t_0)$$

而

$$r(t-t_0)=(t-t_0)e(t-t_0)$$

也就是说 $e(t-t_0)$作用于系统产生的响应不是 $r(t-t_0)$,所以该系统是时变系统。

(2) 从激励和响应关系可以看出,系统的作用是将激励压缩 1 倍后作为响应输出,即

$$e(t) \rightarrow e(2t)=r(t)$$

当激励延时 t_0 作用于系统时,系统仍然是将激励压缩 1 倍,故有

$$e(t-t_0) \rightarrow e(2t-t_0)$$

而

$$r(t-t_0)=e[2(t-t_0)]$$

也就是说 $e(t-t_0)$作用于系统产生的响应不是 $r(t-t_0)$,故该系统是时变系统。

对连续系统而言,当系统中有一个或一个以上的参数值随时间变化时,其数学模型是一个变系数微分方程。由于对变系数微分方程的分析求解,比对常系数微分方程的分析求解繁难得多,故分析时变系统的信号处理功能远比分析时不变系统的相应功能复杂困难,有时甚至求不出确切解而只能求出近似解。当系统中有多个参数随时间变化时,有可能无法用解析法求解。在工程应用中,当系统参数变化比较缓慢时,有时可以在短时间内把系统看成时不变系统以简化处理。

5. 因果系统与非因果系统

系统在任意时刻的响应只取决于该时刻以及该时刻以前的激励,而与该时刻以后的激励无关,这样的系统称为因果系统,反之则称为非因果系统。也可以说,因果系统的响应是由激励引起的,激励是响应产生的原因,响应是激励作用的结果;响应不会发生在激励加入之前,系统不具有预知未来响应的能力。故因果系统具有如下特性:

若 $e(t) \rightarrow r(t)$,当 $t<t_0$ 时,$e(t)=0$,则有

$$r(t)=0, \quad t<t_0 \tag{1.5-6}$$

图 1-53(a)所示系统的响应出现在激励之后,系统是因果系统;图 1-53(b)所示系统的响应出现在激励之前,是非因果系统。

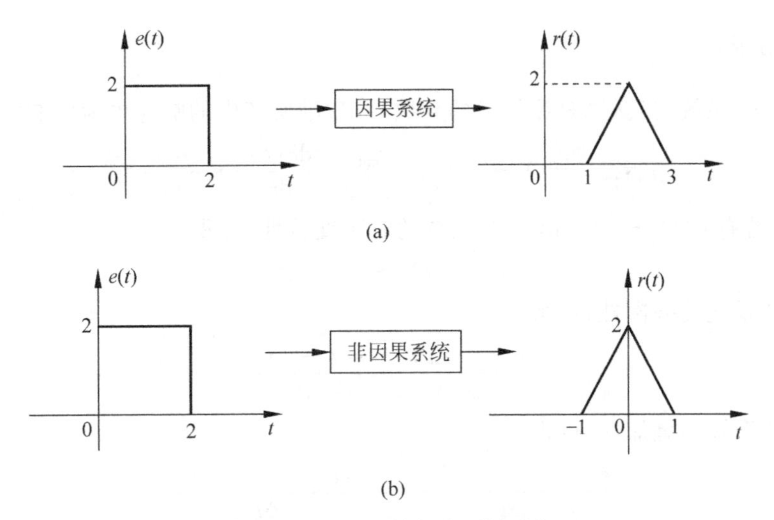

图 1-53 因果系统与非因果系统

对系统因果性的判断，通常可以根据设定一个特殊时刻来判断系统的输入-输出关系是否满足因果性。尤其当某个问题是假命题时，可以通过举反例的方法来作出判定。

例 1-13 判断下列连续时间系统是否为因果系统，其中 $e(t)$ 和 $r(t)$ 分别代表系统的激励和响应。

(1) $r(t)=e(-t)$；(2) $r(t)=e(t+1)$；(3) $r(t)=\int_{-\infty}^{2t} e(\tau)\mathrm{d}\tau$

解：(1) 当 $t=-1$ 时，$r(-1)=e(1)$。可见，响应在 $t=-1$ 时刻的值与 $t=1$ 时刻的激励有关，故该系统为非因果系统。

(2) 当 $t=1$ 时，$r(1)=e(2)$。可见，响应在 $t=1$ 时刻的值与 $t=2$ 时刻的激励有关，故该系统为非因果系统。

(3) 因 $e(t)\rightarrow r(t)=\int_{-\infty}^{2t} e(\tau)\mathrm{d}\tau$，当 $t=1$ 时，$r(1)=\int_{-\infty}^{2} e(\tau)\mathrm{d}\tau$。可见系统响应在 $t=1$ 时刻的值与 $t\leqslant 2$ 时间内的激励都有关，故该系统为非因果系统。

一般由模拟元器件（如电阻、电容、电感等）组成的实际物理系统都是因果系统。在数字信号处理时，利用计算机的存储功能可以逼近非因果系统，实现许多模拟系统无法完成的功能，这也是数字系统优于模拟系统的一个重要方面。

通常把既满足线性，又满足时不变性的系统称为线性时不变系统（Linear and Time-Invariant system），简称 LTI 系统，本书主要讨论线性时不变系统的分析方法。

1.6 线性时不变系统的分析

1.6.1 LTI 系统的特性

LTI 系统不仅具有线性特性和时不变特性，还具有一些其他特性。

1. 微分特性

对于LTI系统,当激励是原信号的导数时,激励所产生的响应也为原响应的导数,即

$$\text{若}\quad e(t)\rightarrow r(t),\quad \text{则}\quad \frac{\mathrm{d}e(t)}{\mathrm{d}t}\rightarrow\frac{\mathrm{d}r(t)}{\mathrm{d}t} \tag{1.6-1}$$

证明:若有 $e(t)\rightarrow r(t)$,由LTI系统的时不变特性,可得

$$e(t-\Delta t)\rightarrow r(t-\Delta t)$$

由LTI系统的齐次性,可得

$$\frac{e(t-\Delta t)}{\Delta t}\rightarrow\frac{r(t-\Delta t)}{\Delta t}$$

由LTI系统的叠加性,可得

$$\frac{e(t)-e(t-\Delta t)}{\Delta t}\rightarrow\frac{r(t)-r(t-\Delta t)}{\Delta t}$$

对上式两边同时取极限,可得

$$\lim_{\Delta t\rightarrow 0}\frac{e(t)-e(t-\Delta t)}{\Delta t}\rightarrow\lim_{\Delta t\rightarrow 0}\frac{r(t)-r(t-\Delta t)}{\Delta t}$$

即

$$\frac{\mathrm{d}e(t)}{\mathrm{d}t}\rightarrow\frac{\mathrm{d}r(t)}{\mathrm{d}t}$$

这一结论可以推广到高阶导数,即

$$\text{若}\quad e(t)\rightarrow r(t),\quad \text{则}\quad \frac{\mathrm{d}^n e(t)}{\mathrm{d}t}\rightarrow\frac{\mathrm{d}^n r(t)}{\mathrm{d}t}\quad (n\ \text{为正整数}) \tag{1.6-2}$$

2. 积分特性

当激励是原信号的积分时,激励所产生的响应亦为原响应的积分,即

$$\int_0^t e(\tau)\mathrm{d}\tau\rightarrow\int_0^t r(\tau)\mathrm{d}\tau \tag{1.6-3}$$

图1-54给出了LTI系统微积分特性的示意图。

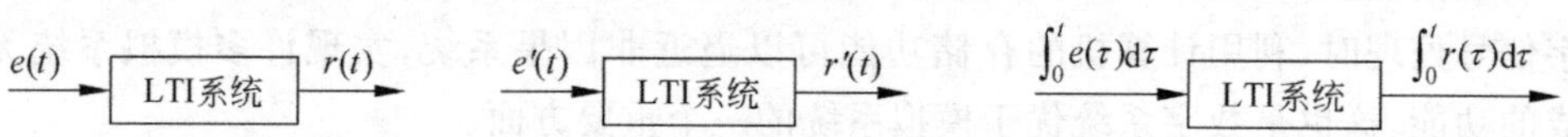

$e(t)$ → LTI系统 → $r(t)$　　$e'(t)$ → LTI系统 → $r'(t)$　　$\int_0^t e(\tau)\mathrm{d}\tau$ → LTI系统 → $\int_0^t r(\tau)\mathrm{d}\tau$

图1-54　LTI系统的微分和积分特性

3. 分解性

线性系统的响应具有分解性。以线性电系统为例,系统的响应可以看作由起始储能和外加激励共同作用的结果,故可以把响应分解为零输入响应和零状态响应之和。通常没有外加激励信号的作用,单独由系统初始储能所产生的响应称为零输入响应,一般记为 $r_{zi}(t)$;系统中无初始储能而仅由外加激励作用下的响应称为零状态响应,一般记为

$r_{zs}(t)$。

图 1-55 所示的一阶动态电路，假设 $t<0$ 时开关处于位置 1，此时电源 V_0 给电容充电，在电容两端会积累一定的电荷，产生一定的电压。当 $t=0$ 时，开关拨动到位置 2，此时电路中的电压源被断开，电容初始储能通过电阻 R 放电，并逐渐被电阻消耗，直至衰减到零。所以当 $t>0$ 时，电路中电流 $i(t)$ 就是典型的零输入响应。

图 1-56 所示的一阶动态电路，假设 $t<0$ 时，电容无初始储能，开关处于断开状态。当 $t=0$ 时，开关闭合，此时电压源接入电路作为激励，所有的响应取决于外加激励。所以当 $t>0$ 时，电路中电流 $i(t)$ 就是典型的零状态响应。

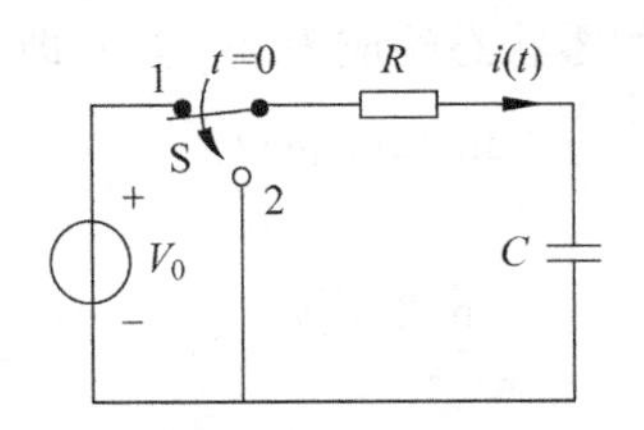

图 1-55　零输入响应电路

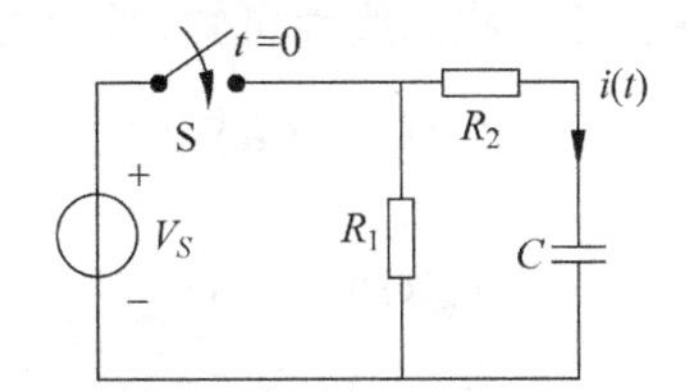

图 1-56　零状态响应电路

图 1-57 所示的动态电路，假设 $t<0$ 时，开关处于位置"1"，且电路已稳定。由于电压源 V_1 的存在，电容 C 和电感 L 具有一定的储能。当 $t=0$ 时，开关拨到位置"2"，电压源 V_2 接入电路作为激励，所以当 $t>0$ 时电路中既有初始储能，又有激励作用，电流 $i(t)$ 是全响应。

线性时不变系统满足零输入线性和零状态线性。所谓零输入线性是指系统的零输入响应对于各初始状态呈线性，若某初始状态放大 k 倍，则由该初始状态所产生的零输入响应分量也放大 k 倍。零状态响应线性是指系统的零状态响应对于各激励信号呈线性，若某激励放大 k 倍，则由该激励所产生的零状态响应分量也放大 k 倍。

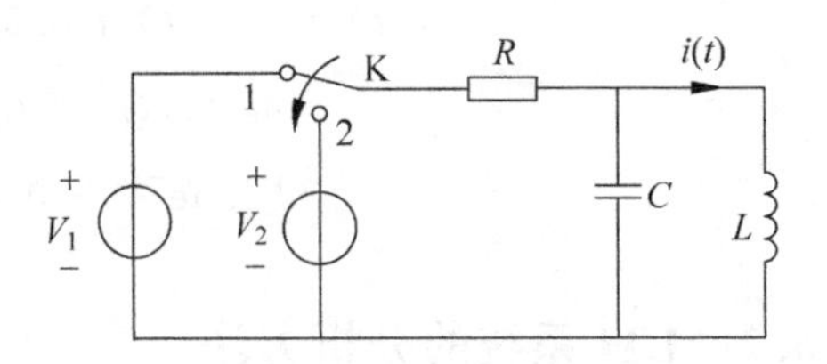

图 1-57　全响应电路

例 1-14　某初始储能为零的 LTI 系统，当激励 $u(t)$ 时，系统响应为 $e^{-t}u(t)$，试求激励 $\delta(t)+2u(t)$ 时的系统响应 $r(t)$。

解：由于系统初始储能为零，则系统响应只与激励有关，为零状态响应。因为

$$u(t)\rightarrow e^{-t}u(t)$$

根据 LTI 系统的零状态线性可知

$$2u(t)\rightarrow 2e^{-t}u(t)$$

因为 $\delta(t)=u'(t)$，根据 LTI 系统的微分特性可知

$$\delta(t)\rightarrow [e^{-t}u(t)]'=\delta(t)-e^{-t}u(t)$$

故当激励为 $\delta(t)+2u(t)$ 时，系统响应为

$$r(t)=\delta(t)-e^{-t}u(t)+2e^{-t}u(t)=\delta(t)+e^{-t}u(t)$$

例 1-15 已知一线性时不变系统，在相同初始状态下，当激励为 $e(t)$ 时，其响应为 $r_1(t)=[2e^{-3t}+\sin(2t)]u(t)$；当激励为 $2e(t)$ 时，其响应为 $r_2(t)=[e^{-3t}+2\sin(2t)]u(t)$。

(1) 初始条件不变，求当激励为 $e(t-t_0)$ 时的全响应 $r_3(t)$；

(2) 初始条件增大 1 倍，求当激励为 $0.5e(t)$ 时的全响应 $r_4(t)$。

解：设系统的零输入响应为 $r_{zi}(t)$，激励为 $e(t)$ 时零状态响应为 $r_{zs}(t)$，则由系统响应的分解性，有

$$r_1(t)=r_{zi}(t)+r_{zs}(t)=[2e^{-3t}+\sin(2t)]u(t)$$

再由系统的零状态线性可知，激励为 $2e(t)$ 时的零状态响应为 $2r_{zs}(t)$，即

$$r_2(t)=r_{zi}(t)+2r_{zs}(t)=[e^{-3t}+2\sin(2t)]u(t)$$

故

$$r_{zs}(t)=r_2(t)-r_1(t)=[-e^{-3t}+\sin(2t)]u(t)$$

$$r_{zi}(t)=3e^{-3t}u(t)$$

(1) 当初始状态不变，而激励为 $e(t-t_0)$ 时，根据时不变特性，可得系统响应为

$$\begin{aligned}r_3(t)&=r_{zi}(t)+r_{zs}(t-t_0)\\&=e^{-3t}u(t)+[-e^{-3(t-t_0)}+\sin(2t-2t_0)]u(t-t_0)\end{aligned}$$

(2) 当初始条件增大 1 倍，激励为 $0.5e(t)$ 时，由零输入线性和零状态线性，可得系统响应为

$$\begin{aligned}r_4(t)&=2r_{zi}(t)+0.5r_{zs}(t)\\&=6e^{-3t}u(t)+0.5[-e^{-3t}+\sin(2t)]u(t)\\&=[5.5e^{-3t}+0.5\sin(2t)]u(t)\end{aligned}$$

1.6.2 LTI 系统的分析方法

系统分析的主要任务之一是分析给定系统在激励作用下的响应，其分析过程包括建立系统模型，用数学方法求解系统方程，从而得出系统响应，并对其结果给出物理解释。线性时不变系统的分析是以系统的齐次性、叠加性和时不变性为基础，以信号的线性分解为前提条件，主要围绕求解零状态响应而展开。采用时域分析法求解系统零状态响应时，是将信号分解为单位冲激信号 $\delta(t)$ 的线性组合，先求单位冲激信号作用于系统的零状态响应(单位冲激响应)，再利用系统的线性和时不变性，从而导出利用卷积积分法求一般信号激励下的零状态响应。利用频域分析方法和复频域分析方法求解系统零状态响应时，是将信号分解为虚指数信号 $e^{j\omega t}$ 和复指数信号 e^{st} 的线性组合，只要求出这些基本信号作用于系统的响应分量，再将这些响应叠加，即可得出一般信号激励下的系统响应。

本书主要分析确定性信号通过线性时不变系统的响应。根据分析方法的不同，分为连续时间信号与系统的时域分析、连续时间信号与系统的频域分析、连续时间信号与系

统的复频域分析、离散时间信号与系统的时域分析和离散时间信号与系统的 z 域分析。全书按照先时域、后变换域，先连续、后离散的方式组织内容。

习题 1

1-1 判断图 1-58 所示各信号是连续时间信号还是离散时间信号，若是连续时间信号，是否为模拟信号，若是离散时间信号，是否为数字信号？

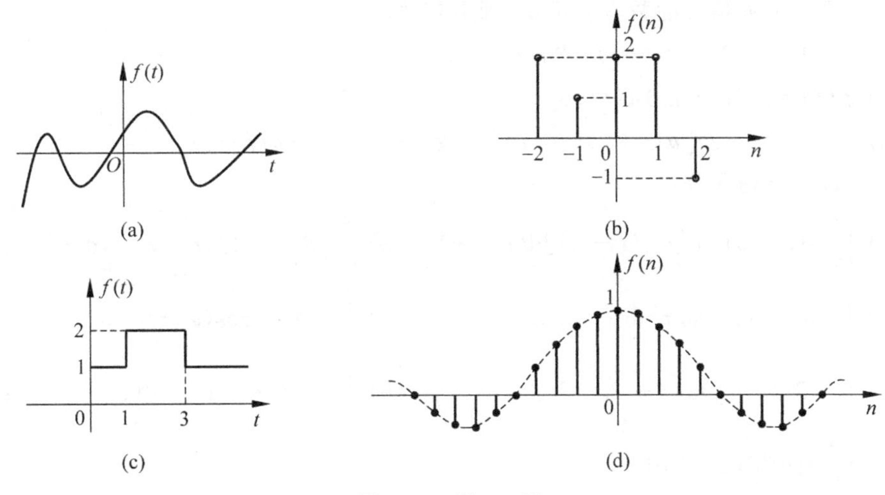

图 1-58 题 1-1 图

1-2 判断图 1-59 所示各信号是周期信号还是非周期信号，若是周期信号，请写出周期。

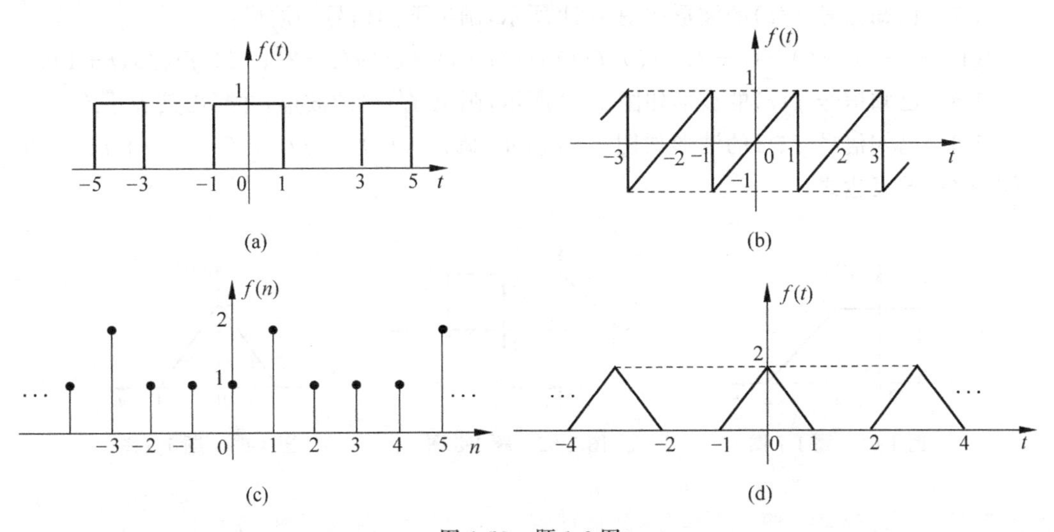

图 1-59 题 1-2 图

1-3 利用阶跃信号写出图 1-60 所示信号的表达式。

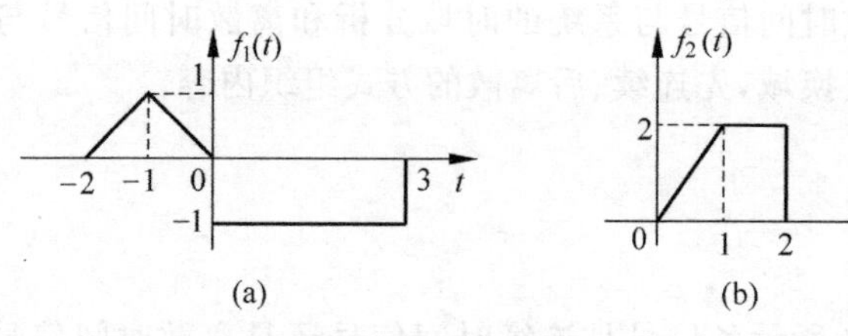

图 1-60 题 1-3 图

1-4 根据下列信号的数学表示式，画出其波形。

(1) $f(t)=u(t)+u(t-1)-2u(t-2)$；

(2) $f(t)=e^{-t}\cos(\pi t)u(t)$；

(3) $f(t)=(t+2)[u(t+2)-u(t)]+(2-t)[u(t)-u(t-2)]$。

1-5 计算下列积分：

(1) $\int_{0}^{\infty}\delta(t-2)\cos[\omega_0(t-3)]\mathrm{d}t$；　　(2) $\int_{-1}^{3}\delta(t-1)(t+e^{-2t})\mathrm{d}t$；

(3) $\int_{-\infty}^{t}\delta(\tau)\cos(\omega_0\tau)\mathrm{d}\tau$；　　(4) $\int_{-\infty}^{+\infty}\delta(\tau)\cos(\omega_0\tau)\mathrm{d}\tau$；

(5) $\int_{-\infty}^{+\infty}\delta(t-t_0)u(t-2t_0)\mathrm{d}t$；　　(6) $\int_{-\infty}^{t}[\delta(\tau+1)-\delta(\tau-3)]\mathrm{d}\tau$；

(7) $\int_{1}^{-1}2te^{-t}\delta(t-2)\mathrm{d}t$。

1-6 化简下列各式：

(1) $\frac{\mathrm{d}}{\mathrm{d}t}[e^{-2t}u(t)]$；　(2) $e^{-t+2}\delta(t)$；　(3) $4u(t)\delta(t-1)$。

1-7 已知信号 $f(t)$的波形如图 1-61 所示，画出下列信号的波形：

(1) $f(-t)$；(2) $f(t+2)$；(3) $f(t)u(t)$；(4) $f(t)u(t-2)$；(5) $f(t)\delta(t+1)$。

1-8 已知信号 $f(t)$的波形如图 1-62 所示，画出 $f'(t)$的波形，并写出其表达式。

1-9 已知信号 $f(t)$的波形如图 1-63 所示，画出 $y(t)=f(t)+f(t-1)$的波形，并写出 $y(t)$的表达式。

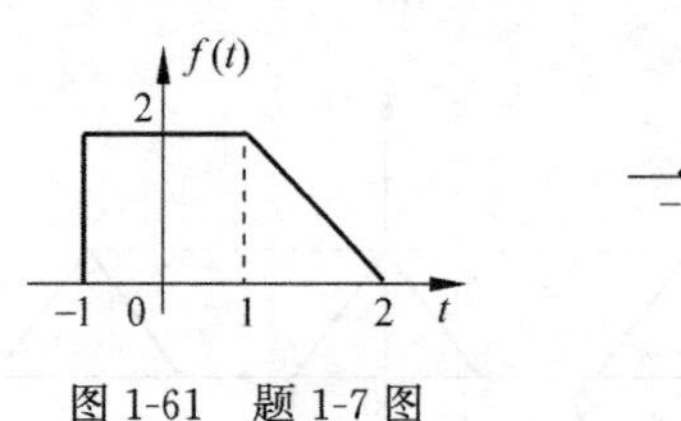

图 1-61 题 1-7 图

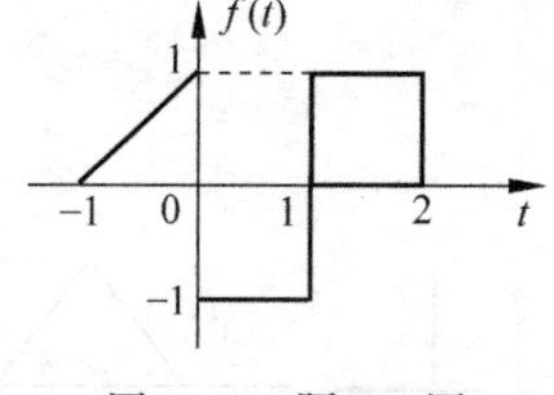

图 1-62 题 1-8 图

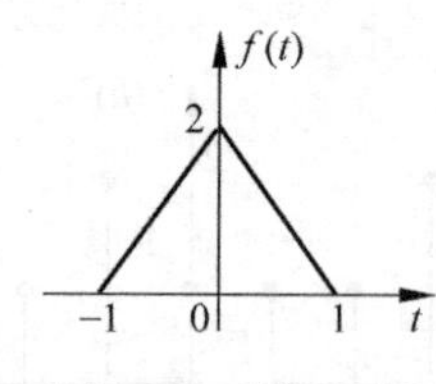

图 1-63 题 1-9 图

1-10 已知信号 $f(t)$的波形如图 1-64 所示，画出 $f(2t-4)$和 $f\left(-\frac{1}{2}t+2\right)$的波形。

1-11 信号 $f(1-2t)$的波形如图 1-65 所示，试画出 $f(t)$的波形。

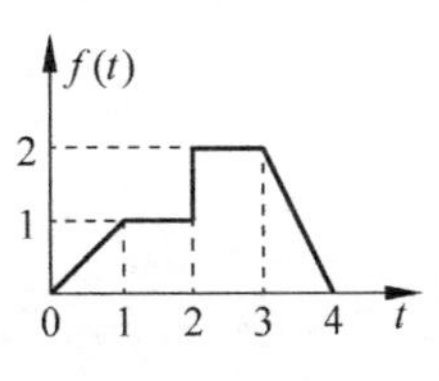

图 1-64 题 1-10 图

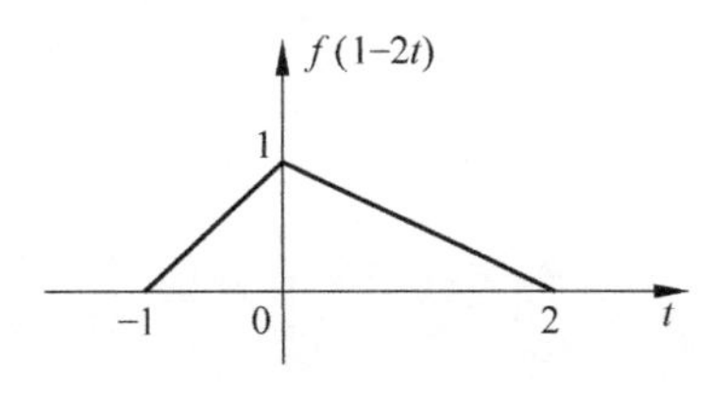

图 1-65 题 1-11 图

1-12 下列各式描述了系统的输入-输出关系，其中 $e(t)$表示输入，$r(t)$表示输出，判断各系统的线性、时不变性和因果性。

(1) $r(t)=2^{e(t)}$； (2) $r(t)=e(t/3)$； (3) $r(t)=e(1-t)$；

(4) $r(t)=e(t)\cos(\omega_0 t)$； (5) $r(t)=\int_{-\infty}^{t} e(\tau)\mathrm{d}\tau$。

1-13 某无起始储能的 LTI 系统，当激励为图 1-66(a)所示的信号 $e_1(t)$时，所产生的响应为图 1-66(b)所示的 $r_1(t)$，画出当激励为图 1-66(c)所示的 $e_2(t)$时，系统响应 $r_2(t)$的波形。

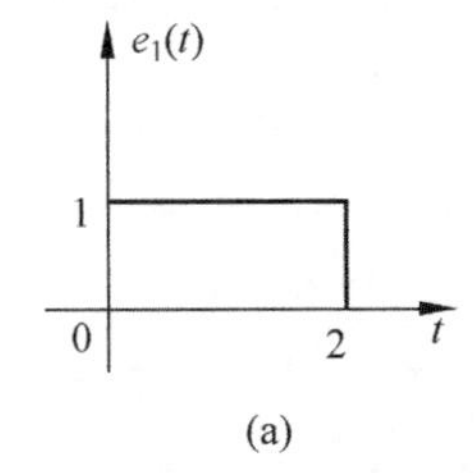

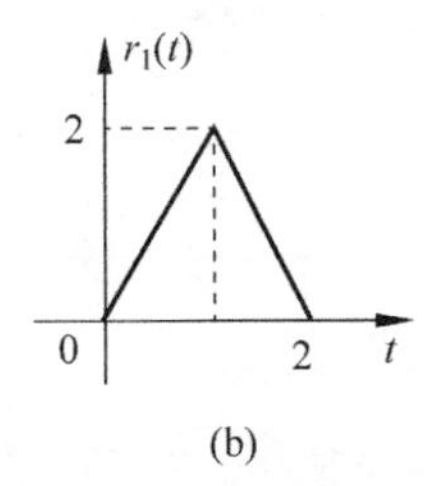

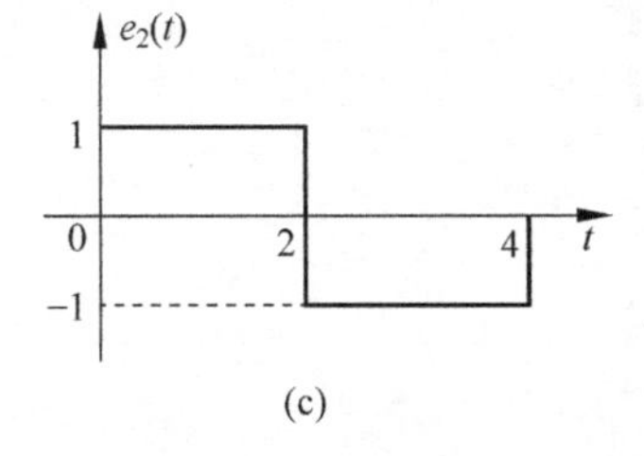

图 1-66 题 1-13 图

1-14 某起始储能为零的 LTI 系统，当激励 $e_1(t)=u(t)$时，系统响应 $r_1(t)=(1-\mathrm{e}^{-at})u(t)$，求激励 $e_2(t)=\delta(t)$时的系统响应 $r_2(t)$。

1-15 已知某系统的框图如图 1-67 所示，写出描述该系统的数学模型。

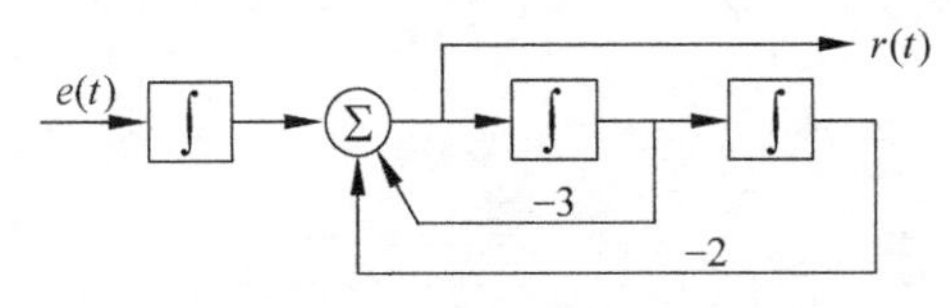

图 1-67 题 1-15 图

1-16 根据下列系统的微分方程，画出系统框图：

(1) $r''(t)+5r'(t)+3r(t)=e'(t)+e(t)$；

(2) $r'''(t)+5r''(t)+3r'(t)+2r(t)=e''(t)+2e(t)$。

第2章 连续时间系统的时域分析

信号与系统的研究内容主要包括信号分析、响应分析和系统特性分析等。在第1章介绍信号与系统的基本概念和描述方法的基础上，本章重点讨论如何求解信号通过系统的响应。对于系统响应求解有多种方法，本章主要讨论时域分析方法。所谓时域分析指系统的数学模型和输入-输出都表示为时间的函数，求解系统输出或分析系统特性也都是在时间域里进行。时域分析法物理概念比较直观，也是后续变换域分析方法的基础。

本章从线性时不变系统的模型出发，讨论系统的响应构成和时域求解，重点讨论了零输入响应和零状态响应的求解方法。针对零输入响应主要从齐次方程和初始条件来确定；对于零状态响应的求取，主要通过系统的单位冲激响应和激励信号的卷积来实现。

2.1 LTI系统的描述

2.1.1 系统的数学模型

从系统的角度来分析具体问题，首先需要建立系统的数学模型。连续时间系统的数学模型为微分方程。当微分方程的系数为常数时称为定常系统，当系数随时间而变化时则称为时变系统。

图2-1所示 RLC 串联电路，已知激励为 $e(t)$，求解电路中电流 $i(t)$ 时，可以根据基尔霍夫电压定律建立如下电路方程：

$$v_R(t)+v_L(t)+v_C(t)=e(t) \tag{2.1-1}$$

根据元件的伏安关系，可知

$$v_R(t)=i(t)R,\quad v_L(t)=L\frac{\mathrm{d}i(t)}{\mathrm{d}t},\quad v_C(t)=\frac{1}{C}\int_{-\infty}^{t}i(\tau)\mathrm{d}\tau$$

将伏安关系代入式(2.1-1)，可得

$$Ri(t)+L\frac{\mathrm{d}i(t)}{\mathrm{d}t}+\frac{1}{C}\int_{-\infty}^{t}i(\tau)\mathrm{d}\tau=e(t) \tag{2.1-2}$$

对式(2.1-2)两边同时求导，可得

$$R\frac{\mathrm{d}i(t)}{\mathrm{d}t}+L\frac{\mathrm{d}^2i(t)}{\mathrm{d}t^2}+\frac{1}{C}i(t)=\frac{\mathrm{d}e(t)}{\mathrm{d}t}$$

整理可得

$$\frac{\mathrm{d}^2i(t)}{\mathrm{d}t^2}+\frac{R}{L}\frac{\mathrm{d}i(t)}{\mathrm{d}t}+\frac{1}{LC}i(t)=\frac{1}{L}\frac{\mathrm{d}e(t)}{\mathrm{d}t} \tag{2.1-3}$$

式(2.1-3)即为激励为 $e(t)$，响应为电流 $i(t)$ 时建立的数学模型，可以看出这是一个二阶常系数线性微分方程。一般来说，对于 n 阶LTI系统，若激励信号为 $e(t)$，系统响应为 $r(t)$，则系统的数学模型为

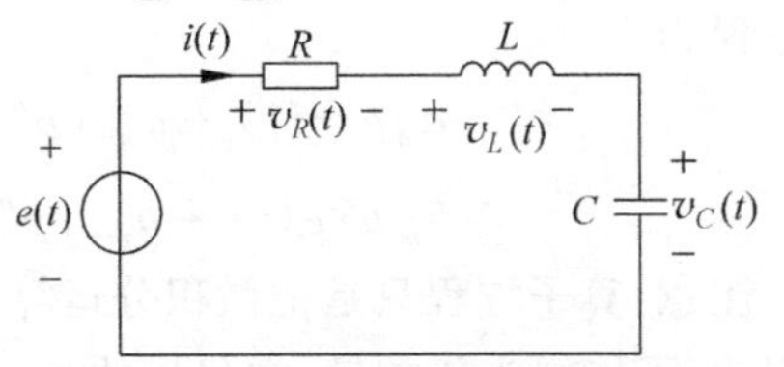

图2-1 RLC 串联电路

$$a_n \frac{d^n r(t)}{dt^n} + a_{n-1} \frac{d^{n-1} r(t)}{dt^{n-1}} + \cdots + a_1 \frac{dr(t)}{dt} + a_0 r(t)$$
$$= b_m \frac{d^m e(t)}{dt^m} + b_{m-1} \frac{d^{m-1} e(t)}{dt^{m-1}} + \cdots + b_1 \frac{de(t)}{dt} + b_0 e(t) \quad (2.1\text{-}4)$$

式中，系数 $a_n, a_{n-1}, \cdots, a_0$ 和 $b_m, b_{m-1}, \cdots, b_0$ 均为常数。从式(2.1-4)可以看出，n 阶LTI系统的数学模型是 n 阶的常系数线性微分方程，系统的阶数由微分方程中响应最高阶导数的次数确定。具体对一个动态电路，系统阶数也等于电路中独立储能元件的个数。

2.1.2 系统的算子描述

用微分方程来描述系统模型形式看起来比较复杂，尤其是在建立数学模型的过程中，由于动态元件的伏安关系是微积分关系，使得电路方程的列写不方便。算子是一种简化微分和积分运算表示的符号，它具有一些运算规则，可以方便描述与计算。

1. 算子符号

算子符号有两种，一种是微分算子符号，另一种是积分算子符号。微分算子符号为

$$p = \frac{d}{dt} \quad (2.1\text{-}5)$$

利用微分算子符号的表示方法，则 $px(t) = \frac{dx(t)}{dt}$，$p^n x(t) = \frac{dx^n(t)}{dt^n}$。

积分算子符号为

$$\frac{1}{p} = \int_{-\infty}^{t} (\cdot) d\tau \quad (2.1\text{-}6)$$

利用积分算子符号的表示方法，则 $\frac{1}{p} x(t) = \int_{-\infty}^{t} x(\tau) d\tau$。

采用算子符号的表示方法，则微分方程

$$\frac{d^2 r(t)}{dt^2} + 4 \frac{dr(t)}{dt} + 3r(t) = \frac{de(t)}{dt} + 2e(t)$$

可表示为

$$p^2 r(t) + 4pr(t) + 3r(t) = pe(t) + 2e(t)$$

上式称为该微分方程的算子方程。同样，式(2.1-4)所示的 n 阶微分方程对应的算子方程为

$$a_n p^n r(t) + a_{n-1} p^{n-1} r(t) + \cdots + a_1 pr(t) + a_0 r(t)$$
$$= b_m p^m e(t) + b_{m-1} p^{m-1} e(t) + \cdots + b_1 pe(t) + b_0 e(t) \quad (2.1\text{-}7)$$

注意，算子方程只是把微积分运算用算子符号表示，虽然形似代数方程，但不是代数方程，p 不能视为代数量，它代表的是一定运算过程。

式(2.1-7)还可改写为

$$(a_n p^n + a_{n-1} p^{n-1} + \cdots + a_1 p + a_0) r(t) = (b_m p^m + b_{m-1} p^{m-1} + \cdots + b_1 p + b_0) e(t) \tag{2.1-8}$$

令 $D(p) = a_n p^n + a_{n-1} p^{n-1} + \cdots + a_1 p + a_0$，$N(p) = b_m p^m + b_{m-1} p^{m-1} + \cdots + b_1 p + b_0$，则算子方程(2.1-8)可以写为

$$D(p) r(t) = N(p) e(t) \tag{2.1-9}$$

可以将式(2.1-9)进一步改写为

$$r(t) = \frac{N(p)}{D(p)} e(t) \tag{2.1-10}$$

$D(p)=0$ 称为系统的特征方程，该方程的根称为系统的特征根或系统的自然频率。

2. 算子运算规则

算子符号有一定的运算规则。

(1) 因式分解：

$$\begin{aligned}(p+a)(p+b)r(t) &= \left(\frac{\mathrm{d}}{\mathrm{d}t}+a\right)\left(\frac{\mathrm{d}}{\mathrm{d}t}+b\right)r(t) = \frac{\mathrm{d}^2 r(t)}{\mathrm{d}t^2} + b\frac{\mathrm{d}r(t)}{\mathrm{d}t} + a\frac{\mathrm{d}r(t)}{\mathrm{d}t} + abr(t)\\ &= \frac{\mathrm{d}^2 r(t)}{\mathrm{d}t^2} + (a+b)\frac{\mathrm{d}r(t)}{\mathrm{d}t} + abr(t)\\ &= p^2 r(t) + (a+b)pr(t) + abr(t)\\ &= [p^2 + (a+b)p + ab] r(t)\end{aligned}$$

故

$$(p+a)(p+b) = p^2 + (a+b)p + ab \tag{2.1-11}$$

式(2.1-11)说明算子多项式可以进行因式分解，这与代数方程类似。

(2) 算子乘除：

$$p \cdot \frac{1}{p} r(t) = \frac{\mathrm{d}}{\mathrm{d}t} \cdot \int_{-\infty}^{t} r(\tau)\mathrm{d}\tau = r(t) \tag{2.1-12}$$

$$\frac{1}{p} \cdot pr(t) = \int_{-\infty}^{t} \frac{\mathrm{d}}{\mathrm{d}\tau} r(\tau)\mathrm{d}\tau = r(t) - r(-\infty)$$

故

$$p \cdot \frac{1}{p} r(t) \neq \frac{1}{p} \cdot pr(t)$$

根据上面的讨论可知，对微分方程等式两边同时求导，等式仍然成立，但是两边同时积分，等式不一定成立，故算子方程左右两端的算子符号不能随意消去，也就是说由 $D(p)r(t)=D(p)e(t)$ 并不一定能推出 $r(t)=e(t)$。

3. 算子电路

动态电路元件也可以用算子符号表示。对于关联参考方向的电容元件，其伏安关系可表示为

$$v_C(t)=\frac{1}{C}\int_{-\infty}^{t} i(\tau)\mathrm{d}\tau=\frac{1}{Cp}i(t) \tag{2.1-13}$$

对于关联参考方向的电感元件，其伏安关系可表示为

$$v_L(t)=L\,\frac{\mathrm{d}i_L(t)}{\mathrm{d}t}=Lpi_L(t) \tag{2.1-14}$$

上两式中，$1/(Cp)$为电容元件的算子符号，可理解为广义电容容抗值；Lp 为电感元件的算子符号，可理解为广义电感感抗值。

将电路中动态元件用算子符号表示即可得算子电路。分析算子电路时，可以利用电路定律列出算子方程，再依据算子多项式的运算规则化简和整理方程，从而得到系统的微分方程。

例 2-1 已知电路模型如图 2-2 所示，其中激励为电压源 $e(t)$，响应为电流 $i(t)$。求描述该系统输入-输出关系的微分方程。

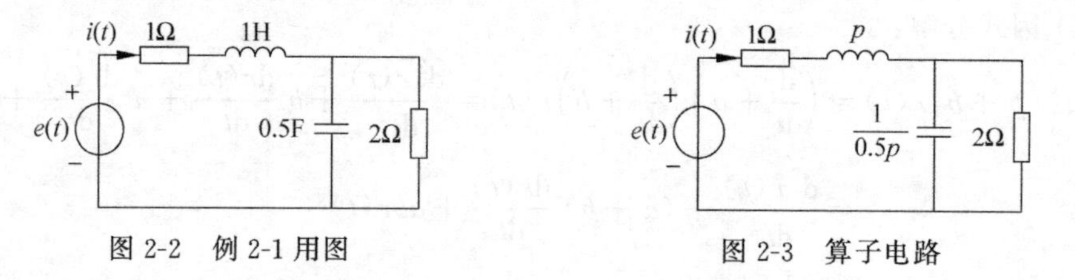

图 2-2 例 2-1 用图　　　　图 2-3 算子电路

解：图 2-2 对应的算子电路如图 2-3 所示。列 KVL 方程可得

$$\left(1+p+\frac{1}{0.5p}//2\right)i(t)=e(t)$$

整理可得

$$\frac{p^2+2p+3}{p+1}i(t)=e(t)$$

利用算子多项式运算规则，可得

$$(p^2+2p+3)i(t)=(p+1)e(t)$$

故描述该系统的微分方程为

$$\frac{\mathrm{d}^2 i(t)}{\mathrm{d}t^2}+2\,\frac{\mathrm{d}i(t)}{\mathrm{d}t}+3i(t)=\frac{\mathrm{d}e(t)}{\mathrm{d}t}+e(t)$$

可以看出，通过分析算子电路而获得算子方程，再转换为微分方程，可以大大简化系统微分方程的列写。

2.1.3 微分方程的求解

对常系数线性微分方程(2-1.4)所表示的系统，如果给出了激励和系统初始状态时，可以通过求解这个微分方程来求系统全响应(完全解)。数学上，此微分方程的求解归结为求对应的齐次方程

$$a_n \frac{d^n r(t)}{dt^n} + a_{n-1} \frac{d^{n-1} r(t)}{dt^{n-1}} + \cdots + a_1 \frac{dr(t)}{dt} + a_0 r(t) = 0 \tag{2.1-15}$$

的通解 $r_h(t)$和非齐次方程(2.1-4)的一个特解 $r_p(t)$。

微分方程的通解也称为齐次解,它由系统结构和初始条件决定,而特解由激励和系统结构决定。求得齐次解和特解,相加即可以获得完全解。

齐次方程(2.1-15)所对应的特征方程为

$$a_n\lambda^n + a_{n-1}\lambda^{n-1} + \cdots + a_1\lambda + a_0 = 0 \tag{2.1-16}$$

由于该方程是 n 阶的,所以具有 n 个特征根$\lambda_1,\lambda_2,\cdots,\lambda_n$。在没有重根的情况下,微分方程齐次解的形式为

$$r_h(t) = A_1 e^{\lambda_1 t} + A_2 e^{\lambda_2 t} + \cdots + A_n e^{\lambda_n t} \tag{2.1-17}$$

其中,系数 $A_1,A_2,\cdots,A_n$ 是待定系数,它与系统的初始条件有关;特征根 $\lambda_1,\lambda_2,\cdots,\lambda_n$ 由系统参数和结构决定,当给定一个微分方程(或电路系统)时,它就已经确定了,所以通常 $\lambda_1,\lambda_2,\cdots,\lambda_n$ 也称为系统的固有频率或自然频率,齐次解也称为系统的自由响应。

当特征根出现重根时,齐次解的形式稍微有些不同。例如当 λ_1 是 m 阶重根时,n 阶微分方程的齐次解为

$$r_h(t) = A_{11}t^{m-1}e^{\lambda_1 t} + A_{12}t^{m-2}e^{\lambda_1 t} + \cdots + A_{1m}e^{\lambda_1 t} + A_2 e^{\lambda_2 t} + \cdots + A_{n-m+1}e^{\lambda_{n-m+1} t} \tag{2.1-18}$$

特解是非齐次方程的一个解,它和激励有关,需要将激励代入微分方程的右端,获得自由项,再根据自由项来设定特解的形式。通常特解也称为系统的强迫响应。

几种典型自由项相应的特解形式见表 2-1。

表 2-1　典型自由项对应的特解形式

自　由　项	特解的形式
A(常数)	B(常数)
t^n	$C_1t^n + C_2t^{n-1} + \cdots + C_nt + C_{n+1}$
e^{at}	Ce^{at}
$\cos\omega t$	$C_1\cos\omega t + C_2\sin\omega t$
$\sin\omega t$	
$t^n e^{at}\cos\omega t$	$(C_1t^n + C_2t^{n-1} + \cdots + C_nt + C_{n+1})e^{at}\cos\omega t + (D_1t^n + D_2t^{n-1} + \cdots + D_nt + D_{n+1})e^{at}\sin\omega t$

例 2-2　已知描述某 LTI 系统的微分方程为

$$\frac{d^2}{dt^2}r(t) + 5\frac{d}{dt}r(t) + 6r(t) = \frac{d}{dt}e(t)$$

其中激励为 $e(t)=e^{-t}$,响应为 $r(t)$,且 $r(0_+)=0, r'(0_+)=1$,求 $t>0$ 时系统的完全响应。

解: (1) 求齐次解。

系统微分方程所对应的齐次方程为

$$\frac{d^2}{dt^2}r(t)+5\frac{d}{dt}r(t)+6r(t)=0$$

特征方程为

$$\lambda^2+5\lambda+6=0$$

特征根为

$$\lambda_1=-2,\quad \lambda_2=-3$$

齐次解的形式为

$$r_h(t)=A_1 e^{-2t}+A_2 e^{-3t}$$

(2) 求特解。

由于激励 $e(t)=e^{-t}$，微分方程右端的自由项为 $-e^{-t}$，故设特解的形式为 $r_p(t)=Ce^{-t}$，代入系统的微分方程，可得

$$(Ce^{-t})''+5(Ce^{-t})'+6Ce^{-t}=(e^{-t})'$$

解得

$$C=-0.5$$

故特解为

$$r_p(t)=-0.5e^{-t}$$

(3) 代入初始条件，确定完全解。

完全解的形式为

$$r(t)=A_1 e^{-2t}+A_2 e^{-3t}-0.5e^{-t}$$

代入初始条件 $r(0_+)=0$，$r'(0_+)=1$，可得

$$\begin{cases}A_1+A_2-0.5=0\\-2A_1-3A_2+0.5=1\end{cases}$$

解得

$$A_1=2,\quad A_2=-1.5$$

故系统完全响应为

$$r(t)=2e^{-2t}-1.5e^{-3t}-0.5e^{-t},\quad t>0$$

微分方程的经典法求解是从数学上求解微分方程的角度对响应进行了分解。本书在求解系统响应时，更多的是根据线性系统的响应分解性，从响应产生的物理原因角度上对响应进行分解，即把全响应分解为由系统储能产生的零输入响应和由激励产生的零状态响应。

2.2 零输入响应

通常把没有外加激励信号的作用，单独由系统的初始状态(初始储能)所产生的响应称为零输入响应，一般记为 $r_{zi}(t)$。由于零输入响应不考虑外加激励的作用，故式(2.1-4)右边的激励相关项为零，对应的数学模型为

$$a_n \frac{\mathrm{d}^n r_{zi}(t)}{\mathrm{d}t^n} + a_{n-1} \frac{\mathrm{d}^{n-1} r_{zi}(t)}{\mathrm{d}t^{n-1}} + \cdots + a_1 \frac{\mathrm{d}r_{zi}(t)}{\mathrm{d}t} + a_0 r_{zi}(t) = 0 \qquad (2.2\text{-}1)$$

这是一个齐次方程，可以按照求齐次解的方法来求零输入响应，先确定齐次解的形式，再利用初始条件确定待定系数。

这里对初始条件和系统状态加以说明。在系统响应求解时，通常求解的是系统在某一时刻之后的响应，通常设这一时刻为 $t=0$，则系统响应时间区间为 $t>0$。系统在 0_- 时的状态通常称为起始条件(或起始状态)，可表示为 $r(0_-), r'(0_-), r''(0_-), \cdots, r^{(n)}(0_-)$。对于一个具体的电路系统，系统的 0_- 状态可以根据 0_- 时刻电路元件的储能情况来判断。系统在 0_+ 时的状态通常称为初始条件(或初始状态)，可表示为 $r(0_+)$, $r'(0_+), r''(0_+), \cdots, r^{(n)}(0_+)$。由于激励通常在 $t=0$ 时刻加入，或者电路在 $t=0$ 时刻发生换路，所以系统 0_- 到 0_+ 的状态可能会发生跳变。

线性系统的响应可以分解为零输入响应和零状态响应，所以系统的起始条件也可以划分为零输入起始条件 $r_{zi}(0_-), r_{zi}'(0_-), \cdots, r_{zi}^{(n)}(0_-)$ 和零状态起始条件 $r_{zs}(0_-)$, $r_{zs}'(0_-), \cdots, r_{zs}^{(n)}(0_-)$。以 $r(0_-)$ 为例，则

$$r(0_-) = r_{zi}(0_-) + r_{zs}(0_-)$$

根据零状态的定义，可知系统的零状态起始条件为零，所以零输入响应的起始条件即为系统在 0_- 时的起始条件，即

$$r(0_-) = r_{zi}(0_-)$$

同样，系统的初始条件可以划分为零输入初始条件 $r_{zi}(0_+), r'_{zi}(0_+), \cdots, r_{zi}^{(n)}(0_+)$ 和零状态初始条件 $r_{zs}(0_+), r'_{zs}(0_+), \cdots, r_{zs}^{(n)}(0_+)$。以 $r(0_+)$ 为例，则

$$r(0_+) = r_{zi}(0_+) + r_{zs}(0_+)$$

当求解零输入响应时，由于求解的响应区间为 $t>0$，故需要使用零输入初始条件 $r_{zi}(0_+), r'_{zi}(0_+), \cdots, r_{zi}^{(n)}(0_+)$ 来确定待定系数。

例 2-3 某电路结构如图 2-4 所示，$t<0$ 时开关 S 处于闭合，且电路已处于稳态。在 $t=0$ 时开关断开，求 $t>0$ 时电流 $i(t)$。

解：由于 $t<0$ 时开关 S 处于闭合，且电路已处于稳态，故有

$$v_C(0_-) = 10\text{V}, \quad i(0_-) = 2.5\text{A}$$

在 $t=0$ 时开关断开，$t>0$ 时电路模型如图 2-5 所示，此时电路中没有外加激励，故 $i(t)$ 为零输入响应。列写 KVL 方程，可得

$$\frac{\mathrm{d}i(t)}{\mathrm{d}t} + 4i(t) + 3\int_{-\infty}^{t} i(\tau)\mathrm{d}\tau = 0$$

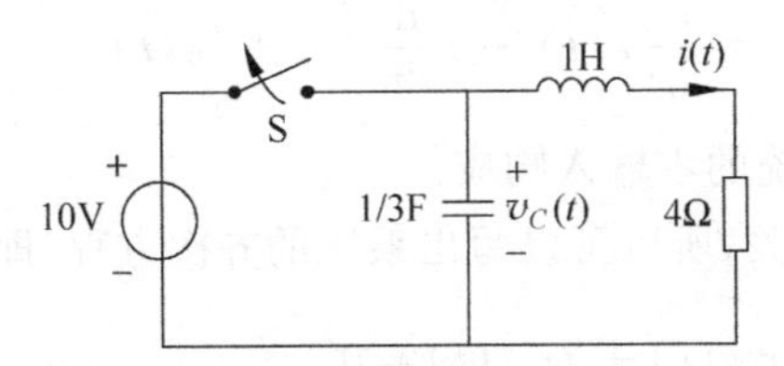

图 2-4 例 2-3 用图

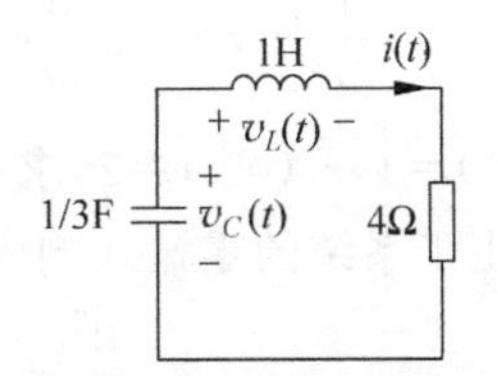

图 2-5 $t>0$ 时电路模型

方程两边同时求导，整理可得电路的数学模型为

$$\frac{d^2 i(t)}{dt^2}+4\frac{di(t)}{dt}+3i(t)=0$$

特征方程为

$$\lambda^2+4\lambda+3=0$$

特征根为

$$\lambda_1=-1,\quad \lambda_2=-3$$

零输入响应的形式为

$$i(t)=A_1 e^{-t}+A_2 e^{-3t},\quad t>0 \tag{2.2-2}$$

要确定待定系数 A_1 和 A_2，就需要知道 $i(0_+)$ 和 $i'(0_+)$ 的值。依据电路的换路定则，可知电感电流 $i(0_+)=i(0_-)=2.5\text{A}$，电容电压 $v_C(0_+)=v_C(0_-)=10\text{V}$。由图 2-5 所示的电路模型，可知电感两端电压为

$$v_L(t)=L\frac{di(t)}{dt}$$

故 $i'(0_+)=\frac{1}{L}v_L(0_+)=\frac{1}{L}[v_C(0_+)-4i(0_+)]=0$。将 $i(0_+)=2.5$ 和 $i'(0_+)=0$ 代入式(2.2-2)，可得

$$\begin{cases}A_1+A_2=2.5\\-A_1-3A_2=0\end{cases}$$

解出

$$A_1=\frac{15}{4},\quad A_2=-\frac{5}{4}$$

故该系统的零输入响应为

$$i(t)=\left(\frac{15}{4}e^{-t}-\frac{5}{4}e^{-3t}\right)u(t)$$

由于零输入响应不考虑外加激励的作用，如果在 $t=0$ 时刻系统模型没有改变，例如不存在换路，零输入响应的起始条件和初始条件是相同的，即

$$r_{zi}(0_+)=r_{zi}(0_-)=r(0_-)$$

此时，也可以由系统的起始条件来确定零输入响应的待定系数。

例 2-4 描述某 LTI 系统的微分方程为

$$\frac{d^2}{dt^2}r(t)+3\frac{d}{dt}r(t)+2r(t)=\frac{d^2}{dt^2}e(t)+5\frac{d}{dt}e(t)+5e(t)$$

已知 $r(0_-)=1, r'(0_-)=2$，求 $t>0$ 时系统的零输入响应。

解：由于系统的零输入响应与激励无关，所以可以写出系统的齐次方程，即

$$\frac{d^2}{dt^2}r_{zi}(t)+3\frac{d}{dt}r_{zi}(t)+2r_{zi}(t)=0$$

特征方程为

$$\lambda^2+3\lambda+2=0$$

特征根为

$$\lambda_1=-1,\quad \lambda_2=-2$$

零输入响应的形式为

$$r_{zi}(t)=A_1\mathrm{e}^{-t}+A_2\mathrm{e}^{-2t},\quad t>0$$

由于系统的数学模型在 0_- 和 0_+ 时刻没有变化，在没有外加激励的情况下，

$$r_{zi}(0_+)=r(0_-)=1,\quad r'_{zi}(0_+)=r'(0_-)=2$$

代入初始条件，可得

$$\begin{cases}A_1+A_2=1\\-A_1-2A_2=2\end{cases}$$

解出

$$A_1=4,\quad A_2=-3$$

故该系统的零输入响应为

$$r_{zi}(t)=(4\mathrm{e}^{-t}-3\mathrm{e}^{-2t})u(t)$$

2.3 单位冲激响应和阶跃响应

通常把不考虑系统的起始状态(起始储能)的作用，而单独由激励所产生的响应称为零状态响应，一般记为 $r_{zs}(t)$。由于激励的存在，微分方程式(2.1-4)等号右边不为零，故求解零状态响应需要求解非齐次微分方程。

对于任意激励作用下系统零状态响应的求解，本书主要讨论卷积分析法，即通过单位冲激响应与激励卷积运算来获得零状态响应。本节主要讨论单位冲激响应和单位阶跃信号的概念和求解。

2.3.1 单位冲激响应

单位冲激响应是一种特殊的零状态响应，是指系统在单位冲激信号 $\delta(t)$ 作用下产生的零状态响应，简称冲激响应，一般用 $h(t)$ 表示。

求解单位冲激响应时，由于激励为 $\delta(t)$，响应为 $h(t)$，故此时 n 阶系统的微分方程可以写为

$$a_n\frac{\mathrm{d}^n h(t)}{\mathrm{d}t^n}+a_{n-1}\frac{\mathrm{d}^{n-1}h(t)}{\mathrm{d}t^{n-1}}+\cdots+a_1\frac{\mathrm{d}h(t)}{\mathrm{d}t}+a_0h(t)$$

$$=b_m\frac{\mathrm{d}^m\delta(t)}{\mathrm{d}t^m}+b_{m-1}\frac{\mathrm{d}^{m-1}\delta(t)}{\mathrm{d}t^{m-1}}+\cdots+b_1\frac{\mathrm{d}\delta(t)}{\mathrm{d}t}+b_0\delta(t)\tag{2.3-1}$$

根据 $\delta(t)$ 的定义可知，它在 $t=0$ 时刻存在，在 $t>0$ 时 $\delta(t)$ 及其各阶导数都等于零，故 $t>0$ 时微分方程可以写为

$$a_n \frac{\mathrm{d}^n h(t)}{\mathrm{d}t^n} + a_{n-1} \frac{\mathrm{d}^{n-1} h(t)}{\mathrm{d}t^{n-1}} + \cdots + a_1 \frac{\mathrm{d}h(t)}{\mathrm{d}t} + a_0 h(t) = 0 \tag{2.3-2}$$

可以看出式(2.3-2)是齐次方程，故求解单位冲激响应与求解零输入响应类似，先根据齐次方程确定响应的形式，再代入初始条件。

由于单位冲激响应是零状态响应，系统起始状态 $h(0_-)=h'(0_-)=\cdots=h^{(n)}(0_-)=0$，而 $t>0$ 时又没有激励，那么响应是如何产生的呢？可以理解为，在 $t=0$ 时由于激励信号 $\delta(t)$ 的出现，将能量储存在系统（如电容、电感）中，改变了系统初始状态，使得 $h(0_+)$ 及其各阶导数不为零。在 $t>0$ 后，即使激励为 0，这部分储能维持系统工作，产生了系统响应。故在确定待定系数时，所用的初始条件应为 $h(0_+)$ 及其各阶导数的值。但由于 $h(0_+)$ 及其各阶导数通常未知，所以待定系数的确定可以采用冲激函数匹配法。所谓冲激函数匹配法，就是将单位冲激响应代入式(2.3-1)，利用等式两边冲激函数及其各阶导数的系数相等，从而确定单位冲激响应的待定系数。

例 2-5 已知描述某 LTI 系统的微分方程为

$$\frac{\mathrm{d}r(t)}{\mathrm{d}t} + 3r(t) = 2e(t)$$

其中，$e(t)$ 为激励，$r(t)$ 为响应，求该系统的单位冲激响应 $h(t)$。

解：根据单位冲激响应的定义，当激励 $e(t)=\delta(t)$ 且 $r(0_-)=0$ 时，有 $r(t)=h(t)$。故系统的微分方程可改写为

$$\frac{\mathrm{d}h(t)}{\mathrm{d}t} + 3h(t) = 2\delta(t) \tag{2.3-3}$$

当 $t>0$ 时，$\delta(t)=0$，微分方程变为齐次方程，即

$$\frac{\mathrm{d}h(t)}{\mathrm{d}t} + 3h(t) = 0$$

特征方程为

$$\lambda + 3 = 0$$

特征根为

$$\lambda = -3$$

故单位冲激响应的形式为

$$h(t) = A\mathrm{e}^{-3t}u(t)$$

确定待定系数 A 可采用冲激函数匹配法。将 $h(t)$ 代入式(2.3-3)，方程两端冲激函数及其导数的系数应该相等，所以

$$[A\mathrm{e}^{-3t}u(t)]' + 3A\mathrm{e}^{-3t}u(t) = 2\delta(t)$$

整理可得

$$A\delta(t) = 2\delta(t)$$

故

$$A = 2$$

所以该系统的单位冲激响应为

$$h(t) = 2\mathrm{e}^{-3t}u(t)$$

从计算结果可以看出，$h(0_+)=2$，故 $t>0$ 后，即使冲激信号消失，激励为零，但是冲激信号改变了系统的初始状态，使得系统具有了一定储能，这部分储能维持系统继续工作。

利用冲激函数匹配法求解高阶微分方程时比较烦琐，为了简化运算，可以使用2.1节介绍的算子运算求解单位冲激响应。

利用算子符号描述微分方程，则式(2.3-2)的算子方程为

$$(a_n p^n + a_{n-1} p^{n-1} + \cdots + a_1 p + a_0) h(t) = (b_m p^m + b_{m-1} p^{m-1} + \cdots + b_1 p + b_0) \delta(t) \tag{2.3-4}$$

故单位冲激响应为

$$h(t) = \frac{b_m p^m + b_{m-1} p^{m-1} + \cdots + b_1 p + b_0}{a_n p^n + a_{n-1} p^{n-1} + \cdots + a_1 p + a_0} \delta(t) \tag{2.3-5}$$

假设特征根无重根，对式(2.3-5)进行部分分式展开，可得

$$h(t) = \left[c_s p^s + c_{s-1} p^{s-1} + \cdots + c_1 p + c_0 + \frac{k_1}{p-\lambda_1} + \frac{k_2}{p-\lambda_2} + \cdots + \frac{k_n}{p-\lambda_n}\right] \delta(t) \tag{2.3-6}$$

式(2.3-6)是 $m \geqslant n$ 的情况，若 $m<n$，则系数 $c_s, c_{s-1}, \cdots, c_1, c_0$ 均为零。进一步整理可得

$$h(t) = \left[\sum_{i=0}^{s} c_i p^i \delta(t)\right] + \left[\sum_{j=1}^{n} \frac{k_j}{p-\lambda_j} \delta(t)\right] = \sum_{i=0}^{s} h_i(t) + \sum_{j=1}^{n} h_j(t) \tag{2.3-7}$$

式中，$h_i(t) = c_i p^i \delta(t) = c_i \delta^{(i)}(t)$，$h_j(t) = \dfrac{k_j}{p-\lambda_j} \delta(t)$。

从例2-5中可知，微分方程

$$\frac{\mathrm{d}h(t)}{\mathrm{d}t} + 3h(t) = 2\delta(t)$$

所对应的算子方程为

$$(p+3)h(t) = 2\delta(t), \quad 即 \quad h(t) = \frac{2}{p+3}\delta(t)$$

此时单位冲激响应为

$$h(t) = 2\mathrm{e}^{-3t} u(t)$$

由此可知，当 $h_j(t) = \dfrac{k_j}{p-\lambda_j}\delta(t)$ 时，$h_j(t) = k_j \mathrm{e}^{\lambda_j t} u(t)$。

故式(2.3-7)所对应的单位冲激响应为

$$h(t) = \sum_{i=0}^{s} c_i \delta^{(i)}(t) + \sum_{j=1}^{n} k_j \mathrm{e}^{\lambda_j t} u(t) \tag{2.3-8}$$

当系统特征方程有重根时，采用类似于例2-5的方法，可得

当 $h_i(t) = \dfrac{k_i}{(p+\lambda_i)^2}\delta(t)$ 时，

$$h_i(t)=k_i t\mathrm{e}^{\lambda_i t}u(t)$$

当 $h_i(t)=\dfrac{k_i}{(p+\lambda_i)^3}\delta(t)$时,

$$h_i(t)=\frac{k_i}{2}t^2\mathrm{e}^{\lambda_i t}u(t)$$

例 2-6 已知描述某 LTI 系统的微分方程为

$$\frac{\mathrm{d}^2 r(t)}{\mathrm{d}t^2}+4\frac{\mathrm{d}r(t)}{\mathrm{d}t}+3r(t)=\frac{\mathrm{d}e(t)}{\mathrm{d}t}+5e(t)$$

其中,$e(t)$为激励,$r(t)$为响应,求该系统的单位冲激响应 $h(t)$。

解:求解单位冲激响应时,系统数学模型可改写为

$$\frac{\mathrm{d}^2 h(t)}{\mathrm{d}t^2}+4\frac{\mathrm{d}h(t)}{\mathrm{d}t}+3h(t)=\frac{\mathrm{d}\delta(t)}{\mathrm{d}t}+5\delta(t)$$

将微分方程改写为算子方程,可得

$$(p^2+4p+3)h(t)=(p+5)\delta(t)$$

整理可得

$$h(t)=\frac{p+5}{(p^2+4p+3)}\delta(t)=\left(\frac{2}{p+1}-\frac{1}{p+3}\right)\delta(t)$$

所以该系统的单位冲激响应为

$$h(t)=(2\mathrm{e}^{-t}-\mathrm{e}^{-3t})u(t)$$

从上例可以看出,只要确定了系统的数学模型,就可以求解出系统的单位冲激响应,与具体激励和系统储能无关,所以单位冲激响应体现了系统的自身特性。当某个具体激励作用于系统时,所产生的零状态响应可以利用系统的单位冲激响应与激励通过卷积运算来求取,具体方法在本章 2.4 节介绍。

2.3.2 单位阶跃响应

系统在单位阶跃信号作用下产生的零状态响应称为阶跃响应。单位阶跃响应一般用 $g(t)$表示。由于单位冲激信号与单位阶跃信号互为微积分关系,即

$$\delta(t)=\frac{\mathrm{d}u(t)}{\mathrm{d}t},\quad u(t)=\int_{-\infty}^{t}\delta(t)\mathrm{d}t$$

由于线性时不变系统满足微积分特性,故有

$$h(t)=\frac{\mathrm{d}g(t)}{\mathrm{d}t},\quad g(t)=\int_{-\infty}^{t}h(\tau)\mathrm{d}\tau \tag{2.3-9}$$

例 2-7 某线性时不变系统的单位阶跃响应 $g(t)=(2\mathrm{e}^{-2t}-1)u(t)$,求该系统的单位冲激响应 $h(t)$。

解:$h(t)=\dfrac{\mathrm{d}}{\mathrm{d}t}g(t)=\dfrac{\mathrm{d}}{\mathrm{d}t}[(2\mathrm{e}^{-2t}-1)u(t)]=\delta(t)-4\mathrm{e}^{-2t}u(t)$

例 2-8 已知电路模型如图 2-6 所示,$t<0$ 时开关处于断开状态,系统无储能,激励

$v_s(t)=1\text{V}$。当 $t=0$ 时开关闭合，当 $t=2$ 时开关再次断开，求 $t>0$ 时电路中的电流 $i(t)$。

解：从题目中可知，$t=0_-$ 时系统无初始储能，故所求的响应为零状态响应。同时根据开关的切换情况，可以看作系统的激励为 $e(t)=u(t)-u(t-2)$。

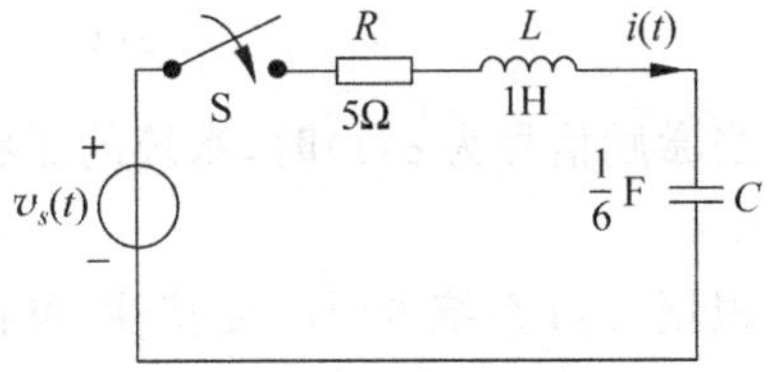

图 2-6 例 2-8 用图

利用 LTI 系统的线性和时不变特性，可知电路中的电流为

$$i(t)=g(t)-g(t-2)$$

故此题关键在于求单位阶跃响应 $g(t)$。由于 $g(t)$ 为 $h(t)$ 的积分，所以可根据电路的数学模型，先求出系统的单位冲激响应。

列写电路的 KVL 方程，可得

$$5i(t)+\frac{\mathrm{d}i(t)}{\mathrm{d}t}+6\int_{-\infty}^{t}i(\tau)\mathrm{d}\tau=e(t)$$

方程两边同时求导，可得系统数学模型为

$$\frac{\mathrm{d}^2}{\mathrm{d}t^2}i(t)+5\frac{\mathrm{d}}{\mathrm{d}t}i(t)+6i(t)=\frac{\mathrm{d}}{\mathrm{d}t}e(t)$$

求解单位冲激响应时，系统数学模型可改写为

$$\frac{\mathrm{d}^2h(t)}{\mathrm{d}t^2}+5\frac{\mathrm{d}h(t)}{\mathrm{d}t}+6h(t)=\delta'(t)$$

写成算子方程，可得

$$(p^2+5p+6)h(t)=p\delta(t)$$

整理可得

$$h(t)=\frac{p}{(p^2+5p+6)}\delta(t)=\left(\frac{3}{p+3}-\frac{2}{p+2}\right)\delta(t)$$

故单位冲激响应为

$$h(t)=(3\mathrm{e}^{-3t}-2\mathrm{e}^{-2t})u(t)$$

单位阶跃响应为

$$g(t)=\int_{-\infty}^{t}(3\mathrm{e}^{-3\tau}-2\mathrm{e}^{-2\tau})u(\tau)\mathrm{d}\tau=\int_{0}^{t}(3\mathrm{e}^{-3\tau}-2\mathrm{e}^{-2\tau})\mathrm{d}\tau u(t)$$

$$=(\mathrm{e}^{-2t}-\mathrm{e}^{-3t})u(t)$$

故电路中的电流为

$$i(t)=g(t)-g(t-2)=(\mathrm{e}^{-2t}-\mathrm{e}^{-3t})u(t)-[\mathrm{e}^{-2(t-2)}-\mathrm{e}^{-3(t-2)}]u(t-2)$$

2.4 零状态响应

前面讨论了单位冲激信号作用于系统产生的零状态响应，即单位冲激响应。那么任意信号 $f(t)$ 作为激励，系统的零状态响应又如何求解呢？

根据1.4节信号分解的相关知识可知，任意连续时间信号 $e(t)$ 可以分解为不同强度、不同时刻的单位冲激信号的加权积分，即

$$e(t)=\int_{-\infty}^{+\infty} e(\tau)\delta(t-\tau)\mathrm{d}\tau$$

当激励信号为 $\delta(t)$ 时，系统的零状态响应为单位冲激响应 $h(t)$，可以表示为

$$\delta(t)\rightarrow h(t)$$

根据LTI系统的时不变特性，可得

$$\delta(t-\tau)\rightarrow h(t-\tau)$$

LTI系统具有齐次性，故可得

$$e(\tau)\delta(t-\tau)\rightarrow e(\tau)h(t-\tau)$$

再由LTI系统的叠加性，可得

$$\int_{-\infty}^{+\infty} e(\tau)\delta(t-\tau)\mathrm{d}\tau\rightarrow\int_{-\infty}^{+\infty} e(\tau)h(t-\tau)\mathrm{d}\tau$$

所以有

$$e(t)\rightarrow\int_{-\infty}^{+\infty} e(\tau)h(t-\tau)\mathrm{d}\tau$$

即当激励 $e(t)$ 作用于系统时，产生的零状态响应为

$$r_{zs}(t)=\int_{-\infty}^{+\infty} e(\tau)h(t-\tau)\mathrm{d}\tau \tag{2.4-1}$$

式(2.4-1)中的两信号相乘再积分的运算称为卷积积分，简称卷积。

2.4.1 卷积

一般地，对于两个连续时间信号 $f_1(t)$ 和 $f_2(t)$，两者的卷积运算定义为

$$f(t)=f_1(t)*f_2(t)=\int_{-\infty}^{+\infty} f_1(\tau)f_2(t-\tau)\mathrm{d}\tau \tag{2.4-2}$$

式(2.4-2)中的积分运算称为卷积积分，可以用“*”表示。卷积是一种带参变量 t 的积分运算，两个时间函数经卷积后得到一个新的时间函数。

根据式(2.4-2)的定义，结合式(2.4-1)，可知

$$r_{zs}(t)=e(t)*h(t) \tag{2.4-3}$$

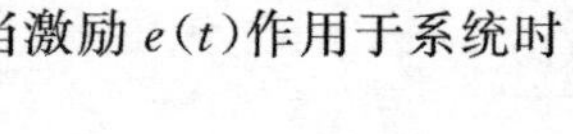

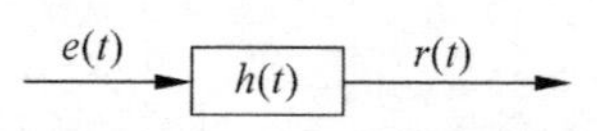

图2-7 信号通过系统框图

式(2.4-3)说明，任意激励作用于系统时，系统的零状态响应是单位冲激响应和激励信号的卷积。由于单位冲激响应 $h(t)$ 体现了系统自身的特性，所以信号 $e(t)$ 通过系统时，可以用图2-7表示，此时系统的零状态响应 $r(t)=e(t)*h(t)$。

两个信号之间的卷积可以通过图解法和解析式法来计算。

1. 图解法

卷积图解法是从波形运算的角度进行信号卷积，优点是可以直观地了解卷积运算的过程，便于确定积分的上、下限，加深对卷积物理意义的理解。

根据式(2.4-2)可以看出，从波形运算的角度，卷积包含以下步骤。

(1) 换元：将两个信号的自变量由 t 变为 τ，得到 $f_1(\tau)$ 和 $f_2(\tau)$ 的波形；

(2) 反褶：将 $f_2(\tau)$ 的波形反褶得到 $f_2(-\tau)$ 的波形；

(3) 移位：对 $f_2(-\tau)$ 波形右移 t 个单位，得到 $f_2(t-\tau)$ 的波形；

(4) 计算积分值：将 $f_1(\tau)$ 和 $f_2(t-\tau)$ 相乘，乘积曲线下的面积即为两信号在 t 时刻的卷积值。

由于 t 的不同，相乘的两个函数和积分值会不同，要根据 t 的变化重复步骤(3)和(4)，故两个函数卷积之后仍是时间 t 的函数。

例 2-9 已知信号 $f_1(t)$ 和 $f_2(t)$ 的波形如图 2-8 所示，若 $f(t)=f_1(t)*f_2(t)$，计算 $f(-1)$ 和 $f(2)$ 的值。

解：根据卷积的定义式(2.4-2)可知

$$f(-1)=\int_{-\infty}^{+\infty}f_1(\tau)f_2(-1-\tau)\mathrm{d}\tau,\quad f(2)=\int_{-\infty}^{+\infty}f_1(\tau)f_2(2-\tau)\mathrm{d}\tau$$

故需要先得到 $f_1(\tau)$、$f_2(-1-\tau)$ 和 $f_2(2-\tau)$ 的波形，再进行相乘和积分运算。

(1) 自变量换元。分别将信号 $f_1(t)$ 和 $f_2(t)$ 的自变量换为 τ，得到 $f_1(\tau)$ 和 $f_2(\tau)$ 的波形，如图 2-9 所示。

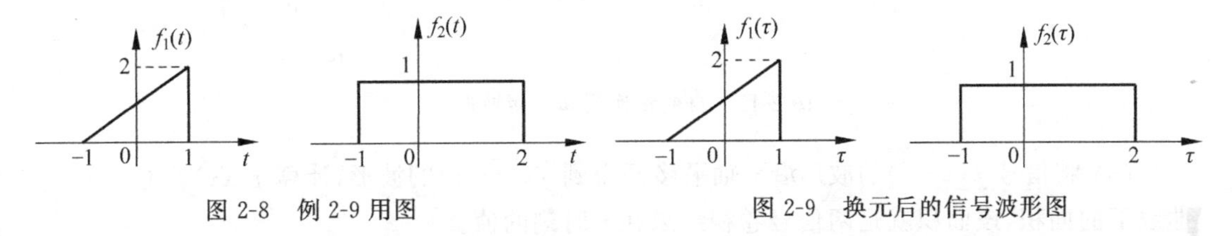

图 2-8 例 2-9 用图　　　　图 2-9 换元后的信号波形图

(2) 反褶移位。将 $f_2(\tau)$ 的波形反褶得到 $f_2(-\tau)$ 的波形，并分别向左移 1 个单位和向右移 2 个单位，得到 $f_2(-1-\tau)$ 和 $f_2(2-\tau)$ 的波形，如图 2-10 所示。

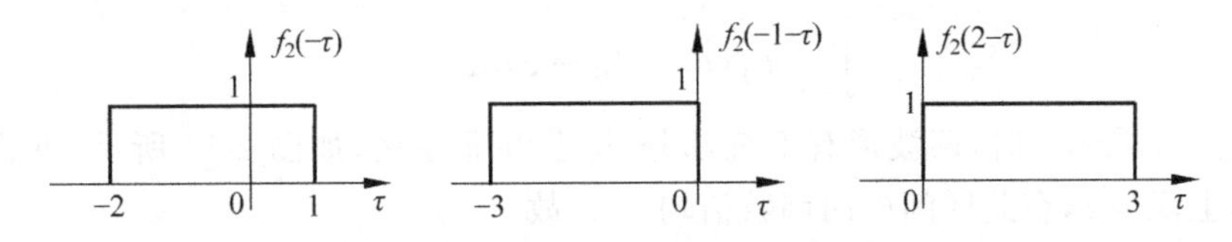

图 2-10 信号 $f_2(-\tau)$ 及其移位波形

(3) 两波形相乘并计算积分。

$$f(-1)=\int_{-\infty}^{+\infty}f_1(\tau)f_2(-1-\tau)\mathrm{d}\tau=\int_{-1}^{0}(\tau+1)\cdot 1\mathrm{d}\tau=\frac{1}{2}$$

$$f(2)=\int_{-\infty}^{+\infty}f_1(\tau)f_2(2-\tau)\mathrm{d}\tau=\int_{0}^{1}(\tau+1)\cdot 1\mathrm{d}\tau=\frac{3}{2}$$

从例 2-9 可以看出，求解信号卷积时，当 t 取不同值时，反褶的信号会产生不同的移位，使得乘积与积分的结果不同。

例 2-10 已知信号 $f_1(t)$ 和 $f_2(t)$ 的波形如图 2-11 所示，画出 $f(t)=f_1(t)*f_2(t)$

的波形。

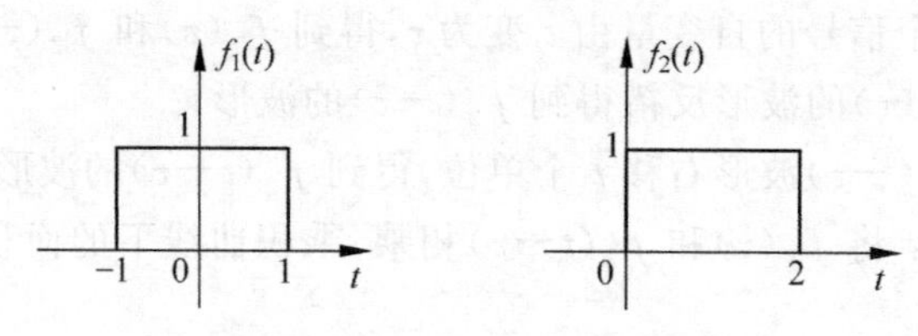

图 2-11　例 2-10 用图

解：根据式(2.4-2)可知，$f(t)=f_1(t)*f_2(t)=\int_{-\infty}^{+\infty}f_1(\tau)f_2(t-\tau)\mathrm{d}\tau$。

(1) 分别将信号 $f_1(t)$ 和 $f_2(t)$ 的自变量换为 τ，得到 $f_1(\tau)$ 和 $f_2(\tau)$ 的波形，如图 2-12(a)、(b)所示。

(2) 将 $f_2(\tau)$ 的波形反褶得到 $f_2(-\tau)$，如图 2-12(c)所示。

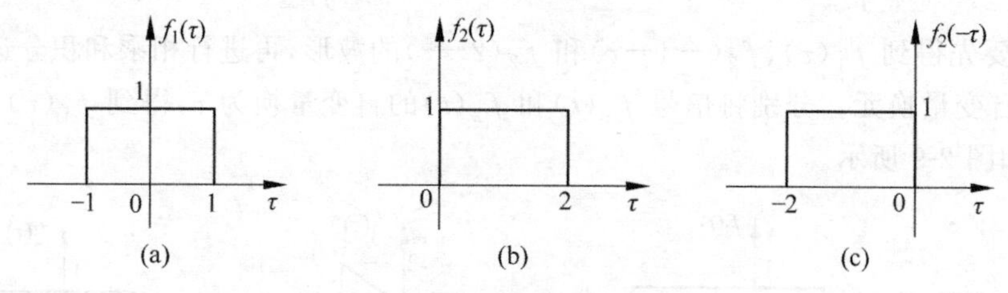

图 2-12　自变量换元和反褶波形

(3) 将信号 $f_2(-\tau)$ 的波形沿 τ 轴平移 t，得到 $f_2(t-\tau)$ 的波形，计算 $f_1(\tau)f_2(t-\tau)$ 曲线下的面积，该面积就是两信号卷积结果在 t 时刻的值。

由于 t 取不同时刻，$f_2(t-\tau)$ 的位置不同，所以这里根据 t 划分不同情况。

① 当 $t<-1$ 时，此时 $f_2(t-\tau)$ 的波形与 $f_1(\tau)$ 的波形无重叠，如图 2-13 所示，乘积为零，则

$$\int_{-\infty}^{+\infty}f_1(t)f_2(t-\tau)\mathrm{d}\tau=0$$

② 当 $-1\leqslant t<1$ 时，两波形有重叠部分，即公共非零区，如图 2-14 所示，重叠区域下限为 -1，上限为 t，在此区间内两函数值均为 1，故

$$\int_{-\infty}^{+\infty}f_1(t)f_2(t-\tau)\mathrm{d}\tau=\int_{-1}^{t}1\mathrm{d}\tau=t+1$$

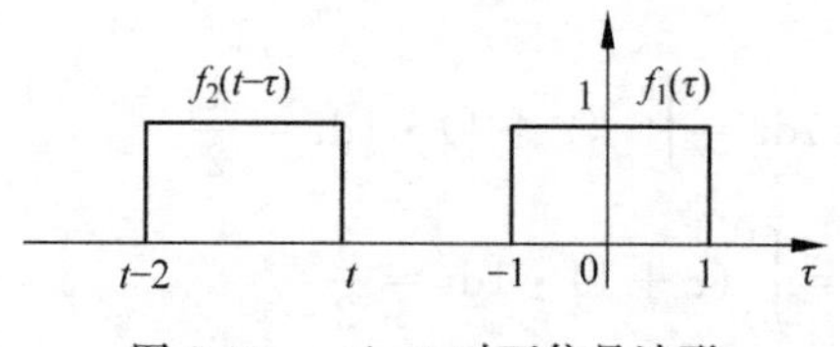

图 2-13　$t<-1$ 时两信号波形

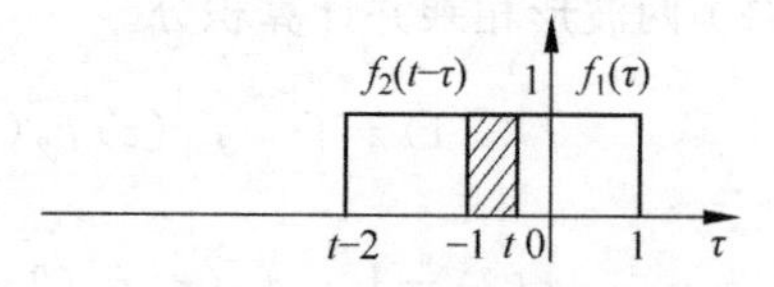

图 2-14　$-1\leqslant t<1$ 时两信号波形

③ 当 $-1\leqslant t-2<1$，即 $1\leqslant t<3$ 时，两波形有重叠部分，如图 2-15 所示，重叠区域下限为 $t-2$，上限为 1，在此区间内两函数值均为 1，故

$$\int_{-\infty}^{+\infty} f_1(t) f_2(t-\tau) \mathrm{d}\tau = \int_{t-2}^{1} 1 \mathrm{d}\tau = 3-t$$

④ 当 $t-2 \geqslant 1$，即 $t \geqslant 3$ 时，两信号波形无重叠，如图 2-16 所示，乘积为零，则

$$\int_{-\infty}^{+\infty} f_1(t) f_2(t-\tau) \mathrm{d}\tau = 0$$

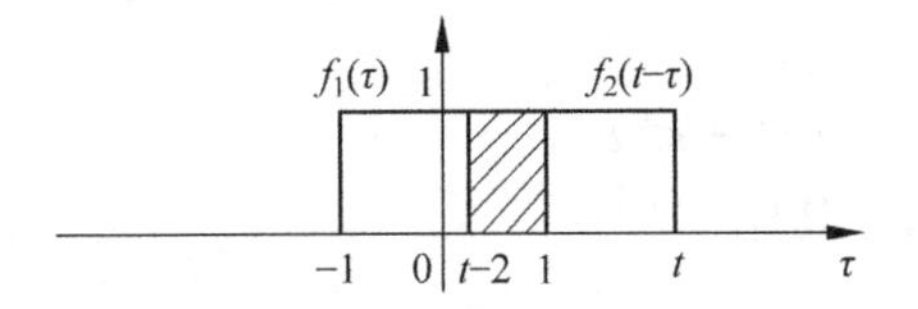

图 2-15　$1 \leqslant t < 3$ 时两信号波形

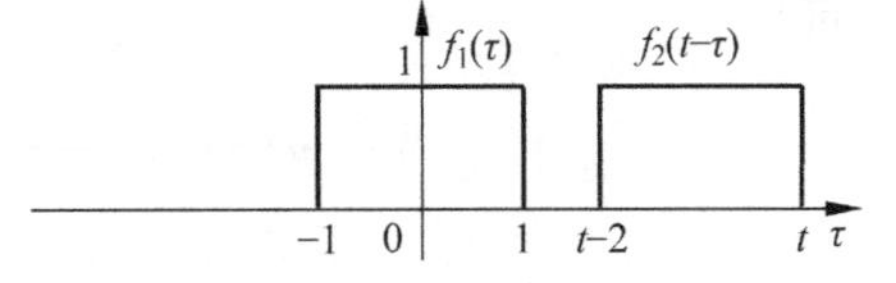

图 2-16　$t \geqslant 3$ 时两信号波形

综合上述，两信号的卷积结果为

$$f(t) = \begin{cases} 0, & t < -1 \\ t+1, & -1 \leqslant t < 1 \\ 3-t, & 1 \leqslant t < 3 \\ 0, & t \geqslant 3 \end{cases}$$

卷积结果波形如图 2-17 所示。从此例题可以看出，卷积结果 $f(t)$ 的非零值范围是信号 $f_1(t)$ 和 $f_2(t)$ 的非零值范围之和。$f(t)$ 的脉宽下限为 -1，它是 $f_1(t)$ 的脉宽下限 -1 与 $f_2(t)$ 的脉宽下限 0 之和；$f(t)$ 的脉宽上限为 3，它是 $f_1(t)$ 的脉宽上限 1 与 $f_2(t)$ 的脉宽上限 2 之和。故可以得出，若信号 $f_1(t)$ 和 $f_2(t)$ 的非零值时间存在范围分别为 (a,b) 和 (c,d)，则它们卷积结果的非零值时间存在范围为 $(a+b,c+d)$，即下限之和为卷积结果的下限，上限之和为卷积结果的上限。

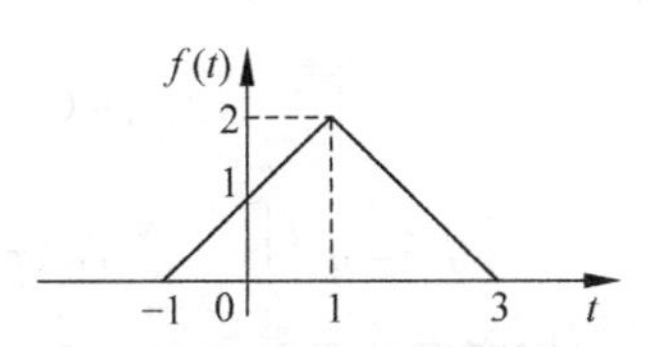

图 2-17　两信号卷积结果波形

2. 解析式法

解析式法是直接从卷积的定义式出发，直接计算两个信号的卷积积分。

例 2-11　求 $f(t) * \delta(t)$。

解：根据卷积定义，可得

$$f(t) * \delta(t) = \int_{-\infty}^{+\infty} f(\tau) \delta(t-\tau) \mathrm{d}\tau$$

利用冲激函数的抽样性，可得

$$\int_{-\infty}^{+\infty} f(\tau)\delta(t-\tau)\mathrm{d}\tau = \int_{-\infty}^{+\infty} f(t)\delta(t-\tau)\mathrm{d}\tau = f(t)\int_{-\infty}^{+\infty}\delta(t-\tau)\mathrm{d}\tau = f(t)$$

所以

$$f(t) * \delta(t) = f(t) \tag{2.4-4}$$

由此可以看出，一个信号与单位冲激信号 $\delta(t)$ 的卷积，等于信号本身。

例 2-12　已知 $f_1(t) = \mathrm{e}^{-t} u(t)$，$f_2(t) = u(t)$，求 $f_1(t) * f_2(t)$。

解：$f(t)=f_1(t)*f_2(t)=\int_{-\infty}^{+\infty}f_1(\tau)f_2(t-\tau)\mathrm{d}\tau=\int_{-\infty}^{+\infty}\mathrm{e}^{-\tau}u(\tau)u(t-\tau)\mathrm{d}\tau$

根据阶跃信号的定义，可知

$$u(\tau)=\begin{cases}0, & \tau<0\\1, & \tau>0\end{cases}\quad u(t-\tau)=\begin{cases}0, & t<\tau\\1, & t>\tau\end{cases}$$

可得

$$u(\tau)u(t-\tau)=\begin{cases}1, & 0<\tau<t\\0, & \text{其他}\end{cases}$$

故

$$f(t)=\int_0^t\mathrm{e}^{-\tau}\mathrm{d}\tau u(t)=(-\mathrm{e}^{-\tau})\big|_0^t u(t)=(1-\mathrm{e}^{-t})u(t)$$

注意：当 $0<\tau<t$ 时，$u(\tau)u(t-\tau)=1$，其中隐含着 $t>0$，所以积分上、下限分别用“0”和“t”替代时，在积分项后面要加上 $u(t)$。

例 2-13 已知 $f_1(t)=\mathrm{e}^{-\frac{t}{2}}[u(t)-u(t-2)]$，$f_2(t)=\mathrm{e}^{-t}u(t)$，求 $f_1(t)*f_2(t)$。

解：
$$\begin{aligned}y(t)&=f_1(t)*f_2(t)=\int_{-\infty}^{+\infty}f_1(\tau)f_2(t-\tau)\mathrm{d}\tau\\&=\int_{-\infty}^{+\infty}\mathrm{e}^{-\frac{1}{2}\tau}[u(\tau)-u(\tau-2)]\cdot\mathrm{e}^{-(t-\tau)}u(t-\tau)\mathrm{d}\tau\\&=\mathrm{e}^{-t}\int_{-\infty}^{+\infty}\mathrm{e}^{\frac{\tau}{2}}[u(\tau)u(t-\tau)]\mathrm{d}\tau-\mathrm{e}^{-t}\int_{-\infty}^{+\infty}\mathrm{e}^{\frac{\tau}{2}}[u(\tau-2)u(t-\tau)]\mathrm{d}\tau\end{aligned}$$

根据阶跃信号的定义，可知

$$u(\tau)u(t-\tau)=\begin{cases}1, & 0<\tau<t\\0, & \text{其他}\end{cases}\quad u(\tau-2)u(t-\tau)=\begin{cases}1, & 2<\tau<t\\0, & \text{其他}\end{cases}$$

故有

$$\begin{aligned}y(t)&=\left[\mathrm{e}^{-t}\int_0^t\mathrm{e}^{\frac{\tau}{2}}\mathrm{d}\tau\right]\cdot u(t)-\left[\mathrm{e}^{-t}\int_2^t\mathrm{e}^{\frac{\tau}{2}}\mathrm{d}\tau\right]\cdot u(t-2)\\&=2(\mathrm{e}^{-\frac{t}{2}}-\mathrm{e}^{-t})u(t)-2[\mathrm{e}^{-\frac{t}{2}}-\mathrm{e}^{-(t-1)}]u(t-2)\end{aligned}$$

2.4.2 卷积的性质

卷积运算有其固有的性质，如果熟悉这些性质，并且能够在计算卷积时正确、灵活地加以运用，可以简化卷积运算。

假设函数 $f_1(t)$、$f_2(t)$、$f_3(t)$分别可积，卷积存在如下性质。

1. 交换律

$$f_1(t)*f_2(t)=f_2(t)*f_1(t)\tag{2.4-5}$$

证明：根据定义，$f_1(t)*f_2(t)=\int_{-\infty}^{+\infty}f_1(\tau)f_2(t-\tau)\mathrm{d}\tau$

令 $x=t-\tau$，则 $\tau=t-x$，$\mathrm{d}\tau=\mathrm{d}(t-x)=-\mathrm{d}x$，则有

$$\int_{-\infty}^{+\infty} f_1(\tau) f_2(t-\tau)\mathrm{d}\tau=\int_{-\infty}^{+\infty} f_1(t-x) f_2(x)\mathrm{d}x=\int_{-\infty}^{+\infty} f_2(x) f_1(t-x)\mathrm{d}x$$

故

$$f_1(t) * f_2(t)=f_2(t) * f_1(t)$$

式(2.4-4)说明交换两个信号的卷积次序不会改变卷积结果，故在计算卷积积分时，恰当地选择信号进行反褶和时移运算，有时会简化卷积的运算。

卷积的交换律也说明激励和系统的作用可以互换，如图 2-18 所示。

$e(t)\rightarrow$ [$h(t)$] $\rightarrow r(t)$　　　$h(t)\rightarrow$ [$e(t)$] $\rightarrow r(t)$

图 2-18　卷积交换律的意义

2. 结合律

$$[f_1(t) * f_2(t)] * f_3(t)=f_1(t) * [f_2(t) * f_3(t)] \tag{2.4-6}$$

结合律的证明，可以采用与分配律类似的变量代换的方法，此处就不详细讨论了。

图 2-19(a)所示的复合系统由两个子系统构成，通常称为级联系统。该复合系统的输出(零状态响应)为

$$r(t)=e(t) * h_1(t) * h_2(t) \tag{2.4-7}$$

根据卷积的结合律，式(2.4-7)也可以写为

$$r(t)=e(t) * [h_1(t) * h_2(t)] \tag{2.4-8}$$

式(2.4-8)可以看作激励 $e(t)$通过了如图 2-19(b)所示的系统，该系统的冲激响应为

$$h(t)=h_1(t) * h_2(t) \tag{2.4-9}$$

故可知级联系统的单位冲激响应等于各子系统单位冲激响应的卷积。

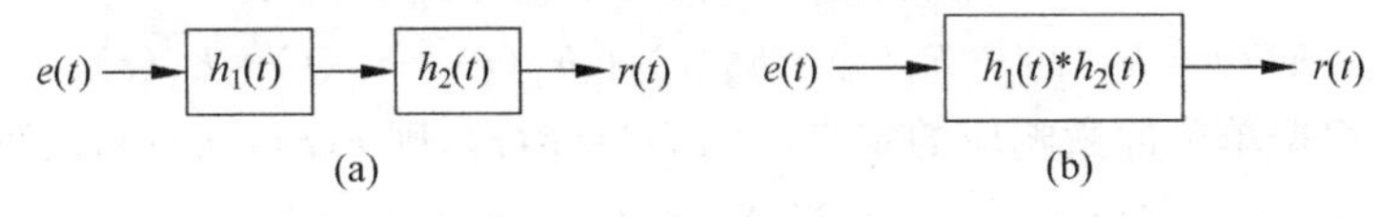

图 2-19　级联复合系统

3. 分配律

$$f_1(t) * [f_2(t)+f_3(t)]=f_1(t) * f_2(t)+f_1(t) * f_3(t) \tag{2.4-10}$$

证明：根据定义，可知

$$\begin{aligned} f_1(t) * [f_2(t)+f_3(t)] &=\int_{-\infty}^{+\infty} f_1(\tau)[f_2(t-\tau)+f_3(t-\tau)]\mathrm{d}\tau \\ &=\int_{-\infty}^{+\infty} f_1(\tau) f_2(t-\tau)\mathrm{d}\tau+\int_{-\infty}^{+\infty} f_1(\tau) f_3(t-\tau)\mathrm{d}\tau \\ &=f_1(t) * f_2(t)+f_1(t) * f_3(t) \end{aligned}$$

图 2-20(a)所示的复合系统由两个子系统并联构成，该复合系统的输出为

$$r(t)=e(t)*h_1(t)+e(t)*h_2(t)$$

根据卷积的分配律可知

$$r(t)=e(t)*[h_1(t)+h_2(t)] \tag{2.4-11}$$

故可以得出并联系统的单位冲激响应等于各子系统单位冲激响应之和，如图 2-20(b)所示。

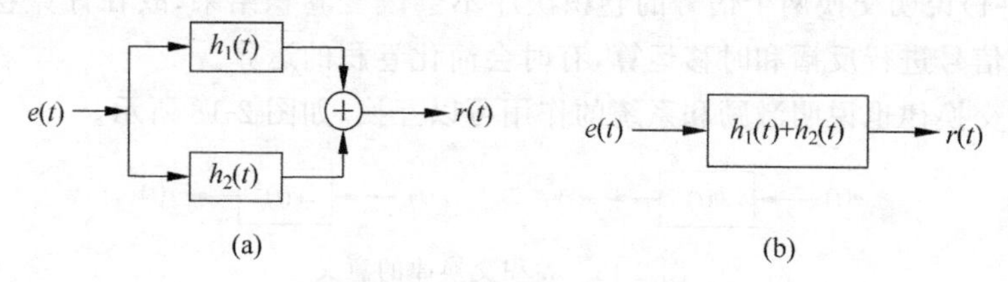

图 2-20　并联复合系统

例 2-14　图 2-21 所示复合系统是若干子系统组合而成。试求该复合系统的冲激响应 $h(t)$。

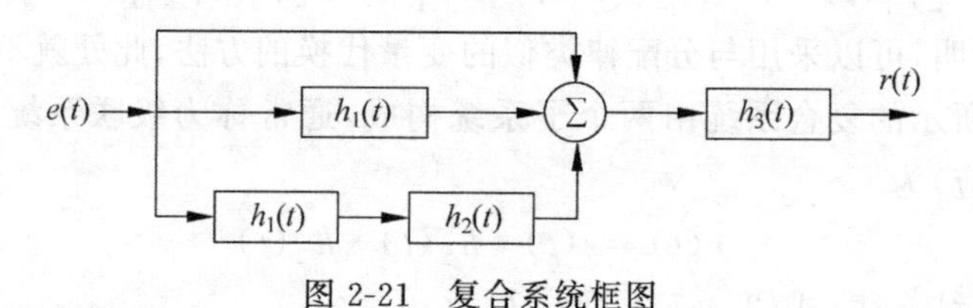

图 2-21　复合系统框图

解：方法一　根据系统的输入-输出关系，可知

$$\begin{aligned}r(t)&=[e(t)+e(t)*h_1(t)+e(t)*h_1(t)*h_2(t)]*h_3(t)\\&=e(t)*h_3(t)+e(t)*h_1(t)*h_3(t)+e(t)*h_1(t)*h_2(t)*h_3(t)\end{aligned}$$

因为 $r(t)=e(t)*h(t)$，所以该复合系统的单位冲激响应为

$$h(t)=h_3(t)+h_1(t)*h_3(t)+h_1(t)*h_2(t)*h_3(t)$$

方法二　根据单位冲激响应的定义，令 $e(t)=\delta(t)$，则 $r(t)=h(t)$，故可得

$$\begin{aligned}h(t)&=[\delta(t)+\delta(t)*h_1(t)+\delta(t)*h_1(t)*h_2(t)]*h_3(t)\\&=\delta(t)*h_3(t)+\delta(t)*h_1(t)*h_3(t)+\delta(t)*h_1(t)*h_2(t)*h_3(t)\\&=h_3(t)+h_1(t)*h_3(t)+h_1(t)*h_2(t)*h_3(t)\end{aligned}$$

4. 时移性质

$$f_1(t-t_1)*f_2(t-t_2)=f_1(t)*f_2(t-t_1-t_2) \tag{2.4-12}$$

证明：

$$f_1(t-t_1)*f_2(t-t_2)=\int_{-\infty}^{+\infty}f_1(\tau-t_1)f_2(t-\tau-t_2)\mathrm{d}\tau$$

令 $\tau-t_1=x$，则

$$f_1(t-t_1)*f_2(t-t_2)=\int_{-\infty}^{+\infty}f_1(x)f_2(t-x-t_1-t_2)\mathrm{d}x$$

$$=f_1(t)*f_2(t-t_1-t_2)$$

类似地,可以得出

$$\begin{aligned}f_1(t-t_1)*f_2(t-t_2)&=f_1(t-t_2)*f_2(t-t_1)\\&=f_1(t-t_1-t_2)*f_2(t)\end{aligned} \tag{2.4-13}$$

时移性质说明卷积运算具有时不变性。如果在激励 $e(t)$ 作用下,系统的零状态响应为 $r(t)=e(t)*h(t)$,则当激励为 $e(t-t_0)$ 时,系统的零状态响应为 $r(t-t_0)=e(t-t_0)*h(t)$。

5. 微积分性质

$$\frac{\mathrm{d}}{\mathrm{d}t}[f_1(t)*f_2(t)]=\frac{\mathrm{d}f_1(t)}{\mathrm{d}t}*f_2(t)=f_1(t)*\frac{\mathrm{d}f_2(t)}{\mathrm{d}t} \tag{2.4-14}$$

$$\begin{aligned}\int_{-\infty}^{t}[f_1(\lambda)*f_2(\lambda)]\,\mathrm{d}\lambda&=f_1(t)*\int_{-\infty}^{t}f_2(\lambda)\mathrm{d}\lambda\\&=f_2(t)*\int_{-\infty}^{t}f_1(\lambda)\mathrm{d}\lambda\end{aligned} \tag{2.4-15}$$

$$f_1(t)*f_2(t)=\frac{\mathrm{d}f_1(t)}{\mathrm{d}t}*\int_{-\infty}^{t}f_2(\lambda)\mathrm{d}\lambda=\int_{-\infty}^{t}f_1(\lambda)\mathrm{d}\lambda*\frac{\mathrm{d}f_2(t)}{\mathrm{d}t} \tag{2.4-16}$$

证明:(1) 微分性质。根据卷积定义,可知

$$\frac{\mathrm{d}}{\mathrm{d}t}[f_1(t)*f_2(t)]=\frac{\mathrm{d}}{\mathrm{d}t}\int_{-\infty}^{+\infty}f_1(\tau)f_2(t-\tau)\mathrm{d}\tau$$

由于这里对时间 t 求导,交换积分和求导的顺序,可得

$$\frac{\mathrm{d}}{\mathrm{d}t}\int_{-\infty}^{+\infty}f_1(\tau)f_2(t-\tau)\mathrm{d}\tau=\int_{-\infty}^{+\infty}f_1(\tau)\frac{\mathrm{d}}{\mathrm{d}t}f_2(t-\tau)\mathrm{d}\tau=f_1(t)*\frac{\mathrm{d}f_2(t)}{\mathrm{d}t}$$

由于卷积具有交换律,故同理可证 $\frac{\mathrm{d}}{\mathrm{d}t}[f_1(t)*f_2(t)]=\frac{\mathrm{d}f_1(t)}{\mathrm{d}t}*f_2(t)$。

(2) 积分性质。根据卷积定义,可知

$$\int_{-\infty}^{t}[f_1(\lambda)*f_2(\lambda)]\mathrm{d}\lambda=\int_{-\infty}^{t}\left[\int_{-\infty}^{+\infty}f_1(\tau)f_2(\lambda-\tau)\mathrm{d}\tau\right]\mathrm{d}\lambda$$

交换积分顺序,可得

$$\begin{aligned}\int_{-\infty}^{t}\left[\int_{-\infty}^{+\infty}f_1(\tau)f_2(\lambda-\tau)\mathrm{d}\tau\right]\mathrm{d}\lambda&=\int_{-\infty}^{+\infty}f_1(\tau)\left[\int_{-\infty}^{t}f_2(\lambda-\tau)\mathrm{d}\lambda\right]\mathrm{d}\tau\\&=f_1(t)*\int_{-\infty}^{t}f_2(\lambda)\mathrm{d}\lambda\end{aligned}$$

由于卷积具有交换律,故同理可证 $\int_{-\infty}^{t}[f_1(\lambda)*f_2(\lambda)]\mathrm{d}\lambda=\int_{-\infty}^{t}f_1(\lambda)\mathrm{d}\lambda*f_2(t)$。

式(2.4-16)的证明可采用类似方法,这里就不详细推导了。需要说明的是,卷积的微积分性质可以推广到高阶导数和高阶积分。

例 2-15 求下列信号的卷积:

(1) $f(t)*u(t)$;(2) $f(t)*[\delta(t+2)+\delta(t-2)]$;(3) $\mathrm{e}^{-2t}u(t)*\delta'(t-2)$。

解：(1) 利用卷积的微积分特性可知，

$$f(t)*u(t)=\int_{-\infty}^{t}f(\tau)\mathrm{d}\tau*u'(t)=\int_{-\infty}^{t}f(\tau)\mathrm{d}\tau*\delta(t)$$

根据式(2.4-4)，信号与单位冲激信号的卷积等于信号本身，故可得

$$f(t)*u(t)=\int_{-\infty}^{t}f(\tau)\mathrm{d}\tau \tag{2.4-17}$$

可以看出，一个信号与单位阶跃信号 $u(t)$ 的卷积，等于信号本身的积分。

(2) 利用卷积的时移性质，可知

$$\begin{aligned}f(t)*[\delta(t+2)+\delta(t-2)]&=f(t)*\delta(t+2)+f(t)*\delta(t+2)\\&=f(t+2)+f(t-2)\end{aligned}$$

可以看出，一个信号与 $\delta(t)$ 时移的卷积，等于信号本身时移。

(3) 根据卷积的微分性质和时移性质，可得

$$\begin{aligned}\mathrm{e}^{-2t}u(t)*\delta'(t-2)&=\delta(t-2)*[\mathrm{e}^{-2t}u(t)]'=\delta(t-2)*[-2\mathrm{e}^{-2t}u(t)+\delta(t)]\\&=-2\mathrm{e}^{-2(t-2)}u(t-2)+\delta(t-2)\end{aligned}$$

例 2-16 已知 $f_1(t)=\mathrm{e}^{-2t}u(t)$，$f_2(t)=tu(t)$，求 $\frac{\mathrm{d}}{\mathrm{d}t}[f_1(t)*f_2(t)]$。

解：此题可以利用卷积微积分性质来计算。

$$\begin{aligned}\frac{\mathrm{d}}{\mathrm{d}t}[f_1(t)*f_2(t)]&=f_1(t)*\frac{\mathrm{d}}{\mathrm{d}t}[f_2(t)]=f_1(t)*[u(t)+t\delta(t)]\\&=f_1(t)*u(t)=\int_{0}^{t}\mathrm{e}^{-2\tau}\mathrm{d}\tau u(t)\\&=\frac{1}{2}(1-\mathrm{e}^{-2t})u(t)\end{aligned}$$

例 2-17 已知信号 $f_1(t)$ 和 $f_2(t)$ 的波形如图 2-22 所示，求 $f(t)=f_1(t)*f_2(t)$，并画出其波形。

解：根据卷积的微积分性质可知

$$f(t)=f_1(t)*f_2(t)=\int_{-\infty}^{t}f_1(\lambda)\mathrm{d}\lambda*f_2'(t)$$

设 $f_0(t)=\int_{-\infty}^{t}f_1(\lambda)\mathrm{d}\lambda$，则信号 $f_0(t)$ 和 $f_2'(t)$ 的波形如图 2-23 所示。

$$f(t)=f_0(t)*f_2'(t)=f_0(t)*[\delta(t)-\delta(t-1)]=f_0(t)-f_0(t-1)$$

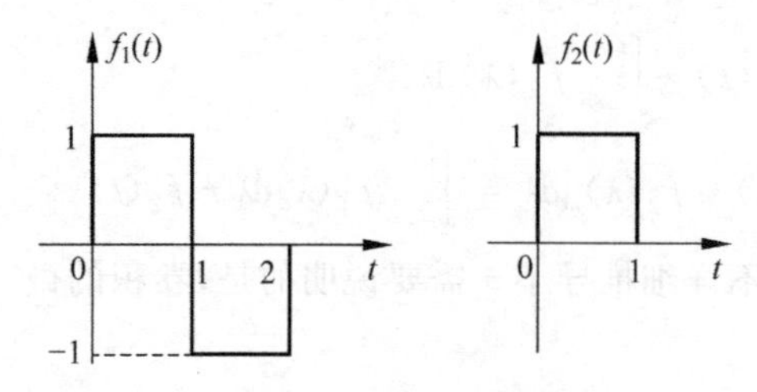

图 2-22 例 2-17 用图

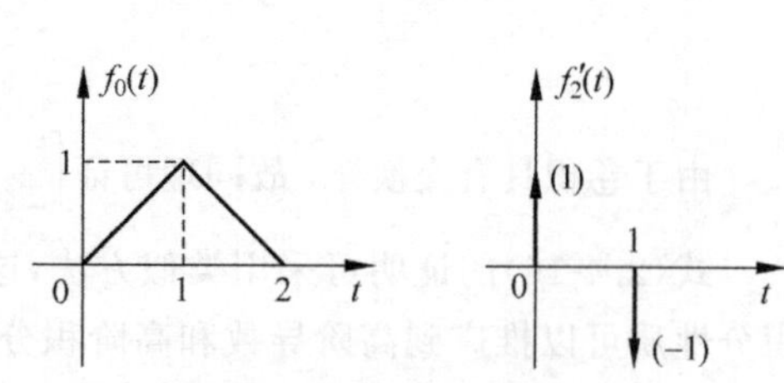

图 2-23 信号积分和导数波形

故 $f(t)$的波形是 $f_0(t)$波形与 $f_0(t-1)$波形相减，结果如图 2-24 所示。其表示式为

$$
\begin{aligned}
f(t) &= t[u(t)-u(t-1)]+(3-2t)[u(t-1)-u(t-2)]+(t-3)[u(t-2)-u(t-3)] \\
&= tu(t)+3(1-t)u(t-1)+3(t-2)u(t-2)+(3-t)u(t-3)
\end{aligned}
$$

从上面两个例题可以看出，灵活利用卷积性质有时会简化卷积运算，尤其当信号求导后出现冲激和阶跃时，可以将卷积运算简化为信号积分和相加等运算。

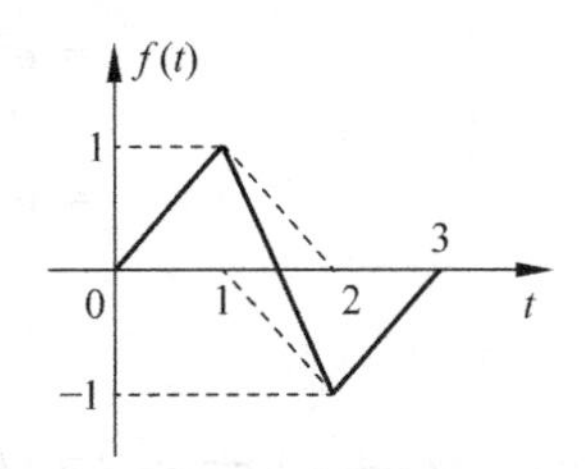

图 2-24　两信号卷积结果波形

2.4.3　零状态响应的卷积法

由于任意激励作用于系统时，系统的零状态响应是单位冲激响应和激励信号的卷积，即

$$r_{zs}(t)=e(t)*h(t)$$

所以在时域上求解零状态响应，通常可以先求出系统的单位冲激响应，再和激励信号进行卷积，这种计算方法称为零状态响应的卷积法。

对于即时系统（无记忆系统），系统某一时刻的输出取决于系统结构和该时刻的输入；而对于动态系统（记忆系统），系统的输出不仅与系统在 t 时刻的输入有关，还与 t 时刻之前的输入有关，$\tau(\tau<t)$时刻输入对输出的影响通常可以表示为 $e(\tau)h(t-\tau)$，所以 t 时刻的输出应该为 t 时刻和 t 之前各时刻系统响应的叠加，用数学公式表示就是

$$r_{zs}(t)=\int_{-\infty}^{+\infty}e(\tau)h(t-\tau)\mathrm{d}\tau$$

例 2-18　系统的微分方程为

$$\frac{\mathrm{d}^2}{\mathrm{d}t^2}r(t)+3\frac{\mathrm{d}}{\mathrm{d}t}r(t)+2r(t)=\frac{\mathrm{d}}{\mathrm{d}t}e(t)+3e(t)$$

求激励为 $e(t)=\mathrm{e}^{-3t}u(t)$时，系统的零状态响应。

解：系统的零状态响应为 $r_{zs}(t)=e(t)*h(t)$，故需先求出系统的单位冲激响应，再进行卷积运算。

(1) 求单位冲激响应。

当激励为 $\delta(t)$时，系统微分方程为

$$\frac{\mathrm{d}^2}{\mathrm{d}t^2}h(t)+3\frac{\mathrm{d}}{\mathrm{d}t}h(t)+2h(t)=\frac{\mathrm{d}}{\mathrm{d}t}\delta(t)+3\delta(t)$$

对应的算子方程为

$$(p^2+3p+2)h(t)=(p+3)\delta(t)$$

整理可得

$$h(t)=\left(\frac{p+3}{p^2+3p+2}\right)\delta(t)=\left(\frac{2}{p+1}-\frac{1}{p+2}\right)\delta(t)$$

故单位冲激响应为

$$h(t)=(2\mathrm{e}^{-t}-\mathrm{e}^{-2t})u(t)$$

(2) 利用卷积法求零状态响应。

$$
\begin{aligned}
r_{zs}(t) &= e(t) * h(t) = \mathrm{e}^{-3t}u(t) * (2\mathrm{e}^{-t} - \mathrm{e}^{-2t})u(t) \\
&= \int_{-\infty}^{+\infty} (2\mathrm{e}^{-\tau} - \mathrm{e}^{-2\tau})u(\tau)\mathrm{e}^{-3(t-\tau)}u(t-\tau)\mathrm{d}\tau \\
&= \mathrm{e}^{-3t}\left[\int_{-\infty}^{+\infty} (2\mathrm{e}^{-\tau} - \mathrm{e}^{-2\tau})\mathrm{e}^{3\tau}u(\tau)u(t-\tau)\mathrm{d}\tau\right] \\
&= \mathrm{e}^{-3t}\left[\int_{0}^{t} (2\mathrm{e}^{2\tau} - \mathrm{e}^{\tau})\mathrm{d}\tau\right]u(t) \\
&= (\mathrm{e}^{-t} - \mathrm{e}^{-2t})u(t)
\end{aligned}
$$

2.5 各种响应之间的关系

从前面的讨论可知,系统的响应由系统结构、初始条件以及激励共同决定。当系统中既有激励存在,又有初始储能时,求解的响应为系统全响应。

由于线性时不变系统的数学模型是常系数微分方程,如果从微分方程解的结构来看,完全解(全响应)由齐次解和特解组成。齐次解对应着系统的自由响应,特解对应着系统的强迫响应。自由响应的形式取决于系统的结构,对于电路而言,就是电路的连接方式和元器件的伏安关系;对于齐次微分方程而言,就是方程的结构和系数。但是根据齐次微分方程只能确定齐次解的形式,齐次解中待定系数的确定,需要在已知系统的初始条件和特解的情况下才能确定,也就是说齐次解与系统的激励和初始储能也有关系。而强迫响应取决于系统的结构和激励,与系统的初始储能无关。

从响应产生的物理原因来看,系统全响应是起始储能和激励共同作用的结果,故由零输入响应和零状态响应构成。零输入响应由系统的结构和系统的初始储能决定,而零状态响应由系统的结构和外加激励决定。

自由响应和零输入响应都满足系统的齐次方程,它们在形式上相同,零输入响应的系数仅由系统的初始储能决定。自由响应依赖于初始状态和激励信号,可以分解为由初始状态决定的部分和由系统激励决定的部分,所以系统的自由响应包含零输入响应,而系统的零状态响包含强迫响应。

从响应的存在时间来看,有时也可以把系统全响应划分为稳态响应和暂态响应。通常把 $t\to\infty$ 时不为零的那部分响应称为稳态响应,把 $t\to\infty$ 为零的那部分响应称为暂态响应。

根据以上三种划分,系统的完全响应 $r(t)$ 可以写为

$$
\begin{aligned}
r(t) &= \underbrace{\sum_{k=1}^{n} A_k \mathrm{e}^{\lambda_k t}}_{\text{自由响应}} + \underbrace{B(t)}_{\text{强迫响应}} = \underbrace{\sum_{k=1}^{n} A_{zik} \mathrm{e}^{\lambda_k t}}_{\text{零输入响应}} + \underbrace{\sum_{k=1}^{n} A_{zsk} \mathrm{e}^{\lambda_k t} + B(t)}_{\text{零状态响应}} \\
&= \text{暂态响应} + \text{稳态响应}
\end{aligned}
$$

由于零输入响应和零状态响应的物理概念比较明确,本书求系统全响应的主要方法就是将全响应分为零输入响应和零状态响应分别求解,这种求解方法通常称为双零法。

例 2-19 已知电路结构如图 2-25 所示，当 $t<0$ 时，开关 K 处于位置"1"，且电路已稳定。当 $t=0$ 时，开关拨到位置"2"。已知 $e_1(t)=6\text{V}$，$e_2(t)=\text{e}^{-t}u(t)$，$R=6\Omega$，$C=1/30\text{F}$，$L=5\text{H}$。求 $t>0$ 时，电路中的电流 $i(t)$，并指出稳态响应分量和暂态响应分量。

解：$t<0$ 时，开关处于位置"1"，激励 $e_1(t)$ 为直流，当电路稳定时，电容 C 看作开路，电感 L 看作短路，可得 $v_C(0_-)=0\text{V}$，$i(0_-)=1\text{A}$。根据电路中的换路定律，当电路中的电容电流和电感电压不为无穷大时，电容电压不会跳变，电感电流不会跳变，所以

$$v_C(0_+)=v_C(0_-)=0\text{V},\quad i(0_+)=i(0_-)=1\text{A}$$

当 $t>0$ 时，开关处于位置"2"，激励 $e_1(t)$ 与电路断开，激励 $e_2(t)$ 接入电路，此时电路如图 2-26 所示。此时电路中既有动态元件的初始储能，又存在激励 $e_2(t)$，所以电流 $i(t)$ 为全响应。可以采用双零法求响应 $i(t)$。

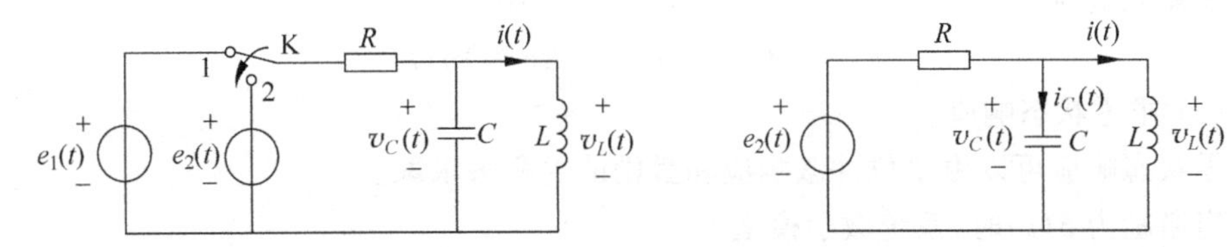

图 2-25 例 2-19 用图

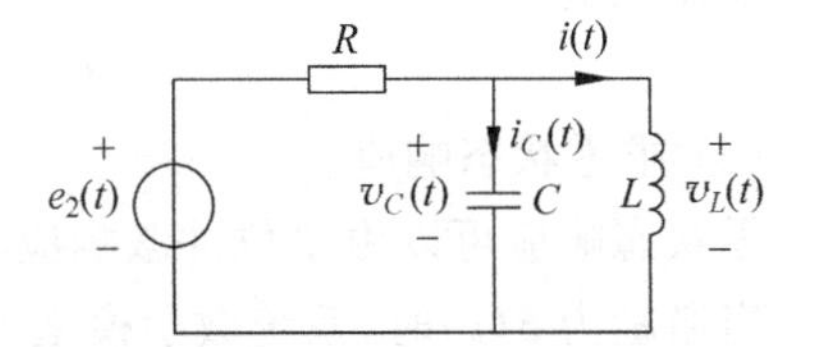

图 2-26 $t>0$ 时电路结构

列写电路的 KVL 方程，可得

$$R[i_C(t)+i(t)]+L\frac{\text{d}i(t)}{\text{d}t}=e_2(t)$$

由于电流 $i_C(t)$ 是流过电容的电流，所以

$$i_C(t)=C\frac{\text{d}v_C(t)}{\text{d}t}=C\frac{\text{d}v_L(t)}{\text{d}t}=LC\frac{\text{d}^2i(t)}{\text{d}t^2}$$

所以 $t>0$ 时，电路方程整理可得

$$RLC\frac{\text{d}^2i(t)}{\text{d}t^2}+L\frac{\text{d}i(t)}{\text{d}t}+Ri(t)=e_2(t)$$

代入元件参数，可得

$$\frac{\text{d}^2i(t)}{\text{d}t^2}+5\frac{\text{d}i(t)}{\text{d}t}+6i(t)=e_2(t)$$

(1) 求零输入响应。

零输入响应是不考虑激励，单独由系统储能而产生的响应，对应的数学模型为

$$\frac{\text{d}^2i_{zi}(t)}{\text{d}t^2}+5\frac{\text{d}i_{zi}(t)}{\text{d}t}+6i_{zi}(t)=0$$

特征方程为

$$\lambda^2+5\lambda+6=0$$

特征根为

$$\lambda_1=-2,\quad \lambda_2=-3$$

零输入响应的形式为

$$i_{zi}(t)=A_1\mathrm{e}^{-2t}+A_2\mathrm{e}^{-3t}$$

为确定系数 A_1 和 A_2，已知 $i(0_+)=1$，还需确定 $i'(0_+)$。根据电路结构，可知

$$L\frac{\mathrm{d}i(t)}{\mathrm{d}t}=v_C(t)$$

故

$$i'(0_+)=\frac{1}{L}u_C(0_+)=0$$

代入初始条件 $i_{zi}(0_+)=i(0_+)=1$ 和 $i'_{zi}(0_+)=i'(0_+)=0$

解得

$$A_1=3,\quad A_2=-2$$

所以零输入响应为

$$i_{zi}(t)=(3\mathrm{e}^{-2t}-2\mathrm{e}^{-3t})u(t)$$

(2) 求零状态响应。

零状态响应可以由单位冲激响应和激励的卷积来求取。

当激励为 $\delta(t)$ 时，系统数学模型为

$$\frac{\mathrm{d}^2h(t)}{\mathrm{d}t^2}+5\frac{\mathrm{d}h(t)}{\mathrm{d}t}+6h(t)=\delta(t)$$

对应的算子方程为

$$(p^2+5p+6)h(t)=\delta(t)$$

整理可得

$$h(t)=\left(\frac{1}{p^2+5p+6}\right)\delta(t)=\left(\frac{1}{p+2}-\frac{1}{p+3}\right)\delta(t)$$

故单位冲激响应为

$$h(t)=(\mathrm{e}^{-2t}-\mathrm{e}^{-3t})u(t)$$

利用卷积法求零状态响应，可得

$$\begin{aligned}i_{zs}(t)&=e(t)*h(t)=\mathrm{e}^{-t}u(t)*(\mathrm{e}^{-2t}-\mathrm{e}^{-3t})u(t)\\&=\int_{-\infty}^{+\infty}(\mathrm{e}^{-2\tau}-\mathrm{e}^{-3\tau})u(\tau)\mathrm{e}^{-(t-\tau)}u(t-\tau)\mathrm{d}\tau\\&=\mathrm{e}^{-t}\int_{-\infty}^{+\infty}(\mathrm{e}^{-\tau}-\mathrm{e}^{-2\tau})u(\tau)u(t-\tau)\mathrm{d}\tau\\&=\mathrm{e}^{-t}\int_0^t(\mathrm{e}^{-\tau}-\mathrm{e}^{-2\tau})\mathrm{d}\tau u(t)\\&=(0.5\mathrm{e}^{-t}-\mathrm{e}^{-2t}+0.5\mathrm{e}^{-3t})u(t)\end{aligned}$$

(3) 求系统的全响应。

$$\begin{aligned}i(t)&=i_{zi}(t)+i_{zs}(t)\\&=(3\mathrm{e}^{-2t}-2\mathrm{e}^{-3t})u(t)+(0.5\mathrm{e}^{-t}-\mathrm{e}^{-2t}+0.5\mathrm{e}^{-3t})u(t)\\&=(0.5\mathrm{e}^{-t}+2\mathrm{e}^{-2t}-1.5\mathrm{e}^{-3t})u(t)\end{aligned}$$

从计算结果可以看出，当 $t\to\infty$ 时全响应中所有分量都趋向于零，故系统的暂态响应

为$(0.5\mathrm{e}^{-t}+2\mathrm{e}^{-2t}-1.5\mathrm{e}^{-3t})u(t)$，稳态响应为0。

习题 2

2-1　已知电路模型如图2-27所示，其中电阻$R_1=2\Omega$，$R_2=2\Omega$，电感$L=1\mathrm{H}$，激励为电压源$v_S(t)$。

(1) 若响应为$v_L(t)$，写出描述该系统输入-输出关系的微分方程。

(2) 若响应为$i(t)$，写出描述该系统输入-输出关系的微分方程。

2-2　已知电路模型如图2-28所示，其中激励为电压源$v_S(t)$。写出以$i_L(t)$为响应的微分方程。

2-3　已知电路模型如图2-29所示，输入为$v_S(t)$，输出为$i(t)$。(1)画出对应的算子电路；(2)写出描述输入-输出关系的微分方程。

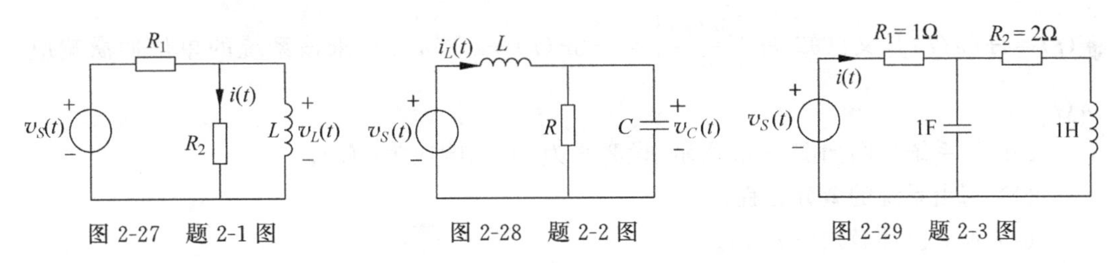

图2-27　题2-1图　　图2-28　题2-2图　　图2-29　题2-3图

2-4　已知描述某LTI系统的微分方程为

$$\frac{\mathrm{d}^2}{\mathrm{d}t^2}r(t)+3\frac{\mathrm{d}}{\mathrm{d}t}r(t)+2r(t)=e(t)$$

其中激励为$e(t)=-2\mathrm{e}^{-3t}$，$r(0_+)=0$，$r'(0_+)=1$。求$t>0$时系统的完全响应，并指出自由响应和强迫响应。

2-5　描述某LTI系统的微分方程为$\frac{\mathrm{d}^2r(t)}{\mathrm{d}t^2}+3\frac{\mathrm{d}r(t)}{\mathrm{d}t}+2r(t)=\frac{\mathrm{d}e(t)}{\mathrm{d}t}+3e(t)$，当$t>0$时，输入信号为$e(t)=\mathrm{e}^{-4t}$，系统的全响应为$r(t)=\frac{14}{3}\mathrm{e}^{-t}-\frac{7}{2}\mathrm{e}^{-2t}-\frac{1}{6}\mathrm{e}^{-4t}$。试确定自由响应分量和强迫响应分量。

2-6　已知描述某LTI系统的微分方程为

$$\frac{\mathrm{d}^2}{\mathrm{d}t^2}r(t)+2\frac{\mathrm{d}}{\mathrm{d}t}r(t)+r(t)=e(t)$$

系统的起始状态为$r(0_-)=1$，$r'(0_-)=2$，求该系统的零输入响应。

2-7　描述某LTI连续系统的微分方程为

$$\frac{\mathrm{d}^2r(t)}{\mathrm{d}t^2}+5\frac{\mathrm{d}r(t)}{\mathrm{d}t}+6r(t)=\frac{\mathrm{d}^2e(t)}{\mathrm{d}t^2}+\frac{\mathrm{d}e(t)}{\mathrm{d}t}+e(t)$$

系统的起始状态为$r(0_-)=1$，$r'(0_-)=1$，试求该系统的零输入响应。

2-8　如图2-30所示电路，$t<0$时S处于断开状态，已知$v_C(0_-)=6\mathrm{V}$，$i(0_-)=0$。

当 $t=0$ 时刻闭合开关 S，求 $t>0$ 时的零输入响应 $v_C(t)$。

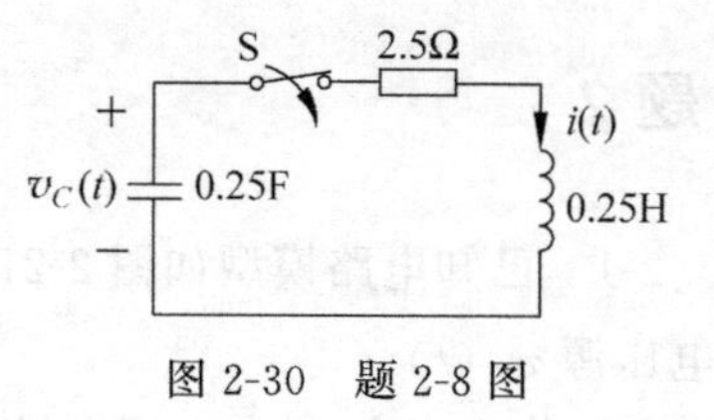

图 2-30　题 2-8 图

2-9　描述某 LTI 系统的微分方程为

$$\frac{d^2r(t)}{dt^2}+1.5\frac{dr(t)}{dt}+0.5r(t)=5e(t)$$

试求该系统的单位冲激响应。

2-10　电路结构如图 2-31 所示，已知 $L=1/2\text{H}$，$C=1\text{F}$，$R=1/3\Omega$，系统无初始储能，输入为激励 $u_S(t)$，输出为电容电压 $v_C(t)$。

(1) 写出描述系统输入-输出关系的微分方程；

(2) 求系统的单位冲激响应；

(3) 求系统的单位阶跃响应。

2-11　某无初始储能的 LTI 系统，当输入信号 $e(t)=2\mathrm{e}^{-3t}u(t)$，响应为 $r(t)$，即 $r(t)=H[e(t)]$，又已知 $H\left[\frac{de(t)}{dt}\right]=-3r(t)+\mathrm{e}^{-3t}u(t)$，求该系统的单位冲激响应 $h(t)$。

2-12　系统框图如图 2-32 所示，设激励为 $e(t)$，响应为 $r(t)$。

(1) 写出系统的微分方程；

(2) 求单位冲激响应 $h(t)$。

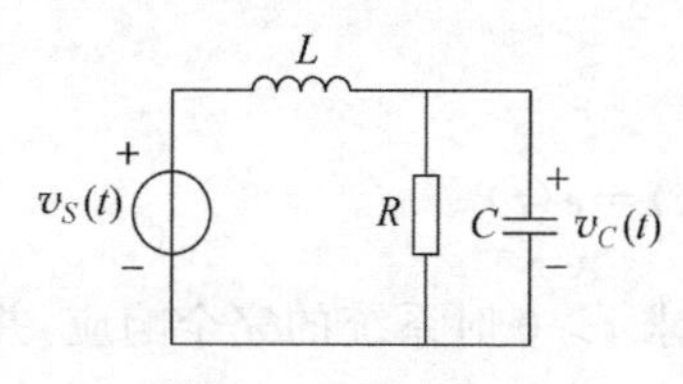

图 2-31　题 2-10 图

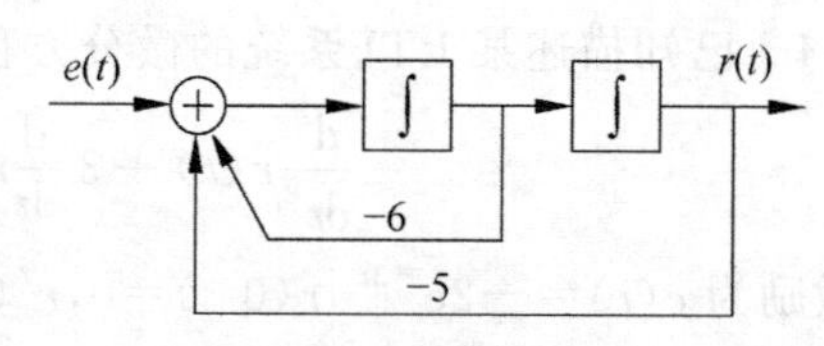

图 2-32　题 2-12 图

2-13　已知 $f_1(t)$ 和 $f_2(t)$ 的波形如图 2-33 所示，若 $f(t)=f_1(t)*f_2(t)$，求 $f(-1)$、$f(0)$ 和 $f(2)$ 的值。

2-14　已知信号 $f_1(t)$ 和 $f_2(t)$ 的波形如图 2-34 所示，请用图解法计算 $f_1(t)*f_2(t)$。

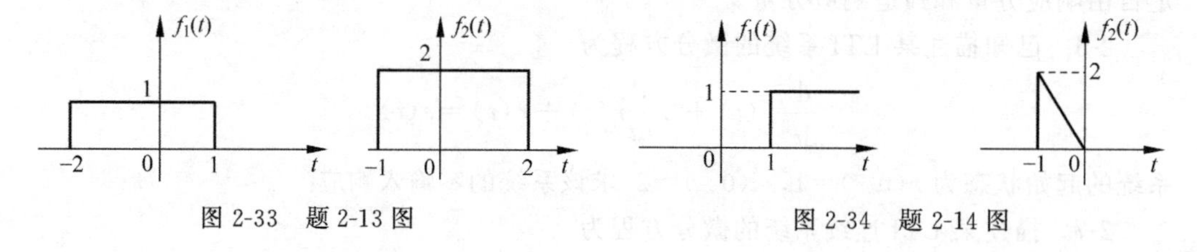

图 2-33　题 2-13 图　　图 2-34　题 2-14 图

2-15　计算卷积积分 $f_1(t)*f_2(t)$。

(1) $f_1(t)=u(t)$，$f_2(t)=u(t)$；

(2) $f_1(t)=\mathrm{e}^{-t}u(t)$，$f_2(t)=\mathrm{e}^{-2t}u(t)$；

(3) $f_1(t)=u(t), f_2(t)=tu(t)$;

(4) $f_1(t)=\mathrm{e}^{-2t}u(t), f_2(t)=\delta'(t-1)$;

(5) $f_1(t)=tu(t), f_2(t)=u(t)-u(t-2)$。

2-16 已知 $f_1(t)$和 $f_2(t)$波形如图 2-35 所示,请画出 $f(t)=f_1(t)*f_2(t)$的波形。

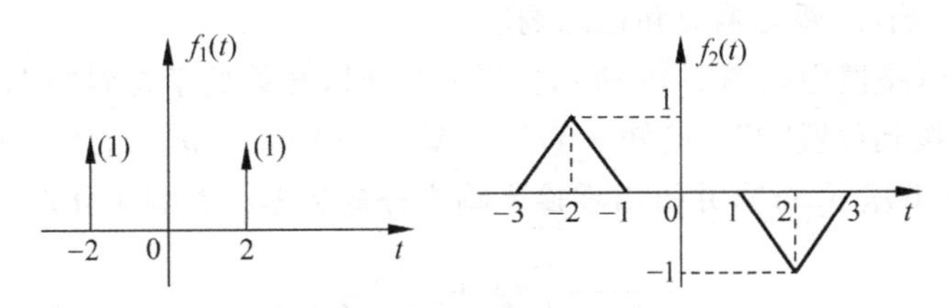

图 2-35 题 2-16 图

2-17 信号 $f_1(t)$和 $f_2(t)$波形如图 2-36 所示,画出 $f_1'(t)*f_2(t)$的波形。

2-18 某复合系统框图如图 2-37 所示。已知三个子系统的冲激响应分别为 $h_1(t)=u(t), h_2(t)=\delta(t-1)$,求该复合系统的冲激响应 $h(t)$。

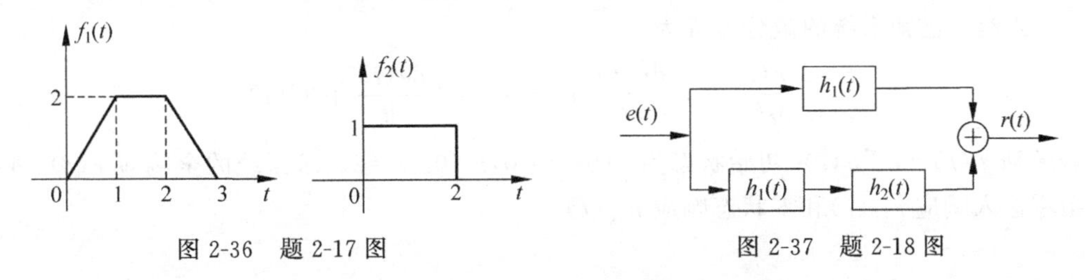

图 2-36 题 2-17 图

图 2-37 题 2-18 图

2-19 已知图 2-38(a)所示虚线框内复合系统由三个子系统构成,已知各子系统的冲激响应 $h_1(t)$和 $h_2(t)$如图 2-38(b)所示。求复合系统的冲激响应 $h(t)$的数学表达式,并画出它的波形。

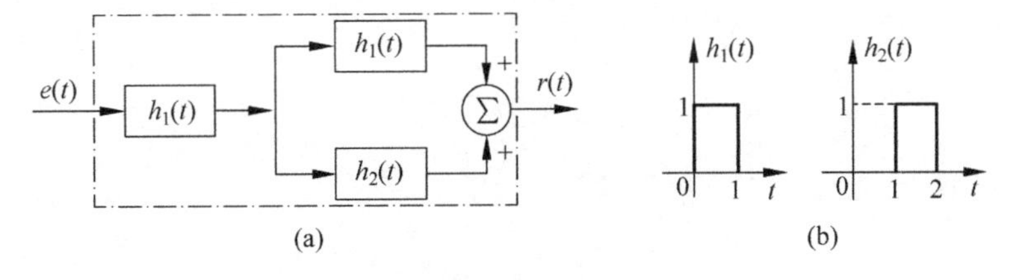

图 2-38 题 2-19 图

2-20 已知描述某系统的微分方程为$\frac{\mathrm{d}^2r(t)}{\mathrm{d}t^2}+3\frac{\mathrm{d}r(t)}{\mathrm{d}t}+2r(t)=e(t)$。

(1) 求系统的单位冲激响应 $h(t)$;

(2) 若激励 $e(t)=\mathrm{e}^{-t}u(t)$,求系统的零状态响应 $r(t)$。

2-21 已知系统的单位阶跃响应为 $g(t)=(1-\mathrm{e}^{-2t})u(t)$,初始状态不为零。若激

励 $e(t)=\mathrm{e}^{-t}u(t)$，全响应 $r(t)=2\mathrm{e}^{-t}u(t)$，求零输入响应 $r_{zi}(t)$。

2-22　已知某 LTI 系统的数学模型为

$$\frac{\mathrm{d}^2r(t)}{\mathrm{d}t^2}+6\frac{\mathrm{d}r(t)}{\mathrm{d}t}+8r(t)=2\frac{\mathrm{d}e(t)}{\mathrm{d}t}+6e(t)$$

其中激励 $e(t)=u(t)$，起始状态 $r(0_-)=1$，$r'(0_-)=2$，求系统的完全响应，并指出其零输入响应、零状态响应、暂态响应和稳态响应。

2-23　已知电路模型如图 2-39 所示。当 $t<0$ 时，开关处于位置“1”，且电路已稳定。当 $t=0$ 时，开关拨到位置“2”。已知 $e_1(t)=4\mathrm{V}$，$e_2(t)=\mathrm{e}^{-2t}u(t)$，$R=1\Omega$，$C=1\mathrm{F}$。求 $t>0$ 时，电路中的电压 $v_C(t)$，并指出零输入响应分量和零状态响应分量。

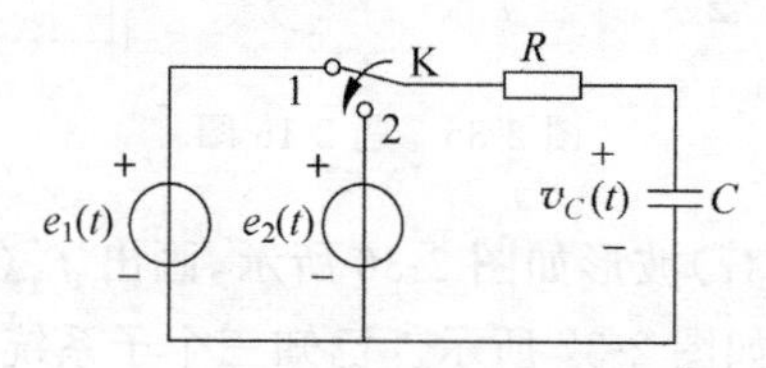

图 2-39　题 2-23 图

2-24　已知系统的微分方程为

$$\frac{\mathrm{d}^2r(t)}{\mathrm{d}t^2}+5\frac{\mathrm{d}r(t)}{\mathrm{d}t}+6r(t)=2\frac{\mathrm{d}e(t)}{\mathrm{d}t}+8e(t)$$

若激励 $f(t)=\mathrm{e}^{-t}u(t)$，初始状态为 $r(0_-)=0$，$r'(0_-)=2$。求系统的全响应 $r(t)$，并指出零输入响应 $r_{zi}(t)$ 和零状态响应 $r_{zs}(t)$。

第3章 连续时间信号与系统的频域分析

第2章介绍了信号与系统的时域分析，以时间为自变量，讨论了线性时不变系统数学模型的建立，以及零输入响应和零状态响应求解方法。系统的分析与计算都是在时间域完成的，这种方法物理概念清晰，直观明了，是信号和系统分析的基础。实际上信号包含多种属性，频域分析是以频率为自变量，通过建立时域和频域之间的内在联系，对信号与系统的频率特性进行分析。

本从周期信号入手，介绍傅里叶级数展开的两种形式，并引入信号频谱图的描述方法。对于非周期信号，通过傅里叶变换揭示信号时间特性和频率特性之间的内在联系。利用频域分析方法讨论了系统特性和响应求解，从而建立信号通过线性系统的一些重要概念，包括无失真传输、理想滤波器、调制解调和时域采样等。

3.1 周期信号的傅里叶级数

在前两章时域分析中，讨论了信号的脉冲分解，是以单位冲激信号为基本单元，将任意信号分解为不同时刻不同强度的冲激信号的组合，这种分解方式为系统零状态响应的卷积分析法奠定了基础。由于信号具有多种属性，所以可以从多种角度进行分解。对于周期信号，一种常见的方法就是以正弦信号作为基本单元，将其分解为不同频率的正弦信号的叠加，从而可从频率构成来分析。这一思想由法国物理学家傅里叶在1807年提出，后人将这一结论命名为傅里叶级数理论。

3.1.1 三角形式的傅里叶级数

式(3.1-1)为正弦信号的时域表达式，它是随时间变化的函数，只要确定其表达式中的振幅A、角频率ω和相位θ这三个要素，该正弦信号也就唯一确定。其中角频率ω决定了正弦信号的变化速率，振幅A决定了正弦信号的幅度变化范围，相位θ决定了正弦信号的初始位置。

$$f(t)=A\sin(\omega t+\theta) \tag{3.1-1}$$

设正弦信号$f_1(t)$的角频率为1，振幅为$\frac{4}{\pi}$，相位为0，则其波形如图3-1(a)所示，数学表达式为

$$f_1(t)=\frac{4}{\pi}\sin t$$

若给信号$f_1(t)$再叠加两个正弦分量$\frac{4}{3\pi}\sin 3t$和$\frac{4}{5\pi}\sin 5t$，可得到信号$f_2(t)$，其波形如图3-1(b)所示，数学表达式为

$$f_2(t)=\frac{4}{\pi}\sin t+\frac{4}{3\pi}\sin 3t+\frac{4}{5\pi}\sin 5t$$

可以看出$f_2(t)$仍然是周期信号，其周期与$f_1(t)$相同。若按照此规律将100个正弦分量叠加，则可得到波形如图3-1(c)所示信号$f_3(t)$，其表达式为

$$f_3(t)=\sum_{n=0}^{99}\frac{4}{(2n+1)\pi}\sin[(2n+1)t]$$

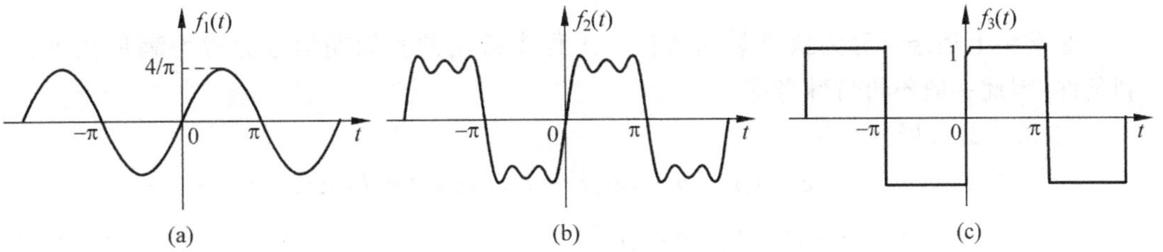

图 3-1 正弦信号合成周期矩形信号示意图

可以看出，信号 $f_3(t)$的波形形状与周期矩形信号非常相似。实际上，当 n 取到无穷大时，合成的波形即为周期矩形信号。

不仅周期矩形信号可以由不同频率的正弦信号组合而成，其他的周期信号也具有类似的特点。例如，图 3-2(a)为正弦信号 $f_1(t)=\frac{4}{\pi}\sin t$ 的波形，图 3-2(b)为 $f_2(t)=\frac{4}{\pi}\sin t-\frac{4}{2\pi}\sin 2t+\frac{4}{3\pi}\sin 3t$ 的波形，图 3-2(c)为 $f_3(t)=\sum_{n=1}^{99}(-1)^{n+1}\frac{4}{n\pi}\sin(nt)$ 的波形。可以看出，随着正弦分量的增加，信号波形越来越接近周期锯齿信号。当 n 取到无穷大时，合成的波形即为周期锯齿信号。

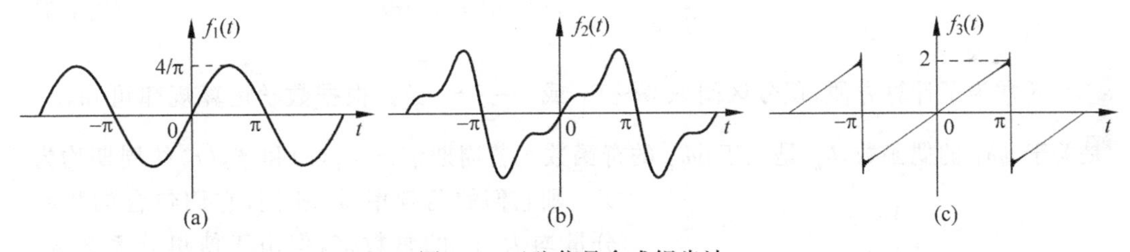

图 3-2 正弦信号合成锯齿波

由上面的讨论可以看出，周期信号可以由不同频率的正弦信号叠加而成，这就是傅里叶级数理论的主要思想，即周期信号 $f(t)$可以用正弦级数来表示，表达式为

$$f(t)=a_0+\sum_{n=1}^{\infty}(a_n\cos n\omega_1 t+b_n\sin n\omega_1 t) \tag{3.1-2}$$

式(3.1-2)称为周期信号三角形式的傅里叶级数展开式。其中 n 为正整数，a_0 为常数，也称为直流分量，a_n 为余弦分量的振幅，b_n 为正弦分量的振幅。若周期信号的周期为 T_1，则角频率 $\omega_1=\frac{2\pi}{T_1}$。

当然傅里叶的这一描述并不完全准确，1829 年由狄里赫利给出了若干条件后，此理论才趋于完善。狄里赫利指出，若周期信号 $f(t)$满足以下三个条件才可以展开为傅里叶级数，即

(1) 在一个周期内，信号连续或者第一类间断点的个数有限；

(2) 在一个周期内,信号的极大值和极小值的个数是有限的;

(3) 在一个周期内,信号绝对可积,即$\int_{t_0}^{t_0+T_1} |f(t)| \mathrm{d}t < \infty$。

通常将上述条件称为狄里赫利条件。工程中常用的实周期信号通常均满足狄里赫利条件,因此一般不再特殊考虑。

式(3.1-2)可展开为

$$f(t)=a_0+a_1\cos\omega_1 t+b_1\sin\omega_1 t+a_2\cos 2\omega_1 t+b_2\sin 2\omega_1 t+\cdots+ a_n\cos n\omega_1 t+b_n\sin n\omega_1 t+\cdots \tag{3.1-3}$$

从式(3.1-3)可以看出,周期信号可以展开为直流以及无穷多个不同频率的正弦分量和余弦分量的叠加,各分量的频率均为 ω_1 的整数倍。a_0、a_n 和 b_n 称为傅里叶系数,计算方法如下:

直流分量

$$a_0=\frac{1}{T_1}\int_{t_0}^{t_0+T_1} f(t)\mathrm{d}t \tag{3.1-4}$$

余弦分量振幅

$$a_n=\frac{2}{T_1}\int_{t_0}^{t_0+T_1} f(t)\cos(n\omega_1 t)\mathrm{d}t \tag{3.1-5}$$

正弦分量振幅

$$b_n=\frac{2}{T_1}\int_{t_0}^{t_0+T_1} f(t)\sin(n\omega_1 t)\mathrm{d}t \tag{3.1-6}$$

通常为了计算方便,积分区间取 $0\sim T_1$ 或 $-\frac{T_1}{2}\sim\frac{T_1}{2}$。根据数学运算规律可知,$a_n$ 是关于 $n\omega_1$ 的偶函数,b_n 是关于 $n\omega_1$ 的奇函数。若周期信号 $f_1(t)$ 和 $f_2(t)$ 的周期均为 T_1,则它们的角频率 ω_1 相同,它们包含的频率分量均为 ω_1 的整数倍,但由于傅里叶系数 a_n 和 b_n 的不同,使得各频率分量的振幅不同,所以叠加后得到两个不同周期信号。图 3-1 和图 3-2 就说明了这一点。

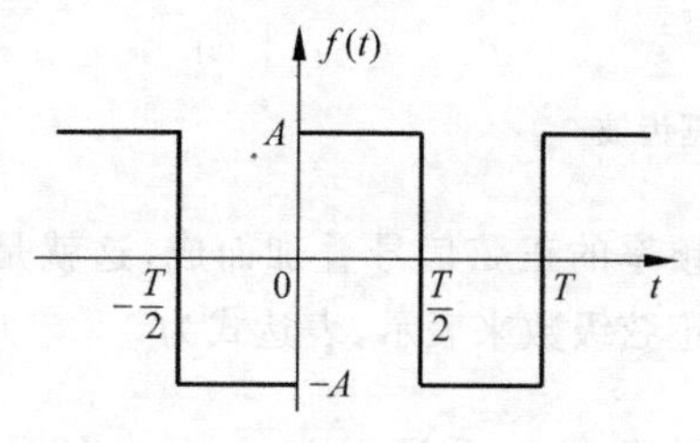

图 3-3 周期矩形脉冲信号时域波形

例 3-1 已知周期矩形脉冲信号波形如图 3-3 所示,计算其三角形式的傅里叶级数展开式。

解:从图 3-3 可以看出,周期信号 $f(t)$ 是关于 t 的奇函数,故可得

$$a_0=\frac{1}{T}\int_{-\frac{T}{2}}^{\frac{T}{2}} f(t)\mathrm{d}t=0$$

$$a_n=\frac{2}{T}\int_{-\frac{T}{2}}^{\frac{T}{2}} f(t)\cos(n\omega_1 t)\mathrm{d}t=0$$

$$b_n=\frac{2}{T}\int_{-\frac{T}{2}}^{\frac{T}{2}} f(t)\sin(n\omega_1 t)\mathrm{d}t=\frac{4}{T}\int_0^{\frac{T}{2}} A\sin(n\omega_1 t)\mathrm{d}t$$

$$=\frac{4}{T}\frac{1}{n\omega_1}(-\cos n\omega_1 t)\Big|_0^{\frac{T}{2}}=\frac{4A}{n\omega_1 T}\left(1-\cos n\omega_1\frac{T}{2}\right)$$

$$=\frac{2A}{n\pi}(1-\cos n\pi)$$

将系数代入式(3.1-2)可得该周期矩形脉冲信号的级数展开式为

$$f(t)=\sum_{n=1}^{\infty}\frac{2A}{n\pi}(1-\cos n\pi)\sin(n\omega_1 t)$$

$$=\sum_{n=1}^{\infty}\frac{4A}{n\pi}\sin(n\omega_1 t),\quad n=1,3,5,\cdots$$

$$=\frac{4A}{\pi}\sin(\omega_1 t)+\frac{4A}{3\pi}\sin(3\omega_1 t)+\frac{4A}{5\pi}\sin(5\omega_1 t)+\cdots$$

由展开式可以看出，由于 $a_0=0$，$a_n=0$，故图 3-3 所示的周期矩形脉冲信号中仅包含了奇次频率的正弦分量，无直流和余弦分量，其中各正弦分量的振幅随着频率的增加而减小。

式(3.1-2)中，$a_n\cos n\omega_1 t$ 和 $b_n\sin n\omega_1 t$ 都是角频率为 $n\omega_1$ 的三角分量，可以利用三角函数的计算公式，将正弦分量和余弦分量进行合并。

$$f(t)=a_0+\sum_{n=1}^{\infty}(a_n\cos n\omega_1 t+b_n\sin n\omega_1 t)$$

$$=a_0+\sqrt{a_n^2+b_n^2}\sum_{n=1}^{\infty}\left(\frac{a_n}{\sqrt{a_n^2+b_n^2}}\cos n\omega_1 t-\frac{-b_n}{\sqrt{a_n^2+b_n^2}}\sin n\omega_1 t\right)$$

令 $c_n=\sqrt{a_n^2+b_n^2}$，$\theta_n=\arctan\dfrac{-b_n}{a_n}$，可得

$$f(t)=a_0+\sum_{n=1}^{\infty}c_n(\cos\varphi_n\cos n\omega_1 t-\sin\varphi_n\sin n\omega_1 t)$$

$$=c_0\cos\theta_0+\sum_{n=1}^{\infty}c_n\cos(n\omega_1 t+\theta_n)\tag{3.1-7}$$

式(3.1-7)可以称为标准三角形式级数展开式。其中，c_0 是直流分量的幅度，θ_0 是直流分量的相位，θ_0 一般取值为 0 或 $\pm\pi$。由于正弦信号和余弦信号具有相同的特性，两者仅在相位上相差 $\pi/2$，且可以互相转化，故本教材通常将两者统称为“正弦信号”。三角形式的级数展开式中各正弦分量的频率均为 $n\omega_1$，是角频率 ω_1 的整数倍。通常把 $n=1$ 时的正弦分量称为基波，ω_1 为基波频率，c_1 为基波振幅，θ_1 为基波相位；$n>1$ 以后的正弦分量称为谐波，例如 $c_2\cos(2\omega_1 t+\theta_2)$ 称为二次谐波，$2\omega_1$ 为二次谐波频率，c_2 为二次谐波振幅，θ_2 为二次谐波相位。以此类推，$c_n\cos(n\omega_1 t+\theta_n)$ 就是 n 次谐波，$n\omega_1$ 是 n 次谐波频率，c_n 是 n 次谐波振幅，θ_n 是 n 次谐波相位。由于 c_n 表示振幅，根据计算公式可知 $c_n\geqslant 0$，同时为了保证相位的唯一性，通常规定 $-\pi\leqslant\theta_n\leqslant\pi$。

由式(3.1-7)可以看出，周期信号由直流、基波和各次谐波线性组合而成。其中每个正弦分量均由其频率 $n\omega_1$、振幅 c_n 和相位 θ_n 三个要素决定。根据此式，可以清楚地了解

该周期信号中含有哪些频率分量，各频率分量的振幅和相位分别是多少。也就是说通过三角级数展开式，将周期信号的特性分析转化为其包含的各频率分量的振幅、相位的计算。

例 3-2 已知周期信号 $f(t)$ 如下，写出其标准三角形式的傅里叶级数展开式。

$$f(t)=1+\sqrt{2}\cos\omega_0 t-\cos\left(2\omega_0 t+\frac{5\pi}{4}\right)+\sqrt{2}\sin\omega_0 t+0.5\sin 3\omega_0 t$$

解：由三角函数的运算，可将表达式改写为

$$\begin{aligned}f(t)&=1+\left(\sqrt{2}\cos\omega_0 t+\sqrt{2}\sin\omega_0 t\right)+\cos\left(2\omega_0 t+\frac{5\pi}{4}-\pi\right)+0.5\cos\left(3\omega_0 t-\frac{\pi}{2}\right)\\&=1+2\cos\left(\omega_0 t-\frac{\pi}{4}\right)+\cos\left(2\omega_0 t+\frac{\pi}{4}\right)+0.5\cos\left(3\omega_0 t-\frac{\pi}{2}\right)\end{aligned}$$

从结果中可以看出，相较三角级数一般的展开式，标准三角形式级数展开式能更直观地表现信号包含的频率信息。本例中周期信号 $f(t)$ 含有 0、ω_0、$2\omega_0$ 和 $3\omega_0$ 四个频率的正弦分量。其中，频率为 0 的正弦分量，其振幅为 1，相位为 0；频率为 ω_0 的正弦分量，振幅为 2，相位为 $-\frac{\pi}{4}$；频率为 $2\omega_0$ 的正弦分量，振幅为 1，相位为 $\frac{\pi}{4}$；频率为 $3\omega_0$ 的正弦分量，振幅为 0.5，相位为 $-\frac{\pi}{2}$。

3.1.2 复指数形式的傅里叶级数

3.1.1 节中以正弦信号为基本单元介绍了周期信号的三角形式傅里叶级数展开，实际中与正弦信号具有类似特性的基本单元还有复指数信号 $e^{j\omega t}$。它们的共同特点是：三角函数和复指数信号都具有正交性、微积分不变性，并且同时具有时间和频率的含义。

利用复指数信号可将周期为 T_1 的周期信号展开为

$$f(t)=\sum_{n=-\infty}^{+\infty}F(n\omega_1)e^{jn\omega_1 t} \tag{3.1-8}$$

式中，$\omega_1=\frac{2\pi}{T_1}$是周期信号的基波频率，$n$ 为 $-\infty\sim+\infty$ 的整数。式(3.1-8)说明周期信号可以展开为无穷多个频率为 $n\omega_1$ 的复指数信号 $e^{jn\omega_1 t}$ 的线性组合，各项的系数为 $F(n\omega_1)$。因此，通常将 $F(n\omega_1)$称为复指数级数展开式的系数，简称谱系数。$F(n\omega_1)$有时也简写为 F_n，具体计算如式(3.1-9)所示。

$$F_n=F(n\omega_1)=\frac{1}{T}\int_{t_0}^{t_0+T_1}f(t)e^{-jn\omega_1 t}dt \tag{3.1-9}$$

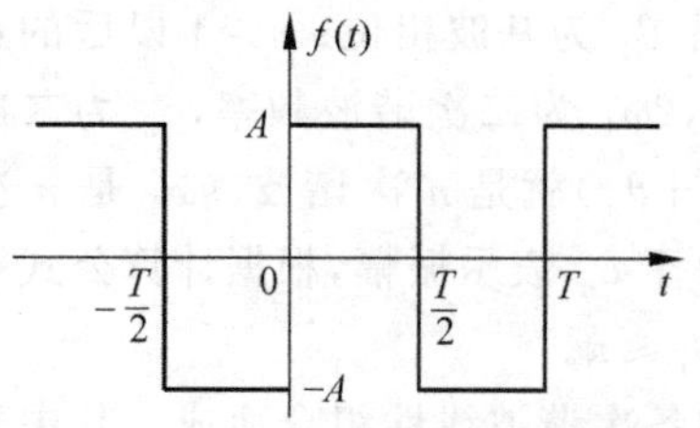

图 3-4 周期矩形脉冲的时域波形

例 3-3 求图 3-4 所示周期矩形脉冲复指数形式的傅里叶级数。

解：根据式(3.1-9)计算傅里叶系数。

$$F_n=\frac{1}{T}\int_{-\frac{T}{2}}^{\frac{T}{2}}f(t)\mathrm{e}^{-\mathrm{j}n\omega_1 t}\mathrm{d}t=\frac{1}{T}\int_{-\frac{T}{2}}^{0}(-A)\mathrm{e}^{-\mathrm{j}n\omega_1 t}\mathrm{d}t+\frac{1}{T}\int_{0}^{\frac{T}{2}}A\mathrm{e}^{-\mathrm{j}n\omega_1 t}\mathrm{d}t$$

$$=-\frac{A}{T}\cdot\frac{1}{-\mathrm{j}n\omega_1}\mathrm{e}^{-\mathrm{j}n\omega_1 t}\Big|_{-\frac{T}{2}}^{0}+\frac{A}{T}\cdot\frac{1}{-\mathrm{j}n\omega_1}\mathrm{e}^{-\mathrm{j}n\omega_1 t}\Big|_{0}^{\frac{T}{2}}$$

$$=\frac{A}{\mathrm{j}n\omega_1 T}(2-\mathrm{e}^{\mathrm{j}n\omega_1\frac{T}{2}}-\mathrm{e}^{-\mathrm{j}n\omega_1\frac{T}{2}})=\frac{A}{\mathrm{j}n\pi}(1-\cos n\pi)$$

$$=\begin{cases}\dfrac{2A}{\mathrm{j}n\pi}, & n=\pm1,\pm3,\pm5,\cdots\\ 0, & n=0,\pm2,\pm4,\pm6,\cdots\end{cases}$$

将谱系数 F_n 代入式(3.1-8),所以级数展开式为

$$f(t)=\sum_{n=-\infty}^{+\infty}\frac{2A}{\mathrm{j}n\pi}\mathrm{e}^{\mathrm{j}n\omega_1 t},\quad n=\pm1,\pm3,\pm5,\cdots$$

比较例 3-1 和例 3-3,可以看出同一个周期信号既可以展开为三角形式的傅里叶级数,也可以展开为复指数形式的傅里叶级数。式(3.1-10)所示的欧拉公式给出了正余弦信号和复指数信号之间的关系,所以两种形式的傅里叶级数可以相互转换。

$$\begin{cases}\cos\omega t=\dfrac{1}{2}(\mathrm{e}^{\mathrm{j}\omega t}+\mathrm{e}^{-\mathrm{j}\omega t})\\ \sin\omega t=\dfrac{1}{2}(\mathrm{e}^{\mathrm{j}\omega t}-\mathrm{e}^{-\mathrm{j}\omega t})\end{cases}\tag{3.1-10}$$

例如,例 3-1 中周期矩形信号的三角级数展开式为

$$f(t)=\sum_{n=1}^{\infty}\frac{4A}{n\pi}\sin(n\omega_1 t),\quad n=1,3,5,\cdots$$

根据欧拉公式,可将上式变化为

$$f(t)=\sum_{n=1}^{\infty}\frac{4A}{n\pi}\cdot\frac{1}{2\mathrm{j}}(\mathrm{e}^{\mathrm{j}n\omega_1 t}-\mathrm{e}^{-\mathrm{j}n\omega_1 t})=\sum_{n=1}^{\infty}\frac{2A}{\mathrm{j}n\pi}\mathrm{e}^{\mathrm{j}n\omega_1 t}-\sum_{n=1}^{\infty}\frac{2A}{\mathrm{j}n\pi}\mathrm{e}^{-\mathrm{j}n\omega_1 t}$$

$$=\sum_{n=1}^{\infty}\frac{2A}{\mathrm{j}n\pi}\mathrm{e}^{\mathrm{j}n\omega_1 t}+\sum_{n=1}^{\infty}\frac{2A}{\mathrm{j}(-n)\pi}\mathrm{e}^{\mathrm{j}(-n)\omega_1 t}$$

$$=\sum_{n=-\infty}^{+\infty}\frac{2A}{\mathrm{j}n\pi}\mathrm{e}^{\mathrm{j}n\omega_1 t},\quad n=\pm1,\pm3,\pm5,\cdots$$

这与例 3-3 的计算结果一致。实际上,利用式(3.1-10)对周期信号三角形式傅里叶级数展开式进行变换,可得

$$f(t)=a_0+\sum_{n=1}^{\infty}(a_n\cos n\omega_1 t+b_n\sin n\omega_1 t)$$

$$=a_0+\sum_{n=1}^{\infty}\left(a_n\frac{\mathrm{e}^{\mathrm{j}n\omega_1 t}+\mathrm{e}^{-\mathrm{j}n\omega_1 t}}{2}+b_n\frac{\mathrm{e}^{\mathrm{j}n\omega_1 t}-\mathrm{e}^{-\mathrm{j}n\omega_1 t}}{2\mathrm{j}}\right)$$

$$=a_0+\sum_{n=1}^{+\infty}\frac{a_n-\mathrm{j}b_n}{2}\mathrm{e}^{\mathrm{j}n\omega_1 t}+\sum_{n=1}^{+\infty}\frac{a_n+\mathrm{j}b_n}{2}\mathrm{e}^{-\mathrm{j}n\omega_1 t}\tag{3.1-11}$$

将式(3.1-8)展开可得

$$f(t)=\sum_{n=-\infty}^{+\infty}F(n\omega_1)\mathrm{e}^{\mathrm{j}n\omega_1 t}=F_0+\sum_{n=1}^{+\infty}(F_n\mathrm{e}^{\mathrm{j}n\omega_1 t}+F_{-n}\mathrm{e}^{-\mathrm{j}n\omega_1 t}) \tag{3.1-12}$$

比较式(3.1-11)和式(3.1-12)可得

$$F_0=a_0,\quad F_n=\frac{1}{2}(a_n-\mathrm{j}b_n),\quad F_{-n}=\frac{1}{2}(a_n+\mathrm{j}b_n) \tag{3.1-13}$$

从上述讨论可知,三角级数和复指数级数是周期信号的两种不同展开方式,式(3.1-13)给出了两种形式傅里叶级数展开式的系数关系。

3.1.3 周期信号的频谱

周期信号可以分解为不同频率的正弦分量的组合,而每个正弦分量都可以用振幅、角频率和初相位三个要素来确定。为了直观、清楚地表示信号中所包含的频率分量,以及各频率分量的振幅和相位信息,可以借助频谱图来描述信号的频率特性。

1. 三角形式的频谱图

一般来说,频谱图包含振幅谱图和相位谱图两部分。

(1) 振幅谱图:以频率为横轴,振幅为纵轴,用长短不同的谱线来表示信号所包含的各正弦分量的振幅大小,称为周期信号的振幅谱图。

(2) 相位谱图:以频率为横轴,相位为纵轴,用长短不同的谱线来表示信号各频率分量的相位,称为周期信号的相位谱图。

根据前面的讨论可知,周期信号可展开为三角形式的傅里叶级数,即

$$f(t)=c_0\cos\theta_0+\sum_{n=1}^{+\infty}c_n\cos(n\omega_1 t+\theta_n)$$

式中,c_n 体现了不同频率正弦信号的振幅,θ_n 体现了不同频率正弦信号的相位。因此 c_n 随 ω 的变化谱线就称为周期信号三角形式的振幅谱图,θ_n 随 ω 的变化谱线就称为周期信号三角形式的相位谱图。由于在三角级数展开式中信号所包含的频率 $\omega\geqslant 0$,信号的振幅谱线和相位谱线只会出现在纵轴和它右边,且呈现离散的线状图,因此三角形式的频谱图也称为单边谱。

例 3-4 已知周期信号 $f(t)$如下,画出该信号的振幅谱和相位谱。

$$f(t)=1+\sqrt{2}\cos\omega_0 t-\cos\left(2\omega_0 t+\frac{5\pi}{4}\right)+\sqrt{2}\sin\omega_0 t+0.5\sin3\omega_0 t$$

解:为了获得信号 $f(t)$所包含的频率分量及各频率分量的振幅和相位信息,需要先得到该周期信号标准三角形式的级数展开式。

由例 3-2 的结论可知

$$f(t)=1+2\cos\left(\omega_0 t-\frac{\pi}{4}\right)+\cos\left(2\omega_0 t+\frac{\pi}{4}\right)+0.5\cos\left(3\omega_0 t-\frac{\pi}{2}\right)$$

故 $f(t)$ 的振幅谱和相位谱如图 3-5 所示。

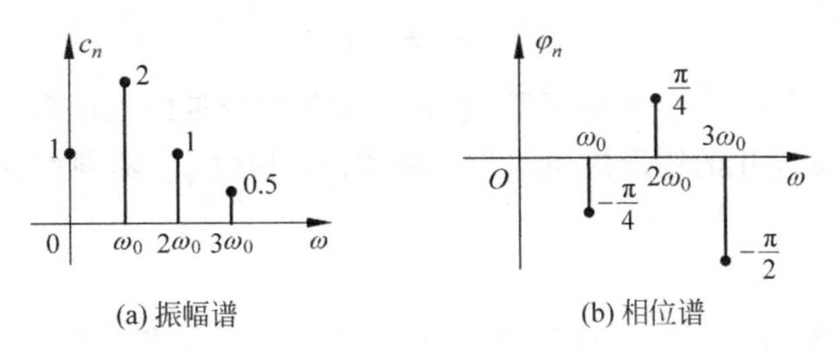

图 3-5　信号频谱

例 3-5　已知某周期信号的频谱如图 3-6 所示，请写出该周期信号的表达式。

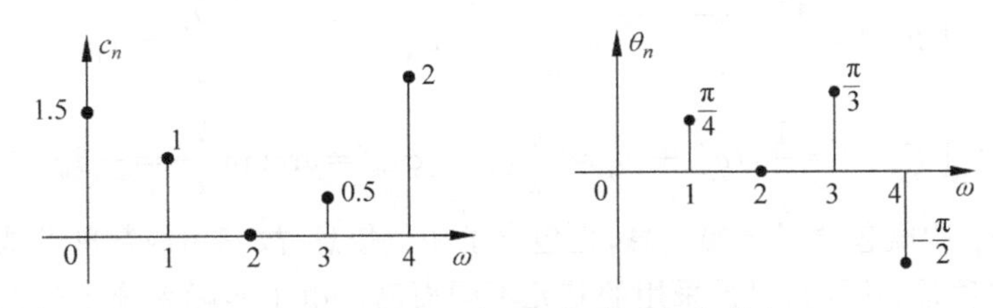

图 3-6　例 3-5 信号振幅谱和相位谱

解：由图中可以看出，信号包含了 0，1，3，4 四个频率，每个频率对应的振幅和相位如下：

信号包含的频率为

$$\omega=0,\quad \omega=1,\quad \omega=3,\quad \omega=4$$

对应振幅为

$$c_0=1.5,\quad c_1=1,\quad c_3=0.5,\quad c_4=2$$

对应相位为

$$\theta_0=0,\quad \theta_1=\frac{\pi}{4},\quad \theta_3=\frac{\pi}{3},\quad \theta_4=-\frac{\pi}{2}$$

因此该信号的表达式为

$$f(t)=1.5+\cos\left(t+\frac{\pi}{4}\right)+0.5\cos\left(3t+\frac{\pi}{3}\right)+2\cos\left(4t-\frac{\pi}{2}\right)$$

从上述例题中可以看出，根据周期信号傅里叶级数展开式能够确定信号中包含的频域信息，可利用频谱图来描述信号中包含的频率、振幅和相位信息。反之，根据频谱图也可以确定周期信号的时域表达式。即周期信号的时域与频域间存在一一对应的关系。

2. 复指数形式的频谱图

周期信号也可展开为复指数形式的傅里叶级数，即

$$f(t)=\sum_{n=-\infty}^{+\infty}F(n\omega_1)\mathrm{e}^{\mathrm{j}n\omega_1 t}$$

式中，谱系数 F_n 一般是复数，可以将其表示为

$$F_n = |F_n| e^{j\varphi_n} \tag{3.1-14}$$

可以看出，F_n 是 $e^{jn\omega_1 t}$ 分量的系数，包含了该频率分量的振幅和相位信息。通常将振幅 $|F_n|$ 随频率 ω 变化的图形描述称为振幅谱图；相位 φ_n 随频率 ω 变化的图形描述称为相位谱图。

由式(3.1-13)可知：

(1) 当 $n=0$，振幅 $|F_0| = c_0$，$\varphi_0 = \theta_0$。即频率为 0 时，三角形式频谱和复指数形式频谱的振幅和相位相同。

(2) 当 $n \neq 0$ 时，有

$$|F_n| = \frac{1}{2}\sqrt{a_n^2 + b_n^2} = \frac{1}{2}c_n, \quad \varphi_n = \arctan\frac{-b_n}{a_n} = \theta_n \tag{3.1-15}$$

$$|F_{-n}| = \frac{1}{2}\sqrt{a_n^2 + b_n^2} = \frac{1}{2}c_n, \quad \varphi_{-n} = \arctan\frac{b_n}{a_n} = -\theta_n \tag{3.1-16}$$

谱系数 F_n 中既包含了振幅信息，也包含了相位信息，故三角级数展开式和复指数级数展开式的本质是相同的，只是采用的基元不同而已。由于实际系统中的信号均为实信号，对实信号进行频谱分析时，负频率没有实际意义，仅是数学运算的结果。一般 $e^{jn\omega_1 t}$ 和 $e^{-jn\omega_1 t}$ 同时成对出现，只有负频率项与相应的正频率项合并起来，才是信号实际的频谱。

例 3-6 画出例 3-5 所示信号的复指数形式频谱图。

解：例 3-5 中根据频谱图得到信号表达式为

$$f(t) = 1.5 + \cos\left(t + \frac{\pi}{4}\right) + 0.5\cos\left(3t + \frac{\pi}{3}\right) + 2\cos\left(4t - \frac{\pi}{2}\right)$$

根据欧拉公式可将其展开为

$$f(t) = 1.5 + \frac{1}{2}e^{j\frac{\pi}{4}} \cdot e^{jt} + \frac{1}{2}e^{-j\frac{\pi}{4}} \cdot e^{-jt} + \frac{1}{4}e^{j\frac{\pi}{3}} \cdot e^{j3t} + \frac{1}{4}e^{-j\frac{\pi}{3}} \cdot e^{-j3t} + e^{-j\frac{\pi}{2}} \cdot e^{j4t} + e^{j\frac{\pi}{2}} \cdot e^{-j4t}$$

可得直流分量 $F_0 = 1.5$，其余各项系数分别为

$$F_1 = \frac{1}{2}e^{j\frac{\pi}{4}}, \quad F_3 = \frac{1}{4}e^{j\frac{\pi}{3}}, \quad F_4 = e^{-j\frac{\pi}{2}}$$

$$F_{-1} = \frac{1}{2}e^{-j\frac{\pi}{4}}, \quad F_{-3} = \frac{1}{4}e^{-j\frac{\pi}{3}}, \quad F_{-4} = e^{j\frac{\pi}{2}}$$

所以复指数形式频谱图如图 3-7 所示。

从图 3-7 中可以看出，由于复指数级数展开式中，n 的取值为 $-\infty \sim +\infty$，因此复指数频谱图是双边谱。

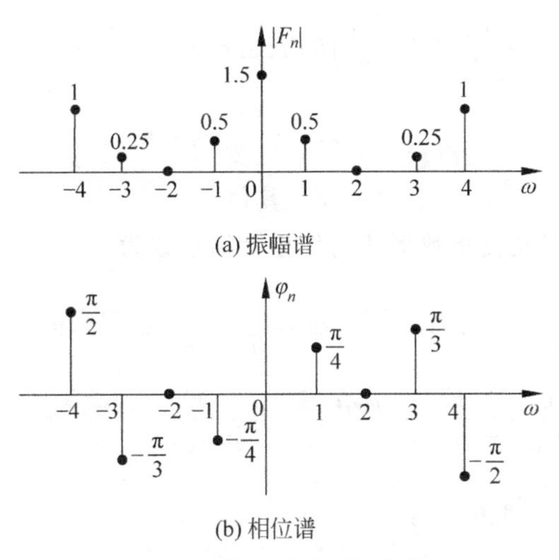

图 3-7　例 3-6 信号复指数形式频谱

比较例 3-5 和例 3-6 的频谱图，结合之前的分析可建立复指数频谱与三角频谱的关系，即

(1) 振幅谱：$n=0$ 时，$|F_0|=c_0$，两者振幅相等；$n\neq 0$ 时，$|F_n|=|F_{-n}|=\frac{1}{2}C_n$，复指数形式振幅是三角形式振幅的 1/2，是关于 ω 的偶函数，振幅谱图关于纵轴对称。

(2) 相位谱：$n\geqslant 0$ 时，$\varphi_n=\theta_n$，两者相位相同；$n<0$ 时，$\varphi_n=-\varphi_{-n}$，F_n 的相位是关于 ω 的奇函数，相位谱图关于原点对称。

3.1.4　常用周期信号频谱分析

通过常用周期信号的频谱分析，可以了解周期信号频谱的一般规律和特点。

1. 周期矩形脉冲信号

周期矩形脉冲信号是一种常用的周期信号，设其脉宽为 τ，脉冲高度为 E，周期为 T_1，且 $\tau<\frac{T_1}{2}$，则信号波形如图 3-8 所示。

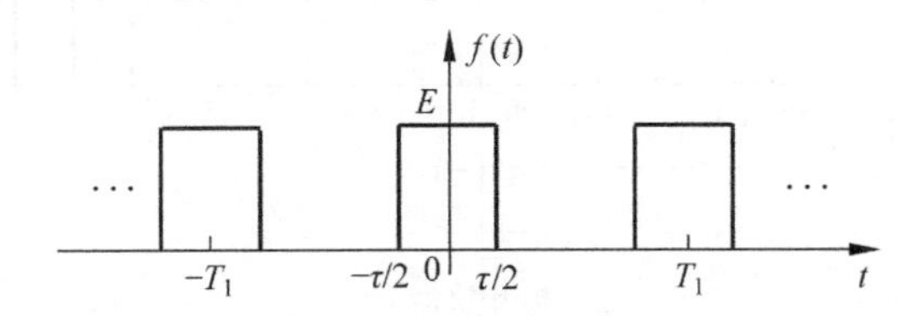

图 3-8　周期矩形信号时域波形

$f(t)$在一个周期内$\left(-\frac{T_1}{2}\leqslant t\leqslant\frac{T_1}{2}\right)$的表达式为

$$f(t)=\begin{cases}E, & -\frac{\tau}{2}\leqslant t\leqslant\frac{\tau}{2}\\ 0, & \text{其他}\end{cases}$$

利用式(3.1-9)可得其复指数形式的傅里叶谱系数为

$$\begin{aligned}F_n&=\frac{1}{T_1}\int_{-\frac{T_1}{2}}^{\frac{T_1}{2}}f(t)\mathrm{e}^{-\mathrm{j}n\omega_1 t}\mathrm{d}t=\frac{1}{T_1}\int_{-\frac{\tau}{2}}^{\frac{\tau}{2}}E\mathrm{e}^{-\mathrm{j}n\omega_1 t}\mathrm{d}t\\&=\frac{1}{T_1}\cdot\frac{E}{-\mathrm{j}n\omega_1}\mathrm{e}^{-\mathrm{j}n\omega_1 t}\Big|_{-\frac{\tau}{2}}^{\frac{\tau}{2}}=\frac{E}{\mathrm{j}n\omega_1 T_1}\left(\mathrm{e}^{\mathrm{j}n\omega_1\frac{\tau}{2}}-\mathrm{e}^{-\mathrm{j}n\omega_1\frac{\tau}{2}}\right)\\&=\frac{E\tau}{T_1}\mathrm{Sa}\left(n\omega_1\frac{\tau}{2}\right)\end{aligned}\tag{3.1-17}$$

所以周期矩形脉冲信号的复指数形式的级数展开式为

$$f(t)=\frac{E\tau}{T_1}\sum_{n=-\infty}^{+\infty}\mathrm{Sa}\left(\frac{n\omega_1\tau}{2}\right)\mathrm{e}^{\mathrm{j}n\omega_1 t}$$

根据式(3.1-17)可知 F_n 为实数,故

$$|F_n|=\left|\frac{E\tau}{T_1}\mathrm{Sa}\left(n\omega_1\frac{\tau}{2}\right)\right|=\left|\frac{E\tau}{T_1}\right|\left|\mathrm{Sa}\left(n\omega_1\frac{\tau}{2}\right)\right|$$

$$\varphi_n=\begin{cases}0, & F_n\geqslant 0\\ \pm\pi, & F_n<0\end{cases}$$

图 3-9(a)和(b)分别为 $T=5\tau$ 时,周期矩形脉冲信号的振幅谱和相位谱。

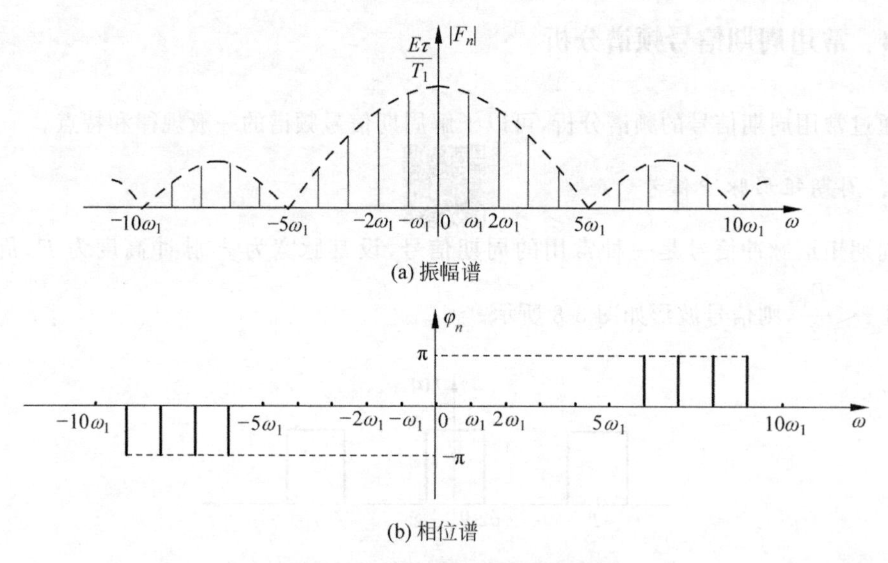

图 3-9 周期矩形脉冲信号的频谱

由于周期矩形脉冲信号的谱系数 F_n 是实数,可以直接画出 F_n 随 ω 的变化情况,所

以振幅谱和相位谱可以合并为一幅图，如图 3-10 所示，其中相位可通过振幅的正负来体现。

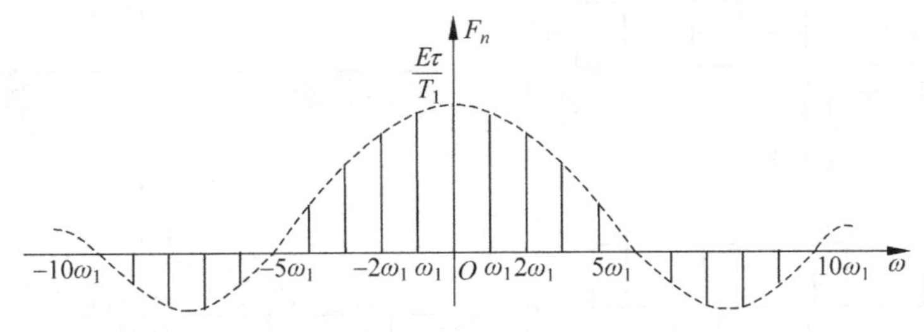

图 3-10 周期矩形脉冲信号的频谱

从图 3-10 中可以看出，周期矩形脉冲信号的频谱是间隔为 ω_1 的离散谱线，振幅包络线形状为抽样函数，最大值在 $n=0$ 处，振幅为$\frac{E\tau}{T_1}$。当 $\omega=\frac{2n\pi}{\tau}(n=\pm1,\pm2,\cdots)$时，$F_n=0$，其中第一个零点坐标为 $5\omega_1=5\cdot\frac{2\pi}{T}=\frac{2\pi}{\tau}$。

周期矩形脉冲信号的脉宽 τ 和周期 T_1 与其频谱分布有着密切关系。

(1) 脉宽 τ 不变，周期 T_1 改变。

当脉宽 τ 不变，周期 T_1 增加时，信号谱线间隔 $\omega_1=\frac{2\pi}{T_1}$相应地减小，谱线变得密集，同时各频率的振幅整体变小，如图 3-11 所示。当 $T_1\to\infty$时，谱线无限密集，谱线间隔 $\omega_1\to0$，离散谱将变为连续谱。

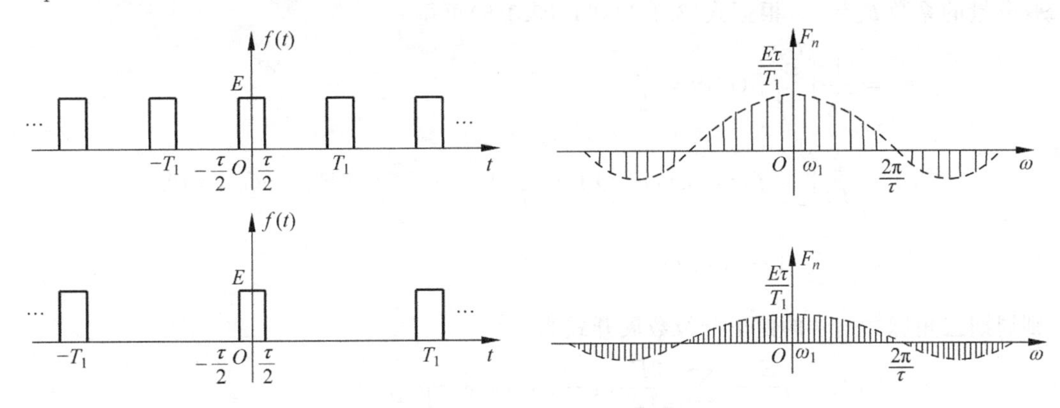

图 3-11 τ 不变、T 增大时信号频谱变化示意图

(2) 周期 T_1 不变，脉宽 τ 改变。

当周期不变时，谱线间隔 ω_1 保持不变。若脉宽 τ 减小，则第一个过零点的频率变大，在 $0\sim2\pi/\tau$ 的频率范围内，包含的信号谱线数量增加，信号频谱幅度整体减小，如图 3-12 所示。

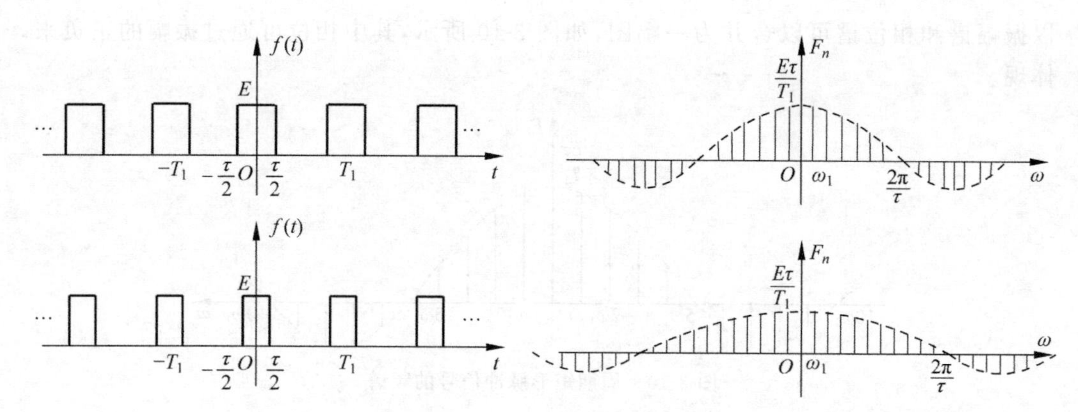

图 3-12　T 不变、τ 减小时信号频谱变化示意图

2. 周期三角脉冲信号

如图 3-13 所示的周期三角脉冲信号，其周期为 T_1。

周期三角脉冲信号在一个周期内的函数表达式为

$$f_1(t)=-\frac{2E}{T_1}|t|+E,\quad -\frac{T_1}{2}<t<\frac{T_1}{2}$$

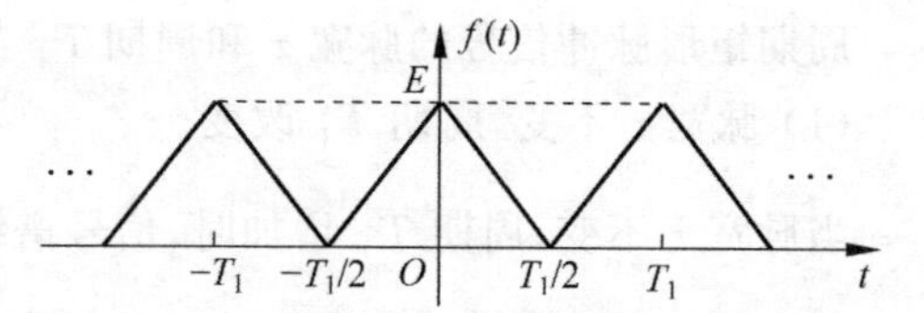

图 3-13　周期三角脉冲信号时域波形

从图 3-13 可以看出，周期三角脉冲信号为偶函数，因此其三角级数展开式中余弦分量的系数 $b_n=0$。根据式(3.1-4)和式(3.1-5)可得

$$a_0=\frac{1}{T_1}\int_{-\frac{T_1}{2}}^{\frac{T_1}{2}}f(t)\mathrm{d}t=\frac{E}{2}$$

$$a_n=\frac{2}{T_1}\int_{-\frac{T_1}{2}}^{\frac{T_1}{2}}f(t)\cos(n\omega_1 t)\mathrm{d}t=\frac{4}{T_1}\int_0^{\frac{T_1}{2}}\left(-\frac{2E}{T_1}t+E\right)\cos(n\omega_1 t)\mathrm{d}t$$

$$=\frac{2E}{n^2\pi^2}(1-\cos n\pi)$$

则周期三角脉冲信号的傅里叶级数展开式为

$$f(t)=\frac{E}{2}+\sum_{n=1}^{+\infty}\frac{2E}{n^2\pi^2}(1-\cos n\pi)\cos n\omega_1 t$$

$$=\frac{E}{2}+\frac{4E}{\pi^2}\left(\cos\omega_1 t+\frac{1}{3^2}\cos 3\omega_1 t+\frac{1}{5^2}\cos 5\omega_1 t+\cdots\right)\tag{3.1-18}$$

其中，$\omega_1=\frac{2\pi}{T_1}$。从式(3.1-18)中可以看出，周期三角脉冲信号的频谱中只包含直流和奇次谐波分量，且各频率的相位均为 0。该信号三角形式的振幅谱和复指数形式的振幅谱分别如图 3-14 和图 3-15 所示。

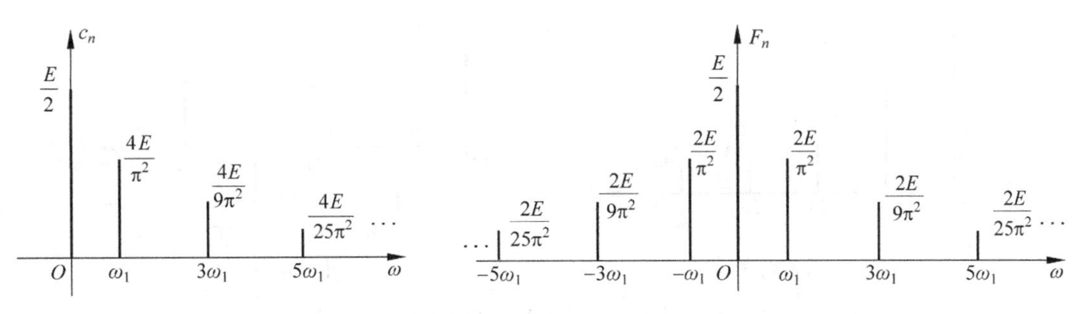

图 3-14 三角形式的振幅谱　　　　图 3-15 复指数形式的振幅谱

3. 周期锯齿波信号

周期锯齿波也是常见的周期信号，在显像器件的光栅扫描中起到很关键的作用。周期为 T_1 的锯齿波时域波形如图 3-16 所示。

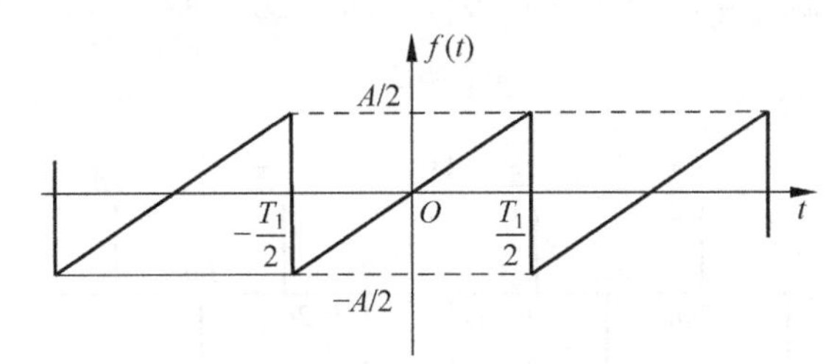

图 3-16 周期锯齿波信号时域波形

周期锯齿波在一个周期内的函数表达式为

$$f_1(t)=\frac{A}{T_1}t,\quad -\frac{T_1}{2}<t<\frac{T_1}{2}$$

从图 3-16 中可以看出，周期锯齿波信号为奇函数，因此其三角级数展开式中系数 a_0 和 a_n 均为零。由傅里叶级数系数公式可得

$$b_n=\frac{2}{T_1}\int_{-\frac{T_1}{2}}^{\frac{T_1}{2}}\frac{A}{T_1}t\sin(n\omega_1 t)\mathrm{d}t=\frac{A}{n\pi}(-1)^{n+1},\quad n=1,2,3\cdots$$

则周期锯齿波信号三角形式的傅里叶级数为

$$\begin{aligned}f(t)&=\frac{A}{\pi}\sin\omega_1 t-\frac{A}{2\pi}\sin2\omega_1 t+\frac{A}{3\pi}\sin3\omega_1 t-\frac{A}{4\pi}\sin4\omega_1 t\cdots\\&=\frac{A}{\pi}\cos\left(\omega_1 t-\frac{\pi}{2}\right)+\frac{A}{2\pi}\cos\left(2\omega_1 t+\frac{\pi}{2}\right)+\frac{A}{3\pi}\cos\left(3\omega_1 t-\frac{\pi}{2}\right)+\cdots\end{aligned}$$

其振幅谱和相位谱如图 3-17 所示。

根据三角频谱和复指数频谱的关系，可得周期锯齿波信号的双边谱如图 3-18 所示。

通过上述信号分析可知，周期信号的频谱具有下列一般性特点。

(1) 离散性：周期信号的频谱由间隔为 ω_1 的不连续谱线组成，每条谱线代表一个正弦分量。振幅谱线的长度代表该正弦分量的振幅，相位谱线的长度代表该正弦分量的

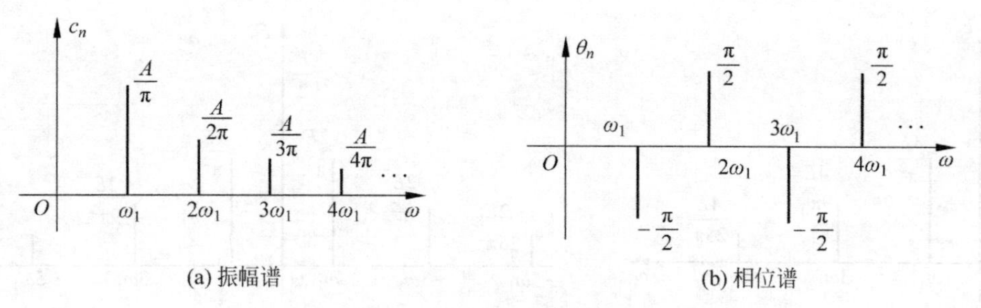

(a) 振幅谱　　(b) 相位谱

图 3-17　周期锯齿波的频谱

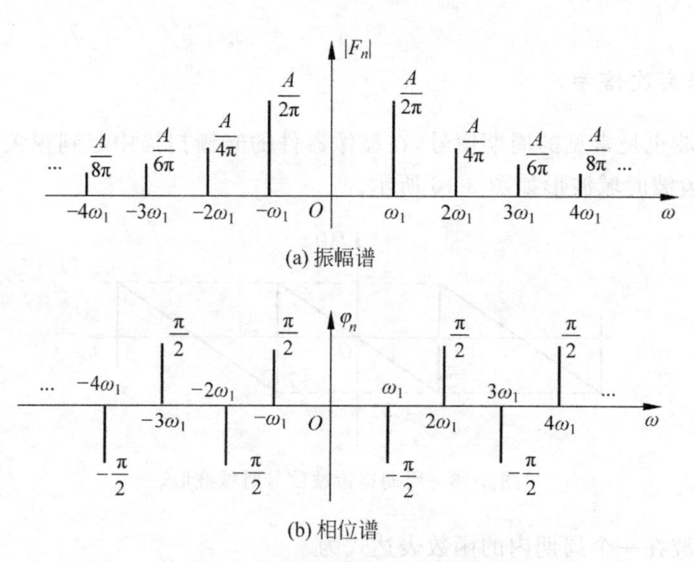

图 3-18　周期锯齿波的双边频谱

相位。

(2) 谐波性：谱线只出现在基频 ω_1 的整数倍上，不包含有非基频整数倍的频率分量。

(3) 收敛性：各次谐波的振幅总趋势是随着谐波频率 $n\omega_1$ 的增加而减小，并最终趋于零。需要注意的是，周期冲激信号的谱系数不满足收敛性，3.4 节会对周期冲激信号的谱系数做详细说明。

例 3-7　图 3-19 所示的周期矩形脉冲信号，其幅度 $E=5\text{V}$，周期 $T_1=50\mu\text{s}$，脉冲宽度 $\tau=20\mu\text{s}$，判断该信号中是否包含有 20kHz、60kHz、90kHz 和 100kHz 的频率分量。

解：根据信号周期 T_1，可计算得到该周期信号的基波频率 $f_1=\frac{1}{T_1}=20\text{kHz}$。根据周期信号频谱的谐波性，信号中只包含 f_1 整数倍的频率，则可判断 $f(t)$ 中不包含 90kHz 的频率分量。

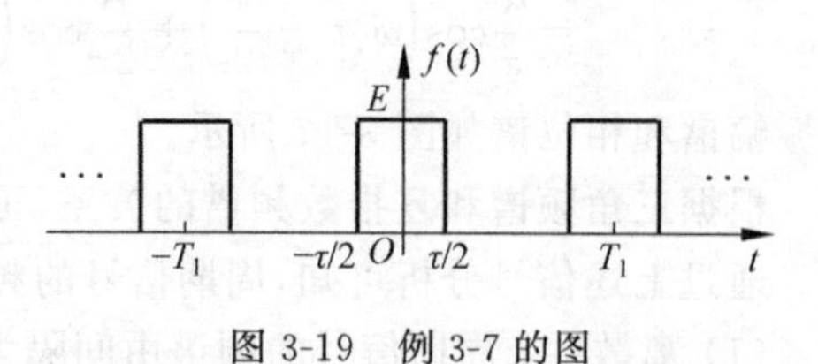

图 3-19　例 3-7 的图

根据式(3.1-17)可知,周期矩形脉冲信号的傅里叶复系数 $F_n=\frac{E\tau}{T_1}\mathrm{Sa}\left(\frac{n\omega_1\tau}{2}\right)$,当 $\frac{n\omega_1\tau}{2}=k\pi$,即 $\omega=n\omega_1=\frac{2k\pi}{\tau}=\frac{2k\pi}{20\times10^{-6}}=10^5k\pi$ 时,$F_n=0$,故信号 $f(t)$ 不包含频率为 $5k\times10^4\,\mathrm{Hz}$ 的分量。

结合上述分析可知,该信号中包含了 20kHz 和 60kHz 的频率分量,不含有 90kHz 和 100kHz 的频率分量。

3.2 傅里叶变换

3.1 节讨论了周期信号的傅里叶级数展开,从展开式中可知周期信号的频率分布情况。实际工程中除了周期信号外,还存在大量的非周期信号,例如语音、图像等。本节沿用信号分解的思想来分析非周期信号的频域表示。

3.2.1 定义

当周期信号的周期 T 趋于无穷大时,在可观测范围内,只存在一个周期的波形,此时可以将周期信号看作非周期信号。根据上节对周期矩形脉冲的频谱分析可知,当 $T\to\infty$ 时,信号的频谱间隔 $\omega_1\to0$,谱线无限密集,离散谱将变为连续谱,同时谱线的振幅 $|F(n\omega_1)|\to0$,即信号所包含的各正弦分量的振幅均趋向于 0,因此对非周期信号不适合使用傅里叶级数来表示。但应注意,虽然各频谱系数幅度无限小,但相对大小仍存在。

周期信号复指数形式的谱系数计算公式为

$$F(n\omega_1)=\frac{1}{T_1}\int_{-\frac{T_1}{2}}^{\frac{T_1}{2}}f(t)\mathrm{e}^{-\mathrm{j}n\omega_1t}\mathrm{d}t \tag{3.2-1}$$

对式(3.2-1)两边同乘以 T_1,有

$$T_1F(n\omega_1)=\frac{2\pi F(n\omega_1)}{\omega_1}=\int_{-\frac{T_1}{2}}^{\frac{T_1}{2}}f(t)\mathrm{e}^{-\mathrm{j}n\omega_1t}\mathrm{d}t \tag{3.2-2}$$

式中,当 $T_1\to\infty$ 时,频率 $f_1=\frac{1}{T_1}$ 趋于零,$F(n\omega_1)$ 也趋于零,若 $\frac{F(n\omega_1)}{\omega_1}$ 的极限存在,记为 $F(\omega)$,有时也写成 $F(\mathrm{j}\omega)$,即

$$F(\omega)=\lim_{T_1\to\infty}T_1F(n\omega_1)=\lim_{T_1\to\infty}\int_{-\frac{T_1}{2}}^{\frac{T_1}{2}}f(t)\mathrm{e}^{-\mathrm{j}n\omega_1t}\mathrm{d}t \tag{3.2-3}$$

当 $T_1\to\infty$ 时,离散谱将变为连续谱,$n\omega_1\to\omega$,故式(3.2-3)可以改写为

$$F(\omega)=\int_{-\infty}^{+\infty}f(t)\mathrm{e}^{-\mathrm{j}\omega t}\mathrm{d}t \tag{3.2-4}$$

由于 $\frac{F(n\omega_1)}{\omega_1}$ 表示了信号单位频带的频谱值,因此 $F(\omega)$ 称为信号 $f(t)$ 的频谱密度

函数，简称频谱函数。

根据傅里叶级数的复指数形式

$$f(t)=\sum_{n=-\infty}^{+\infty}F(n\omega_1)e^{jn\omega_1 t}=\sum_{n=-\infty}^{+\infty}\frac{F(n\omega_1)}{\omega_1}e^{jn\omega_1 t}\cdot\omega_1=\frac{1}{2\pi}\sum_{n=-\infty}^{+\infty}\frac{2\pi F(n\omega_1)}{\omega_1}e^{jn\omega_1 t}\cdot\omega_1$$

当 $T_1\to\infty$ 时，$\frac{2\pi F(n\omega_1)}{\omega_1}\to F(\omega)$，$n\omega_1\to\omega$，$\omega_1\to d\omega$，求和变为求积分，故可得

$$f(t)=\lim_{T_1\to\infty}\sum_{n=-\infty}^{+\infty}F(n\omega_1)e^{jn\omega_1 t}=\frac{1}{2\pi}\int_{-\infty}^{+\infty}F(\omega)e^{j\omega t}d\omega \tag{3.2-5}$$

时域信号 $f(t)$ 和频谱函数 $F(\omega)$ 之间的变换关系也可以表示为 $f(t)\leftrightarrow F(\omega)$，两者称为一组傅里叶变换对。习惯上采用如下方法表示：

傅里叶正变换

$$F(\omega)=\mathcal{F}[f(t)]=\int_{-\infty}^{+\infty}f(t)e^{-j\omega t}dt \tag{3.2-6}$$

傅里叶反变换

$$f(t)=\mathcal{F}^{-1}[F(\omega)]=\frac{1}{2\pi}\int_{-\infty}^{+\infty}F(\omega)e^{j\omega t}d\omega \tag{3.2-7}$$

从这一对变换公式可以看出，$f(t)$ 和 $F(\omega)$ 是一一对应的，即已知信号 $f(t)$ 可唯一地确定其频谱函数 $F(\omega)$，反之根据 $F(\omega)$ 也可唯一地确定 $f(t)$。注意，$f(t)$ 和 $F(\omega)$ 是同一个信号的两种描述方法，$f(t)$ 是从时域角度描述信号，$F(\omega)$ 是从频域角度描述信号。

频谱函数 $F(\omega)$ 一般为复数，可以表示为

$$F(\omega)=|F(\omega)|e^{j\varphi(\omega)}=R(\omega)+jX(\omega) \tag{3.2-8}$$

式中，$|F(\omega)|$ 称为振幅谱函数，$|F(\omega)|$ 随频率 ω 的变化关系曲线称为振幅谱；$\varphi(\omega)$ 称为相位谱函数，$\varphi(\omega)$ 随频率 ω 的变化关系曲线称为相位谱。

若 $f(t)$ 为实函数，利用傅里叶变换的定义式(3.2-6)，可得

$$\begin{aligned}F(\omega)&=\int_{-\infty}^{+\infty}f(t)e^{-j\omega t}dt=\int_{-\infty}^{+\infty}f(t)(\cos\omega t-j\sin\omega t)dt\\&=\int_{-\infty}^{+\infty}f(t)\cos\omega t\,dt-j\int_{-\infty}^{+\infty}f(t)\sin\omega t\,dt\end{aligned}$$

则

$$R(\omega)=\int_{-\infty}^{+\infty}f(t)\cos\omega t\,dt \tag{3.2-9}$$

$$X(\omega)=-\int_{-\infty}^{+\infty}f(t)\sin\omega t\,dt \tag{3.2-10}$$

可以看出，$R(\omega)$ 是 ω 的偶函数，$X(\omega)$ 是 ω 的奇函数，即

$$R(\omega)=R(-\omega),\quad X(\omega)=-X(-\omega)$$

又因为

$$|F(\omega)|=\sqrt{R^2(\omega)+X^2(\omega)}$$

$$\varphi(\omega)=\arctan\frac{X(\omega)}{R(\omega)}$$

所以$|F(\omega)|$是ω的偶函数，振幅谱偶对称；$\varphi(\omega)$是ω的奇函数，相位谱奇对称。

将$F(\omega)=|F(\omega)|e^{j\varphi(\omega)}$代入傅里叶反变换式(3.2-7)，可得

$$\begin{aligned}
f(t)&=\frac{1}{2\pi}\int_{-\infty}^{+\infty}F(\omega)e^{j\omega t}d\omega=\frac{1}{2\pi}\int_{-\infty}^{+\infty}|F(\omega)|e^{j\varphi(\omega)}e^{j\omega t}d\omega\\
&=\frac{1}{2\pi}\int_{-\infty}^{+\infty}|F(\omega)|e^{j[\varphi(\omega)+\omega t]}d\omega\\
&=\frac{1}{2\pi}\int_{-\infty}^{+\infty}|F(\omega)|\cos[\varphi(\omega)+\omega t]d\omega+\frac{j}{2\pi}\int_{-\infty}^{+\infty}|F(\omega)|\sin[\varphi(\omega)+\omega t]d\omega\\
&=\frac{1}{\pi}\int_{0}^{+\infty}|F(\omega)|\cos[\varphi(\omega)+\omega t]d\omega
\end{aligned}\tag{3.2-11}$$

式(3.2-11)说明，与周期信号类似，非周期信号也可以分解为无穷多个不同频率的正弦信号的线性叠加，不同之处在于，非周期信号包含的是连续频率分量。

前面讲到，周期信号展开为傅里叶级数需满足狄里赫利条件，同样傅里叶变换也需要满足一定的条件才存在，不同之处在于时间范围由一个周期变为了无限的区间。信号$f(t)$傅里叶变换存在的充分条件是无限区间内信号绝对可积，即

$$\int_{-\infty}^{+\infty}|f(t)|dt<\infty\tag{3.2-12}$$

所有能量信号均满足此条件，即存在傅里叶变换。

例 3-8 已知信号$f(t)$波形如图3-20所示，其频谱密度函数为$F(\omega)$，试计算下列值：

(1) $F(\omega)|_{\omega=0}$；

(2) $\int_{-\infty}^{+\infty}F(\omega)d\omega$。

解：可以从傅里叶变换的定义式求解。

(1) $F(\omega)=\int_{-\infty}^{+\infty}f(t)e^{-j\omega t}dt$

$$F(0)=F(\omega)|_{\omega=0}=\int_{-\infty}^{+\infty}f(t)dt$$

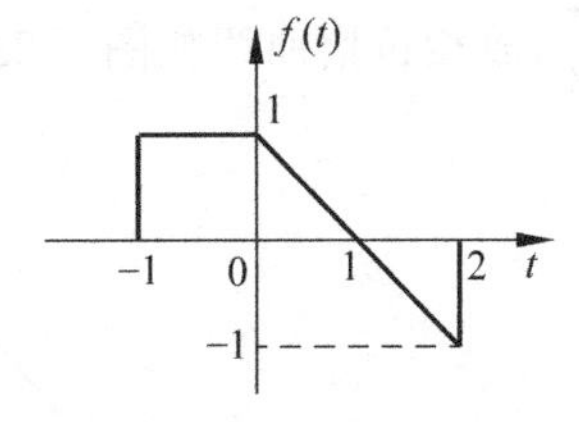

图 3-20 例 3-8 的信号波形

由于$\int_{-\infty}^{+\infty}f(t)dt$为信号$f(t)$的面积，故$F(0)=1$。

(2) $f(t)=\frac{1}{2\pi}\int_{-\infty}^{+\infty}F(\omega)e^{j\omega t}d\omega$

$$f(0)=\frac{1}{2\pi}\int_{-\infty}^{+\infty}F(\omega)d\omega$$

$$\int_{-\infty}^{+\infty}F(\omega)d\omega=2\pi f(0)=2\pi$$

3.2.2 常用信号的傅里叶变换

1. 指数信号

1）因果指数衰减信号

因果指数衰减信号是系统分析中的常用信号，数学表达式为

$$f(t)=E\mathrm{e}^{-at}u(t),\quad a\text{ 为正实数} \tag{3.2-13}$$

其时域波形如图 3-21 所示。

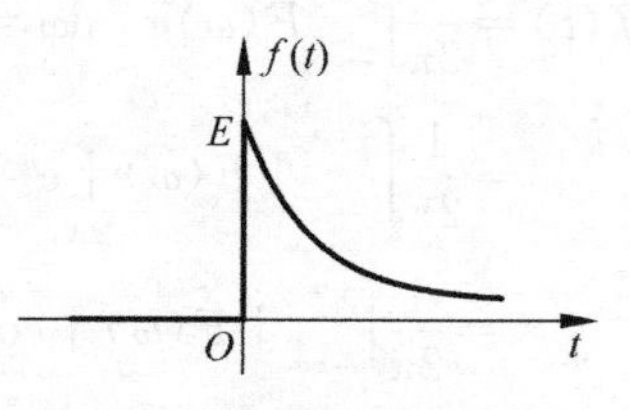

图 3-21 因果指数衰减信号的时域波形

该信号满足绝对可积条件，可以利用式(3.2-6)进行傅里叶变换，即

$$F(\omega)=\mathcal{F}[f(t)]=\int_{-\infty}^{+\infty}E\mathrm{e}^{-at}u(t)\mathrm{e}^{-\mathrm{j}\omega t}\mathrm{d}t=\int_{0}^{+\infty}E\mathrm{e}^{-(a+\mathrm{j}\omega)t}\mathrm{d}t$$

$$=-\frac{E}{a+\mathrm{j}\omega}\mathrm{e}^{-(a+\mathrm{j}\omega)t}\Big|_{0}^{+\infty}=\frac{E}{a+\mathrm{j}\omega}$$

即

$$E\mathrm{e}^{-at}u(t)\leftrightarrow\frac{E}{a+\mathrm{j}\omega} \tag{3.2-14}$$

因果指数衰减信号的振幅谱函数为$|F(\omega)|=\dfrac{E}{\sqrt{a^2+\omega^2}}$，当 $\omega=0$ 时，$|F(\omega)|$取得最大值 $\dfrac{E}{a}$；当 $\omega\to\pm\infty$ 时，$|F(\omega)|=0$，故其振幅谱曲线如图 3-22(a)所示。相位谱函数为 $\varphi(\omega)=-\arctan\dfrac{\omega}{a}$，当 $\omega\to-\infty$ 时，$\varphi(\omega)=\dfrac{\pi}{2}$；当 $\omega=0$ 时，$\varphi(\omega)=0$；$\omega\to+\infty$ 时，$\varphi(\omega)=-\dfrac{\pi}{2}$，故相位谱曲线如图 3-22(b)所示。

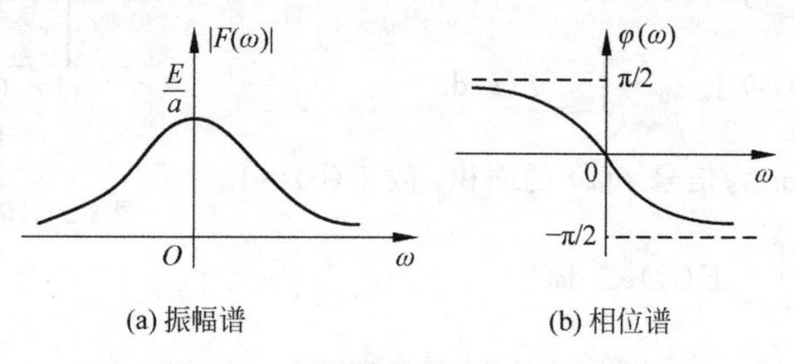

图 3-22 因果指数衰减信号的频谱

2）单边非因果指数衰减信号

单边非因果指数衰减信号的时域表达式为

$$f(t)=\mathrm{e}^{at}u(-t),\quad a\text{ 为正实数} \tag{3.2-15}$$

其时域波形如图 3-23 所示。

该信号满足绝对可积条件，故其傅里叶变换为

$$F(\omega)=\int_{-\infty}^{+\infty}E\mathrm{e}^{at}u(-t)\mathrm{e}^{-\mathrm{j}\omega t}\,\mathrm{d}t=E\int_{-\infty}^{0}\mathrm{e}^{(a-\mathrm{j}\omega)t}\,\mathrm{d}t=\frac{E}{a-\mathrm{j}\omega}$$

即

$$E\mathrm{e}^{at}u(-t)\leftrightarrow\frac{E}{a-\mathrm{j}\omega}\tag{3.2-16}$$

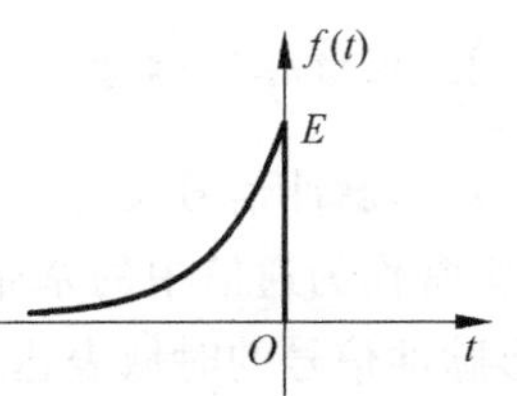

图 3-23 单边非因果指数衰减信号的波形

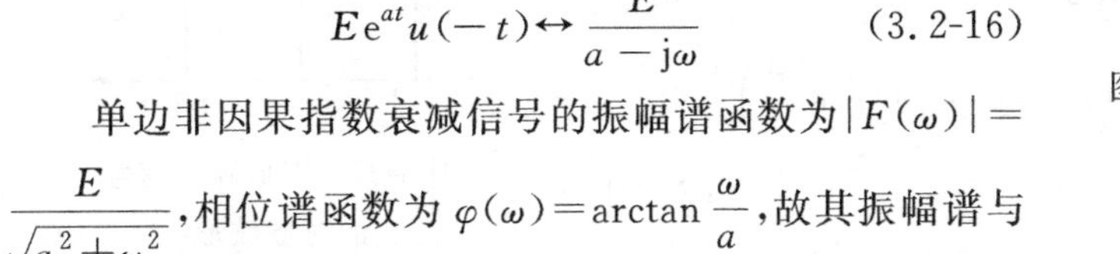

单边非因果指数衰减信号的振幅谱函数为$|F(\omega)|=\frac{E}{\sqrt{a^2+\omega^2}}$，相位谱函数为$\varphi(\omega)=\arctan\frac{\omega}{a}$，故其振幅谱与相位谱如图 3-24 所示。

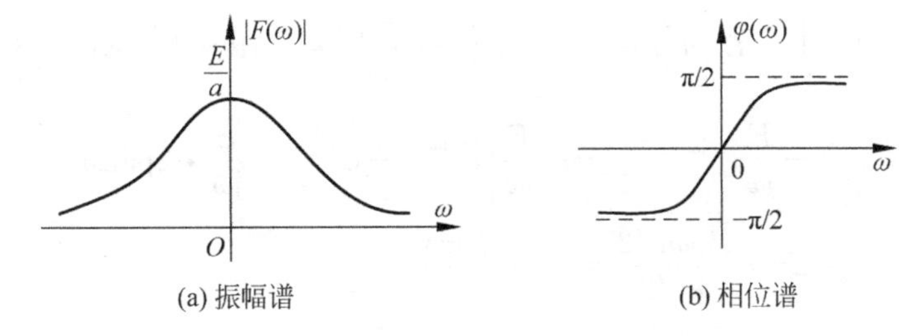

(a) 振幅谱　　(b) 相位谱

图 3-24 单边非因果指数衰减信号的频谱

3）双边指数信号

双边指数信号的时域数学表达式为

$$f(t)=E\mathrm{e}^{-a|t|},\quad a\text{ 为正实数}\tag{3.2-17}$$

其时域波形如图 3-25 所示。

其傅里叶变换为

$$\begin{aligned}F(\omega)&=\mathcal{F}[f(t)]=\int_{-\infty}^{+\infty}E\mathrm{e}^{-a|t|}\,\mathrm{e}^{-\mathrm{j}\omega t}\,\mathrm{d}t=\int_{-\infty}^{+\infty}E[\mathrm{e}^{-at}u(t)+\mathrm{e}^{at}u(-t)]\mathrm{e}^{-\mathrm{j}\omega t}\,\mathrm{d}t\\&=E\int_{-\infty}^{+\infty}\mathrm{e}^{-at}u(t)\mathrm{e}^{-\mathrm{j}\omega t}\,\mathrm{d}t+\int_{-\infty}^{+\infty}\mathrm{e}^{at}u(-t)\mathrm{e}^{-\mathrm{j}\omega t}\,\mathrm{d}t\\&=\frac{E}{a+\mathrm{j}\omega}+\frac{E}{a-\mathrm{j}\omega}=\frac{2Ea}{a^2+\omega^2}\end{aligned}\tag{3.2-18}$$

可以看出，双边指数信号的频谱函数为正实数，故$|F(\omega)|=F(\omega)$，$\varphi(\omega)=0$。双边指数信号的频谱图如图 3-26 所示。

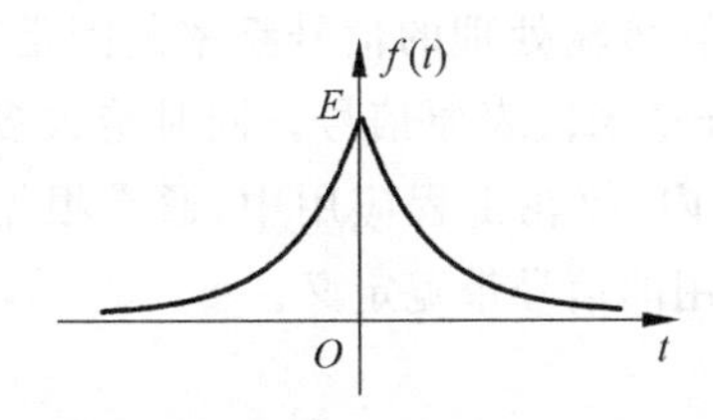

图 3-25 双边指数信号的时域波形

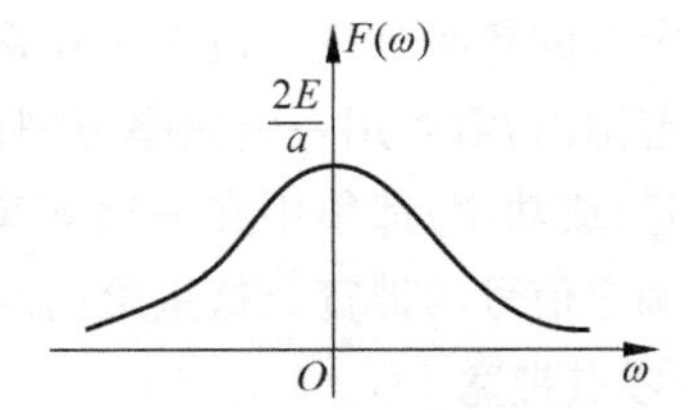

图 3-26 双边指数信号的频谱

2. 矩形脉冲信号

矩形脉冲信号又称门函数，由于其波形简单，实现容易，常常作为通信中的基带信号。振幅为 E，宽度为 τ 的矩形脉冲信号的时域表达式为

$$f(t)=EG_{\tau}(t)=E\left[u\left(t-\frac{\tau}{2}\right)-u\left(t+\frac{\tau}{2}\right)\right] \tag{3.2-19}$$

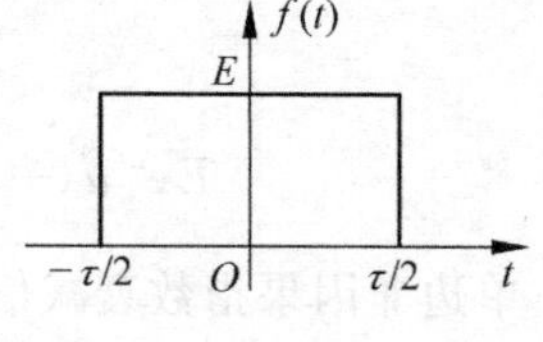

图 3-27　矩形脉冲信号的时域波形

其时域波形如图 3-27 所示。

从图中可以看出，矩形脉冲信号满足绝对可积条件，其傅里叶变换为

$$\begin{aligned}F(\omega)&=\int_{-\infty}^{+\infty}E\left[u\left(t+\frac{\tau}{2}\right)-u\left(t-\frac{\tau}{2}\right)\right]\mathrm{e}^{-\mathrm{j}\omega t}\,\mathrm{d}t=\int_{-\frac{\tau}{2}}^{\frac{\tau}{2}}E\mathrm{e}^{-\mathrm{j}\omega t}\,\mathrm{d}t\\&=-\frac{E}{\mathrm{j}\omega}\mathrm{e}^{-\mathrm{j}\omega t}\Big|_{-\frac{\tau}{2}}^{\frac{\tau}{2}}=-\frac{E}{\mathrm{j}\omega}\left(\mathrm{e}^{-\mathrm{j}\omega\frac{\tau}{2}}-\mathrm{e}^{\mathrm{j}\omega\frac{\tau}{2}}\right)=\frac{E}{\mathrm{j}\omega}\cdot 2\mathrm{j}\sin\omega\,\frac{\tau}{2}\\&=E\tau\cdot\frac{\sin\omega\tau/2}{\omega\tau/2}=E\tau\mathrm{Sa}\left(\frac{\omega\tau}{2}\right)\end{aligned}$$

即

$$EG_{\tau}(t)\leftrightarrow E\tau\mathrm{Sa}\left(\frac{\omega\tau}{2}\right) \tag{3.2-20}$$

由式(3.2-20)可得到矩形脉冲信号振幅谱函数和相位谱函数分别为

$$|F(\omega)|=E\tau\left|\mathrm{Sa}\left(\frac{\omega\tau}{2}\right)\right|$$

$$\varphi(\omega)=\begin{cases}0, & \dfrac{4n\pi}{\tau}<|\omega|<\dfrac{2(2n+1)\pi}{\tau}\\ \pm\pi, & \dfrac{2(2n+1)\pi}{\tau}<|\omega|<\dfrac{2(2n+2)\pi}{\tau}\end{cases}\quad n=0,1,2,\cdots$$

矩形脉冲信号的振幅谱和相位谱如图 3-28 所示。

由于频谱函数 $F(\omega)=E\tau\mathrm{Sa}\left(\frac{\omega\tau}{2}\right)$ 是实函数，可将振幅谱和相位谱合成一幅图，如图 3-29 所示。

通常称信号所包含频率范围称为信号的频带宽度。从图 3-29 中可以看出，门函数包含了 0 到无穷大的频率分量。由于实际系统能够传输处理的信号频率范围是有限的，在误差允许的范围内，需要用一定频率范围内的分量来代表原信号。同时绝大多数实用信号的主要能量(或功率)都集中在一段频率范围内，故在工程应用中，通常根据信号频谱的分布情况确定信号的带宽。这里给出两种常用的信号带宽定义。

1) 第一零点带宽

从矩形脉冲信号的频谱图中可以看出，其频谱的主要能量集中在第一个过零点 $\frac{2\pi}{\tau}$ 范

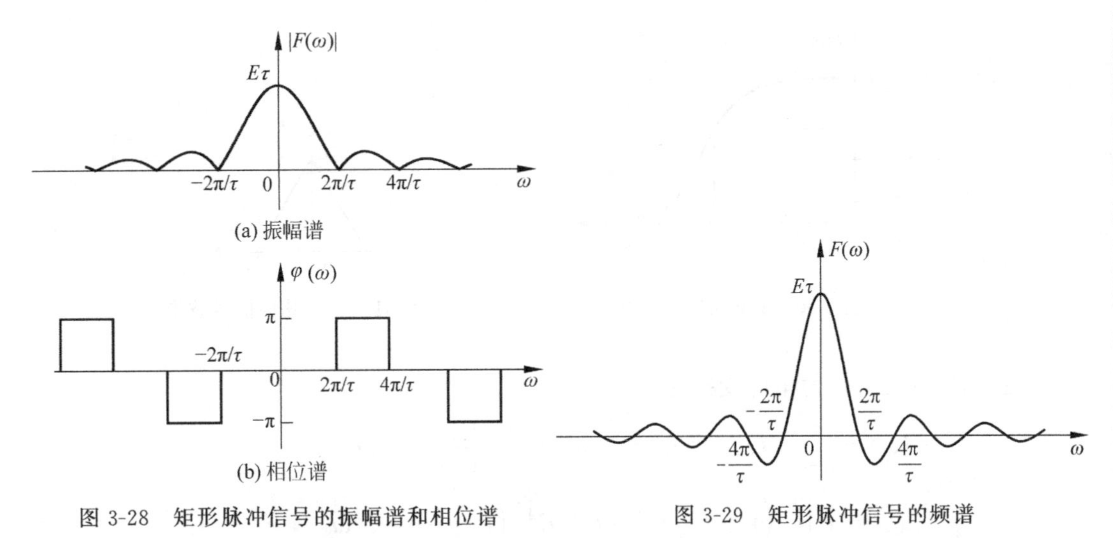

图 3-28 矩形脉冲信号的振幅谱和相位谱

图 3-29 矩形脉冲信号的频谱

围内，频谱具有明显的主瓣，该范围内包含了信号 90%以上的能量。因此，对于具有这类频谱特点的信号，通常定义信号频谱第一个过零点的频率作为信号的频带宽度，称为第一零点带宽。所以，矩形脉冲信号的频带宽度或带宽定义为

$$B_{\omega}=\frac{2\pi}{\tau}\text{rad/s} \quad 或 \quad B_{f}=\frac{1}{\tau}\text{Hz} \tag{3.2-21}$$

从式(3.2-21)也可以看出，矩形脉冲信号的时域脉宽与带宽成反比。信号脉冲持续时间越长，其带宽越窄；信号脉冲持续时间越短，其带宽越宽。

2) 3dB 带宽

若信号频谱中无明显的主瓣，如图 3-30 所示，通常可定义信号频域幅值下降为最大值的$\frac{\sqrt{2}}{2}$时对应的频率为信号的带宽，即

$$|F(\omega_0)|=\frac{\sqrt{2}}{2}|F(\omega)|_{\max} \tag{3.2-22}$$

由于该频率点的功率为功率最大值的$\frac{1}{2}$，用对数表示即为下降了 3dB，因此这种方式定义的带宽称为 3dB 带宽。3dB 带宽点也称半功率点，表示在该带宽内集中了一半的功率。

3. 三角脉冲信号

三角脉冲信号也是实际通信中常用的一种信号，其时域表达式为

$$f(t)=\begin{cases}E\left(1-\frac{|t|}{\tau}\right), & |t|\leqslant\tau\\ 0, & |t|>\tau\end{cases} \tag{3.2-23}$$

其时域波形图如图 3-31 所示。

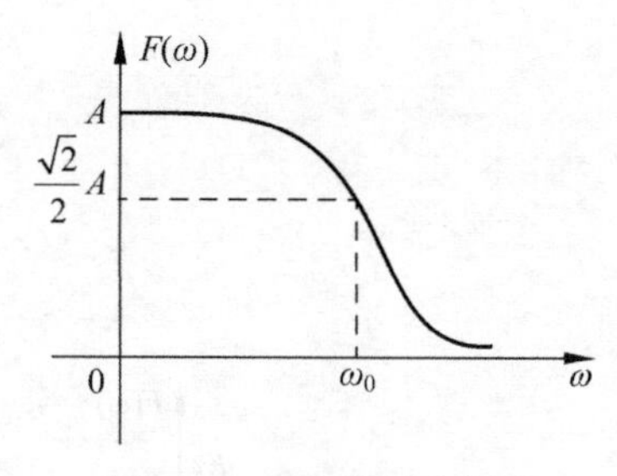

图 3-30　3dB 带宽示意图

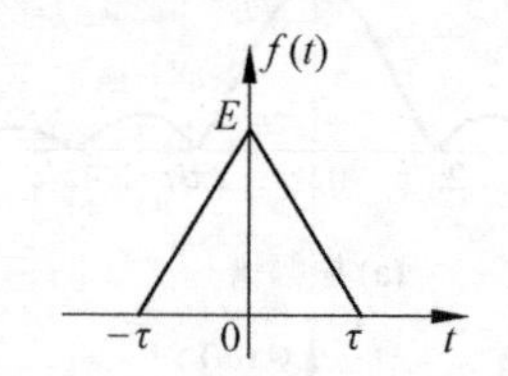

图 3-31　三角脉冲信号波形

三角脉冲信号的傅里叶变换为

$$
\begin{aligned}
F(\omega) &= \int_{-\infty}^{+\infty} f(t)\mathrm{e}^{-\mathrm{j}\omega t}\,\mathrm{d}t = \int_{-\tau}^{\tau} E\left(1-\frac{|t|}{\tau}\right)\mathrm{e}^{-\mathrm{j}\omega t}\,\mathrm{d}t \\
&= E\int_{-\tau}^{0}\left(1+\frac{t}{\tau}\right)\mathrm{e}^{-\mathrm{j}\omega t}\,\mathrm{d}t + E\int_{0}^{\tau}\left(1-\frac{t}{\tau}\right)\mathrm{e}^{-\mathrm{j}\omega t}\,\mathrm{d}t \\
&= E\int_{-\tau}^{0}\mathrm{e}^{-\mathrm{j}\omega t}\,\mathrm{d}t + \frac{E}{\tau}\int_{-\tau}^{0} t\,\mathrm{e}^{-\mathrm{j}\omega t}\,\mathrm{d}t + E\int_{0}^{\tau}\mathrm{e}^{-\mathrm{j}\omega t}\,\mathrm{d}t - \frac{E}{\tau}\int_{0}^{\tau} t\,\mathrm{e}^{-\mathrm{j}\omega t}\,\mathrm{d}t
\end{aligned}
$$

利用分部积分对上式进行化简，得到

$$
\begin{aligned}
F(\omega) &= \frac{E}{(\mathrm{j}\omega)^2\tau}\left(\mathrm{e}^{\mathrm{j}\omega\tau}+\mathrm{e}^{-\mathrm{j}\omega\tau}\right) - \frac{2E}{(\mathrm{j}\omega)^2\tau} \\
&= \frac{2E}{\omega^2\tau}(1-\cos\omega\tau) = \frac{4E}{\omega^2\tau}\sin^2\left(\frac{\omega\tau}{2}\right) = E\tau\,\mathrm{Sa}^2\left(\frac{\omega\tau}{2}\right)
\end{aligned}
\tag{3.2-24}
$$

三角脉冲信号的频谱图如图 3-32 所示。

从图 3-32 中可以看出，三角脉冲信号的频率分量在频率 $2\pi/\tau$ 后衰减很快，其主瓣更突出。这是因为三角信号频谱为抽样信号的平方，其收敛速度快于抽样信号本身。在实际通信系统中，常常会用频谱收敛较快的三角脉冲作为基带信号。

另一个在通信中常用的基带信号是升余弦信号，其时域波形如图 3-33 所示。该信号时域“尾端”衰减较快，能够降低信号传输中可能存在的码间串扰。

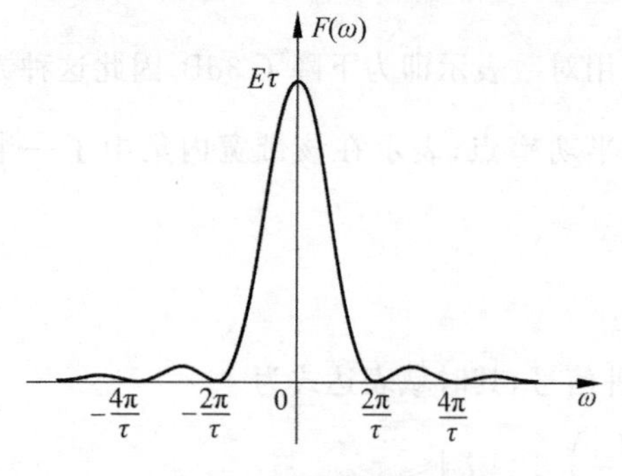

图 3-32　三角脉冲信号频谱

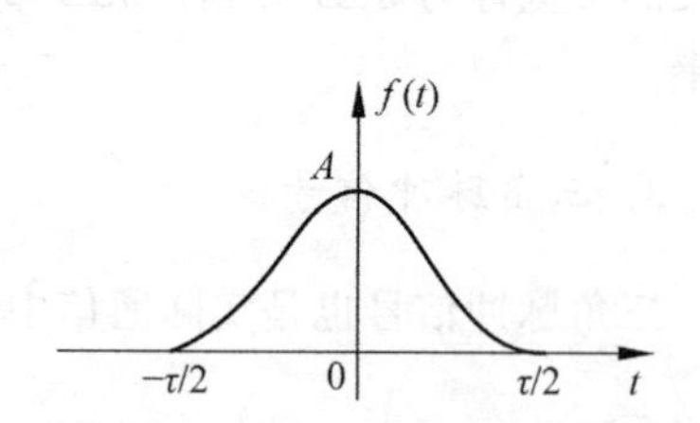

图 3-33　升余弦信号时域波形

升余弦信号时域表达式为

$$f(t)=\begin{cases}\dfrac{A}{2}\left(1+\cos\dfrac{2\pi}{\tau}t\right), & |t|\leqslant\dfrac{\tau}{2}\\ 0, & \text{其他}\end{cases} \tag{3.2-25}$$

其傅里叶变换为

$$F(\omega)=\frac{A\tau}{2}\frac{\mathrm{Sa}\left(\dfrac{\omega\tau}{2}\right)}{1-\left(\dfrac{\omega\tau}{2\pi}\right)^2} \tag{3.2-26}$$

信号频谱如图 3-34 所示。

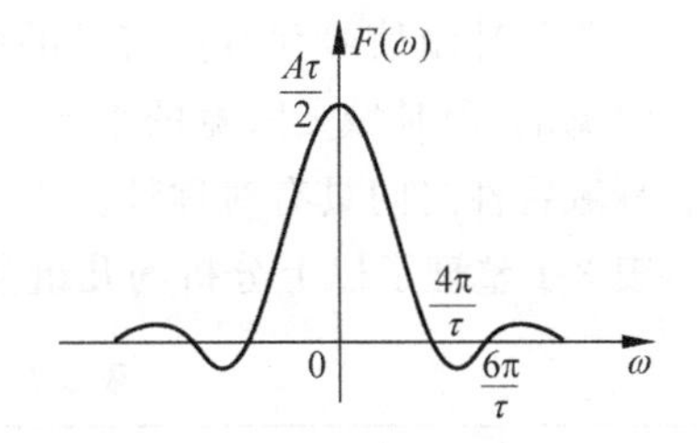

图 3-34　升余弦信号频谱

4. 单位冲激信号

单位冲激信号的时域表达式为

$$\begin{cases}\displaystyle\int_{-\infty}^{+\infty}\delta(t)\,\mathrm{d}t=1\\ \delta(t)=0, \quad t\neq 0\end{cases} \tag{3.2-27}$$

根据傅里叶变换的公式,可得其傅里叶变换为

$$F(\omega)=\int_{-\infty}^{+\infty}\delta(t)\mathrm{e}^{-\mathrm{j}\omega t}\,\mathrm{d}t=1$$

即

$$\delta(t)\leftrightarrow 1 \tag{3.2-28}$$

单位冲激信号的时域波形和频谱图分别如图 3-35 和图 3-36 所示。

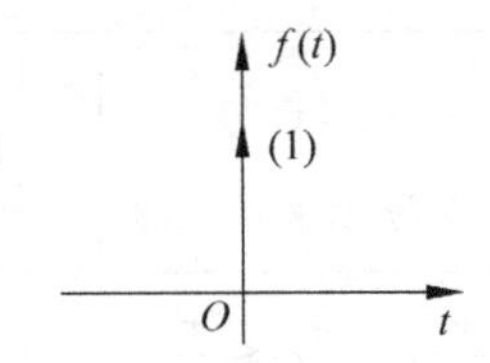

图 3-35　冲激信号的时域波形

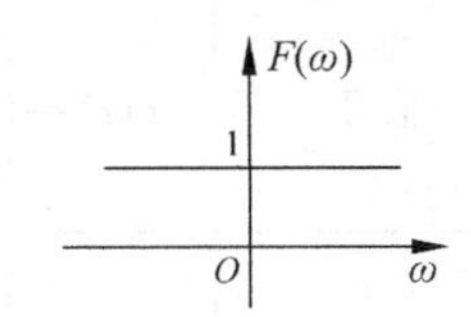

图 3-36　冲激信号的频谱

5. 直流信号

直流信号 $f(t)=1$ 的时域波形如图 3-37 所示。由于直流信号不满足绝对可积的条件,无法通过傅里叶变换的定义式来求其傅里叶变换。这里利用求 $\delta(\omega)$原函数的方法。

$\delta(\omega)$的傅里叶反变换为

$$\mathcal{F}^{-1}[\delta(\omega)]=\frac{1}{2\pi}\int_{-\infty}^{+\infty}\delta(\omega)\mathrm{e}^{\mathrm{j}\omega t}\,\mathrm{d}\omega=\frac{1}{2\pi}$$

即

$$\mathcal{F}\left[\frac{1}{2\pi}\right]=\delta(\omega)$$

故可得

$$1 \leftrightarrow 2\pi\delta(\omega) \tag{3.2-29}$$

信号 $f(t)=1$ 的频谱图如图 3-38 所示。

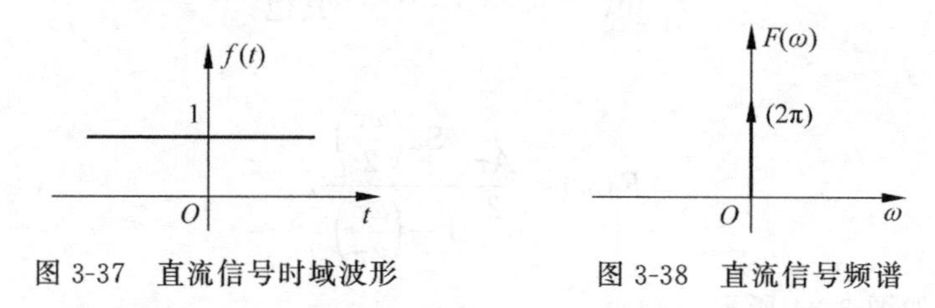

图 3-37　直流信号时域波形　　　图 3-38　直流信号频谱

从单位冲激信号和直流信号的频谱分析可以看出，时间上无限窄的冲激信号，频谱是无限宽的，而时域无限宽的直流信号，频谱是无限窄的冲激函数，这体现了信号时域特性和频域特性之间具有对称性。

表 3-1 整理了以上分析的几组常用信号的傅里叶变换对。

表 3-1　常用信号的傅里叶变换对

序　号	名　　称	时域函数 $f(t)$	频谱函数 $F(\omega)$
1	因果指数衰减信号	$Ee^{-at}u(t)$，a 为正实数	$\dfrac{E}{a+j\omega}$
2	双边指数信号	$Ee^{-a\|t\|}$，a 为正实数	$\dfrac{2Ea}{a^2+\omega^2}$
3	矩形脉冲信号	$EG_\tau(t)$	$E\tau\mathrm{Sa}\left(\dfrac{\omega\tau}{2}\right)$
4	三角脉冲信号	$f(t)=\begin{cases}E\left(1-\dfrac{\|t\|}{\tau}\right), & \|t\|<\tau \\ 0, & \|t\|>\tau\end{cases}$	$E\tau\mathrm{Sa}^2\left(\dfrac{\omega\tau}{2}\right)$
5	升余弦信号	$f(t)=\begin{cases}\dfrac{A}{2}\left(1+\cos\dfrac{2\pi}{\tau}t\right), & \|t\|\leqslant\dfrac{\tau}{2} \\ 0, & \text{其他}\end{cases}$	$\dfrac{A\tau}{2}\dfrac{\mathrm{Sa}\left(\dfrac{\omega\tau}{2}\right)}{1-\left(\dfrac{\omega\tau}{2\pi}\right)^2}$
6	单位冲激信号	$\delta(t)$	1
7	直流信号	1	$2\pi\delta(\omega)$

3.2.3　傅里叶谱系数 F_n 与频谱函数 $F(\omega)$ 的关系

周期信号傅里叶级数的谱系数 F_n 与非周期信号的傅里叶变换 $F(\omega)$ 之间存在一定的对应关系。

从周期矩形脉冲信号 $f_T(t)$ 中截取 $\left(-\dfrac{T}{2},\dfrac{T}{2}\right)$ 的波形，得到信号 $f(t)$，如图 3-39

所示。

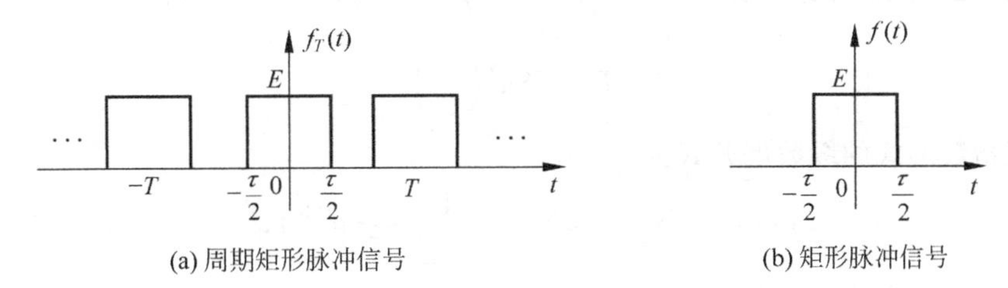

图 3-39　从周期矩形脉冲信号中截取一个周期

$f(t)$的傅里叶变换为

$$F(\omega)=\int_{-\infty}^{+\infty} f(t)\mathrm{e}^{-\mathrm{j}\omega t}\,\mathrm{d}t=\int_{-T/2}^{T/2} f_T(t)\mathrm{e}^{-\mathrm{j}\omega t}\,\mathrm{d}t \tag{3.2-30}$$

周期信号 $f_T(t)$的傅里叶谱系数为

$$F_n=\frac{1}{T}\int_{-T/2}^{T/2} f_T(t)\mathrm{e}^{-\mathrm{j}n\omega_1 t}\,\mathrm{d}t,\quad 其中\quad \omega_1=\frac{2\pi}{T} \tag{3.2-31}$$

可以看出,非周期信号的频谱函数 $F(\omega)$与周期信号的傅里叶谱系数 F_n 之间存在如下关系:

$$F_n=\left.\frac{F(\omega)}{T}\right|_{\omega=n\omega_1}=\frac{F(n\omega_1)}{T} \tag{3.2-32}$$

图 3-39(b)中非周期信号 $f(t)$为矩形脉冲信号,易知

$$F(\omega)=\mathcal{F}[f(t)]=E\tau\mathrm{Sa}\left(\frac{\omega\tau}{2}\right)$$

故图 3-39(a)中周期矩形信号的傅里叶谱系数为

$$F_n=\left.\frac{E\tau}{T}\mathrm{Sa}\left(\frac{\omega\tau}{2}\right)\right|_{\omega=n\omega_1}=\frac{E\tau}{T}\mathrm{Sa}\left(\frac{n\omega_1\tau}{2}\right)$$

例 3-9　计算图 3-40 所示周期三角脉冲信号的复指数形式傅里叶级数展开式。

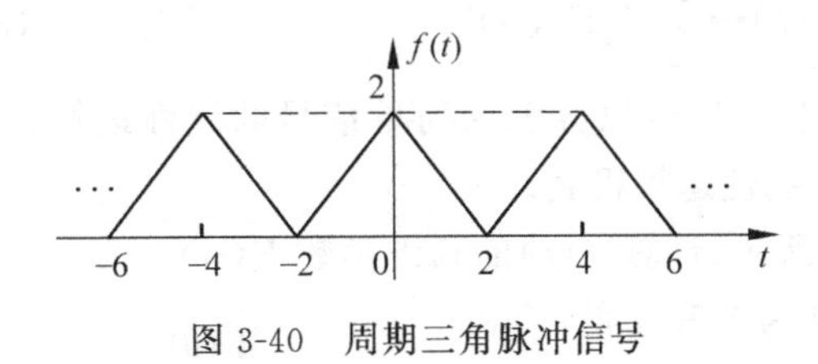

图 3-40　周期三角脉冲信号

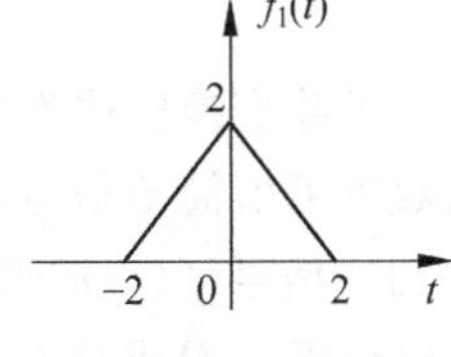

图 3-41　三角信号

解:从 $f(t)$中提取一个周期(−2～2)的波形,可得到如图 3-41 所示的三角信号 $f_1(t)$。由常用信号的傅里叶变换可知,$f_1(t)$的频谱函数为

$$F_1(\omega)=4\mathrm{Sa}^2(\omega)$$

根据式(3.2-32)可得

$$F_n=\left.\frac{F_1(\omega)}{T}\right|_{\omega=n\omega_1}=\mathrm{Sa}^2(n\omega_1)$$

该周期三角信号的周期为 4，其频率 $\omega_1=\frac{2\pi}{T}=\frac{\pi}{2}$，则

$$F_n=\mathrm{Sa}^2\left(\frac{n\pi}{2}\right)$$

故复指数形式的级数展开式为

$$f(t)=\sum_{n=-\infty}^{+\infty}F_n\mathrm{e}^{\mathrm{j}n\omega_1 t}=\sum_{n=-\infty}^{+\infty}\mathrm{Sa}^2\left(\frac{n\pi}{2}\right)\mathrm{e}^{\mathrm{j}\frac{n\pi}{2}t}$$

3.3 傅里叶变换的性质和定理

通过 3.2 节分析可知，信号可以用时间函数 $f(t)$来描述，也可以用频谱函数 $F(\omega)$来描述，两者从不同的角度反映了信号的特性。本节通过讨论傅里叶变换的基本性质和定理，分析信号在时域进行某种运算时，其频谱函数的变化情况，理解信号的时间特性与频率特性之间的联系。

1. 线性特性

若 $f_1(t)\leftrightarrow F_1(\omega)$，$f_2(t)\leftrightarrow F_2(\omega)$，则有

$$k_1f_1(t)+k_2f_2(t)\leftrightarrow k_1F_1(\omega)+k_2F_2(\omega) \tag{3.3-1}$$

其中，k_1，k_2 为任意常数。

证明：

$$\begin{aligned}\mathcal{F}[k_1f_1(t)+k_2f_2(t)]&=\int_{-\infty}^{+\infty}[k_1f_1(t)+k_2f_2(t)]\mathrm{e}^{-\mathrm{j}\omega t}\mathrm{d}t\\&=\int_{-\infty}^{+\infty}k_1f_1(t)\mathrm{e}^{-\mathrm{j}\omega t}\mathrm{d}t+\int_{-\infty}^{+\infty}k_2f_2(t)\mathrm{e}^{-\mathrm{j}\omega t}\mathrm{d}t\\&=k_1F_1(\omega)+k_2F_2(\omega)\end{aligned}$$

一般地，式(3.3-1)可以推广为

$$\sum_{i=1}^{\infty}k_if_i(t)\leftrightarrow\sum_{i=1}^{\infty}k_iF_i(\omega) \tag{3.3-2}$$

利用傅里叶变换的线性特性，若复杂信号可以分解为简单信号的线性运算，则信号的频谱函数也可由简单信号频谱函数的线性运算得到。

例 3-10 信号 $f(t)$波形如图 3-42 所示，计算 $f(t)$的频谱函数 $F(\omega)$。

解：$f(t)$可以看成是两个脉宽分别为 8 和 4 的矩形脉冲信号相减的结果，即

$$f(t)=2[G_8(t)-G_4(t)]$$

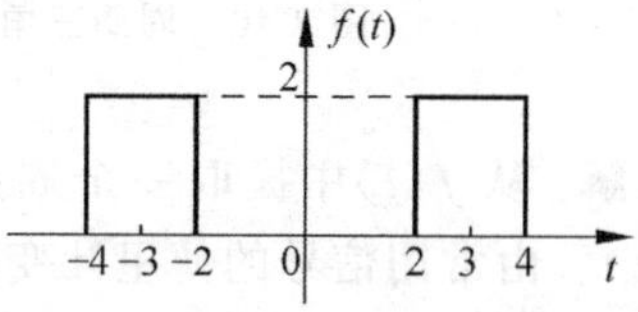

由常用信号的变换对，$EG_\tau(t)\leftrightarrow E\tau\mathrm{Sa}\left(\frac{\omega\tau}{2}\right)$，根据线性性质，可得

$$F(\omega)=16\mathrm{Sa}(4\omega)-8\mathrm{Sa}(2\omega)$$

图 3-42 例 3-10 中信号 $f(t)$波形

2. 对称性

若 $f(t)\leftrightarrow F(\omega)$，则

$$F(t)\leftrightarrow 2\pi f(-\omega) \tag{3.3-3}$$

证明：根据傅里叶反变换的公式

$$f(t)=\frac{1}{2\pi}\int_{-\infty}^{+\infty}F(\omega)\mathrm{e}^{\mathrm{j}\omega t}\mathrm{d}\omega$$

可知

$$f(-t)=\frac{1}{2\pi}\int_{-\infty}^{+\infty}F(\omega)\mathrm{e}^{-\mathrm{j}\omega t}\mathrm{d}\omega$$

将 ω 与 t 的位置互换

$$f(-\omega)=\frac{1}{2\pi}\int_{-\infty}^{+\infty}F(t)\mathrm{e}^{-\mathrm{j}\omega t}\mathrm{d}t$$

整理可以得到

$$F(t)\leftrightarrow 2\pi f(-\omega)$$

特别地，若 $f(t)$为偶函数，则 $F(t)\leftrightarrow 2\pi f(\omega)$。

式(3.3-3)说明，若 $f(t)$的频谱函数为 $F(\omega)$，则 $F(t)$的频谱函数的形状与 $f(t)$的形状一样，只是幅度相差 2π 倍。

例 3-11 求直流信号 $f(t)=1$ 的频谱函数 $F(\omega)$。

解：因为直流信号不满足绝对可积，在 3.2.2 节采用了求 $\delta(\omega)$反变换的方法，这里采用对称性来求取。

已知 $\delta(t)\leftrightarrow 1$，根据对称性得

$$1\leftrightarrow F(\omega)=2\pi\delta(-\omega)=2\pi\delta(\omega)$$

例 3-12 求抽样函数 $\mathrm{Sa}(t)=\dfrac{\sin t}{t}$ 的频谱密度函数 $F(\omega)$。

解：待求信号为时域抽样信号。已知时域的门函数对应的频谱函数为抽样函数，即

$$EG_\tau(t)\leftrightarrow E\tau\mathrm{Sa}\left(\frac{\omega\tau}{2}\right)$$

当 $\tau=2,E=1$ 时，$G_2(t)\leftrightarrow 2\mathrm{Sa}(\omega)$

由对称性可知

$$2\mathrm{Sa}(t)\leftrightarrow F(\omega)=2\pi G_2(-\omega)=2\pi G_2(\omega)$$

即

$$\mathrm{Sa}(t)\leftrightarrow F(\omega)=\pi G_2(\omega)$$

例 3-13 已知信号频谱如图 3-43 所示，求时域信号 $f(t)$。

解：从图 3-43 中可以看出，信号频谱函数可以表示为

$$F(\omega)=2G_8(\omega)$$

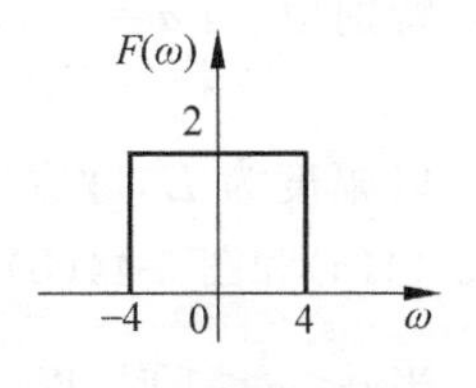

图 3-43 例 3-13 的图

根据 $EG_{\tau}(t)\leftrightarrow E\tau \mathrm{Sa}\left(\frac{\omega\tau}{2}\right)$，可知

$$2G_8(t)\leftrightarrow 16\mathrm{Sa}(4\omega)$$

由对称性可得

$$\mathrm{Sa}(4t)\leftrightarrow \frac{\pi}{4}G_8(\omega)$$

即

$$G_8(\omega)\leftrightarrow \frac{4}{\pi}\mathrm{Sa}(4t)$$

因此 $F(\omega)$ 对应的时域函数

$$f(t)=\frac{8}{\pi}\mathrm{Sa}(4t)$$

根据例 3-12 和例 3-13，可以得出一个有用的结论，即

$$\mathrm{Sa}(\omega_0 t)\leftrightarrow \frac{\pi}{\omega_0}G_{2\omega_0}(\omega) \tag{3.3-4}$$

3. 尺度变换特性

若 $f(t)\leftrightarrow F(\omega)$，则

$$f(at)\leftrightarrow \frac{1}{|a|}F\left(\frac{\omega}{a}\right) \tag{3.3-5}$$

其中，a 为非零实常数。

证明：$\mathcal{F}[f(at)]=\int_{-\infty}^{+\infty}f(at)\mathrm{e}^{-\mathrm{j}\omega t}\mathrm{d}t \overset{令\lambda=at}{=} \int_{-\infty}^{+\infty}f(\lambda)\mathrm{e}^{-\mathrm{j}\omega\frac{\lambda}{a}}\mathrm{d}\frac{\lambda}{a}$

当 $a>0$ 时，

$$\mathcal{F}[f(at)]=\frac{1}{a}\int_{-\infty}^{+\infty}f(\lambda)\mathrm{e}^{-\mathrm{j}\frac{\omega}{a}\lambda}\mathrm{d}\lambda=\frac{1}{a}F\left(\frac{\omega}{a}\right)$$

当 $a<0$ 时，

$$\mathcal{F}[f(at)]=\frac{1}{a}\int_{+\infty}^{-\infty}f(\lambda)\mathrm{e}^{-\mathrm{j}\frac{\omega}{a}\lambda}\mathrm{d}\lambda=-\frac{1}{a}\int_{-\infty}^{+\infty}f(\lambda)\mathrm{e}^{-\mathrm{j}\frac{\omega}{a}\lambda}\mathrm{d}\lambda=-\frac{1}{a}F\left(\frac{\omega}{a}\right)$$

结合上述两种情况，有 $f(at)\leftrightarrow\frac{1}{|a|}F\left(\frac{\omega}{a}\right)$。

尺度变换特性说明，信号在时域波形压缩，其频谱扩展；反之，信号在时域波形扩展，频谱压缩。

特别地，当 $a=-1$ 时，有

$$f(-t)\leftrightarrow F(-\omega) \tag{3.3-6}$$

以幅度为 E，脉宽为 τ 的矩形脉冲信号 $EG_{\tau}(t)$ 为例，其时域波形和频谱图分别如图 3-44(a)和图 3-44(b)所示。

当 $0<a<1$ 时，以 $a=\frac{1}{2}$ 为例，$f\left(\frac{t}{2}\right)$ 的时域波形如图 3-45(a)所示。根据傅里叶变

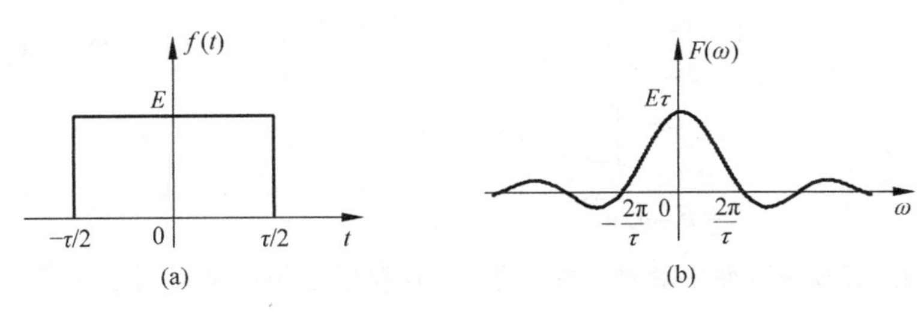

图 3-44　矩形脉冲信号时域和频域波形

换的尺度变换性质,可知

$$f\left(\frac{t}{2}\right) \leftrightarrow 2F(2\omega)$$

故其频谱图如图 3-45(b)所示。

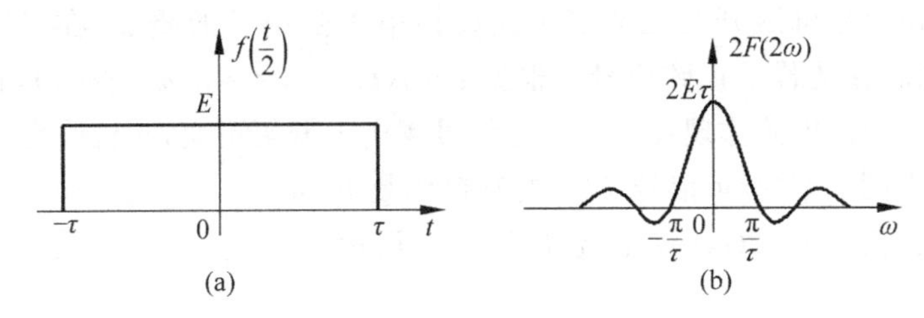

图 3-45　$f\left(\frac{t}{2}\right)$的时域波形和频谱

当 $a>1$ 时,以 $a=2$ 为例,$f(2t)$的时域波形如图 3-46(a)所示。根据傅里叶变换的尺度变换性质,可知其频谱图如图 3-46(b)所示。

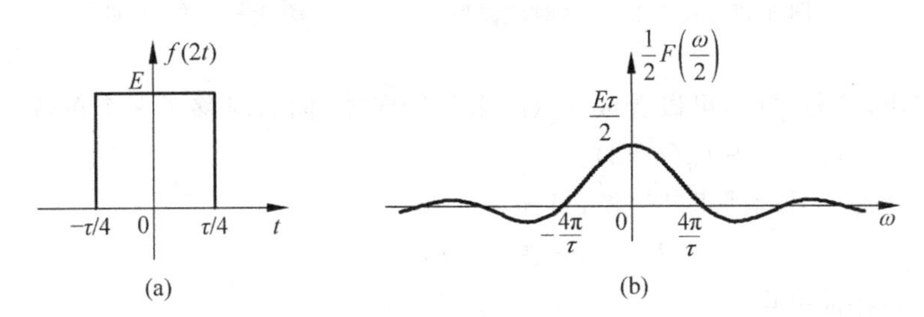

图 3-46　$f(2t)$的时域波形和频谱

从上面的讨论可以看出,信号持续时间与信号占有频带成反比。在实际通信中,有时为加速信号的传递,要将信号持续时间压缩,使单位时间内传输的信号脉冲数增加,必然会导致信号所占用的频谱展宽。因此,信号的高速传递要依靠信道的宽频带来支撑。

4. 时移特性

若 $f(t) \leftrightarrow F(\omega)$,则

$$f(t \pm t_0) \leftrightarrow F(\omega)\mathrm{e}^{\pm \mathrm{j}\omega t_0} \tag{3.3-7}$$

证明：$\mathcal{F}[f(t\pm t_0)]=\int_{-\infty}^{+\infty}f(t\pm t_0)\mathrm{e}^{-\mathrm{j}\omega t}\mathrm{d}t \overset{令t\pm t_0=\lambda}{=} \int_{-\infty}^{+\infty}f(\lambda)\mathrm{e}^{-\mathrm{j}\omega(\lambda\mp t_0)}\mathrm{d}\lambda$

$$=\mathrm{e}^{\pm\mathrm{j}\omega t_0}\int_{-\infty}^{+\infty}f(\lambda)\mathrm{e}^{-\mathrm{j}\omega\lambda}\mathrm{d}\lambda$$

$$=F(\omega)\mathrm{e}^{\pm\mathrm{j}\omega t_0}$$

可以看出，信号在时域中沿时间轴右移 t_0，其频域中频谱乘以因子 $\mathrm{e}^{-\mathrm{j}\omega t_0}$；在时域中沿时间轴左移 t_0，其频域中频谱乘以因子 $\mathrm{e}^{\mathrm{j}\omega t_0}$。

由于 $F(\omega)=|F(\omega)|\mathrm{e}^{\mathrm{j}\varphi(\omega)}$，可得

$$F(\omega)\mathrm{e}^{\pm\mathrm{j}\omega t_0}=|F(\omega)|\mathrm{e}^{\mathrm{j}\varphi(\omega)}\cdot\mathrm{e}^{\pm\mathrm{j}\omega t_0}=|F(\omega)|\mathrm{e}^{\mathrm{j}[\varphi(\omega)\pm\omega t_0]} \tag{3.3-8}$$

从式(3.3-8)中可以看出，信号发生时移后，其振幅谱函数不变，仅是相位谱函数发生改变，改变量与信号时移量有关，即信号在时域中的时移与频域中的相移相对应。

由于非周期信号可展开为无穷多个连续频率正弦信号的叠加，在时间轴上移动信号，就相当于同时移动若干正弦信号。根据 $\sin\omega(t-t_0)=\sin(\omega t-\omega t_0)$，正弦信号移位时其相位发生改变。因此体现在频域就是信号频谱中振幅不变，相位改变。

例 3-14 求图 3-47 所示信号 $f(t)$ 的频谱函数 $F(\omega)$。

解：设信号 $f_0(t)=2G_2(t)$，波形如图 3-48 所示。

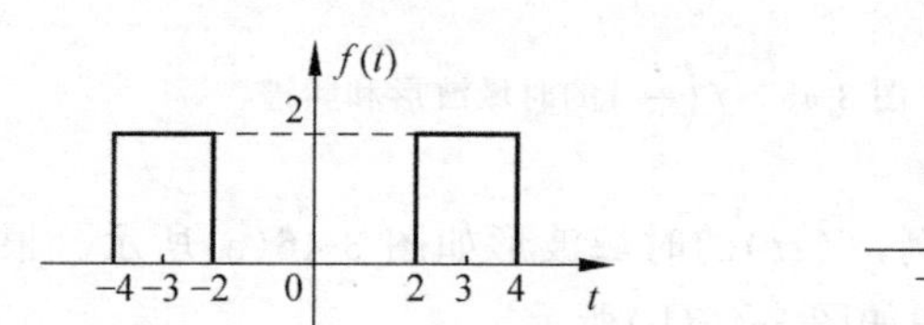

图 3-47 例 3-14 信号时域波形

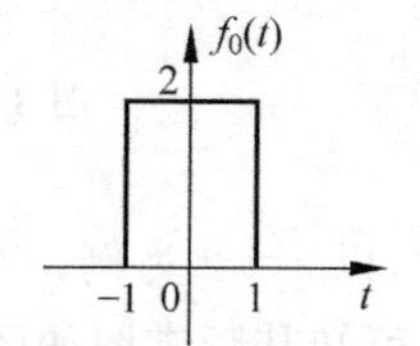

图 3-48 $f_0(t)$波形

可以看出，信号 $f(t)$ 可以看成 $f_0(t)$ 由分别向左、向右时移了 3 个单位后叠加的结果，即 $f(t)=f_0(t+3)+f_0(t-3)$。

由矩形脉冲信号的傅里叶变换，可知

$$F_0(\omega)=\mathcal{F}[f_0(t)]=4\mathrm{Sa}(\omega)$$

根据时移特性可得

$$F(\omega)=F_0(\omega)(\mathrm{e}^{3\mathrm{j}\omega}+\mathrm{e}^{-3\mathrm{j}\omega})$$

$$=4\mathrm{Sa}(\omega)\cdot 2\cos 3\omega=8\mathrm{Sa}(\omega)\cos 3\omega$$

在例 3-10 中利用线性特性求解此信号的频谱函数为 $F(\omega)=16\mathrm{Sa}(4\omega)-8\mathrm{Sa}(2\omega)$。虽然利用两种不同性质计算得到的结果形式不同，但是可以互相转换。

$$F(\omega)=8\mathrm{Sa}(\omega)\cos 3\omega=8\frac{\sin\omega}{\omega}\cos 3\omega=\frac{4}{\omega}[\sin 4\omega+\sin(-2\omega)]$$

$$=4\cdot\left(4\frac{\sin 4\omega}{4\omega}-2\frac{\sin 2\omega}{2\omega}\right)=16\mathrm{Sa}(4\omega)-8\mathrm{Sa}(2\omega)$$

5. 频移特性

若 $f(t)\leftrightarrow F(\omega)$，则

$$f(t)\mathrm{e}^{\pm \mathrm{j}\omega_0 t}\leftrightarrow F(\omega\mp\omega_0) \tag{3.3-9}$$

证明：
$$\begin{aligned}\mathcal{F}[f(t)\mathrm{e}^{\pm \mathrm{j}\omega_0 t}]&=\int_{-\infty}^{+\infty}f(t)\mathrm{e}^{\pm \mathrm{j}\omega_0 t}\mathrm{e}^{-\mathrm{j}\omega t}\mathrm{d}t\\&=\int_{-\infty}^{+\infty}f(t)\mathrm{e}^{-\mathrm{j}(\omega\mp\omega_0)t}\mathrm{d}t\\&=F(\omega\mp\omega_0)\end{aligned}$$

式(3.3-9)表明，信号在时域中与因子 $\mathrm{e}^{\mathrm{j}\omega_0 t}$ 相乘，其频谱右移 ω_0；信号在时域中与因子 $\mathrm{e}^{-\mathrm{j}\omega_0 t}$ 相乘，其频谱左移 ω_0。

例 3-15 求信号 $f(t)=\cos\omega_0 t$ 的频谱函数 $F(\omega)$。

解：根据欧拉公式，可知

$$\cos\omega_0 t=\frac{1}{2}(\mathrm{e}^{\mathrm{j}\omega_0 t}+\mathrm{e}^{-\mathrm{j}\omega_0 t}) \tag{3.3-10}$$

直流信号的傅里叶变换对

$$1\leftrightarrow 2\pi\delta(\omega)$$

利用频移性质可得

$$\begin{aligned}\mathcal{F}[\cos\omega_0 t]&=\frac{1}{2}\mathcal{F}[1\cdot\mathrm{e}^{\mathrm{j}\omega_0 t}]+\frac{1}{2}\mathcal{F}[1\cdot\mathrm{e}^{-\mathrm{j}\omega_0 t}]\\&=\frac{1}{2}\cdot 2\pi\delta(\omega-\omega_0)+\frac{1}{2}\cdot 2\pi\delta(\omega+\omega_0)\\&=\pi\delta(\omega-\omega_0)+\pi\delta(\omega+\omega_0)\end{aligned}$$

$\cos\omega_0 t$ 信号的频谱如图 3-49 所示。

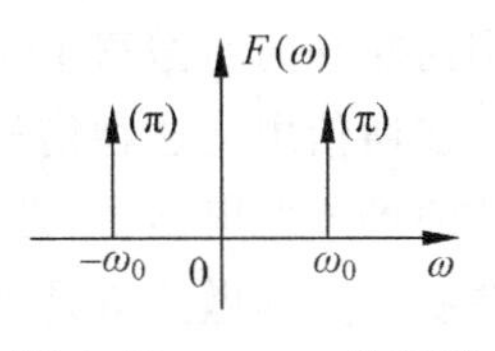

图 3-49 $\cos\omega_0 t$ 的频谱

同样，可以推导得到正弦信号 $\sin\omega_0 t$ 的傅里叶变换为

$$\begin{aligned}\mathcal{F}[\sin\omega_0 t]&=\frac{1}{2\mathrm{j}}\mathcal{F}[\mathrm{e}^{\mathrm{j}\omega_0 t}-\mathrm{e}^{-\mathrm{j}\omega_0 t}]\\&=\mathrm{j}\pi[\delta(\omega-\omega_0)-\delta(\omega+\omega_0)]\end{aligned}$$

类似地，利用欧拉公式和频移性质，可得

$$\begin{cases}f(t)\cos\omega_0 t\leftrightarrow\dfrac{1}{2}[F(\omega+\omega_0)+F(\omega-\omega_0)]\\ f(t)\sin\omega_0 t\leftrightarrow\dfrac{\mathrm{j}}{2}[F(\omega+\omega_0)-F(\omega-\omega_0)]\end{cases} \tag{3.3-11}$$

例 3-16 求图 3-50 所示信号 $f(t)$ 的频谱函数 $F(\omega)$。

解：从图 3-50 可以看出，信号 $f(t)$ 的时域表达式为

$$\begin{aligned}f(t)&=\cos\omega_0 t\cdot\left[u\left(t+\frac{\tau}{2}\right)-u\left(t-\frac{\tau}{2}\right)\right]\\&=G_\tau(t)\cos\omega_0 t\end{aligned}$$

因为 $G_{\tau}(t) \leftrightarrow F_1(\omega) = \tau \mathrm{Sa}\left(\frac{\omega\tau}{2}\right)$，其频谱如图 3-51 所示。

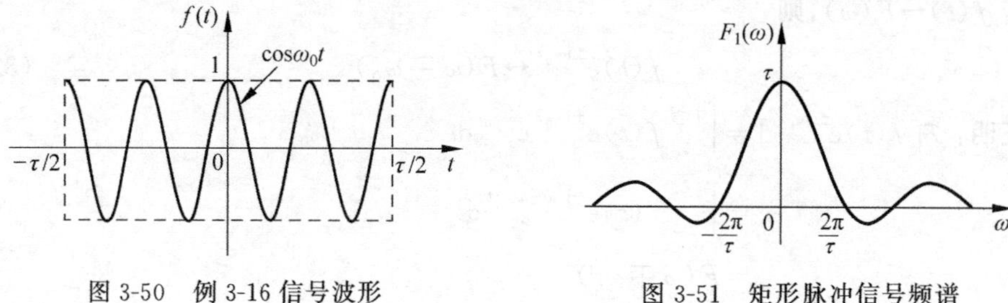

图 3-50　例 3-16 信号波形　　　　图 3-51　矩形脉冲信号频谱

根据式(3.3-11)可知

$$f(t) \leftrightarrow F(\omega) = \frac{1}{2}[F_1(\omega+\omega_0) + F_1(\omega-\omega_0)]$$

$$= \frac{1}{2}\left\{\tau \mathrm{Sa}\left[\frac{(\omega+\omega_0)\tau}{2}\right] + \tau \mathrm{Sa}\left[\frac{(\omega-\omega_0)\tau}{2}\right]\right\}$$

$f(t)$的频谱如图 3-52 所示。

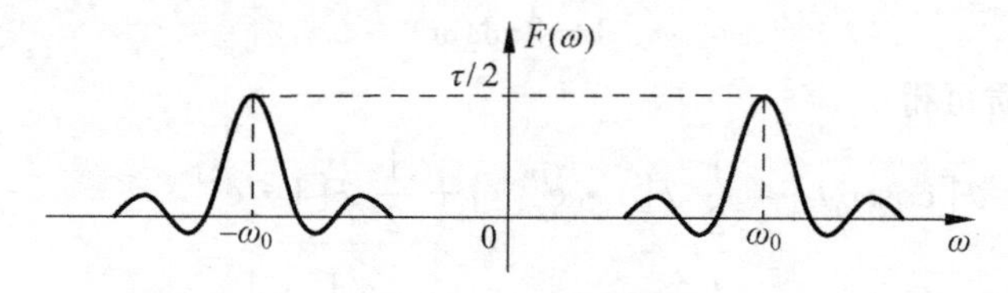

图 3-52　信号的频谱

从图 3-52 中可以看出，时域信号 $f(t)$与信号 $\cos\omega_0 t$ 相乘，频域上是将 $f(t)$的频谱分别向左和向右搬移了 ω_0 个单位，并且振幅降为原来的 1/2。

在通信中把这种信号频谱的搬移过程称为调制。在无线电通信中，为了将信号以电磁波的形式发射出去，必须把低频信号的频谱搬移到较高的发射频率附近，这就需要进行调制。实际做法就是把待传输的信号与 $\cos\omega_0 t$ 或 $\sin\omega_0 t$ 相乘。在接收端，将信号频谱从较高频率搬回到低频，恢复出原信号的过程称为解调。调制解调过程如图 3-53 所示，详细内容将在 3.8 节介绍。

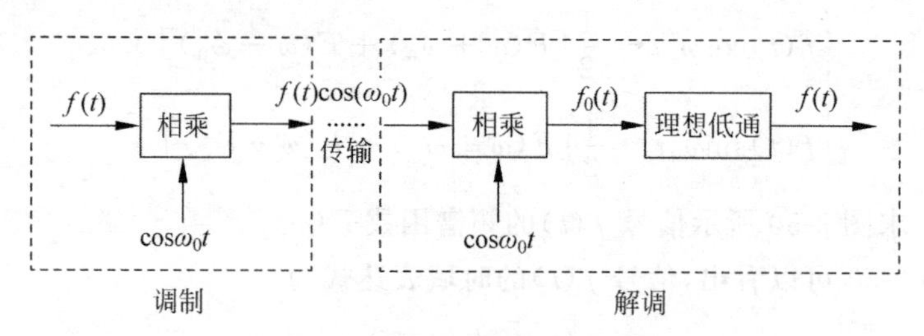

图 3-53　调制解调系统示意图

6. 时域微分特性

若 $f(t)\leftrightarrow F(\omega)$，则

$$\frac{\mathrm{d}}{\mathrm{d}t}f(t)\leftrightarrow \mathrm{j}\omega F(\omega) \tag{3.3-12}$$

证明：由傅里叶反变换公式

$$f(t)=\frac{1}{2\pi}\int_{-\infty}^{+\infty}F(\omega)\mathrm{e}^{\mathrm{j}\omega t}\mathrm{d}\omega$$

两边同时求导

$$\frac{\mathrm{d}}{\mathrm{d}t}f(t)=\frac{1}{2\pi}\int_{-\infty}^{+\infty}F(\omega)\cdot\frac{\mathrm{d}}{\mathrm{d}t}\mathrm{e}^{\mathrm{j}\omega t}\mathrm{d}\omega=\frac{1}{2\pi}\int_{-\infty}^{+\infty}\mathrm{j}\omega F(\omega)\cdot\mathrm{e}^{\mathrm{j}\omega t}\mathrm{d}\omega$$

即得 $\frac{\mathrm{d}}{\mathrm{d}t}f(t)\leftrightarrow \mathrm{j}\omega F(\omega)$。

式(3.3-12)可推广到高阶导数的傅里叶变换

$$\frac{\mathrm{d}^n f(t)}{\mathrm{d}t^n}\leftrightarrow(\mathrm{j}\omega)^n F(\omega) \tag{3.3-13}$$

时域微分性质表明，在时域中对信号取 n 次导数，其频谱函数 $F(\omega)$ 将乘以 $(\mathrm{j}\omega)^n$，即时域中的微分运算对应于频域中的代数运算。信号求导后，时域波形会变得陡峭，而在频域，由于其频谱函数变为 $\mathrm{j}\omega F(\omega)$，高频分量会得到增强。

7. 频域微分特性

若 $f(t)\leftrightarrow F(\omega)$，则

$$-\mathrm{j}tf(t)\leftrightarrow\frac{\mathrm{d}F(\omega)}{\mathrm{d}\omega} \tag{3.3-14}$$

证明：根据傅里叶变换公式

$$F(\omega)=\int_{-\infty}^{+\infty}f(t)\mathrm{e}^{-\mathrm{j}\omega t}\mathrm{d}\omega$$

与时域微分特性类似，等式两边同时求导

$$\frac{\mathrm{d}}{\mathrm{d}\omega}F(\omega)=\int_{-\infty}^{+\infty}f(t)\cdot\frac{\mathrm{d}}{\mathrm{d}\omega}\mathrm{e}^{-\mathrm{j}\omega t}\mathrm{d}\omega=\int_{-\infty}^{+\infty}(-\mathrm{j}t)f(t)\cdot\mathrm{e}^{-\mathrm{j}\omega t}\mathrm{d}\omega$$

即 $-\mathrm{j}tf(t)\leftrightarrow\frac{\mathrm{d}F(\omega)}{\mathrm{d}\omega}$。

推广到高阶，有 $(-\mathrm{j}t)^n f(t)\leftrightarrow\frac{\mathrm{d}^n F(\omega)}{\mathrm{d}\omega^n}$。

对于频域微分特性，常用形式为

$$t^n f(t)\leftrightarrow\mathrm{j}^n\frac{\mathrm{d}^n F(\omega)}{\mathrm{d}\omega^n} \tag{3.3-15}$$

例 3-17 已知 $f(t)\leftrightarrow F(\omega)$，求 $(t-1)f(t-1)$ 的傅里叶变换。

解：设 $f_0(t)=tf(t)$。根据频域微分特性，有

$$\mathcal{F}[f_0(t)]=\mathrm{j}\,\frac{\mathrm{d}F(\omega)}{\mathrm{d}(\omega)}$$

由信号的时域运算，可知

$$(t-1)f(t-1)=f_0(t-1)$$

结合傅里叶变换的时移特性，可得

$$\mathcal{F}[(t-1)f(t-1)]=\mathrm{j}\,\frac{\mathrm{d}F(\omega)}{\mathrm{d}(\omega)}\cdot \mathrm{e}^{-\mathrm{j}\omega}$$

例 3-18 计算 $f(t)=t\mathrm{e}^{-at}u(t)$的傅里叶变换 $F(\omega)$。

解：由常用信号的变换对，可知

$$\mathrm{e}^{-at}u(t)\leftrightarrow \frac{1}{a+\mathrm{j}\omega}$$

利用频域微分特性，可得

$$\mathcal{F}[t\mathrm{e}^{-at}u(t)]=\mathrm{j}\,\frac{\mathrm{d}}{\mathrm{d}\omega}\left[\frac{1}{a+\mathrm{j}\omega}\right]=\frac{1}{(a+\mathrm{j}\omega)^2}$$

8. 时域积分特性

若 $f(t)\leftrightarrow F(\omega)$，则

$$\int_{-\infty}^{t} f(\tau)\,\mathrm{d}\tau\leftrightarrow \pi F(0)\delta(\omega)+\frac{F(\omega)}{\mathrm{j}\omega} \tag{3.3-16}$$

式中，$F(0)=F(\omega)\,|_{\omega=0}=\int_{-\infty}^{+\infty} f(t)\,\mathrm{d}t$。

时域积分特性的证明可参考例 3-23。

特别地，若 $F(0)=0$，则式(3.3-16)可以简写为

$$\int_{-\infty}^{t} f(\tau)\,\mathrm{d}\tau\leftrightarrow \frac{F(\omega)}{\mathrm{j}\omega} \tag{3.3-17}$$

例 3-19 计算单位阶跃信号 $u(t)$的傅里叶变换。

解：阶跃信号不满足绝对可积条件，无法直接利用傅里叶变换定义式计算其傅里叶变换。由于单位阶跃信号是单位冲激信号的积分，即

$$u(t)=\int_{-\infty}^{t}\delta(\tau)\,\mathrm{d}\tau$$

已知$\mathcal{F}[\delta(t)]=1$，故由积分性质可得

$$\mathcal{F}[u(t)]=\frac{1}{\mathrm{j}\omega}+\pi\cdot 1\cdot\delta(\omega)=\frac{1}{\mathrm{j}\omega}+\pi\delta(\omega)$$

即

$$u(t)\leftrightarrow \frac{1}{\mathrm{j}\omega}+\pi\delta(\omega) \tag{3.3-18}$$

单位阶跃信号的时域波形和振幅图分别如图 3-54 和图 3-55 所示。

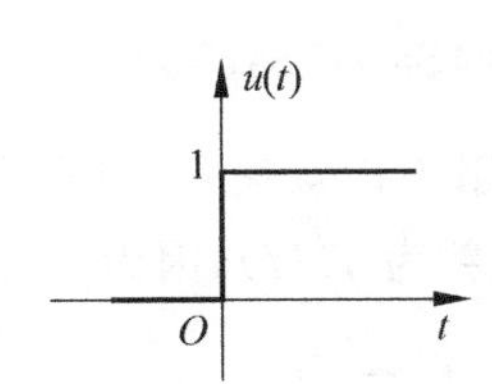

图 3-54 单位阶跃信号时域波形

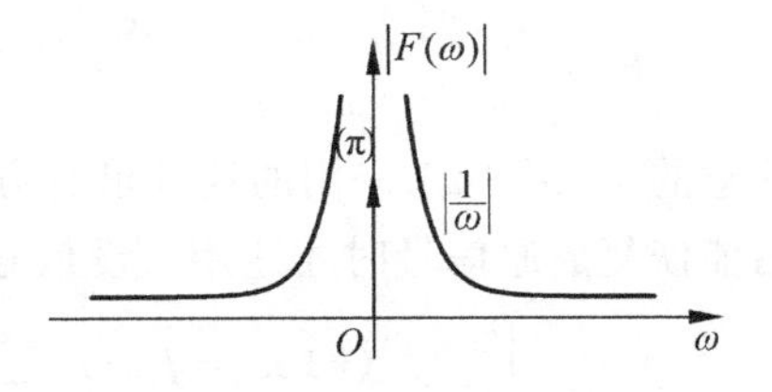

图 3-55 单位阶跃信号的振幅谱

例 3-20 求符号函数 sgn(t)的频谱函数。

解：符号函数的时域表达式为

$$f(t)=\operatorname{sgn}(t)=\begin{cases}+1, & t>0\\ -1, & t<0\end{cases}$$

根据阶跃信号与符号函数之间的关系

$$\operatorname{sgn}(t)=2u(t)-1$$

则

$$\begin{aligned}\mathcal{F}[\operatorname{sgn}(t)]&=\mathcal{F}[2u(t)-1]\\&=2\left[\pi\delta(\omega)+\frac{1}{\mathrm{j}\omega}\right]-2\pi\delta(\omega)=\frac{2}{\mathrm{j}\omega}\end{aligned}$$

也即

$$\operatorname{sgn}(t)\leftrightarrow\frac{2}{\mathrm{j}\omega} \tag{3.3-19}$$

例 3-21 已知梯形脉冲如图 3-56 所示，求其频谱函数 $F(\omega)$。

解：由分段折线组成的函数波形，可用积分特性来求其频谱函数。因为该函数一次或多次微分后，总会出现阶跃信号或冲激函数，而阶跃和冲激函数的频谱函数是已知的，再利用时域积分特性即可求原信号的频谱函数。

对 $f(t)$进行求导，其导数的波形如图 3-57 所示。

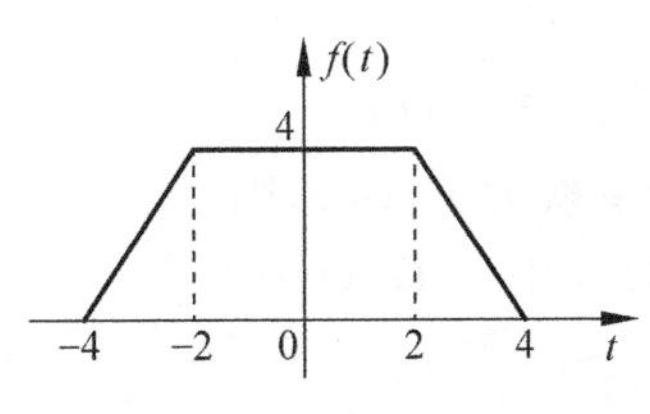

图 3-56 梯形脉冲的时域波形

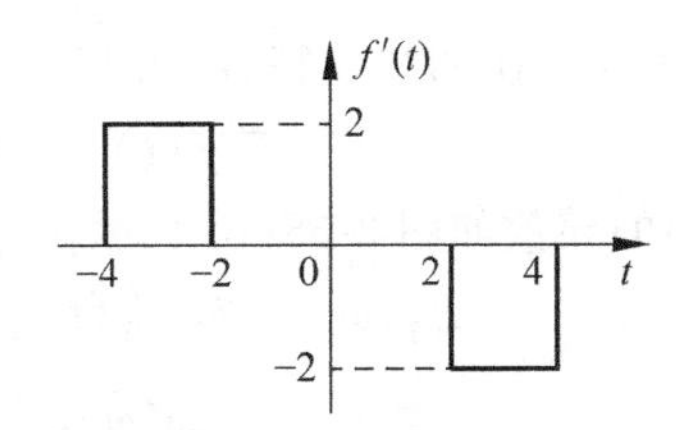

图 3-57 $f(t)$导数的波形

由导数波形可以得到

$$f'(t)=G_2(t+3)-G_2(t-3)$$

其傅里叶变换 $F_1(\omega)$为

$$F_1(\omega)=\mathcal{F}[f'(t)]=4\mathrm{Sa}(\omega)[\mathrm{e}^{\mathrm{j}3\omega}-\mathrm{e}^{-\mathrm{j}3\omega}]=8\mathrm{j}\mathrm{Sa}(\omega)\sin(3\omega)$$

由于 $f'(t)$的面积为 0，即 $F_1(0)=0$，可根据式(3.3-17)计算原信号的变换

$$F(\omega)=\frac{\mathcal{F}[f_1(t)]}{\mathrm{j}\omega}=\frac{8\mathrm{j}\mathrm{Sa}(\omega)\sin(3\omega)}{\mathrm{j}\omega}=24\mathrm{Sa}(\omega)\mathrm{Sa}(3\omega)$$

需要注意的是，例 3-21 采用的这种求解方法不能应用于任意信号，只有当信号先微分再积分后能恢复成原信号时才适用。设信号 $f(t)$ 的导数为 $f'(t)$，因为

$$\int_{-\infty}^{t} f'(\tau)\mathrm{d}\tau = f(\tau)\mid_{-\infty}^{t} = f(t)-f(-\infty)$$

只有当 $f(-\infty)=0$ 时，$\int_{-\infty}^{t} f'(\tau)\mathrm{d}\tau=f(t)$。如图 3-58(a) 所示信号 $f(t)$，图 3-58(b) 为其导数 $f'(t)$，而 $\int_{-\infty}^{t} f'(\tau)\mathrm{d}\tau$ 的波形如图 3-58(c) 所示。显然此时 $\int_{-\infty}^{t} f'(\tau)\mathrm{d}\tau \neq f(t)$。

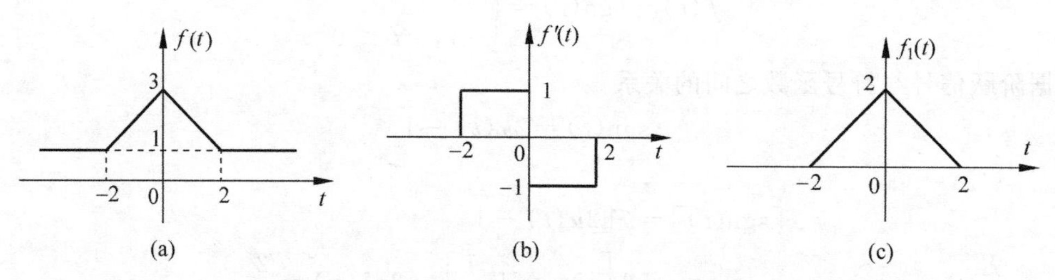

图 3-58　信号 $f(t)$、导数 $f'(t)$ 及其积分波形

因此，求解 $f(t)$ 的傅里叶变换求解时，需先将 $f(t)$ 分解为三角脉冲信号 $f_1(t)$ 和直流信号 $f_2(t)$ 的叠加，如图 3-59 所示。

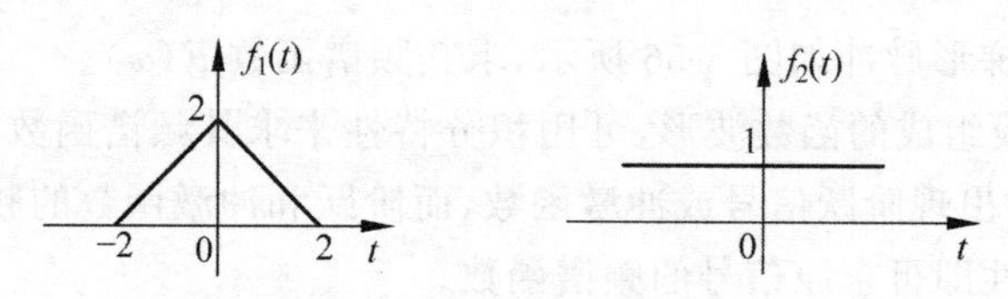

图 3-59　$f(t)$ 的分解示意图

由傅里叶变换的线性特性，可知

$$\mathcal{F}[f(t)]=\mathcal{F}[f_1(t)]+\mathcal{F}[f_2(t)]$$

$f_1(t)$ 的导数如图 3-58(b) 所示，令其傅里叶变换为 $F_1(\omega)$，则

$$\begin{aligned}F_1(\omega)&=\mathcal{F}[f_1'(t)]=\mathcal{F}[G_2(t+1)-G_2(t-1)]\\&=2\mathrm{Sa}(\omega)\mathrm{e}^{\mathrm{j}\omega}-2\mathrm{Sa}(\omega)\mathrm{e}^{-\mathrm{j}\omega}\\&=4\mathrm{j}\mathrm{Sa}(\omega)\sin\omega\end{aligned}$$

根据积分性质，得

$$\mathcal{F}[f_1(t)]=\frac{F_1(\omega)}{\mathrm{j}\omega}+\pi F_1(0)\delta(\omega)=4\mathrm{Sa}^2(\omega)$$

又因为

$$f_2(t)=1\leftrightarrow 2\pi\delta(\omega)$$

综合以上计算可知信号 $f(t)$ 的傅里叶变换为

$$\mathcal{F}[f(t)]=4\mathrm{Sa}^2(\omega)+2\pi\delta(\omega)$$

9. 奇偶虚实性

由 3.2.1 节的讨论可知，信号 $f(t)$ 的傅里叶变换 $F(\omega)$ 可以写成实部和虚部之和，即

$$F(\omega)=R(\omega)+\mathrm{j}X(\omega)$$

其中，$R(\omega)=\int_{-\infty}^{+\infty}f(t)\cos\omega t\,\mathrm{d}t$ 是 ω 的偶函数，$X(\omega)=-\int_{-\infty}^{+\infty}f(t)\sin\omega t\,\mathrm{d}t$ 是 ω 的奇函数，即

$$R(\omega)=R(-\omega) \tag{3.3-20}$$

$$X(\omega)=-X(-\omega) \tag{3.3-21}$$

若 $f(t)$ 为实偶函数，即 $f(t)=f(-t)$，可得

$$X(\omega)=0,\quad F(\omega)=R(\omega)$$

若 $f(t)$ 为实奇函数，即 $f(-t)=-f(t)$，可得

$$R(\omega)=0,\quad F(\omega)=\mathrm{j}X(\omega)$$

可以看出，时域的实偶函数，其频域上也是实偶函数。时域的实奇函数，其频谱函数为虚奇函数。例如，门函数是实偶函数，其傅里叶变换也为实偶函数。例 3-18 中符号函数是实奇函数，其傅里叶变换是虚奇函数。

10. 时域卷积定理

若 $f_1(t)\leftrightarrow F_1(\omega)$，$f_2(t)\leftrightarrow F_2(\omega)$，则

$$f_1(t)*f_2(t)\leftrightarrow F_1(\omega)F_2(\omega) \tag{3.3-22}$$

证明：
$$\begin{aligned}\mathcal{F}[f_1(t)*f_2(t)]&=\int_{-\infty}^{+\infty}\left[\int_{-\infty}^{+\infty}f_1(\tau)f_2(t-\tau)\mathrm{d}\tau\right]\mathrm{e}^{-\mathrm{j}\omega t}\mathrm{d}t\\&=\int_{-\infty}^{+\infty}f_1(\tau)\left[\int_{-\infty}^{+\infty}f_2(t-\tau)\mathrm{e}^{-\mathrm{j}\omega t}\mathrm{d}t\right]\mathrm{d}\tau\\&=F_2(\omega)\int_{-\infty}^{+\infty}f_1(\tau)\mathrm{e}^{-\mathrm{j}\omega\tau}\mathrm{d}\tau\\&=F_1(\omega)F_2(\omega)\end{aligned}$$

式(3.3-22)说明时域中信号的卷积运算对应频域中频谱的相乘运算。

例 3-22 已知 $f_1(t)\leftrightarrow E\tau\mathrm{Sa}\left(\frac{\omega\tau}{2}\right)$，求 $f(t)=f_1(t)*f_1(t)$ 的频谱函数 $F(\omega)$。

解：由卷积定理可得

$$\mathcal{F}[f(t)]=F_1(\omega)\cdot F_1(\omega)=E^2\tau^2\mathrm{Sa}^2\left(\frac{\omega\tau}{2}\right)$$

$f_1(t)$ 和 $f(t)$ 的时域波形和频谱图分别如图 3-60 和图 3-61 所示。

可以看出，利用卷积定理所得到结果与 3.2.2 节中根据傅里叶变换定义式计算结果相同。

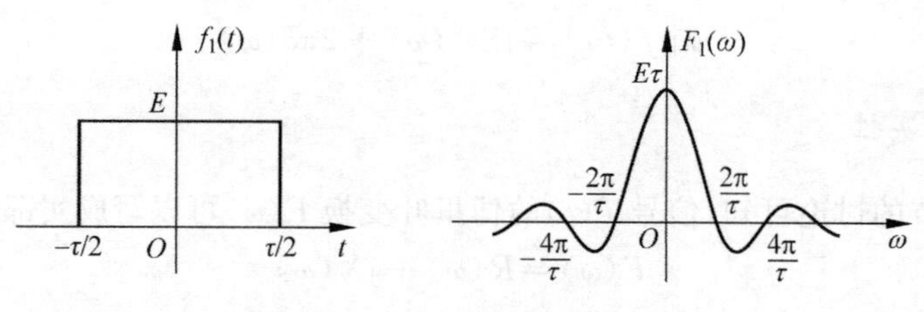

图 3-60　$f_1(t)$的波形和频谱

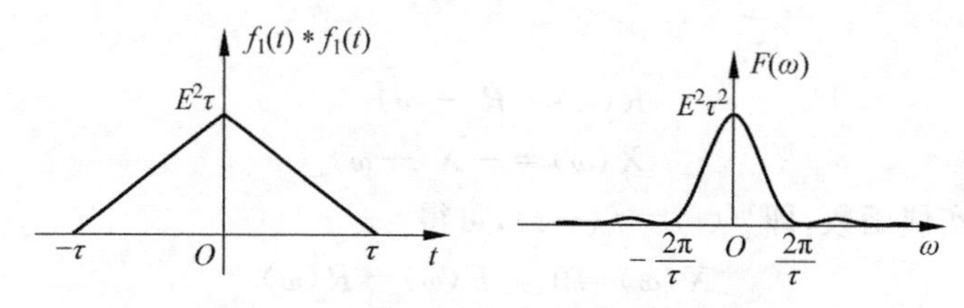

图 3-61　卷积结果的时域波形和频谱

例 3-23　已知 $f(t)\leftrightarrow F(\omega)$，求$\int_{-\infty}^{t} f(\tau)\mathrm{d}\tau$ 的傅里叶变换。

解：由卷积的微积分运算可知

$$\int_{-\infty}^{t} f(\tau)\mathrm{d}\tau = f(t) * u(t)$$

则

$$\begin{aligned}\mathcal{F}\left[\int_{-\infty}^{t} f(\tau)\mathrm{d}\tau\right] &= \mathcal{F}[f(t) * u(t)] = \mathcal{F}[f(t)]\cdot\mathcal{F}[u(t)] \\ &= F(\omega)\cdot\left[\frac{1}{\mathrm{j}\omega}+\pi\delta(\omega)\right] \\ &= \frac{F(\omega)}{\mathrm{j}\omega}+\pi F(0)\delta(\omega)\end{aligned}$$

此例题也证明了时域积分特性。

时域卷积定理提供了另一种求解系统零状态响应的方法。当信号 $f(t)$通过如图 3-62 所示系统时，根据零状态响应的卷积分析法可知，$y_{zs}(t)=f(t) * h(t)$。

设 $f(t)\leftrightarrow F(\omega)$，$h(t)\leftrightarrow H(\omega)$，$y_{zs}(t)\leftrightarrow Y_{zs}(\omega)$，由时域卷积定理可知

$$Y_{zs}(\omega)=F(\omega)\cdot H(\omega) \qquad (3.3\text{-}23)$$

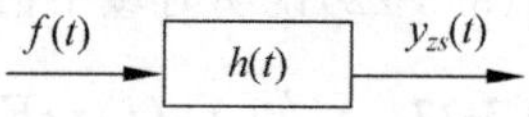

f(t)　h(t)　$y_{zs}(t)$

图 3-62　信号经过 LTI 系统示意图

通过时域卷积定理可以将时域卷积转化为频域相乘运算，从而得到零状态响应的频谱函数，再利用傅里叶反变换，即可求得零状态响应的时域表示。在 3.5 节中进行系统的频域分析时，会具体讨论利用频域方法来求解系统的响应。

11. 频域卷积定理

若 $f_1(t)\leftrightarrow F_1(\omega)$，$f_2(t)\leftrightarrow F_2(\omega)$，则

$$f_1(t)\times f_2(t)\leftrightarrow \frac{1}{2\pi}[F_1(\omega)*F_2(\omega)] \tag{3.3-24}$$

证明：$\mathcal{F}^{-1}[F_1(\omega)*F_2(\omega)]=\frac{1}{2\pi}\int_{-\infty}^{+\infty}\left[\int_{-\infty}^{+\infty}F_1(\lambda)F_2(\omega-\lambda)\mathrm{d}\lambda\right]\mathrm{e}^{\mathrm{j}\omega t}\mathrm{d}\omega$

$$=\frac{1}{2\pi}\int_{-\infty}^{+\infty}F_1(\lambda)\left[\int_{-\infty}^{+\infty}F_2(\omega-\lambda)\mathrm{e}^{\mathrm{j}\omega t}\mathrm{d}\omega\right]\mathrm{d}\lambda$$

$$=\int_{-\infty}^{+\infty}F_1(\lambda)\left[\frac{1}{2\pi}\int_{-\infty}^{+\infty}F_2(\omega-\lambda)\mathrm{e}^{\mathrm{j}(\omega-\lambda)t}\mathrm{d}\omega\right]\mathrm{e}^{\mathrm{j}\lambda t}\mathrm{d}\lambda$$

$$=f_2(t)\int_{-\infty}^{+\infty}f_1(\lambda)\mathrm{e}^{\mathrm{j}\lambda t}\mathrm{d}\lambda=2\pi f_1(t)f_2(t)$$

即

$$f_1(t)\times f_2(t)\leftrightarrow \frac{1}{2\pi}[F_1(\omega)*F_2(\omega)]$$

式(3.3-24)说明时域中两信号相乘，其频谱函数为原两信号频谱的卷积，幅度乘以$1/2\pi$。

例 3-24 已知$\cos\omega_0 t\leftrightarrow\pi[\delta(\omega+\omega_0)+\delta(\omega-\omega_0)]$，求$\cos(\omega_0 t)u(t)$的傅里叶变换。

解：因为$u(t)\leftrightarrow\pi\delta(\omega)+\frac{1}{\mathrm{j}\omega}$

由频域卷积定理可知

$$\mathcal{F}[\cos(\omega_0 t)u(t)]\leftrightarrow\frac{1}{2\pi}\left[\pi\delta(\omega+\omega_0)+\pi\delta(\omega-\omega_0)\right]*\left[\pi\delta(\omega)+\frac{1}{\mathrm{j}\omega}\right]$$

$$=\frac{\pi}{2}[\delta(\omega+\omega_0)+\delta(\omega-\omega_0)]+\frac{1}{2}\left[\frac{1}{\mathrm{j}(\omega+\omega_0)}+\frac{1}{\mathrm{j}(\omega-\omega_0)}\right]$$

$$=\frac{\pi}{2}[\delta(\omega+\omega_0)+\delta(\omega-\omega_0)]+\frac{\omega}{\mathrm{j}(\omega^2-\omega_0^2)}$$

例 3-25 已知信号$f_1(t)=100\mathrm{Sa}(100t)$，$f_2(t)=50\mathrm{Sa}(50t)$，画出$f_1(t)+f_2(t)$、$f_1(t)\cdot f_2(t)$和$f_1(t)*f_2(t)$的频谱图。

解：根据对称性，可知

$$F_1(\omega)=\mathcal{F}[100\mathrm{Sa}(100t)]=\pi G_{200}(\omega)$$

$$F_2(\omega)=\mathcal{F}[50\mathrm{Sa}(50t)]=\pi G_{100}(\omega)$$

$f_1(t)$和$f_2(t)$的频谱分别如图 3-63(a)和图 3-63(b)所示。

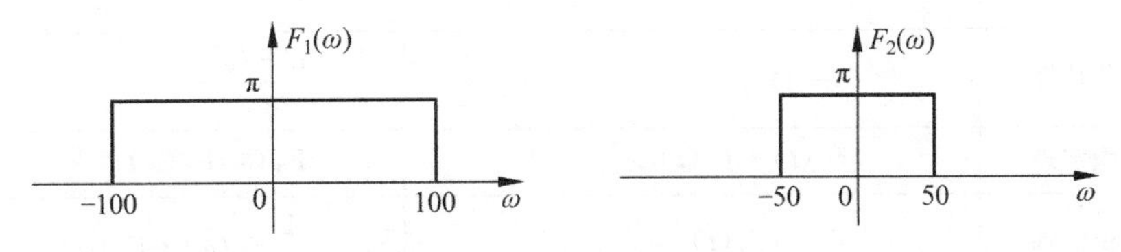

图 3-63 例 3-25 信号的频谱

根据傅里叶变换的线性性质，可知

$$F_3(\omega)=\mathcal{F}[f_1(t)+f_2(t)]=F_1(\omega)+F_2(\omega)$$

根据傅里叶变换的频域卷积定理，可知

$$F_4(\omega)=\mathcal{F}[f_1(t)\cdot f_2(t)]=\frac{1}{2\pi}F_1(\omega)*F_2(\omega)$$

根据傅里叶变换的时域卷积定理，可知

$$F_5(\omega)=\mathcal{F}[f_1(t)*f_2(t)]=F_1(\omega)\cdot F_2(\omega)$$

故 $f_1(t)+f_2(t)$、$f_1(t)\cdot f_2(t)$ 和 $f_1(t)*f_2(t)$ 的频谱图分别如图 3-64(a)、(b)、(c)所示。

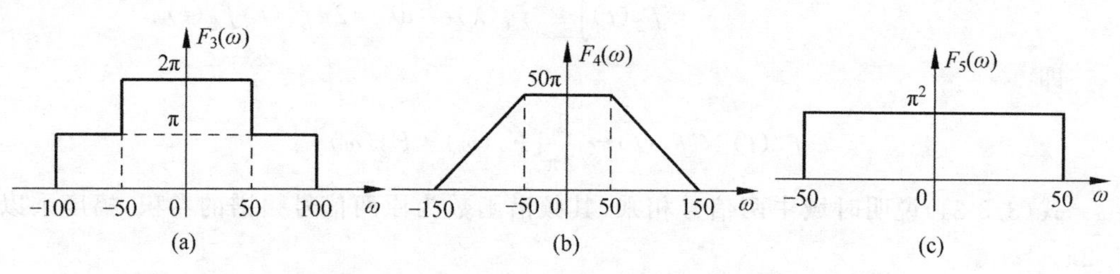

图 3-64　$f_1(t)+f_2(t)$、$f_1(t)\cdot f_2(t)$ 和 $f_1(t)*f_2(t)$ 的频谱

合理运用傅里叶变换的相关性质，有助于复杂信号的频谱分析。表 3-2 整理了傅里叶变换的基本性质和定理。

表 3-2　傅里叶变换基本性质

性　质	时间函数 $f(t)$	频谱函数 $F(\omega)$
线性特性	$a_1f_1(t)+a_2f_2(t)$	$a_1F_1(\omega)+a_2F_2(\omega)$
对称性	$F(t)$	$2\pi f(-\omega)$
时移特性	$f(t\pm t_0)$	$F(\omega)e^{\pm j\omega t_0}$
尺度变换特性	$f(at)$	$\frac{1}{\lvert a\rvert}F\left(\frac{\omega}{a}\right)$
时域微分特性	$\frac{d^nf(t)}{dt^n}$	$(j\omega)^nF(\omega)$
频移特性	$f(t)e^{\pm j\omega_0 t}$	$F(\omega\mp\omega_0)$
时域积分特性	$\int_{-\infty}^{t}f(\tau)d\tau$	$\pi F(0)\delta(\omega)+\frac{1}{j\omega}F(\omega)$
频域微分特性	$(-jt)^nf(t)$	$\frac{d^nF(\omega)}{d\omega^n}$
时域卷积定理	$f_1(t)*f_2(t)$	$F_1(\omega)F_2(\omega)$
频域卷积定理	$f_1(t)f_2(t)$	$\frac{1}{2\pi}F_1(\omega)*F_2(\omega)$

3.4 周期信号的傅里叶变换 

3.3 节中利用频移特性推导出了 $\cos\omega_0 t$ 和 $\sin\omega_0 t$ 的傅里叶变换，即

$$\cos\omega_0 t \leftrightarrow \pi\delta(\omega-\omega_0)+\pi\delta(\omega+\omega_0) \tag{3.4-1}$$

$$\sin\omega_0 t \leftrightarrow \mathrm{j}\pi[\delta(\omega-\omega_0)-\delta(\omega+\omega_0)] \tag{3.4-2}$$

可以看出，正弦信号的傅里叶变换中包含了冲激信号。实际上引入了冲激信号后，能够进行傅里叶变换的信号类型得到了扩展。由 3.1 节分析可知，周期信号可以展开为无穷多个不同频率的正弦信号的叠加，因此周期信号的傅里叶变换中包含有无穷多个冲激信号。

设 $f_T(t)$是周期为 T_1 的周期信号，其复指数形式的傅里叶级数展开式为

$$f_T(t)=\sum_{n=-\infty}^{+\infty}F_n \mathrm{e}^{\mathrm{j}n\omega_1 t}$$

对 $f_T(t)$进行傅里叶变换，有

$$F(\omega)=\mathcal{F}[f_T(t)]=\mathcal{F}\left[\sum_{n=-\infty}^{+\infty}F_n \mathrm{e}^{\mathrm{j}n\omega_1 t}\right]=\sum_{n=-\infty}^{+\infty}F_n\ \mathcal{F}[\mathrm{e}^{\mathrm{j}n\omega_1 t}]$$

由傅里叶变换的频移特性，可得

$$\mathcal{F}[\mathrm{e}^{\mathrm{j}n\omega_1 t}]=2\pi\delta(\omega-n\omega_1)$$

结合线性特性，有

$$F(\omega)=F_n\sum_{n=-\infty}^{+\infty}\mathcal{F}[\mathrm{e}^{\mathrm{j}n\omega_1 t}]=2\pi F_n\sum_{n=-\infty}^{+\infty}\delta(\omega-n\omega_1) \tag{3.4-3}$$

式(3.4-3)表明，周期信号的傅里叶变换是无穷个强度为 $2\pi F_n$，出现在频率为 $n\omega_1$ 处的冲激信号的和，其中 F_n 为周期信号复指数形式的谱系数。

例 3-26 求图 3-65 所示周期冲激信号 $\delta_T(t)=\sum_{n=-\infty}^{+\infty}\delta(t-nT_1)$ 的傅里叶变换。

解：根据式(3.4-3)可知，要计算周期信号的傅里叶变换，需先求解其谱系数 F_n。由傅里叶谱系数公式 $F_n=\frac{1}{T}\int_{-\frac{T}{2}}^{\frac{T}{2}}f(t)\mathrm{e}^{-\mathrm{j}n\omega_1 t}\mathrm{d}t$，计算得到

$$F_n=\frac{1}{T_1}\int_{-\frac{T_1}{2}}^{\frac{T_1}{2}}\delta(t)\mathrm{e}^{-\mathrm{j}n\omega_1 t}\mathrm{d}t=\frac{1}{T_1}$$

可以看出，周期冲激信号的谱系数是常数，也就是说周期冲激信号的各频率分量的大小是相等的。将谱系数代入式(3.4-3)，可得

$$\delta_T(t)\leftrightarrow 2\pi\sum_{n=-\infty}^{+\infty}\frac{1}{T_1}\delta(\omega-n\omega_1)=\omega_1\sum_{n=-\infty}^{+\infty}\delta(\omega-n\omega_1) \tag{3.4-4}$$

周期冲激信号的频谱如图 3-66 所示。

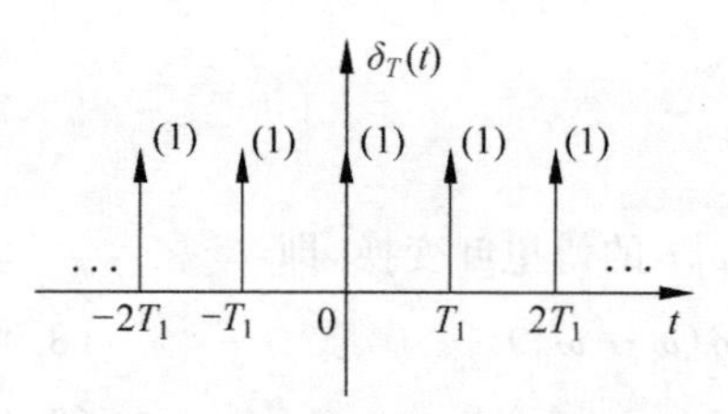

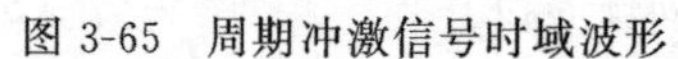
图 3-65 周期冲激信号时域波形

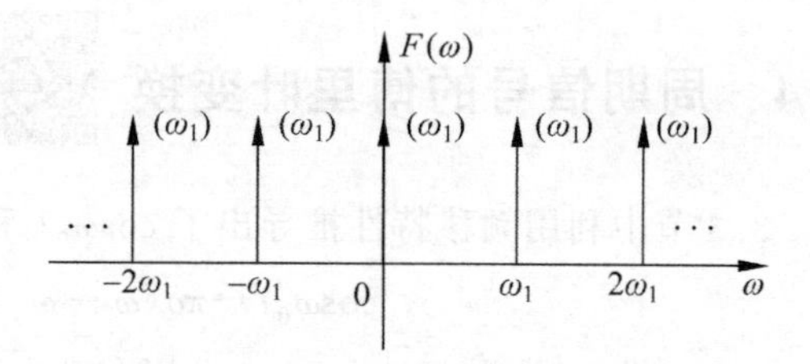

图 3-66 周期冲激信号频谱

可以看出,周期冲激信号的频谱仍是周期冲激信号,冲激的强度和周期都是 ω_1。

例 3-27 求图 3-67 所示周期矩形脉冲信号的傅里叶变换。

解:在 3.1.4 节中计算过该周期矩形信号的谱系数

$$F_n = \frac{E\tau}{T_1}\mathrm{Sa}\left(n\omega_1\frac{\tau}{2}\right)$$

因此该信号的傅里叶变换为

$$\begin{aligned}F_T(\omega) &= 2\pi\sum_{n=-\infty}^{+\infty}F_n\delta(\omega - n\omega_1) = 2\pi\sum_{n=-\infty}^{+\infty}\frac{E\tau}{T_1}\mathrm{Sa}\left(n\omega_1\frac{\tau}{2}\right)\delta(\omega - n\omega_1)\\ &= E\tau\omega_1\sum_{n=-\infty}^{+\infty}\mathrm{Sa}\left(n\omega_1\frac{\tau}{2}\right)\delta(\omega - n\omega_1)\end{aligned} \tag{3.4-5}$$

周期矩形脉冲信号傅里叶变换的频谱如图 3-68 所示。

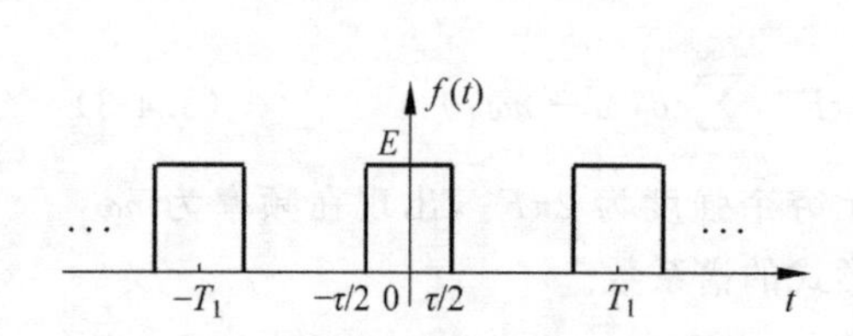

图 3-67 周期矩形脉冲信号时域波形

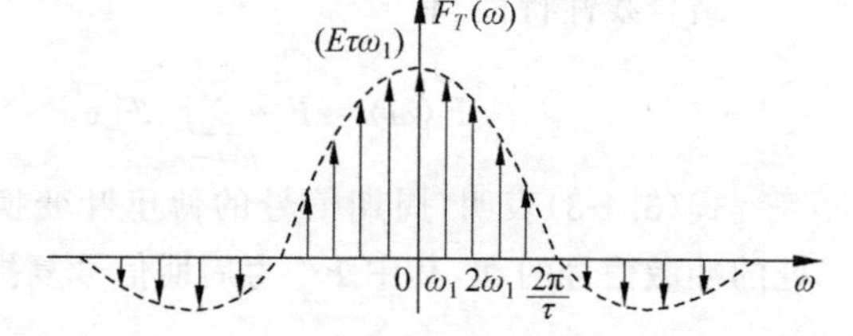

图 3-68 周期矩形脉冲信号的频谱

可以看出,周期矩形脉冲信号的频谱是由间隔为 ω_1 的无穷个冲激信号构成,其强度的包络线形状为抽样信号。

3.5 能量谱和功率谱

信号的频谱反映了信号所包含的频率分量信息。实际中除了频谱,还常常采用能量谱或功率谱来表示信号的能量或功率随频率变化的情况。

1. 能量谱

$f(t)$为实信号时,能量 E 可表示为

$$E = \int_{-\infty}^{+\infty} f^2(t)\,\mathrm{d}t \tag{3.5-1}$$

若 $f(t)$为能量信号时，能量 $E<\infty$。设信号 $f(t)$的傅里叶变换为 $F(\omega)$，将傅里叶反变换的公式

$$f(t)=\frac{1}{2\pi}\int_{-\infty}^{+\infty}F(\omega)\mathrm{e}^{\mathrm{j}\omega t}\mathrm{d}\omega$$

代入式(3.5-1)，可得

$$\begin{aligned}E&=\int_{-\infty}^{+\infty}f(t)\left[\frac{1}{2\pi}\int_{-\infty}^{+\infty}F(\omega)\mathrm{e}^{\mathrm{j}\omega t}\mathrm{d}\omega\right]\mathrm{d}t\\&=\frac{1}{2\pi}\int_{-\infty}^{+\infty}F(\omega)\left[\int_{-\infty}^{+\infty}f(t)\mathrm{e}^{\mathrm{j}\omega t}\mathrm{d}t\right]\mathrm{d}\omega\\&=\frac{1}{2\pi}\int_{-\infty}^{+\infty}F(\omega)F(-\omega)\mathrm{d}\omega\end{aligned}\tag{3.5-2}$$

由于 $F(-\omega)=F^*(\omega)$，则

$$\frac{1}{2\pi}\int_{-\infty}^{+\infty}F(\omega)F(-\omega)\mathrm{d}\omega=\frac{1}{2\pi}\int_{-\infty}^{+\infty}|F(\omega)|^2\mathrm{d}\omega$$

即

$$E=\int_{-\infty}^{+\infty}f^2(t)\mathrm{d}t=\frac{1}{2\pi}\int_{-\infty}^{+\infty}|F(\omega)|^2\mathrm{d}\omega\tag{3.5-3}$$

式(3.5-3)说明，信号在时域的能量与频域的能量守恒，此式也称为帕斯瓦尔定理。这个定理产生于 Marc-Antoine Parseval 在 1799 年所得到的一个有关级数的定理，随后被应用于傅里叶级数。帕斯瓦尔定理指出，一个信号所含有的能量(功率)恒等于此信号在完备正交函数集中各分量能量(功率)之和，故信号时域的总能量等于频域总能量。

从式(3.5-3)中可以看出，$|F(\omega)|^2$ 反映了信号的能量在频域的分布情况，因此把 $|F(\omega)|^2$ 称为信号的能量谱密度函数，简称能量谱，它表示单位频率的能量，一般记作 $E(\omega)$。即

$$E(\omega)=|F(\omega)|^2\tag{3.5-4}$$

可以看出，信号的能量谱 $E(\omega)$只由信号的振幅谱决定，与信号的相位谱无关。因此信号 $f(t)$与其时移信号的能量谱是相同的。

例 3-28 试求图 3-69 所示的矩形信号的能量谱密度。

解：由常用信号的傅里叶变换对，可知

$$EG_\tau(t)\leftrightarrow E\tau\mathrm{Sa}\left(\frac{\omega\tau}{2}\right)$$

根据式(3.5-4)，得到

$$E(\omega)=E^2\tau^2\mathrm{Sa}^2\left(\frac{\omega\tau}{2}\right)$$

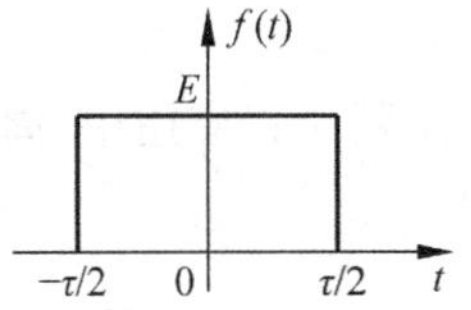

图 3-69 矩形信号时域波形

矩形信号能量谱波形如图 3-70 所示。

若将式(3.5-3)中的 ω 用频率 f 替代，则可得

$$E=\int_{-\infty}^{+\infty}|F(f)|^2\mathrm{d}f\tag{3.5-5}$$

式(3.5-5)表明，$|F(f)|^2$ 对频率 f 的积分就等于信号的能量，因此能量谱也可用

$E(f)$表示，即$E(f)=|F(f)|^2$，它表示单位频率的能量，体现了信号能量随频率f的变化情况。

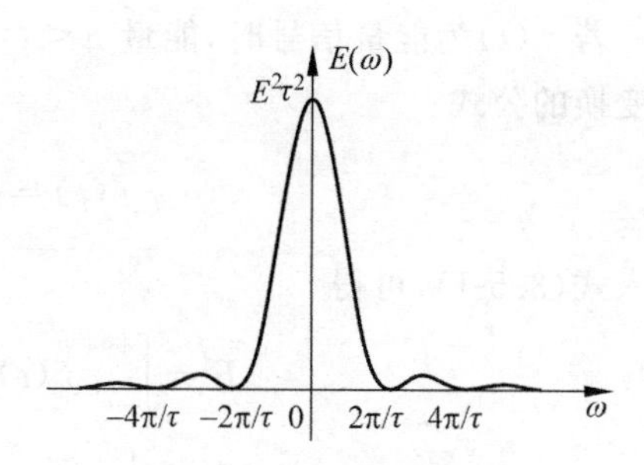

图 3-70　矩形信号能量谱

2. 功率谱

当$f(t)$为实信号时，功率可表示为

$$P=\lim_{T\to\infty}\frac{1}{T}\int_{-\frac{T}{2}}^{\frac{T}{2}}f^2(t)\mathrm{d}t \tag{3.5-6}$$

若$f(t)$为功率信号，其能量为无穷大，即$\int_{-\infty}^{+\infty}f^2(t)\mathrm{d}t\to\infty$，此时可以从$f(t)$中截取长度为$T$的有限长信号$f_T(t)$，一般取$-\frac{T}{2}\sim\frac{T}{2}$，则$f_T(t)$的能量是有限的，根据式(3.5-3)可知，此信号的能量为

$$E=\int_{-\infty}^{+\infty}f_T{}^2(t)\mathrm{d}t=\frac{1}{2\pi}\int_{-\infty}^{+\infty}|F_T(\omega)|^2\mathrm{d}\omega$$

当$T\to\infty$时，信号$f_T(t)$趋近于原信号$f(t)$。由信号平均功率计算公式，可知$f(t)$的平均功率为

$$P=\lim_{T\to\infty}\frac{1}{T}\int_{-\frac{T}{2}}^{\frac{T}{2}}f^2(t)\mathrm{d}t=\frac{1}{2\pi}\int_{-\infty}^{+\infty}\lim_{T\to\infty}\frac{|F_T(\omega)|^2}{T}\mathrm{d}\omega \tag{3.5-7}$$

从式(3.5-7)的积分式中可以看出，$\lim\limits_{T\to\infty}\frac{|F_T(\omega)|^2}{T}$代表了单位频率的信号功率，即信号的功率谱密度，可以用$P(\omega)$来表示，即

$$P(\omega)=\lim_{T\to\infty}\frac{|F_T(\omega)|^2}{T} \tag{3.5-8}$$

则信号的平均功率为

$$P=\frac{1}{2\pi}\int_{-\infty}^{+\infty}P(\omega)\mathrm{d}\omega \tag{3.5-9}$$

若频率用f来表示，则式(3.5-9)可改写为

$$P=\int_{-\infty}^{+\infty}P(f)\mathrm{d}f \tag{3.5-10}$$

实际工程应用中，周期信号通常为功率信号。代入周期信号的傅里叶级数展开式，可得

$$\begin{aligned}P&=\frac{1}{T}\int_{-\frac{T}{2}}^{\frac{T}{2}}\left[a_0+\sum_{n=1}^{\infty}(a_n\cos n\omega_1 t+b_n\sin n\omega_1 t)\right]^2\mathrm{d}t\\&=a_0^2+\frac{1}{T}\int_{-\frac{T}{2}}^{\frac{T}{2}}\left[\sum_{n=1}^{\infty}(a_n\cos n\omega_0 t+b_n\sin n\omega_0 t)\right]^2\mathrm{d}t\end{aligned} \tag{3.5-11}$$

根据三角函数的正交性，可得

$$P=a_0^2+\frac{1}{2}\sum_{n=1}^{\infty}(a_n^2+b_n^2)=a_0^2+\frac{1}{2}\sum_{n=1}^{\infty}c_n^2 \tag{3.5-12}$$

式(3.5-12)说明，周期信号的平均功率等于直流功率和各次谐波平均功率之和。结合之前介绍的三角级数和复指数级数系数之间的关系，式(3.5-12)也可以写为

$$P=\sum_{n=-\infty}^{+\infty}|F_n|^2 \tag{3.5-13}$$

比较式(3.5-10)和式(3.5-13)可知

$$\int_{-\infty}^{+\infty}P(f)\mathrm{d}f=\sum_{n=-\infty}^{+\infty}|F_n|^2$$

根据冲激信号的特性，$\sum_{n=-\infty}^{+\infty}|F_n|^2=\int_{-\infty}^{+\infty}\sum_{n=-\infty}^{+\infty}|F_n|^2\delta(f-nf_0)\mathrm{d}f$，因此有

$$P(f)=\sum_{n=-\infty}^{+\infty}|F_n|^2\delta(f-nf_0) \tag{3.5-14}$$

显然，周期信号的功率谱是离散等间隔分布的，间隔就是基频 f_0，且只由信号的振幅谱决定，与相位谱无关。

例 3-29 计算图 3-71 所示的周期矩形信号的功率谱密度 $P(f)$。

解：根据傅里叶级数分析可知，该信号的谱系数为

$$F_n=\frac{E\tau}{T_1}\mathrm{Sa}\left(\frac{n\omega_1\tau}{2}\right)=\frac{E\tau}{T_1}\mathrm{Sa}(\pi nf_1\tau)$$

由式(3.5-14)，得

$$\begin{aligned}P(f)&=\sum_{n=-\infty}^{+\infty}|F_n|^2\delta(f-nf_1)\\&=\frac{E^2\tau^2}{T_1^2}\sum_{n=-\infty}^{+\infty}\mathrm{Sa}^2(\pi nf_1\tau)\delta(f-nf_1)\end{aligned}$$

其中，$f_1=\frac{1}{T_1}$。当 $T_1=5\tau$ 时，周期矩形信号的功率谱如图 3-72 所示。

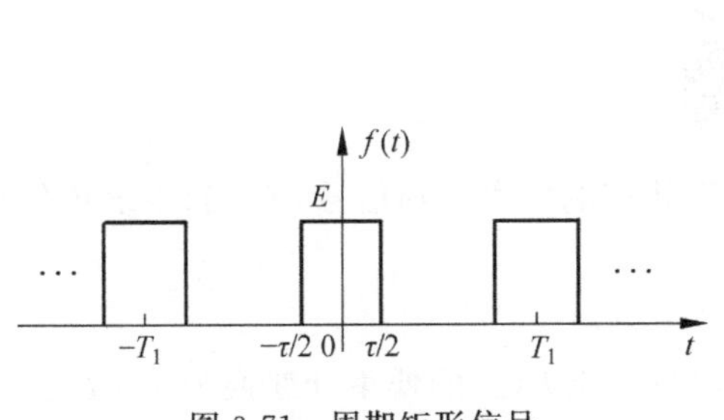

图 3-71 周期矩形信号

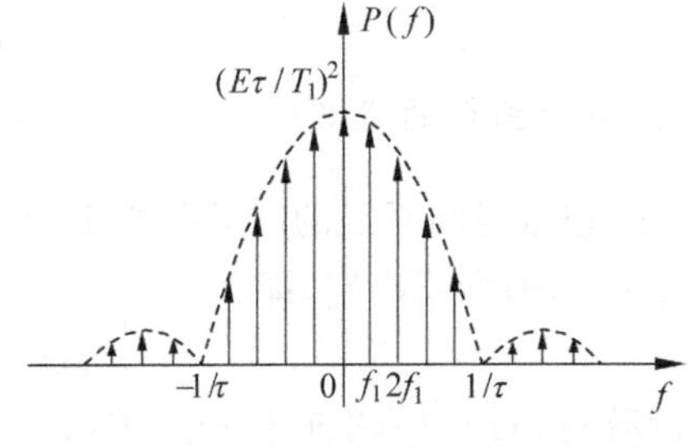

图 3-72 周期矩形信号的功率谱

频谱反映的是信号的振幅和相位随频率的分布情况，它描述了信号的频域特征。而能量谱和功率谱则是反映了信号的能量或功率随频率的变化情况。能量谱和功率谱对于研究信号的能量或功率的分布，决定信号所占有频率等问题有着重要的作用，因此信号的带宽还有以下两种定义方式。

(1) 部分功率包含带宽(百分比带宽)

有时也以集中一定百分比的能量(或功率)的频率范围来定义信号的带宽。设信号的全部能量(或功率)为$\int_{-\infty}^{+\infty} s(f)\mathrm{d}f$,在某频带范围内的能量(或功率)为$\int_{-B}^{B} s(f)\mathrm{d}f$,部分功率包含带宽指该带宽内所占有的能量是整个频谱内总能量的一个百分比,即

$$\int_{-B}^{B} s(f)\mathrm{d}f = \alpha \int_{-\infty}^{+\infty} s(f)\mathrm{d}f \tag{3.5-15}$$

其中,α 为功率百分比,常见取值为 90%、95%、98%等。如 98%功率带宽是指在这个频率范围内的信号功率占总信号功率的 98%。

(2) 等效带宽

等效带宽是指用一个矩形频谱来代替信号的频谱,矩形频谱的振幅为信号频谱中心频率 f_0 处的振幅,如图 3-73 所示。

该矩形谱的能量与信号的能量相同,即

$$\int_{-\infty}^{+\infty} s(f)\mathrm{d}f = s(f_0)\cdot\Delta f \tag{3.5-16}$$

其中,矩形频谱的宽度 Δf 即为所要计算的信号等效带宽。

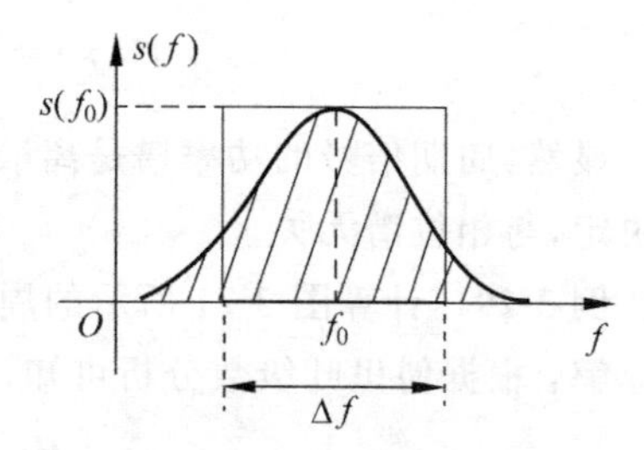

图 3-73　等效带宽示意图

3.6　系统的频域分析

对于 LTI 连续时间系统的分析,信号经过系统的响应求解是一个重要的内容。第 2 章介绍了响应的时域分析法,本节将从频域角度来讨论系统响应的求解,并对系统特性进行分析。

3.6.1　频响函数

1. 频响函数的定义

LTI 连续时间系统的时域分析中,系统的零状态响应由激励信号 $e(t)$和系统单位冲激响应 $h(t)$的卷积决定,即

$$r_{zs}(t) = e(t) * h(t)$$

设激励 $e(t)$的傅里叶变换为 $E(\omega)$,单位冲激响应 $h(t)$的傅里叶变换为 $H(\omega)$。根据傅里叶变换的时域卷积定理,可以得到零状态响应的傅里叶变换为

$$R_{zs}(\omega) = E(\omega)H(\omega) \tag{3.6-1}$$

为书写方便,接下来本节中零状态响应简写为 $r(t)$,其傅里叶变换简写为 $R(\omega)$。由式(3.6-1)可得到

$$H(\omega) = \frac{R(\omega)}{E(\omega)} \tag{3.6-2}$$

通常定义 $H(\omega)$ 为系统频域响应函数，简称频响函数或系统函数。注意，虽然式(3.6-2)中 $H(\omega)$ 等于激励和响应的频谱函数之比，实际上频响函数是由系统本身决定，与激励、响应无关。

实际上，由 3.2.1 节傅里叶反变换公式

$$f(t)=\frac{1}{2\pi}\int_{-\infty}^{+\infty}F(\omega)\mathrm{e}^{\mathrm{j}\omega t}\mathrm{d}\omega$$

可知，任意信号可表示为无穷多个复指数信号 $\mathrm{e}^{\mathrm{j}\omega t}$ 的组合，即 $\mathrm{e}^{\mathrm{j}\omega t}$ 是傅里叶变换的基本单元。当频率为 ω_0 的复指数信号 $\mathrm{e}^{\mathrm{j}\omega_0 t}$ 经过冲激响应为 $h(t)$ 的系统时，其零状态响应为

$$\begin{aligned}r(t)&=\mathrm{e}^{\mathrm{j}\omega_0 t}*h(t)=\int_{-\infty}^{+\infty}h(\tau)\mathrm{e}^{\mathrm{j}\omega_0(t-\tau)}\mathrm{d}\tau\\&=\mathrm{e}^{\mathrm{j}\omega_0 t}\int_{-\infty}^{+\infty}h(\tau)\mathrm{e}^{-\mathrm{j}\omega_0\tau}\mathrm{d}\tau\\&=\mathrm{e}^{\mathrm{j}\omega_0 t}\cdot H(\omega_0)\end{aligned}\tag{3.6-3}$$

式(3.6-3)表明，激励信号是复指数信号 $\mathrm{e}^{\mathrm{j}\omega_0 t}$ 时，系统零状态响应仍是相同复频率的指数信号，只是振幅变化了 $H(\omega_0)$ 倍。若信号包含了多个频率的复指数信号，则每一个频率分量都由对应频率的频响函数值进行加权输出，因此可以根据频响函数 $H(\omega)$ 确定系统对不同频率信号的作用，所以 $H(\omega)$ 体现了系统的频域特性。

将 $H(\omega)$ 写成式(3.6-4)所示的极坐标形式

$$H(\omega)=|H(\omega)|\mathrm{e}^{\mathrm{j}\varphi(\omega)}\tag{3.6-4}$$

则称其振幅 $|H(\omega)|$ 随频率 ω 的变化曲线为系统的幅频特性曲线，相位 $\varphi(\omega)$ 随频率 ω 的变化曲线称为系统的相频特性曲线。幅频特性曲线和相频特性曲线统称为系统的频率特性曲线。

2. 频响函数的物理意义

从频域的角度来看，信号经过系统就是激励信号的傅里叶变换与系统频响函数进行相乘运算，若将激励信号和响应的频谱函数都写成模与幅角的形式，即

$$E(\omega)=|E(\omega)|\mathrm{e}^{\mathrm{j}\varphi_e(\omega)}$$

$$R(\omega)=|R(\omega)|\mathrm{e}^{\mathrm{j}\varphi_r(\omega)}$$

根据式(3.6-1)可以得到

$$|R(\omega)|=|E(\omega)|\cdot|H(\omega)|\tag{3.6-5}$$

$$\varphi_r(\omega)=\varphi_e(\omega)+\varphi_h(\omega)\tag{3.6-6}$$

从式(3.6-5)和式(3.6-6)可以看出，信号经过系统后，激励信号的振幅和相位发生了改变，从而得到了响应信号。响应的振幅是频率 ω 处频响函数振幅和激励信号振幅的乘积，响应的相位是频率 ω 处频响函数相位和激励信号相位的叠加。同一个信号经过不同系统，由于系统频响函数不同，对其振幅和相位的改变量不同，产生的响应也不同。因此，通过观察系统频响函数的波形，能够了解系统对激励信号的作用。

设激励信号 $e(t)$ 的频谱 $E(\omega)$ 如图 3-74(a)所示，系统的频响函数 $H(\omega)$ 如图 3-74(b)所示，$e(t)$ 经过系统后，信号中频率 $|\omega|<3$ 的部分振幅均变为原来的 2 倍，而频率 $|\omega|>3$ 的部分振幅则全部变为 0，输出信号中只保留了 $(-3,3)$ 的频率分量，输出频谱 $R(\omega)$ 如图 3-74(c)所示。

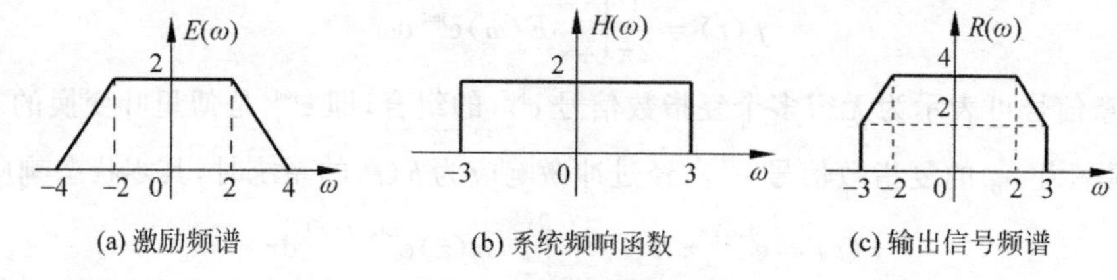

图 3-74　系统作用示意图

3. 频响函数的求解

系统频响函数体现了系统自身特性，有时为了分析系统特性，需要从已知的系统结构中获得系统频响函数。由于系统的描述存在多种方式，所以频域函数的求解存在多种方法。

1) 系统以微分方程的形式表示

线性时不变系统的数学模型为常系数微分方程，n 阶微分方程的一般形式为

$$a_n\frac{\mathrm{d}^n r(t)}{\mathrm{d}t^n}+a_{n-1}\frac{\mathrm{d}^{n-1} r(t)}{\mathrm{d}t^{n-1}}+\cdots+a_1\frac{\mathrm{d}r(t)}{\mathrm{d}t}+a_0 r(t)$$

$$=b_m\frac{\mathrm{d}^m e(t)}{\mathrm{d}t^m}+b_{m-1}\frac{\mathrm{d}^{m-1} e(t)}{\mathrm{d}t^{m-1}}+\cdots+b_1\frac{\mathrm{d}e(t)}{\mathrm{d}t}+b_0 e(t)$$

要计算系统频响函数，对方程两边同时取傅里叶变换。设 $e(t)\leftrightarrow E(\omega)$，$h(t)\leftrightarrow H(\omega)$，由傅里叶变换的时域微分性质可得

$$[a_n(\mathrm{j}\omega)^n+a_{n-1}(\mathrm{j}\omega)^{n-1}+\cdots+a_1(\mathrm{j}\omega)+a_0]R(\omega)$$

$$=[b_m(\mathrm{j}\omega)^m+b_{m-1}(\mathrm{j}\omega)^{m-1}+\cdots+b_1(\mathrm{j}\omega)+b_0]E(\omega) \tag{3.6-7}$$

故频响函数为

$$H(\omega)=\frac{R(\omega)}{E(\omega)}=\frac{b_m(\mathrm{j}\omega)^m+b_{m-1}(\mathrm{j}\omega)^{m-1}+\cdots+b_1(\mathrm{j}\omega)+b_0}{a_n(\mathrm{j}\omega)^n+a_{n-1}(\mathrm{j}\omega)^{n-1}+\cdots+a_1(\mathrm{j}\omega)+a_0} \tag{3.6-8}$$

例 3-30　已知某 LTI 系统的微分方程为

$$\frac{\mathrm{d}^2}{\mathrm{d}t^2}r(t)+5\frac{\mathrm{d}}{\mathrm{d}t}r(t)+6r(t)=2\frac{\mathrm{d}}{\mathrm{d}t}e(t)+e(t)$$

求该系统的频响函数 $H(\omega)$ 和单位冲激响应 $h(t)$。

解：对方程两边取傅里叶变换，得

$$(\mathrm{j}\omega)^2R(\omega)+5(\mathrm{j}\omega)R(\omega)+6R(\omega)=2(\mathrm{j}\omega)E(\omega)+E(\omega)$$

系统频响函数为

$$H(\omega)=\frac{R(\omega)}{E(\omega)}=\frac{2(\mathrm{j}\omega)+1}{(\mathrm{j}\omega)^2+5(\mathrm{j}\omega)+6}$$

因 $h(t)\leftrightarrow H(\omega)$，可以从频响函数 $H(\omega)$ 入手来计算单位冲激响应 $h(t)$。

将 $H(\omega)$ 分解为

$$H(\omega)=\frac{2(\mathrm{j}\omega)+1}{(\mathrm{j}\omega)^2+5(\mathrm{j}\omega)+6}=\frac{-3}{\mathrm{j}\omega+2}+\frac{5}{\mathrm{j}\omega+3}$$

由 $E\mathrm{e}^{-at}u(t)\leftrightarrow\frac{E}{\mathrm{j}\omega+a}$ 可知，单位冲激响应为

$$h(t)=-3\mathrm{e}^{-2t}u(t)+5\mathrm{e}^{-3t}u(t)$$

2）系统以电路模型形式表示

当系统以电路模型给出时，可以先列出系统的微分方程，再利用前面介绍的方法计算系统的频响函数。当然，也可以将电路中的激励、响应和所有元件均用频域形式来表示，就可以得到电路的频域模型，从而建立电路系统的频域方程，从频域上来分析电路。

图 3-75 是关联参考方向下电阻元件的时域模型，其时域伏安关系为

$$v_R(t)=i_R(t)\cdot R$$

对上式两边同时进行傅里叶变换，可得电阻元件的频域伏安关系

$$V_R(\omega)=I_R(\omega)\cdot R \tag{3.6-9}$$

从式(3.6-9)可以看出，电阻元件的频域电压等于电阻值乘以流过它的频域电流，故电阻的频域模型如图 3-76 所示。

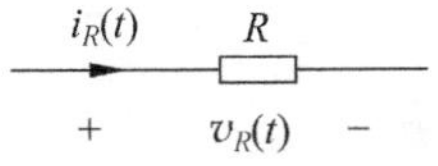

图 3-75　电阻元件的时域模型

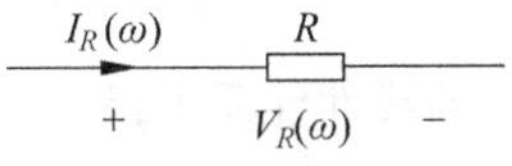

图 3-76　电阻元件的频域伏安关系模型

关联参考方向下电容元件的时域模型如图 3-77 所示，其时域伏安关系为

$$i_C(t)=C\,\frac{\mathrm{d}v_C(t)}{\mathrm{d}t}$$

对上式两边同时进行傅里叶变换，利用时域微分性质可以得到

$$I_C(\omega)=\mathrm{j}\omega C\cdot V_C(\omega) \tag{3.6-10}$$

也可以改写为

$$V_C(\omega)=\frac{1}{\mathrm{j}\omega C}\cdot I_C(\omega) \tag{3.6-11}$$

式(3.6-10)和式(3.6-11)是电容元件伏安关系的频域表示。可以看出，电容的频域电压等于 $\frac{1}{\mathrm{j}\omega C}$ 与频域电流的乘积，因此可以将 $\frac{1}{\mathrm{j}\omega C}$ 看作广义的阻抗值，称为电容元件的频域容抗。电容元件的频域模型如图 3-78 所示。

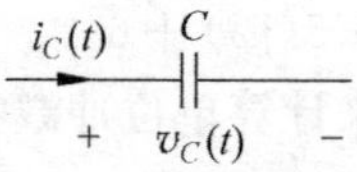

图 3-77 电容元件的时域模型 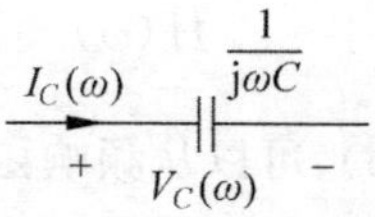　　　图 3-78 电容元件的频域模型

关联参考方向下电感元件的时域模型如图 3-79 所示，其时域伏安关系为

$$v_L(t)=L\cdot\frac{\mathrm{d}i_L(t)}{\mathrm{d}t}$$

由傅里叶变换的微分性质，可以得到

$$V_L(\omega)=\mathrm{j}\omega L\cdot I_L(\omega) \tag{3.6-12}$$

式(3.6-12)为电感元件伏安关系的频域表示，其中电感元件的频域电压等于频域感抗 $\mathrm{j}\omega L$ 与频域电流的乘积。电感元件的频域模型如图 3-80 所示。

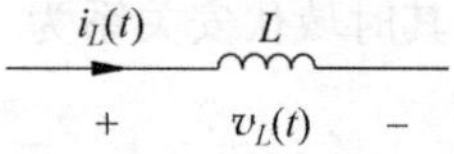

图 3-79 电感元件的时域模型 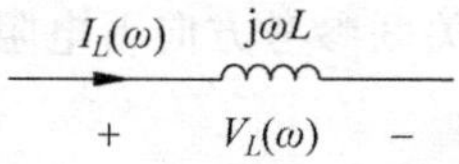　　　图 3-80 电感元件的频域模型

时域中的 KVL 和 KCL 定律分别为

$$\sum_{i=1}^{n}v_i(t)=0,\quad \sum_{j=1}^{m}i_j(t)=0$$

由傅里叶变换的线性性质可得

$$\sum_{i=1}^{n}V_i(\omega)=0,\quad \sum_{j=1}^{m}I_j(\omega)=0 \tag{3.6-13}$$

式(3.6-13)可以看作频域的 KVL 和 KCL 定律。由于电路方程由元件的伏安关系和电路结构共同确定，故结合元件的频域伏安关系以及频域 KVL 和 KCL 定律，即可列出电路的频域方程，从而分析得到电路的频响函数。

例 3-31　图 3-81 所示电路中，$v(t)$是激励，$v_R(t)$是响应，试求该系统的频响函数，并画出频率特性曲线。

解：电路的频域模型如图 3-82 所示。

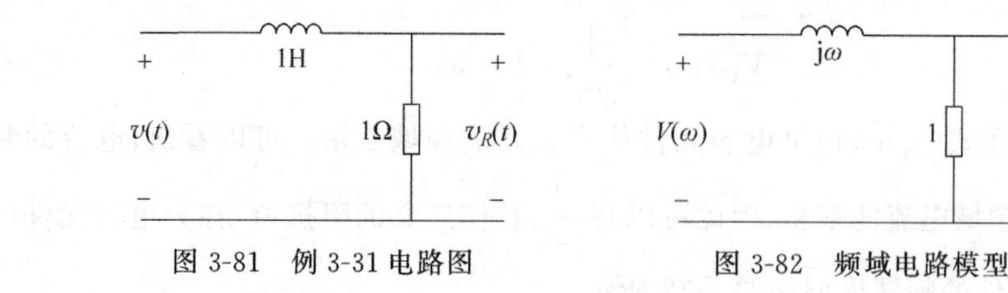

图 3-81 例 3-31 电路图　　　图 3-82 频域电路模型

由电路分压定理可得

$$H(\omega)=\frac{V_R(\omega)}{V(\omega)}=\frac{1}{1+\mathrm{j}\omega}$$

其幅频谱函数和相位谱函数分别为

$$|H(\omega)|=\frac{1}{\sqrt{\omega^2+1}}$$

$$\varphi(\omega)=\arctan(-\omega)$$

故系统的频率特性曲线如图 3-83 所示。

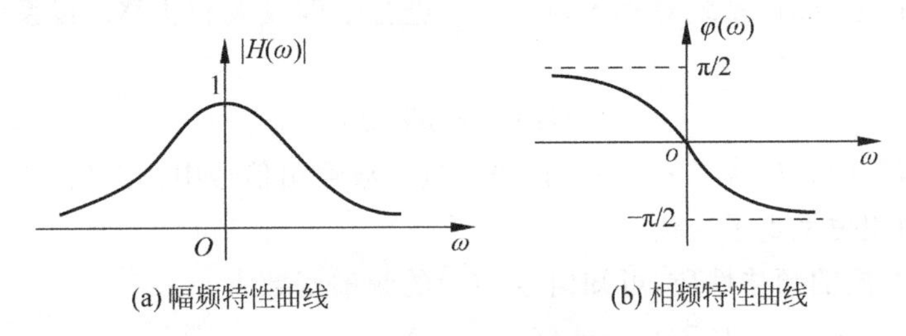

图 3-83　系统频率特性曲线

从图 3-83 中可以看出，当信号经过该系统时，信号的低频部分衰减较小，高频部分衰减较大，通常称此电路具有低通特性。

例 3-32　如图 3-84 所示电路，激励为 $e(t)$，响应为 $r(t)$，求系统函数 $H(\omega)$。

解：电路的频域模型如图 3-85 所示。

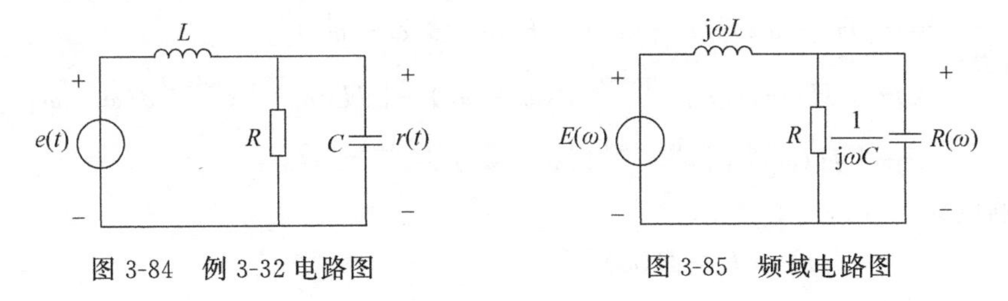

图 3-84　例 3-32 电路图　　　　图 3-85　频域电路图

根据基尔霍夫电压定律，可列得电路方程为

$$\mathrm{j}\omega L\left[\frac{R(\omega)}{R}+\frac{R(\omega)}{1/\mathrm{j}\omega C}\right]+R(\omega)=E(\omega)$$

整理得

$$[(\mathrm{j}\omega)^2RLC+\mathrm{j}\omega L+R]R(\omega)=RE(\omega)$$

由系统频响函数的定义，可知

$$H(\omega)=\frac{R(\omega)}{E(\omega)}=\frac{R}{(\mathrm{j}\omega)^2RLC+\mathrm{j}\omega L+R}$$

从上述两个例题可以看出，利用元件伏安关系和基尔霍夫定律的频域表示，将时域电路模型转换成频域模型，有时可以简化系统方程的建立过程。

3.6.2 系统响应的频域求解

LTI 连续时间系统分析的一个重要任务就是求解信号经过系统的响应。根据激励信号的不同特点,有着不同的求解方法。

1. 激励为正弦信号时的响应

当信号经过系统时,系统对其各频率分量进行幅度放大和相移。设系统的激励信号为正弦信号,即

$$e(t)=\sin(\omega_0 t)$$

可以看出,该信号中只包含了 ω_0 一个频率分量。故输出信号中仍然只含有频率 ω_0 的分量,仅是幅度和相位发生了变化。

由傅里叶变换的频移性质,可知信号 $e(t)$ 的频谱函数为

$$E(\omega)=\mathrm{j}\pi[\delta(\omega+\omega_0)-\delta(\omega-\omega_0)]$$

若系统的频响函数为

$$H(\omega)=|H(\omega)|\mathrm{e}^{\mathrm{j}\varphi(\omega)}$$

则响应的频谱函数为

$$\begin{aligned}R(\omega)&=H(\omega)E(\omega)\\&=\mathrm{j}\pi H(\omega)[\delta(\omega+\omega_0)-\delta(\omega-\omega_0)]\\&=\mathrm{j}\pi[H(-\omega_0)\delta(\omega+\omega_0)-H(\omega_0)\delta(\omega-\omega_0)]\\&=\mathrm{j}\pi[|H(-\omega_0)|\mathrm{e}^{\mathrm{j}\varphi(-\omega_0)}\delta(\omega+\omega_0)-|H(\omega_0)|\mathrm{e}^{\mathrm{j}\varphi(\omega_0)}\delta(\omega-\omega_0)]\\&=\mathrm{j}\pi|H(\omega_0)|[\mathrm{e}^{\mathrm{j}\varphi(-\omega_0)}\delta(\omega+\omega_0)-\mathrm{e}^{\mathrm{j}\varphi(\omega_0)}\delta(\omega-\omega_0)]\end{aligned}$$

则系统响应为

$$\begin{aligned}r(t)&=\mathcal{F}^{-1}[R(\omega)]\\&=\frac{\mathrm{j}}{2}|H(\omega_0)|[\mathrm{e}^{-\mathrm{j}\varphi(\omega_0)}\mathrm{e}^{-\mathrm{j}\omega_0 t}-\mathrm{e}^{\mathrm{j}\varphi(\omega_0)}\mathrm{e}^{\mathrm{j}\omega_0 t}]\\&=|H(\omega_0)|\frac{1}{2\mathrm{j}}[\mathrm{e}^{\mathrm{j}(\omega_0 t+\varphi(\omega_0))}-\mathrm{e}^{-\mathrm{j}(\omega_0 t+\varphi(\omega_0))}]\\&=|H(\omega_0)|\sin[\omega_0 t+\varphi(\omega_0)]\end{aligned}\tag{3.6-14}$$

式(3.6-14)说明当正弦信号作用于线性时不变系统时,系统的零状态响应仍为同频率的正弦信号,仅是幅度放大了 $|H(\omega_0)|$ 倍,相位改变了 $\varphi(\omega_0)$。

由于 $\sin(\omega_0 t)$ 和 $\cos(\omega_0 t)$ 之间只相差 $\frac{\pi}{2}$ 的相位,式(3.6-14)也适用于余弦函数,这里就不再重复证明了。

例 3-33 已知系统函数 $H(\omega)=\frac{1}{\mathrm{j}\omega+1}$,激励 $e(t)=\cos(2t-45°)$ 时,求系统的响应 $r(t)$。

解：激励信号的频率为 $\omega=2$，因此需确定系统频响函数 $H(\omega)$ 在频率 2 处的振幅值和相位值。

$$H(\omega)\mid_{\omega=2}=\frac{1}{1+2\mathrm{j}}=\frac{1}{\sqrt{5}}\mathrm{e}^{-\mathrm{j}63.5^{\circ}}$$

因此响应为

$$r(t)=\frac{1}{\sqrt{5}}\cos(t-45^{\circ}-63.5^{\circ})=\frac{1}{\sqrt{2}}\cos(t-108.5^{\circ})$$

2. *激励为一般周期信号时的响应*

当激励 $e(t)$ 为一般周期信号时，可以利用傅里叶级数将周期信号展开为正弦信号的集合，即

$$e(t)=c_0\cos\theta_0+\sum_{n=1}^{\infty}c_n\cos(n\omega_1 t+\theta_n)$$

当系统频响函数 $H(\omega)=|H(\omega)|\mathrm{e}^{\mathrm{j}\varphi(\omega)}$ 时，结合式(3.6-14)，利用 LTI 系统的线性特性，可得到此时的零状态响应为

$$r(t)=c_0\mid H(0)\mid\cos(\theta_0+\varphi_0)+\sum_{n=1}^{\infty}c_n\mid H(n\omega_1)\mid\cos[n\omega_1 t+\theta_n+\varphi(n\omega_1)] \tag{3.6-15}$$

上式表明，当激励中包含有多个频率分量时，系统根据频响函数对每个频率分量分别进行振幅加权和相移。

例 3-34 已知系统的频域特性曲线如图 3-86 所示，当激励 $e(t)=\sin t+\sin\left(3t-\frac{\pi}{6}\right)$ 时，求系统响应 $r(t)$。

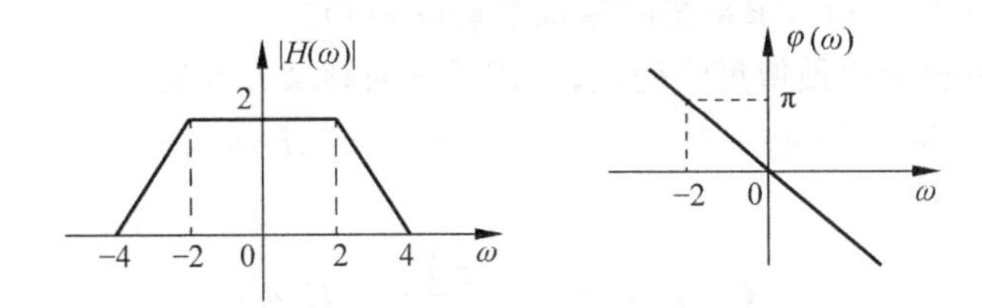

图 3-86　例 3-34 系统频域特性曲线

解：激励中包含 $\omega=1$ 和 $\omega=3$ 两个频率，根据式(3.6-15)可知要求解系统响应，需知道系统频响函数在这两个频率处的振幅和相位。从图中可以看出

$$\mid H(\omega)\mid_{\omega=1}=2,\quad \varphi(\omega)\mid_{\omega=1}=-\frac{\pi}{2}$$

$$\mid H(\omega)\mid_{\omega=3}=1,\quad \varphi(\omega)\mid_{\omega=3}=-\frac{3\pi}{2}$$

则系统响应为

$$r(t)=2\cdot\sin\left(t-\frac{\pi}{2}\right)+1\cdot\sin\left(3t-\frac{\pi}{6}-\frac{3\pi}{2}\right)$$
$$=2\sin\left(t-\frac{\pi}{2}\right)+\sin\left(3t+\frac{\pi}{3}\right)$$

3. 激励为非周期信号时的响应

非周期信号也可以看作不同频率的正弦信号合成。但由于非周期信号的频谱是连续谱,其包含从 0～+∞的连续频率分量,不可能单独求解每个频率分量的振幅加权倍数和相移量。当系统激励信号为非周期信号时,可利用 $R(\omega)=E(\omega)\cdot H(\omega)$先求得响应的傅里叶变换 $R(\omega)$,然后利用反变换得到系统响应的时域表示,即 $r(t)=\mathcal{F}^{-1}[R(\omega)]$。

例 3-35 已知某 LTI 系统的频响函数 $H(\omega)=\frac{1}{j\omega+2}$,求激励为 $e(t)=e^{-3t}u(t)$时,系统的零状态响应 $r(t)$。

解:根据常用信号的变换对,可知

$$e(t)=e^{-3t}u(t)\leftrightarrow E(\omega)=\frac{1}{j\omega+3}$$

故可得

$$R(\omega)=E(\omega)H(\omega)=\frac{1}{j\omega+2}\cdot\frac{1}{j\omega+3}=\frac{1}{j\omega+2}-\frac{1}{j\omega+3}$$

则零状态响应为

$$r(t)=(e^{-2t}-e^{-3t})u(t)$$

例 3-36 已知描述某 LTI 系统的微分方程为

$$\frac{d^2}{dt^2}r(t)+5\frac{d}{dt}r(t)+4r(t)=\frac{d}{dt}e(t)+e(t)$$

当激励为 $e(t)=e^{-t}u(t)$时,求系统的零状态响应 $r(t)$。

解:对微分方程两边做傅里叶变换,得该系统的频域方程为

$$(j\omega)^2R(\omega)+5j\omega R(\omega)+4R(\omega)=j\omega E(\omega)+E(\omega)$$

整理可得

$$R(\omega)=\frac{j\omega+1}{(j\omega)^2+5j\omega+4}E(\omega)$$

根据已知条件,激励信号的傅里叶变换为

$$E(\omega)=\mathcal{F}[e(t)]=\frac{1}{1+j\omega}$$

可得

$$R(\omega)=\frac{j\omega+1}{(j\omega)^2+5j\omega+4}\cdot\frac{1}{1+j\omega}=\frac{1}{(j\omega)^2+5j\omega+4}$$
$$=\frac{\frac{1}{3}}{j\omega+1}+\frac{-\frac{1}{3}}{j\omega+4}$$

故零状态响应为

$$r(t)=\frac{1}{3}(e^{-t}-e^{-4t})u(t)$$

从上例可以看出，利用频域分析法可将时域的微分方程转化为频域的代数方程，降低了计算复杂度。

3.6.3 无失真传输

由前面的分析知道，信号经过系统，受到系统频响函数 $H(\omega)$的作用，输入信号的振幅和相位可能会发生改变。若输出信号波形与输入信号波形形状不一样，通常称信号经过系统后发生了失真。信号的失真可分为线性失真和非线性失真。

线性失真是由信号经过线性系统引起，此时输出信号中不产生新的频率分量，仅是信号中各频率分量的振幅或相位发生了相对变化。非线性失真一般由信号经过非线性系统引起，此时信号经过系统会产生新的频率分量。

在信号传输中，有时希望能够无失真传输。无失真是指输入信号经过系统后，所产生的输出与输入相比波形形状相同，只是幅度发生变化，有一定的时延，波形如图 3-87 所示。即输入-输出关系为

$$r(t)=Ke(t-t_0) \tag{3.6-16}$$

式中，K 和 t_0 为常数。

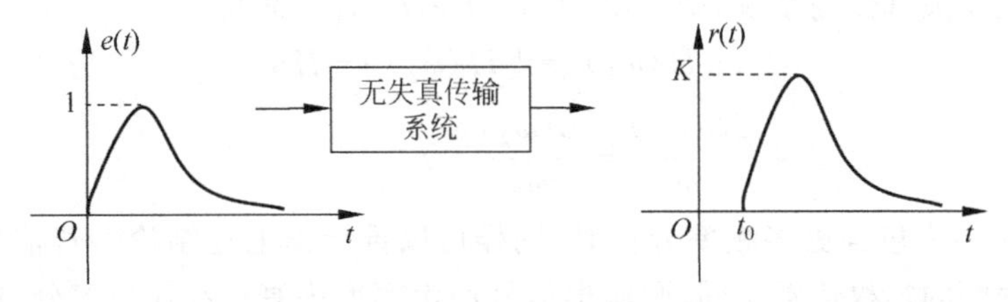

图 3-87　无失真时激励响应关系图

对式(3.6-16)两边做傅里叶变换，设 $e(t)\leftrightarrow E(\omega)$，$r(t)\leftrightarrow R(\omega)$，利用时移性质可得

$$R(\omega)=KE(\omega)e^{-j\omega t_0} \tag{3.6-17}$$

故无失真传输系统的频响函数为

$$H(\omega)=\frac{R(\omega)}{E(\omega)}=Ke^{-j\omega t_0} \tag{3.6-18}$$

对 $H(\omega)$进行傅里叶反变换，可得系统的单位冲激响应为

$$h(t)=K\delta(t-t_0) \tag{3.6-19}$$

式(3.6-18)和式(3.6-19)分别称为无失真传输系统的频域条件和时域条件。同时从式(3.6-18)可以看出，无失真传输系统的幅频函数和相频函数分别为

$$\begin{aligned}|H(\omega)|&=K\\ \varphi(\omega)&=-\omega t_0\end{aligned} \tag{3.6-20}$$

对应的系统幅频特性曲线和相频特性曲线如图 3-88 所示。

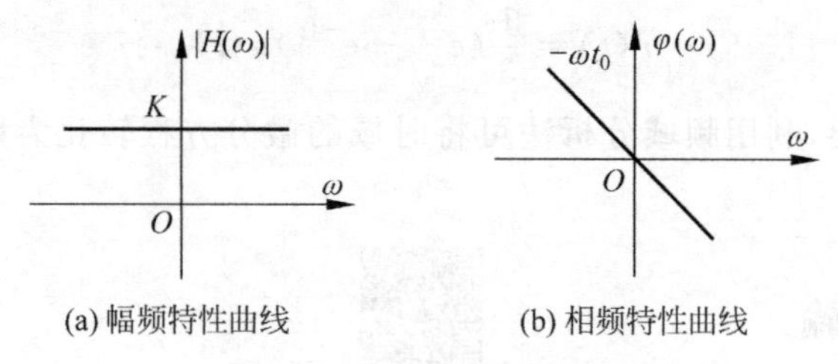

(a) 幅频特性曲线　　(b) 相频特性曲线

图 3-88　系统频率特性曲线

从图 3-88 可以看出,无失真传输系统的幅频特性为常数,这意味着系统对输入信号所有频率分量幅度放大相同的倍数;相频特性是斜率为 $-t_0$ 且经过原点的直线,这表明系统对输入信号所有频率分量产生的相移均与频率成正比,此时各频率分量产生相同的延迟时间 t_0,移位后各分量的相对位置保持不变。

上述结论也可以通过下面的分析得到。设输入信号为 $e(t)=A_1\sin\omega_1 t+A_2\sin\omega_2 t$,系统频响函数 $H(\omega)=|H(\omega)|\mathrm{e}^{\mathrm{j}\varphi(\omega)}$,则系统输出为

$$
\begin{aligned}
r(t)&=A_1|H(\omega_1)|\sin[\omega_1 t-\varphi(\omega_1)]+A_2|H(\omega_2)|\sin[\omega_2 t-\varphi(\omega_2)]\\
&=A_1|H(\omega_1)|\sin\omega_1\left[t-\frac{\varphi(\omega_1)}{\omega_1}\right]+A_2|H(\omega_2)|\sin\omega_2\left[t-\frac{\varphi(\omega_2)}{\omega_2}\right]
\end{aligned}
\tag{3.6-21}
$$

若系统是无失真传输系统,则输出 $r(t)=Ke(t-t_0)$,故可得

$$|H(\omega_1)|=|H(\omega_2)|=K$$

$$\frac{\varphi(\omega_1)}{\omega_1}=\frac{\varphi(\omega_2)}{\omega_2}=t_0$$

当信号 $e(t)$ 中包含更多频率分量时,同样可以推导出上述结论。若信号经过系统,各频率分量振幅的加权倍数不同,则输出信号产生幅度失真;若各频率分量的相位改变量不与其频率成正比,则输出信号产生相位失真。

根据无失真传输时系统相频特性曲线可以看出,此时相频特性曲线的斜率为常数,即

$$\frac{\mathrm{d}\varphi(\omega)}{\mathrm{d}\omega}=\frac{\mathrm{d}(-\omega t_0)}{\mathrm{d}\omega}=-t_0 \tag{3.6-22}$$

令

$$\tau=-\frac{\mathrm{d}\varphi(\omega)}{\mathrm{d}\omega} \tag{3.6-23}$$

通常定义 τ 为群时延或群延时。群时延是通信系统和网络中一项重要特性,是以一组频率分量之间的时延差值来衡量相位失真。信号在传输过程中,若系统对各频率分量时延不同,则产生相位失真,相位失真将导致信号产生码间干扰。无失真传输系统的群时延是与频率无关的常数,即 $\tau=t_0$。

例 3-37　如图 3-89 所示电路系统,为使该系统无失真传输信号,求元件 R_1、R_2、C_1

和 C_2 的参数需满足的条件。

解：系统的频域电路如图 3-90 所示。

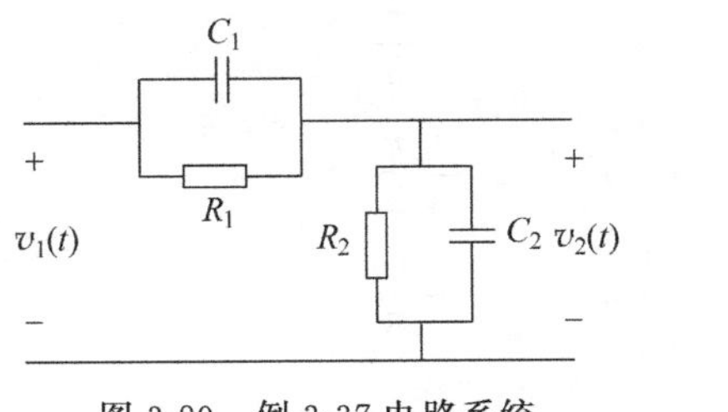

图 3-89　例 3-37 电路系统

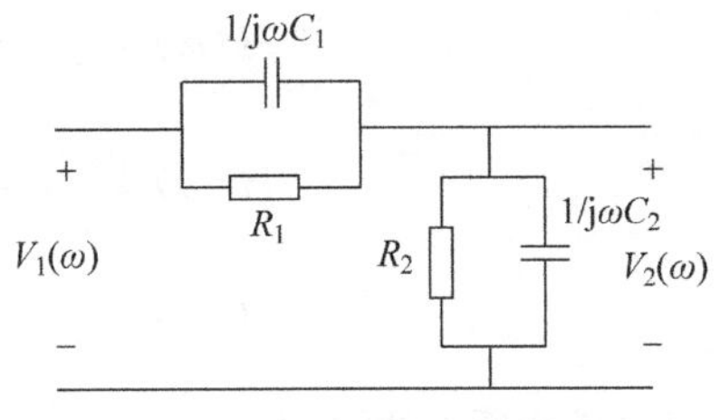

图 3-90　系统频域电路

根据元件的分压关系，可得

$$V_2(\omega)=\frac{R_2//\dfrac{1}{\mathrm{j}\omega C_2}}{R_1//\dfrac{1}{\mathrm{j}\omega C_1}+R_2//\dfrac{1}{\mathrm{j}\omega C_2}}V_1(\omega)$$

系统频响函数为

$$H(\omega)=\frac{V_2(\omega)}{V_1(\omega)}=\frac{\dfrac{R_2}{1+\mathrm{j}\omega C_2R_2}}{\dfrac{R_1}{1+\mathrm{j}\omega C_1R_1}+\dfrac{R_2}{1+\mathrm{j}\omega C_2R_2}}$$

$$=\frac{C_1}{C_1+C_2}\frac{\mathrm{j}\omega+\dfrac{1}{R_1C_1}}{\mathrm{j}\omega+\dfrac{R_1+R_2}{R_1R_2(C_1+C_2)}}$$

根据无失真的频域条件可以看出，当$\dfrac{1}{R_1C_1}=\dfrac{R_1+R_2}{R_1R_2(C_1+C_2)}$，即 $R_1C_1=R_2C_2$ 时，系统可无失真传输信号。

例 3-38　某 LTI 系统的幅频、相频特性曲线如图 3-91 所示，输入信号分别为 $e_1(t)=2\cos2t+\sin5t$ 和 $e_2(t)=2\cos5t+\sin8t$。

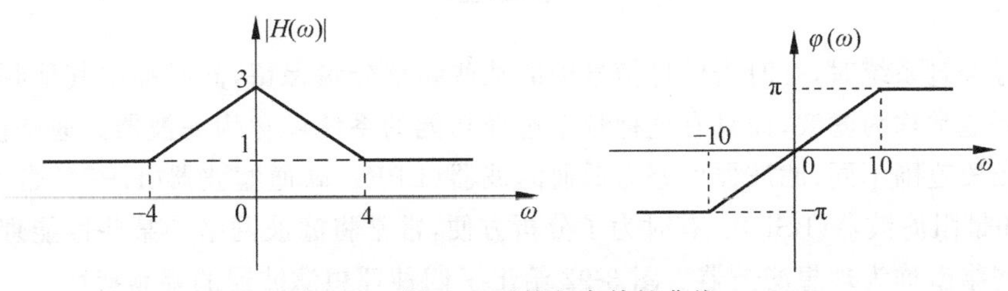

图 3-91　例 3-38 系统频率特性曲线

(1) 分别求 $e_1(t)$和 $e_2(t)$经过系统的输出 $r_1(t)$和 $r_2(t)$；

(2) 判断 $e_1(t)$和 $e_2(t)$经过系统有无失真，若有失真，说明失真的类型。

解：(1) 信号 $e_1(t)$ 中包含了 $\omega=2$ 和 $\omega=5$ 两个频率分量，$e_2(t)$ 中包含了 $\omega=5$ 和 $\omega=8$ 两个频率分量，从系统频率特性曲线中可以看出，

$$|H(\omega)|_{\omega=2}=2,\quad \varphi(\omega)|_{\omega=2}=\frac{\pi}{5}$$

$$|H(\omega)|_{\omega=5}=1,\quad \varphi(\omega)|_{\omega=5}=\frac{\pi}{2}$$

$$|H(\omega)|_{\omega=8}=1,\quad \varphi(\omega)|_{\omega=8}=\frac{4\pi}{5}$$

利用频域分析方法可得

$$\begin{aligned} r_1(t)&=2\cdot 2\cos\left(2t+\frac{\pi}{5}\right)+\sin\left(5t+\frac{\pi}{2}\right)\\ &=4\cos\left[2\left(t+\frac{\pi}{10}\right)\right]+\sin\left[5\left(t+\frac{\pi}{10}\right)\right]\\ r_2(t)&=1\cdot 2\cos\left(5t+\frac{\pi}{2}\right)+1\cdot\sin\left(8t+\frac{4\pi}{5}\right)\\ &=2\cos\left[5\left(t+\frac{\pi}{10}\right)\right]+\sin\left[8\left(t+\frac{\pi}{10}\right)\right] \end{aligned}$$

(2) 观察系统频率特性曲线可以看出，系统对 $e_1(t)$ 中 $\omega=2$ 的频率分量放大了 2 倍，$\omega=5$ 的频率分量放大了 1 倍，频率分量放大的倍数不相同，所以 $e_1(t)$ 经过系统产生了振幅失真。由于 $\omega=2$ 和 $\omega=5$ 的频率分量的相移均与频率成正比，因此信号 $e_1(t)$ 经过该系统无相位失真。而系统对 $e_2(t)$ 所包含的 $\omega=5$ 和 $\omega=8$ 两个频率分量振幅放大了相同的倍数，相移也与频率成正比，因此信号 $e_2(t)$ 经过系统没有失真。

从图 3-91 中可以看出，例 3-37 中所示的系统不满足无失真传输系统的条件，为失真系统。但信号 $e_2(t)$ 经过该系统无失真，这是因为 $e_2(t)$ 包含的两个频率分量经过系统后，放大倍数相同，相移与频率成正比。在实际系统中，想要信号经过系统后无失真，只需要在信号包含的频率范围内，系统的频率特性满足无失真条件即可。此例中，频率满足 $4\leqslant|\omega|\leqslant 10$ 的信号均可无失真传输。

3.6.4 理想低通滤波器

信号经过系统时，有时需要将信号中的某些频率分量保留，同时抑制其他频率分量，这个过程通常称为滤波，而具有这种频率选择功能的系统就称为滤波器。通常按照通过信号的频段范围不同，滤波器可分为低通滤波器(LPF)、高通滤波器(HPF)、带通滤波器(BPF)和带阻滤波器(BSF)。有时为了分析方便，常常将滤波网络的某些性能理想化，这种滤波网络就称为理想滤波器。图 3-92 给出了四种理想滤波器的幅频特性。

一般将信号能通过的频率范围称为通带，信号被抑制的频率范围称为阻带。所以低通滤波器的通带范围为 $|\omega|<\omega_C$，阻带为 $|\omega|>\omega_C$，ω_C 为截止频率。与低通滤波器刚好相反，信号通过理想高通滤波器，$|\omega|>\omega_C$ 时，信号无失真通过；$|\omega|<\omega_C$ 时，信号被完

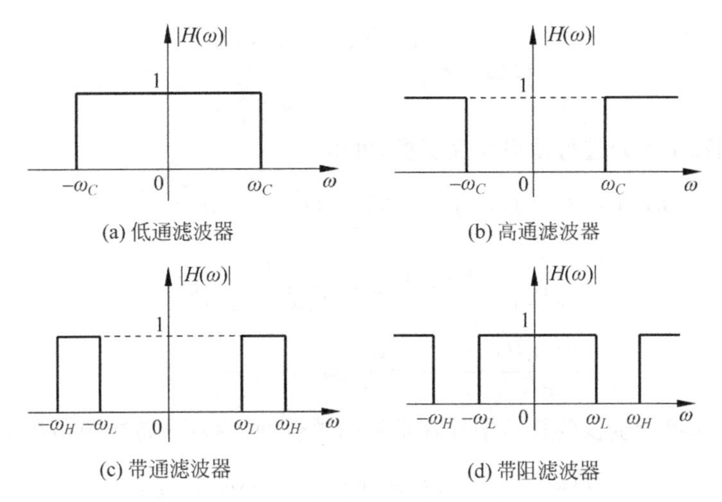

图 3-92　理想滤波器的幅频特性

全滤除。带通滤波器能让 $\omega_L<|\omega|<\omega_H$ 范围内的频率分量通过,其余范围的频率分量滤除,带阻滤波器则刚好与之相反,其中 ω_H、ω_L 分别称为上截止频率和下截止频率。本节以理想低通滤波器为例进行分析。

理想低通滤波器的幅频特性和相频特性曲线如图 3-93 所示。

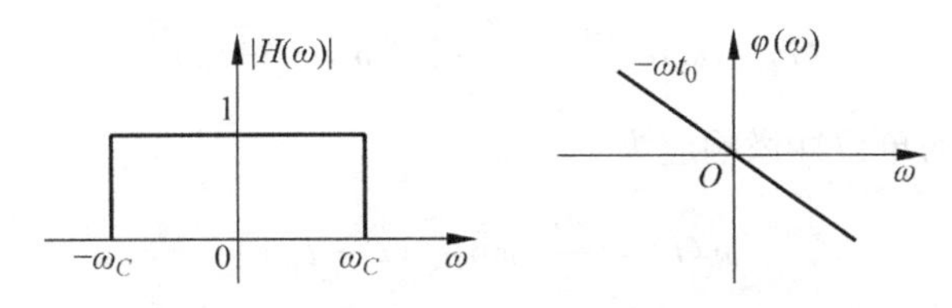

图 3-93　理想低通滤波器的频率特性曲线

从图 3-93 可以看出,理想低通滤波器的振幅谱函数为

$$|H(\omega)|=\begin{cases}1, & |\omega|<\omega_C \\ 0, & |\omega|>\omega_C\end{cases} \tag{3.6-24}$$

相位谱函数为

$$\varphi(\omega)=-\omega t_0 \tag{3.6-25}$$

可以看出,信号通过理想低通滤波器时,在通带范围内,各频率分量的振幅均放大相同的倍数,相移与频率成正比,可以无失真传输;而在阻带范围内,各频率分量振幅均衰减为 0,无法通过。

1. 理想低通滤波器的单位冲激响应

理想低通滤波器的频响函数为

$$H(\omega)=\begin{cases}e^{-j\omega t_0}, & |\omega|<\omega_C\\ 0, & |\omega|>\omega_C\end{cases}$$

对频响函数 $H(\omega)$进行傅里叶反变换，可得

$$\begin{aligned}h(t)&=\mathcal{F}^{-1}[H(\omega)]=\frac{1}{2\pi}\int_{-\infty}^{+\infty}H(\omega)e^{j\omega t}d\omega\\&=\frac{1}{2\pi}\int_{-\omega_C}^{\omega_C}e^{-j\omega t_0}e^{j\omega t}d\omega=\frac{1}{2\pi j(t-t_0)}e^{j\omega(t-t_0)}\Big|_{-\omega_C}^{\omega_C}\\&=\frac{\sin\omega_C(t-t_0)}{\pi(t-t_0)}=\frac{\omega_C}{\pi}\text{Sa}[\omega_C(t-t_0)]\end{aligned}\tag{3.6-26}$$

也可借助傅里叶变换的性质来计算系统的单位冲激响应，将频响函数写为

$$\begin{aligned}H(\omega)&=e^{-j\omega t_0}[u(\omega+\omega_C)-u(\omega+\omega_C)]\\&=G_{2\omega_C}(\omega)e^{-j\omega t_0}\end{aligned}\tag{3.6-27}$$

根据傅里叶变换的对称性，可知

$$G_{2\omega_C}(\omega)\leftrightarrow\frac{\omega_C}{\pi}\text{Sa}(\omega_c t)$$

结合傅里叶变换的时移性质，可得到

$$G_{2\omega_C}(\omega)e^{-j\omega t_0}\leftrightarrow\frac{\omega_C}{\pi}\text{Sa}[\omega_C(t-t_0)]$$

即理想低通滤波器的单位冲激响应为

$$h(t)=\frac{\omega_C}{\pi}\text{Sa}[\omega_C(t-t_0)]\tag{3.6-28}$$

单位冲激信号经过理想低通滤波器后，波形的变化情况如图 3-94 所示。

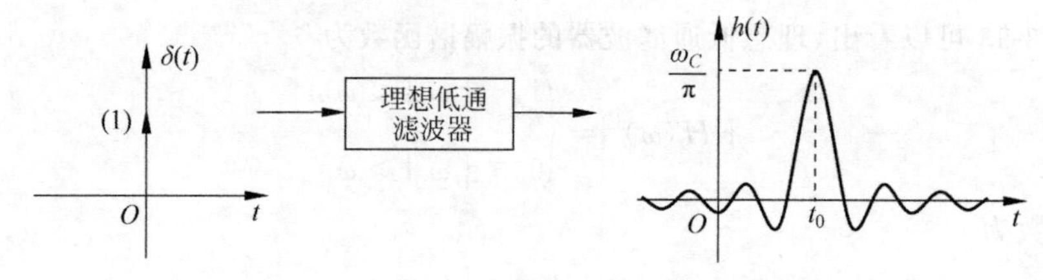

图 3-94　单位冲激信号经过理想低通滤波器

从图 3-94 中可以看出，单位冲激信号经过理想低通滤波器产生了失真。由于 $\delta(t)\leftrightarrow 1$，即单位冲激信号的频带宽度为无穷大，信号经过低通滤波器后，大于 ω_C 的频率分量被完全滤除，所以输出波形与输入波形有很大的不同。

由于冲激信号是在 $t=0$ 时刻加入到系统中，而 $t<0$ 时 $h(t)\neq 0$，可以看出理想低通滤波器为非因果系统。

2. 理想低通滤波器的单位阶跃响应

当单位阶跃信号通过理想低通滤波器时，其输出为

$$g(t)=u(t)*h(t)=\int_{-\infty}^{t}h(\tau)\mathrm{d}\tau=\int_{-\infty}^{t}\frac{\omega_C}{\pi}\mathrm{Sa}[\omega_C(\tau-t_0)]\mathrm{d}\tau$$

$$\overset{令\lambda=\omega_C(\tau-t_0)}{=}\frac{1}{\pi}\int_{-\infty}^{\omega_C(t-t_0)}\mathrm{Sa}(\lambda)\mathrm{d}\lambda=\frac{1}{\pi}\int_{-\infty}^{0}\mathrm{Sa}(\lambda)\mathrm{d}\lambda+\frac{1}{\pi}\int_{0}^{\omega_C(t-t_0)}\mathrm{Sa}(\lambda)\mathrm{d}\lambda$$

$$=\frac{1}{2}+\frac{1}{\pi}\int_{0}^{\omega_C(t-t_0)}\mathrm{Sa}(\lambda)\mathrm{d}\lambda$$

令 $\mathrm{Si}(y)=\frac{1}{\pi}\int_{0}^{y}\frac{\sin x}{x}\mathrm{d}x$，则

$$g(t)=\frac{1}{2}+\frac{1}{\pi}\mathrm{Si}[\omega_C(t-t_0)] \tag{3.6-29}$$

图 3-95 给出了阶跃信号及其经过理想低通滤波器后的波形。

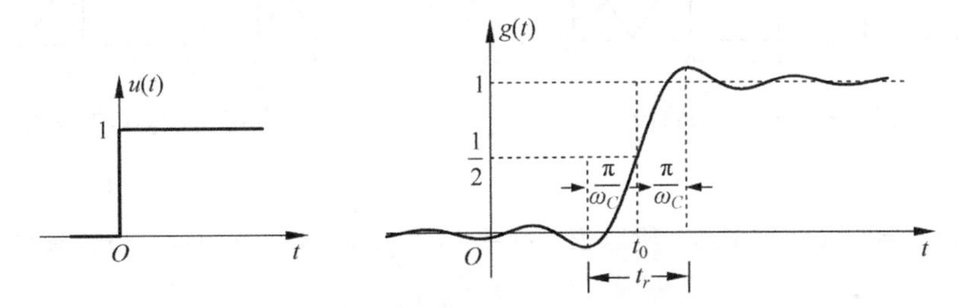

图 3-95　阶跃信号经过理想低通滤波器

由于阶跃信号中高于 ω_C 的频率分量被去除，经过低通滤波器后，函数值的阶跃变化变成了平滑的缓升。阶跃响应的最小值出现在 $t_0-\frac{\pi}{\omega_C}$ 处，最大值出现在 $t_0+\frac{\pi}{\omega_C}$ 处。通常称响应由最小值到最大值经历的时间为上升时间，记为 t_r，则

$$t_r=\frac{2\pi}{\omega_C} \tag{3.6-30}$$

可以看出，上升时间 t_r 与截止频率 ω_C 成反比。截止频率 ω_C 越小，允许通过的高频分量越少，输出信号上升越缓慢，信号失真严重；截止频率 ω_C 越大，允许通过的高频分量越多，输出信号上升速度越快，信号波形越接近于阶跃信号。因此截止频率的选择对输出信号波形有着决定性影响。

例 3-39　已知激励信号 $e(t)$ 的频谱 $F(\omega)$ 如图 3-96(a)所示，信号经过如图 3-96(b)所示系统，分别画出信号 $x_1(t)$、$x_2(t)$ 以及 $r(t)$ 的频谱图。

解：根据图 3-96(b)可知

$$x_1(t)=e(t)\cdot\cos 10t$$

由傅里叶变换的频移性质，得

$$x_1(t)\leftrightarrow X_1(\omega)=\frac{1}{2}[E(\omega+10)+E(\omega-10)]$$

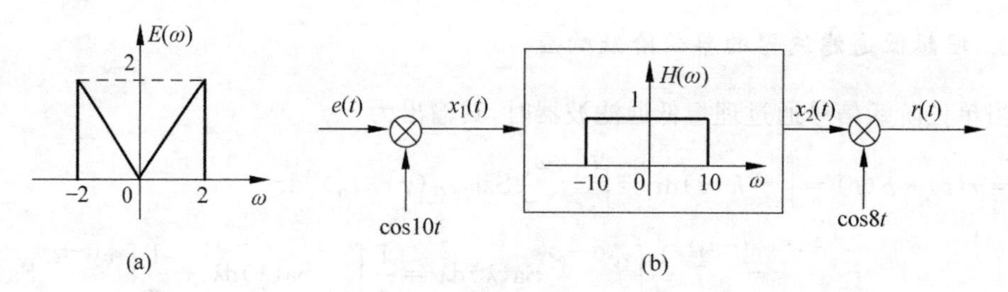

图 3-96　例 3-39 图

所以 $x_1(t)$ 的频谱 $X_1(\omega)$ 如图 3-97 所示。

因为 $X_2(\omega)=X_1(\omega)\cdot H(\omega)$，$H(\omega)$ 为低通滤波器，所以 $x_2(t)$ 的频谱如图 3-98 所示。

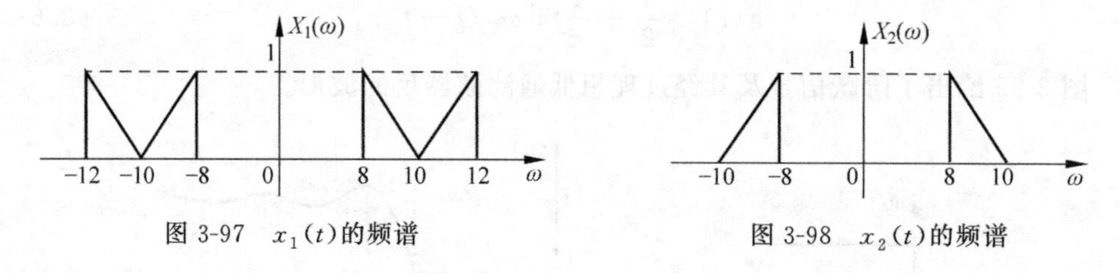

图 3-97　$x_1(t)$ 的频谱　　　　图 3-98　$x_2(t)$ 的频谱

由于 $r(t)=x_2(t)\cdot\cos 8t$，所以 $R(\omega)=\dfrac{1}{2}[X_2(\omega+8)+X_2(\omega-8)]$，频谱如图 3-99 所示。

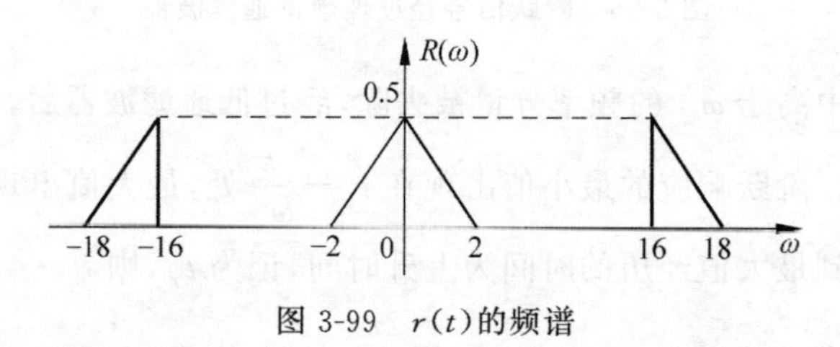

图 3-99　$r(t)$ 的频谱

3. 系统的物理可实现性

理想低通滤波器是非因果系统，是物理不可实现的。系统的物理可实现性可以根据系统的单位冲激响应和频响函数进行判断。

从时域来说，系统物理可实现的条件是系统满足因果性，即

$$h(t)=0,\quad t<0 \tag{3.6-31}$$

从频域来看，若系统幅频函数 $|H(\omega)|$ 满足平方可积条件，即

$$\int_{-\infty}^{+\infty}|H(\omega)|^2\mathrm{d}\omega<\infty \tag{3.6-32}$$

则系统物理可实现的必要条件为

$$\int_{-\infty}^{+\infty}\frac{|\ln|H(\omega)||}{1+\omega^2}\mathrm{d}\omega<\infty \tag{3.6-33}$$

此条件由佩利和维纳证明，因此称为佩利-维纳准则。若系统频响函数不满足此条件，则该系统是物理不可实现的。

对于理想低通滤波器，其幅频函数平方的积分为

$$\int_{-\infty}^{+\infty}|H(\omega)|^2\mathrm{d}\omega=\int_{-\omega_C}^{\omega_C}|H(\omega)|^2\mathrm{d}\omega=\int_{-\omega_C}^{\omega_C}\mathrm{d}\omega=2\omega_C<\infty$$

当频率$|\omega|>\omega_C$时，理想低通滤波器的频响函数$H(\omega)=0$，此时$|\ln|H(\omega)||\to\infty$，故

$$\int_{-\infty}^{+\infty}\frac{|\ln|H(\omega)||}{1+\omega^2}\mathrm{d}\omega\to\infty$$

因此理想低通滤波器不满足佩利-维纳准则，为物理不可实现系统。实际上所有理想滤波器由于幅频特性在某个频带内的幅值为零，都是物理不可实现的。

例 3-40 图 3-100 是由电阻和电容组成的两个一阶 RC 电路，已知 $R=1\Omega$，$C=1\mathrm{F}$，$v_S(t)$为激励。分别计算以$v_C(t)$和$v_R(t)$为响应时，系统的频响函数$H(\omega)$，并画出幅频特性曲线。

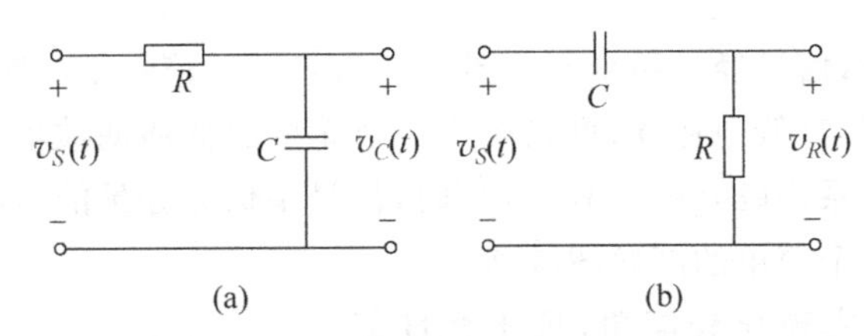

图 3-100 例 3-40 图

解：(1) 以$v_C(t)$为响应时，系统的频域电路模型如图 3-101 所示。

根据元件分压关系，可得到

$$H_1(\omega)=\frac{V_C(\omega)}{V_S(\omega)}=\frac{\dfrac{1}{\mathrm{j}\omega C}}{R+\dfrac{1}{\mathrm{j}\omega C}}=\frac{1}{\mathrm{j}\omega RC+1}$$

代入元件参数，有

$$H_1(\omega)=\frac{1}{\mathrm{j}\omega+1}$$

(2) 以$v_R(t)$为响应时，系统的频域电路模型如图 3-102 所示。

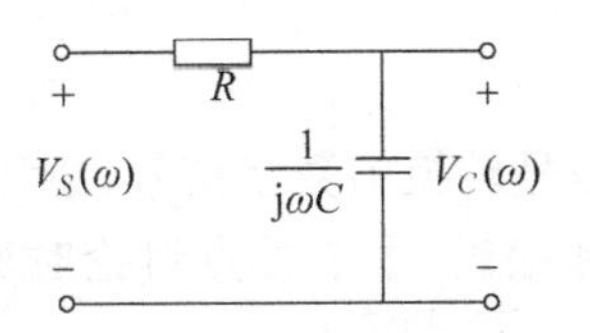

图 3-101 图 3-100(a)的频域模型

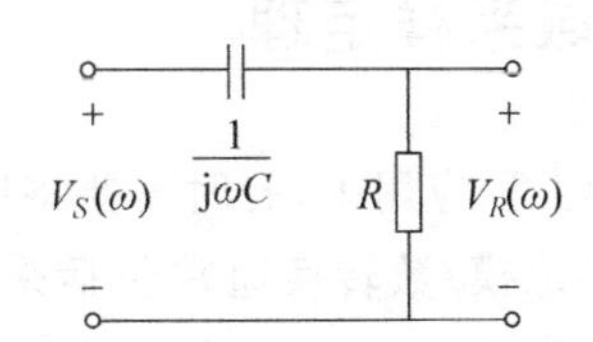

图 3-102 图 3-100(b)的频域模型

此时系统的频响函数为

$$H_2(\omega)=\frac{V_R(\omega)}{V_S(\omega)}=\frac{R}{R+\dfrac{1}{\mathrm{j}\omega C}}=\frac{\mathrm{j}\omega}{\mathrm{j}\omega+1}$$

两个系统的幅频函数分别为

$$|H_1(\omega)|=\frac{1}{\sqrt{\omega^2+1}},\quad |H_2(\omega)|=\sqrt{\frac{\omega^2}{\omega^2+1}}$$

对应的幅频特性曲线分别如图 3-103(a)和(b)所示。

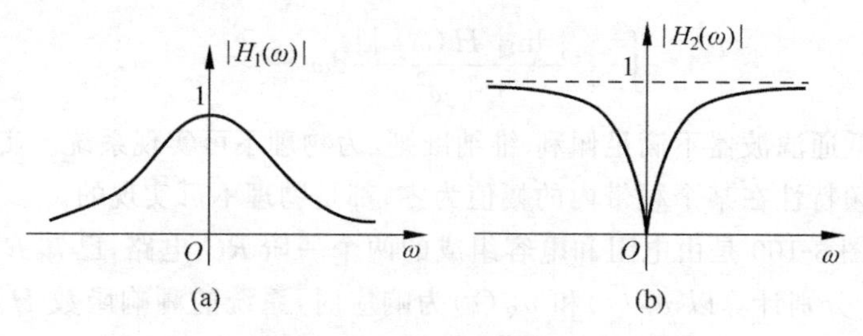

图 3-103 系统频域特性曲线

从图中可以看出,信号经过系统(a)[图 3-103(a)]时,信号中高频分量的衰减比低频分量大,所以该系统具有低通特性,可以作为一个简单的低通滤波器,通常称为 *RC* 低通滤波器。而信号经过系统(b)[图 3-103(b)]时,信号中低频分量的衰减比高频分量大,所以该系统可以作为一个简单的高通滤波器。

RC 低通滤波器实现比较简单,抗干扰性能强,有较好的低频性能。从其幅频特性曲线中也可以看出,与理想滤波器不同的是:实际滤波器的通带幅度不是常数;阻带幅度相对较小,但不是零;同时,在通带和阻带之间存在一定频率范围的过渡带,如图 3-104 所示。通常在设计滤波器时,要求滤波器的通带幅度尽量接近常数,过渡带的宽度越窄越好,同时通带外的频率成分衰减得越快越好。高通滤波器、带通滤波器和带阻滤波器也存在类似的特性。

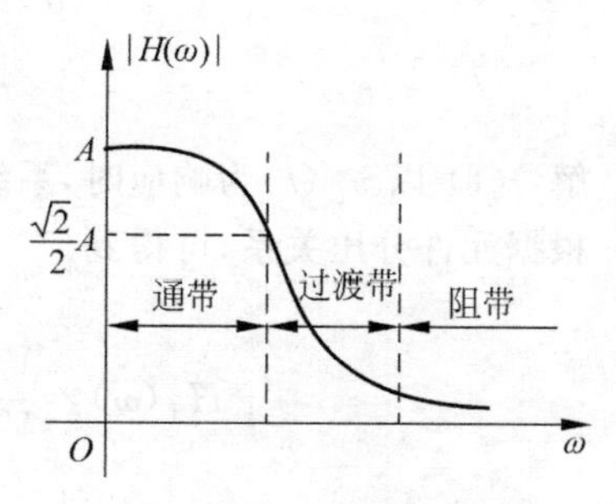

图 3-104 实际滤波器幅频特性曲线示意图

3.7 时域采样定理

在实际工程应用中,有时需要将连续时间信号转换为数字信号,通常称为模/数转换(A/D 转换)。模/数转换通常包括采样、量化和编码,本节重点讨论时域采样的过程和要求。

3.7.1 时域采样

从连续信号中抽取出一系列离散样值的过程称为采样。时域采样的过程可以用如图 3-105 所示的开关来实现。

设原信号 $f(t)$ 的波形如图 3-106(a)所示,采样信号为 $f_s(t)$。当开关 K 处于位置"1"时,输出信号 $f_s(t)=f(t)$;当开关 K 切换到位置"2"时,$f_s(t)=0$。当开关在位置"1"和"2"之间进行周期性切换时,就可以完成信号的时域采样。采样信号 $f_s(t)$ 的波形如图 3-106(b)所示。

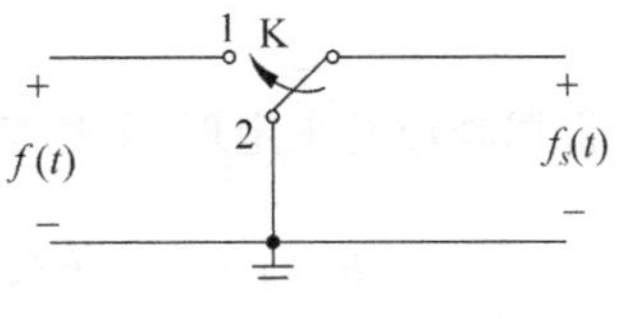

图 3-105 开关示意图

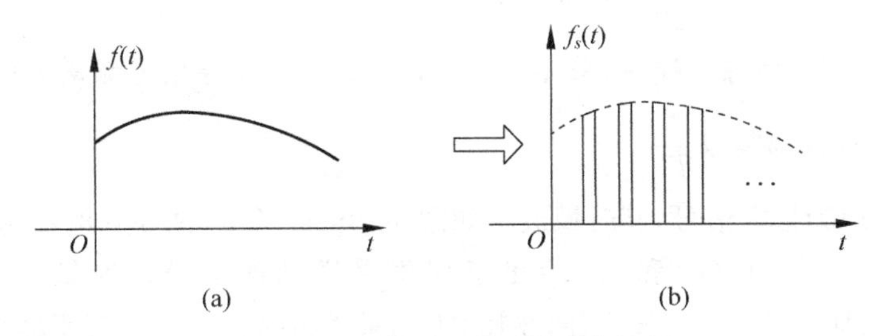

图 3-106 原信号及其时域采样波形

图 3-105 的开关可以用乘法运算来模拟,如图 3-107 所示。信号的采样过程可以看作输入信号 $f(t)$ 与采样脉冲 $p(t)$ 相乘的结果,即

$$f_s(t)=f(t)\cdot p(t) \tag{3.7-1}$$

其中,$p(t)$ 是周期为 T_s 的矩形脉冲信号,也称为开关函数;T_s 称为采样周期,也称为采样间隔,表示多长时间采样一次,$f_s=1/T_s$ 称为采样频率,表示每秒采样的次数;$\omega_s=2\pi/T_s$ 称为采样角频率,有时也简称为采样频率。

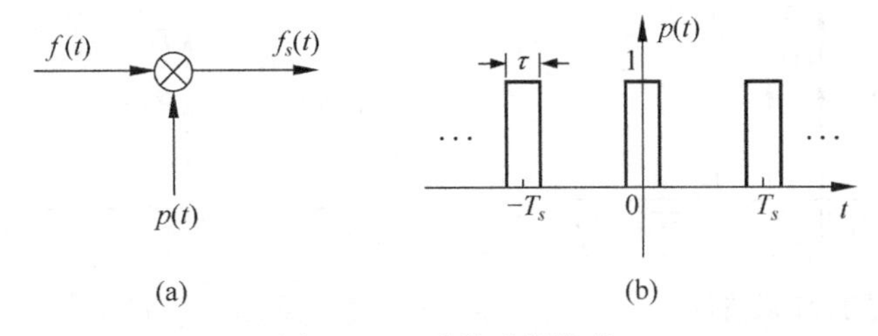

图 3-107 采样过程模型

实际应用中,采样脉冲可以有多种形式,图 3-106 所示的采样方式也称为自然采样。

1. 理想采样

首先考虑一种理想化的采样情况,即采样脉冲为周期冲激信号,即

$$p(t)=\delta_{T_s}(t)=\sum_{n=-\infty}^{+\infty}\delta(t-nT_s) \tag{3.7-2}$$

此时称为理想采样。根据式(3.7-1)，采样信号为

$$f_s(t)=f(t)\cdot p(t)=f(t)\cdot\sum_{n=-\infty}^{+\infty}\delta(t-nT_s) \tag{3.7-3}$$

周期冲激信号 $p(t)$ 的频谱函数为

$$P(\omega)=\omega_s\sum_{n=-\infty}^{+\infty}\delta(\omega-n\omega_s) \tag{3.7-4}$$

根据频域卷积定理，采样信号 $f_s(t)$ 的频谱为

$$\begin{aligned}F_s(\omega)&=\frac{1}{2\pi}F(\omega)*P(\omega)=\frac{1}{2\pi}F(\omega)*\omega_s\sum_{n=-\infty}^{+\infty}\delta(\omega-n\omega_s)\\&=\frac{1}{T_s}\sum_{n=-\infty}^{+\infty}F(\omega-n\omega_s)\end{aligned} \tag{3.7-5}$$

式(3.7-5)表明，理想采样时，采样信号的频谱 $F_s(\omega)$ 是原信号频谱 $F(\omega)$ 以 ω_s 为间隔的周期重复，且振幅乘以 $\dfrac{1}{T_s}$。

设信号 $f(t)$ 为带限信号，其时域波形如图 3-108(a)所示，图 3-108(b)为其频谱图，最高频率为 ω_m。图 3-108(c)和(d)给出了理想采样脉冲信号的时域波形和频谱图。图 3-108(e)为采样信号的时域波形，图 3-108(f)为采样频率 $\omega_s>2\omega_m$ 时采样信号的频谱。

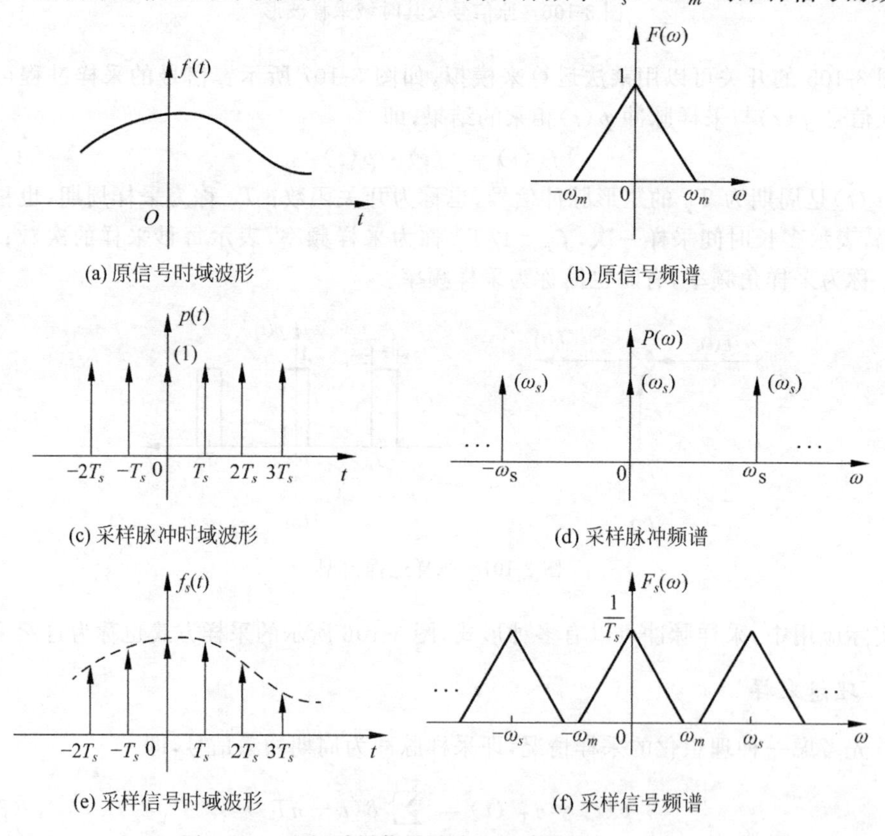

图 3-108 理想采样信号时域和频域波形($\omega_s>2\omega_m$)

图 3-109 和图 3-110 分别给出了当采样频率 $\omega_s=2\omega_m$ 和 $\omega_s<2\omega_m$ 时，采样脉冲和采样信号的频谱图。

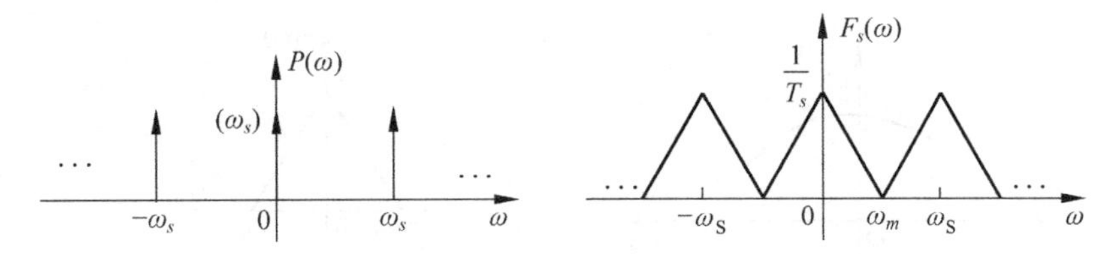

图 3-109　$\omega_s=2\omega_m$ 时采样脉冲和采样信号的频谱

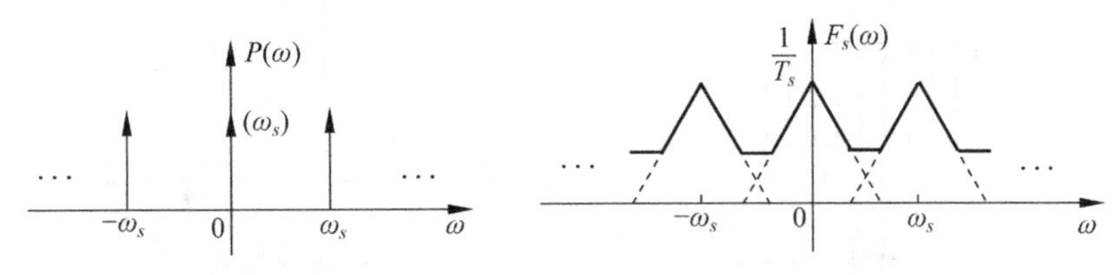

图 3-110　$\omega_s<2\omega_m$ 时采样脉冲和采样信号的频谱

比较图 3-108、图 3-109 和图 3-110 可以看出，当采样频率大于等于信号最高频率的 2 倍时，即 $\omega_s\geqslant 2\omega_m$ 时，理想采样之后信号的频谱是原信号频谱的周期重复，重复周期是 ω_s，频谱幅度是原信号频谱的 $1/T_s$ 倍。当采样频率降低时，采样脉冲间隔变大，采样信号的频谱之间的间隔变小。当 $\omega_s<2\omega_m$ 时，采样信号的频谱会发生混叠。

2. 自然采样

自然采样时，采样脉冲为如图 3-111 所示的周期矩形脉冲。

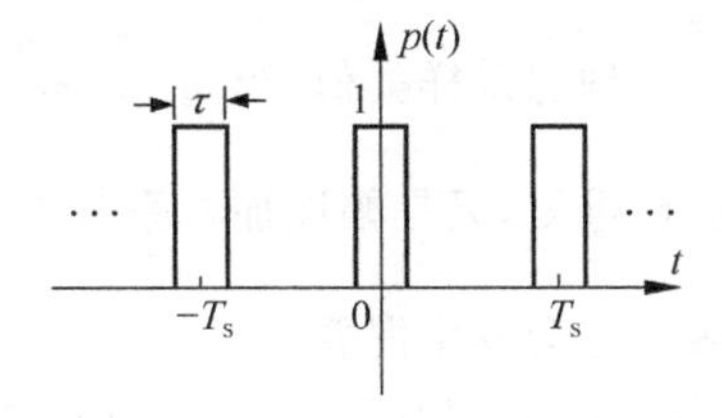

图 3-111　自然采样脉冲

周期矩形脉冲信号的傅里叶谱系数为

$$F_n=\frac{\tau}{T_s}\mathrm{Sa}\left(\frac{n\omega_s\tau}{2}\right)$$

其中，$\omega_s=\frac{2\pi}{T_s}$。由 3.4 节的分析可知，采样脉冲的频谱为

$$P(\omega)=2\pi\sum_{n=-\infty}^{+\infty}F_n\delta(\omega-n\omega_s)=\frac{2\pi\tau}{T_s}\sum_{n=-\infty}^{+\infty}\mathrm{Sa}\left(\frac{n\omega_s\tau}{2}\right)\delta(\omega-n\omega_s)\tag{3.7-6}$$

故采样信号 $f_s(t)$ 的频谱为

$$\begin{aligned}F_s(\omega)&=\frac{1}{2\pi}F(\omega)*P(\omega)\\&=\frac{1}{2\pi}F(\omega)*\frac{2\pi\tau}{T_s}\sum_{n=-\infty}^{+\infty}\mathrm{Sa}\left(\frac{n\omega_s\tau}{2}\right)\delta(\omega-n\omega_s)\\&=\frac{\tau}{T_s}\sum_{n=-\infty}^{+\infty}\mathrm{Sa}\left(\frac{n\omega_s\tau}{2}\right)F(\omega-n\omega_s)\end{aligned}\tag{3.7-7}$$

图 3-112 给出了原信号、采样脉冲和采样信号的时域波形，以及 $\omega_s > 2\omega_m$ 时各信号所对应的频谱图。

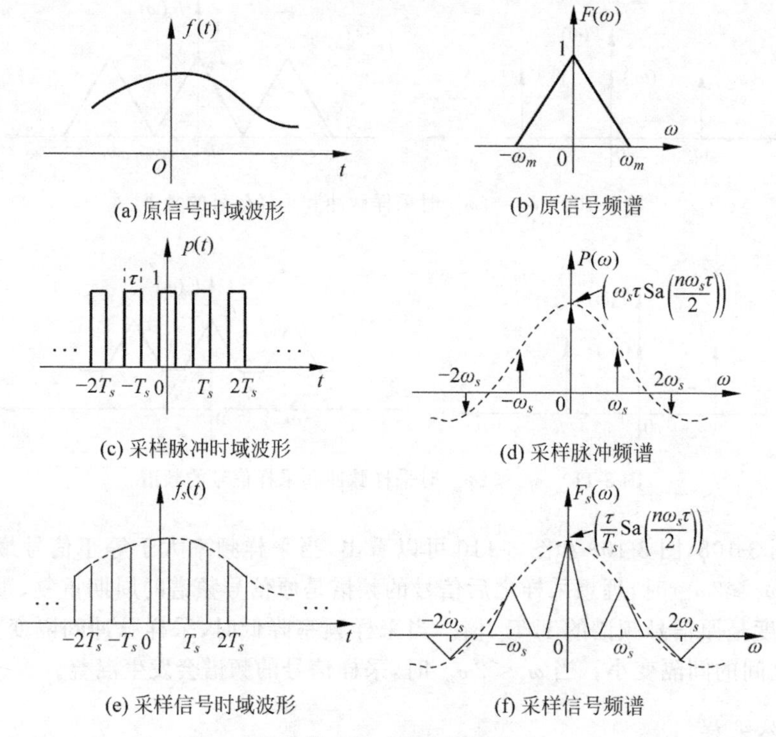

图 3-112　自然采样信号时域和频域波形（$\omega_s > 2\omega_m$）

与理想采样类似，当 $\omega_s \geqslant 2\omega_m$ 时，自然采样信号的频谱也是原信号频谱以 ω_s 为间隔进行重复，只是幅度加权系数不再是常数，而是 $\frac{\tau}{T_s}\mathrm{Sa}\left(\frac{n\omega_s\tau}{2}\right)$。当 $\omega_s < 2\omega_m$ 时，采样信号频谱也会发生混叠。

例 3-41　如图 3-113(a)所示系统，信号 $f(t)$ 的频谱如图 3-113(b)所示，用 $\delta_T(t)=\sum_{n=-\infty}^{+\infty}\delta(t-nT)$ 对其进行理想采样，其中 $T=\frac{\pi}{4}$ s。

(1) 画出采样信号 $f_s(t)$ 的频谱图；

(2) 画出输出信号 $y(t)$ 的频谱图。

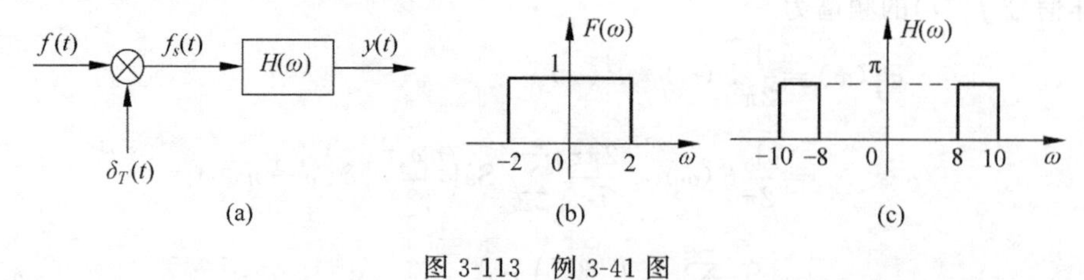

图 3-113　例 3-41 图

解：当采样间隔 $T=\frac{\pi}{4}$s 时，采样频率 $\omega_s=\frac{2\pi}{T}=8\text{rad/s}$。理想采样时采样信号的频谱为

$$F_s(\omega)=\frac{1}{T_s}\sum_{n=-\infty}^{+\infty}F(\omega-n\omega_s)=\frac{4}{\pi}\sum_{n=-\infty}^{+\infty}F(\omega-8n)$$

所以采样信号 $f_s(t)$ 的频谱图如图 3-114 所示。

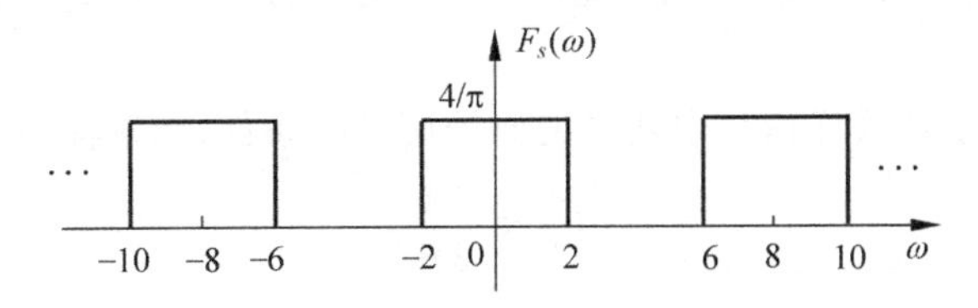

图 3-114　采样信号 $f_s(t)$ 的频谱

从图 3-113(c)中可以看出，$H(\omega)$为增益是 π 的带通滤波器。信号通过该滤波器，频率 $8<|\omega|<10$ 的部分保留，幅度放大 π 倍，其余频率分量被滤除。因此输出信号 $y(t)$ 的频谱如图 3-115 所示。

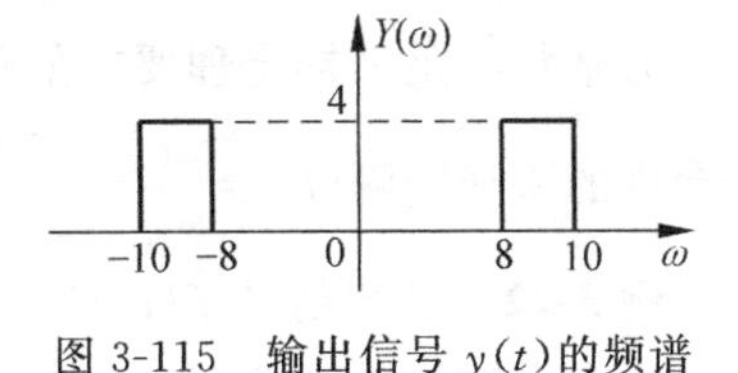

图 3-115　输出信号 $y(t)$ 的频谱

3.7.2　时域采样定理

通过对理想采样和自然采样两种情况的分析可以看出，当信号 $f(t)$ 的带宽为 ω_m 时，若采样频率 $\omega_s\geqslant 2\omega_m$，$F_s(\omega)$的基带频谱与各次谐波频谱之间不重叠，基带频谱保留了原信号的全部信息，可以从采样信号 $f_s(t)$ 中恢复出原信号 $f(t)$。此时只需将信号通过理想低通滤波器即可提取出原信号的频谱 $F(\omega)$，如图 3-116 所示。

图 3-116 所示的恢复过程可以表示为

$$F(\omega)=F_s(\omega)H(\omega)$$

其中，理想低通滤波器的频响函数为

$$H(\omega)=\begin{cases}T_s, & |\omega|<\omega_C\\ 0, & |\omega|>\omega_C\end{cases}\tag{3.7-8}$$

要恢复原信号频谱，低通滤波器的截止频率应满足

$$\omega_m<\omega_C<\omega_s-\omega_m\tag{3.7-9}$$

当 $\omega_s=2\omega_m$ 时，低通滤波器的截止频率 $\omega_C=\omega_m$，如图 3-117 所示。

当 $\omega_s<2\omega_m$ 时，即采样频率较小时，$F_s(\omega)$的基带频谱与谐波频谱相互混叠，无法从采样信号 $f_s(t)$ 中恢复出原信号 $f(t)$。

早在 1928 年美国工程师奈奎斯特就提出，带宽有限的连续信号 $f(t)$，如果其最高频率为 f_m，当采样间隔小于等于$\frac{1}{2f_m}$时，采样后的信号频谱中包含了原信号的全部信息，可以恢复出原信号。这一结论称为时域采样定理，也叫奈奎斯特采样定理。

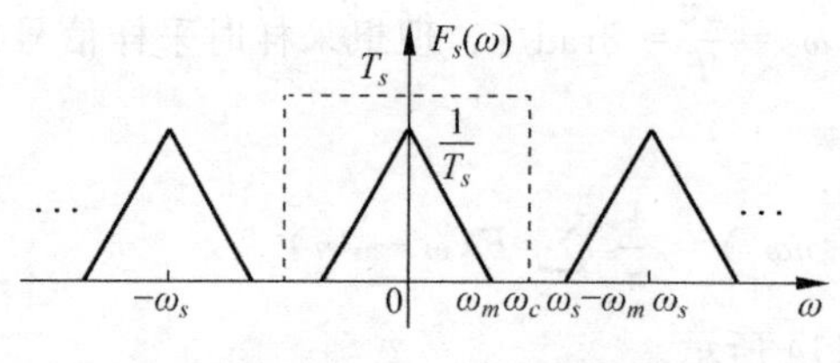

图 3-116 $\omega_s > 2\omega_m$ 时信号恢复示意图

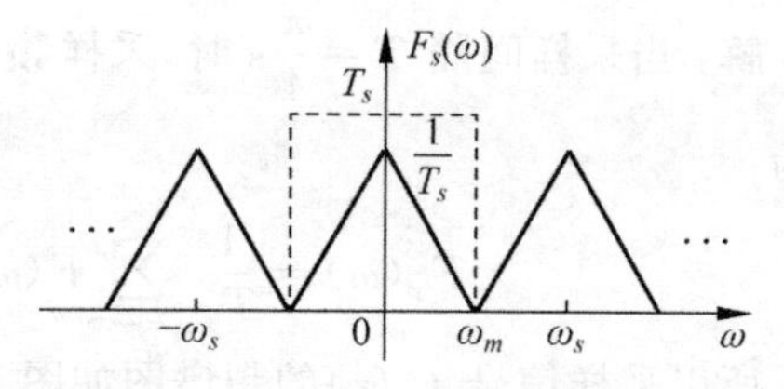

图 3-117 $\omega_s = 2\omega_m$ 时信号恢复示意图

采样定理给出了从采样信号中恢复出原始信号的条件，即采样间隔 T_s 要满足

$$T_s \leqslant \frac{1}{2f_m} \tag{3.7-10}$$

或采样频率满足

$$f_s \geqslant 2f_m \quad 或 \quad \omega_s \geqslant 2\omega_m \tag{3.7-11}$$

通常将满足采样定理要求的最低采样频率 $f_s = 2f_m$ 称为奈奎斯特采样频率，把最大允许的采样间隔 $T_s = \frac{\pi}{\omega_m} = \frac{1}{2f_m}$ 称为奈奎斯特采样间隔。

例 3-42 已知信号 $f(t)$ 的频率范围为 $(-\omega_m, \omega_m)$，对下列信号进行理想采样，计算信号的奈奎斯特采样频率。

(1) $f_1(t) = f(2t)$；(2) $f_2(t) = f^2(t)$；(3) $f_3(t) = f(t) + f\left(\frac{t}{4}\right)$

解：(1) $f_1(t)$ 是对 $f(t)$ 进行时域尺度变换运算的结果，根据傅里叶变换的尺度变换性质，可得到信号 $f_1(t)$ 的频谱函数为

$$F_1(\omega) = \frac{1}{2}F\left(\frac{\omega}{2}\right)$$

信号时域压缩，频谱扩展，因此 $f_1(t)$ 的最高频率为 $2\omega_m$。根据采样定理，可知信号 $f_1(t)$ 的奈奎斯特采样频率 $\omega_s - 4\omega_m$。

(2) 由傅里叶变换的频域卷积定理可知，$f_2(t)$ 的频谱函数为

$$F_2(\omega) = F(\omega) * F(\omega)$$

因此 $f_2(t)$ 的最高频率为 $2\omega_m$。根据采样定理，可知信号 $f_2(t)$ 的奈奎斯特采样频率 $\omega_s = 4\omega_m$。

(3) 由傅里叶变换的线性和尺度变换性质可知，$f_3(t)$ 的频谱函数为

$$F_3(\omega) = F(\omega) + 4F(4\omega)$$

$F(4\omega)$ 的频率范围为 $\left(-\frac{1}{4}\omega_m, \frac{1}{4}\omega_m\right)$。频域信号频谱函数相加，范围取大，因此 $f_3(t)$ 的最高频率为 ω_m。根据采样定理，可知信号 $f_3(t)$ 的奈奎斯特采样频率 $\omega_s = 2\omega_m$。

实际工程中，由于时间有限的信号，其频谱往往是无限范围，此时直接对信号进行采样，会造成频谱混叠，因此需要将信号的频率限定在一定范围内。通常的做法是将信号通过一个低通滤波器，去除信号中的高频分量，然后再对信号进行采样，如图 3-118 所示。

此时的低通滤波器也称为抗混叠滤波器。虽然避免了频谱混叠，但由于损失了高频成分，会带来信号的失真，所以只能在允许一定失真的情况下，近似恢复原始信号。

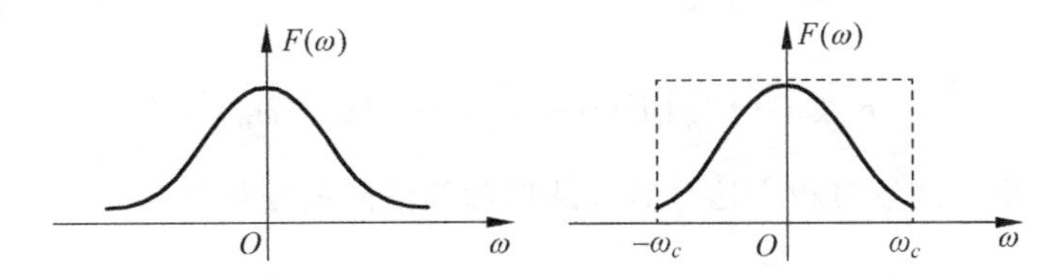

图 3-118 信号通过抗混叠滤波器

由于理想滤波器是物理不可实现的，实际滤波器存在一个过渡带。若采样频率等于信号最高频率的 2 倍，通过滤波器得到的就不仅是原信号的频率成分，如图 3-119 所示。因此在实际工程中，恢复信号时要求采样频率 ω_s 大于信号最高频率 ω_m 的 2 倍，通常采样频率取信号最高频率的 3～5 倍。

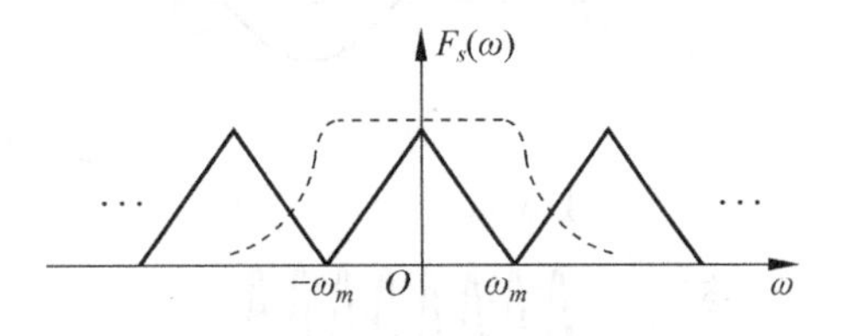

图 3-119 信号通过实际滤波器

3.8 信号调制解调

频域分析方法在实际通信系统中有着广泛的应用。根据 3.3 节中傅里叶变换的频移特性可知，通过信号与 $e^{\pm j\omega_0 t}$ 相乘，可以实现信号频谱的平移。这一特性在通信中的一种重要应用就是调制解调。实际工程信号中往往包含了丰富的低频分量，要将信号以无线电形式进行远距离传输时，一般要求天线长度应大于波长的 1/4，设某信号的频率为 4000Hz，其波长 λ 为 75km，则天线尺度要达到近 20km，显然这是不可行的。但若能将信号搬移到一个较高的频率上，如 100MHz，则只需要 0.75m 长的天线即可。在通信中通常把这种信号频谱的搬移过程称为调制，在接收端将信号频谱从较高频率搬回到低频，恢复出原信号的过程称为解调。

根据调制信号的类型可分为模拟调制和数字调制。本节以幅度调制和频率调制为例，介绍模拟调制系统的基本原理。

3.8.1 幅度调制

幅度调制是由调制信号控制载波信号的幅度，以实现载波幅度随着调制信号做线性变化。实际中常用的载波信号为正弦信号 $\cos\omega_0 t$。

1. 双边带调制

设调制信号为 $f(t)$，则振幅已调信号 $f_s(t)$ 可表示为

$$f_s(t)=f(t)\cos\omega_0 t \tag{3.8-1}$$

若 $f(t)$ 的频谱函数为 $F(\omega)$，$f_s(t)$ 的频谱函数为 $F_s(\omega)$，由傅里叶变换的频移性质，可知

$$F_s(\omega)\leftrightarrow \frac{1}{2}[F(\omega+\omega_0)+F(\omega-\omega_0)] \tag{3.8-2}$$

图 3-120 给出了调制过程中信号时域波形和频谱图的变化情况。

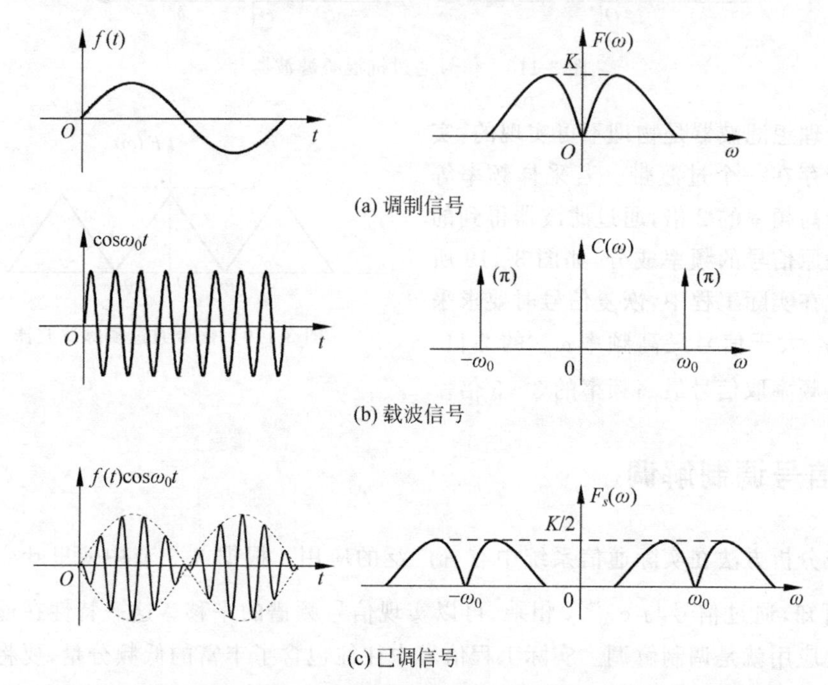

图 3-120　调制过程信号时域波形和频谱

从图中可以看出，已调信号的频谱在频率 $-\omega_0$ 和 ω_0 附近，振幅是调制信号的频谱 $F(\omega)$ 的 1/2。这种调制方法称为双边带调制。

在信号接收端，要从已调信号 $f_s(t)$ 中恢复出原信号 $f(t)$，此时需要将已调信号的频谱搬回到低频处，采用的方法仍然是将信号 $f_s(t)$ 与 $\cos\omega_0 t$ 相乘。

$$\begin{aligned} g(t)&=f_s(t)\cos\omega_0 t=f(t)\cos\omega_0 t\cdot\cos\omega_0 t\\ &=f(t)\cdot\frac{1}{2}(1+\cos2\omega_0 t)\\ &=\frac{1}{2}f(t)+\frac{1}{2}f(t)\cos2\omega_0 t \end{aligned} \tag{3.8-3}$$

可计算得到 $g(t)$ 的频谱函数为

$$G(\omega)=\frac{1}{2}F(\omega)+\frac{1}{4}[F(\omega+2\omega_0)+F(\omega-2\omega_0)]$$

为还原出信号 $f(t)$，只需要将信号 $g(t)$ 经过增益为 2 的低通滤波器即可，滤波器的截止频率满足 $\omega_m\leqslant\omega_C\leqslant2\omega_0-\omega_m$。接收端解调的模型如图 3-121 所示。

这个解调过程需要在接收端产生与发送端同频同相的本地载波信号，因此这种解调方式称为相干解调。这种解调方式的缺点是对接收机的要求较高，接收机的结构复杂。

2. 调幅

通常为了简化接收机的复杂程度，常采用的方法是在将调制信号 $f(t)$ 叠加一个直流偏量 A_0 后，再与载波 $\cos\omega_0 t$ 相乘，即

$$s(t)=[A_0+f(t)]\cos\omega_0 t \tag{3.8-4}$$

这种调制方法称为常规双边带调制，简称调幅(AM)，其实现模型如图 3-122 所示。

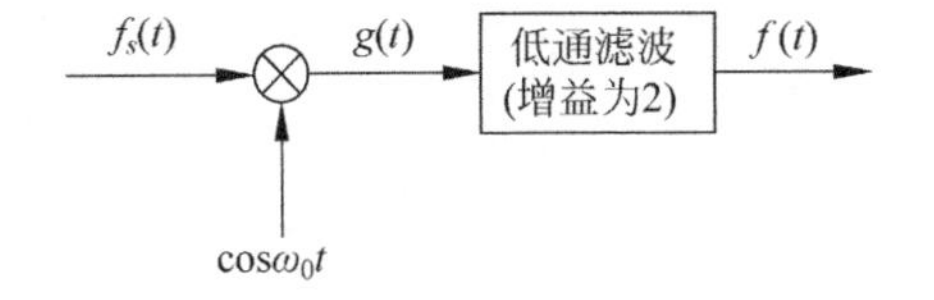

图 3-121 解调模型

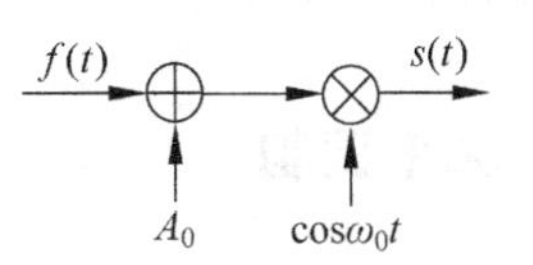

图 3-122 调幅系统模型

设调制信号 $f(t)$ 的频谱函数为 $F(\omega)$，则调幅信号 $s(t)$ 的频谱函数为

$$S(\omega)=\pi A_0[\delta(\omega+\omega_0)+\delta(\omega-\omega_0)]+\frac{1}{2}[F(\omega+\omega_0)+F(\omega-\omega_0)] \tag{3.8-5}$$

调幅过程中信号的时域波形和频谱变化如图 3-123 所示。

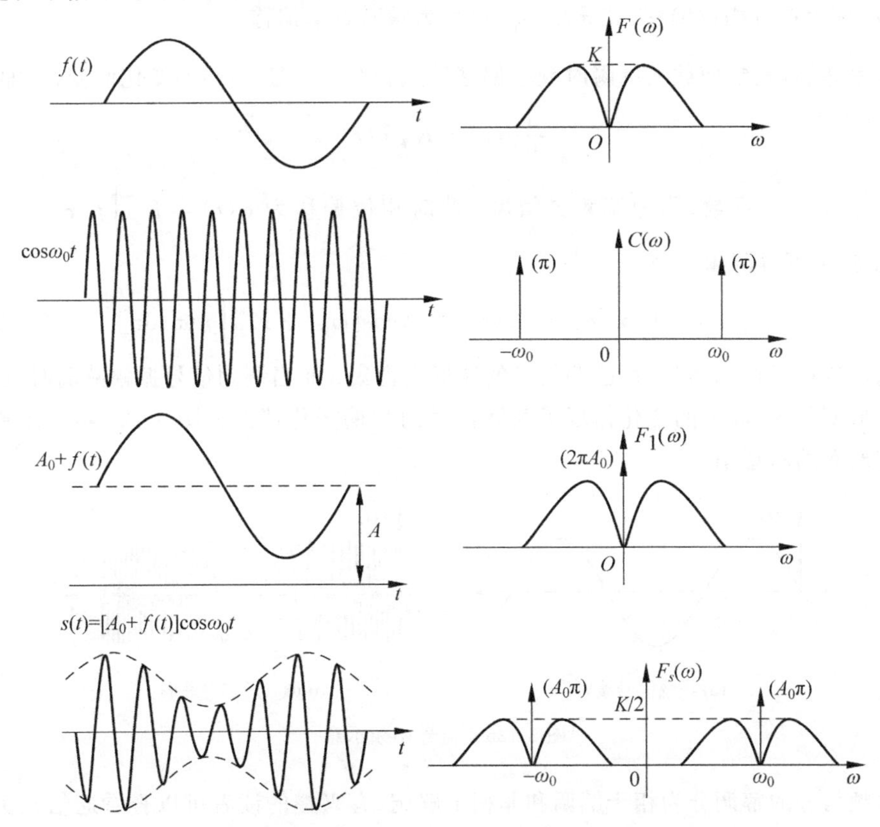

图 3-123 调幅时原信号、载波信号、调幅信号的时域波形

调幅信号的解调也可以使用相干解调，但通常使用包络检波的方法来恢复信号。常见的二极管峰值包络检波器如图 3-124 所示，由二极管和 RC 低通滤波器组成。

当输入信号电压 $v_s(t)$ 大于电容电压 $v_o(t)$ 时，二极管导通，信号通过二极管给电容 C 充电，此时 $v_o(t)$ 随着 $v_s(t)$ 的上升而升高。当 $v_s(t)$ 下降至小于 $v_o(t)$ 时，二极管反向截止，此时电容放电，$v_o(t)$ 下降。当输入信号为调幅信号 $s(t)$ 时，检波器的输出电压 $v_o(t)$ 随着 $s(t)$ 的包络线变化而变化，隔去直流后即可得到原信号 $f(t)$。

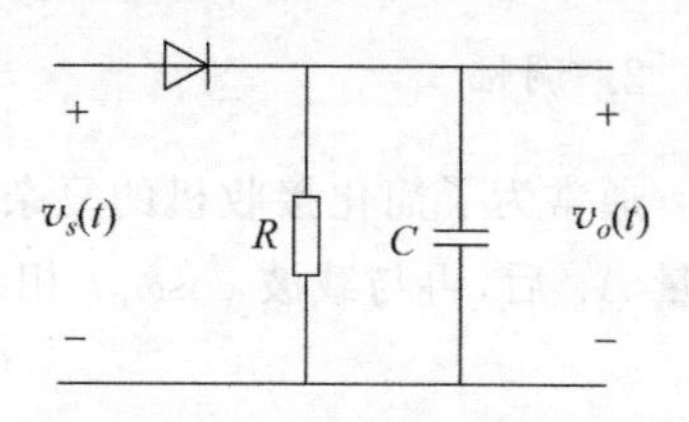

图 3-124　二极管峰值包络检波器

3.8.2　频率调制

频率调制，简称调频或 FM，指的是载波信号的频率随调制信号变化的调制方式。在调制过程中，载波的幅度保持不变。

设正弦载波的表达式为

$$c(t)=A\cos(\omega_0 t+\varphi) \tag{3.8-6}$$

定义 $\phi(t)=\omega_0 t+\varphi$ 为载波的瞬时相位。当载波的初始相位 φ 为随着时间 t 变化的函数时，$\varphi(t)$ 称为瞬时相位偏移，其导数 $\frac{\mathrm{d}}{\mathrm{d}t}\varphi(t)$ 称为瞬时频率偏移。

频率调制，就是使载波的瞬时频率偏移量随着调制信号 $f(t)$ 的变化而变化，即

$$\frac{\mathrm{d}}{\mathrm{d}t}\varphi(t)=K_F f(t)$$

式中，K_F 为比例系数，称为调频灵敏度。此时相位偏移为 $\varphi(t)=K_F\int f(\tau)\mathrm{d}\tau$。代入式(3.8-6)中可得调频信号

$$f_s(t)=A\cos[\omega_0 t+\varphi(t)]=A\cos[\omega_0 t+K_F\int f(\tau)\mathrm{d}\tau] \tag{3.8-7}$$

当调制信号振幅增强时，已调信号的波形变密集；而当调制信号振幅减弱时，已调信号的波形变稀疏，波形的变化体现了载波信号的频偏变化情况。图 3-125 给出了单频率正弦波调频的示意图。

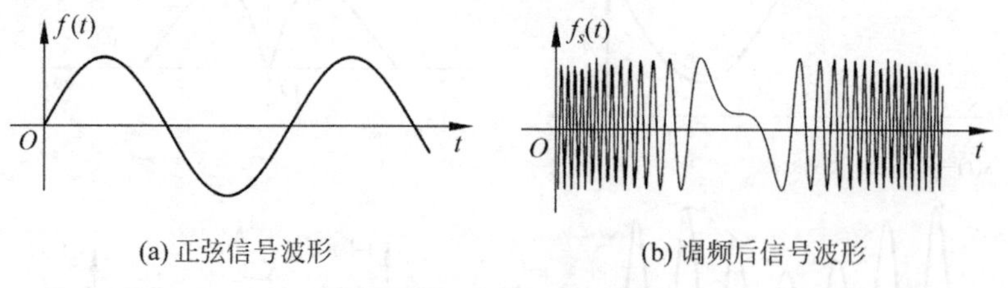

图 3-125　信号调频示意

调频信号的解调分为相干解调和非相干解调，有兴趣的读者可以查看通信相关专业

书籍。信号调制的一个常见应用就是频分复用。频分复用是一种按照频率来划分信道的复用方式。信号的带宽被分成多个互不重叠的子通道，每路信号占用其中一个子通道。在接收端，采用适当的带通滤波器将多路信号分开，恢复出所需要的信号。频分复用实现了多路信号在同一信道内的同时传输，能够有效提高信道的利用率。频分复用主要用于模拟信号的传输，如调频广播、有线电视等，其优点是技术成熟，信道利用率高。频分复用系统的原理如图 3-126 所示。

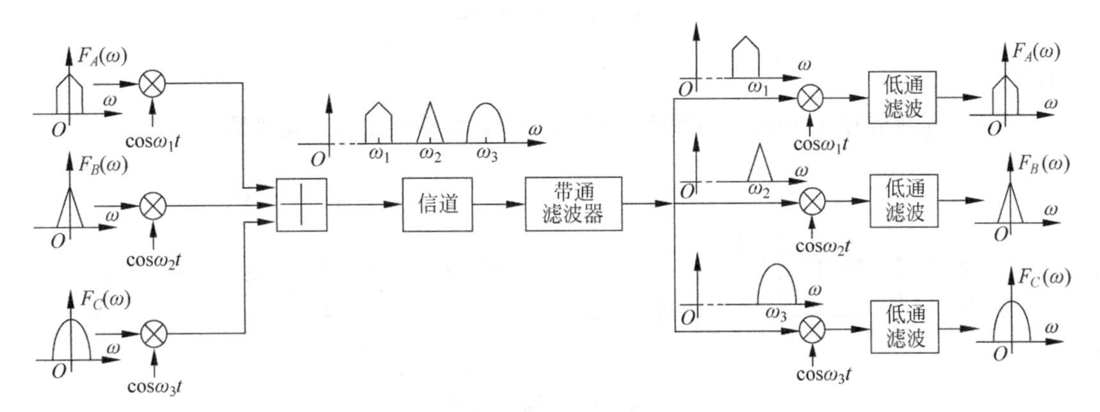

图 3-126　频分复用系统原理图

调制在通信系统中起着重要的作用，它能将调制信号变成适合在信道中传输的已调信号，提高系统传输效率，改善系统的抗噪性能。

习题 3

3-1　求图 3-127 所示周期信号的三角形式的傅里叶级数展开式。

3-2　求图 3-128 所示周期信号的复指数形式的傅里叶级数展开式。

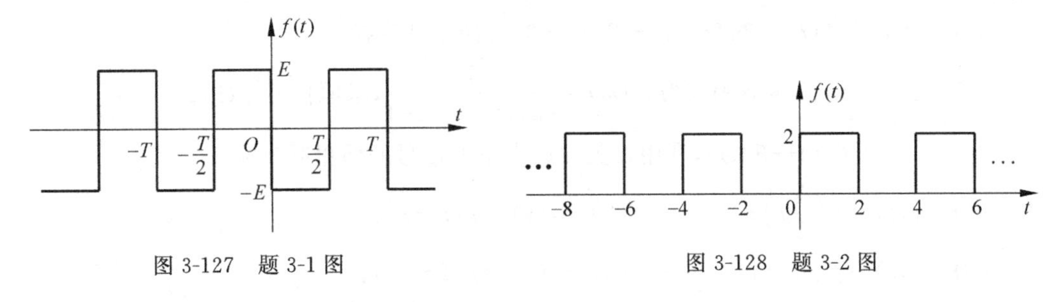

图 3-127　题 3-1 图　　图 3-128　题 3-2 图

3-3　信号 $f(t)=3\sin(2t+\pi/6)+\cos(3t+\pi/3)-\cos(4t+\pi/8)$，画出该信号的三角形式的傅里叶级数频谱图。

3-4　已知周期信号的单边频谱如图 3-129 所示，写出该信号标准三角形式的傅里叶级数展开式。

3-5　画出题 3-4 所示信号的双边频谱图，并写出其复指数形式的傅里叶级数展

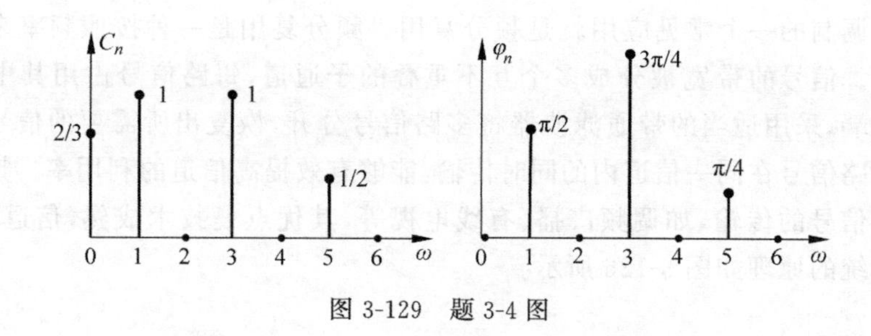

图 3-129　题 3-4 图

开式。

3-6　周期信号 $f(t)$的双边频谱如图 3-106 所示，请写出其三角级数展开式。

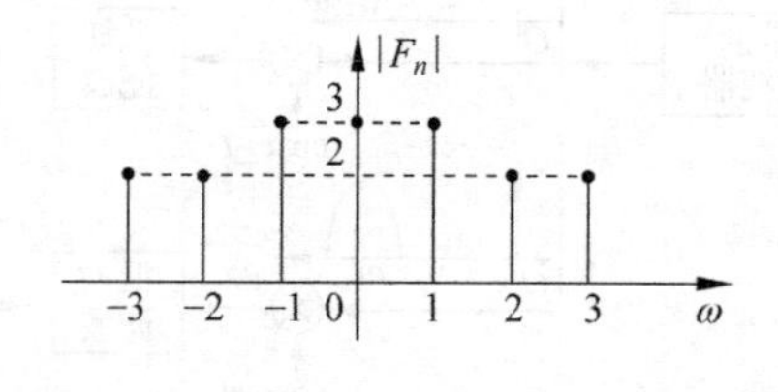

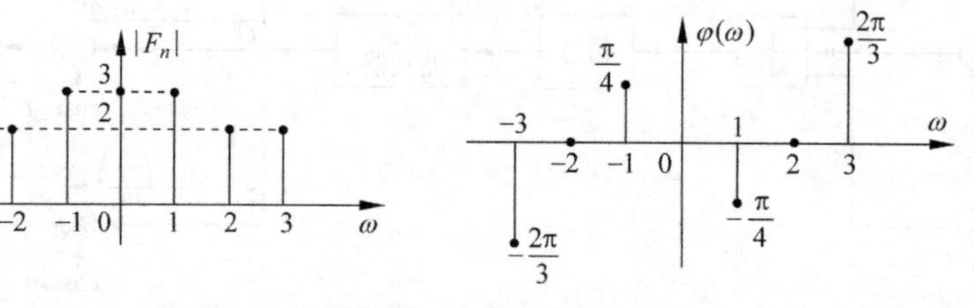

图 3-130　题 3-6 图

3-7　已知周期矩形信号的波形如图 3-131 所示。求：

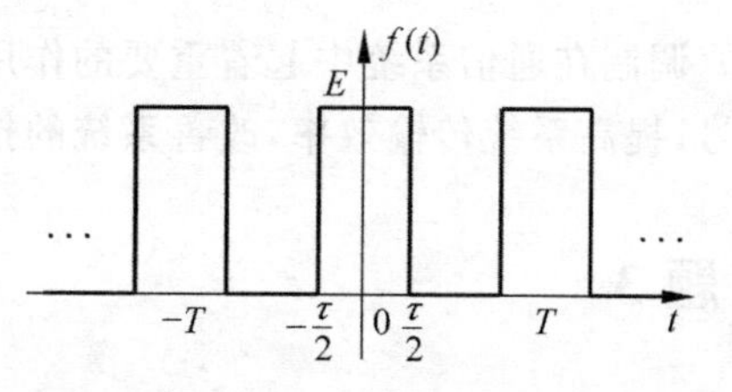

图 3-131　题 3-7 图

(1) 当信号 $f_1(t)$的参数为 $\tau=0.5\mu s$，$T=4\mu s$，$E=1V$ 时，该信号的直流分量和谱线间隔；

(2) 当信号 $f_2(t)$的参数为 $\tau=1.5\mu s$，$T=3\mu s$，$E=3V$ 时，该信号的直流分量和谱线间隔；

3-8　求信号 $f(t)=2u(t+1)-2u(t-3)$的傅里叶变换。

3-9　已知信号的频谱函数为 $F(\omega)=\dfrac{1}{(j\omega)^2+5j\omega+4}$，求原信号 $f(t)$。

3-10　已知 $f(t)\leftrightarrow F(\omega)$，利用相关性质求下列信号的傅里叶变换。

(1) $f_1(t)=f\left(\frac{1}{3}t\right)$；　(2) $f_2(t)=f(t+3)$；

(3) $f_3(t)=f(3t-4)$；　(4) $f_4(t)=f(2-2t)$；

(5) $f_5(t)=f(t)\cos t$；　(6) $f_6(t)=f(t-1)e^{-j\omega_0 t}$；

(7) $f_7(t)=t\dfrac{d}{dt}f(t)$；　(8) $f_8(t)=(t-3)f(t-3)$。

3-11　求下列信号的傅里叶变换：

(1) $G_2(3t)$；(2) e^{j2t}；(3) $\dfrac{\sin 2t}{t}$。

3-12　已知门函数 $EG_\tau(t)$ 的频谱函数为 $G(\omega)=E\tau\mathrm{Sa}\left(\frac{\omega\tau}{2}\right)$，求图 3-132 所示信号 $f(t)$ 的频谱函数 $F(\omega)$。

3-13　求图 3-133 所示信号 $f(t)$ 的傅里叶变换 $F(\omega)$，并画出频谱图。

$$f(t)=\begin{cases}\cos\omega_0 t, & |t|<T\\ 0, & |t|>T\end{cases}$$

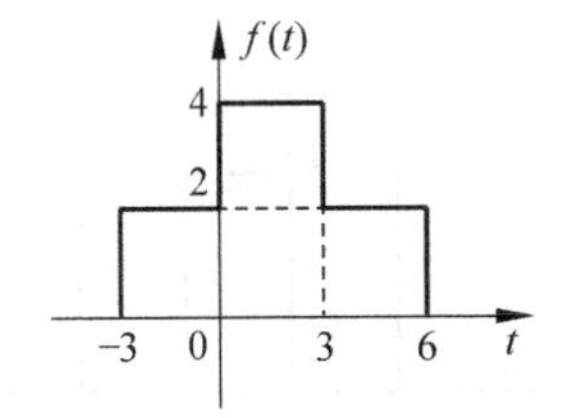

图 3-132　题 3-12 图

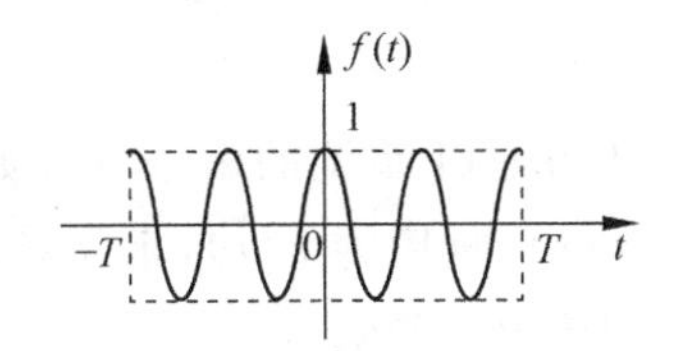

图 3-133　题 3-13 图

3-14　已知信号 $f(t)$ 的波形如图 3-134 所示，求其傅里叶变换 $F(\omega)$。

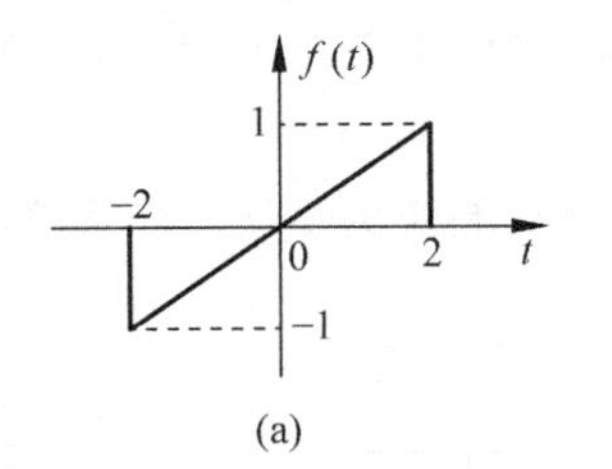

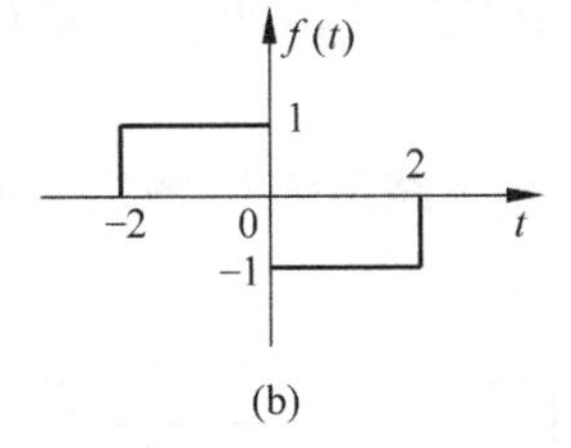

图 3-134　题 3-14 图

3-15　$f_1(t)$ 与 $f_2(t)$ 的波形如图 3-135 所示，已知 $\mathcal{F}[f_1(t)]=F_1(\omega)$，求 $f_2(t)$ 的频谱函数 $F_2(\omega)$。

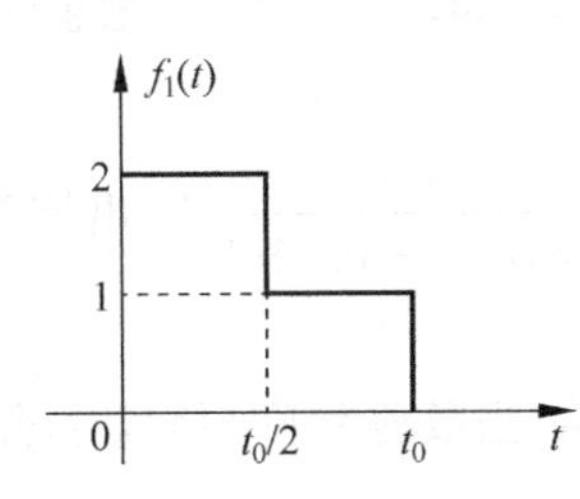

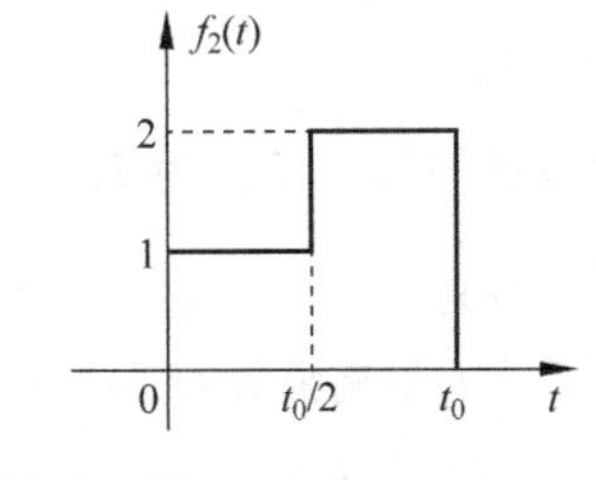

图 3-135　题 3-15 图

3-16　利用傅里叶变换的对称性，求下列信号的傅里叶反变换：

(1) $F(\omega)=u(\omega+\omega_0)-u(\omega-\omega_0)$；

(2) $F(\omega)=\delta(\omega-\omega_0)$。

3-17　已知信号 $f(t)$ 的傅里叶变换 $F(\omega)$ 如图 3-136 所示，求信号 $f(t)$。

3-18　已知信号 $f_1(t)$ 与 $f_2(t)$ 的频谱分别如图 3-137 所示，画出 $f_1(t)+f_2(t)$、$f_1(t)*f_2(t)$、$f_1(t)\cdot f_2(t)$ 的频谱图。

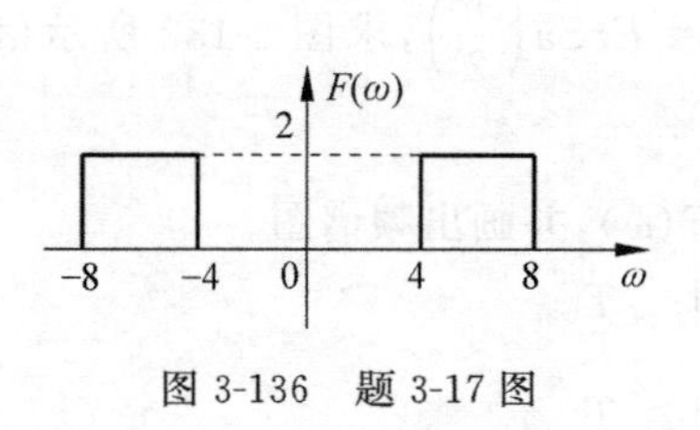

图 3-136　题 3-17 图

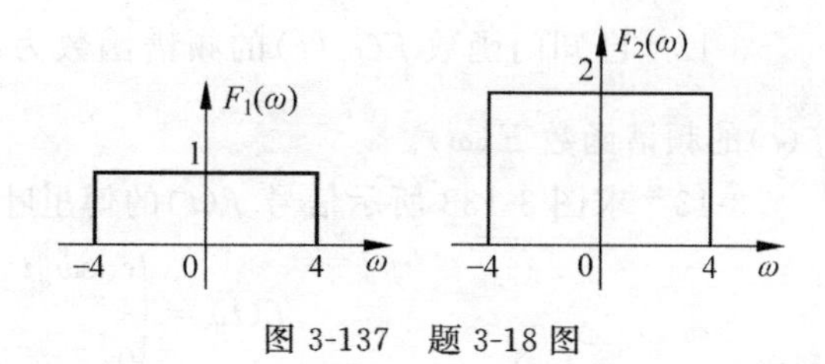

图 3-137　题 3-18 图

3-19　求图 3-138 所示周期信号的傅里叶变换。

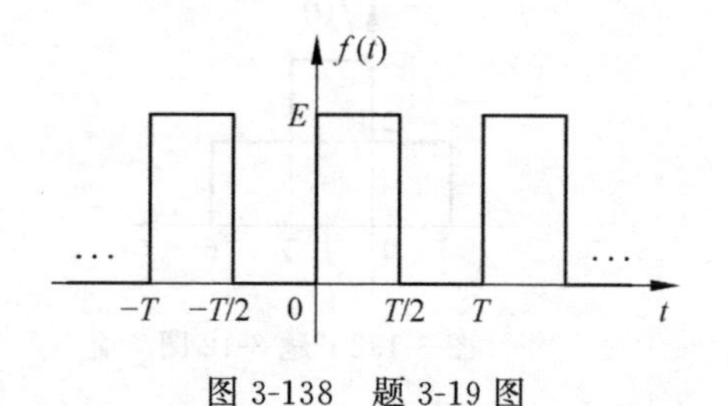

图 3-138　题 3-19 图

3-20　已知 LTI 系统的微分方程如下，其中激励为 $e(t)$，响应为 $r(t)$，求系统频响函数 $H(\omega)$和单位冲激响应 $h(t)$。

$$\frac{d^2}{dt^2}r(t)+6\frac{d}{dt}r(t)+8r(t)=2e(t)$$

3-21　求图 3-139 所示电路系统的频响函数 $H(\omega)$，其中 $v(t)$为输入，$v_1(t)$为输出。

3-22　电路结构如图 3-140 所示，激励信号为 $v(t)$，响应为 $v_R(t)$，求该电路系统的频响函数 $H(\omega)$。

3-23　图 3-141 示电路系统中，激励为 $e(t)$，响应为 $v(t)$，求系统的频响函数 $H(\omega)$和单位冲激响应 $h(t)$。

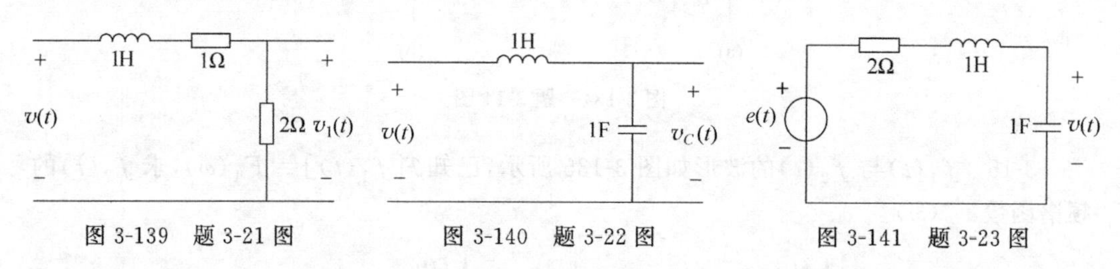

图 3-139　题 3-21 图　　图 3-140　题 3-22 图　　图 3-141　题 3-23 图

3-24　某二阶系统的频响函数为 $H(\omega)=\dfrac{j\omega+3}{(j\omega)^2+3j\omega+2}$，写出该系统的微分方程，并求单位冲激响应 $h(t)$。

3-25　某 LTI 系统的频响函数 $H(j\omega)=-2j\omega$，当激励为下列信号时，分别求响应 $y(t)$。

(1) $\sin t$；(2) $\cos\left(2t+\dfrac{\pi}{6}\right)$；(3) $2\sin 2t-\cos 3t$

3-26　已知 LTI 系统的微分方程为

$$\frac{d^2}{dt^2}r(t)+7\frac{d}{dt}r(t)+10r(t)=e(t)+e'(t)$$

当激励 $e(t)=e^{-t}u(t)$，求系统的零状态响应 $r(t)$。

3-27　如图 3-142(a)所示系统中，已知 $e_1(t)=\cos 2t$，$e_2(t)=\cos 5t$，系统频响函数 $H(\omega)$如图(b)所示，试求 $r(t)$。

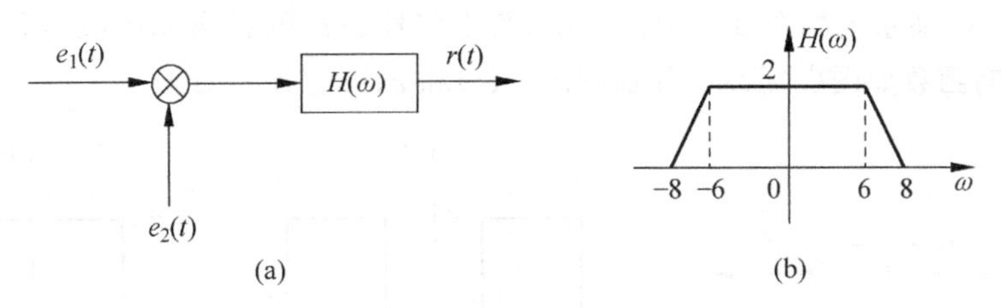

图 3-142　题 3-27 图

3-28　设系统频响函数 $H(\omega)=\dfrac{1-\mathrm{j}\omega}{1+\mathrm{j}\omega}$，求单位冲激响应 $h(t)$，并计算当激励 $e(t)=\mathrm{e}^{-2t}u(t)$ 时的零状态响应 $y(t)$。

3-29　已知 LTI 系统激励为 $e(t)=\sin 2t+\cos 5t$，经过频响函数如图 3-143 所示的系统，求输出 $r(t)$，并判断输出的失真情况。

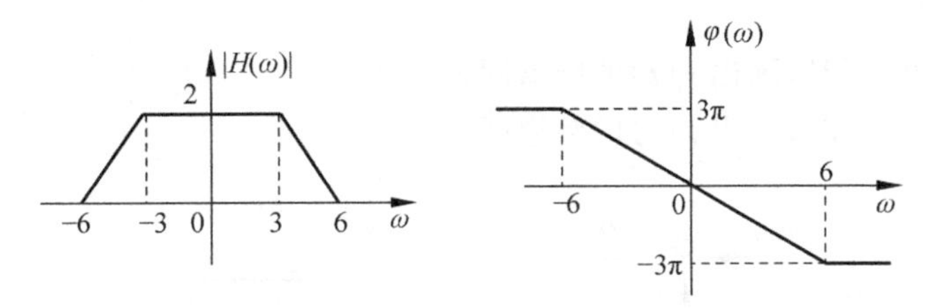

图 3-143　题 3-29 图

3-30　已知某 LTI 系统的频响函数为 $H(\omega)=\begin{cases}2, & |\omega|<4\\ 0, & |\omega|>4\end{cases}$，当激励 $e(t)=\cos\omega_0 t$ 经过该系统时，画出响应 $r(t)$ 的频谱波形。

3-31　设系统的频响函数为

$$H(\omega)=\begin{cases}\mathrm{e}^{-2\mathrm{j}\omega}, & |\omega|<6\\ 0, & |\omega|>6\end{cases}$$

若系统激励为 $e(t)=\dfrac{\sin 4t}{t}\cos 6t$，求系统响应 $r(t)$。

3-32　已知某信号 $e(t)$ 的频谱如图 3-144(a)所示，信号经过图(b)所示系统，画出系统 A,B,C,D 各点信号的频谱图。

$$H_1(\omega)=\begin{cases}2, & |\omega|<100\\ 0, & |\omega|>100\end{cases}\qquad H_2(\omega)=\begin{cases}1, & |\omega|<50\\ 0, & |\omega|>50\end{cases}$$

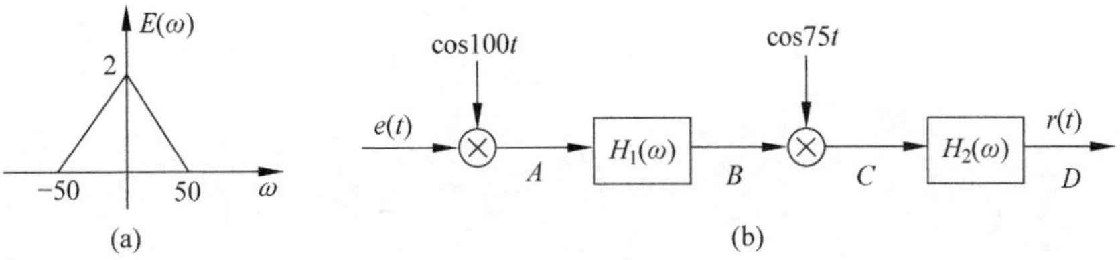

图 3-144　题 3-32 图

3-33　已知某系统如图 3-145(a)所示，其中信号 $e(t)$ 的频谱如图(b)所示，理想低通滤波器的频响函数如图(c)所示，分别画出 $x(t)$ 和 $r(t)$ 的频谱图。

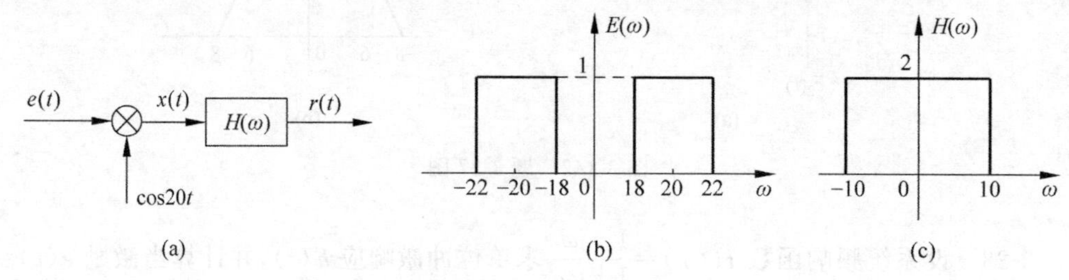

图 3-145　题 3-33 图

3-34　信号经过如图 3-146(a)所示系统，已知信号 $e(t)$ 的频谱如图(b)所示，$p(t)=\sum_{n=-\infty}^{+\infty}\delta(t-nT)$。

(1) 当 $T=0.1\text{s}$ 时，画出 $r(t)$ 的频谱图；

(2) 当 $T=1/3\text{s}$ 时，画出 $r(t)$ 的频谱图。

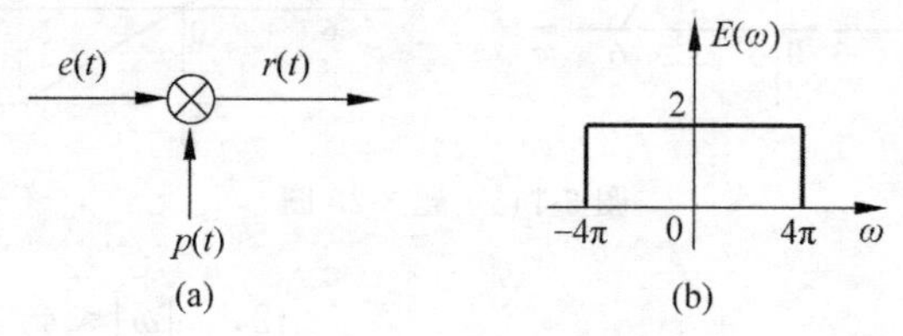

图 3-146　题 3-34 图

3-35　已知信号 $f_1(t)$ 的最高频率为 50Hz，信号 $f_2(t)$ 的最高频率为 80Hz，若对下列信号进行时域采样，求奈奎斯特采样频率 f_s。

(1) $f_1^2(t)$；　　(2) $f_1(t)*f_2(t)$；

(3) $f_1(t)+f_1\left(\frac{t}{2}\right)$；　　(4) $f_1(t)\cdot f_2(t)$。

3-36　若对下列信号进行采样，求无失真恢复信号的最小采样频率 ω_s。

(1) $\text{Sa}(50t)$；(2) $\text{Sa}^2(50t)$；(3) $\text{Sa}^5(50t)+\text{Sa}^4(80t)$。

第4章 连续时间信号与系统的复频域分析

第 3 章介绍了傅里叶变换，在此基础上讨论了连续时间信号与系统的频域分析方法，拉普拉斯(Laplace)变换则是系统复频域分析的重要数学工具，在自动控制系统的分析和综合中起着重要的作用。相较于傅里叶变换，拉普拉斯变换具有如下优点：一是存在拉普拉斯变换的信号范围扩大，例如，指数增长信号 $e^{at}(a>0)$ 的傅里叶变换不存在，但其拉普拉斯变换存在；二是在求解系统响应时，可将初始条件"自动"引入，因此，可以直接求得系统的全响应；三是通过分析系统函数，为研究信号经线性系统传输问题提供了许多方便。例如，利用系统函数既可以求解系统的零状态响应，也可以分析系统的时域特性、频域特性和稳定性等。

本章首先介绍了信号拉普拉斯变换的定义、性质以及拉普拉斯反变换，然后讨论了系统响应的复频域求解方法，最后通过引入系统函数来分析系统零、极点分布对系统特性的影响，以及连续时间系统模拟的基本方法。

4.1 拉普拉斯变换

根据第 3 章的讨论可知，若信号 $f(t)$ 的傅里叶变换存在，则

$$F(\omega)=\int_{-\infty}^{+\infty} f(t)\mathrm{e}^{-\mathrm{j}\omega t}\,\mathrm{d}t \tag{4.1-1}$$

信号傅里叶变换存在的充分条件是无限区间内信号满足绝对可积，而在实际工程应用中，有很多信号不满足绝对可积，例如指数信号 e^{2t}、幂函数 t 等。信号之所以不满足绝对可积，通常是因为这类信号不收敛到零，故不能用式(4.1-1)计算其傅里叶变换。本节介绍一种新的信号变换方法——拉普拉斯变换，简称为拉氏变换，使得许多不收敛的信号也可以进行拉普拉斯变换，为后续复频域分析打下基础。

4.1.1 拉普拉斯变换的定义

将信号 $f(t)$ 乘以实指数因子 $\mathrm{e}^{-\sigma t}$，若 $f(t)\mathrm{e}^{-\sigma t}$ 满足绝对可积，则 $f(t)\mathrm{e}^{-\sigma t}$ 的傅里叶变换为

$$\mathcal{F}[f(t)\mathrm{e}^{-\sigma t}]=\int_{-\infty}^{+\infty} f(t)\mathrm{e}^{-\sigma t}\mathrm{e}^{-\mathrm{j}\omega t}\,\mathrm{d}t=\int_{-\infty}^{+\infty} f(t)\mathrm{e}^{-(\sigma+\mathrm{j}\omega)t}\,\mathrm{d}t \tag{4.1-2}$$

对照式(4.1-1)，则式(4.1-2)的积分结果可写为

$$F(\sigma+\mathrm{j}\omega)=\int_{-\infty}^{+\infty} f(t)\mathrm{e}^{-(\sigma+\mathrm{j}\omega)t}\,\mathrm{d}t \tag{4.1-3}$$

令 $s=\sigma+\mathrm{j}\omega$，则上式可表示为

$$F(s)=\int_{-\infty}^{+\infty} f(t)\mathrm{e}^{-st}\,\mathrm{d}t \tag{4.1-4}$$

式(4.1-4)称为信号 $f(t)$ 的双边拉普拉斯变换，$F(s)$ 称为象函数，$f(t)$ 称为原函数。由于 s 是实数 σ 和虚数 $\mathrm{j}\omega$ 之和，故称为复频率。

根据傅里叶反变换的定义可知

$$f(t)\mathrm{e}^{-\sigma t}=\frac{1}{2\pi}\int_{-\infty}^{+\infty} F(s)\mathrm{e}^{\mathrm{j}\omega t}\,\mathrm{d}\omega \tag{4.1-5}$$

式(4.1-5)两边同时乘以 $e^{\sigma t}$，可得

$$f(t)=\frac{1}{2\pi}\int_{-\infty}^{+\infty}F(s)e^{(\sigma+j\omega)t}d\omega \tag{4.1-6}$$

由于 $s=\sigma+j\omega$，故 $ds=d(\sigma+j\omega)=jd\omega$，且当 $\omega\to\pm\infty$ 时，有 $s\to\sigma\pm j\infty$，代入式(4.1-6)，可得

$$f(t)=\frac{1}{2\pi j}\int_{\sigma-j\infty}^{\sigma+j\infty}F(s)e^{st}ds \tag{4.1-7}$$

式(4.1-7)称为 $F(s)$ 的拉普拉斯反变换，其基本信号元为 e^{st}。象函数 $F(s)$ 与原函数 $f(t)$ 的关系可以描述为

$$\left.\begin{aligned}&f(t)\leftrightarrow F(s)\\&\mathcal{L}[f(t)]=F(s)\\&\mathcal{L}^{-1}[F(s)]=f(t)\end{aligned}\right\} \tag{4.1-8}$$

其中，$\mathcal{L}$ 表示求拉普拉斯变换；$\mathcal{L}^{-1}$ 表示求拉普拉斯反变换。

工程上常见的信号多为因果信号，其拉普拉斯变换定义为

$$F(s)=\int_{0_-}^{\infty}f(t)e^{-st}dt \tag{4.1-9}$$

式(4.1-9)称为 $f(t)$ 的单边拉普拉斯变换。积分下限从 0_- 开始的优点是把 $t=0$ 处的冲激函数的作用考虑在内，当利用拉普拉斯变换求解系统微分方程时，可以直接将初始条件 $f(0_-)$ 代入，进而求得全响应。

本书不做特殊说明时，所涉及的拉普拉斯变换均为单边拉普拉斯变换。

4.1.2 拉普拉斯变换的收敛区

由傅里叶变换到拉普拉斯变换的推导过程可知，信号 $f(t)$ 存在拉普拉斯变换的条件是：存在一个实数 σ_0，当 $\sigma>\sigma_0$ 时，使得

$$\lim_{t\to\infty}f(t)e^{-\sigma t}=0 \tag{4.1-10}$$

其中，σ_0 称为收敛坐标，$\sigma>\sigma_0$ 的区域称为收敛区。例如信号 e^{2t}，乘以衰减因子 $e^{-\sigma t}$ 后变为 $e^{2t}\cdot e^{-\sigma t}=e^{-(\sigma-2)t}$，当 $\sigma>2$ 时，$\lim\limits_{t\to\infty}e^{2t}\cdot e^{-\sigma t}=0$，因此，信号 e^{2t} 的收敛坐标为 $\sigma_0=2$，收敛区为 $\sigma>2$。对于信号 t，乘以衰减因子 $e^{-\sigma t}$ 后变为 $t\cdot e^{-\sigma t}$，当 $\sigma>0$ 时，$\lim\limits_{t\to\infty}t\cdot e^{-\sigma t}=0$，因此，信号 t 的收敛坐标为 $\sigma_0=0$，收敛区为 $\sigma>0$。

满足式(4.1-10)的信号称为指数阶信号。因为这类信号若发散，借助指数信号的衰减可以使这类信号收敛到零。

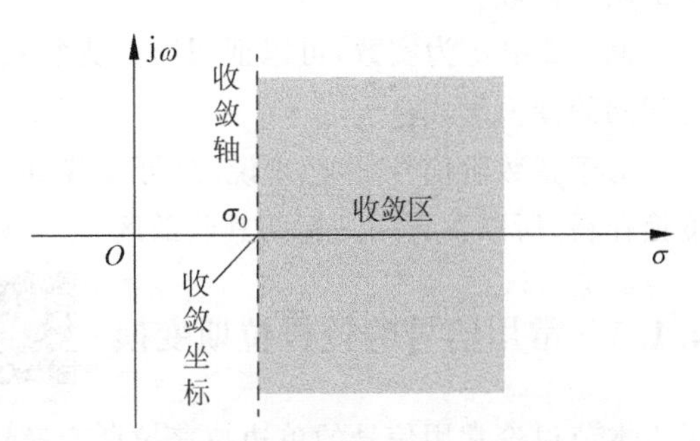

图 4-1 拉普拉斯变换的收敛区

收敛区和收敛坐标可以表示在复平面(也称为 s 平面)上，如图 4-1 所示。复平面的实轴为 σ，虚轴为 $j\omega$。收敛坐标 σ_0 是实

轴上的一个点，穿过 σ_0 并与虚轴 $\mathrm{j}\omega$ 平行的直线称为收敛轴，收敛轴的右边阴影区域即为收敛区。

例 4-1 求单位阶跃信号 $u(t)$的单边拉普拉斯变换。

解：由单边拉普拉斯变换的定义，可得

$$F(s)=\int_{0_-}^{\infty}u(t)\mathrm{e}^{-st}\mathrm{d}t=\int_{0_-}^{\infty}\mathrm{e}^{-st}\mathrm{d}t$$

$$=-\left.\frac{\mathrm{e}^{-st}}{s}\right|_{0_-}^{\infty}$$

代入 $s=\sigma+\mathrm{j}\omega$，$F(s)$可写为

$$F(s)=-\left.\frac{\mathrm{e}^{-(\sigma+\mathrm{j}\omega)t}}{s}\right|_{0_-}^{\infty}$$

$$=-\frac{\mathrm{e}^{-\sigma\infty}\cdot\mathrm{e}^{-\mathrm{j}\omega\infty}}{s}+\frac{1}{s}$$

由于$|\mathrm{e}^{-\mathrm{j}\omega\infty}|=1$，故当 $\sigma>0$ 时，拉普拉斯变换存在，此时，

$$F(s)=\frac{1}{s}$$

收敛区为图 4-2 所示的阴影区域。

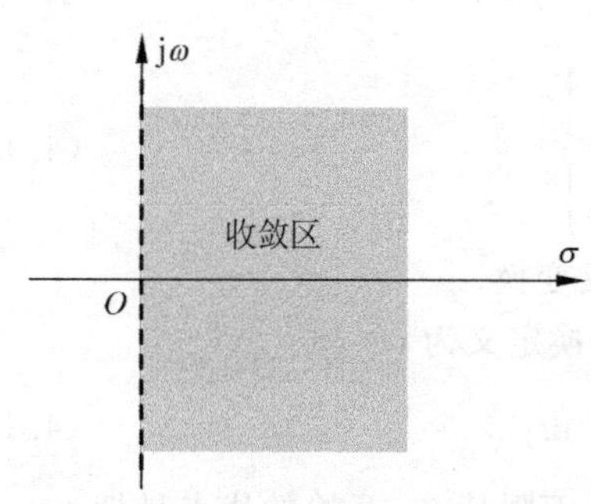

图 4-2　阶跃信号拉普拉斯变换的收敛区

例 4-2 求实指数信号 $f(t)=\mathrm{e}^{at}u(t)$的单边拉普拉斯变换。

解：由单边拉普拉斯变换的定义，可得

$$F(s)=\int_{0_-}^{\infty}\mathrm{e}^{at}\mathrm{e}^{-st}\mathrm{d}t=\int_{0_-}^{\infty}\mathrm{e}^{-(s-a)t}\mathrm{d}t=-\left.\frac{\mathrm{e}^{-(s-a)t}}{s-a}\right|_{0_-}^{\infty}$$

$$=-\left.\frac{\mathrm{e}^{-(\sigma-a)t}\mathrm{e}^{-\mathrm{j}\omega t}}{s-a}\right|_{0_-}^{\infty}=-\frac{\mathrm{e}^{-(\sigma-a)\infty}\cdot\mathrm{e}^{-\mathrm{j}\omega\infty}}{s-a}+\frac{1}{s-a}$$

类似地，当 $\sigma>a$ 时，拉普拉斯变换存在，此时

$$F(s)=\frac{1}{s-a}$$

当 $a<0$ 时，收敛区为图 4-3(a)所示的阴影区域；当 $a>0$ 时，收敛区为图 4-3(b)所示的阴影区域。

例 4-2 中 a 为实数，可以证明当 a 为复数时，复指数信号 $\mathrm{e}^{at}u(t)$的拉普拉斯变换具有相同的变换形式。

对于指数阶信号 $f(t)$来说，总可以找到一个实数 σ_0，当 $\sigma>\sigma_0$ 时，其单边拉普拉斯变换存在，所以不再一一标明其收敛区。

4.1.3 常用信号的拉普拉斯变换

本节讨论常用信号的单边拉普拉斯变换，这些信号的拉普拉斯变换在后续分析中经常用到。

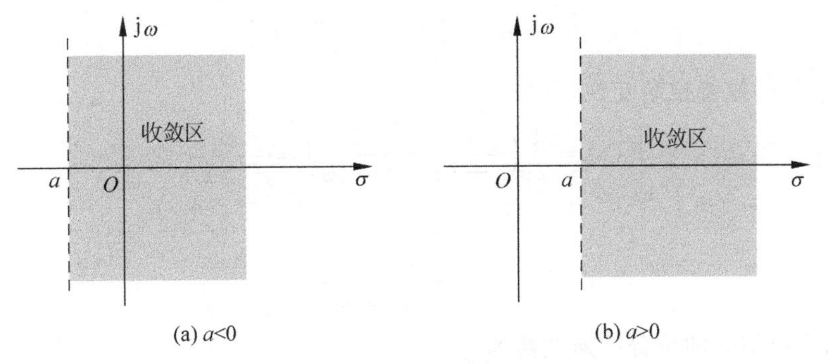

图 4-3 指数信号拉普拉斯变换的收敛区

1. 单位冲激信号 $\delta(t)$

由定义式可得

$$F(s)=\int_{0_-}^{\infty}\delta(t)\mathrm{e}^{-st}\,\mathrm{d}t=1$$

即

$$\delta(t)\leftrightarrow 1 \tag{4.1-11}$$

2. 单位阶跃信号 $u(t)$

由例 4-1,可知单位阶跃信号 $u(t)$的拉普拉斯变换为

$$u(t)\leftrightarrow\frac{1}{s} \tag{4.1-12}$$

例 4-3 求常数 A(直流)的拉普拉斯变换。

解:由拉普拉斯变换的定义,可得

$$F(s)=\int_{0_-}^{\infty}A\mathrm{e}^{-st}\,\mathrm{d}t=A\int_{0_-}^{\infty}\mathrm{e}^{-st}\,\mathrm{d}t$$

根据单位阶跃信号的拉普拉斯变换,可得

$$F(s)=\frac{A}{s}$$

故

$$A\leftrightarrow\frac{A}{s} \tag{4.1-13}$$

即常数 A 的拉普拉斯变换等价于 $Au(t)$的拉普拉斯变换。注意当求信号的单边拉普拉斯变换时,信号小于 0 的部分不参与运算,故 $u(t+t_0)(t_0>0)$的拉普拉斯变换等于 $u(t)$的拉普拉斯变换。

3. 正弦信号 $\sin\omega t$

利用欧拉公式,正弦信号可表示为

$$\sin\omega t=\frac{1}{2\mathrm{j}}(\mathrm{e}^{\mathrm{j}\omega t}-\mathrm{e}^{-\mathrm{j}\omega t})$$

利用指数信号的拉普拉斯变换，可得

$$F(s)=\frac{1}{2\mathrm{j}}\left(\frac{1}{s-\mathrm{j}\omega}-\frac{1}{s+\mathrm{j}\omega}\right)=\frac{\omega}{s^2+\omega^2}$$

即

$$\sin\omega t\leftrightarrow\frac{\omega}{s^2+\omega^2}\tag{4.1-14}$$

同理，余弦信号的拉普拉斯变换为

$$\cos\omega t\leftrightarrow\frac{s}{s^2+\omega^2}\tag{4.1-15}$$

4. 衰减正弦信号 $\mathrm{e}^{-at}\sin\omega t$

利用欧拉公式，可将衰减正弦信号表示为

$$\mathrm{e}^{-at}\sin\omega t=\frac{1}{2\mathrm{j}}\mathrm{e}^{-at}(\mathrm{e}^{\mathrm{j}\omega t}-\mathrm{e}^{-\mathrm{j}\omega t})=\frac{1}{2\mathrm{j}}\left[\mathrm{e}^{-(a-\mathrm{j}\omega)t}-\mathrm{e}^{-(a+\mathrm{j}\omega)t}\right]$$

利用指数信号的拉普拉斯变换，可得

$$F(s)=\frac{1}{2\mathrm{j}}\left[\frac{1}{s+(a-\mathrm{j}\omega)}-\frac{1}{s+(a+\mathrm{j}\omega)}\right]=\frac{\omega}{(s+a)^2+\omega^2}$$

即

$$\mathrm{e}^{-at}\sin\omega t\leftrightarrow\frac{\omega}{(s+a)^2+\omega^2}\tag{4.1-16}$$

同理，衰减余弦信号的拉普拉斯变换为

$$\mathrm{e}^{-at}\cos\omega t\leftrightarrow\frac{s+a}{(s+a)^2+\omega^2}\tag{4.1-17}$$

5. t 的正幂函数 $t^n u(t)$

根据拉普拉斯变换的定义可知

$$F(s)=\mathcal{L}[t^n]=\int_{0_-}^{\infty}t^n\mathrm{e}^{-st}\mathrm{d}t$$

利用分部积分法，可得

$$\int_{0_-}^{\infty}t^n\mathrm{e}^{-st}\mathrm{d}t=-\frac{1}{s}t^n\mathrm{e}^{-st}\Big|_{0_-}^{\infty}+\frac{n}{s}\int_{0_-}^{\infty}t^{n-1}\mathrm{e}^{-st}\mathrm{d}t=\frac{n}{s}\int_{0_-}^{\infty}t^{n-1}\mathrm{e}^{-st}\mathrm{d}t$$

所以，

$$\mathcal{L}[t^n]=\frac{n}{s}\mathcal{L}[t^{n-1}]$$

当 $n=1$ 时，

$$\mathcal{L}[t]=\frac{1}{s}\mathcal{L}[u(t)]=\frac{1}{s}\times\frac{1}{s}=\frac{1}{s^2}$$

当 $n=2$ 时，

$$\mathcal{L}[t^2]=\frac{2}{s}\mathcal{L}[t]=\frac{2}{s}\times\frac{1}{s^2}=\frac{2}{s^3}$$

以此类推，可得

$$t^n\leftrightarrow\frac{n!}{s^{n+1}} \tag{4.1-18}$$

表 4-1 给出了一些常用信号的拉普拉斯变换。

表 4-1　常用信号的单边拉普拉斯变换

原　函　数	象　函　数	原　函　数	象　函　数
$\delta(t)$	1	$\sin\omega t$	$\frac{\omega}{s^2+\omega^2}$
$u(t)$	$\frac{1}{s}$	$\cos\omega t$	$\frac{s}{s^2+\omega^2}$
e^{at}	$\frac{1}{s-a}$	$e^{-at}\sin\omega t$	$\frac{\omega}{(s+a)^2+\omega^2}$
t^n	$\frac{n!}{s^{n+1}}$	$e^{-at}\cos\omega t$	$\frac{s+a}{(s+a)^2+\omega^2}$

4.2　拉普拉斯变换的性质与定理

拉普拉斯变换建立了信号在时域和复频域之间的对应关系。如果信号在时域进行某种运算，其复频率特性会有什么变化呢？借助本节所介绍的拉普拉斯变换的性质与定理，可以加深对信号时域和复频域对应关系的理解。

1. 线性性质

若 $f_1(t)\leftrightarrow F_1(s)$，$f_2(t)\leftrightarrow F_2(s)$，则

$$af_1(t)+bf_2(t)\leftrightarrow aF_1(s)+bF_2(s) \tag{4.2-1}$$

其中，a 和 b 为任意常数。

证明：根据拉普拉斯变换的定义可得

$$\begin{aligned}\mathcal{L}[af_1(t)+bf_2(t)]&=\int_{0_-}^{\infty}[af_1(t)+bf_2(t)]e^{-st}dt\\&=\int_{0_-}^{\infty}af_1(t)e^{-st}dt+\int_{0_-}^{\infty}bf_2(t)e^{-st}dt\\&=aF_1(s)+bF_2(s)\end{aligned}$$

在实际应用中，经常会遇到求解复杂信号的拉普拉斯变换。此时可将复杂信号分解为简单信号的和，再利用拉普拉斯变换的线性性质求解复杂信号的拉普拉斯变换。

例 4-4 求 $f(t)=\delta(t)+2e^{2t}u(t)$的拉普拉斯变换。

解：由常用信号的拉普拉斯变换可知

$$\delta(t)\leftrightarrow 1$$

$$e^{2t}u(t)\leftrightarrow \frac{1}{s-2}$$

根据线性性质，可得 $f(t)$的拉普拉斯变换为

$$F(s)=1+\frac{2}{s-2}$$

2. 延时（位移、时延）特性

若 $f(t)\leftrightarrow F(s)$，则

$$f(t-t_0)u(t-t_0)\leftrightarrow F(s)e^{-st_0},\quad t_0>0 \tag{4.2-2}$$

证明：$\mathcal{L}[f(t-t_0)u(t-t_0)]=\int_{0_-}^{\infty}f(t-t_0)u(t-t_0)e^{-st}dt$

$$=\int_{t_0}^{\infty}f(t-t_0)e^{-st}dt$$

令 $t-t_0=x$，则 $t=x+t_0$，代入上式，可得

$$\int_{0_-}^{\infty}f(x)e^{-s(x+t_0)}dx=e^{-st_0}\int_{0_-}^{\infty}f(x)e^{-sx}dx=F(s)e^{-st_0}$$

延时性质规定 $t_0>0$，即限定波形沿时间轴向右平移。信号在时间上延时 t_0，对应在复频域里，象函数乘以 e^{-st_0}。

图 4-4(a)给出了信号 $f(t)=t$ 的时域波形。由于这里讨论单边拉普拉斯变换，因此，信号 $f(t)=t$ 的拉普拉斯变换实际上是图 4-4(b)所示的 $tu(t)$的拉普拉斯变换。图 4-4(c)和(d)分别给出了信号 $tu(t-t_0)$和$(t-t_0)u(t-t_0)$的时域波形，可以看出只有$(t-t_0)u(t-t_0)$才是 $tu(t)$延时 t_0 后所得的延时信号。

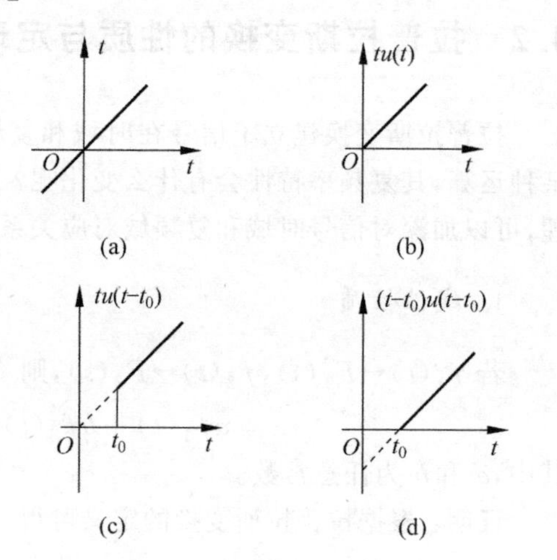

图 4-4 几种函数的时域波形

例 4-5 已知 $f(t)=tu(t-1)$，求 $F(s)$。

解：$f(t)$可写为

$$f(t)=(t-1)u(t-1)+u(t-1)$$

已知 $u(t)\leftrightarrow\frac{1}{s}$，$tu(t)\leftrightarrow\frac{1}{s^2}$，根据延时特性，可得

$$u(t-1)\leftrightarrow\frac{1}{s}e^{-s},\quad (t-1)u(t-1)\leftrightarrow\frac{1}{s^2}e^{-s}$$

利用线性性质，可求得

$$F(s)=\frac{1}{s^2}e^{-s}+\frac{1}{s}e^{-s}$$

例 4-6 求图 4-5 所示信号的拉普拉斯变换。

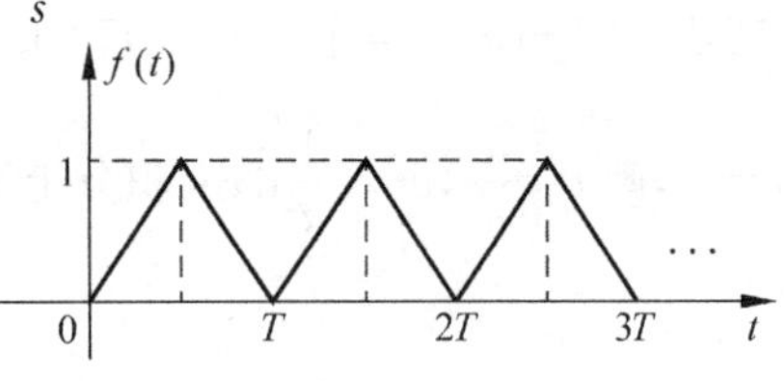

图 4-5 例 4-6 图

解：令 $f_1(t)$表示 $f(t)$第一个周期的函数，可得

$$f(t)=f_1(t)+f_1(t-T)+f_1(t-2T)+\cdots$$

则

$$\begin{aligned}F(s)&=F_1(s)+F_1(s)e^{-sT}+F_1(s)e^{-2sT}+\cdots\\&=F_1(s)(1+e^{-sT}+e^{-2sT}+\cdots)\end{aligned}$$

上式右端括号内是公比为 e^{-sT} 的无穷等比级数。利用等比级数求和公式，可得

$$F(s)=F_1(s)\frac{1}{1-e^{-sT}} \tag{4.2-3}$$

由以上推导过程，可以得到求解有始周期信号拉普拉斯变换的基本步骤为：

(1) 求 $f(t)$第一个周期的象函数 $F_1(s)$；

(2) 有始周期信号的拉普拉斯变换等于第一个周期的象函数乘以周期因子$\frac{1}{1-e^{-sT}}$，即

$$F(s)=F_1(s)\frac{1}{1-e^{-sT}}$$

3. *s* 域平移

若 $f(t)\leftrightarrow F(s)$，则

$$f(t)e^{\pm s_0 t}\leftrightarrow F(s\mp s_0) \tag{4.2-4}$$

证明：$\int_{0_-}^{\infty} f(t)e^{\pm s_0 t}e^{-st}dt=\int_{0_-}^{\infty} f(t)e^{-(s\mp s_0)t}dt=F(s\mp s_0)$

式(4.2-4)说明信号在时域中乘以指数函数 $e^{\pm s_0 t}$，象函数会在 s 域内平移。

例 4-7 求 $f(t)=e^{-at}\cos\omega_0 t u(t)$的象函数 $F(s)$。

解：已知

$$\cos\omega_0 t u(t)\leftrightarrow\frac{s}{s^2+\omega_0^2}$$

根据 s 域平移特性，可得

$$F(s)=\frac{s+a}{(s+a)^2+\omega_0^2}$$

4. 尺度变换特性

若 $f(t)\leftrightarrow F(s)$，则

$$f(at) \leftrightarrow \frac{1}{a}F\left(\frac{s}{a}\right), \quad a>0 \tag{4.2-5}$$

证明：$\mathcal{L}[f(at)]=\int_{0_-}^{\infty} f(at)^{-st}\mathrm{d}t$

令 $at=x$，则 $t=\frac{x}{a}$，$\mathrm{d}t=\frac{1}{a}\mathrm{d}x$；积分上下限：$t=0_- \to x=0_-$，$t=\infty \to x=\infty$；代入上式可得

$$\mathcal{L}[f(at)]=\int_{0_-}^{\infty} f(at)\mathrm{e}^{-st}\mathrm{d}t$$

$$=\frac{1}{a}\int_{0_-}^{\infty} f(x)\mathrm{e}^{-\frac{s}{a}x}\mathrm{d}x=\frac{1}{a}F\left(\frac{s}{a}\right)$$

例 4-8 求 $u(at)$的拉普拉斯变换。

解：已知 $u(t)\leftrightarrow\frac{1}{s}$，根据尺度变换性质，可得

$$u(at)\leftrightarrow\frac{1}{a}\cdot\frac{1}{s/a}=\frac{1}{s}$$

对该结果不难理解，$u(t)$和 $u(at)$的时域波形相同，所以两者的象函数也一样。利用尺度变换性质，还可以得到

$$\delta(at)\leftrightarrow\frac{1}{a}$$

例 4-9 已知 $f(t)\leftrightarrow F(s)$，求 $f_1(t)=\mathrm{e}^{-\frac{t}{a}}f\left(\frac{t}{a}\right)$的拉普拉斯变换 $F_1(s)$。

解：此问题既要用到 s 域平移性质，又要用到尺度变换性质。

方法一：先利用 s 域平移性质，再利用尺度变换性质。

根据 s 域平移特性

$$\mathrm{e}^{-t}f(t)\leftrightarrow F(s+1)$$

再利用尺度变换特性，可得

$$F_1(s)=aF(as+1)$$

方法二：先利用尺度变换性质，再利用 s 域平移性质。

根据尺度变换特性

$$f\left(\frac{t}{a}\right)\leftrightarrow aF(as)$$

再利用 s 域平移特性，可得

$$\mathrm{e}^{-\frac{t}{a}}f\left(\frac{t}{a}\right)\leftrightarrow aF\left[a\left(s+\frac{1}{a}\right)\right]=aF[as+1]$$

可以看出，两种方法计算结果一致。

5. 时域微分性质

若 $f(t)\leftrightarrow F(s)$，则

$$\frac{\mathrm{d}f(t)}{\mathrm{d}t} \leftrightarrow sF(s) - f(0_-) \tag{4.2-6}$$

证明：由拉普拉斯变换的定义，可得

$$\mathcal{L}\left[\frac{\mathrm{d}f(t)}{\mathrm{d}t}\right] = \int_{0_-}^{\infty} \frac{\mathrm{d}f(t)}{\mathrm{d}t} \mathrm{e}^{-st}\,\mathrm{d}t$$

利用分部积分法

$$\begin{aligned}\int_{0_-}^{\infty} \frac{\mathrm{d}f(t)}{\mathrm{d}t} \mathrm{e}^{-st}\,\mathrm{d}t &= \int_{0_-}^{\infty} \mathrm{e}^{-st}\,\mathrm{d}f(t) = \mathrm{e}^{-st}f(t)\Big|_{0_-}^{\infty} - \int_{0_-}^{\infty} f(t)\,\mathrm{d}\mathrm{e}^{-st} \\ &= -f(0_-) + s\int_{0_-}^{\infty} f(t)\mathrm{e}^{-st}\,\mathrm{d}t\end{aligned}$$

整理可得

$$\mathcal{L}\left[\frac{\mathrm{d}f(t)}{\mathrm{d}t}\right] = sF(s) - f(0_-)$$

性质得证。

进一步可以得到$\frac{\mathrm{d}^2 f(t)}{\mathrm{d}t^2}$的象函数为

$$\mathcal{L}\left[\frac{\mathrm{d}^2 f(t)}{\mathrm{d}t^2}\right] = \mathcal{L}\left[\frac{\mathrm{d}}{\mathrm{d}t}\left(\frac{\mathrm{d}f(t)}{\mathrm{d}t}\right)\right] = s\mathcal{L}\left[\frac{\mathrm{d}f(t)}{\mathrm{d}t}\right] - f'(0_-)$$

将$\mathcal{L}\left[\frac{\mathrm{d}f(t)}{\mathrm{d}t}\right] = sF(s) - f(0_-)$代入上式，整理可得

$$\mathcal{L}\left[\frac{\mathrm{d}^2 f(t)}{\mathrm{d}t^2}\right] = s\left[sF(s) - f(0_-)\right] - f'(0_-) = s^2F(s) - sf(0_-) - f'(0_-)$$

以此类推，可得 $f(t)$的 n 阶导数$\frac{\mathrm{d}^n f(t)}{\mathrm{d}t^n}$的象函数为

$$\mathcal{L}\left[\frac{\mathrm{d}^n f(t)}{\mathrm{d}t^n}\right] = s^nF(s) - s^{n-1}f(0_-) - s^{n-2}f'(0_-) - \cdots - f^{(n-1)}(0_-)$$

即

$$\mathcal{L}\left[\frac{\mathrm{d}^n f(t)}{\mathrm{d}t^n}\right] = s^nF(s) - \sum_{r=0}^{n-1} s^{n-r-1}f^{(r)}(0_-) \tag{4.2-7}$$

特别地，若 $f(t)$为有始函数，即 $f(0_-) = f'(0_-) = \cdots = f^{(n-1)}(0_-) = 0$，此时时域微分性质变为

$$\begin{cases}\dfrac{\mathrm{d}f(t)}{\mathrm{d}t} \leftrightarrow sF(s) \\ \dfrac{\mathrm{d}^n f(t)}{\mathrm{d}t^n} \leftrightarrow s^nF(s)\end{cases} \tag{4.2-8}$$

从式(4.2-8)可以看出，拉普拉斯变换的时域微分性质与傅里叶变换的时域微分性质类似，可以将时域的微分运算转换为变换域的代数运算。利用该性质对微分方程两端求拉普拉斯变换，即可将微分方程变换为代数方程，从而简化系统响应的求解过程。

例 4-10 已知电路模型如图 4-6 所示，$v_C(0_-)=0$，求电容两端的电压 $v_C(t)$。

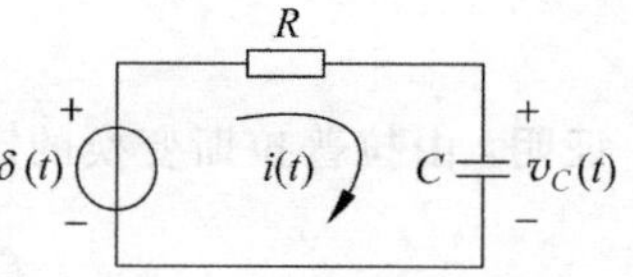

图 4-6 例 4-10 图

解：列写电路微分方程，可得

$$RC\frac{\mathrm{d}v_C(t)}{\mathrm{d}t}+v_C(t)=E\delta(t)$$

根据时域微分性质，对上述微分方程两边同时求拉普拉斯变换，由于 $v_C(0_-)=0$，可得

$$RCsV_C(s)+V_C(s)=E$$

解方程可得

$$V_C(s)=\frac{E}{RCs+1}=\frac{E}{RC}\cdot\frac{1}{s+1/RC}$$

根据指数信号的拉普拉斯变换对 $\mathrm{e}^{at}u(t)\leftrightarrow\dfrac{1}{s-a}$，可得电容两端的电压为

$$v_C(t)=\frac{E}{RC}\mathrm{e}^{-\frac{t}{RC}}u(t)$$

对于更复杂的电路，利用 s 域分析方法求解响应的具体过程将在 4.4 节详细讨论。

6. 时域积分性质

若 $f(t)\leftrightarrow F(s)$，则

$$\int_{-\infty}^{t}f(\tau)\mathrm{d}\tau\leftrightarrow\frac{\int_{-\infty}^{0_-}f(\tau)\mathrm{d}\tau}{s}+\frac{F(s)}{s}=\frac{f^{(-1)}(0_-)}{s}+\frac{F(s)}{s}\tag{4.2-9}$$

式中，$f^{(-1)}(t)$表示积分运算，$f^{(-1)}(0_-)=\int_{-\infty}^{0_-}f(\tau)\mathrm{d}\tau$。

证明：由于

$$\int_{-\infty}^{t}f(\tau)\mathrm{d}\tau=\int_{-\infty}^{0_-}f(\tau)\mathrm{d}\tau+\int_{0_-}^{t}f(\tau)\mathrm{d}\tau$$

上式等号右边第一项的拉氏变换为

$$\int_{-\infty}^{0_-}f(\tau)\mathrm{d}\tau=f^{(-1)}(0_-)\leftrightarrow\frac{f^{(-1)}(0_-)}{s}$$

等号右边第二项的拉氏变换，利用分部积分，可得

$$\mathcal{L}\left[\int_{0_-}^{t}f(\tau)\mathrm{d}\tau\right]=\int_{0_-}^{\infty}\left[\int_{0_-}^{t}f(\tau)\mathrm{d}\tau\right]\mathrm{e}^{-st}\mathrm{d}t=\int_{0_-}^{\infty}\left[\int_{0_-}^{t}f(\tau)\mathrm{d}\tau\right]\mathrm{d}\left(-\frac{1}{s}\mathrm{e}^{-st}\right)$$

进一步整理可得

$$\mathcal{L}\left[\int_{0_-}^{t}f(\tau)\mathrm{d}\tau\right]=-\frac{1}{s}\mathrm{e}^{-st}\left[\int_{0_-}^{t}f(\tau)\mathrm{d}\tau\right]\Bigg|_{0_-}^{\infty}+\frac{1}{s}\int_{0_-}^{\infty}f(t)\mathrm{e}^{-st}\mathrm{d}t=\frac{F(s)}{s}$$

因此，可得

$$\int_{-\infty}^{t}f(\tau)\mathrm{d}\tau\leftrightarrow\frac{f^{(-1)}(0_-)}{s}+\frac{F(s)}{s}$$

特别地，若 $f(t)$ 为因果信号，则 $f^{(-1)}(0_-)=0$，式(4.2-9)变为

$$\int_{0_-}^{t} f(\tau)\mathrm{d}\tau \leftrightarrow \frac{F(s)}{s} \tag{4.2-10}$$

例 4-11 求图 4-7(a)所示三角形脉冲信号 $f(t)$ 的象函数 $F(s)$。

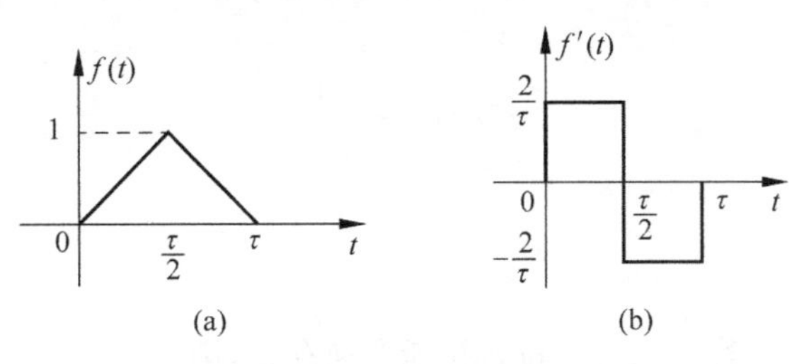

图 4-7 例 4-11 图

解：对 $f(t)$ 求导，则其导数波形如图 4-7(b)所示。$f'(t)$ 的表达式为

$$f'(t)=\frac{2}{\tau}u(t)-\frac{4}{\tau}u\left(t-\frac{\tau}{2}\right)+\frac{2}{\tau}u(t-\tau)$$

已知 $u(t)\leftrightarrow\frac{1}{s}$，由延时特性，可得 $f'(t)$ 的象函数 $F_1(s)$ 为

$$F_1(s)=\frac{2}{\tau}\cdot\frac{1}{s}-\frac{4}{\tau}\cdot\frac{1}{s}\mathrm{e}^{-s\frac{\tau}{2}}+\frac{2}{\tau}\cdot\frac{1}{s}\mathrm{e}^{-s\tau}=\frac{2}{\tau}\cdot\frac{1}{s}(1-\mathrm{e}^{-s\frac{\tau}{2}})^2$$

由于 $f'(t)$ 为有始信号，根据时域积分性质，可得

$$F(s)=\frac{F_1(s)}{s}=\frac{2}{\tau}\cdot\frac{(1-\mathrm{e}^{-s\frac{\tau}{2}})^2}{s^2}$$

7. 复频域微分

若 $f(t)\leftrightarrow F(s)$，则

$$tf(t)\leftrightarrow-\frac{\mathrm{d}F(s)}{\mathrm{d}s} \tag{4.2-11}$$

证明：$-\frac{\mathrm{d}F(s)}{\mathrm{d}s}=-\frac{\mathrm{d}}{\mathrm{d}s}\int_{0_-}^{\infty} f(t)\mathrm{e}^{-st}\mathrm{d}t=-\int_{0_-}^{\infty} f(t)\left[\frac{\mathrm{d}}{\mathrm{d}s}\mathrm{e}^{-st}\right]\mathrm{d}t=\int_{0_-}^{\infty} tf(t)\mathrm{e}^{-st}\mathrm{d}t=$ $\mathcal{L}[tf(t)]$

可以推广至复频域的高阶导数

$$t^n f(t)\leftrightarrow(-1)^n\frac{\mathrm{d}^n F(s)}{\mathrm{d}s^n} \tag{4.2-12}$$

利用这一性质可以证明 t 的正幂类函数 $t^n u(t)$ 的拉普拉斯变换。

已知

$$u(t)\leftrightarrow\frac{1}{s}$$

利用复频域微分性质可得

$$tu(t) \leftrightarrow -\frac{\mathrm{d}}{\mathrm{d}s}\left(\frac{1}{s}\right)=\frac{1}{s^2}$$

$$t^2u(t) \leftrightarrow -\frac{\mathrm{d}}{\mathrm{d}s}\left(\frac{1}{s^2}\right)=\frac{2}{s^3}$$

以此类推,可得

$$t^n u(t) \leftrightarrow \frac{n!}{s^{n+1}}$$

8. 复频域积分

已知 $f(t) \leftrightarrow F(s)$,若$\frac{1}{t}f(t)$的拉普拉斯变换存在,则

$$\frac{1}{t}f(t) \leftrightarrow \int_s^{\infty} F(\lambda)\mathrm{d}\lambda \tag{4.2-13}$$

证明:$\int_s^{\infty} F(\lambda)\mathrm{d}\lambda=\int_s^{\infty}\left[\int_0^{\infty} f(t)\mathrm{e}^{-\lambda t}\mathrm{d}t\right]\mathrm{d}\lambda$

交换积分顺序,可得

$$\begin{aligned}\int_s^{\infty} F(\lambda)\mathrm{d}\lambda &=\int_{0_-}^{\infty} f(t)\left[\int_s^{\infty}\mathrm{e}^{-\lambda t}\mathrm{d}\lambda\right]\mathrm{d}t=\int_{0_-}^{\infty} f(t)\left[-\frac{1}{t}\mathrm{e}^{-\lambda t}\bigg|_s^{\infty}\right]\mathrm{d}t \\ &=\int_{0_-}^{\infty} f(t)\,\frac{1}{t}\mathrm{e}^{-st}\,\mathrm{d}t=\mathcal{L}\left[\frac{1}{t}f(t)\right]\end{aligned}$$

例 4-12 求信号 $f(t)=\dfrac{\mathrm{e}^{-2t}-\mathrm{e}^{-3t}}{t}$的拉普拉斯变换。

解:根据指数信号的拉普拉斯变换,可得

$$\mathrm{e}^{-2t}-\mathrm{e}^{-3t} \leftrightarrow \frac{1}{s+2}-\frac{1}{s+3}$$

根据复频域积分性质,可知

$$\frac{\mathrm{e}^{-2t}-\mathrm{e}^{-3t}}{t} \leftrightarrow \int_s^{\infty}\left(\frac{1}{\lambda+2}-\frac{1}{\lambda+3}\right)\mathrm{d}\lambda=\ln\frac{\lambda+2}{\lambda+3}\bigg|_s^{\infty}=\ln\frac{s+3}{s+2}$$

9. 时域卷积定理

若 $f_1(t)$、$f_2(t)$均为有始信号,且 $f_1(t) \leftrightarrow F_1(s)$,$f_2(t) \leftrightarrow F_2(s)$,则

$$f_1(t) * f_2(t) \leftrightarrow F_1(s) \times F_2(s) \tag{4.2-14}$$

证明:对于单边拉普拉斯变换,考虑到 $f_1(t)$、$f_2(t)$均为有始信号,根据卷积和拉普拉斯变换的定义可得

$$\begin{aligned}\mathcal{L}[f_1(t) * f_2(t)] &=\int_{0_-}^{\infty}\left[\int_{-\infty}^{+\infty} f_1(\tau)u(\tau)f_2(t-\tau)u(t-\tau)\right]\mathrm{e}^{-st}\mathrm{d}t \\ &=\int_{0_-}^{\infty}\left[\int_{0_-}^{\infty} f_1(\tau)f_2(t-\tau)u(t-\tau)\right]\mathrm{e}^{-st}\mathrm{d}t\end{aligned}$$

交换积分次序,上式可写为

$$\mathcal{L}[f_1(t)*f_2(t)]=\int_{0_-}^{\infty}f_1(\tau)\left[\int_{0_-}^{\infty}f_2(t-\tau)u(t-\tau)\mathrm{e}^{-st}\,\mathrm{d}t\right]\mathrm{d}\tau$$

由延时特性可得

$$\int_{0_-}^{\infty}f_2(t-\tau)u(t-\tau)\mathrm{e}^{-st}\,\mathrm{d}t=F_2(s)\mathrm{e}^{-s\tau}$$

因此,

$$\mathcal{L}[f_1(t)*f_2(t)]=\int_{0_-}^{\infty}f_1(\tau)F_2(s)\mathrm{e}^{-s\tau}\,\mathrm{d}\tau=F_2(s)\int_{0_-}^{\infty}f_1(\tau)\mathrm{e}^{-s\tau}\,\mathrm{d}\tau$$

即

$$\mathcal{L}[f_1(t)*f_2(t)]=F_2(s)F_1(s)$$

定理得证。

时域卷积定理表明,时域的卷积运算对应复频域的相乘运算。利用此思路,有时可以简化系统零状态响应的求解。图4-8给出了信号通过系统的基本框图,根据系统时域分析方法可知,系统的零状态响应为$r(t)=e(t)*h(t)$。

设$e(t)\leftrightarrow E(s)$,$h(t)\leftrightarrow H(s)$,$r(t)\leftrightarrow R(s)$,则由时域卷积定理可知

$$R(s)=E(s)H(s)$$

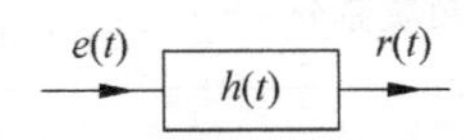

图4-8 信号通过系统的基本框图

这意味着求系统的零状态响应时,可以利用时域卷积定理,先求出零状态响应的拉普拉斯变换,再进行反变换,即可获得系统零状态响应的时域表示。

10. 复频域卷积定理

若$f_1(t)\leftrightarrow F_1(s)$,$f_2(t)\leftrightarrow F_2(s)$,则

$$f_1(t)\times f_2(t)\leftrightarrow\frac{1}{\mathrm{j}2\pi}F_1(s)*F_2(s)\tag{4.2-15}$$

证明:
$$\begin{aligned}\frac{1}{\mathrm{j}2\pi}F_1(s)*F_2(s)&=\frac{1}{\mathrm{j}2\pi}\int_{\sigma-\mathrm{j}\infty}^{\sigma+\mathrm{j}\infty}F_1(x)F_2(s-x)\,\mathrm{d}x\\&=\frac{1}{\mathrm{j}2\pi}\int_{\sigma-\mathrm{j}\infty}^{\sigma+\mathrm{j}\infty}F_1(x)\left[\int_{0_-}^{\infty}f_2(t)\mathrm{e}^{-(s-x)t}\,\mathrm{d}t\right]\mathrm{d}x\\&=\frac{1}{\mathrm{j}2\pi}\int_{\sigma-\mathrm{j}\infty}^{\sigma+\mathrm{j}\infty}F_1(x)\left[\int_{0_-}^{\infty}f_2(t)\mathrm{e}^{-st}\mathrm{e}^{-xt}\,\mathrm{d}t\right]\mathrm{d}x\\&=\int_{0_-}^{\infty}f_2(t)\mathrm{e}^{-st}\left[\frac{1}{\mathrm{j}2\pi}\int_{\sigma-\mathrm{j}\infty}^{\sigma+\mathrm{j}\infty}F_1(x)\mathrm{e}^{-xt}\,\mathrm{d}t\right]\mathrm{d}t\\&=\int_{0_-}^{\infty}f_2(t)f_1(t)\mathrm{e}^{-st}=\mathcal{L}[f_1(t)\times f_2(t)]\end{aligned}$$

定理得证。

表4-2给出了拉普拉斯变换的性质和定理,以便查阅使用。

表 4-2　拉普拉斯变换的性质和定理

名　称	时　域	复　频　域
线性	$af_1(t)+bf_2(t)$	$aF_1(s)+bF_2(s)$
延时	$f(t-t_0)u(t-t_0)$	$F(s)\mathrm{e}^{-st_0}, t_0>0$
复频移	$f(t)\mathrm{e}^{\pm s_0 t}$	$F(s\mp s_0)$
尺度变换	$f(at)$	$\frac{1}{a}F\left(\frac{s}{a}\right), a>0$
时域微分	$\frac{\mathrm{d}^n f(t)}{\mathrm{d}t^n}$	$s^n F(s)-\sum_{r=0}^{n-1} s^{n-r-1} f^{(r)}(0_-)$
时域积分	$\int_{-\infty}^{t} f(\tau)\mathrm{d}\tau$	$\frac{f^{(-1)}(0_-)}{s}+\frac{F(s)}{s}$
复频域微分	$t^n f(t)$	$(-1)^n \frac{\mathrm{d}^n F(s)}{\mathrm{d}s^n}$
复频域积分	$\frac{1}{t}f(t)$	$\int_{s}^{\infty} F(\lambda)\mathrm{d}\lambda$
时域卷积	$f_1(t)*f_2(t)$	$F_1(s)\times F_2(s)$
复频域卷积	$f_1(t)\times f_2(t)$	$\frac{1}{\mathrm{j}2\pi}F_1(s)*F_2(s)$

4.3　拉普拉斯反变换

由 4.2 节拉普拉斯变换的时域卷积定理可知，在求系统的零状态响应时，可先求出零状态响应的拉普拉斯变换，再进行反变换，即可获得系统零状态响应的时域表示。拉普拉斯反变换是将象函数 $F(s)$ 变换为原函数 $f(t)$ 的运算，本节将详细讨论拉普拉斯反变换的求解方法。

4.3.1　部分分式展开法

拉普拉斯反变换的定义为

$$f(t)=\frac{1}{2\pi\mathrm{j}}\int_{\sigma-\mathrm{j}\infty}^{\sigma+\mathrm{j}\infty} F(s)\mathrm{e}^{st}\mathrm{d}s \tag{4.3-1}$$

因此，求拉普拉斯反变换，即按式(4.3-1)进行复变函数积分，可以利用留数定理求得该积分。但当象函数 $F(s)$ 为有理函数时，可以表示为两个实系数的 s 的多项式之比，即

$$F(s)=\frac{B(s)}{A(s)}=\frac{b_m s^m+b_{m-1}s^{m-1}+\cdots+b_1 s+b_0}{a_n s^n+a_{n-1}s^{n-1}+\cdots+a_1 s+a_0} \tag{4.3-2}$$

式中，a_i，b_j 均为实常数；m，n 为正整数。对此形式的象函数可以利用部分分式展开法求其反变换，部分分式展开就是将象函数展开成简单分式之和的形式。

为了求得 $F(s)$的部分分式展开式，对分母多项式 $A(s)$进行因式分解，可得

$$A(s)=(s-p_1)(s-p_2)\cdots(s-p_n)$$

其中，$p_1,p_2\cdots,p_n$ 是方程$A(s)=0$ 的根，也称为 $F(s)$的极点。按极点的不同情况，现分以下几种情况讨论。

1. $m<n$，$F(s)$的极点均为单极点

$F(s)$可写为

$$F(s)=\frac{B(s)}{(s-p_1)(s-p_2)\cdots(s-p_n)} \tag{4.3-3}$$

式中，$p_1,p_2,\cdots,p_n$ 均为单极点。按照代数学的知识，$F(s)$可以展开成部分分式之和，即

$$F(s)=\frac{K_1}{(s-p_1)}+\frac{K_2}{(s-p_2)}+\cdots+\frac{K_n}{(s-p_n)}=\sum_{i=1}^{n}\frac{K_i}{(s-p_i)} \tag{4.3-4}$$

式中，$K_1,K_2,\cdots,K_n$ 为待定系数。此时根据$\frac{1}{s-a}\leftrightarrow e^{at}u(t)$，可得原函数为

$$f(t)=K_1e^{p_1t}u(t)+K_2e^{p_2t}u(t)+\cdots+K_ne^{p_nt}u(t)=\sum_{i=1}^{n}K_ie^{p_it}u(t) \tag{4.3-5}$$

由此可见，部分分式展开法的关键是确定待定系数 $K_1,K_2,\cdots,K_n$。将式(4.3-4)两边同时乘以$(s-p_1)$，可得

$$(s-p_1)F(s)=K_1+(s-p_1)\left[\frac{K_2}{(s-p_2)}+\cdots+\frac{K_n}{(s-p_n)}\right] \tag{4.3-6}$$

令 $s=p_1$，则式(4.3-6)右边除了 K_1 外，其余各项均为0，由此可得第一个系数

$$K_1=(s-p_1)F(s)\big|_{s=p_1} \tag{4.3-7}$$

以此类推，任一极点 p_i 对应的系数为

$$K_i=(s-p_i)F(s)\big|_{s=p_i} \tag{4.3-8}$$

例 4-13 求 $F(s)=\frac{s+4}{s^3+3s^2+2s}$的原函数 $f(t)$。

解：根据部分分式展开法，$F(s)$可展开为

$$F(s)=\frac{s+4}{s(s+2)(s+1)}=\frac{K_1}{s}+\frac{K_2}{s+2}+\frac{K_3}{s+1}$$

根据式(4.3-8)，系数 K_1、K_2 和 K_3 的计算如下：

$$K_1=sF(s)\big|_{s=0}=\left.\frac{s+4}{(s+2)(s+1)}\right|_{s=0}=2$$

$$K_2=(s+2)F(s)\big|_{s=-2}=\left.\frac{s+4}{s(s+1)}\right|_{s=-2}=1$$

$$K_3=(s+1)F(s)\big|_{s=-1}=\left.\frac{s+4}{s(s+2)}\right|_{s=-1}=-3$$

则 $F(s)$ 可写为

$$F(s)=\frac{2}{s}+\frac{1}{s+2}-\frac{3}{s+1}$$

故原函数为

$$f(t)=2u(t)+\mathrm{e}^{-2t}u(t)-3\mathrm{e}^{-t}u(t)$$

例 4-14 求 $F(s)=\dfrac{s+2}{s^2+2s+2}$ 的原函数 $f(t)$。

解：令分母多项式 $s^2+2s+2=0$，可得一对共轭复根 $p_{1,2}=-1\pm\mathrm{j}$。根据部分分式展开法，$F(s)$ 可展开为

$$F(s)=\frac{s+2}{[s-(-1+\mathrm{j})][s-(-1-\mathrm{j})]}=\frac{K_1}{s-(-1+\mathrm{j})}+\frac{K_2}{s-(-1-\mathrm{j})}$$

根据式(4.3-8)，系数 K_1 和 K_2 的计算如下：

$$K_1=[s-(-1+\mathrm{j})]\cdot F(s)\big|_{s=-1+\mathrm{j}}=\left.\frac{s+2}{s-(-1-\mathrm{j})}\right|_{s=-1+\mathrm{j}}=\frac{1}{2}(1-\mathrm{j})$$

$$K_2=[s-(-1-\mathrm{j})]\cdot F(s)\big|_{s=-1-\mathrm{j}}=\left.\frac{s+2}{s-(-1+\mathrm{j})}\right|_{s=-1-\mathrm{j}}=\frac{1}{2}(1+\mathrm{j})$$

故 $F(s)$ 可写为

$$F(s)=\frac{1}{2}(1-\mathrm{j})\cdot\frac{1}{s-(-1+\mathrm{j})}+\frac{1}{2}(1+\mathrm{j})\cdot\frac{1}{s-(-1-\mathrm{j})}$$

原函数为

$$f(t)=\left[\frac{1}{2}(1-\mathrm{j})\cdot\mathrm{e}^{(-1+\mathrm{j})t}+\frac{1}{2}(1+\mathrm{j})\cdot\mathrm{e}^{(-1-\mathrm{j})t}\right]u(t)$$

进一步整理可得

$$\begin{aligned}f(t)&=\mathrm{e}^{-t}\left[\frac{1}{2}(1-\mathrm{j})\cdot\mathrm{e}^{\mathrm{j}t}+\frac{1}{2}(1+\mathrm{j})\cdot\mathrm{e}^{-\mathrm{j}t}\right]u(t)\\&=\mathrm{e}^{-t}\left[\frac{1}{2}(\mathrm{e}^{\mathrm{j}t}+\mathrm{e}^{-\mathrm{j}t})-\frac{\mathrm{j}}{2}(\mathrm{e}^{\mathrm{j}t}-\mathrm{e}^{-\mathrm{j}t})\right]u(t)\\&=\mathrm{e}^{-t}(\cos t+\sin t)u(t)\end{aligned}$$

例 4-14 的计算过程可以看出，当 $F(s)$ 的极点为复数极点时，其对应的原函数为复指数信号，在时域中把复指数信号整理成实信号的过程较为烦琐。当 $F(s)$ 为有理函数时，复数极点是共轭出现的，此时可以将一对共轭极点组合在一起整体考虑，利用下面的变换对可以方便地求得反变换：

$$\frac{\omega}{(s+a)^2+\omega^2}\leftrightarrow\mathrm{e}^{-at}\sin(\omega t)u(t)$$

$$\frac{s+a}{(s+a)^2+\omega^2}\leftrightarrow\mathrm{e}^{-at}\cos(\omega t)u(t)$$

将例 4-14 中 $F(s)$ 的一对共轭极点作为一个整体考虑，$F(s)$ 可改写为

$$F(s)=\frac{s+2}{s^2+2s+2}=\frac{s+1}{(s+1)^2+1}+\frac{1}{(s+1)^2+1}$$

可知

$$\frac{s+1}{(s+1)^2+1}\leftrightarrow e^{-t}\cos tu(t)$$

$$\frac{1}{(s+1)^2+1}\leftrightarrow e^{-t}\sin tu(t)$$

因此，原函数为

$$f(t)=e^{-t}\cos tu(t)+e^{-t}\sin tu(t)=e^{-t}(\cos t+\sin t)u(t)$$

由以上分析可知，将共轭极点作为一个整体考虑，可大大简化反变换的求解过程。

例 4-15 求 $F(s)=\frac{2s^2+2s+5}{s(s^2+2s+5)}$ 的原函数 $f(t)$。

解：$F(s)$含有共轭极点，将其作为整体考虑，因此，$F(s)$可分解为

$$F(s)=\frac{As+B}{s^2+2s+5}+\frac{C}{s} \tag{4.3-9}$$

求系数

$$C=sF(s)\big|_{s=0}=\frac{2s^2+2s+5}{s^2+2s+5}\bigg|_{s=0}=1$$

将 $C=1$ 代入式(4.3-9)，$F(s)$可写为

$$F(s)=\frac{As^2+Bs}{s(s^2+2s+5)}+\frac{1}{s}=\frac{(A+1)s^2+(B+2)s+5}{s(s^2+2s+5)}$$

根据 $F(s)$分子多项式同类项系数相等，可得关系式

$$\begin{cases}A+1=2\\B+2=2\end{cases}$$

可求得 $A=1,B=0$。$F(s)$的最终分解结果为

$$F(s)=\frac{s}{s^2+2s+5}+\frac{1}{s}=\frac{(s+1)-\frac{1}{2}\cdot 2}{(s+1)^2+2^2}+\frac{1}{s}$$

因此，可得原函数为

$$f(t)=\left(e^{-t}\cos 2t-\frac{1}{2}e^{-t}\sin 2t+1\right)u(t)$$

2. $m<n$，$F(s)$含有重极点

假设 $F(s)$在 $s=p_1$ 处有一个三阶极点，例如

$$F(s)=\frac{B(s)}{A(s)}=\frac{B(s)}{(s-p_1)^3} \tag{4.3-10}$$

此时，$F(s)$可展开为

$$F(s)=\frac{K_{11}}{(s-p_1)^3}+\frac{K_{12}}{(s-p_1)^2}+\frac{K_{13}}{s-p_1} \tag{4.3-11}$$

式(4.3-11)两边同时乘以$(s-p_1)^3$，可得

$$(s-p_1)^3F(s)=K_{11}+K_{12}(s-p_1)+K_{13}(s-p_1)^2 \tag{4.3-12}$$

当$s=p_1$时，右边只剩K_{11}项，其余各项为零。所以，

$$K_{11}=(s-p_1)^3F(s)\big|_{s=p_1} \tag{4.3-13}$$

式(4.3-12)两边对s求导一次，可得

$$\frac{\mathrm{d}}{\mathrm{d}s}[(s-p_1)^3F(s)]=K_{12}+2K_{13}(s-p_1) \tag{4.3-14}$$

再将$s=p_1$代入上式，可得

$$K_{12}=\frac{\mathrm{d}}{\mathrm{d}s}[(s-p_1)^3F(s)]\bigg|_{s=p_1} \tag{4.3-15}$$

类似地，可以推出

$$K_{13}=\frac{1}{2}\cdot\frac{\mathrm{d}^2}{\mathrm{d}s^2}[(s-p_1)^3F(s)]\bigg|_{s=p_1} \tag{4.3-16}$$

由于$\frac{1}{s^2}\leftrightarrow tu(t)$，因此利用拉普拉斯变换的$s$域平移性质，可得

$$\frac{K_{12}}{(s-p_1)^2}\leftrightarrow K_{12}t\mathrm{e}^{p_1t}u(t) \tag{4.3-17}$$

再根据$\frac{2}{s^3}\leftrightarrow t^2u(t)$，可知

$$\frac{K_{11}}{(s-p_1)^3}\leftrightarrow\frac{K_{11}}{2}t^2\mathrm{e}^{p_1t}u(t) \tag{4.3-18}$$

例 4-16 求$F(s)=\frac{s-2}{s(s+1)^3}$的原函数$f(t)$。

解：可以看出$p_1=-1$为三重极点，$p_2=0$为单极点，故部分分式展开为

$$F(s)=\frac{K_{11}}{(s+1)^3}+\frac{K_{12}}{(s+1)^2}+\frac{K_{13}}{s+1}+\frac{K_2}{s}$$

系数K_{11}、K_{12}、K_{13}和K_2的计算如下：

$$K_{11}=[(s+1)^3F(s)]\big|_{s=-1}=\frac{s-2}{s}\bigg|_{s=-1}=3$$

$$K_{12}=\frac{\mathrm{d}}{\mathrm{d}s}[(s+1)^3F(s)]\big|_{s=-1}=\frac{\mathrm{d}}{\mathrm{d}s}\left(\frac{s-2}{s}\right)\bigg|_{s=-1}=2$$

$$K_{13}=\frac{1}{2}\frac{\mathrm{d}^2}{\mathrm{d}s^2}[(s+1)^3F(s)]\big|_{s=-1}=\frac{1}{2}\frac{\mathrm{d}^2}{\mathrm{d}s^2}\left(\frac{s-2}{s}\right)\bigg|_{s=-1}=2$$

$$K_2=[sF(s)]\big|_{s=0}=\frac{s-2}{(s+1)^3}\bigg|_{s=0}=-2$$

展开式为

$$F(s)=\frac{3}{(s+1)^3}+\frac{2}{(s+1)^2}+\frac{2}{s+1}+\frac{-2}{s}$$

因此,可得原函数为

$$f(t)=\left[\mathrm{e}^{-t}\left(\frac{3}{2}t^2+2t+2\right)-2\right]u(t)$$

3. $m\geqslant n$,$F(s)$为假分式

当 $m\geqslant n$ 时,可利用长除法将有理分式分解为多项式和真分式之和,例如:

$$F(s)=\frac{s^2+6s+6}{s^2+5s+4}=F_1(s)+F_2(s)=1+\frac{s+2}{s^2+5s+4}$$

其中,$F_1(s)$表示多项式部分,$F_2(s)$表示真分式部分。对于真分式 $F_2(s)$,可以利用上述同样方法对其进行部分分式展开,然后求其对应的原函数。对余下的多项式,利用式(4.3-19)的变换对,即可求得其对应的原函数。

$$\begin{cases}1\leftrightarrow\delta(t)\\ s\leftrightarrow\delta'(t)\\ s^2\leftrightarrow\delta''(t)\\ \quad\vdots\end{cases}\tag{4.3-19}$$

因此,进一步对 $F_2(s)$进行部分分式展开,$F(s)$可写为

$$F(s)=1+\frac{1}{3}\cdot\frac{1}{s+1}+\frac{2}{3}\cdot\frac{1}{s+4}$$

原函数为

$$f(t)=\delta(t)+\frac{1}{3}\mathrm{e}^{-t}u(t)+\frac{2}{3}\mathrm{e}^{-4t}u(t)$$

例 4-17 求 $F(s)=\dfrac{s^3+5s^2+9s+7}{s^2+3s+2}$的原函数 $f(t)$。

解:$F(s)$是一假分式,首先利用长除法对 $F(s)$进行分解,分解为多项式和真分式之和的形式,再对真分式进行部分分式展开,可得

$$F(s)=s+2+\frac{s+3}{s^2+3s+2}=s+2+\frac{2}{s+1}+\frac{-1}{s+2}$$

因此,可得原函数为

$$f(t)=\delta'(t)+2\delta(t)+(2\mathrm{e}^{-t}-\mathrm{e}^{-2t})u(t)$$

4.3.2 利用性质求反变换

有时利用拉普拉斯变换的性质,可以简化求解拉普拉斯反变换的运算。例如象函数是含 e^{-s} 的非有理式时,可以利用拉普拉斯变换的时移性质求解反变换。

例 4-18 求下列函数的拉普拉斯反变换。

(1) $\dfrac{e^{-2s}}{s^2+3s+2}$;

(2) $\dfrac{(1+e^{-s})(1-e^{-2s})}{s}$

解:(1) $F(s)$可写为

$$F(s)=\frac{e^{-2s}}{s^2+3s+2}=\frac{1}{s^2+3s+2}\times e^{-2s}=F_1(s)\times e^{-2s}$$

先求出 $F_1(s)$的原函数 $f_1(t)$:

$$f_1(t)=\mathcal{L}^{-1}[F_1(s)]=L^{-1}\left[\frac{1}{s+1}-\frac{1}{s+2}\right]=(e^{-t}-e^{-2t})u(t)$$

根据拉普拉斯变换的时移性质,可得

$$f(t)=f_1(t-2)=[e^{-(t-2)}-e^{-2(t-2)}]u(t-2)$$

(2) $F(s)$可写为

$$F(s)=\frac{(1+e^{-s})(1-e^{-2s})}{s}=\frac{1+e^{-s}-e^{-2s}-e^{-3s}}{s}=\frac{1}{s}(1+e^{-s}-e^{-2s}-e^{-3s})$$

先求出 $F_1(s)=\dfrac{1}{s}$的原函数 $f_1(t)$:

$$f_1(t)=\mathcal{L}^{-1}[1/s]=u(t)$$

根据时移性质,可得

$$f(t)=u(t)+u(t-1)-u(t-2)-u(t-3)$$

4.3.3 信号初值的计算

在信号分析时,有时已知 $F(s)$,需要计算信号的时域初值 $f(0_+)$。初值的计算可以利用前面讨论的方法,先进行信号的拉普拉斯反变换,获得信号的时域表达式,再代入 0_+,以求得信号初值 $f(0_+)$。能否不进行反变换而获得信号的初值呢?拉普拉斯变换的初值定理告诉我们,可不必求出原函数 $f(t)$,根据象函数 $F(s)$即可直接求得 $f(0_+)$值。

初值定理的内容:若函数 $f(t)$及其导数 $\dfrac{df(t)}{dt}$的拉普拉斯变换存在,且 $f(t)\leftrightarrow F(s)$,则当 $F(s)$为真分式时,有

$$f(0_+)=\lim_{t\to 0_+}f(t)=\lim_{s\to\infty}sF(s) \tag{4.3-20}$$

证明:根据时域微分性质可得

$$sF(s)-f(0_-)=\int_{0_-}^{\infty}\frac{df(t)}{dt}e^{-st}dt=\int_{0_-}^{0_+}e^{-st}df(t)+\int_{0_+}^{\infty}\frac{df(t)}{dt}e^{-st}dt$$

$$=f(t)e^{-st}\Big|_{0_-}^{0_+}+\frac{1}{s}\int_{0_-}^{0_+}f(t)e^{-st}dt+\int_{0_+}^{\infty}f'(t)e^{-st}dt$$

$$=f(0_+)-f(0_-)+\int_{0_+}^{\infty} f'(t)\mathrm{e}^{-st}\mathrm{d}t$$

比较等式左右两边可得

$$sF(s)=f(0_+)+\int_{0_+}^{\infty} f'(t)\mathrm{e}^{-st}\mathrm{d}t$$

两边取极限 $s\to\infty$，可得

$$\lim_{s\to\infty} sF(s)=f(0_+)+\lim_{s\to\infty}\int_{0_+}^{\infty} f'(t)\mathrm{e}^{-st}\mathrm{d}t$$

$$=f(0_+)+\int_{0_+}^{\infty} f'(t)\left[\lim_{s\to\infty}\mathrm{e}^{-st}\right]\mathrm{d}t=f(0_+)$$

定理得证。

需要注意的是，只有在 $F(s)$ 为真分式时才能运用式(4.3-20)求信号的初值。例如 $F(s)=\dfrac{1}{s+1}$，根据拉普拉斯反变换可得 $f(t)=\mathrm{e}^{-t}u(t)$，所以初值 $f(0_+)=1$。利用初值定理，可得

$$f(0_+)=\lim_{s\to\infty} sF(s)=\lim_{s\to\infty} s\cdot\frac{1}{s+1}=1$$

这与在时域中求信号初值结果一致。

当 $F(s)$ 为假分式时，例如 $F(s)=\dfrac{s}{s+1}$，此时直接利用初值定理，可得

$$f(0_+)=\lim_{s\to\infty} sF(s)=\lim_{s\to\infty} s\cdot\frac{s}{s+1}$$

可以看出，利用初值定理，初值 $f(0_+)$ 不存在(无穷大)。若利用拉普拉斯反变换，则有

$$F(s)=\frac{s}{s+1}=1-\frac{1}{s+1}\leftrightarrow\delta(t)-\mathrm{e}^{-t}u(t)$$

即初值 $f(0_+)=-1$。当 $F(s)$ 为假分式时，不能直接利用式(4.3-20)计算信号初值。

如果 $F(s)$ 为假分式，则可以分解为多项式与真分式之和，其中多项式对应的原函数是冲激函数及其导数，此部分的初值为零，故信号的初值由真分式决定。故当 $F(s)$ 为假分式时，可先利用长除法将 $F(s)$ 表示为多项式 $F_1(s)$ 与真分式 $F_2(s)$ 之和，即 $F(s)=F_1(s)+F_2(s)$，再利用式(4.3-21)求信号初值：

$$f(0_+)=\lim_{t\to 0_+} f(t)=\lim_{s\to\infty} sF_2(s) \tag{4.3-21}$$

例 4-19 求下列 $F(s)$ 对应原函数的初值 $f(0_+)$。

(1) $F(s)=\dfrac{s+3}{(s+1)(s+2)^2}$；

(2) $F(s)=\dfrac{s^3+6s^2+6s}{s^2+6s+8}$。

解：(1) $F(s)$ 为真分式，因此利用初值定理可得

$$f(0_+)=\lim_{s\to\infty} sF(s)=\lim_{s\to\infty} s\frac{s+3}{(s+1)(s+2)^2}=0$$

(2) $F(s)$为假分式，首先利用长除法将$F(s)$展开为多项式与真分式之和的形式：

$$F(s)=\frac{s^3+6s^2+6s}{s^2+6s+8}=s+\frac{-2s}{s^2+6s+8}$$

根据式(4.3-21)，可得

$$f(0_+)=\lim_{s\to\infty}sF_2(s)=\lim_{s\to\infty}s\frac{-2s}{s^2+6s+8}=-2$$

4.3.4 信号终值的计算

已知象函数$F(s)$，当计算信号的时域终值$f(\infty)$时，有时也可不必求出原函数$f(t)$，利用拉普拉斯变换的终值定理即可直接求得$f(\infty)$值。

终值定理的内容为：若$\lim\limits_{t\to\infty}f(t)$存在，并且函数$f(t)$及其导数$\frac{\mathrm{d}f(t)}{\mathrm{d}t}$的拉普拉斯变换存在，其中$f(t)\leftrightarrow F(s)$，则

$$f(\infty)=\lim_{t\to\infty}f(t)=\lim_{s\to 0}sF(s) \tag{4.3-22}$$

证明：利用证明初值定理时的结论

$$sF(s)=f(0_+)+\int_{0_+}^{\infty}f'(t)\mathrm{e}^{-st}\mathrm{d}t$$

令$s\to 0$，可得

$$\begin{aligned}\lim_{s\to 0}sF(s)&=f(0_+)+\lim_{s\to 0}\int_{0_+}^{\infty}f'(t)\mathrm{e}^{-st}\mathrm{d}t\\&=f(0_+)+\int_{0_+}^{\infty}[\lim_{s\to 0}\mathrm{e}^{-st}]\mathrm{d}f(t)\\&=f(0_+)+f(t)\Big|_{0_+}^{\infty}=f(0_+)+f(\infty)-f(0_+)=f(\infty)\end{aligned}$$

定理得证。

信号的终值$f(\infty)$存在是使用终值定理的前提条件，$f(\infty)$是否存在，可从$F(s)$的极点作出判断。

(1) $F(s)$的极点均在s平面的左半平面。例如$F(s)=\frac{1}{s+2}$，其极点是$p=-2$，利用反变换可知，对应的原函数为指数衰减信号$f(t)=\mathrm{e}^{-2t}u(t)$，其终值存在，值为0。

(2) $F(s)$有在右半平面的极点。例如$F(s)=\frac{1}{s-2}$，其极点是$p=2$，利用反变换可知，对应的原函数为指数增长信号$f(t)=\mathrm{e}^{2t}u(t)$，其终值不存在。

(3) $F(s)$的极点是在原点的一阶极点。例如$F(s)=\frac{1}{s}$，利用反变换可知，对应的原函数为阶跃信号$f(t)=u(t)$，其终值存在，值为1。

(4) $F(s)$的极点是在原点的重极点。例如$F(s)=\frac{1}{s^2}$，利用反变换可知，对应的原函

数为增长信号 $f(t)=tu(t)$，其终值不存在。

(5) $F(s)$有在虚轴上的极点。例如 $F(s)=\dfrac{\omega}{s^2+\omega^2}$，其极点是 $p_1=\mathrm{j}\omega$ 和 $p_2=-\mathrm{j}\omega$，是虚轴上的一阶共轭极点，利用反变换可知，对应的原函数为正弦信号 $f(t)=\sin\omega t$，当 $t\to\infty$时，其值无法确定，故其终值不存在；如果极点是虚轴上的重极点，例如 $F(s)=\dfrac{s^2-\omega^2}{(s^2+\omega^2)^2}$，其极点是 $p_1=p_2=\mathrm{j}\omega$ 和 $p_3=p_4=-\mathrm{j}\omega$，均为二阶极点，利用反变换可知，对应的原函数为增幅振荡 $f(t)=t\cos\omega t$，其终值不存在。

从上面的分析可知，若 $F(s)$的极点都在 s 平面的左半平面或在原点处的极点是一阶极点，则信号终值存在，可以利用终值定理求取其终值。

例 4-20 已知信号的象函数 $F(s)$，求其所对应原函数的终值 $f(\infty)$。

(1) $F(s)=\dfrac{s+3}{(s+1)(s+2)^2}$；

(2) $F(s)=\dfrac{s^3+6s^2+6s}{s^2+6s+8}$。

解：(1) 由于 $F(s)$的极点 $p_1=-1$，$p_2=p_3=-2$(二重极点)均在 s 平面的左半平面，终值存在。利用终值定理可得

$$f(\infty)=\lim_{s\to0}sF(s)=\lim_{s\to0}s\,\frac{s+3}{(s+1)(s+2)^2}=0$$

(2) 由于 $F(s)$的极点 $p_1=-2$，$p_2=-4$ 均在 s 平面的左半平面，故有终值。利用终值定理可得

$$f(\infty)=\lim_{s\to0}sF(s)=\lim_{s\to0}s\,\frac{s^3+6s^2+6s}{s^2+6s+8}=0$$

例 4-21 求 $F(s)=\dfrac{s^2+2s+3}{(s+1)(s^2+4)}$对应原函数的初值和终值。

解：$F(s)$为真分式，利用初值定理可得

$$f(0_+)=\lim_{s\to\infty}sF(s)=\lim_{s\to\infty}s\,\frac{s^2+2s+3}{(s+1)(s^2+4)}=1$$

可以看出 $F(s)$的极点分别为 $p_1=-1$，$p_2=\mathrm{j}2$，$p_3=-\mathrm{j}2$，其中 p_2 和 p_3 是 s 平面虚轴上的一对共轭极点，故其终值 $f(\infty)$不存在。

4.4 系统响应的 s 域求解

第 3 章讨论了系统响应的频域求解方法，但是利用傅里叶变换只能求解系统的零状态响应。本节讨论利用拉普拉斯变换求解系统响应的方法，其优点在于：

(1) 拉普拉斯变换将描述系统的时域微积分方程变换为 s 域的代数方程，便于运算和求解。

(2) 变换自动代入 0_- 条件，既可求得系统的全响应，也可求得系统的零输入响应和

零状态响应。

4.4.1 微分方程的 s 域分析法

线性时不变系统的数学模型是常系数微分方程。对于 n 阶系统，若激励信号为 $e(t)$，系统响应为 $r(t)$，则系统的数学模型为

$$a_n \frac{\mathrm{d}^n r(t)}{\mathrm{d}t^n} + a_{n-1}\frac{\mathrm{d}^{n-1} r(t)}{\mathrm{d}t^{n-1}} + \cdots + a_1 \frac{\mathrm{d}r(t)}{\mathrm{d}t} + a_0 r(t)$$

$$= b_m \frac{\mathrm{d}^m e(t)}{\mathrm{d}t^m} + b_{m-1}\frac{\mathrm{d}^{m-1} e(t)}{\mathrm{d}t^{m-1}} + \cdots + b_1 \frac{\mathrm{d}e(t)}{\mathrm{d}t} + b_0 e(t)$$

利用拉普拉斯变换的时域微分性质

$$\mathcal{L}\left[\frac{\mathrm{d}^n f(t)}{\mathrm{d}t^n}\right] = s^n F(s) - s^{n-1} f(0_-) - s^{n-2} f'(0_-) - \cdots - f^{(n-1)}(0_-)$$

可以将时域微分方程转换为 s 域的代数方程，简化系统响应的求解。

下面以二阶常系数线性微分方程为例，讨论用 s 域分析法求解响应的一般过程，高阶微分方程求解方法以此类推可得。

二阶常系数线性微分方程的一般形式为

$$\frac{\mathrm{d}^2}{\mathrm{d}t^2} r(t) + a_1 \frac{\mathrm{d}}{\mathrm{d}t} r(t) + a_0 r(t) = b_2 \frac{\mathrm{d}^2}{\mathrm{d}t^2} e(t) + b_1 \frac{\mathrm{d}}{\mathrm{d}t} e(t) + b_0 e(t) \tag{4.4-1}$$

设 $e(t)$ 为因果激励，$r(t)$ 为系统响应，且起始条件 $r(0_-)$、$r'(0_-)$ 已知，对上式两边同时进行拉普拉斯变换，可得

$$s^2 R(s) - sr(0_-) - r'(0_-) + a_1[sR(s) - r(0_-)] + a_0 R(s)$$

$$= b_2 s^2 E(s) + b_1 s E(s) + b_0 E(s) \tag{4.4-2}$$

整理可得

$$(s^2 + a_1 s + a_0) R(s) = (b_2 s^2 + b_1 s + b_0) E(s) + sr(0_-) + r'(0_-) + a_1 r(0_-)$$

故 $R(s)$ 可写为

$$R(s) = \frac{b_2 s^2 + b_1 s + b_0}{s^2 + a_1 s + a_0} E(s) + \frac{sr(0_-) + r'(0_-) + a_1 r(0_-)}{s^2 + a_1 s + a_0} \tag{4.4-3}$$

式(4.4-3)第一部分只与激励和系统结构有关，所以它是系统零状态响应的拉普拉斯变换，即

$$R_{zs}(s) = \frac{b_2 s^2 + b_1 s + b_0}{s^2 + a_1 s + a_0} E(s) \tag{4.4-4}$$

式(4.4-3)第二部分只与系统的初始条件和系统结构有关，所以它是系统零输入响应的拉普拉斯变换，即

$$R_{zi}(s) = \frac{sr(0_-) + r'(0_-) + a_1 r(0_-)}{s^2 + a_1 s + a_0} \tag{4.4-5}$$

对式(4.4-3)求拉普拉斯反变换，即可得到系统的全响应。类似地，分别对式(4.4-4)

和式(4.4-5)求拉普拉斯反变换,即可得到系统的零状态响应和零输入响应。

例 4-22 已知描述某 LTI 系统的数学模型为

$$\frac{\mathrm{d}^2}{\mathrm{d}t^2}r(t)+3\frac{\mathrm{d}}{\mathrm{d}t}r(t)+2r(t)=\frac{\mathrm{d}}{\mathrm{d}t}e(t)+3e(t)$$

若系统起始条件 $r(0_-)=1,r'(0_-)=2$,激励 $e(t)=\mathrm{e}^{-3t}u(t)$,求系统零输入响应、零状态响应和全响应。

解:对微分方程两边同时取拉普拉斯变换,可得

$$[s^2R(s)-sr(0_-)-r'(0_-)]+3[sR(s)-r(0_-)]+2R(s)=sE(s)+3E(s)$$

整理可得

$$(s^2+3s+2)R(s)-[sr(0_-)+3r(0_-)+r'(0_-)]=(s+3)E(s)$$

$$R(s)=\frac{s+3}{s^2+3s+2}\times E(s)+\frac{sr(0_-)+3r(0_-)+r'(0_-)}{s^2+3s+2}$$

由上式可知,零状态响应的象函数为

$$R_{zs}(s)=\frac{s+3}{s^2+3s+2}\times E(s)=\frac{s+3}{s^2+3s+2}\times\frac{1}{s+3}=\frac{1}{s^2+3s+2}=\frac{1}{s+1}-\frac{1}{s+2}$$

求拉普拉斯反变换,可得零状态响应为

$$r_{zs}(t)=(\mathrm{e}^{-t}-\mathrm{e}^{-2t})u(t)$$

零输入响应的象函数为

$$R_{zi}(s)=\frac{sr(0_-)+3r(0_-)+r'(0_-)}{s^2+3s+2}=\frac{s+5}{s^2+3s+2}=\frac{4}{s+1}-\frac{3}{s+2}$$

求拉普拉斯反变换,可得零输入响应为

$$r_{zi}(t)=(4\mathrm{e}^{-t}-3\mathrm{e}^{-2t})u(t)$$

故系统的全响应为

$$r(t)=r_{zi}(t)+r_{zs}(t)=(5\mathrm{e}^{-t}-4\mathrm{e}^{-2t})u(t)$$

从此例的分析过程可知,利用拉普拉斯变换的时域微分性质,可以将系统时域微分方程转化为复频域的代数方程,同时自动引入系统 0_- 起始条件,既可以得到系统的全响应,又可以分别得到系统的零输入响应和零状态响应,在一定程度上简化了系统响应的求解。

例 4-23 已知描述某 LTI 系统的数学模型为

$$\frac{\mathrm{d}^2}{\mathrm{d}t^2}r(t)+5\frac{\mathrm{d}}{\mathrm{d}t}r(t)+6r(t)=2\frac{\mathrm{d}}{\mathrm{d}t}e(t)+8e(t)$$

若激励信号 $e(t)=\mathrm{e}^{-t}u(t)$,求系统的零状态响应。

解:在零状态条件下,对微分方程两边同时进行拉普拉斯变换,可得

$$s^2R(s)+5sR(s)+6R(s)=2sE(s)+8E(s)$$

整理可得

$$R(s)=\frac{2s+8}{s^2+5s+6}\times E(s)$$

将 $E(s)=\frac{1}{s+1}$代入上式，并进一步进行部分分式展开，可得

$$R(s)=\frac{2s+8}{s^2+5s+6}\times\frac{1}{s+1}=\frac{3}{s+1}-\frac{4}{s+2}+\frac{1}{s+3}$$

求拉普拉斯反变换，可得零状态响应为

$$r(t)=(3\mathrm{e}^{-t}-4\mathrm{e}^{-2t}+\mathrm{e}^{-3t})u(t)$$

4.4.2 电路的 s 域分析法

若系统以线性电路的方式给出，则当求解响应时，可以利用前面章节学习到的方法，先建立电路的时域数学模型，即常系数微分方程，再利用上节讨论的方法求解系统响应。但是当电路结构复杂时（支路和节点较多），列写微分方程就比较复杂与烦琐，可以模仿频域电路模型法，先对元件和支路进行变换，再把变换后的 s 域电压与电流用 KVL 和 KCL 联系起来，这样可使分析过程简化，此方法称为“电路的 s 域模型法”。为此，给出元件的 s 域模型。

1. 元件的 s 域模型

在关联参考方向下，电阻、电感和电容的时域模型如图 4-9 所示。

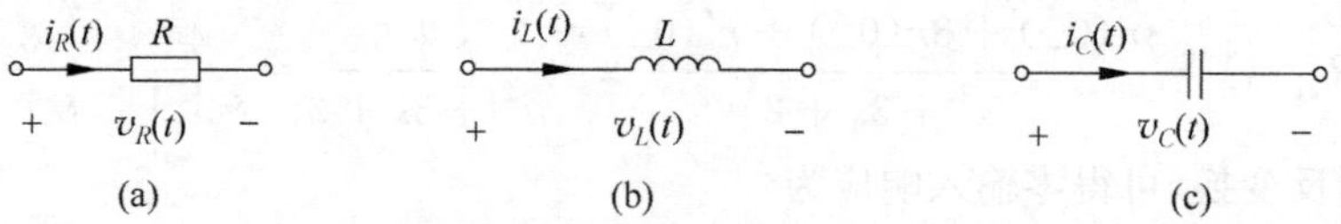

(a) (b) (c)

图 4-9 元件的时域模型

对应的时域伏安关系为

$$\begin{cases} v_R(t)=R\cdot i_R(t) \\ v_L(t)=L\cdot\dfrac{\mathrm{d}i_L(t)}{\mathrm{d}t} \\ v_C(t)=\dfrac{1}{C}\displaystyle\int_{-\infty}^{t} i_C(\tau)\mathrm{d}\tau \end{cases} \tag{4.4-6}$$

分别对式(4.4-6)两边进行拉普拉斯变换，可得

$$\begin{cases} V_R(s)=R\cdot I_R(s) \\ V_L(s)=sL\cdot I_L(s)-Li_L(0_-) \\ V_C(s)=\dfrac{1}{sC}\cdot I_C(s)+\dfrac{v_C(0_-)}{s} \end{cases} \tag{4.4-7}$$

式(4.4-7)给出了电阻、电感和电容元件的 s 域电压和电流关系，其中 sL 称为电感的 s 域阻抗，$\frac{1}{sC}$称为电容的 s 域阻抗。三种元件对应的 s 域模型如图 4-10 所示。

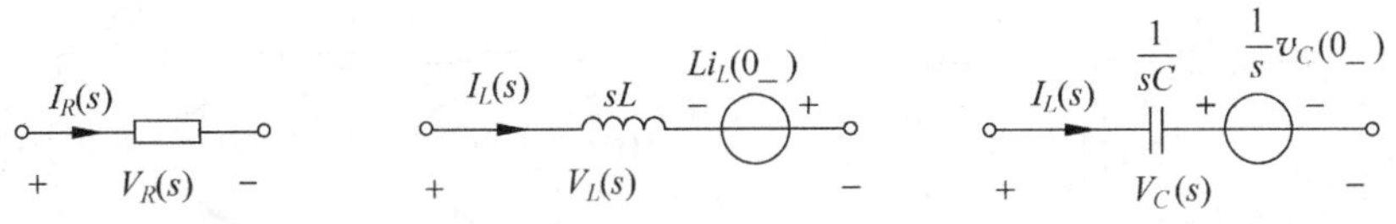

(a) 电阻的s域模型　(b) 电感的s域模型　(c) 电容的s域模型

图 4-10　元件的 s 域模型

式(4.4-7)也可以改写为

$$
\begin{cases}
I_R(s)=\dfrac{1}{R}V_R(s)\\
I_L(s)=\dfrac{1}{sL}V_L(s)+\dfrac{1}{s}i_L(0_-)\\
I_C(s)=sCV_C(s)-Cv_C(0_-)
\end{cases}
\tag{4.4-8}
$$

对应的元件 s 域模型如图 4-11 所示。

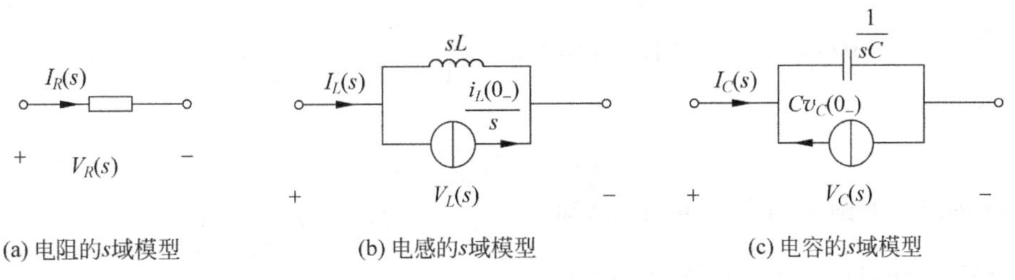

(a) 电阻的s域模型　(b) 电感的s域模型　(c) 电容的s域模型

图 4-11　元件 s 域模型的另一种形式

2. 电路 s 域模型及其响应求解

若将电路中激励、响应以及所有元件分别用 s 域模型表示，则可得到电路的 s 域模型。为了分析具体 s 域电路，还需根据电路元件的连接关系建立电路方程。时域中的 KVL 和 KCL 方程分别为

$$
\sum_m v_m(t)=0,\quad \sum_m i_m(t)=0
$$

根据拉普拉斯变换的线性性质，可得

$$
\sum_m V_m(s)=0,\quad \sum_m I_m(s)=0 \tag{4.4-9}
$$

式(4.4-9)为 s 域的 KVL 和 KCL 方程，再结合元件的 s 域模型，即可建立电路系统的 s 域方程。求解 s 域方程可得到响应的象函数，再经反变换便可得到响应的时域表示。

例 4-24　电路如图 4-12 所示，已知激励信号 $e(t)=u(t)$，且 $v(0_-)=0$，求电感电压 $v(t)$。

解：由于 $v(0_-)=0$，可画出图 4-12 所示电路的 s 域电路模型，如图 4-13 所示。

设两个网孔的电流分别为 $I_1(s)$和 $I_2(s)$，列网孔方程，可得

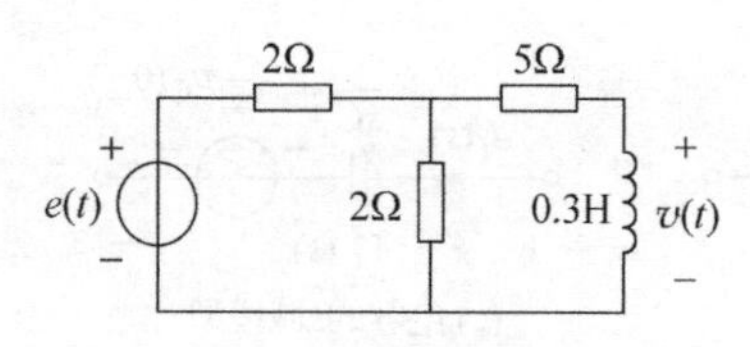

图 4-12　例 4-24 电路

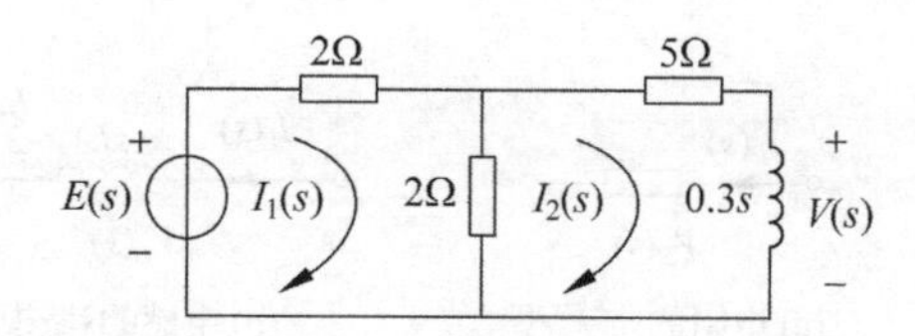

图 4-13　例 4-24 电路的 s 域电路模型

$$\begin{cases}(2+2)I_1(s)-2I_2(s)=E(s)\\(2+5+0.3s)I_2(s)-2I_1(s)=0\end{cases}$$

解方程可得

$$I_2(s)=\frac{2}{1.2s+24}E(s)$$

由于 $e(t)=u(t)$，则 $E(s)=\frac{1}{s}$，故

$$V(s)=0.3s\times I_2(s)=0.3s\times\frac{2}{1.2s+24}\times\frac{1}{s}=\frac{0.5}{s+20}$$

因此，

$$v(t)=0.5\mathrm{e}^{-20t}u(t)$$

例 4-25　如图 4-14 所示电路，已知 $E=28\mathrm{V}$，$L=4\mathrm{H}$，$C=\frac{1}{4}\mathrm{F}$，$R_1=12\Omega$，$R_2=R_3=2\Omega$，当 $t=0$ 时，开关 K 断开，K 断开前电路已稳定，求开关断开后电压 $y(t)$。

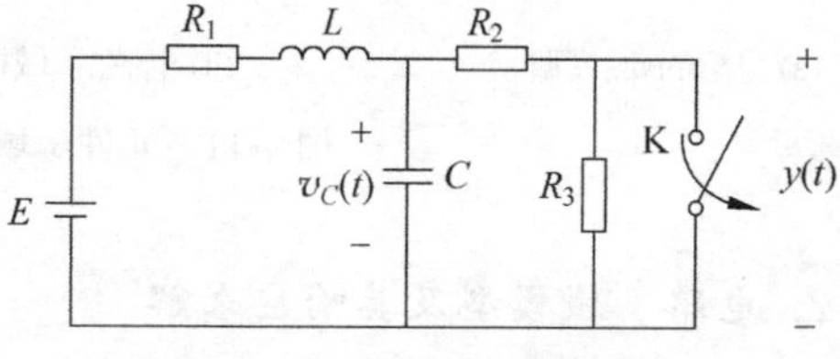

图 4-14　例 4-25 电路系统

解：(1) 先求 $i_L(0_-)$，$v_C(0_-)$。

画出电路 0_- 时刻的等效电路，如图 4-15 所示。

由 0_- 时刻的等效电路，可得

$$i_L(0_-)=\frac{28}{R_1+R_2}=\frac{28}{12+2}=2\mathrm{A}$$

$$v_C(0_-)=\frac{R_2}{R_1+R_2}\times 28=\frac{2}{12+2}\times 28=4\mathrm{V}$$

(2) 画 s 域电路模型，如图 4-16 所示。

设两个网孔的电流分别为 $I_1(s)$ 和 $I_2(s)$，列网孔方程可得

$$\begin{cases}\left(R_1+sL+\frac{1}{sC}\right)I_1(s)-\frac{1}{sC}\times I_2(s)=\frac{E}{s}+Li_L(0_-)-\frac{v_C(0_-)}{s}\\\left(R_2+R_3+\frac{1}{sC}\right)I_2(s)-\frac{1}{sC}\times I_1(s)=\frac{v_C(0_-)}{s}\end{cases}$$

代入参数，解方程可得

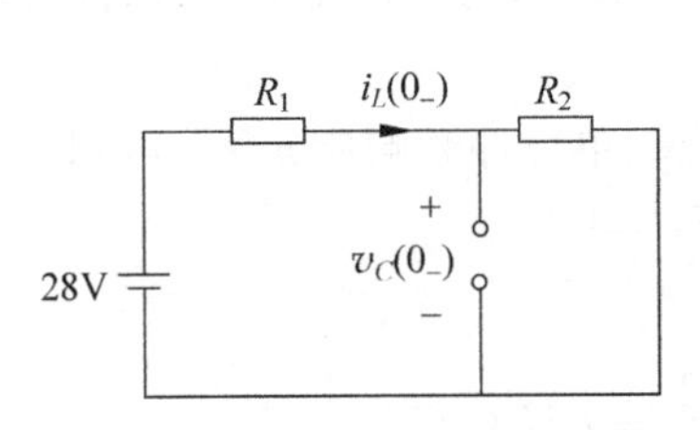

图 4-15 例 4-25 电路 0_- 时刻的等效电路

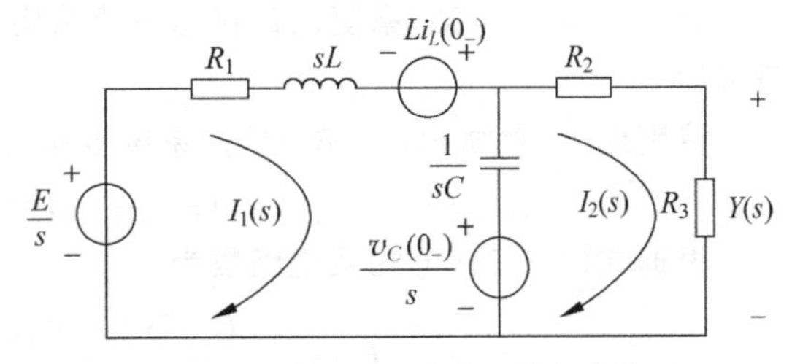

图 4-16 例 4-25 电路的 s 域电路模型

$$I_2(s)=\frac{s^2+5s+7}{s(s^2+4s+4)}=\frac{s^2+5s+7}{s(s+2)^2}$$

$$Y(s)=R_3\times I_2(s)=\frac{2(s^2+5s+7)}{s(s+2)^2}=\frac{3.5}{s}-\frac{1}{(s+2)^2}-\frac{1.5}{s+2}$$

故

$$y(t)=3.5u(t)-t\mathrm{e}^{-2t}u(t)-1.5\mathrm{e}^{-2t}u(t)$$

4.5 系统函数与零、极点分析

时域体现系统特性的物理量是单位冲激响应 $h(t)$，频域体现系统自身特性的物理量是频响函数 $H(\omega)$。在复频域分析中，可以通过系统函数 $H(s)$ 表征系统特性，尤其是根据系统函数的零极点分布情况就可以对系统某些特性做出初步判断。

4.5.1 系统函数

线性系统的系统函数定义为系统零状态响应的拉普拉斯变换与激励的拉普拉斯变换之比，即

$$H(s)=\frac{R_{zs}(s)}{E(s)} \tag{4.5-1}$$

已知 n 阶 LTI 系统的数学模型可用下述常系数微分方程描述：

$$a_n\frac{\mathrm{d}^n}{\mathrm{d}t^n}r(t)+a_{n-1}\frac{\mathrm{d}^{n-1}}{\mathrm{d}t^{n-1}}r(t)+\cdots+a_1\frac{\mathrm{d}}{\mathrm{d}t}r(t)+a_0r(t)$$
$$=b_m\frac{\mathrm{d}^m}{\mathrm{d}t^m}e(t)+b_{m-1}\frac{\mathrm{d}^{m-1}}{\mathrm{d}t^{m-1}}e(t)+\cdots+b_1\frac{\mathrm{d}}{\mathrm{d}t}e(t)+b_0e(t)$$

设输入 $e(t)$ 是在 $t=0$ 时刻加入的因果信号，在零状态条件下，对上式两边同时进行拉普拉斯变换，可得

$$(a_ns^n+a_{n-1}s^{n-1}+\cdots+a_1s+a_0)R_{zs}(s)=(b_ms^m+b_{m-1}s^{m-1}+\cdots+b_1s+b_0)E(s)$$

根据式(4.5-1)，系统函数为

$$H(s)=\frac{R_{zs}(s)}{E(s)}=\frac{b_ms^m+b_{m-1}s^{m-1}+\cdots+b_1s+b_0}{a_ns^n+a_{n-1}s^{n-1}+\cdots+a_1s+a_0} \tag{4.5-2}$$

由式(4.5-2)可知，系统函数仅与系统结构和参数有关，与激励无关，所以体现系统自身特性。

特别地，当激励 $e(t)=\delta(t)$ 时，系统零状态响应是单位冲激响应 $h(t)$，可知

$$e(t)=\delta(t)\leftrightarrow F(s)=1$$

根据式(4.5-1)，可知系统函数为

$$H(s)=\frac{R_{zs}(s)}{E(s)}=\frac{\mathcal{L}[h(t)]}{E(s)}=\mathcal{L}[h(t)]$$

上式表明，系统函数是系统单位冲激响应的拉普拉斯变换，故系统函数 $H(s)$ 与系统单位冲激响应 $h(t)$ 是一对拉普拉斯变换对，即

$$h(t)\leftrightarrow H(s) \tag{4.5-3}$$

例 4-26 已知系统微分方程为 $\frac{\mathrm{d}r(t)}{\mathrm{d}t}+2r(t)=\frac{\mathrm{d}^2e(t)}{\mathrm{d}t^2}+3\frac{\mathrm{d}e(t)}{\mathrm{d}t}+3e(t)$，求系统函数及冲激响应 $h(t)$。

解：在零状态条件下，对方程两边同时进行拉普拉斯变换，可得

$$sR(s)+2R(s)=s^2E(s)+3sE(s)+3E(s)$$

故系统函数为

$$H(s)=\frac{R(s)}{E(s)}=\frac{s^2+3s+3}{s+2}$$

进一步整理可得

$$H(s)=\frac{s^2+3s+3}{s+2}=s+1+\frac{1}{s+2}$$

故系统单位冲激响应为

$$h(t)=\delta'(t)+\delta(t)+\mathrm{e}^{-2t}u(t)$$

例 4-27 如图 4-17 所示电路系统，求其系统函数 $H(s)=\frac{V_2(s)}{V_1(s)}$。

解：可以利用 s 域电路模型求系统函数。在零状态条件下，画出电路的 s 域电路模型，如图 4-18 所示。

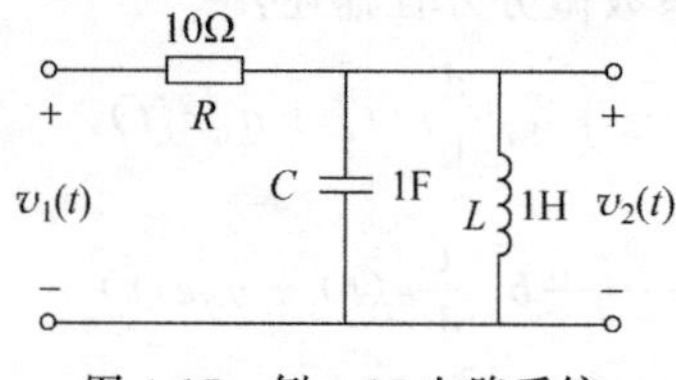

图 4-17 例 4-27 电路系统

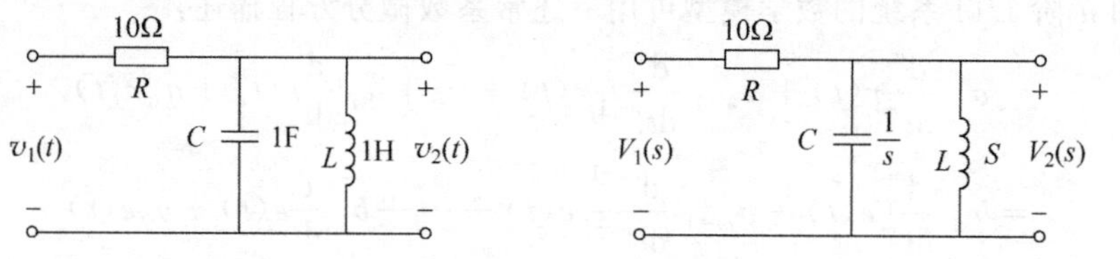

图 4-18 例 4-27 电路的 s 域电路模型

利用分压公式，可得系统函数为

$$H(s)=\frac{V_2(s)}{V_1(s)}=\frac{s//\frac{1}{s}}{10+s//\frac{1}{s}}=\frac{s}{10s^2+s+10}$$

可以看出，利用 s 域电路模型可以简化电路系统函数的求解过程。

4.5.2 系统函数的零点与极点

在 s 域分析中，$H(s)$的作用举足轻重，由 $H(s)$的零极点分布可了解系统的时域、频域特性以及稳定性。

若系统函数 $H(s)$为有理分式，即

$$H(s)=\frac{b_m s^m+b_{m-1}s^{m-1}+\cdots+b_1 s+b_0}{a_n s^n+a_{n-1}s^{n-1}+\cdots+a_1 s+a_0}=\frac{N(s)}{D(s)} \tag{4.5-4}$$

通常将 $H(s)$分母多项式 $D(s)=0$ 的根称为系统函数的极点，用 $p_i(i=1,2,\cdots,n)$表示；$H(s)$分子多项式 $N(s)=0$ 的根称为系统函数的零点，用 $z_j(j=1,2,\cdots,m)$表示。

对 $H(s)$的分子和分母进行因式分解，则式(4.5-4)可改写为

$$H(s)=\frac{b_m s^m+b_{m-1}s^{m-1}+\cdots+b_1 s+b_0}{a_n s^n+a_{n-1}s^{n-1}+\cdots+a_1 s+a_0}=c_m\frac{\prod\limits_{j=1}^{m}(s-z_j)}{\prod\limits_{i=1}^{n}(s-p_i)} \tag{4.5-5}$$

其中，$c_m=b_m/a_n$。若 $H(s)$是实系数的有理分式，其零点和极点一定是实数或共轭成对的复数。

例 4-28 已知 $H(s)=\dfrac{s^2-2s+2}{s^3+2s^2+s}$，求其零极点。

解：$H(s)=\dfrac{s^2-2s+2}{s^3+2s^2+s}=\dfrac{(s-1)^2+1}{s(s+1)^2}$

极点为 $p_1=0,p_2=p_3=-1$(二阶)；

零点为 $z_1=1+\mathrm{j},z_2=1-\mathrm{j}$。

将 $H(s)$的零极点绘于 s 平面上，所得到的图称为 $H(s)$的零极点图。其中，零点用"○"表示，极点用"×"表示。例 4-28 中系统的零极点图如图 4-19 所示。

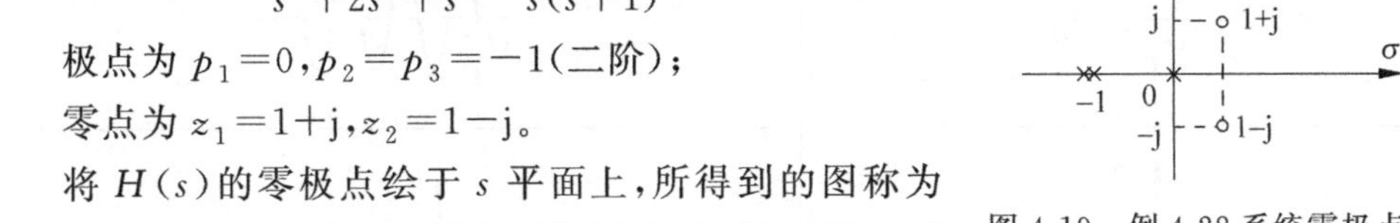

图 4-19 例 4-28 系统零极点图

4.5.3 零极点分布与时域特性的关系

$H(s)$与 $h(t)$是一对拉普拉斯变换对，两者存在一定的对应关系，可以从 $H(s)$的零极点分布情况知道 $h(t)$的时域变化规律。

以 $H(s)$仅有单阶极点为例，将 $H(s)$展开成部分分式之和的形式：

$$H(s)=\sum_{i=1}^{n}\frac{A_i}{s-p_i}=\sum_{i=1}^{n}H_i(s) \tag{4.5-6}$$

其中，p_i 为 $H(s)$的极点，它是实数或以成对形式出现的共轭复数。系数 A_i 由零点和极点共同决定。

系统的单位冲激响应为

$$h(t)=L^{-1}[H(s)]=L^{-1}\left[\sum_{i=1}^{n}\frac{A_i}{s-p_i}\right]=\sum_{i=1}^{n}A_i\mathrm{e}^{p_i t}u(t)=\sum_{i=1}^{n}h_i(t) \quad (4.5\text{-}7)$$

从式(4.5-7)中可以看出，极点 p_i 决定了冲激响应的形式，系数 A_i 只影响 $H(s)$ 的幅度。以虚轴 jω 为界，将 s 平面分为左半平面与右半平面。$H(s)$ 的极点位置与冲激响应形式间的对应关系，具体可描述如下：

(1) 极点是位于原点的一阶极点。此时其对应的 $h_i(t)$ 为阶跃函数。

(2) 极点是位于虚轴上的共轭极点，此时其对应的 $h_i(t)$ 为等幅振荡。

(3) 极点位于 s 平面的左半平面。如果极点位于负实轴上，则其对应的 $h_i(t)$ 为指数衰减信号；如果极点是 s 平面左半平面的共轭极点，则其对应的 $h_i(t)$ 为衰减振荡。

(4) 极点位于 s 平面的右半平面。如果极点位于正实轴上，则其对应的 $h_i(t)$ 为指数增长信号；如果极点是 s 平面右半平面的共轭极点，则其对应的 $h_i(t)$ 为增幅振荡。

表 4-3 给出了一阶极点位置与时域波形变化关系。

表 4-3　$H(s)$一阶极点位置与 $h(t)$ 波形的对应关系

极 点 图	时 域 波 形
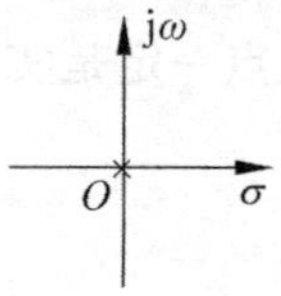 jω O σ	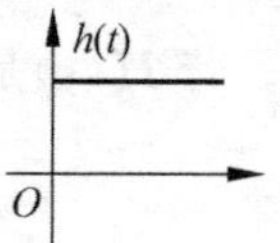 h(t) O
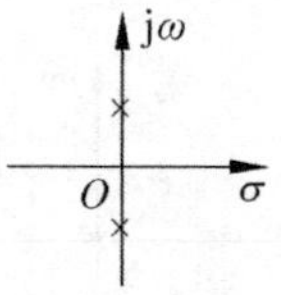 jω O σ	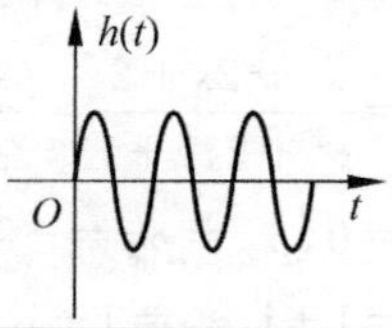 h(t) O t
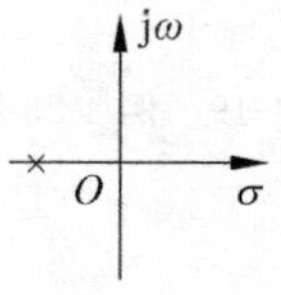 jω O σ	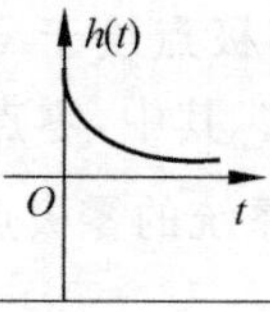 h(t) O t
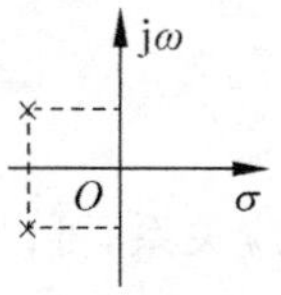 jω O σ	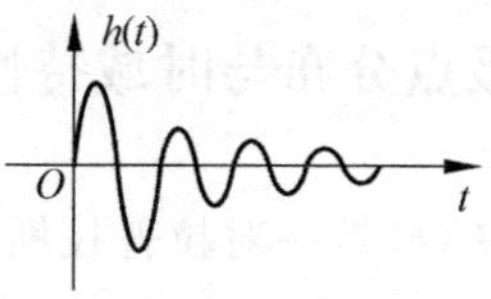 h(t) O t
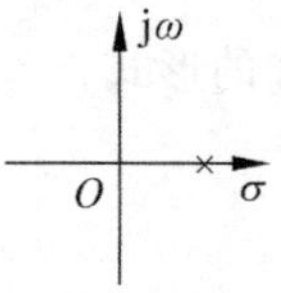 jω O σ	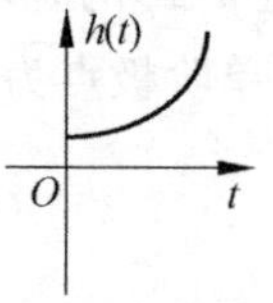 h(t) O t

续表

极 点 图	时域波形
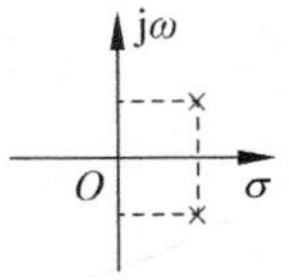 jω, O, σ	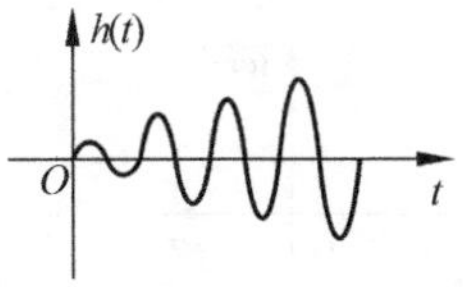 h(t), O, t

若 $H(s)$ 具有重极点，则其对应的时域波形比单极点复杂，但仍存在一定规律。这里以二阶重极点为例，具体描述如下：

(1) 极点位于原点，且为二阶极点。如 $H_i(s)=\frac{1}{s^2}$，其对应的单位冲激响应为 $h_i(t)=tu(t)$，波形幅度线性增长。

(2) 极点是虚轴上的二阶共轭极点。如 $H_i(s)=\frac{2\omega s}{(s^2+\omega^2)^2}$，其对应的单位冲激响应为 $h_i(t)=t\sin\omega t u(t)$，波形增幅振荡。

(3) 极点是 s 平面左半平面的二阶极点。如 $H_i(s)=\frac{1}{(s+2)^2}$，其对应的单位冲激响应为 $h_i(t)=te^{-2t}u(t)$，波形幅度先增长，再衰减到零。

(4) 极点是 s 平面右半平面的二阶极点。如 $H_i(s)=\frac{1}{(s-2)^2}$，其对应的单位冲激响应为 $h_i(t)=te^{2t}u(t)$，波形幅度增长到无穷大。

二阶极点分布与原函数的对应关系如表4-4所示。

表4-4 $H(s)$二阶极点位置与$h(t)$波形的对应关系

极 点 图	时域波形
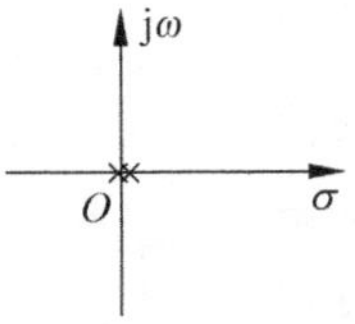 jω, O, σ	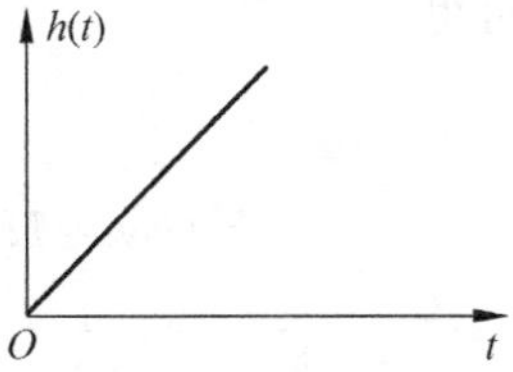 h(t), O, t
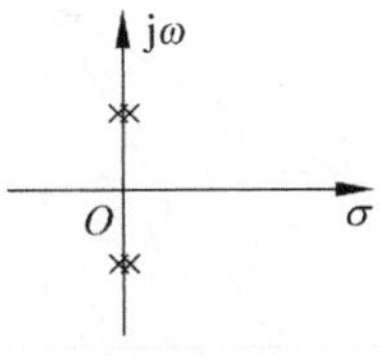 jω, O, σ	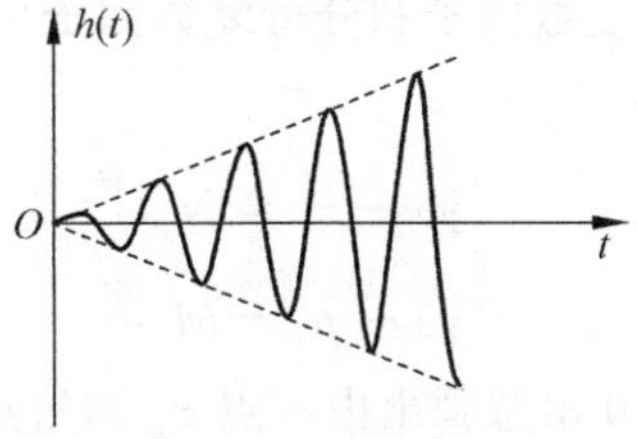 h(t), O, t

续表

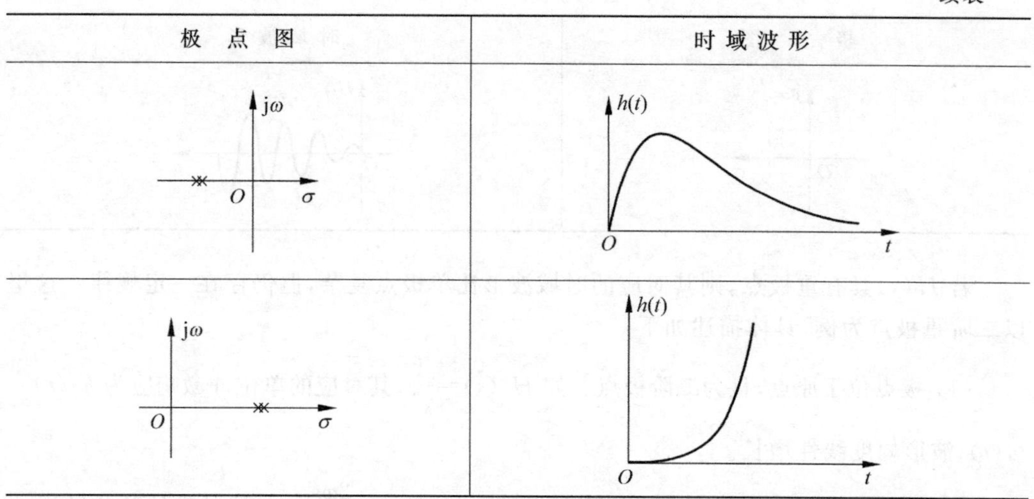

由以上分析可以看出，通过系统函数 $H(s)$的极点分布情况，可以大致了解单位冲激响应的时域特性。若系统函数 $H(s)$的极点全部位于左半平面，则其对应的 $h(t)$总体趋势为衰减；若有极点位于右半平面，则其对应的 $h(t)$总体趋势为增长；若某极点为虚轴上(或原点)的一阶极点，则对应的 $h(t)$波形为等幅振荡(或阶跃)；若某极点为虚轴上(或原点)的二阶极点，则对应的 $h(t)$呈增长趋势。

4.5.4 零极点分布与频域特性的关系

由系统函数的零极点分布也可以定性了解系统的频域特性。当 $H(s)$的收敛域包括虚轴时，频响函数 $H(\omega)$与系统函数 $H(s)$之间的关系为

$$H(\omega)=H(s)\mid_{s=\mathrm{j}\omega} \tag{4.5-8}$$

由式(4.5-8)可得

$$H(\omega)=H(s)\mid_{s=\mathrm{j}\omega}=c_m\frac{\prod\limits_{j=1}^{m}(\mathrm{j}\omega-z_j)}{\prod\limits_{i=1}^{n}(\mathrm{j}\omega-p_i)} \tag{4.5-9}$$

式中，分子复数因子和分母复数因子可以用极坐标形式表示为

$$\mathrm{j}\omega-z_j=N_j\mathrm{e}^{\mathrm{j}\psi_j} \tag{4.5-10}$$

$$\mathrm{j}\omega-p_i=M_i\mathrm{e}^{\mathrm{j}\theta_i} \tag{4.5-11}$$

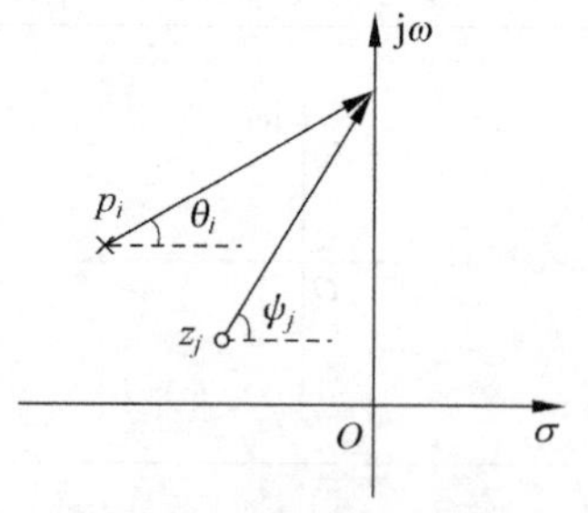

图 4-20　零极点矢量图

图 4-20 示意画出由零点 z_j 和极点 p_i 与点 jω 连接构成的两个矢量，其中 N_j、M_i 分别是零点和极点矢量的模；ψ_j、θ_i 分别是零点矢量和极点矢量与正实

轴的夹角。

因此，可得

$$H(\omega)=c_m\frac{N_1 e^{j\psi_1}N_2 e^{j\psi_2}\cdots N_m e^{j\psi_m}}{M_1 e^{j\theta_1}M_2 e^{j\theta_2}\cdots M_n e^{j\theta_n}}=K\frac{N_1 N_2\cdots N_m e^{j(\psi_1+\psi_2+\cdots+\psi_m)}}{M_1 M_2\cdots M_n e^{j(\theta_1+\theta_2+\cdots+\theta_n)}} \tag{4.5-12}$$

故其幅频函数和相频函数分别为

$$|H(\omega)|=c_m\frac{N_1 N_2\cdots N_m}{M_1 M_2\cdots M_n} \tag{4.5-13}$$

$$\varphi(\omega)=(\psi_1+\psi_2+\cdots+\psi_m)-(\theta_1+\theta_2+\cdots+\theta_n) \tag{4.5-14}$$

当 ω 沿虚轴移动时，各复数因子(矢量)的模和辐角都随之改变，于是可以得出幅频特性曲线和相频特性曲线。

例 4-29 分析图 4-21 所示系统的频响特性。

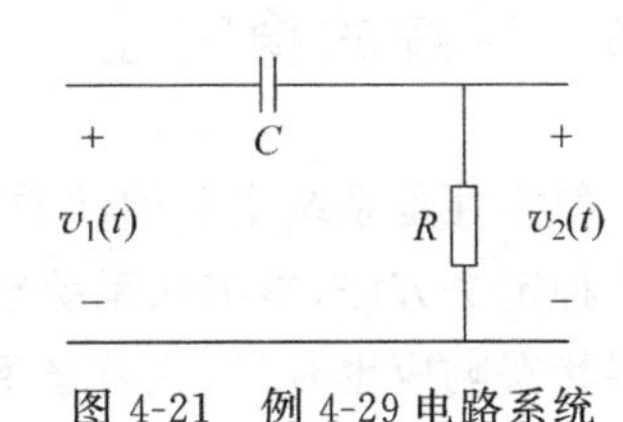

图 4-21 例 4-29 电路系统

解：由题意可得，系统的系统函数为

$$H(s)=\frac{V_2(s)}{V_1(s)}=\frac{R}{R+\frac{1}{sC}}=\frac{s}{s+\frac{1}{RC}}$$

系统的频响函数为

$$H(\omega)=H(s)|_{s=j\omega}=\frac{j\omega}{j\omega-\left(-\frac{1}{RC}\right)}=\frac{N_1 e^{j\psi_1}}{M_1 e^{j\theta_1}}$$

其中，零点 $z_1=0$，极点 $p_1=-\frac{1}{RC}$。系统的幅频特性和相频特性分别为

$$|H(\omega)|=\frac{|\omega|}{\sqrt{\omega^2+\left(\frac{1}{RC}\right)^2}}$$

$$\varphi(\omega)=\frac{\pi}{2}-\arctan\omega CR$$

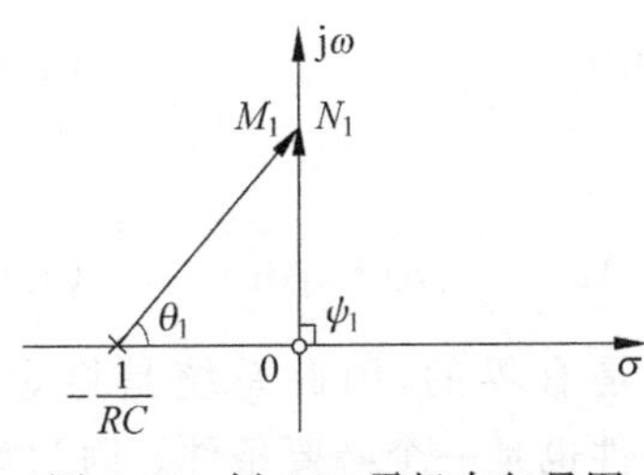

图 4-22 例 4-29 零极点矢量图

零点与极点矢量如图 4-22 所示。

由图 4-22 可知，当 $\omega=0$ 时，$N_1=0$，此时 $|H(\omega)|=0$；随着 ω 增大，N_1、M_1 增大，$|H(\omega)|$ 随之增大；当 $\omega\to\infty$时，$N_1\approx M_1$，$|H(\omega)|$趋于 1。

相频特性 $\varphi(\omega)=\psi_1-\theta_1=\frac{\pi}{2}-\theta_1$。当 $\omega=0$ 时，$\theta_1=0$，$\varphi(\omega)=\frac{\pi}{2}$；随着 ω 增大，θ_1 增大，$\varphi(\omega)$ 随之减小；当 $\omega\to\infty$时，$\theta_1\to\frac{\pi}{2}$，$\varphi(\omega)$趋于 0。

可画出系统幅频、相频特性曲线，如图 4-23 所示。

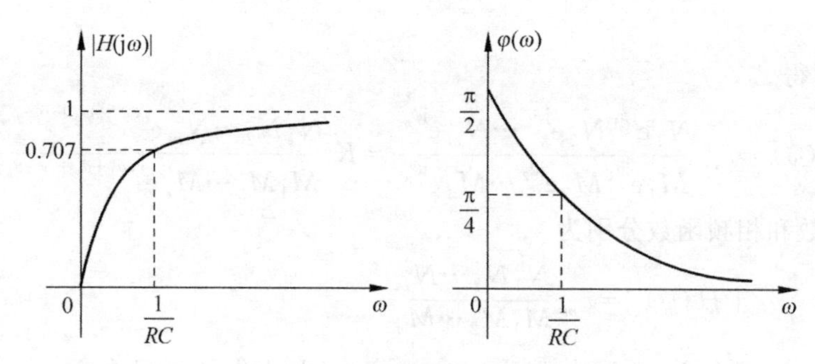

图 4-23　例 4-29 电路系统的频响特性曲线

4.6　系统的稳定性

稳定性是系统本身的性质之一,系统是否稳定与激励信号无关。关于系统的稳定性有多种定义方法,本书从系统输入—输出关系来定义稳定系统:若对任意有界输入,系统的零状态响应也有界,则称该系统是有界输入有界输出(BIBO)稳定系统。如果对有界输入,系统的零状态响应无界,则系统是不稳定的。

任何系统能正常工作,都必须以稳定为先决条件。因此,判定系统的稳定与否是十分重要的。下面分别从时域和 s 域给出系统稳定的条件。

1. 系统稳定的时域条件

LTI 系统 BIBO 稳定的充分必要条件是单位冲激响应绝对可积,即

$$\int_{-\infty}^{+\infty} |h(t)|\,\mathrm{d}t < \infty \tag{4.6-1}$$

证明:设 $e(t)$ 为一有界输入

$$|e(t)| \leqslant M_e \tag{4.6-2}$$

经过单位冲激响应为 $h(t)$ 的系统时,系统的零状态响应为

$$r(t) = \int_{-\infty}^{+\infty} h(\tau)e(t-\tau)\mathrm{d}\tau \tag{4.6-3}$$

因为乘积的绝对值总不大于绝对值的乘积,所以

$$|r(t)| \leqslant \int_{-\infty}^{+\infty} |h(\tau)| \cdot |e(t-\tau)|\,\mathrm{d}\tau = M_e \int_{-\infty}^{+\infty} |h(\tau)|\,\mathrm{d}\tau \tag{4.6-4}$$

如果单位冲激响应 $h(t)$ 满足式(4.6-1),则 $r(t)$ 就是有界的,因此系统是稳定的。式(4.6-1)是保证系统稳定的充分条件;事实上,这个条件也是一个必要条件。因为如果式(4.6-1)不满足,就会有一些有界的输入产生无界的输出。

对于 LTI 因果系统,上述条件可改写为

$$\int_{0}^{\infty} |h(t)|\,\mathrm{d}t < \infty \tag{4.6-5}$$

2. 系统稳定的 s 域条件

由上述讨论可知，一个LTI系统稳定的充分必要条件是系统的单位冲激响应 $h(t)$ 绝对可积。根据傅里叶变换存在的充分条件可知，此时单位冲激响应 $h(t)$ 的傅里叶变换 $H(\omega)$ 存在。由傅里叶变换和拉普拉斯变换的关系可知，一个信号的傅里叶变换等于拉普拉斯变换沿虚轴（$\mathrm{j}\omega$ 轴）求值，因此，可以得到LTI系统稳定的 s 域条件：系统函数 $H(s)$ 的收敛区包括虚轴（$\mathrm{j}\omega$ 轴）。

对于LTI因果系统，其系统函数 $H(s)$ 的收敛区是 s 平面上的某个右半平面，不包含极点。如果系统稳定，收敛区包含虚轴，则要求其极点都在左半平面。故LTI因果系统稳定的 s 域条件也可以根据极点分布来判断，即系统函数 $H(s)$ 的全部极点都位于 s 平面的左半平面，则系统稳定。

对于因果系统，从BIBO稳定性定义考虑与考察 $H(s)$ 的极点分布来判断稳定性具有统一的结果，具体如下：

(1) 若 $H(s)$ 的极点位于 s 平面的左半平面，则对应的 $h(t)$ 是逐渐衰减的，满足绝对可积，这样的系统称为稳定系统；

(2) 若 $H(s)$ 的极点位于 s 平面的右半平面，或在虚轴上有二阶（或以上）的重极点，则其对应的 $h(t)$ 是单调增长的或增幅振荡，这样的系统称为不稳定系统；

(3) 若 $H(s)$ 在原点或 s 平面虚轴上有一阶共轭极点，其对应的 $h(t)$ 是阶跃函数或等幅振荡，这类系统有时称为临界稳定系统。

从BIBO稳定性划分来看，由于未规定临界稳定系统，因此本书将临界稳定系统归为不稳定系统。

3. 根据 $H(s)$ 分母多项式判断系统稳定性

由前面的讨论可知，LTI因果系统的稳定性取决于系统函数 $H(s)$ 的极点位置，而极点是系统函数 $H(s)$ 分母多项式 $D(s)=0$ 的根，所以可以利用系统函数的分母多项式进行稳定性判断。

设系统函数 $H(s)$ 的分母多项式 $D(s)$ 为

$$D(s)=a^n s^n+a_{n-1}s^{n-1}+\cdots+a_1 s+a_0 \tag{4.6-6}$$

当系统稳定时，$D(s)=0$ 的 n 个根 p_i 都落在 s 平面的左半平面内。根 p_i 有两种基本形式：实数根与共轭复根。当根是负实数时，其对应的分母多项式中的因式为

$$s+\alpha,\quad \alpha>0 \tag{4.6-7}$$

当根是 s 平面的左半平面内的共轭复根时，如 $p_1=-\sigma_0-\mathrm{j}\omega_0$ 和 $p_2=-\sigma_0+\mathrm{j}\omega_0$，($\sigma_0>0$)其对应的分母多项式中的因式为

$$[s-(-\sigma_0-\mathrm{j}\omega_0)][s-(-\sigma_0+\mathrm{j}\omega_0)]=s^2+2\sigma_0 s+\sigma_0^2+\omega_0^2 \tag{4.6-8}$$

可见，式(4.6-7)和式(4.6-8)从最高次方项到常数项都不缺项且系数同为正号。而稳定系统的系统函数的分母多项式 $D(s)$ 由以上两种基本形式的多项式相乘构成，故可以推断出 $D(s)$ 从最高次方项到常数项都不缺项且系数同为正号。由此可归纳出稳定系

统的系统函数分母多项式 $D(s)$ 要满足以下条件：

(1) $D(s)$ 从最高次方项到常数项无缺项；

(2) $D(s)$ 的系数 a_j 全部为正实数。

可以证明，当系统为一阶或二阶系统时，以上是系统稳定的充分必要条件。但是对于三阶以上系统，以上是系统稳定的必要条件而非充分条件，但是可以根据 $H(s)$ 分母多项式对系统稳定性作出初步判断。

例 4-30 已知系统的 $H(s)$ 分别如下，试判断它们的稳定性。

(1) $H_1(s)=\dfrac{s^2+s+1}{s^3+5s^2-6s+3}$；

(2) $H_2(s)=\dfrac{s^2+3s+2}{3s^3+7s^2+s}$；

(3) $H_3(s)=\dfrac{s^2+4s+1}{s^3+s^2+s+1}$。

解：(1) 分母多项式 $D(s)$ 中有负系数，所以为不稳定系统。

(2) $D(s)$ 缺项(缺少常数项)，所以为不稳定系统。

(3) $D(s)$ 满足稳定系统的必要条件，但是否稳定还需进一步检验。

对 $D(s)$ 进行因式分解：

$$D(s)=s^3+s^2+s+1=(s+1)(s^2+1)$$

$D(s)=0$ 的三个根分别为 -1、$+\mathrm{j}$ 和 $-\mathrm{j}$，其中一个根在左半平面，另外两个共轭复根在虚轴上，所以系统是不稳定系统。

4. 罗斯准则

当遇到三阶及三阶以上系统函数的分母多项式 $D(s)$ 不缺项并且系数都是正实数时，需要进一步确定分母多项式 $D(s)=0$ 的根，才能判断系统的稳定性。有时求高阶系统的极点并不容易。实际上为了判断系统稳定性，不需要解出方程全部根的准确值，只要知道系统是否有正实部或零实部的根就可以了。1877 年，罗斯提出一种不计算代数方程根的具体值即可判别具有正实部根数目的方法，可以用来判断系统是否稳定。方法如下：

设系统函数的分母多项式为 $D(s)=a_ns^n+a_{n-1}s^{n-1}+\cdots+a_1s+a_0$，按照如下方式排列与计算罗斯阵列：

第 1 行	a_n	a_{n-2}	a_{n-4}	a_{n-6}	a_{n-8}	a_{n-10}	$\cdots$
第 2 行	a_{n-1}	a_{n-3}	a_{n-5}	a_{n-7}	a_{n-9}	$\cdots$	
第 3 行	b_{n-1}	b_{n-3}	b_{n-5}	b_{n-7}	$\cdots$		
第 4 行	c_{n-1}	c_{n-3}	c_{n-5}	$\cdots$			
$\vdots$	$\vdots$		$\vdots$				
第 n 行	x_{n-1}	0	0	0			
第 $n+1$ 行	y_{n-1}	0	0	0			

阵列共有 $n+1$ 行，前两行元素直接由多项式的系数构成。第 3 行以后的阵列元素按以下规律计算：

$$b_{n-1}=-\frac{1}{a_{n-1}}\begin{vmatrix}a_n & a_{n-2}\\ a_{n-1} & a_{n-3}\end{vmatrix},b_{n-3}=-\frac{1}{a_{n-1}}\begin{vmatrix}a_n & a_{n-4}\\ a_{n-1} & a_{n-5}\end{vmatrix},b_{n-5}=-\frac{1}{a_{n-1}}\begin{vmatrix}a_n & a_{n-6}\\ a_{n-1} & a_{n-7}\end{vmatrix},\cdots$$

$$c_{n-1}=-\frac{1}{b_{n-1}}\begin{vmatrix}a_{n-1} & a_{n-3}\\ b_{n-1} & b_{n-3}\end{vmatrix},c_{n-3}=-\frac{1}{b_{n-1}}\begin{vmatrix}a_{n-1} & a_{n-5}\\ b_{n-1} & b_{n-5}\end{vmatrix},c_{n-5}=-\frac{1}{b_{n-1}}\begin{vmatrix}a_{n-1} & a_{n-7}\\ b_{n-1} & b_{n-7}\end{vmatrix},\cdots$$

以此类推，直至最后两行只剩下第 1 列元素不为零，再算下去第 1 列元素将会出现零为止。

如果罗斯阵列的第一列所有元素的符号相同，则 $D(s)=0$ 的根全都位于 s 平面的左半平面，系统稳定。反之，若第一列出现符号变化，则系统不稳定，且符号变化的次数等于 $D(s)=0$ 在 s 平面的右半平面根的数目。

例 4-31 根据罗斯准则，判断系统 $H(s)=\dfrac{s^2+4s+1}{2s^3+s^2+s+6}$ 的稳定性。

解：由题意可知，系统函数分母多项式全部系数为正实数，且无缺项。罗斯阵列为

第 1 行	2	1
第 2 行	1	6
第 3 行	$-\begin{vmatrix}2 & 1\\ 1 & 6\end{vmatrix}=-11$	0
第 4 行	$-\dfrac{1}{-11}\begin{vmatrix}1 & 6\\ -11 & 0\end{vmatrix}=6$	

在第 1 列中出现 $1\to-11$ 和 $-11\to6$ 两次变号，因此，在右半平面有两个根，所以系统是不稳定的。

4.7 系统的方框图与系统模拟

一个复杂系统通常可由许多子系统互联组成，而子系统的实现可用一些基本单元相互连接构成，使得与所讨论的实际系统具有相同的数学模型。这样便于分析系统的各处参数变化对系统特性的影响，对系统的设计具有重要意义。

本节首先介绍系统的方框图表示，然后讨论系统的 s 域模拟的方法。

4.7.1 系统的方框图表示

包含多个子系统的复杂系统，可以用方框图描述系统模型，以直观地反映系统输入-输出间的传递关系。子系统间常见的互联形式有级联、并联和反馈等。

1. 级联形式

如图 4-24 所示,系统由两个子系统级联构成,则级联系统的系统函数 $H(s)$等于两个子系统系统函数 $H_1(s)$与 $H_2(s)$的乘积,即

$$H(s)=H_1(s)\times H_2(s) \tag{4.7-1}$$

上述结果可推广到任意数目子系统的级联。

2. 并联形式

如果一个系统由两个子系统并联构成,如图 4-25 所示,则并联系统的系统函数 $H(s)$等于两个子系统系统函数 $H_1(s)$与 $H_2(s)$的和,即

$$H(s)=H_1(s)+H_2(s) \tag{4.7-2}$$

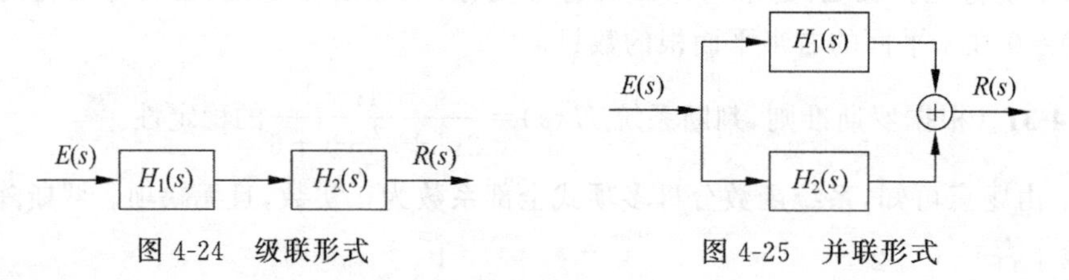

图 4-24　级联形式　　　　图 4-25　并联形式

此结果同样可推广到任意数目子系统的并联。

3. 反馈形式

反馈形式如图 4-26 所示。

由图 4-26 可见,反馈系统一般由两部分组成:开环系统 $H_1(s)$与反馈系统 $H_2(s)$。在反馈系统中,信号的流通构成闭合回路,即反馈系统的输出信号又被引入到输入端。整个反馈系统的传递函数为

$$H(s)=\frac{H_1(s)}{1\mp H_1(s)H_2(s)} \tag{4.7-3}$$

例 4-32　已知某反馈系统如图 4-27 所示,试确定使系统稳定工作的 k 值范围。

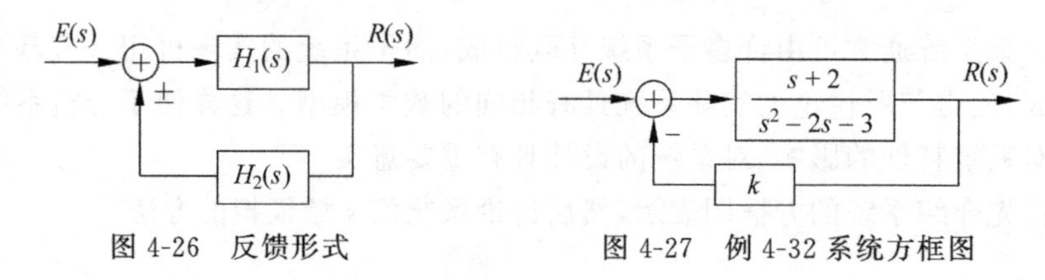

图 4-26　反馈形式　　　　图 4-27　例 4-32 系统方框图

解:由反馈系统的系统函数形式,可得

$$H(s)=\frac{R(s)}{E(s)}=\frac{\dfrac{s+2}{s^2-2s-3}}{1+k\cdot\dfrac{s+2}{s^2-2s-3}}$$

进一步整理可得

$$H(s)=\frac{s+2}{s^2-2s-3+k(s+2)}=\frac{s+2}{s^2+(k-2)s+2k-3}$$

由系统函数可知，该系统为二阶系统，因此系统稳定的充分必要条件是，系统函数分母多项式各项系数均为非零的正实数，因此，可知当 $k>2$ 时，系统稳定。

4.7.2　系统模拟的基本单元

LTI 连续系统的模拟通常由三种功能单元组成，即加法器、标量乘法器以及积分器。

1. 加法器

加法器可用于完成加法运算，即

$$\begin{cases} r_1(t)=e_1(t)\pm e_2(t) \\ R(s)=E_1(s)\pm E_2(s) \end{cases} \tag{4.7-4}$$

加法器的时域和 s 域符号如图 4-28 所示。图中箭头表示信号的传递方向，不能省略或遗忘。

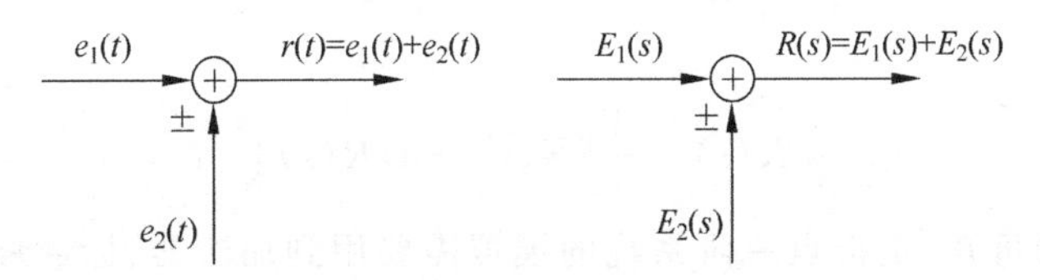

图 4-28　加法器

2. 标量乘法器

标量乘法器可用于完成乘法运算，即

$$\begin{cases} r(t)=ae(t) \\ R(s)=aE(s) \end{cases} \tag{4.7-5}$$

式中，a 为实常数，故称为标量乘法。标量乘法器的时域和 s 域符号如图 4-29 所示。

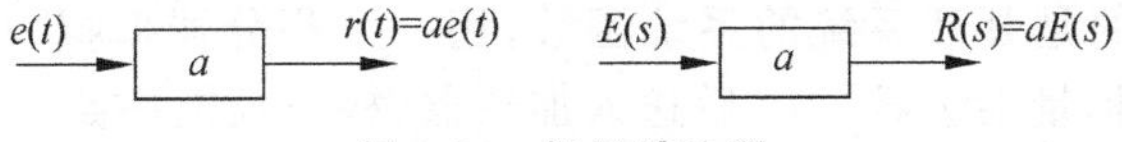

图 4-29　标量乘法器

3. 积分器

积分器可用于完成积分运算，即

$$\begin{cases} r(t)=\int_0^t e(\tau)\mathrm{d}\tau \\ R(s)=\frac{1}{s}E(s) \end{cases} \tag{4.7-6}$$

积分器的时域和 s 域符号如图 4-30 所示。

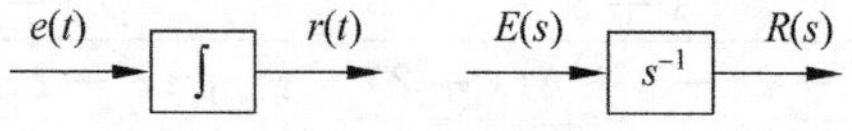

图 4-30　积分器模拟图

4.7.3　系统模拟的直接形式

一个系统存在多种模拟形式，不同模拟形式有着不同的结构。在进行直接模拟时，把待模拟系统视为一个不可分割的整体，直接对整个系统进行模拟。

1. 全极点一阶系统模拟

假设全极点一阶系统的系统函数为

$$H(s)=\frac{R(s)}{E(s)}=\frac{1}{s+a_0} \tag{4.7-7}$$

由系统函数，可写出系统 s 域方程

$$sR(s)+a_0R(s)=E(s) \tag{4.7-8}$$

可改写为

$$R(s)=\frac{1}{s}[E(s)-a_0R(s)] \tag{4.7-9}$$

由式(4.7-9)可知，全极点一阶系统的模拟需要用到加法器、标量乘法器和积分器。其中输出 $R(s)$ 经标量乘法器 $-a_0$ 后送入加法器，作为加法器的一个输入，$E(s)$ 作为加法器的另外一个输入。加法器的输出经一个积分器，即可得到最终的输出 $R(s)$。因此，可以得到利用基本运算单元组成的系统模拟图，如图 4-31 所示。

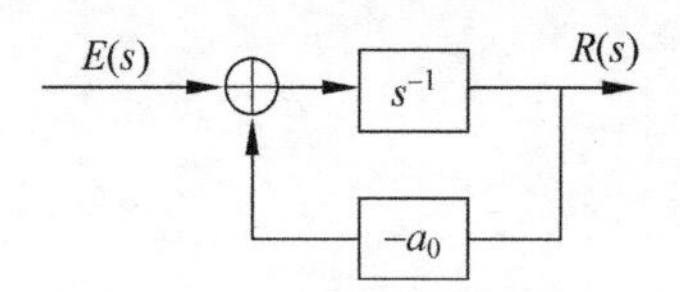

图 4-31　一阶系统模拟图

对式(4.7-7)分子、分母同时乘以 s^{-1}，系统函数可改写为

$$H(s)=\frac{s^{-1}}{1+a_0s^{-1}} \tag{4.7-10}$$

对照式(4.7-10)和图 4-31 可以看出，$H(s)$ 的分子多项式 s^{-1} 对应的是开环系统的系统函数，用一个积分器模拟。积分器的输出即为 $R(s)$，同时 $R(s)$ 经标量乘法器 $-a_0$ 后送入加法器，构成反馈回路。$E(s)$ 作为输入送入加法器，即可得系统的模拟图。因此，在画一阶全极点系统的模拟图时，将系统函数改写为式(4.7-10)的形式，即可直接根据系统函数画出系统的模拟图。

例 4-33　已知某一阶系统的系统函数 $H(s)=\dfrac{1}{s+3}$，请画出该系统的模拟图，并写出描述此系统的微分方程。

解：系统函数可改写为

$$H(s)=\frac{1}{s+3}=\frac{s^{-1}}{1+3s^{-1}}$$

可知该系统需要一个积分器、一个加法器和一个标量乘法器模拟，其模拟图如图 4-33 所示。

根据系统函数可写出系统输入-输出的 s 域表达式为

$$sR(s)+3R(s)=E(s)$$

因此，可得系统微分方程为

$$\frac{\mathrm{d}r(t)}{\mathrm{d}t}+3r(t)=e(t)$$

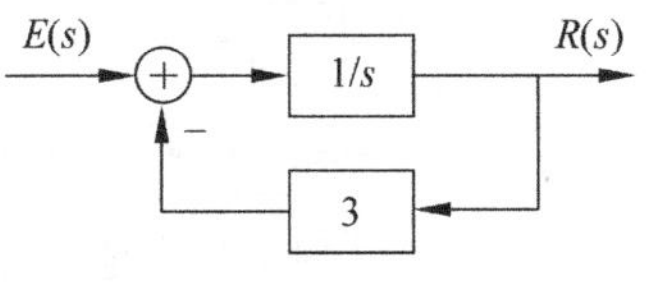

图 4-32　例 4-33 图

2. 全极点二阶系统模拟

全极点二阶系统的系统函数为

$$H(s)=\frac{R(s)}{E(s)}=\frac{1}{s^2+a_1s+a_0} \tag{4.7-11}$$

写出系统 s 域方程

$$s^2R(s)+a_1sR(s)+a_0R(s)=E(s) \tag{4.7-12}$$

整理可得

$$s^2R(s)=E(s)-a_1sR(s)-a_0R(s) \tag{4.7-13}$$

式(4.7-13)可进一步改写为

$$R(s)=\frac{1}{s^2}[E(s)-a_1sR(s)-a_0R(s)] \tag{4.7-14}$$

根据式(4.7-14)可画出系统模拟图，如图 4-33 所示。

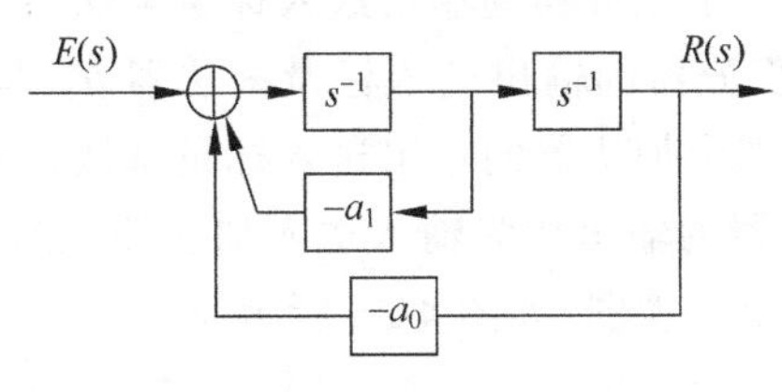

图 4-33　二阶系统模拟图

式(4.7-11)可改写为

$$H(s)=\frac{s^{-2}}{1+a_1s^{-1}+a_0s^{-2}} \tag{4.7-15}$$

对照式(4.7-15)和图 4-33 可以看出，系统函数的分子多项式 s^{-2} 是开环系统的系统函数，用积分器模拟，对于二阶系统，需要两个积分器。第二个积分器的输出为 $R(s)$，同时 $R(s)$经标量乘法器$-a_0$ 后，作为加法器的一个输入送入加法器；第一个积分器的输出为 $sR(s)$，经标量乘法器$-a_1$ 后，作为加法器的一个输入送入加法器；外加激励 $E(s)$ 作为另一输入送入加法器，即可画出系统的模拟图。

例 4-34　已知某二阶系统的系统函数为 $H(s)=\dfrac{2}{s^2+4s+3}$，画出系统模拟图。

解：将系统函数改写为

$$H(s)=\frac{s^{-2}}{1+4s^{-1}+3s^{-2}}\times 2$$

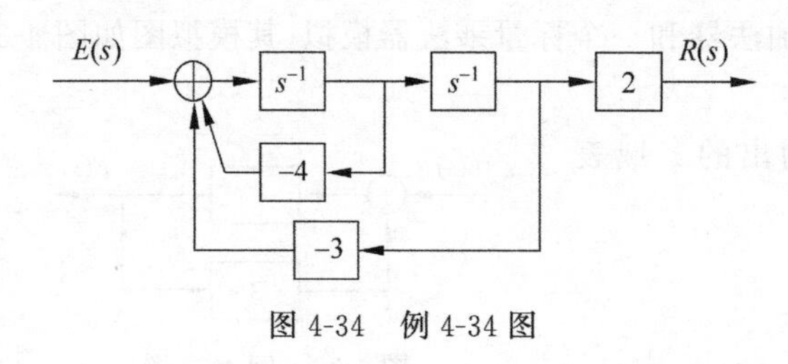

图 4-34　例 4-34 图

由上式可知，系统函数由两部分构成，第一部分 $\frac{s^{-2}}{1+4s^{-1}+3s^{-2}}$ 可根据全极点二阶系统的模拟画出，再与标量乘法器 2 级联即可得到该系统的模拟图，如图 4-34 所示。

3. 一般系统模拟的直接形式

以上模拟实现了系统的极点，实际系统除了极点之外，一般还有零点。例如一般二阶系统的系统函数为

$$H(s)=\frac{b_2s^2+b_1s+b_0}{s^2+a_1s+a_0} \tag{4.7-16}$$

将上式改写为

$$H(s)=\frac{b_2+b_1s^{-1}+b_0s^{-2}}{1+a_1s^{-1}+a_0s^{-2}} \tag{4.7-17}$$

式(4.7-17)可进一步改写为

$$\begin{aligned}H(s)&=\frac{b_0s^{-2}}{1+a_1s^{-1}+a_0s^{-2}}+\frac{b_1s^{-1}}{1+a_1s^{-1}+a_0s^{-2}}+\frac{b_2}{1+a_1s^{-1}+a_0s^{-2}}\\&=H_1(s)+H_2(s)+H_3(s)\end{aligned} \tag{4.7-18}$$

由例 4-34 可知，式(4.7-18)中第一项是一全极点二阶系统与标量乘法器 b_0 的级联，因此，首先画出全极点二阶系统的模拟图，再将第二个积分器的输出送入标量乘法器 b_0，即可得到第一项 $H_1(s)$的模拟；同理，将第一个积分器的输出送入标量乘法器 b_1，即可得到第二项 $H_2(s)$的模拟；将全极点二阶系统模拟中加法器的输出送入标量乘法器 b_2，即可得到第三项 $H_3(s)$的模拟。将三个标量乘法器的输出作为输入送入加法器，加法器的输出即为最终的输出 $R(s)$。因此，可以画出系统模拟图，如图 4-35 所示。

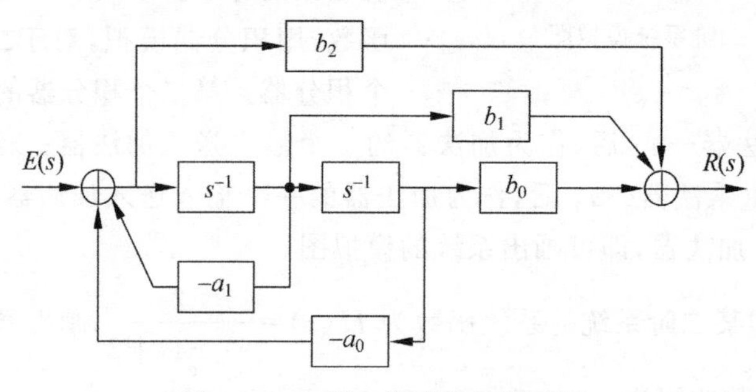

图 4-35　一般二阶系统的模拟图

对照式(4.7-17)和图 4-35 可以看出，$H(s)$的分子多项式对应图中的前向支路(指向输出)，分母多项式对应图中的反馈支路。这种规律可推广至高阶系统。对于 n 阶系统($m\leqslant n$)，假设 $m=n$，此时系统函数为

$$H(s)=\frac{b_n s^n+b_{n-1}s^{n-1}+\cdots+b_1 s+b_0}{s^n+a_{n-1}s^{n-1}+\cdots+a_1 s+a_0}$$
$$=\frac{b_n+b_{n-1}s^{-1}+\cdots+b_1 s^{-(n-1)}+b_0 s^{-n}}{1+a_{n-1}s^{-1}+\cdots+a_1 s^{-(n-1)}+a_0 s^{-n}} \tag{4.7-19}$$

按前述方法构建 n 阶系统的模拟图，如图 4-36 所示。

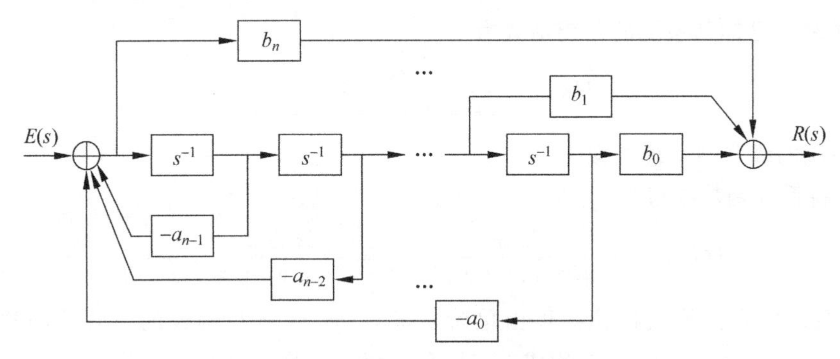

图 4-36　n 阶系统的直接型模拟图

4.7.4　系统模拟的其他形式

在进行系统模拟时，还可以将复杂系统分解为若干子系统的组合，先绘出子系统的模拟图，再按一定的互联关系构成复杂系统的模拟图。

子系统的模拟可以用由单阶实极点构成的一阶节和由共轭极点构成的二阶节来实现，再将各子系统互联，即可得系统模拟图。

1. 级联形式

级联模拟是将 n 阶系统的系统函数 $H(s)$分解为一系列子系统系统函数 $H_i(s)$的乘积，即

$$H(s)=H_1(s)\times H_2(s)\times\cdots\times H_n(s)=\prod_{i=1}^{n}H_i(s) \tag{4.7-20}$$

例 4-35　已知某系统的系统函数为

$$H(s)=\frac{s+4}{s^2+5s+6}$$

画出该系统的级联型系统模拟图。

解：将系统函数改写为

$$H(s)=\frac{s+4}{(s+2)(s+3)}=\frac{s+4}{s+2}\times\frac{1}{s+3}=H_1(s)\times H_2(s)$$

画出子系统的直接形式模拟图，再将两子系统级联，即可得到系统的级联型系统模拟图，如图 4-37 所示。

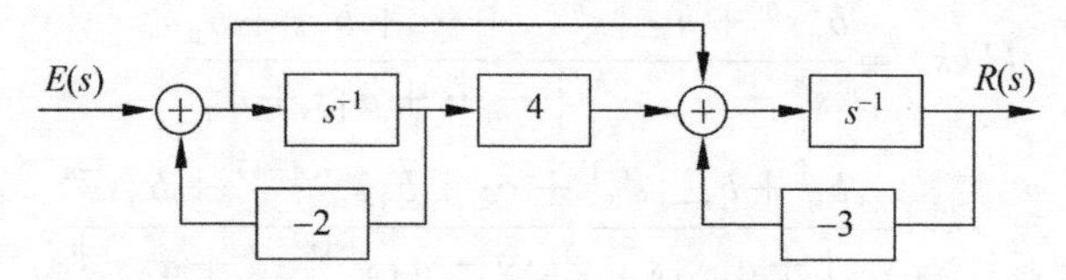

图 4-37　例 4-35 系统的级联型模拟图

例 4-36　已知某系统的系统函数为

$$H(s)=\frac{2s+3}{(s+2)(s^2+2s+5)}$$

画出该系统的级联型系统模拟图。

解：将系统函数改写为

$$H(s)=\frac{2s+3}{(s+2)(s^2+2s+5)}=\frac{2s+3}{s^2+2s+5}\times\frac{1}{s+2}$$

因此，该系统的直接形式模拟图可由单阶实极点($p_1=-2$)构成的一阶节和共轭极点($p_2=-1+\mathrm{j}2$ 和 $p_3=-1-\mathrm{j}2$)构成的二阶节的级联实现，如图 4-38 所示。

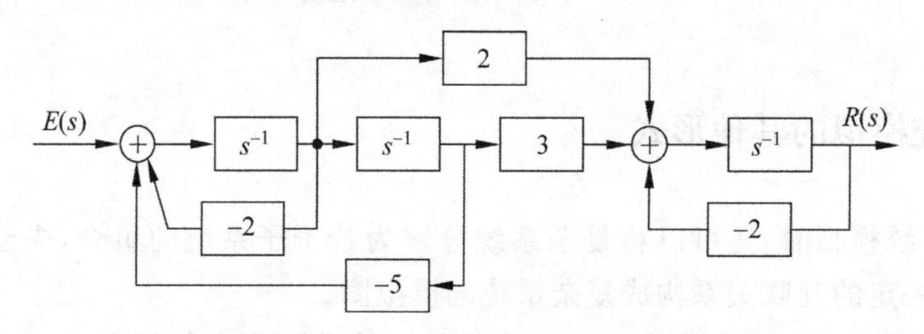

图 4-38　例 4-36 系统的级联型模拟图

2. 并联型模拟

并联型模拟是将 n 阶系统的系统函数 $H(s)$ 分解为一系列子系统系统函数 $H_i(s)$ 的和，即

$$H(s)=H_1(s)+H_2(s)+\cdots+H_n(s)=\sum_{i=1}^{n}H_i(s) \tag{4.7-21}$$

每个子系统可用直接形式模拟，再将各子系统并联，即可得到并联型系统模拟图。

例 4-37　已知某系统的系统函数为

$$H(s)=\frac{s+3}{s^2+3s+2}$$

画出该系统的并联型系统模拟图。

解：将系统函数改写为

$$H(s)=\frac{s+3}{(s+1)(s+2)}=\frac{2}{s+1}-\frac{1}{s+2}=H_1(s)+H_2(s)$$

画出子系统的直接形式模拟图，再将两子系统并联，即可得到系统的并联型系统模拟图,如图 4-39 所示。

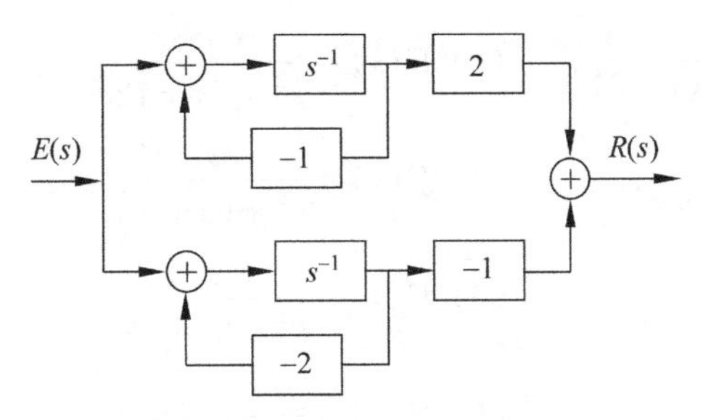

图 4-39　例 4-37 系统的并联型模拟图

习题 4

4-1　求下列信号的拉普拉斯变换:

(1) $f(t)=\cos\pi t u(t)$;　(2) $f(t)=\delta(t)+2e^{2t}u(t)$;

(3) $f(t)=u(t)-u(t-1)$;　(4) $f(t)=u(t+1)-u(t-1)$;

(5) $f(t)=1+6t+5e^{-4t}$;　(6) $f(t)=e^{-t}\cos\omega_0 t u(t)$;

(7) $f(t)=5te^{-3t}u(t)$;　(8) $f(t)=tu(t-2)$;

(9) $f(t)=\int_{0_-}^{t} e^{-a\tau}d\tau$;　(10) $f(t)=e^{-2t}u(t)*e^{-3t}u(t)$。

4-2　求下列信号的拉普拉斯变换(注意延时性质的应用):

(1) $f(t)=e^{-t}u(t-3)$;　(2) $f(t)=e^{-(t-3)}u(t)$;

(3) $f(t)=\sin\omega_0 t u(t-t_0)$;　(4) $f(t)=(t-2)[u(t-2)-u(t-3)]$;

(5) $f(t)=\cos 2t u(t-1)$;　(6) $f(t)=e^{-t}\sin(t-2)u(t-2)$。

4-3　已知 $f(t)=\begin{cases}1, & |t|\leqslant 1\\ 0, & |t|>1\end{cases}$,求函数 $3f(t)+2\sin t$ 的拉普拉斯变换。

4-4　信号 $f_1(t)$、$f_2(t)$的波形如图 4-40 所示,已知 $F_1(s)=\dfrac{1}{1-e^{-sT}}$,求 $F_2(s)$。

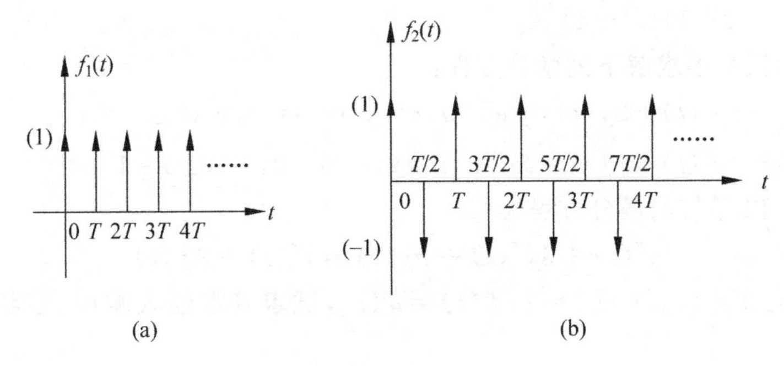

图 4-40　题 4-4 图

4-5 求下列函数的拉普拉斯反变换：

(1) $F(s)=\frac{1}{(s+2)(s+3)}$；　(2) $F(s)=\frac{s+8}{s^2+7s+12}$；

(3) $F(s)=\frac{s+2}{s^2+4s+3}$；　(4) $F(s)=\frac{3s}{s^2+6s+8}$；

(5) $F(s)=\frac{1}{s^2+4}$；　(6) $F(s)=\frac{s}{s^2+8s+17}$；

(7) $F(s)=\frac{s+1}{s(s^2+4)}$；　(8) $F(s)=\frac{1}{(s+1)^2}$；

(9) $F(s)=\frac{s+2}{s(s+1)^2(s+3)}$；(10) $F(s)=\frac{s^2+5s+5}{s^2+4s+3}$。

4-6 求下列函数的拉普拉斯反变换：

(1) $F(s)=\frac{\mathrm{e}^{-5s+1}}{s}$；　(2) $F(s)=\frac{\mathrm{e}^{-2s}}{s^2-4}$；

(3) $F(s)=\frac{s-s\mathrm{e}^{-s}}{s^2+\pi^2}$；　(4) $F(s)=\frac{1}{1+\mathrm{e}^{-s}}$；

(5) $F(s)=\frac{1}{(s+1)(1-\mathrm{e}^{-2s})}$；(6) $F(s)=\frac{1}{s(1+\mathrm{e}^{-s})}$。

4-7 求下列函数的拉普拉斯反变换的初值与终值：

(1) $F(s)=\frac{s+1}{(s+2)(s+3)}$；

(2) $F(s)=\frac{s+3}{(s+1)^2(s+2)}$；

(3) $F(s)=\frac{s+5}{s^2+2s+5}$；

(4) $F(s)=\frac{s^3+6s^2+6s}{s^2+6s+8}$；

(5) $F(s)=\frac{s^2+2s+3}{(s+1)(s^2+4)}$。

4-8 用拉氏变换求解下列微分方程：

(1) $y''(t)+3y'(t)+2y(t)=2\mathrm{e}^{-3t}u(t), y(0_-)=0, y'(0_-)=1$；

(2) $y''(t)+2y'(t)+y(t)=2\mathrm{e}^{-t}u(t), y(0_-)=0, y'(0_-)=1$。

4-9 某LTI系统的微分方程为

$$y''(t)+3y'(t)+2y(t)=f'(t)+3f(t)$$

已知 $y(0_-)=1, y'(0_-)=2, f(t)=u(t)$，试求其零输入响应、零状态响应和全响应。

4-10 某LTI系统的微分方程为

$$y''(t)+5y'(t)+6y(t)=2f'(t)+8f(t)$$

试求其系统函数 $H(s)$和单位冲激响应 $h(t)$。

4-11 已知某 LTI 系统，当激励为 $e^{-t}u(t)$时，系统的零状态响应为

$$r_{zs}(t)=(e^{-t}-e^{-2t}+e^{-3t})u(t)$$

试求该系统的系统函数 $H(s)$和单位冲激响应 $h(t)$。

4-12 某 LTI 系统的微分方程为

$$y''(t)+5y'(t)+6y(t)=2f''(t)+3f'(t)+2f(t)$$

当 $f(t)=(1-e^{-t})u(t)$时，全响应为 $y(t)=\left(4e^{-2t}-\frac{4}{3}e^{-3t}+\frac{1}{3}\right)u(t)$，试求系统的初始条件 $y(0_-)$、$y'(0_-)$，并指出系统的零输入响应和零状态响应。

4-13 某 LTI 系统在相同的初始条件下，输入为 $f_1(t)=\delta(t)$时，完全响应为 $y_1(t)=\delta(t)+e^{-t}u(t)$；输入为 $f_2(t)=u(t)$时，完全响应 $y_2(t)=3e^{-t}u(t)$；求在相同的初始条件下，输入为下列信号时的完全响应：

(1) $f_3(t)=e^{-2t}u(t)$；

(2) $f_4(t)=tu(t-1)$。

4-14 如图 4-41 所示电路中，电路参数为 $R=1\Omega$，$L=1H$，$C=1F$，初始状态为 $i_L(0_-)=1A$，$v_C(0_-)=1V$，求零输入响应 $i_L(t)$。

4-15 如图 4-42 所示电路，电路原已处于稳定状态，$t=0$ 时开关由“1”到“2”，试求：$t>0$ 时，电容两端的电压 $v_C(t)$。

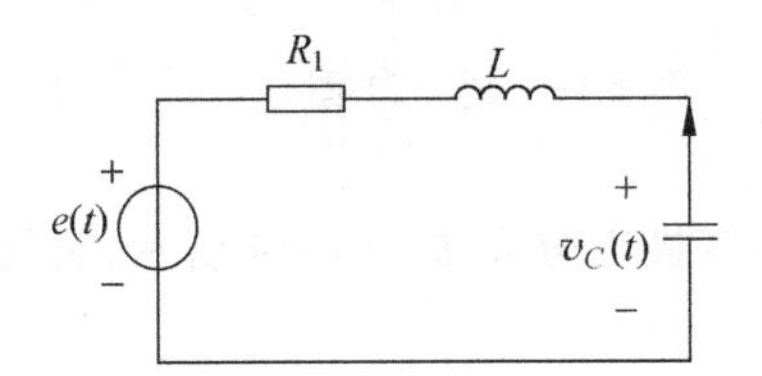

图 4-41 题 4-14 图

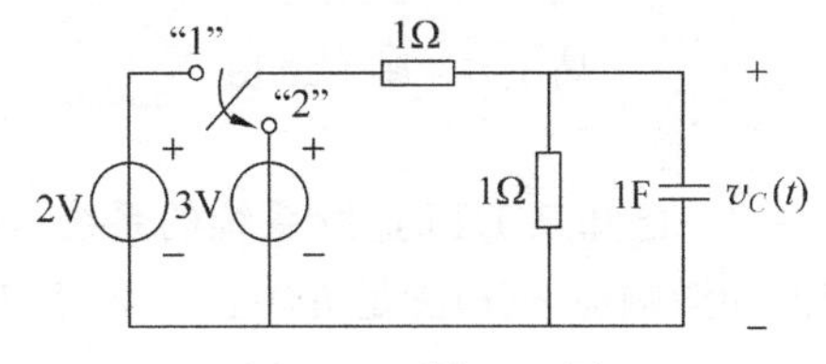

图 4-42 题 4-15 图

4-16 如图 4-43 所示电路，电路原已处于稳定状态，$t=0$ 时开关闭合，试求：$t>0$ 时，电容两端的电压 $v_C(t)$。

4-17 如图 4-44 所示电路，已知开关断开前电路已处于稳定状态，$t=0$ 时刻，开关 K 打开，输出为电容两端电压 $v_C(t)$，试求：

(1) $i_L(0_-)$和 $v_C(0_-)$；

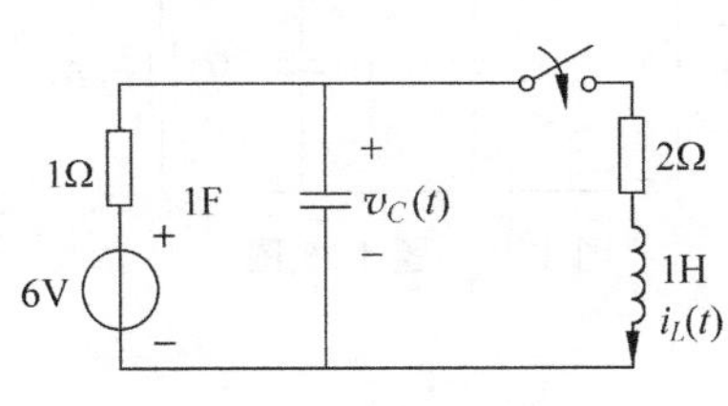

图 4-43 题 4-16 图

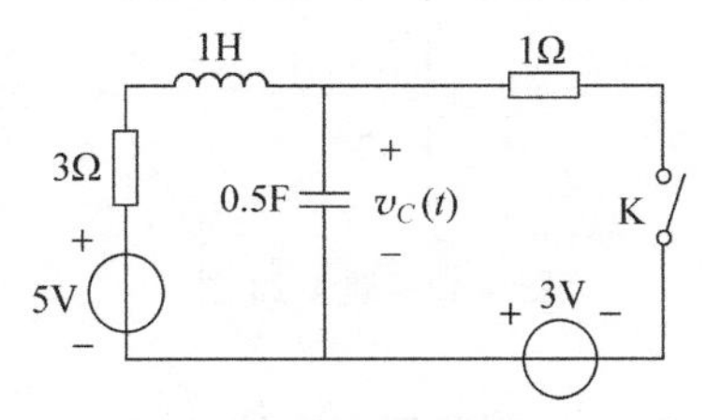

图 4-44 题 4-17 图

(2) 求 $t>0$ 时,电容两端电压 $v_C(t)$。

4-18　写出图 4-45 所示电路的系统函数 $H(s)$。

4-19　写出图 4-46 所示电路的系统函数 $H(s)=\dfrac{V_2(s)}{V_1(s)}$。

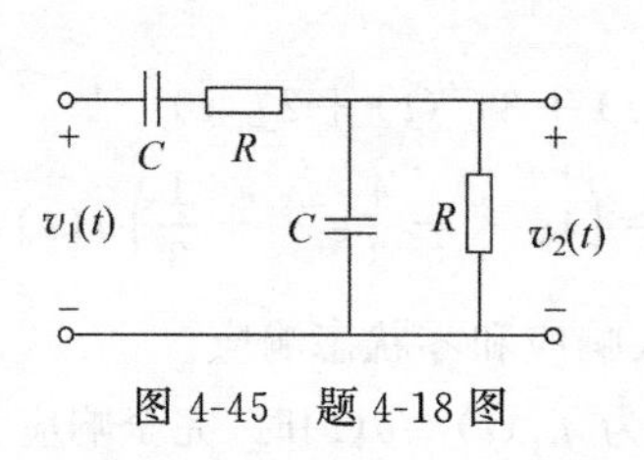

图 4-45　题 4-18 图

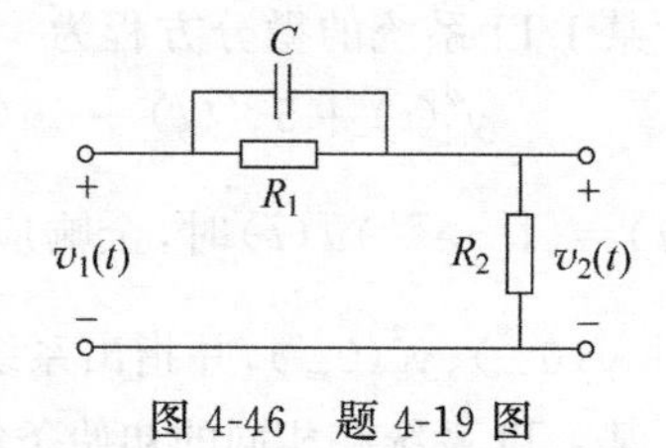

图 4-46　题 4-19 图

4-20　如图 4-47 所示电路,试求其系统函数 $H(s)=\dfrac{V_2(s)}{V_1(s)}$。

4-21　已知某系统的零极点分布如图 4-48 所示,且 $H(0)=5$,求系统函数 $H(s)$。

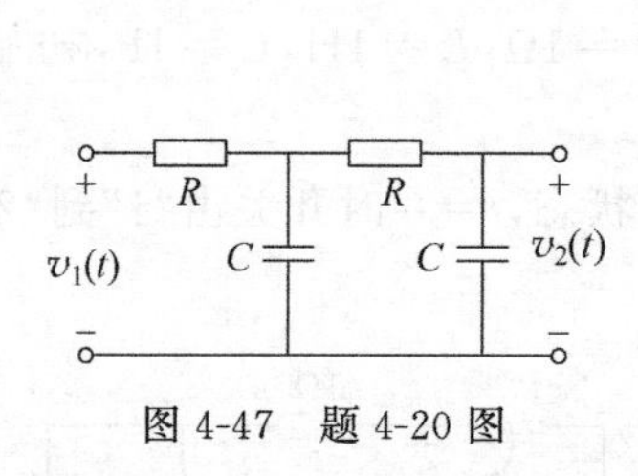

图 4-47　题 4-20 图

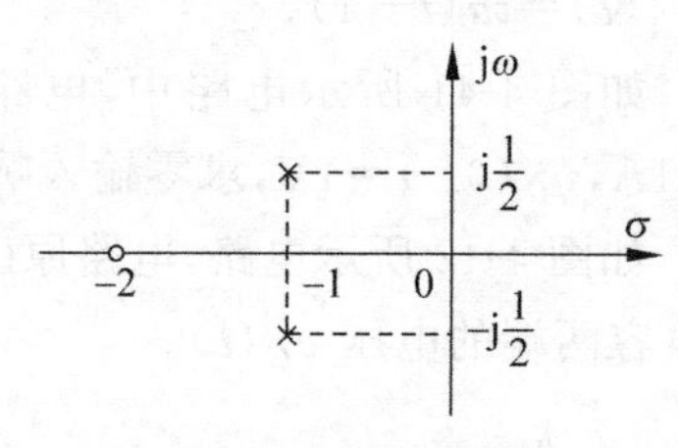

图 4-48　题 4-21 图

4-22　已知某 LTI 连续系统的系统函数 $H(s)$的零极点分布如图 4-49 所示,又知该系统的冲激响应 $h(t)$满足 $h(0_+)=2$,求 $H(s)$。

4-23　如图 4-50 所示电路,求系统函数 $H(s)=\dfrac{V_2(s)}{V_1(s)}$及其零、极点,并画出零、极点图。

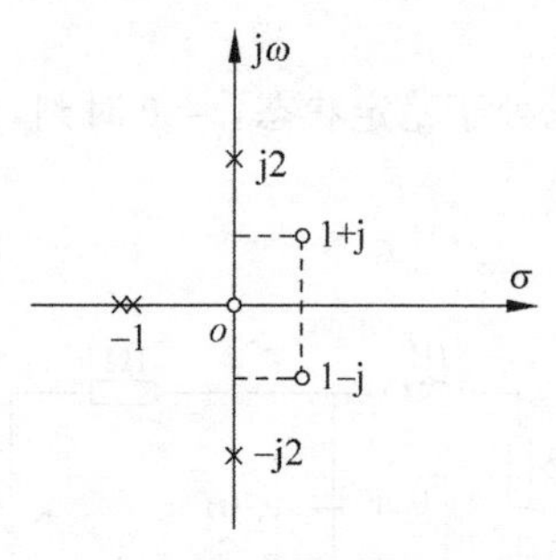

图 4-49　题 4-22 图

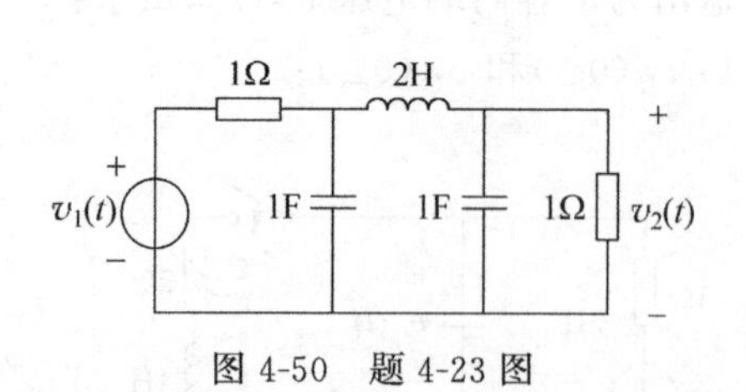

图 4-50　题 4-23 图

4-24　试判断下列系统的稳定性:

(1) $H(s)=\dfrac{s+1}{s^2+8s+6}$;

(2) $H(s)=\dfrac{s+1}{s^2+2s+3}$;

(3) $H(s)=\dfrac{2s+1}{s^3+3s^2-4s+3}$;

(4) $H(s)=\dfrac{5s^2+10s+15}{s^3+5s^2+16s+30}$;

(5) $H(s)=\dfrac{2s^3+s^2+5}{s^4+2s^3+4s+2}$;

(6) $H(s)=\dfrac{5s^3+s^2+3s+2}{s^4+s^3+s^2+10s+10}$。

4-25 电路如图4-51所示,试求:

(1) 系统函数;

(2) 系统的零、极点,并画出零、极点图;

(3) 系统的冲激响应;

(4) 当激励为图4-51(b)所示的信号时,系统的响应。

4-26 电路如图4-52所示,电路已处于稳定状态,$t=0$时开关由"1"到"2"。

(1) 求系统的系统函数$H(s)$、单位冲激响应$h(t)$;

(2) 当$f(t)=e^{-t}u(t)$时,求系统的全响应$y(t)$;

(3) 判断系统是否稳定,并说明理由。

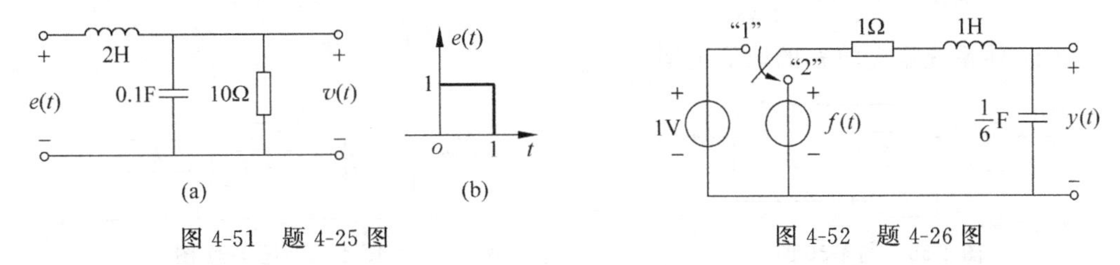

图4-51 题4-25图

图4-52 题4-26图

4-27 电路如图4-53所示,已知在$t<0$时电路已处于稳态,开关在$t=0$时断开。

(1) 画出换路后的等效电路;

(2) 求电感电压。

4-28 电路如图4-54所示,$kv(t)$是受控源。试求:

(1) 系统函数$H(s)=\dfrac{R(s)}{E(s)}$;

(2) 使系统稳定的k的取值范围;

(3) 当$k=2$时,系统的单位冲激响应。

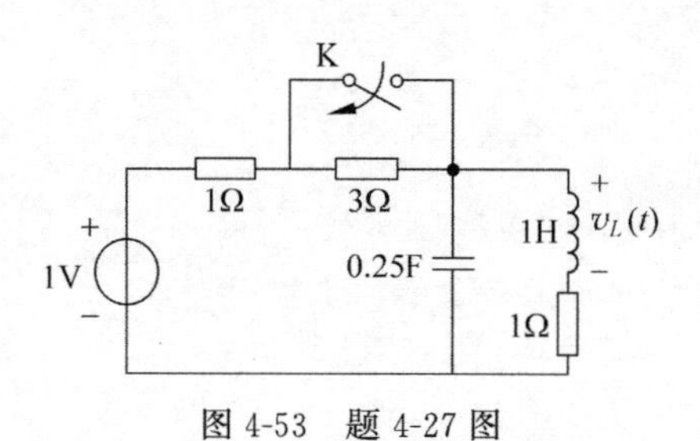

图 4-53　题 4-27 图

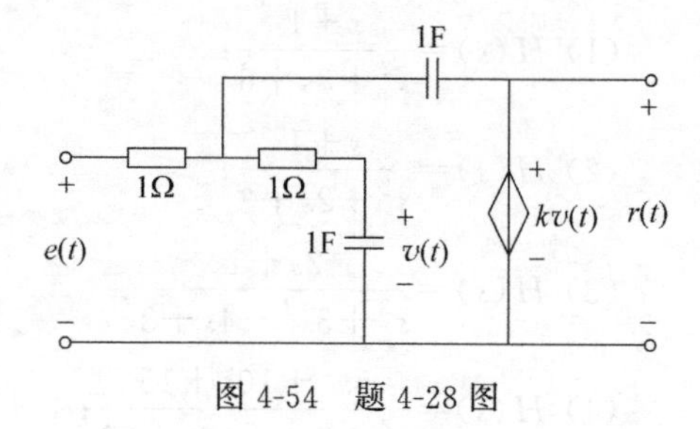

图 4-54　题 4-28 图

4-29　请画出以下系统的模拟图：

(1) $y''(t)+2y'(t)+5y(t)=f'(t)+f(t)$；

(2) $y'''(t)+5y''(t)+6y(t)=2f''(t)+3f'(t)+5f(t)$；

(3) $H(s)=\dfrac{4s+5}{s^2+3s+2}$；

(4) $H(s)=\dfrac{5s^2+s+2}{s^3+s^2+3s}$。

4-30　系统如图 4-55 所示，试求：

(1) 系统函数 $H(s)=\dfrac{Y(s)}{F(s)}$；

(2) 使系统稳定的 k 的取值范围。

4-31　系统如图 4-56 所示，试求：

(1) 系统函数 $H(s)=\dfrac{Y(s)}{F(s)}$；

(2) 使系统稳定的 k 的取值范围。

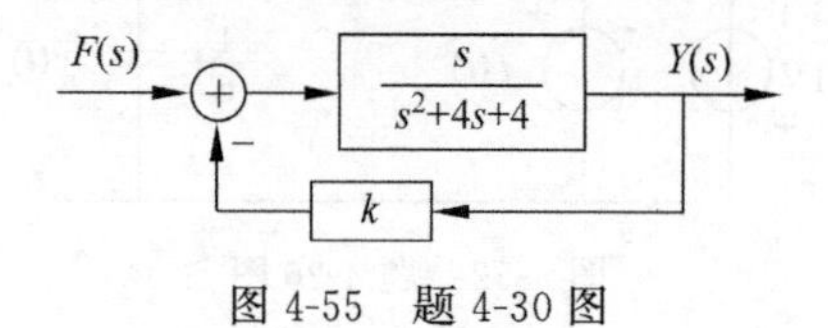

图 4-55　题 4-30 图

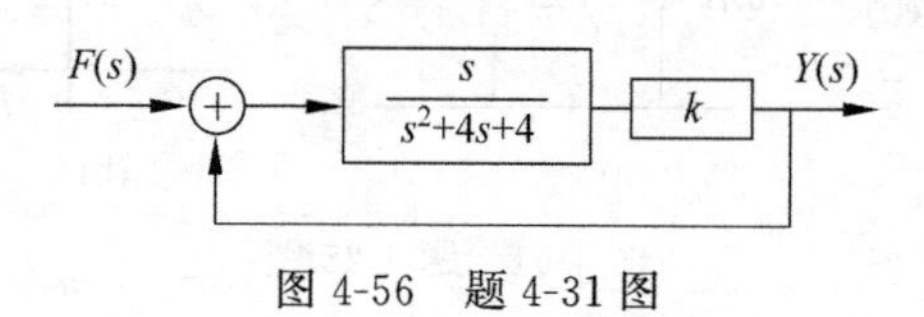

图 4-56　题 4-31 图

4-32　系统如图 4-57 所示，试求：

(1) 系统函数 $H(s)=\dfrac{Y(s)}{F(s)}$；

(2) 使系统稳定的 β 的取值范围。

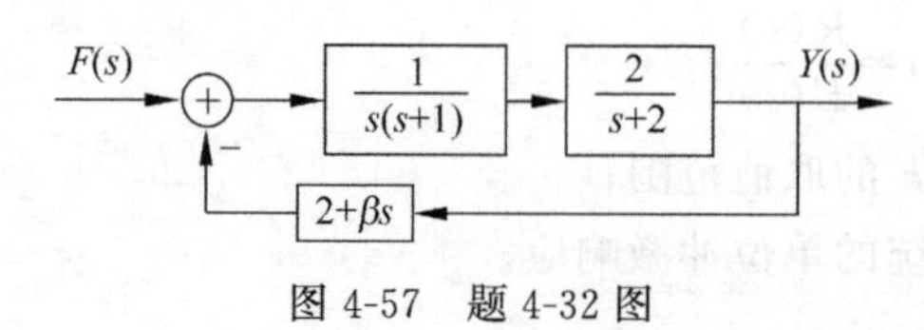

图 4-57　题 4-32 图

4-33 在长途电话通信中，接收端在接收到正常信号 $e(t)$ 的同时可能还会反射信号。反射信号经线路传回到发射端后会再次被反射，又送至接收端，我们把它称为“回波”，用 $ae(t-t_0)$ 表示；其中参数 a 代表传输中的幅度衰减，t_0 表示回波传输产生的延迟。假定只接收到一个回波，接收信号可用下式表示：

$$r(t)=e(t)+ae(t-t_0)$$

(1) 求该回波系统的系统函数 $H(s)$；

(2) 令 $H(s)H_1(s)=1$，$H_1(s)$ 表示一个逆系统，求 $H_1(s)$ 的表达式。

第5章 离散时间信号与系统的时域分析

前 4 章讨论了连续时间信号与系统的分析方法，这些方法在通信和自动控制等领域有着广泛的应用。随着计算机和微处理器的出现，数字信号处理技术得到了迅速发展。数字信号处理具有精度高、稳定性好、灵活性强和集成度高等特点，逐渐被图像处理、工业控制、军事以及人工智能等各领域所采用。数字信号是一种离散时间信号，其相关的处理技术离不开离散时间信号和系统的分析方法。

本章主要讨论离散时间信号与系统的基本概念和分析方法。首先介绍离散时间信号描述方法和运算规则，然后分析离散时间系统的特性与建模方法，最后讨论系统响应的时域求解方法。

5.1　离散时间信号

离散时间信号与连续时间信号联系紧密，在研究内容和分析方法上具有一定的相似性。本节主要介绍离散时间信号的概念、常用的离散时间信号以及运算方法。

5.1.1　离散时间信号及表示方法

若信号只在一系列离散的时间点上有定义，则该信号称为离散时间信号。在实际应用中，通常信号取值的时刻为某个时间间隔 t_0 的整数倍，所以离散时间信号可以用 $f(nt_0)$来表示，通常简写为 $f(n)$。其中自变量 n 体现了函数值的出现次序，称为序号，故离散时间信号又称为序列。

离散时间信号可以由连续时间信号采样得到，时域采样的具体过程在 3.7 节进行过讨论。实际生活中许多物理现象都可以利用采样信号来描述。例如在气象观测中，要绘制出一天内的气温变化，通常选取若干特定时刻对气温进行测量，因而此时描述气温变化的信号为离散时间信号，如图 5-1 所示。

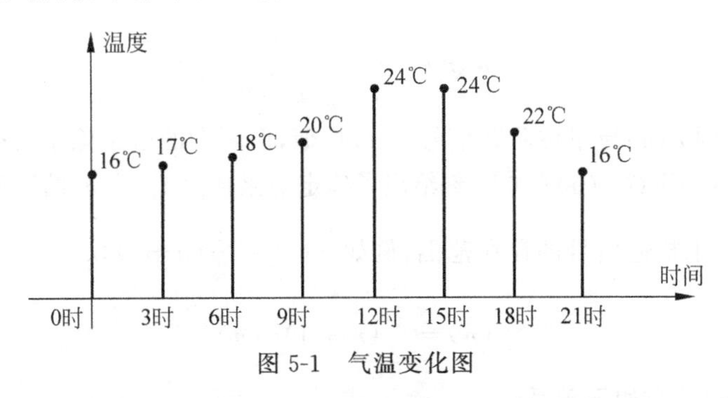

图 5-1　气温变化图

离散时间信号也可以从应用中直接获得。例如在生物学、遗传学、概率、统计及社会学等领域，存在大量离散的数据，其自变量本身就具有离散性。此外，自变量也不一定始终为时间，例如温度随高度的变化等。但是为了表示方便，一般统一用 n 来表示自变量。

离散时间信号常用以下三种方式描述：

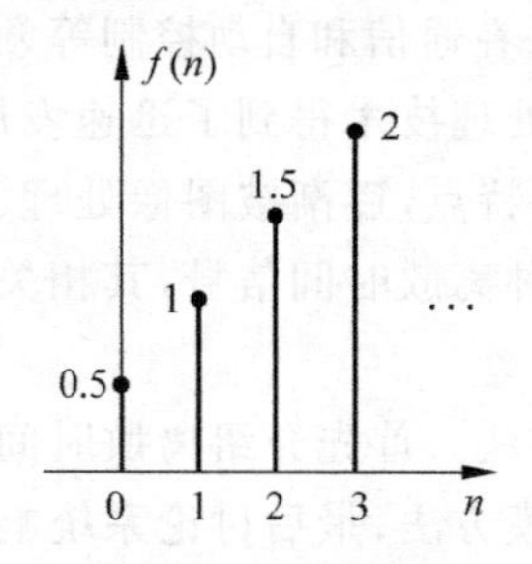

图 5-2 序列的图形

(1) 数学表达式。当 $f(n)$ 遵循某种变化规律，则可用确定性的函数表达式来描述。如

$$f(n)=\frac{1}{2}(n+1),\quad n\geqslant 0 \tag{5.1-1}$$

(2) 图形。用图形描述可直观看出离散时间信号的变化情况，例如式(5.1-1)中的信号 $f(n)$ 的图形如图 5-2 所示。

(3) 数组。用数组表示离散时间信号，是将其信号值一一罗列出来，并标明位置。式(5.1-1)所描述的信号 $f(n)$ 用数组可表示为 $f(n)=\{\underset{\uparrow}{0.5},1,1.5,2,\cdots\}$，式中箭头表示 $n=0$ 的位置。

5.1.2 常用序列

1. 单位样值序列

单位样值序列又称为单位脉冲序列，用 $\delta(n)$ 来表示，其定义为

$$\delta(n)=\begin{cases}1, & n=0\\ 0, & n\neq 0\end{cases} \tag{5.1-2}$$

图 5-3 单位样值序列

需要注意，$\delta(n)$ 在 $n=0$ 时的函数值等于 1，而不是无穷量，波形如图 5-3 所示。

2. 单位阶跃序列

单位阶跃序列 $u(n)$ 定义为

$$u(n)=\begin{cases}1, & n\geqslant 0\\ 0, & n<0\end{cases} \tag{5.1-3}$$

单位阶跃序列 $u(n)$ 与单位阶跃信号 $u(t)$ 类似，但两者的区别除了自变量取值是连续还是离散外，还需要注意 $u(n)$ 在 0 时刻给出了确定的函数值 1。$u(n)$ 的波形如图 5-4 所示。

$u(n)$ 可以用来描述信号的存在范围，例如 $f(n)=\frac{1}{2}(n+1),n\geqslant 0$ 又可以表示为

$$f(n)=\frac{1}{2}(n+1)u(n)$$

$u(n)$ 和 $\delta(n)$ 存在如下关系：

$$u(n)=\sum_{m=0}^{+\infty}\delta(n-m) \tag{5.1-4}$$

$$\delta(n)=u(n)-u(n-1) \tag{5.1-5}$$

3. 单位矩形序列

单位矩形序列用 $R_N(n)$ 来表示,其定义为

$$R_N(n)=\begin{cases}1, & 0\leqslant n\leqslant N-1\\0, & 其他\end{cases} \tag{5.1-6}$$

$R_N(n)$ 中的"N"表示从 $n=0$ 到 $n=N-1$ 共有 N 个数值。单位矩形序列 $R_N(n)$ 的波形如图 5-5 所示,该序列又可通过单位样值序列和单位阶跃序列来描述,即

$$R_N(n)=\sum_{m=0}^{N-1}\delta(n-m)=u(n)-u(n-N) \tag{5.1-7}$$

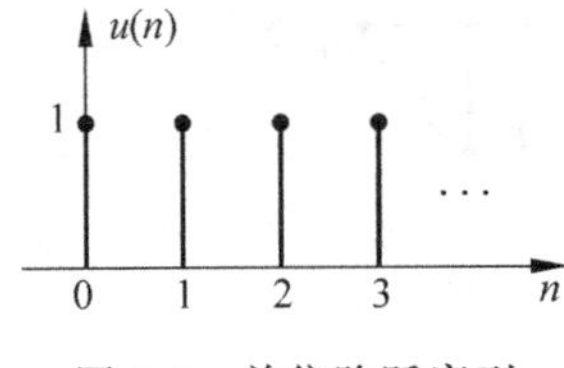

图 5-4　单位阶跃序列

图 5-5　单位矩形序列

4. 单边实指数序列

$$f(n)=a^n u(n) \tag{5.1-8}$$

指数序列的变化规律由底数 a 取决。当 $a>1$ 时,序列是发散的;$0<a<1$ 时,序列是收敛的;$-1<a<0$ 时,序列的正负值交替出现,总体收敛;$a<-1$ 时,序列同样是正负值交替出现,但总体发散。波形分别如图 5-6(a)～(d)所示。

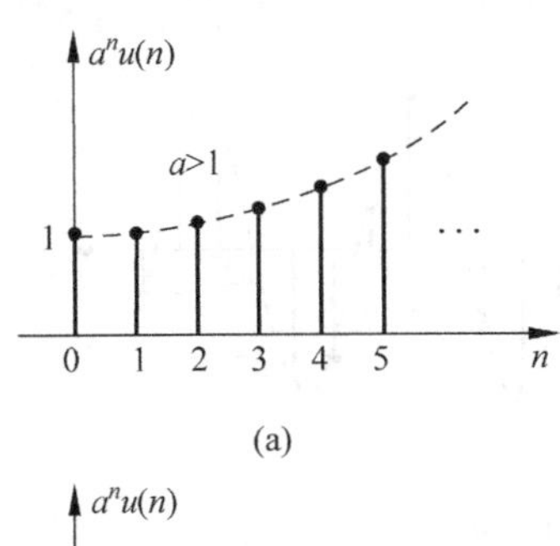

(a)

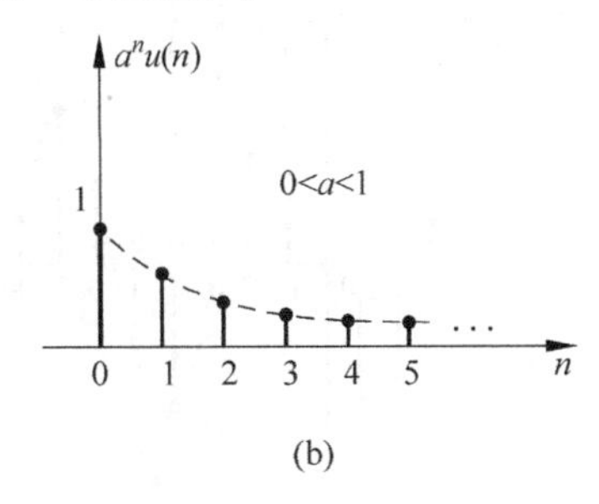

(b)

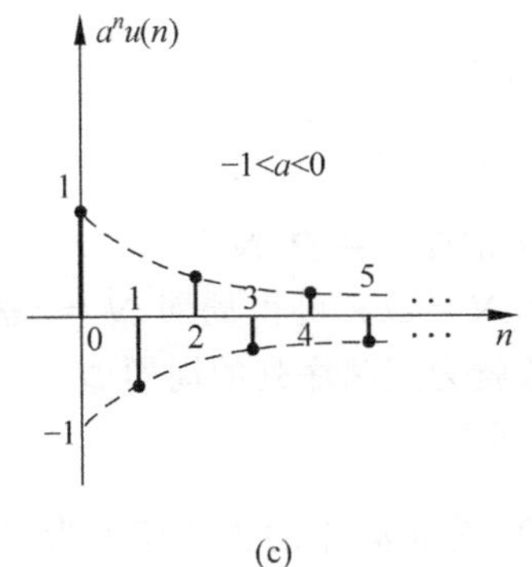

(c)

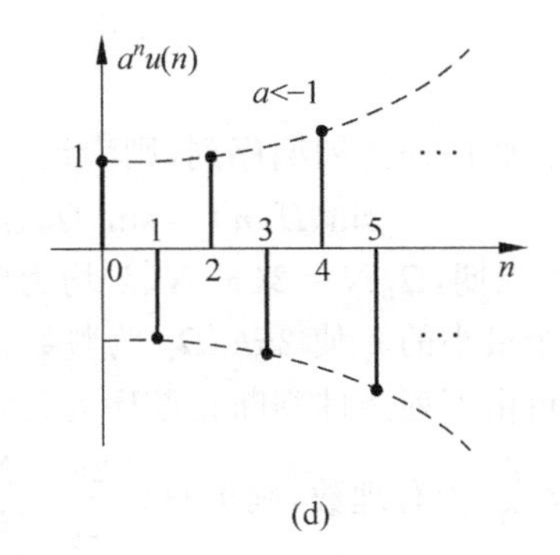

(d)

图 5-6　指数序列

5. 正弦序列

正弦序列表示为

$$f(n)=A\sin(\Omega_0 n+\theta) \tag{5.1-9}$$

式中，Ω_0 是正弦序列的数字频率，反映序列周期重复的速率，量纲为弧度/采样点。当 $A=1,\theta=0,\Omega_0=\dfrac{\pi}{5}$ 时，正弦序列的波形如图 5-7 所示。

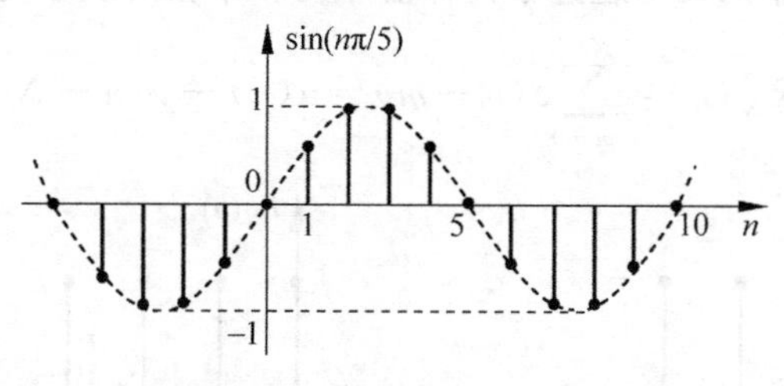

图 5-7　正弦序列 $\sin(n\pi/5)$

显然，正弦序列的包络是连续的正弦信号，而连续的正弦信号是典型的周期信号。由图 5-7 可知，$\sin(n\pi/5)$在一个正弦包络内进行等间隔离散化，得到 10 个离散的正弦值，然后以这 10 个离散的正弦值周期循环，即 $\sin(n\pi/5)$是以 10 为周期的正弦序列。

但正弦序列的周期有可能与包络的周期不同。图 5-8 是正弦序列 $f(n)=\sin\dfrac{4\pi}{11}n$ 的波形图，可以看出此正弦序列每隔 11 个样值周期重复，所以它的周期为 11，显然与包络的周期不一致。

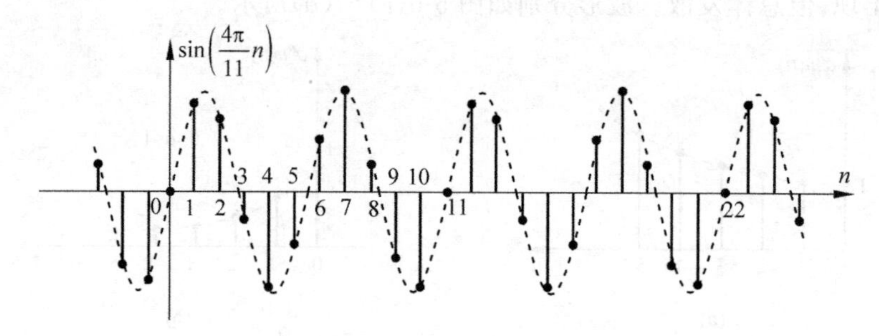

图 5-8　正弦序列 $\sin\dfrac{4\pi}{11}n$

如果正弦序列为周期序列，则满足

$$\sin(\Omega_0 n)=\sin[\Omega_0(n+N)]=\sin(\Omega_0 n+\Omega_0 N) \tag{5.1-10}$$

式中，N 为周期，$\Omega_0 N=2k\pi$，N、k 均为整数。由 $\Omega_0 N=2k\pi$ 可得周期 $N=2\pi k/\Omega_0$，故只要取一个最小的 k 使 $2\pi k/\Omega_0$ 为整数，则这个整数就为正弦序列的周期 N。

具体可由下列条件判断正弦序列是否为周期序列：

(1) 若$\dfrac{2\pi}{\Omega_0}$为有理数，则可写为$\dfrac{2\pi}{\Omega_0}=\dfrac{N}{k}$，此时以 Ω_0 为角频率的正弦序列为周期序列，

周期为 $N=\dfrac{2\pi}{\Omega_0}k$。

(2) 若$\dfrac{2\pi}{\Omega_0}$为无理数，则无法找到一个合适的 k 使得$\dfrac{2\pi}{\Omega_0}k$ 为整数，故正弦序列为非周期序列。

例 5-1 判断序列 $f(n)=2\cos\left(\dfrac{3\pi}{5}n+\dfrac{\pi}{6}\right)$是否为周期序列。若是，请求出序列周期。

解：正弦序列的周期性与振幅和初相无关，只与数字角频率有关。由于序列 $f(n)$的数字角频率 $\Omega_0=\dfrac{3}{5}\pi$，故

$$\frac{2\pi}{\Omega_0}=\frac{2\pi}{3\pi/5}=\frac{10}{3}$$

所以该序列为周期序列，其周期 $N=10$。

例 5-2 判断序列 $f(n)=\sin\left(\dfrac{n}{2}\right)$是否为周期序列。若是，请求出序列周期。

解：序列 $f(n)$的数字角频率 $\Omega_0=\dfrac{1}{2}$

$$\frac{2\pi}{\Omega_0}=\frac{2\pi}{1/2}=4\pi$$

故该序列不是周期序列。

6. 复指数序列

复指数序列表示为

$$\begin{aligned} f(n)&=A\mathrm{e}^{(a+\mathrm{j}\Omega_0)n}=A\mathrm{e}^{an}\mathrm{e}^{\mathrm{j}\Omega_0 n} \\ &=A\mathrm{e}^{an}(\cos\Omega_0 n+\mathrm{j}\sin\Omega_0 n) \end{aligned} \tag{5.1-11}$$

当 $a=0$ 时，有

$$f(n)=A\mathrm{e}^{\mathrm{j}\Omega_0 n}=A(\cos\Omega_0 n+\mathrm{j}\sin\Omega_0 n) \tag{5.1-12}$$

式(5.1-12)实部与虚部皆为正弦序列，又可称为复正弦序列。与正弦序列类似，复指数序列 $A\mathrm{e}^{\mathrm{j}\Omega_0 n}$ 若具有周期性，则满足

$$A\mathrm{e}^{\mathrm{j}\Omega_0 n}=A\mathrm{e}^{\mathrm{j}\Omega_0 (n+N)} \tag{5.1-13}$$

故要求 $\Omega_0 N=2\pi k$（N、k 均为整数），即 $N=\dfrac{2\pi}{\Omega_0}k$，当且仅当存在整数 k 使得$\dfrac{2\pi}{\Omega_0}k$ 为整数 N，此时复指数序列为周期序列，周期为 N。

5.1.3 序列的运算与变换

序列的运算和变换包括序列的相加、相乘以及序列自身的反褶、移位、尺度变换及差分等。将这些处理方式综合运用，可以大大提高信号处理的能力。

1. 相加运算

序列相加是指两序列同序号的数值相加构成一个新的序列,可表示为

$$y(n)=f_1(n)+f_2(n) \tag{5.1-14}$$

2. 相乘运算

序列相乘是指两序列同序号的数值相乘构成一个新的序列,可表示为

$$y(n)=f_1(n)\cdot f_2(n) \tag{5.1-15}$$

3. 反褶

序列反褶运算是将自变量 n 替换为 $-n$,得到一个新的序列,可表示为

$$y(n)=f(-n) \tag{5.1-16}$$

图 5-9 给出了原序列 $f(n)$ 与其反褶序列 $f(-n)$ 的波形。

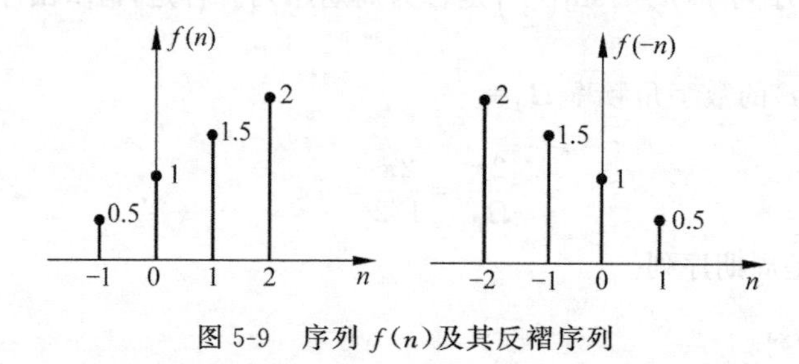

图 5-9 序列 $f(n)$ 及其反褶序列

4. 移位

序列移位有左移和右移两种情况。设 $m>0$,则序列右移 m 个单位可表示为

$$y(n)=f(n-m) \tag{5.1-17}$$

类似地,序列左移 m 个单位可表示为

$$y(n)=f(n+m) \tag{5.1-18}$$

例 5-3 已知序列 $f(n)=\{2,\underset{\uparrow}{1},3\}$,求序列 $y(n)=f(n)+f(n-1)f(n-2)$。

解:已知 $f(n)=\{2,\underset{\uparrow}{1},3\}$,根据序列的移位运算,得

$$f(n-1)=\{\underset{\uparrow}{2},1,3\}$$

$$f(n-2)=\{\underset{\uparrow}{0},2,1,3\}$$

将以上两个序列进行相乘运算,得

$$f(n-1)f(n-2)=\{\underset{\uparrow}{0},2,3\}$$

最后将上式与原序列 $f(n)$ 相加后,得

$$y(n)=\{2,\underset{\uparrow}{1},5,3\}$$

另外还可以依次画出以上各序列的波形,根据波形进行运算,具体过程如图 5-10(a)~

(e)所示。

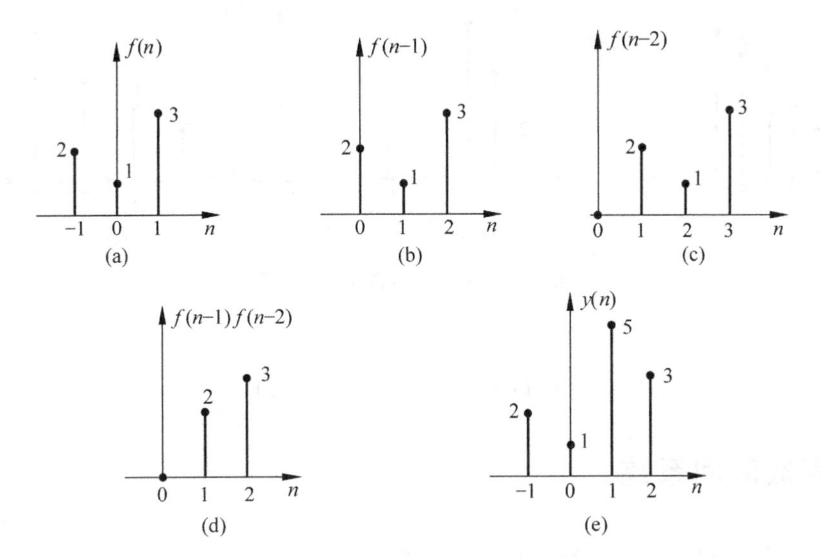

图 5-10 例 5-3 中各序列的波形

根据图 5-10(e)的结果,可知

$$y(n)=\{2,\underset{\uparrow}{1},5,3\}$$

5. 尺度变换

序列的尺度变换是指将 $f(n)$波形压缩或扩展为一个新的序列。若将自变量 n 乘以大于 1 的正整数 a,构成序列 $f(an)$,则该序列是原序列 $f(n)$的波形压缩,按每隔 $a-1$ 个点取值并将取出的值重新排列。若将自变量 n 除以大于 1 的正整数 a,构成序列 $f(n/a)$,则该序列是原序列 $f(n)$的波形扩展,即在原序列相邻两点间插入 $a-1$ 个零点值并重新排列。

例 5-4 若 $f(n)$波形如图 5-11(a)所示,画出 $f(2n)$和 $f(n/2)$的波形。

解:$f(2n)$是对原序列 $f(n)$的波形压缩,具体方法是将原序列每隔 1 个点抽取 1 个样值,也就是抽取了原序列偶数点的值,然后再重新排序得到,如图 5-11(b)所示。

$f(n/2)$是对原序列 $f(n)$的波形扩展,即将原序列每相邻 2 个点之间插入 1 个零点值,后对每个序列值进行自左向右重新排序,使得原序列的点位于偶数点上,奇数点为插入的零点值,如图 5-11(c)所示。

6. 差分

序列的差分运算是指原序列 $f(n)$与其移位序列 $f(n-m)$的相减运算,具体有前向差分和后向差分两种形式。

前向差分记为

$$\Delta x(n)=x(n+1)-x(n) \tag{5.1-19}$$

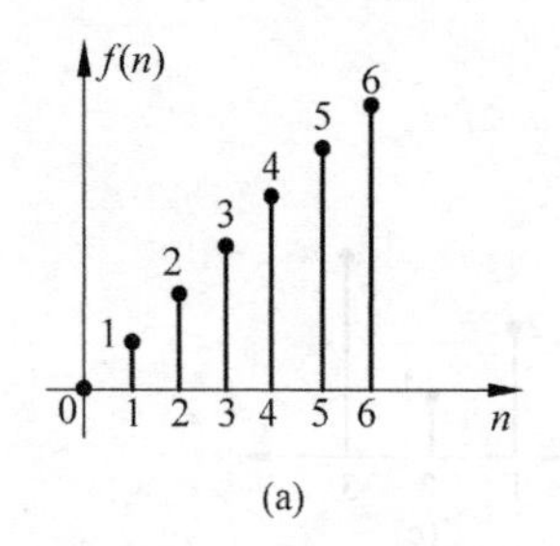

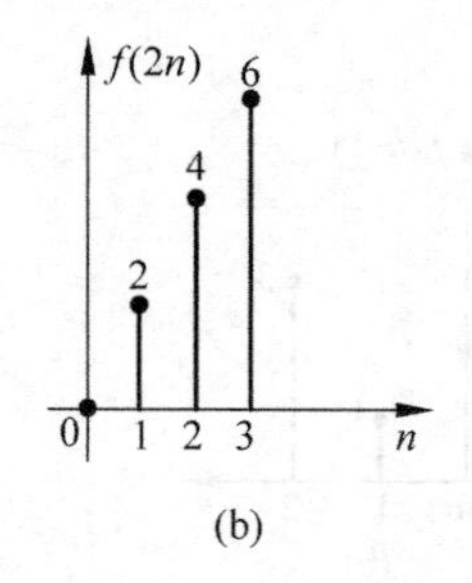

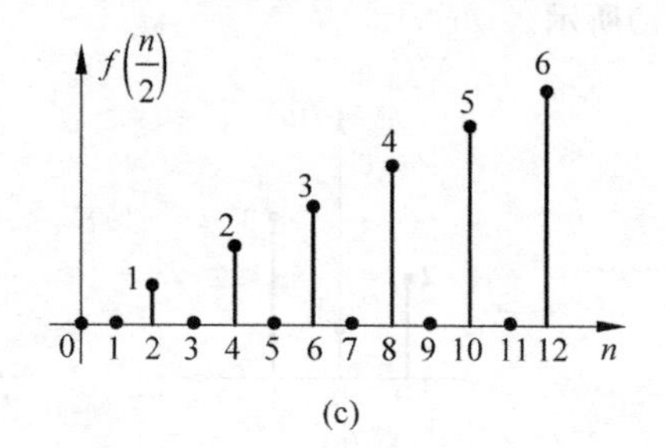

图 5-11　例 5-4 中各序列的波形

后向差分记为

$$\nabla x(n)=x(n)-x(n-1) \tag{5.1-20}$$

5.2　离散时间系统

离散时间系统是指输入、输出信号均为离散时间信号的系统。离散时间系统的框图如图 5-12 所示。经过系统的作用后，输入 $f(n)$ 转变为输出 $y(n)$。本节针对单输入单输出系统，介绍其建模方法和特性分析。

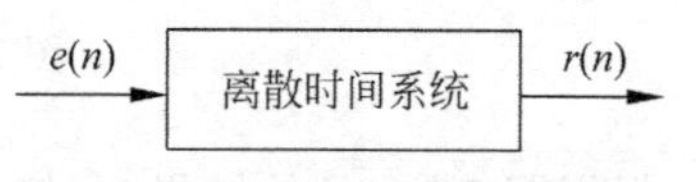

图 5-12　离散时间系统的框图

5.2.1　离散时间系统模型

系统模型是系统物理特性的数学抽象。要进行系统分析，首先要建立系统模型。离散时间系统模型主要包括数学模型和系统模拟图。

1. *数学模型——差分方程*

下面通过两个例题来说明如何建立系统的数学模型，以及离散时间系统数学模型的具体形式。

例 5-5　某储户每月月初定期在银行存款。设第 n 个月的存款是 $e(n)$，银行支付月息为 a，每月利息不取出。设第 n 个月初的本息和为 $r(n)$，试列写 $r(n)$满足的方程。

解：第 n 个月的本息和 $r(n)$包括三个部分：第 $n-1$ 个月初的本息和 $r(n-1)$、$r(n-1)$在第 $n-1$ 个月所产生的利息 $ar(n-1)$及第 n 个月初的存款 $e(n)$，因而可得

$$r(n)=r(n-1)+ar(n-1)+e(n)$$

整理得

$$r(n)-(1+a)r(n-1)=e(n) \tag{5.2-1}$$

例 5-6　图 5-13 所示为梯形电阻网络。令每个结点相对地的电压为 $v(n)$，$n=1$，$2,\cdots,N$。试建立当 $n<N$ 时，第 n 个结点电压 $v(n)$与相邻两个结点电压之间的关系式。

解：列写结点 n 的 KCL 方程，得

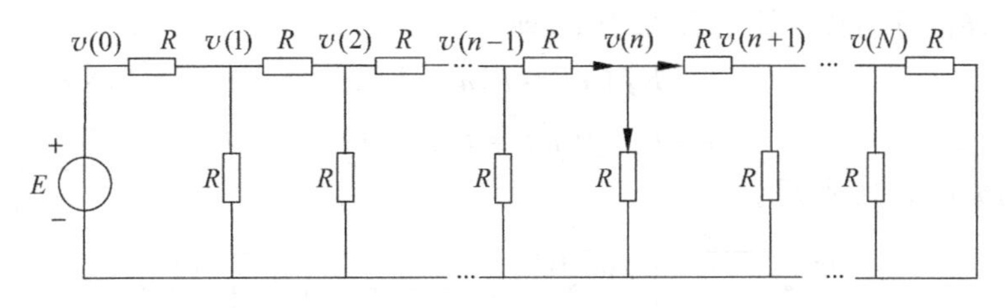

图 5-13　梯形电阻网络图

$$\frac{v(n-1)-v(n)}{R}=\frac{v(n)}{R}+\frac{v(n)-v(n+1)}{R}$$

整理得

$$v(n+1)-3v(n)+v(n-1)=0$$

改写为

$$v(n)-3v(n-1)+v(n-2)=0 \tag{5.2-2}$$

形如式(5.2-1)及式(5.2-2)的方程称为差分方程。设输入序列为 $e(n)$,待求未知序列为 $r(n)$,则差分方程是由 $r(n)$及其移位序列和 $e(n)$及其移位序列所组成的方程。$e(n)$和 $r(n)$的移位形式可以是向左移,也可以是向右移。当方程左侧是未知序列 $r(n)$及其左移序列 $r(n+1),r(n+2),\cdots,r(n+N)$等形式组成时,称该方程为前向差分方程。当方程左侧是未知序列 $r(n)$及其右移序列 $r(n-1),r(n-2),\cdots,r(n-N)$等形式组成时,称该方程为后向差分方程。同一个系统的数学模型既可以用前向差分方程来表示,也可以用后向差分方程来表示。

差分方程的阶次由未知序列 $r(n)$以其移位序列中序号最大值与最小值的差决定。由于式(5.2-1)中仅包含 $r(n)$及 $r(n-1)$,两序列间的移位量相差 1 个单位,因而该差分方程的阶次为一阶。而式(5.2-2)中输出序列的形式有 $v(n)$、$v(n-1)$及 $v(n-2)$,各输出序列中序号最大值与最小值的差为 2,因此该差分方程的阶次为二阶。

2. 系统模拟

离散时间系统的差分方程包含移位、相加及乘系数三种运算,因而离散时间系统的模型也可以用加法器、数乘器及移位器这三种运算单元来组合表示。这种描述方法称为系统模拟。

1) 基本运算单元

加法器如图 5-14(a)和(b)所示,将各输入序列相加等于输出,即 $r(n)=e_1(n)\pm e_2(n)$。

数乘器是将输入信号乘以常数,如图 5-15(a)和(b)所示,用表达式描述为 $r(n)=ae(n)$。

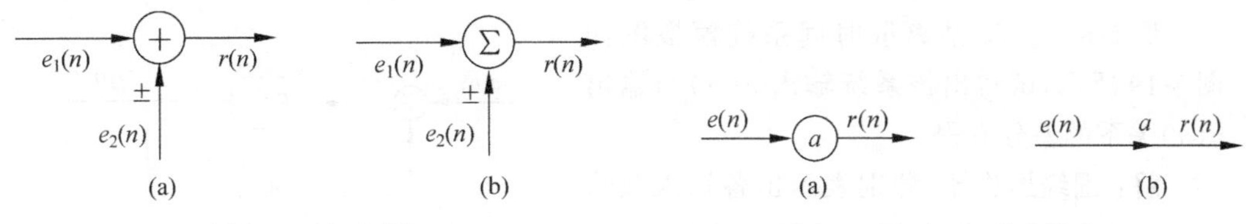

图 5-14　加法器　　　　图 5-15　数乘器

序列的移位可用移位算子 E 来表示，即

$$Ef(n)=f(n+1) \tag{5.2-3}$$

$$E^{-1}f(n)=f(n-1) \tag{5.2-4}$$

移位器如图 5-16 所示。

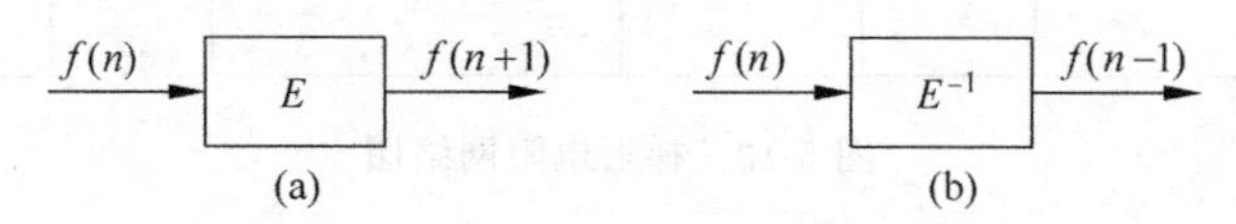

图 5-16　移位器

2）系统模拟与差分方程

根据差分方程可以画出系统模拟图；反之，已知系统模拟图也可以列写差分方程。系统模拟图与差分方程这两种模型可以相互转化。若已知累加器的数学模型为

$$r(n)-r(n-1)=e(n)$$

可将该方程改写为

$$r(n)=e(n)+r(n-1)$$

可以看出，输出 $r(n)$ 等于输入 $e(n)$ 和前一个累加和 $r(n-1)$ 相加。故该系统可用一个移位器和一个加法器来实现，其模拟图如图 5-17 所示。

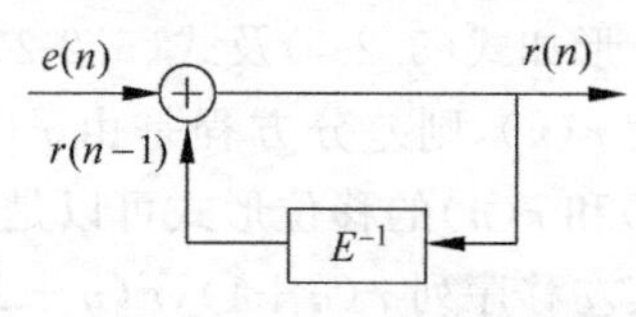

图 5-17　累加器模拟图

例 5-7　已知某离散时间系统的差分方程 $r(n)+2r(n-1)+r(n-2)=e(n)+3e(n-1)$，画出该系统的模拟图。

解：将差分方程改写为

$$r(n)=-2r(n-1)-r(n-2)+e(n)+3e(n-1)$$

由上式可得，输出 $r(n)$ 是由 $-2r(n-1)$、$-r(n-2)$、$e(n)$ 和 $3e(n-1)$ 相加得到。其中 $-2r(n-1)$ 可由 $r(n)$ 右移一位再乘以 -2 得到，该过程可以利用数乘器和延时器实现。$r(n-2)$ 可在 $r(n-1)$ 的基础上再右移一位得到。故该系统模拟图如图 5-18 所示。

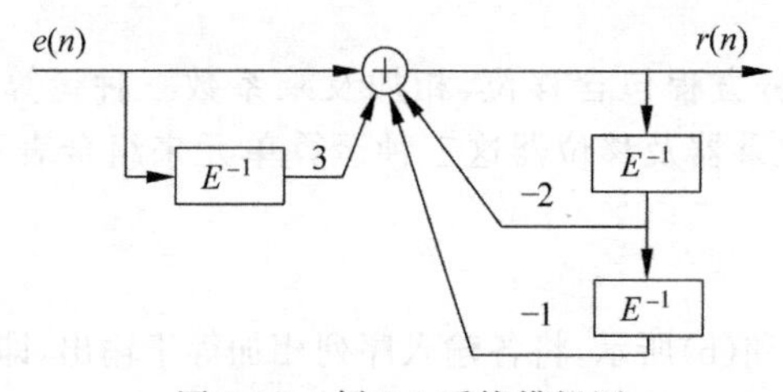

图 5-18　例 5-7 系统模拟图

例 5-8　已知某离散时间系统模拟图如图 5-19 所示，试写出该系统输入 $e(n)$ 与输出 $r(n)$ 关系的差分方程。

解：围绕加法器，分别表示出各输入及输出序列的表达式，进行相加，便可以得出方程。

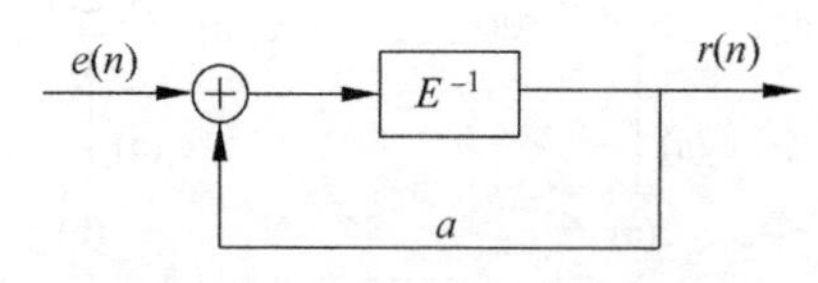

图 5-19　例 5-8 系统方框图

延时器的输出为 $r(n)$，则输入为 $r(n+1)$，即加法器的输出为 $r(n+1)$。

由此可得

$$r(n+1)=ar(n)+e(n)$$

整理得

$$r(n+1)-ar(n)=e(n)$$

例 5-9 已知某离散时间系统模拟图如图 5-20 所示，试写出该系统的差分方程。

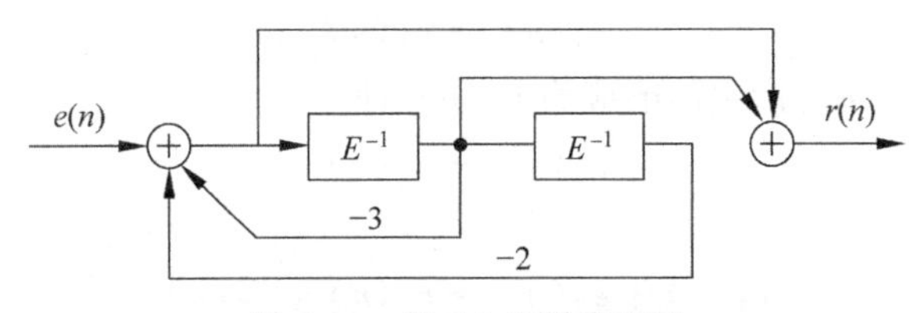

图 5-20 例 5-9 系统模拟图

解：该模拟图中包含两个加法器，围绕这两个加法器可以列写方程。设左侧加法器的输出序列为 $x(n)$，引入移位算子来表示各移位序列，如图 5-21 所示。

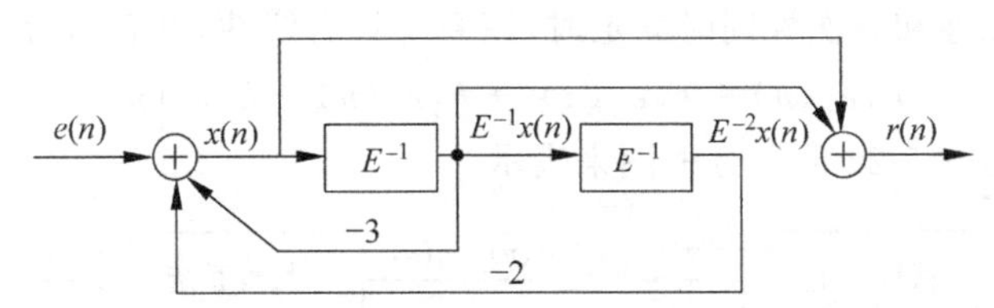

图 5-21 例 5-9 系统模拟图

围绕左边加法器，可得

$$x(n)=e(n)-3E^{-1}x(n)-2E^{-2}x(n)$$

整理得

$$(1+3E^{-1}+2E^{-2})x(n)=e(n) \tag{5.2-5}$$

围绕右边加法器，可得

$$r(n)=x(n)+E^{-1}x(n)=(1+E^{-1})x(n) \tag{5.2-6}$$

将式(5.2-5)代入式(5.2-6)，得

$$r(n)=\frac{1+E^{-1}}{1+3E^{-1}+2E^{-2}}e(n)$$

$$(1+3E^{-1}+2E^{-2})r(n)=(1+E^{-1})e(n) \tag{5.2-7}$$

将式(5.2-7)改写为差分方程，得

$$r(n)+3r(n-1)+2r(n-2)=e(n)+e(n-1)$$

5.2.2 线性时不变离散时间系统的特性分析

离散时间系统从不同的角度可分为线性与非线性系统、时变与时不变系统等多种类型。本小结重点讨论线性和时不变性的判断方法，后续以线性时不变系统为分析对象，

对响应进行求解。

1. 线性

线性特性包括叠加性和齐次性(或比例性)。满足线性的系统称为线性系统,否则为非线性系统。线性可描述为:

若已知系统输入为 $e_1(n)$,产生的响应为 $r_1(n)$,即

$$e_1(n) \to r_1(n)$$

若系统输入为 $e_2(n)$,产生的响应为 $r_2(n)$,即

$$e_2(n) \to r_2(n)$$

叠加性满足

$$e_1(n) + e_2(n) \to r_1(n) + r_2(n) \tag{5.2-8}$$

齐次性满足

$$ke_1(n) \to kr_1(n) \tag{5.2-9}$$

其中,k 为任意常数。

当且仅当叠加性和齐次性同时满足时,该系统具有线性,可表示为

$$k_1e_1(n) + k_2e_2(n) \to k_1r_1(n) + k_2r_2(n) \tag{5.2-10}$$

线性特性可用图 5-22 所示方框图来表示。

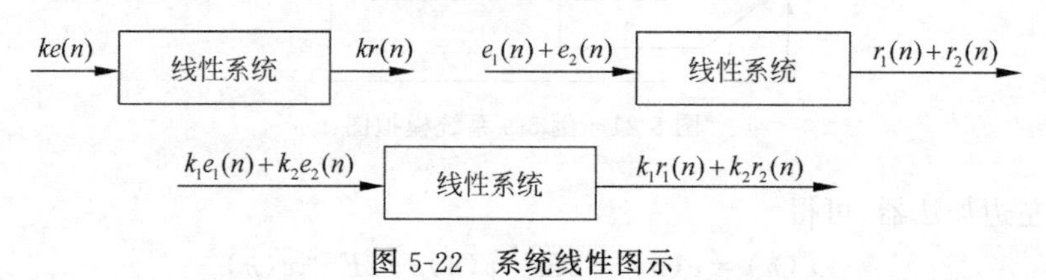

图 5-22　系统线性图示

2. 时不变性

时不变性是指系统特性不随时间的变化而变化。若已知某系统的输入为 $e(n)$,产生的响应为 $r(n)$,即

$$e(n) \to r(n)$$

则时不变性可描述为

$$e(n-m) \to r(n-m) \tag{5.2-11}$$

满足时不变性的系统为时不变系统,如图 5-23 所示。若系统不满足时不变性则为时变系统。

下面通过几个例题来讨论一下如何判断系统是否为线性时不变系统。

例 5-10　已知某离散时间系统的输入-输出关系定义为 $r(n)=ne(n)$,判断该系统是否为线性时不变系统。

解:由系统的输入-输出关系可知,系统的作用是对输入信号乘以 n,即

$$e(n) \to ne(n) = r(n)$$

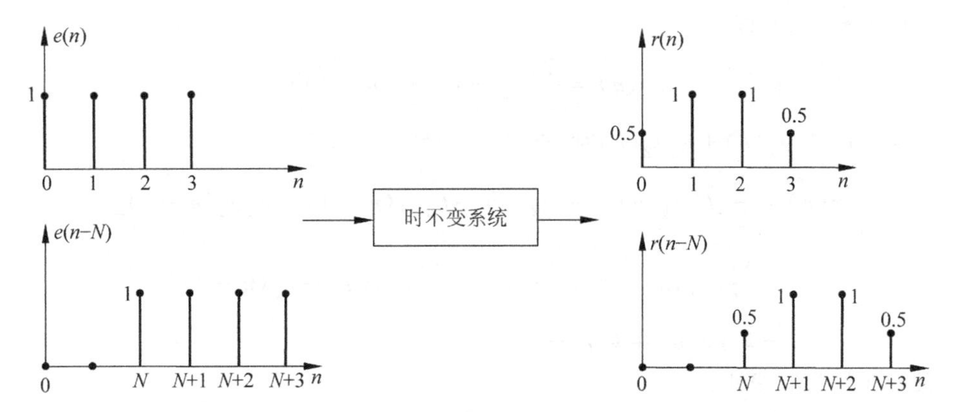

图 5-23　系统时不变性图示

(1) 线性判断。

设分别对系统输入 $e_1(n)$ 和 $e_2(n)$，对应产生输出 $r_1(n)$ 和 $r_2(n)$，即

$$e_1(n) \to r_1(n) = ne_1(n)$$

$$e_2(n) \to r_2(n) = ne_2(n)$$

当输入为 $e(n)=k_1e_1(n)+k_2e_2(n)$ 时，有

$$\begin{aligned} k_1e_1(n)+k_2e_2(n) \to n[k_1e_1(n)+k_2e_2(n)] &= k_1ne_1(n)+k_2ne_2(n) \\ &= k_1r_1(n)+k_2r_2(n) \end{aligned}$$

故该系统具有线性。

(2) 时不变性判断。

已知

$$e(n) \to ne(n) = r(n)$$

则

$$e(n-m) \to ne(n-m)$$

而

$$r(n-m) = (n-m)e(n-m)$$

由于

$$e(n-m) \not\to r(n-m)$$

故该系统不满足时不变性，是时变系统。结合两方面特性可知，该系统为线性时变系统。

例 5-11　已知某离散平均器 $r(n)=\dfrac{1}{2}[e(n)+e(n-1)]$，判断该系统是否为线性时不变系统。

解：(1) 线性判断。

设 $e_1(n) \to r_1(n)$，即

$$r_1(n) = \frac{1}{2}[e_1(n)+e_1(n-1)]$$

$e_2(n) \to r_2(n)$，即

$$r_2(n)=\frac{1}{2}[e_2(n)+e_2(n-1)]$$

当 $e(n)=k_1e_1(n)+k_2e_2(n)$ 时，有

$$\begin{aligned}r(n)&=\frac{1}{2}[k_1e_1(n)+k_2e_2(n)+k_1e_1(n-1)+k_2e_2(n-1)]\\&=\frac{k_1}{2}[e_1(n)+e_1(n-1)]+\frac{k_2}{2}[e_2(n)+e_2(n-1)]\\&=k_1r_1(n)+k_2r_2(n)\end{aligned}$$

故该系统具有线性。

(2) 时不变性判断。

当 $e(n-m)$ 输入该系统时，有

$$e(n-m) \to \frac{1}{2}[e(n-m)+e(n-m-1)]$$

而

$$r(n-m)=\frac{1}{2}[e(n-m)+e(n-1-m)]$$

即

$$e(n-m) \to r(n-m)$$

所以该系统具有时不变性。总结以上两种特性可知，该系统为线性时不变系统。

5.3 系统响应的时域求解

一般来说，线性时不变(简称为 LTI)离散时间系统的数学模型为常系数线性差分方程，用后向差分方程建立系统的模型为

$$\sum_{k=0}^{N}a_k r(n-k)=\sum_{m=0}^{M}b_m e(n-m) \tag{5.3-1}$$

当给定系统激励时，求解系统响应的主要方法包括迭代法、经典法以及双零法(零输入响应和零状态响应)。

5.3.1 迭代法

由前述已知，描述 LTI 离散时间系统的差分方程如式(5.3-1)所示，可将其改写为

$$r(n)=\frac{1}{a_0}\left[\sum_{m=0}^{M}b_m e(n-m)-\sum_{k=1}^{N}a_k r(n-k)\right] \tag{5.3-2}$$

从式(5.3-2)可以看出，当前输出 $r(n)$ 由输入及之前的输出 $r(n-1),r(n-2),\cdots,r(n-N)$ 决定，也就是说求输出是一个递归过程，故可以采用迭代法求解。

例 5-12 已知描述某系统的差分方程为 $r(n)-ar(n-1)=e(n)$，其中 $e(n)=\delta(n)$，$r(-1)=0$，求系统输出 $r(n)$。

解：将方程改写成下列形式：

$$r(n)=ar(n-1)+e(n)$$

将 $e(n)=\delta(n)$，$r(-1)=0$ 代入方程可得

$$r(0)=ar(-1)+e(0)=1$$

以此类推，可得

$$r(1)=ar(0)+e(1)=a$$

$$r(2)=ar(1)+e(2)=a^2$$

$$\vdots$$

$$r(n)=ar(n-1)+e(n)=a^n$$

由于 $n<0$ 时，$r(n)=0$，故

$$r(n)=a^n u(n)$$

迭代法概念清楚，简单易操作，广泛应用于计算机运算中。但在实际应用中仅能求出有限个数值解，不能给出完整的解析解。

5.3.2 时域经典法

差分方程的时域经典法是指分别求出齐次方程的通解和非齐次方程的特解，然后将两者相加得到差分方程的完全解，最后利用 $r(0)$，$r(1)$，…，$r(N)$ 这些条件确定完全解中的待定系数。完全解可表示为

$$r(n)=r_h(n)+r_p(n)$$

其中，$r_h(n)$ 表示齐次方程的齐次解，又可以称为系统的自由响应；$r_p(n)$ 表示非齐次方程的特解，又可以称为强迫响应。

1. 齐次解

齐次解是齐次方程的解，式(5.3-1)所对应的齐次方程为

$$\sum_{k=0}^{N} a_k r(n-k)=0 \tag{5.3-3}$$

对于该 N 阶齐次差分方程，其对应的特征方程为

$$a_0\lambda^N+a_1\lambda^{N-1}+\cdots+a_{N-1}\lambda+a_N=0 \tag{5.3-4}$$

对上式进行因式分解，可得

$$(\lambda-\lambda_1)(\lambda-\lambda_2)\cdots(\lambda-\lambda_N)=0$$

故可求得 N 个特征根 λ_1，λ_2，…，λ_N。

(1) 当特征根为单根，则齐次差分方程解的形式为

$$r_h(n)=c_1\lambda_1^n+c_2\lambda_2^n+\cdots+c_N\lambda_N^n \tag{5.3-5}$$

式中，待定系数 c_1，c_2，…，c_N 由 $r(0)$，$r(1)$，…，$r(N)$ 决定。

(2) 当特征根为重根，若 λ_1 为 K 次重根，其余 $N-K$ 个均为实数单根，则齐次差分方程解的形式为

$$r_h(n)=(c_1+c_2n+\cdots+c_Kn^{K-1})\lambda_1^n+\sum_{i=K+1}^{N}c_i\lambda_i^n \tag{5.3-6}$$

其中，$c_1,c_2,\cdots,c_N$ 为待定系数，由 $r(0),r(1),\cdots,r(N)$ 决定。

2. 特解

特解是满足非齐次差分方程的一个解，一般通过待定系数法求解。具体的求解过程是首先将输入序列 $e(n)$ 代入方程右侧，化为最简形式的自由项，根据方程右侧自由项的具体形式来选择含有待定系数的特解形式，再将此特解代入非齐次方程，通过匹配方程左右两侧求出待定系数，最终求得方程的特解 $r_p(n)$。

例 5-13 已知描述某系统的差分方程 $r(n)-0.9r(n-1)=0.05e(n)$，$e(n)=u(n)$，$r(-1)=1$，求 $n\geqslant 0$ 时系统的响应 $r(n)$。

解：根据系统的差分方程，可知齐次方程为

$$r(n)-0.9r(n-1)=0$$

其特征方程为

$$\lambda-0.9=0$$

可得特征根 $\lambda=0.9$，故齐次解为

$$r_h(n)=c\cdot 0.9^n,\quad n\geqslant 0$$

将激励代入方程右侧，可设特解

$$r_p(n)=k$$

将特解代入方程得

$$k-0.9k=0.05$$

$$k=0.5$$

完全响应为

$$r(n)=c\cdot 0.9^n+0.5,\quad n\geqslant 0$$

为了确定待定系数 c，需要知道 $r(0)$ 的值。将 $r(-1)=1$ 代入系统方程，可得

$$r(0)-0.9r(-1)=0.05e(0)$$

求得 $r(0)=0.95$，并将其代入 $r(n)=c\cdot 0.9^n+0.5$，可得

$$0.95=c+0.5$$

$$c=0.45$$

故系统的响应为

$$r(n)=0.45\times 0.9^n+0.5,\quad n\geqslant 0$$

或记为

$$r(n)=(0.45\times 0.9^n+0.5)u(n)$$

5.3.3 零输入响应和零状态响应

零输入响应是指当输入为零时，仅由系统起始状态 $r(-1),r(-2),\cdots,r(-N)$ 所产

生的响应，可记为 $r_{zi}(n)$。零状态响应是指当系统的起始状态 $r(-1)=r(-2)=\cdots=r(-N)=0$ 时，仅由输入信号 $e(n)$ 所产生的响应，可记为 $r_{zs}(n)$。当起始状态和激励同时作用于系统时，系统全响应等于零输入响应与零状态响应之和，即

$$r(n)=r_{zi}(n)+r_{zs}(n)$$

1. 零输入响应

在零输入条件下，由于激励为零，响应的数学模型是齐次差分方程，因而零输入响应的形式为齐次解。若特征根均为单根，则零输入响应可写为

$$r_{zi}(n)=\sum_{k=1}^{n}c_{zik}\lambda_k^n \tag{5.3-7}$$

式中，c_{zik} 为待定系数，由 $r_{zi}(0),r_{zi}(1),\cdots,r_{zi}(N-1)$ 确定。已知 $r(-1),r(-2),\cdots,r(-N)$，利用迭代法将 $r(-1),r(-2),\cdots,r(-N)$ 代入零输入响应的数学模型，可以转化出 $r_{zi}(0),r_{zi}(1),\cdots,r_{zi}(N-1)$。

例 5-14 已知某系统的差分方程 $r(n)-0.9r(n-1)=0$，$r(-1)=1$，求 $n\geqslant 0$ 时系统的零输入响应 $r(n)$。

解：该齐次差分方程的特征方程为

$$\lambda-0.9=0$$

特征根为

$$\lambda=0.9$$

因此，零输入响应为

$$r_{zi}(n)=c_{zi}\cdot 0.9^n \tag{5.3-8}$$

将 $r(-1)=1$ 代入差分方程，得

$$r(0)-0.9r(-1)=0$$

解得 $r(0)=0.9=r_{zi}(0)$，将 $r_{zi}(0)=0.9$ 代入零输入响应表达式(5.3-8)，得

$$0.9=c_{zi}\cdot 0.9^0,\quad c_{zi}=0.9$$

所以

$$r_{zi}(n)=0.9\times 0.9^n u(n)$$

例 5-15 已知某系统差分方程 $r(n)+3r(n-1)+2r(n-2)=0$，其中 $r(0)=0$，$r(1)=2$，求 $n\geqslant 0$ 时系统的响应 $r(n)$。

解：由于该差分方程为齐次差分方程，因而此时的响应为零输入响应。

特征方程为

$$\lambda^2+3\lambda+2=0$$

可求得特征根 $\lambda_1=-1,\lambda_2=-2$，故

$$r_{zi}(n)=c_1(-1)^n+c_2(-2)^n$$

由

$$\begin{cases}r(0)=r_{zi}(0)=c_1+c_2=0\\ r(1)=r_{zi}(1)=-c_1-2c_2=2\end{cases}$$

解方程组,可得

$$\begin{cases} c_1 = 2 \\ c_2 = -2 \end{cases}$$

故得

$$r_{zi}(n) = 2 \cdot [(-1)^n - (-2)^n] u(n)$$

2. 零状态响应

在零状态条件下,由于激励的存在,求解零状态响应时系统的数学模型是非齐次差分方程,完全解由齐次解和特解组成。若系统特征根为单根时,完全解可写为

$$r_{zs}(n) = \sum_{k=1}^{n} c_{zsk} \lambda_k^n + r_p(n) \tag{5.3-9}$$

式中,c_{zsk} 为待定系数,由 $r_{zs}(0), r_{zs}(1), \cdots, r_{zs}(N-1)$ 和特解确定。

由于零状态响应包含齐次解和特解,求解相对复杂,故本书重点讨论采用卷积和的方法求解零状态响应,即先求出系统的单位样值响应,再利用激励和单位样值响应的卷积和求一般激励作用下的零状态响应。

5.4 单位样值响应

单位样值响应是指单位样值序列 $\delta(n)$ 作用于系统所引起的零状态响应,有时也称为单位脉冲响应,通常用 $h(n)$ 来表示。单位样值响应的求解方法包括初始条件等效法及传输算子法等。

1. 初始条件等效法

由于单位样值序列 $\delta(n)$ 只在 $n=0$ 时取值为 1,在其他时刻值均为 0,因而利用这一特点可以将单位样值序列对系统的作用转化为系统的边界条件。当 $n>0$ 时,由于 $\delta(n)$ 的函数值为 0,因而将单位样值响应的数学模型简化为齐次差分方程,求解过程与零输入响应的求解类似,关键在于确定单位样值响应的初始条件 $h(0), h(1), \cdots, h(N-1)$。

例 5-16 已知描述某系统的差分方程 $r(n) - 5r(n-1) = e(n)$,求该系统的单位样值响应。

解:求解单位样值响应时,系统的数学模型为

$$h(n) - 5h(n-1) = \delta(n) \tag{5.4-1}$$

激励 $\delta(n)$ 只在 $n=0$ 时取值为 1,因而当 $n>0$ 时,数学模型转化为

$$h(n) - 5h(n-1) = 0$$

利用齐次差分方程的求解方法,可得

$$h(n) = c \cdot 5^n$$

由单位样值响应的定义可知 $h(-1)=0$,将其代入式(5.4-1),可得

$$h(0) - 5h(-1) = \delta(0)$$

解得 $h(0)=1$。当 $n>0$ 时，激励 $\delta(n)=0$，但由于 $\delta(n)$ 在 0 时刻的作用转化成初始状态 $h(0)=1$，故使系统在 $n>0$ 的区间产生响应。

将 $h(0)=1$ 代入 $h(n)=c\cdot 5^n$，可得

$$c=1$$

系统的单位样值响应为

$$h(n)=5^n,\quad n\geqslant 0$$

或者写为

$$h(n)=5^n u(n)$$

例 5-17 已知某系统的差分方程 $r(n)-5r(n-1)+6r(n-2)=e(n)+e(n-1)$，求该系统的单位样值响应。

解：求解单位样值响应时，系统的数学模型为

$$h(n)-5h(n-1)+6h(n-2)=\delta(n)+\delta(n-1) \tag{5.4-2}$$

激励仅作用于 $n=0$ 及 $n=1$ 两个时刻点，当 $n>1$ 时，数学模型转化为

$$h(n)-5h(n-1)+6h(n-2)=0$$

由齐次差分方程的求解方法，可得

$$h(n)=c_1\cdot 2^n+c_2\cdot 3^n \tag{5.4-3}$$

利用 $h(-2)=h(-1)=0$ 代入式(5.4-2)，可得

$$\begin{cases}h(0)-5h(-1)+6h(-2)=\delta(0)+\delta(-1)\\ h(1)-5h(0)+6h(-1)=\delta(1)+\delta(0)\end{cases}$$

解得 $h(0)=1, h(1)=6$，将其代入式(5.4-3)，得

$$\begin{cases}c_1+c_2=1\\ 2c_1+3c_2=6\end{cases},\quad \begin{cases}c_1=-3\\ c_2=4\end{cases}$$

故单位样值响应为

$$h(n)=(-3\cdot 2^n+4\cdot 3^n)u(n)$$

另解：假设激励 $\delta(n)$ 和 $\delta(n-1)$ 分别单独作用于系统，先求 $\delta(n)$ 作用时的单位样值响应 $h_1(n)$。

求解齐次解为

$$h_1(n)=c_1\cdot 2^n+c_2\cdot 3^n$$

利用迭代法，有

$$\begin{cases}h(0)-5h(-1)+6h(-2)=\delta(0)\\ h(1)-5h(0)+6h(-1)=\delta(1)\end{cases}$$

解得 $h(0)=1, h(1)=5$，将其代入齐次解的形式中，得

$$\begin{cases}c_1+c_2=1\\ 2c_1+3c_2=5\end{cases},\quad \begin{cases}c_1=-2\\ c_2=3\end{cases}$$

由此可得

$$h_1(n)=(3\cdot 3^n-2\cdot 2^n)u(n)$$

当$\delta(n-1)$单独作用于系统时，由系统时不变特性可知

$$\delta(n-1)\rightarrow h_1(n-1)=(3\cdot 3^{n-1}-2\cdot 2^{n-1})u(n-1)$$
$$=(3^n-2^n)u(n-1)$$

将以上结果叠加，利用系统叠加性，可得

$$\delta(n)+\delta(n-1)\rightarrow h_1(n)+h_1(n-1)=(3\cdot 3^n-2\cdot 2^n)u(n)+(3^n-2^n)u(n-1)$$
$$=(4\cdot 3^n-3\cdot 2^n)u(n-1)+\delta(n)$$
$$=(4\cdot 3^n-3\cdot 2^n)u(n)$$

2. *传输算子法*

利用初始条件等效法求解高阶差分方程时需要求解齐次方程，并等效出系统N个初始条件，即$h(0),h(1),\cdots,h(N-1)$，有时比较烦琐。为了简化运算，可以使用移位算子求解单位样值响应。

利用移位算子描述差分方程，则式(5.3-1)的算子方程为

$$\sum_{k=0}^{N}a_kE^{-k}r(n)=\sum_{m=0}^{M}b_mE^{-m}e(n) \tag{5.4-4}$$

当激励为$\delta(n)$时，系统模型为

$$\sum_{k=0}^{N}a_kE^{-k}h(n)=\sum_{m=0}^{M}b_mE^{-m}\delta(n)$$

故单位样值响应为

$$h(n)=\frac{b_0+b_1E^{-1}+\cdots+b_ME^{-M}}{a_0+a_1E^{-1}+\cdots+a_NE^{-N}}\delta(n)=H(E)\delta(n) \tag{5.4-5}$$

式(5.4-5)中，$H(E)=\dfrac{b_0+b_1E^{-1}+\cdots+b_ME^{-M}}{a_0+a_1E^{-1}+\cdots+a_NE^{-N}}$称为传输算子。

假设系统特征根无重根，对式(5.4-5)进行部分分式展开，可得

$$h(n)=\left[c_sE^{-s}+c_{s-1}E^{-s+1}+\cdots+c_1E^{-1}+c_0+\frac{k_1}{1-\lambda_1E^{-1}}+\frac{k_2}{1-\lambda_2E^{-1}}+\cdots+\frac{k_N}{1-\lambda_NE^{-1}}\right]\delta(n) \tag{5.4-6}$$

式(5.4-6)是$M\geqslant N$且系统特征根为单根。若$M<N$，则系数$c_s,c_{s-1},\cdots,c_1,c_0$均为零。进一步整理可得

$$h(n)=\left[\sum_{i=0}^{s}c_iE^{-i}\delta(n)\right]+\left[\sum_{j=1}^{N}\frac{k_j}{1-\lambda_jE^{-1}}\delta(n)\right]=\left[\sum_{i=0}^{s}h_i(n)\right]+\left[\sum_{j=1}^{N}h_j(n)\right] \tag{5.4-7}$$

其中，$h_i(n)=c_iE^{-i}\delta(n)$，$h_j(n)=\dfrac{k_j}{1-\lambda_jE^{-1}}\delta(n)$。

从例5-16可知，差分方程

$$h(n)-5h(n-1)=\delta(n)$$

所对应的算子方程为

$$(1-5E^{-1})h(n)=\delta(n), \quad 即 \quad h(n)=\frac{1}{1-5E^{-1}}\delta(n)$$

此时单位样值响应为

$$h(n)=5^n u(n)$$

由此可知当 $h_j(n)=\frac{k_j}{1-\lambda_j E^{-1}}\delta(n)$ 时，$h_j(n)=k_j\cdot\lambda_j^n u(n)$。

故式(5.4-7)所对应的单位冲激响应为

$$h(n)=\left[\sum_{i=0}^{s}c_i\delta(n-i)\right]+\left[\sum_{j=1}^{N}k_j\cdot\lambda_j^n u(n)\right] \tag{5.4-8}$$

当系统特征方程有重根时，采用类似于例 5-16 的方法，可得

当 $h_j(n)=\frac{k_j}{(1-\lambda_j E^{-1})^2}\delta(n)$ 时，

$$h_j(n)=k_j\cdot(n+1)\lambda_j^n u(n)$$

式(5.4-8)将高阶系统的单位样值响应分解为若干个一阶系统响应之和。求出一阶系统的响应后，对其简单相加便可以求出高阶系统的单位样值响应。除了 $H(E)=\frac{k_1}{1-\lambda_1 E^{-1}}$ 这种形式外，在一阶或二阶系统中传输算子还可以写成其他形式，常见的传输算子与单位样值响应的对应关系见表 5-1。

表 5-1 传输算子 $H(E)$ 与 $h(n)$ 对照表

传输算子 $H(E)$	$h(n)$
K	$K\delta(n)$
KE^{-m}	$K\delta(n-m)$
$\frac{E^{-1}}{1-aE^{-1}}=\frac{1}{E-a}$	$a^{n-1}u(n-1)$
$\frac{1}{1-aE^{-1}}=\frac{E}{E-a}$	$a^n u(n)$
$\frac{1}{(1-aE^{-1})^2}=\frac{E^2}{(E-a)^2}$	$(n+1)a^n u(n)$

例 5-18 利用传输算子法求系统 $r(n)-5r(n-1)+6r(n-2)=e(n)+e(n-1)$ 的单位样值响应。

解：用移位算子表示差分方程，可得

$$(1-5E^{-1}+6E^{-2})h(n)=(1+E^{-1})\delta(n)$$

$$h(n)=\frac{1+E^{-1}}{1-5E^{-1}+6E^{-2}}\delta(n)=\frac{4}{1-3E^{-1}}\delta(n)-\frac{3}{1-2E^{-1}}\delta(n)$$

根据表 5-1 所示关系，得

$$h(n)=(4\cdot 3^{n}-3\cdot 2^{n})u(n)$$

3. 系统特性判断

当系统差分方程确定后，单位样值响应便可以随之确定下来，所以单位样值响应体现了系统自身特性。利用单位样值响应可以判断系统的因果性与稳定性。

1) 因果性判断

系统的因果性是指如果系统在任一时刻 $n=n_0$ 所产生的输出，仅仅取决于 $n\leqslant n_0$ 时的输入，而与 $n>n_0$ 时刻的输入无关。满足这一个特性的系统称为因果系统，不满足则为非因果系统。

离散时间系统满足因果性的充分必要条件是

$$h(n)=0,\quad n<0 \tag{5.4-9}$$

例如，$r(n)=e(n+1)-e(n)$，求解该系统的单位样值响应，可得 $h(n)=\delta(n+1)-\delta(n)$。当 $n=-1$ 时，$h(-1)=1$，故可以判断出该系统为非因果系统。

2) 稳定性判断

系统的稳定性定义为有界的输入产生有界的输出。满足稳定性的系统称为稳定系统，不满足则为不稳定系统。

对于离散时间系统，稳定性的充分必要条件是系统的单位样值响应满足绝对可和，即

$$\sum_{n=-\infty}^{+\infty}|h(n)|\leqslant M,\quad M\text{ 为有界正值} \tag{5.4-10}$$

如果某离散时间系统既满足因果性，也满足稳定性，则该系统称为因果稳定系统。

例 5-19 已知某系统的单位样值响应为 $h(n)=a^{n}u(n)$，试判断该系统的因果性和稳定性。

解：由表达式可知，当 $n<0$ 时，单位样值响应 $h(n)=0$，则该系统具有因果性。

根据指数序列的求和公式可知，和是否存在与 a 的数值有关。若 $|a|<1$，则 $\sum\limits_{n=0}^{+\infty}|a|^{n}=\frac{1}{1-|a|}$，系统是稳定的；若 $|a|\geqslant 1$，则 $\sum\limits_{n=0}^{+\infty}|a|^{n}$ 发散，系统是不稳定的。

5.5 零状态响应的卷积法

已知序列 $e(n)=\{1,\underset{\uparrow}{2},3,5\}$，若用单位样值序列表示，则为

$$\begin{aligned}e(n)&=\delta(n+1)+2\delta(n)+3\delta(n-1)+5\delta(n-2)\\&=e(-1)\delta(n+1)+e(0)\delta(n)+e(1)\delta(n-1)+e(2)\delta(n-2)\end{aligned}$$

同理，任意序列可以表示为

$$e(n)=\sum_{m=-\infty}^{+\infty}e(m)\delta(n-m) \tag{5.5-1}$$

式(5.5-1)说明任意序列可分解为不同时刻不同幅度的单位样值序列之和。因而求任意序列通过系统所产生的零状态响应,可以先求出各单位样值序列产生的响应,然后利用系统的线性时不变特性,求出最终的零状态响应。具体分析过程如下。

已知单位样值序列 $\delta(n)$通过系统所产生的零状态响应为 $h(n)$,即

$$\delta(n) \rightarrow h(n)$$

根据系统的时不性,可得

$$\delta(n-m) \rightarrow h(n-m)$$

再根据系统的齐次性,有

$$e(m)\delta(n-m) \rightarrow e(m)h(n-m)$$

最后由系统的叠加性,可得

$$\sum_{m=-\infty}^{+\infty} e(m)\delta(n-m) \rightarrow \sum_{m=-\infty}^{+\infty} e(m)h(n-m) \tag{5.5-2}$$

由此可得

$$e(n) \rightarrow \sum_{m=-\infty}^{+\infty} e(m)h(n-m) \tag{5.5-3}$$

即激励 $e(n)$作用于系统时,产生的零状态响应为

$$r_{zs}(n) = \sum_{m=-\infty}^{+\infty} e(m)h(n-m) \tag{5.5-4}$$

式(5.5-4)中激励与单位样值响应之间的运算称为卷积和。

5.5.1 卷积和的定义及计算

任意序列 $f_1(n)$和 $f_2(n)$进行如下运算:

$$y(n) = \sum_{m=-\infty}^{+\infty} f_1(m)f_2(n-m) \tag{5.5-5}$$

式(5.5-5)称为卷积和(简称为卷积),卷积和的结果为相同自变量的序列 $y(n)$。卷积和运算与连续时间信号中的卷积积分具有类似的运算规律,区别在于此处是对离散量的叠加,因而将积分运算改成了求和运算,卷积和的运算符仍用“*”来表示。根据卷积和的定义,式(5.5-4)可以写为

$$r_{zs}(n) = e(n) * h(n) \tag{5.5-6}$$

式(5.5-6)表明系统零状态响应等于激励和系统单位样值响应的卷积,可用图 5-24 来描述。

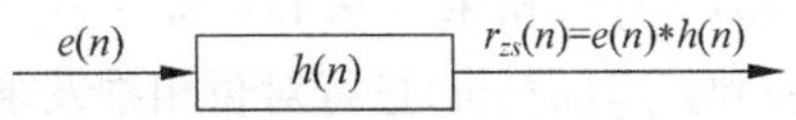

根据卷积的定义,卷积的计算过程可分为换元、反褶、移位、相乘及求和这几个步骤。卷积的计算方法包括图解法、解析式法以及对位相乘求和法等。

$e(n)$ → $h(n)$ → $r_{zs}(n)=e(n)*h(n)$

图 5-24 信号经过系统框图

1. 图解法

根据式(5.5-5)，从波形运算的角度可以看出，卷积包含以下步骤。

(1) 换元：将两个信号的自变量由 n 变为 m，得到 $f_1(m)$ 和 $f_2(m)$ 的波形；

(2) 反褶：将 $f_2(m)$ 的波形反褶得到 $f_2(-m)$ 的波形；

(3) 移位：对 $f_2(-m)$ 波形右移 n 个单位，得到 $f_2(n-m)$ 的波形；

(4) 相乘：将 $f_1(m)$ 和 $f_2(n-m)$ 进行对位相乘；

(5) 求和：将对位相乘后的各位乘积求和。

由于 n 的不同，相乘的两个函数会发生变化，要根据 n 的变化重复步骤(3)～(5)，故两个序列卷积后还是一个关于 n 的序列。

下面通过例题来看一下卷积和的图解过程。

例 5-20 如图 5-25 所示的两个离散时间信号 $f_1(n)$ 和 $f_2(n)$，用图解法计算卷积和 $y(n)=f_1(n)*f_2(n)$。

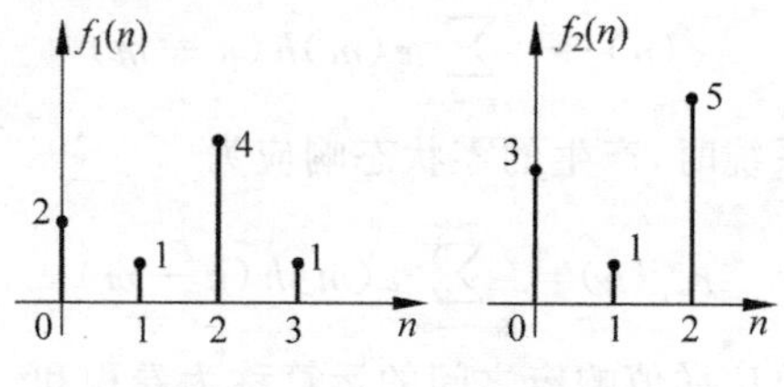

图 5-25 例 5-20 序列波形

解：图解法的具体步骤如下。

(1) 换元：将自变量 n 替换为 m，得到 $f_1(m)$ 和 $f_2(m)$ 的波形，如图 5-26(a)和(b)所示。

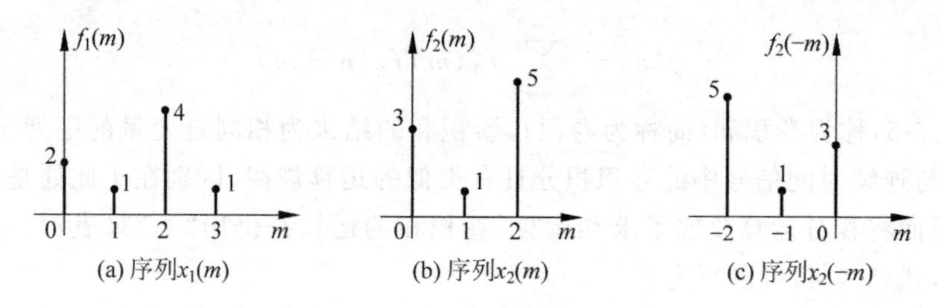

(a) 序列$x_1(m)$　(b) 序列$x_2(m)$　(c) 序列$x_2(-m)$

图 5-26 例 5-20 图解法示意图

(2) 反褶：将 $f_2(m)$ 反褶，得到 $f_2(-m)$ 的波形，如图 5-26(c)所示。

(3) 移位、相乘并求和：将 $f_2(-m)$ 沿横轴平移，得出 $f_2(n-m)$ 的波形，再对 $f_1(m)$ 与 $f_2(n-m)$ 进行对位相乘及求和。$f_2(n-m)$ 的位置取决于 n 的取值。

当 $n<0$ 时，$f_2(-m)$ 沿横轴向左移动，波形如图 5-27(a)所示。此时 $f_1(m)$ 和 $f_2(n-m)$ 无重叠，$f_1(m)f_2(n-m)=0$，故 $y(n)=0$；

当 $n=0$ 时，$f_2(n-m)$ 即为 $f_2(-m)$，波形如图 5-27(b)所示。

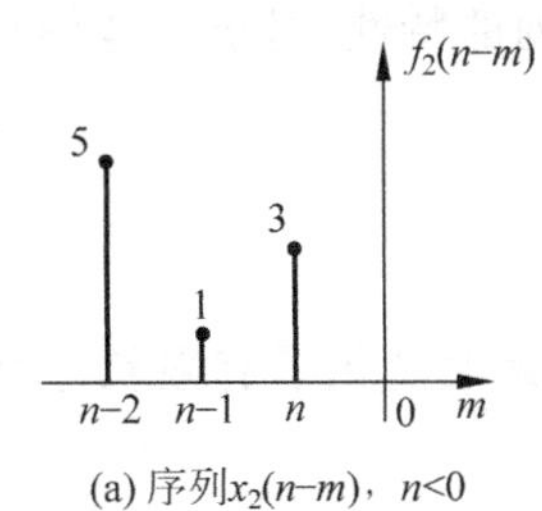

(a) 序列$x_2(n-m)$，$n<0$

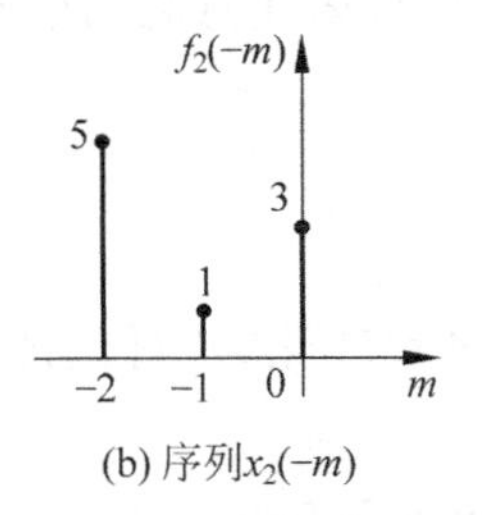

(b) 序列$x_2(-m)$

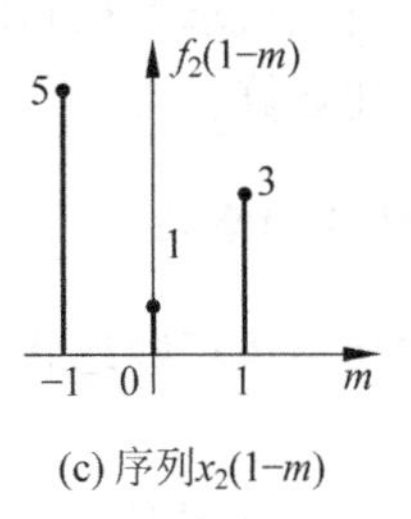

(c) 序列$x_2(1-m)$

图 5-27　例 5-20 图解法示意图

$$y(0)=\sum_{m=-\infty}^{+\infty} f_1(m)f_2(-m)=f_1(0)f_2(0)=6$$

当 $n=1$ 时，$f_2(1-m)$波形如图 5-27(c)所示。

$$y(1)=\sum_{m=-\infty}^{+\infty} f_1(m)f_2(1-m)=f_1(0)f_2(1)+f_1(1)f_2(0)=2\times1+1\times3=5$$

同理可得，$y(2)=23$，$y(3)=12$，$y(4)=21$，$y(5)=5$。

当 $n>5$ 时，$x_1(m)$和 $x_2(n-m)$无重叠，故 $y(n)=0$。

综上，卷积和可表示为

$$y(n)=\{\underset{\uparrow}{6},5,23,12,21,5\}$$

由以上过程可以看出，当一个序列固定不动，另一个序列从左至右沿横轴进行移动过程中，需要将两个序列在重叠位置上的信号值进行相乘，然后再将所有乘积求和，即可以得到该移动值 n 所对应的卷积和。

2. 解析式法

解析式法是直接将序列表达式代入式(5.5-5)进行计算的方法。下面举两个例题具体看一下解析式法的过程。

例 5-21　已知 $f_1(n)=f_2(n)=u(n)$，求 $y(n)=f_1(n)*f_2(n)$。

解：根据卷积和定义

$$y(n)=\sum_{m=-\infty}^{+\infty} f_1(m)f_2(n-m)=\sum_{m=-\infty}^{+\infty} u(m)u(n-m)$$

当 $m\geqslant0$ 且 $n-m\geqslant0$，即 $0\leqslant m\leqslant n$ 时，$u(m)u(n-m)=1$，可得

$$y(n)=\left(\sum_{m=0}^{n}1\right)u(n)=(n+1)u(n)$$

例 5-22　已知 $f(n)=2^n u(n)$，$h(n)=u(n-1)$，求 $y(n)=f(n)*h(n)$。

解：$y(n)=f(n)*h(n)=\sum_{m=-\infty}^{+\infty} f(m)h(n-m)=\sum_{m=-\infty}^{+\infty} 2^m u(m)u(n-m-1)$

当 $m\geqslant0$ 且 $n-m-1\geqslant0$，即 $0\leqslant m\leqslant n-1$ 时，$u(m)u(n-m)=1$，可得

$$y(n)=\left(\sum_{m=0}^{n-1}2^m\right)u(n-1)=\frac{1-2^n}{1-2}u(n-1)=(2^n-1)u(n-1)$$

在解析式法求卷积和的过程中，要注意利用阶跃序列的特性，对求和范围加以限制以便于简化运算。

3. 对位相乘法

对位相乘法巧妙地将图解过程转化为“对位排列”，大大简化了有限长序列的卷积过程。

例 5-23 利用对位相乘法求解例 5-20。

解：采用左对齐或右对齐的方式将两个序列的值进行排列，然后将序列值逐个对位相乘，最后把同一列上的乘积对位求和，和值不进位，即可得 $y(n)$。下面以右对齐为例，介绍求解过程。

$$
\begin{array}{rrrrrrr}
f_1(n): & & & 2 & 1 & 4 & 1 \\
f_2(n): & & & & 3 & 1 & 5 \\
\hline
 & & & 10 & 5 & 20 & 5 \\
 & & 2 & 1 & 4 & 1 & \\
 & 6 & 3 & 12 & 3 & & \\
\hline
 & 6 & 5 & 23 & 12 & 21 & 5
\end{array}
$$

$f_1(n)$的起点为 $n=0$，$f_2(n)$的起点同样为 $n=0$，卷积和 $y(n)$的起点为两序列的起点序列号之和，则 $y(n)$的起点也为 $n=0$，故 $y(n)=\{\underset{\uparrow}{6},5,23,12,21,5\}$。一般地，长度分别为 N 和 M 的两个有限长序列进行卷积后，卷积和的长度为 $N+M-1$。

由对位相乘法可直观看出任意序列 $f(n)$与 $\delta(n)$卷积还是任意序列本身。即

$$f(n) * \delta(n)=f(n)$$

图解法、解析式法以及对位相乘法各有优缺点。图解法和对位相乘法形象直观，而解析式法则直接利用表达式代入卷积和的定义进行计算。在计算卷积和的过程中要注意结合序列的特点灵活选择计算方法。

5.5.2 卷积和的性质

卷积和存在一些运算规律可以简化运算过程。

设序列 $f_1(n)$、$f_2(n)$和 $f_3(n)$中任意两序列的卷积和均存在，则卷积和运算存在下列运算规律。

1. 移序

若有 $f(n)=f_1(n) * f_2(n)$，则有

$$f(n)=f_1(n-m) * f_2(n+m) \tag{5.5-7}$$

$$f(n+m)=f_1(n) * f_2(n+m)=f_1(n+m) * f_2(n) \tag{5.5-8}$$

$$f(n-m)=f_1(n)*f_2(n-m)=f_1(n-m)*f_2(n) \tag{5.5-9}$$

证明：根据定义式，有

$$f_1(n-m)*f_2(n+m)=\sum_{k=-\infty}^{+\infty}f_1(k-m)f_2(n-k+m) \tag{5.5-10}$$

令式(5.5-10)中 $k-m=\lambda$，则 $n-k+m=n-\lambda$，当 $k=-\infty$时，$\lambda=-\infty$，当 $k=\infty$时，$\lambda=\infty$，故上式改写为

$$f_1(n-m)*f_2(n+m)=\sum_{\lambda=-\infty}^{+\infty}f_1(\lambda)f_2(n-\lambda)=f_1(n)*f_2(n) \tag{5.5-11}$$

式(5.5-8)和式(5.5-9)的证明可以采用类似的方法，在此就不一一加以证明了。

2. 交换律

$$f_1(n)*f_2(n)=f_2(n)*f_1(n) \tag{5.5-12}$$

该性质表明：交换两个序列的位置，不改变卷积和的运算结果。在计算卷积时，可利用该性质，将形式相对复杂的序列自变量替换为 m，形式相对简单的序列自变量替换为 $n-m$，如此可以一定程度地减少运算量和计算复杂度。

证明：

$$f_1(n)*f_2(n)=\sum_{m=-\infty}^{+\infty}f_1(m)f_2(n-m) \tag{5.5-13}$$

令式(5.5-13)中 $n-m=\lambda$，则 $m=n-\lambda$，当 $m=-\infty$时，$\lambda=\infty$，当 $m=\infty$时，$\lambda=-\infty$，上式可改写为

$$f_1(n)*f_2(n)=\sum_{\lambda=-\infty}^{+\infty}f_2(\lambda)f_1(n-\lambda)=f_2(n)*f_1(n) \tag{5.5-14}$$

证毕。

3. 结合律

$$f_1(n)*f_2(n)*f_3(n)=f_1(n)*[f_2(n)*f_3(n)] \tag{5.5-15}$$

由式(5.5-15)可以看出，要计算多个序列的卷积和，可以改变卷积的运算次序，先计算其中任意两个序列的卷积和，再与第三个序列相卷积，不改变卷积和的最终计算结果。

将结合律运用到系统分析中，其物理意义在于，由若干 LTI 系统级联构成的复合系统，可从系统的角度将其等效成为一个系统，该系统的单位样值响应等于所有级联子系统单位样值响应的卷积，如图 5-28 所示。

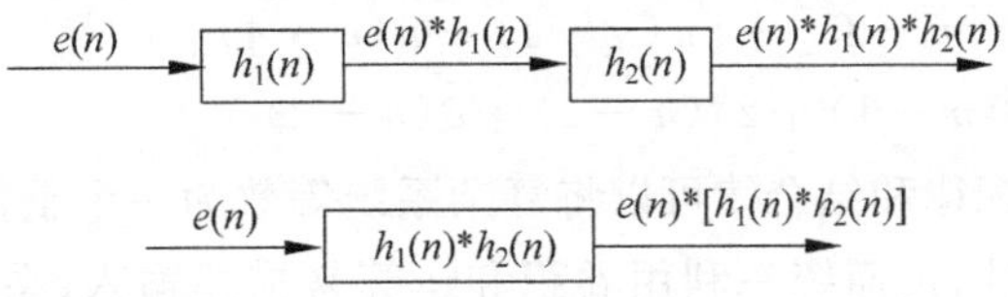

$e(n)$ → $h_1(n)$ → $e(n)*h_1(n)$ → $h_2(n)$ → $e(n)*h_1(n)*h_2(n)$

$e(n)$ → $h_1(n)*h_2(n)$ → $e(n)*[h_1(n)*h_2(n)]$

图 5-28　级联系统方框图

4. 分配律

$$f_1(n) * [f_2(n) + f_3(n)] = f_1(n) * f_2(n) + f_1(n) * f_3(n) \qquad (5.5\text{-}16)$$

该性质说明,先求和再卷积的运算次序可以转变为先卷积再求和。分配律的物理意义在于,由若干 LTI 系统并联构成的复合系统,可以等价为一个系统,该系统的单位样值响应等于所有并联子系统单位样值响应之和,如图 5-29 所示。

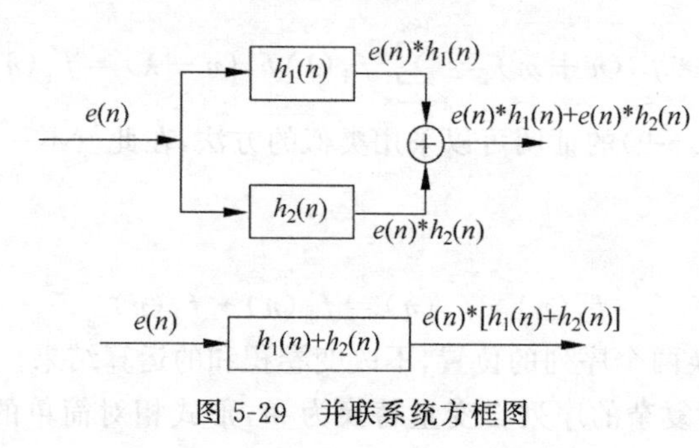

图 5-29 并联系统方框图

例 5-24 已知 $f_1(n)=2\delta(n)+\delta(n-3)$,$f_2(n)=3\delta(n)+5\delta(n-1)$,求 $y(n)=f_1(n)*f_2(n)$。

解:
$$\begin{aligned} y(n) &= f_1(n) * f_2(n) = [2\delta(n)+\delta(n-3)] * [3\delta(n)+5\delta(n-1)] \\ &= 2\delta(n) * 3\delta(n) + \delta(n-3) * 3\delta(n) + 2\delta(n) * 5\delta(n-1) + \delta(n-3) * 5\delta(n-1) \\ &= 6\delta(n) + 10\delta(n-1) + 3\delta(n-3) + 5\delta(n-4) \end{aligned}$$

例 5-25 某复合系统的结构如图 5-30 所示,已知各子系统的单位样值响应分别为 $h_1(n)=\delta(n-1)$,$h_2(n)=u(n)-u(n-3)$,求该复合系统的 $h(n)$。

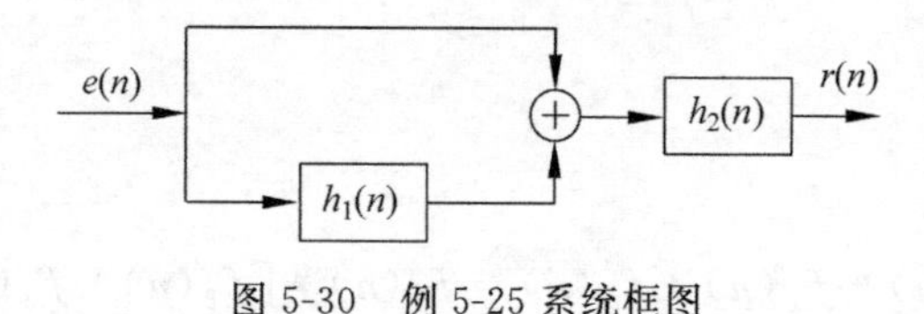

图 5-30 例 5-25 系统框图

解:根据单位样值响应的定义,当激励为 $\delta(n)$时,所产生的零状态响应为 $h(n)$。设 $e(n)=\delta(n)$,则产生的响应 $r(n)$为单位样值响应 $h(n)$,故

$$\begin{aligned} r(n) &= h(n) = [\delta(n) + \delta(n) * h_1(n)] * h_2(n) \\ &= h_2(n) + h_1(n) * h_2(n) = u(n) - u(n-3) + \delta(n-1) * [u(n) - u(n-3)] \\ &= [u(n) - u(n-3)] + [u(n-1) - u(n-4)] \\ &= \delta(n) + 2\delta(n-1) + 2\delta(n-2) + \delta(n-3) \end{aligned}$$

利用卷积和的分配律和结合律可以将复杂系统等效为一个整体,利用总的单位样值响应来表征系统的特性,进而统一利用卷积和运算来描述输入、系统单位样值响应及输出三者之间的关系,在已知输入和系统单位样值响应的条件下就可以实现系统零状态响应的分析。

5.5.3 零状态响应的求解

由前述可知，系统的零状态响应等于激励与系统单位样值响应的卷积和。因而若已知系统模型，要求任意激励所产生的零状态响应，需先求出系统的单位样值响应，然后利用激励与单位样值响应的卷积和运算即可求出零状态响应。

例 5-26 某 LTI 离散时间系统的系统框图如图 5-31 所示，激励 $e(n)=2^n u(n)$，求当 $n\geqslant 0$ 时系统的零状态响应 $r(n)$。

解：(1) 列写系统的差分方程。

根据加法器的输入-输出关系，可得

$$r(n)=e(n)-3r(n-1)-2r(n-2)$$

整理得

$$r(n)+3r(n-1)+2r(n-2)=e(n)$$

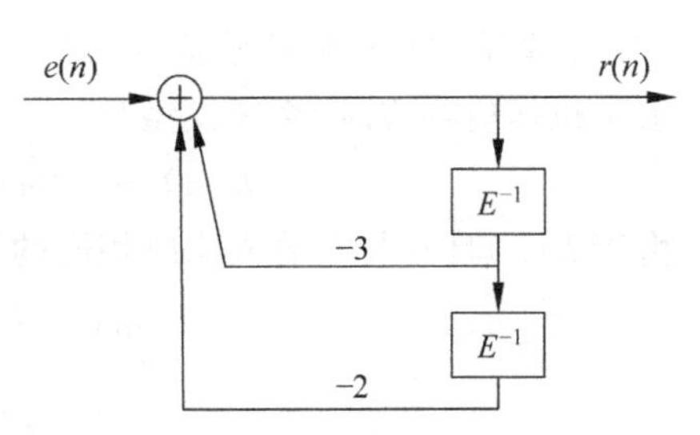

图 5-31 例 5-26 系统框图

(2) 求系统的单位样值响应。

利用移序算子，写出单位样值响应所对应的算子方程

$$(1+3E^{-1}+2E^{-2})h(n)=\delta(n)$$

$$h(n)=\frac{1}{1+3E^{-1}+2E^{-2}}\delta(n)=\frac{2}{1+2E^{-1}}\delta(n)-\frac{1}{1+E^{-1}}\delta(n)$$

故有

$$h(n)=[2(-2)^n-(-1)^n]u(n)$$

(3) 求系统的零状态响应 $r(n)$。

$$\begin{aligned}r(n)=e(n)*h(n)&=\sum_{m=-\infty}^{+\infty}[2(-2)^m-(-1)^m]u(m)2^{n-m}u(n-m)\\&=2^n\left[\sum_{m=0}^{n}2(-2)^m\left(\frac{1}{2}\right)^m-\sum_{m=0}^{n}(-1)^m\left(\frac{1}{2}\right)^m\right]u(n)\\&=2^n\left[2\,\frac{1-(-1)^{n+1}}{1-(-1)}-\frac{1-(-1/2)^{n+1}}{1-(-1/2)}\right]u(n)\\&=\left[\frac{1}{3}2^n+(-2)^n-\frac{1}{3}(-1)^n\right]u(n)\end{aligned}$$

例 5-27 已知描述某系统的差分方程 $r(n)-0.9r(n-1)=0.05e(n)$，$e(n)=u(n)$，其中 $r(-1)=1$，求当 $n\geqslant 0$ 时系统的响应 $r(n)$。

解：(1) 求零输入响应 $r_{zi}(n)$。

系统的齐次差分方程为

$$r(n)-0.9r(n-1)=0$$

由齐次差分方程，列写特征方程得

$$\lambda-0.9=0$$

由特征根 $\lambda=0.9$，写出零输入响应的形式为

$$r_{zi}(n)=c\cdot 0.9^n$$

将 $r(-1)=1$ 代入系统的齐次差分方程，可得

$$r(0)-0.9r(-1)=0$$

解得 $r(0)=0.9$，将其代入零输入响应的表达式，可得

$$r_{zi}(0)=c\cdot(0.9)^0=0.9$$

解得 $c=0.9$，故可得零输入响应为

$$r_{zi}(n)=0.9^{n+1}u(n)$$

(2) 求系统的单位样值响应 $h(n)$。

求单位样值响应时，系统模型为

$$h(n)-0.9h(n-1)=0.05\delta(n)$$

由于 $h(n)$ 具有与零输入响应相同的形式，故可表示为

$$\begin{cases}h(n)=k\cdot 0.9^n u(n)\\ h(-1)=0\end{cases}$$

将 $h(-1)=0$ 代入求单位样值响应时的系统模型，得

$$h(0)-0.9h(-1)=0.05$$

解得 $h(0)=0.05$，将其代入单位样值响应的表达式，得

$$k\cdot 0.9^0=0.05$$

解得 $k=0.05$，故单位样值响应为

$$h(n)=0.05\cdot 0.9^n u(n)$$

(3) 求零状态响应 $r_{zs}(n)$。

在 $e(n)$ 作用下，系统的零状态响应为

$$r_{zs}(n)=e(n)*h(n)=\sum_{m=-\infty}^{+\infty}0.05\cdot 0.9^m u(m)u(n-m)=0.05\left(\sum_{m=0}^{n}0.9^m\right)u(n)$$

$$=0.05\times\frac{1-0.9^{n+1}}{1-0.9}u(n)=0.5(1-0.9^{n+1})u(n)$$

(4) 求系统的全响应 $r(n)$。

$$r(n)=r_{zi}(n)+r_{zs}(n)=0.9^{n+1}u(n)+0.5(1-0.9^{n+1})u(n)$$

$$=(0.45\times 0.9^n+0.5)u(n)$$

求解离散时间系统响应时，既可以采用经典法求解差分方程，也可以将系统响应分为零输入响应和零状态响应，再分别求解。其中利用卷积和求零状态响应的方法，物理意义明确，同时也是变换域分析法求零状态响应的理论基础。后续将在时域分析的基础上变换分析问题的角度，通过序列及系统差分方程的 z 变换，将时域差分方程转换为 z 域代数方程，将卷积和运算转换为相乘运算，简化系统分析的过程，具体内容将在下一章进行讨论。

习题 5

5-1 试画出下列序列的图形：

(1) $f_1(n)=n+1, -3<n<2$；

(2) $f_2(n)=(-1)^n, -2<n<4$；

(3) $f_3(n)=\begin{cases}0, & n>0\\ \left(-\dfrac{1}{2}\right)^n, & n\leqslant 0\end{cases}$；

(4) $f_4(n)=\{3,\underset{\uparrow}{1},2,-5,4\}$。

5-2 试画出下列序列的图形：

(1) $f_1(n)=\left(\dfrac{1}{2}\right)^{n-1}u(n)$；

(2) $f_2(n)=\left(\dfrac{1}{2}\right)^n[\delta(n+1)-\delta(n)+\delta(n-1)]$；

(3) $f_3(n)=\left(-\dfrac{1}{2}\right)^{n-1}[u(n)-u(n-3)]$；

(4) $f_4(n)=(-2)^n u(-n)$；

(5) $f_3(n)=2^{n-1}u(n-1)$。

5-3 写出图 5-32 所示各序列的表达式。

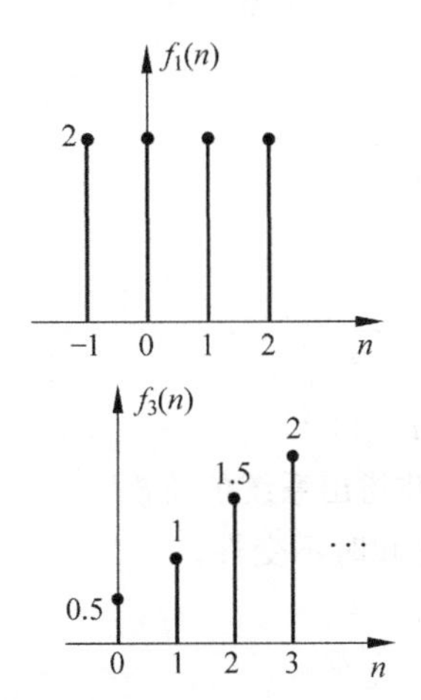

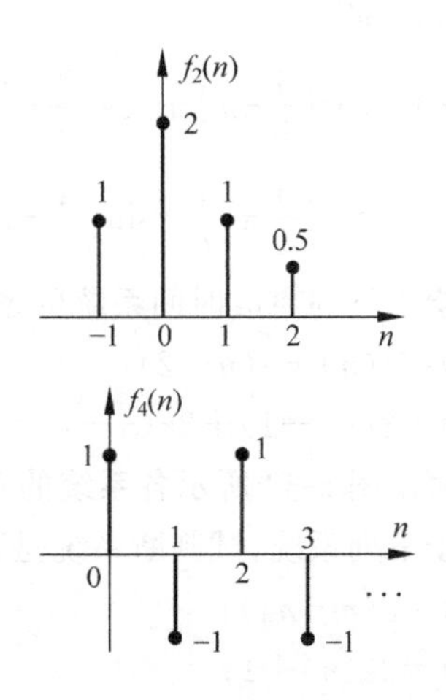

图 5-32 题 5-3 图

5-4 设序列 $f(n)=\{2,\underset{\uparrow}{5},3,1,-1\}$，请画出下列各序列的波形图：

(1) $f_1(n)=f(n+2)$；

(2) $f_2(n)=f(-n+1)$；

(3) $f_3(n)=f(n+2)+f(n-2)$；

(4) $f_4(n)=f(1-n)+f(n+1)$；

(5) $f_5(n)=f(n)\cdot f(1-n)$；

(6) $f_6(n)=f(2n)$；

(7) $f_7(n)=f\left(\frac{n}{2}\right)$；

(8) $f_8(n)=f(2n)\cdot f(1-n)$。

5-5 请绘出下列序列的图形：

(1) $f_1(n)=\cos\left(\frac{n\pi}{2}\right)[u(n)-u(n-8)]$；

(2) $f_2(n)=(-1)^n u(2n)$；

(3) $f_3(n)=(n-1)u(n)$；

(4) $f_4(n)=nu(n-1)$；

(5) $f_5(n)=n[\delta(n+1)+\delta(n)+\delta(n-3)]$；

(6) $f_6(n)=R_4(n+3)$；

(7) $f_7(n)=u(-n+5)-u(-n-2)$；

(8) $f_8(n)=nR_4(n+1)$。

5-6 判断下列各序列是否是周期序列。若是，请求出其周期 N。

(1) $f_1(n)=\sin\left(\frac{n\pi}{2}+\frac{\pi}{6}\right)$；

(2) $f_2(n)=\cos n$；

(3) $f_3(n)=\mathrm{e}^{\mathrm{j}\left(\frac{\pi}{4}n+\frac{\pi}{3}\right)}$；

(4) $f_4(n)=\cos\left(\frac{4}{3}\pi n\right)+\cos\left(\frac{1}{7}n\right)$；

(5) $f_4(n)=\cos\left(\frac{4}{3}\pi n\right)-\sin\left(\frac{4}{5}\pi n\right)$。

5-7 试绘出下列离散时间系统的系统框图：

(1) $r(n)=e(n)+e(n-2)$；

(2) $r(n)+3r(n-1)+2r(n-2)=e(n)+e(n-1)$。

5-8 试写出图 5-33 所示各系统的差分方程，并指出系统的阶次。

5-9 对于下列系统，试判断系统是否具有线性和时不变性。

(1) $r(n)=e(n-n_0)$；

(2) $r(n)=2e(n)+1$；

(3) $r(n)=[e(n)]^2$；

(4) $r(n)=\sum_{m=-\infty}^{n}e(m)$；

(5) $r(n)=\mathrm{e}^{e(n)}$；

(6) $r(n)=e(n)\sin\left(\frac{\pi}{3}n+\frac{\pi}{6}\right)$。

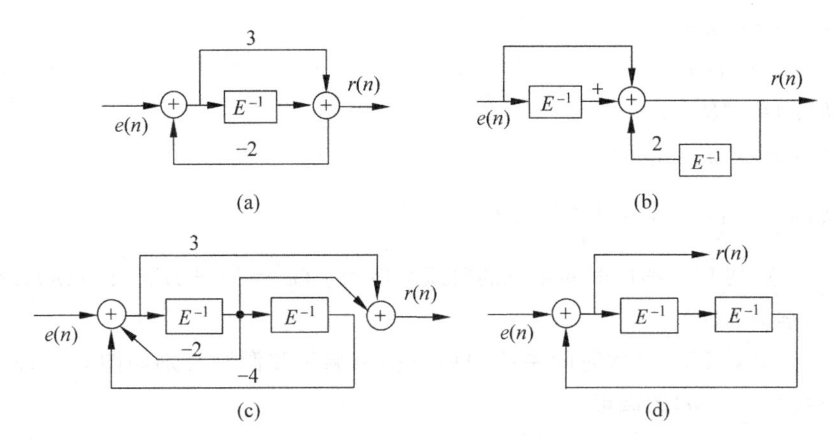

图 5-33　题 5-8 图

5-10　某人向银行贷款 20 万，采取逐月计息偿还方式。从贷款后第 1 个月开始每月定时定额还款，每月固定还款金额 0.4 万元，贷款月息为 β。设第 n 个月的欠款额为 $y(n)$，试写出 $y(n)$ 满足的方程。

5-11　同一平面上有 k 条直线，均两两相交，但没有三条或三条以上直线交于同一点。问：满足这一条件的 k 条直线能把平面分成多少块？

5-12　已知系统差分方程及边界条件，求 $n \geqslant 0$ 时系统零输入响应。

(1) $r(n)-\frac{1}{3}r(n-1)=0, r(0)=1$；

(2) $r(n)-2r(n-1)=0, r(0)=\frac{1}{2}$；

(3) $r(n)+3r(n-1)+2r(n-2)=0, r(-1)=1, r(-2)=1$；

(4) $r(n)+2r(n-1)+r(n-2)=0, r(-1)=r(-2)=2$；

(5) $r(n)+r(n-2)=0, r(0)=1, r(1)=3$。

5-13　已知 $r(n)-r(n-1)=n, r(-1)=1$，求 $n \geqslant 0$ 时系统输出 $r(n)$。

5-14　已知 $r(n)+3r(n-1)+2r(n-2)=u(n), r(-1)=r(-2)=1$，求 $n \geqslant 0$ 时系统输出 $r(n)$。

5-15　求下列各离散时间系统的单位样值响应 $h(n)$：

(1) $r(n)-2r(n-1)=2e(n)$；

(2) $r(n)-0.5r(n-1)+0.06r(n-2)=e(n-1)$；

(3) $r(n)+3r(n-1)+2r(n-2)=e(n)-e(n-1)$；

(4) $r(n)+\frac{1}{4}r(n-1)-\frac{1}{8}r(n-2)=e(n)$；

(5) $r(n)=e(n)-e(n-1)-2e(n-3)+e(n-4)$。

5-16　已知下列 LTI 离散时间系统的单位样值响应 $h(n)$，试判断系统的因果性和稳定性，并简要说明理由：

(1) $h(n)=0.2^n u(n)$；

(2) $h(n)=\delta(n-1)$；

(3) $h(n)=nu(n)$；

(4) $h(n)=2^{n}R_{5}(n)$；

(5) $h(n)=3^{n}u(-n)$；

(6) $h(n)=\left[\left(-\frac{1}{2}\right)^{n}+\left(\frac{1}{10}\right)^{n}\right]u(n)$。

5-17 已知某 LTI 离散时间系统的阶跃响应为 $g(n)=[(-2)^{n}+1]u(n)$，求该系统的单位样值响应 $h(n)$。

5-18 已知某 LTI 离散时间系统的单位样值响应和激励分别如图 5-34(a)、(b)所示，画出系统响应 $r(n)$ 的波形。

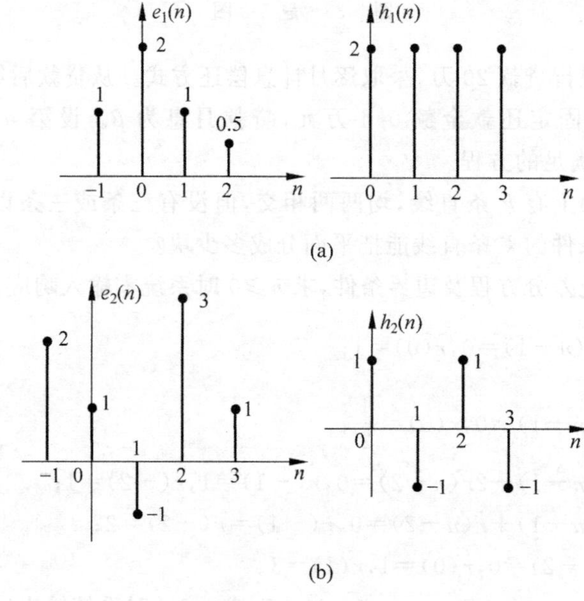

图 5-34 题 5-18 图

5-19 已知某 LTI 离散时间系统的系统框图如图 5-35 所示，各子系统分别为 $h_{1}(n)=u(n)$，$h_{2}(n)=\delta(n-2)$，$h_{3}(n)=u(n-1)$，求该系统的单位样值响应。

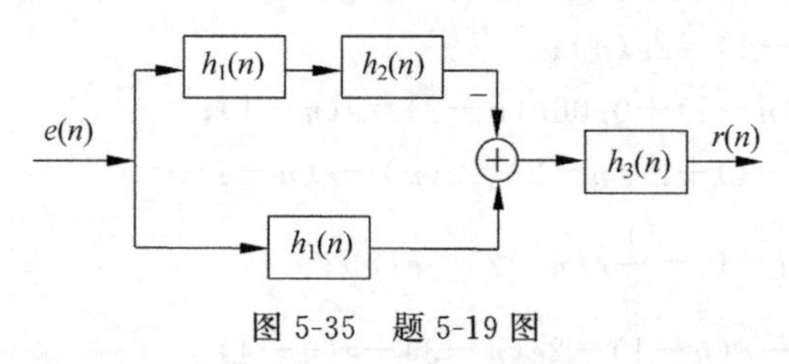

图 5-35 题 5-19 图

5-20 已知系统差分方程为 $r(n)=e(n)-2e(n-1)-e(n-2)$，激励 $e(n)=u(n)-u(n-2)$。

求：(1) 系统单位样值响应 $h(n)$；

(2) $n\geqslant 0$ 时零状态响应 $r(n)$。

5-21　求下列 LTI 离散时间系统的零输入响应 $r_{zi}(n)$、零状态响应 $r_{zs}(n)$ 及全响应 $r(n)$。

(1) $r(n)+\frac{1}{3}r(n-1)=e(n), r(-1)=-1, e(n)=\left(\frac{1}{2}\right)^n u(n)$；

(2) $r(n)-\frac{5}{6}r(n-1)+\frac{1}{6}r(n-2)=e(n)-e(n-1), r(-1)=0, r(-2)=1, e(n)=u(n)$。

5-22　已知描述某 LTI 离散时间系统的差分方程为

$$r(n)+5r(n-1)+6r(n-2)=e(n)-e(n-1)$$

(1) 求系统的单位样值响应；

(2) 判断系统的稳定性；

(3) 请画出该系统的模拟图。

5-23　某离散时间系统的模拟图如图 5-36 所示。

(1) 请写出系统的差分方程；

(2) 求 $h(n)$；

(3) 若激励 $e(n)=u(n), r(-1)=0, r(-2)=1$，求响应 $r(n)$。

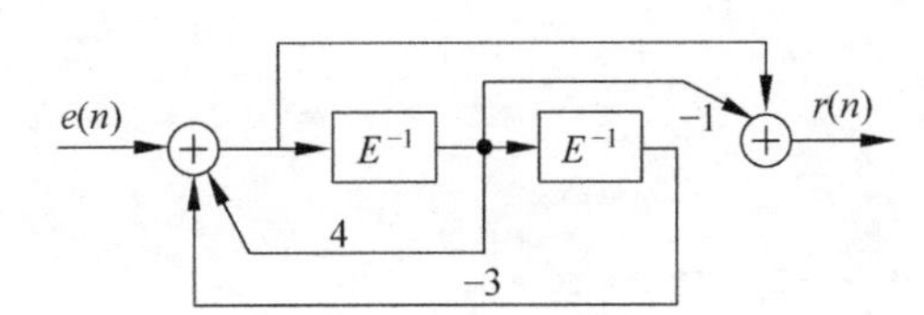

图 5-36　题 5-23 图

5-24　已知二阶 LTI 离散时间系统的单位样值响应为

$$h(n)=(1+2\cdot 3^n)u(n)$$

(1) 请写出该系统的差分方程；

(2) 判断系统的因果、稳定性；

(3) 若激励为 $e(n)=u(n)-u(n-2)$，求系统的零状态响应 $r(n)$。

第6章 离散时间信号与系统的z域分析

第5章讨论了LTI离散时间信号与系统的时域分析，以n为自变量，讨论信号的描述、运算、系统特性以及响应的求解。本章讨论信号与系统的z域分析方法，通过z变换，不仅可以将离散时间系统的差分方程转化为简单的代数方程，从而简化系统响应的求解过程，而且有助于系统特性的分析。

本章首先从采样信号的拉普拉斯变换出发，引出离散时间信号的z变换，然后介绍z变换的性质和反变换，并讨论系统响应的z域求解和系统特性的z域分析，最后讨论z变换与拉普拉斯变换的联系，以加深对z变换的理解。

6.1 序列的z变换

6.1.1 z变换的定义

z变换是将离散时间信号转变为复变函数的一种数学变换。它的定义可以借助采样信号的拉普拉斯变换得到。连续时间信号$f(t)$经过理想采样所得到的采样信号可表示为

$$f_s(t)=f(t)\cdot\delta_T(t)=\sum_{n=-\infty}^{+\infty}f(nT)\delta(t-nT) \tag{6.1-1}$$

其中，T为采样间隔。对上述采样信号进行拉普拉斯变换，可得

$$F_s(s)=\mathcal{L}[f(t)\cdot\delta_T(t)]=\sum_{n=-\infty}^{+\infty}f(nT)\,\mathcal{L}[\delta(t-nT)] \tag{6.1-2}$$

因为$\mathcal{L}[\delta(t-nT)]=\mathrm{e}^{-sT}$，故式(6.1-2)可改写为

$$F_s(s)=\sum_{n=-\infty}^{+\infty}f(nT)\mathrm{e}^{-snT} \tag{6.1-3}$$

引入一个新的复变量，令

$$z=\mathrm{e}^{sT}$$

代入式(6.1-3)右端，并将求和结果记为$F(z)$，即

$$F(z)=\sum_{n=-\infty}^{+\infty}f(nT)z^{-n} \tag{6.1-4}$$

将式(6.1-4)中的$f(nT)$简写为$f(n)$，则式(6.1-4)可改写为

$$\begin{aligned}F(z)&=\sum_{n=-\infty}^{+\infty}f(n)z^{-n}\\&=\cdots+f(-2)z^{2}+f(-1)z^{1}+f(0)+f(1)z^{-1}+f(2)z^{-2}+\cdots\end{aligned} \tag{6.1-5}$$

式(6.1-5)是将序列$f(n)$变换为复变函数$F(z)$的数学运算，通常称为双边z变换。z变换可理解为采样信号的拉普拉斯变换。

若只对序列$f(n)$在$n\geqslant 0$时进行z变换，则称为单边z变换，即

$$F(z)=\sum_{n=0}^{+\infty}f(n)z^{-n}=f(0)+f(1)z^{-1}+f(2)z^{-2}+\cdots \tag{6.1-6}$$

可以看出,无论是单边 z 变换还是双边 z 变换都是关于 z 的幂级数求和形式,各次幂前面的系数是序列的时域取值。单边和双边 z 变换的区别是变换区间即幂级数求和的项数不同,单边 z 变换不包含 z 的正幂级数,而双边 z 变换中,既包含 z 的负幂级数也包含 z 的正幂级数。如果序列 $f(n)$是因果序列,则该序列的单边 z 变换与双边 z 变换相同。

序列 $f(n)$的 z 变换也可记为$F(z)=\mathcal{Z}[f(n)]$,符号"$\mathcal{Z}$"是 z 变换算子符,实现了将序列 $f(n)$变换为 $F(z)$。

把复变函数 $F(z)$变换为序列 $f(n)$的运算称为逆 z 变换,或者反 z 变换,变换式为

$$f(n)=\mathcal{Z}^{-1}[F(n)]=\frac{1}{2\pi j}\oint_C F(z)z^{n-1}dz \tag{6.1-7}$$

式中,C 表示 z 平面上包围$F(z)z^{n-1}$ 所有极点的逆时针闭合路径。无论是单边 z 变换还是双边 z 变换,其逆 z 变换统一用式(6.1-7)定义。该积分表达式可以利用复变函数理论的柯西积分定理推导得到。在具体求逆 z 变换时,有时可以不使用式(6.1-7),本书 6.2 节将采用部分分式展开法和幂级数展开法加以解决。

6.1.2 z 变换的收敛域

由于序列 $f(n)$的 z 变换是幂级数的和,故存在级数和是否收敛的问题。若序列 $f(n)$存在 z 变换,则要求式(6.1-5)和式(6.1-6)收敛。以双边 z 变换为例,级数收敛要求级数绝对可和,即

$$\sum_{n=-\infty}^{+\infty}|f(n)z^{-n}|<\infty \tag{6.1-8}$$

把满足式(6.1-8)的全部 z 值的集合称为 $F(z)$的收敛域(Region of Convergence, RoC)。可见,序列是否存在 z 变换的关键在于能否在 z 平面上找到某个收敛域,使得级数绝对求和存在;反之,若找不到收敛域,则序列的 z 变换不存在。

通常可采用比值或根值判定法来讨论 z 变换的收敛域问题。所谓比值判定法,是指如果正向级数 $\sum\limits_{n=-\infty}^{+\infty}|a_n|$ 中任意的前后两项存在如下极限值:

$$\lim_{n\to\infty}\left|\frac{a_{n+1}}{a_n}\right|=\rho \tag{6.1-9}$$

若 $\rho<1$,则级数收敛;若 $\rho>1$,则级数发散;若 $\rho=1$,则无法确定级数收敛情况,既有可能收敛,也有可能发散。

根值判定法是指,如果正项级数 $\sum\limits_{n=-\infty}^{+\infty}|a_n|$ 的一般项$|a_n|$存在如下极限值:

$$\lim_{n\to\infty}\sqrt[n]{|a_n|}=\rho \tag{6.1-10}$$

若 $\rho<1$,则级数收敛;若 $\rho>1$,则级数发散;若 $\rho=1$,则无法确定级数收敛情况,既有可能收敛,也有可能发散。

设$|f(n)|$有界,下面分4种情况讨论双边z变换的收敛域问题。

1. 有限长序列

有限长序列是指在$n_1 \leqslant n \leqslant n_2$区间内序列具有非零有限值,此时$z$变换为

$$F(z)=\sum_{n=n_1}^{n_2} f(n) z^{-n} \tag{6.1-11}$$

显然,只要式(6.1-11)中各项$|f(n)z^{-n}|$有界,即$|z^{-n}|$有界时,有限项求和式(6.1-11)可和,$F(z)$存在。根据$|z^{-n}|$有界可以判断出有限长序列的z变换在$0<|z|<\infty$范围收敛。收敛域是否还包含$|z|=0$和$|z|=\infty$,需要根据序列号n_1和n_2取值的不同进行讨论。下面通过例题来说明一下具体情况。

例 6-1 分别求$f_1(n)=\delta(n+1)$,$f_2(n)=\delta(n-1)$及$f_3(n)=\delta(n+1)+\delta(n-1)$的双边$z$变换及收敛域。

解:根据双边z变换的定义

$$f_1(n) \leftrightarrow F_1(z)=\sum_{n=-\infty}^{+\infty} \delta(n+1) z^{-n}=z$$

当$|z|<\infty$时,$F_1(z)$收敛,z变换存在,故$F_1(z)$的收敛域为$|z|<\infty$。

$$f_2(n) \leftrightarrow F_2(z)=\sum_{n=-\infty}^{+\infty} \delta(n-1) z^{-n}=z^{-1}$$

当$z \neq 0$时,$F_2(z)$收敛,z变换存在,故$F_2(z)$的收敛域为$|z|>0$。

$$f_3(n) \leftrightarrow F_3(z)=\sum_{n=-\infty}^{+\infty}[\delta(n+1)+\delta(n-1)] z^{-n}=z+z^{-1}$$

由于$F_3(z)$中既包含z的正幂次项也包含z的负幂次项,当z的正幂级数的和存在时要求$|z|<\infty$,当z的负幂级数的和存在时,要求$|z|>0$,故$F_3(z)$的收敛域为$0<|z|<\infty$。

综上,有限长序列有三种形式:

(1) 当下限序号$n_1>0$时,如图6-1(a)所示,$f(n)$是有限长因果序列,序号都取正整数,z变换中只有z的负幂次项。此时,序列z变换的收敛域为$|z|>0$。

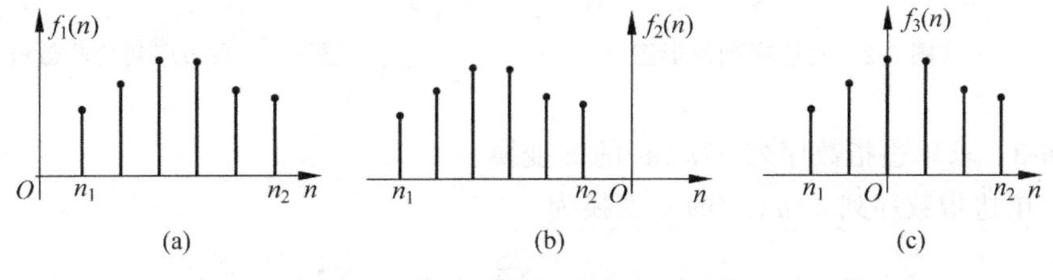

图 6-1 有限长序列形式

(2) 当上限序号$n_2<0$时,如图6-1(b)所示,序号都取负整数,z变换中只有z的正幂次项。此时,序列z变换的收敛域为$|z|<\infty$。

(3) 当下限序号$n_1<0$,上限序号$n_2>0$,如图6-1(c)所示,级数中既包含z的正幂次项,也包含z的负幂次项。此时,序列z变换的收敛域为$0<|z|<\infty$。

例 6-2 求单位矩形序列 $R_N(n)$的 z 变换。

解：根据 z 变换的定义

$$F(z)=\mathcal{Z}[R_N(n)]=\sum_{n=0}^{N-1}z^{-n}=1+z^{-1}+z^{-2}+\cdots+z^{-N+1}$$

利用等比数列前 n 项求和公式，得

$$F(z)=\frac{1-z^{-N}}{1-z^{-1}},\quad |z|>0$$

2. *右边序列*

右边序列指有始无终序列，如图 6-2 所示。它的 z 变换为

$$F(z)=\sum_{n=n_1}^{+\infty}f(n)z^{-n} \tag{6.1-12}$$

式(6.1-12)要收敛，则要求级数绝对可和。设

$$\lim_{n\to\infty}\sqrt[n]{|f(n)z^{-n}|}=R_1|z^{-1}| \tag{6.1-13}$$

其中，$\lim\limits_{n\to\infty}\sqrt[n]{|f(n)|}=R_1$，利用根值判定法，当且仅当

$$\lim_{n\to\infty}\sqrt[n]{|f(n)z^{-n}|}=R_1|z^{-1}|<1$$

即$|z|>R_1$ 时，该级数收敛。由此可见，右边序列的收敛域是以 R_1 为收敛半径的圆外，如图 6-3 所示。当序列号 $n_1<0$ 时，如图 6-2(a)所示，z 变换包含 z 的正幂级项，则收敛域不包含$|z|=\infty$，表示为 $R_1<|z|<\infty$。当序列号 $n_1\geqslant 0$ 时，该右边序列为因果序列，如图 6-2(b)所示，z 变换不包含 z 的正幂级项，则收敛域包含$|z|=\infty$，可表示为$|z|>R_1$。

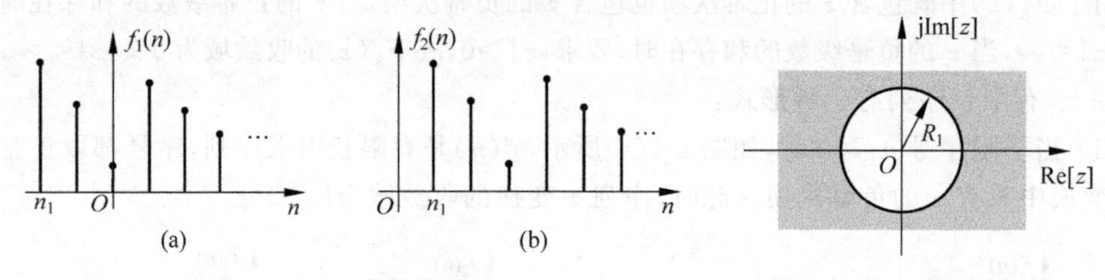

图 6-2 右边序列波形图　　图 6-3 右边序列的收敛域

例 6-3 求单边指数序列 $a^n u(n)$的 z 变换。

解：单边指数序列 $a^n u(n)$的 z 变换为

$$F(z)=\mathcal{Z}[a^n u(n)]=\sum_{n=0}^{+\infty}a^n z^{-n}=\sum_{n=0}^{+\infty}(az^{-1})^n$$

利用比值判定法，当$|az^{-1}|<1$，即$|z|>|a|$，级数收敛，序列 $a^n u(n)$的 z 变换存在，再利用无穷等比数列的求和公式，有

$$\sum_{n=0}^{+\infty}(az^{-1})^n=\frac{1}{1-az^{-1}}=\frac{z}{z-a}$$

得 z 变换对

$$a^n u(n) \leftrightarrow \frac{z}{z-a}, \quad |z|>|a|$$

针对因果序列，其单边 z 变换和双边 z 变换具有相同的变换形式及收敛域。

3. 左边序列

左边序列是无始有终序列，如图 6-4 所示。其 z 变换为

$$F(z)=\sum_{n=-\infty}^{n_2} f(n) z^{-n} \tag{6.1-14}$$

令 $m=-n$，式(6.1-14)改写为

$$F(z)=\sum_{m=-n_2}^{+\infty} f(-m) z^{m} \tag{6.1-15}$$

类似右边序列的分析方法，利用根值判定法，当 $\lim\limits_{m\to\infty}\sqrt[m]{|f(-m)z^m|}=\lim\limits_{m\to\infty}\sqrt[m]{|f(-m)|}\,|z|<1$ 时，级数收敛。即

$$|z|<\frac{1}{\lim\limits_{m\to\infty}\sqrt[m]{|f(-m)|}}=R_2$$

故当 $|z|<R_2$ 时，左边序列的 z 变换存在。左边序列的收敛域是以 R_2 为半径的圆的内部，如图 6-5 所示。当 $n_2>0$ 时，如图 6-4(a)所示，z 变换包含 z 的负幂次项，收敛域不包含 $z=0$，即 $0<|z|<R_2$。当 $n_2\leqslant 0$ 时，如图 6-4(b)所示，z 变换不包含 z 的负幂次项，收敛域包含 $z=0$，即 $|z|<R_2$。

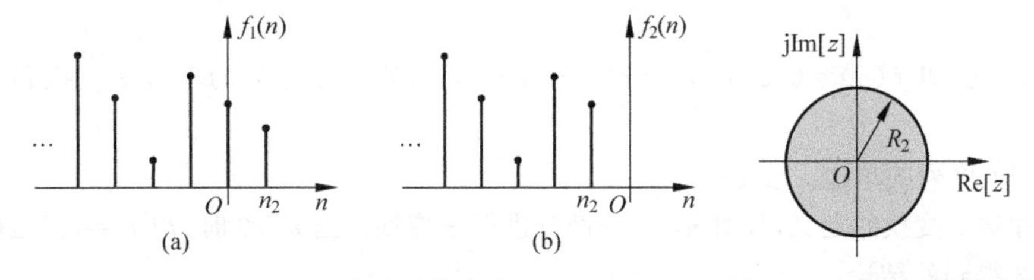

图 6-4　左边序列的波形　　　　图 6-5　左边序列的收敛域

例 6-4　求序列 $f(n)=-a^n u(-n-1)$ 的 z 变换。

解：这是一个左边序列，根据双边 z 变换的定义，其 z 变换为

$$F(z)=\sum_{n=-\infty}^{-1} -a^n z^{-n}$$

令 $m=-n$，代入上式，得

$$\sum_{n=-\infty}^{-1} -a^n z^{-n}=-\sum_{m=1}^{+\infty}(a^{-1}z)^m$$

当通项 $|a^{-1}z|<1$，即 $|z|<|a|$ 时，级数收敛，级数和为

$$-\sum_{m=1}^{+\infty}(a^{-1}z)^m=-\frac{a^{-1}z}{1-a^{-1}z}=\frac{z}{z-a}$$

得 z 变换对

$$-a^n u(-n-1)\leftrightarrow\frac{z}{z-a},\quad |z|<|a|$$

对比例 6-3 和例 6-4 可见，两个不同序列的 z 变换 $F(z)$ 在形式上完全相同，差别仅是 $F(z)$ 的收敛域不一样。通常，序列与其单边 z 变换之间是一对一关系，而双边 z 变换不具有唯一性。因此，在进行双边 z 变换时，给出函数 $F(z)$ 的同时，必须标注 $F(z)$ 的收敛域，这样才能消除时域的不确定性，使变换对具有唯一性。

4. 双边序列

双边序列是无始无终序列，其 z 变换为

$$F(z)=\sum_{n=-\infty}^{+\infty}f(n)z^{-n}=\sum_{n=0}^{+\infty}f(n)z^{-n}+\sum_{n=-\infty}^{-1}f(n)z^{-n}=F_1(z)+F_2(z)$$

式中，$F_1(z)$ 是右边序列的 z 变换，其收敛域为 $|z|>R_1$；$F_2(z)$ 是左边序列的 z 变换，其收敛域为 $|z|<R_2$。显然，当 $R_1>R_2$ 时，两个收敛域没有重叠区域，双边序列的 z 变换不存在。只有当 $R_1<R_2$ 时，两个收敛域才有重叠部分，双边序列的 z 变换存在，其收敛域为

$$R_1<|z|<R_2 \tag{6.1-16}$$

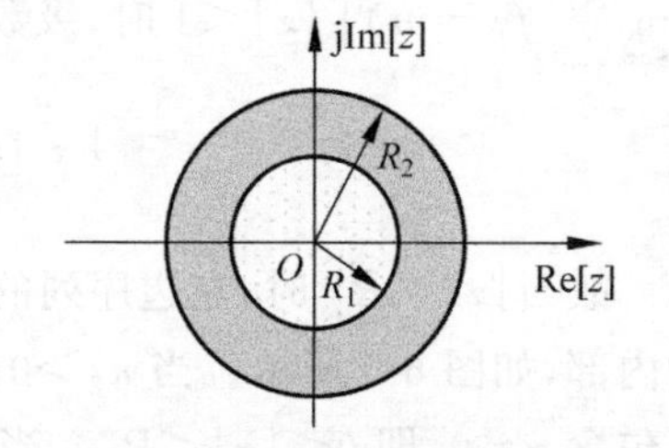

图 6-6　双边序列 z 变换的收敛域

由此可见，双边 z 变换的收敛域为圆环，如图 6-6 所示。

例 6-5　已知 $f(n)=0.5^n u(n)-2^n u(-n-1)$，分别求该序列的单边 z 变换和双边 z 变换。

解：(1) 序列的单边 z 变换。

根据单边 z 变换的定义，只对 $n\geqslant 0$ 的部分进行 z 变换。当 $n\geqslant 0$ 时，$f(n)=0.5^n u(n)$。利用例 6-3 得到的结论

$$\mathcal{Z}[a^n u(n)]=\frac{z}{z-a},\quad |z|>|a|$$

则

$$F(z)=\mathcal{Z}[0.5^n u(n)]=\frac{z}{z-0.5},\quad |z|>0.5$$

(2) 序列的双边 z 变换。

$$F(z)=\sum_{n=-\infty}^{+\infty}f(n)z^{-n}=\sum_{n=-\infty}^{-1}f(n)z^{-n}+\sum_{n=0}^{+\infty}f(n)z^{-n}=F_1(z)+F_2(z)$$

其中

$$F_1(z)=\mathcal{Z}[-2^n u(-n-1)]=\sum_{n=-\infty}^{-1}-2^n z^{-n}=\frac{z}{z-2},\quad |z|<2$$

$$F_2(z)=\mathcal{Z}[0.5^n u(n)]=\frac{z}{z-0.5},\quad |z|>0.5$$

则

$$F(z)=F_1(z)+F_2(z)=\frac{z}{z-2}+\frac{z}{z-0.5}=\frac{2z^2-2.5z}{z^2-2.5z+1},\quad 0.5<|z|<2$$

例 6-6 已知双边序列 $f(n)=2^{|n|}$，求该序列的双边 z 变换 $F(z)$。

解：根据表达式，原序列可改写为

$$f(n)=2^{-n}u(-n-1)+2^n u(n)$$

双边 z 变换为

$$F(z)=\sum_{n=-\infty}^{-1}2^{-n}z^{-n}+\sum_{n=0}^{+\infty}2^n z^{-n}=F_1(z)+F_2(z)$$

其中，

$$F_1(z)=\sum_{n=-\infty}^{-1}2^{-n}z^{-n}=-\frac{z}{z-1/2},\quad |2z|<1 \text{ 即 } |z|<0.5$$

$$F_2(z)=\sum_{n=0}^{+\infty}2^n z^{-n}=\frac{z}{z-2},\quad \left|\frac{2}{z}\right|<1 \text{ 即 } |z|>2$$

由于 $F_1(z)$ 和 $F_2(z)$ 的收敛域不存在重叠区域，则两部分的 z 变换不能同时存在，故 $f(n)=2^{|n|}$ 的 z 变换不存在。

上述讨论了各种序列双边 z 变换的收敛域，为了便于理解和对比，现将各类序列的双边 z 变换收敛域总结于表 6-1。

表 6-1 序列的时域形式与双边 z 变换收敛域的对应关系

序列形式			z 变换收敛域	
有限长序列	$0\leqslant n_1<n_2$			$\|z\|>0$
	$n_1<n_2\leqslant 0$			$\|z\|<\infty$

续表

序列形式			z 变换收敛域	
有限长序列	$n_1<0<n_2$	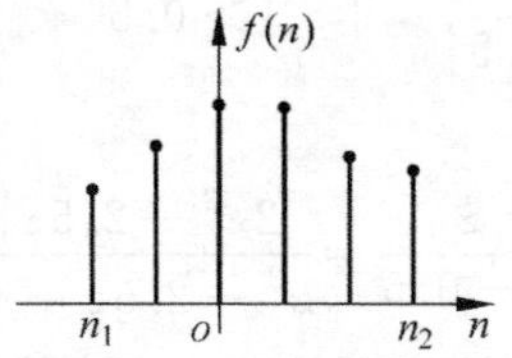	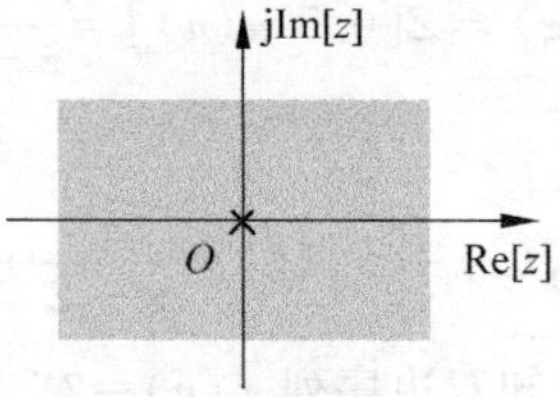	$0<\|z\|<\infty$
右边序列	$n_1<0$	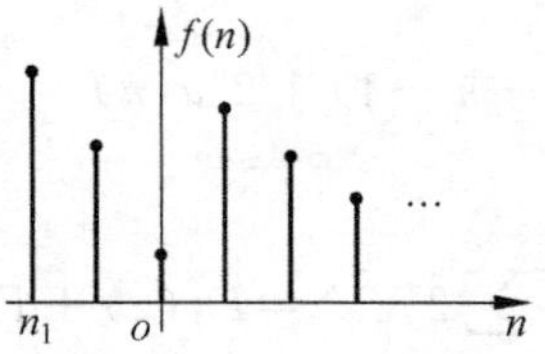	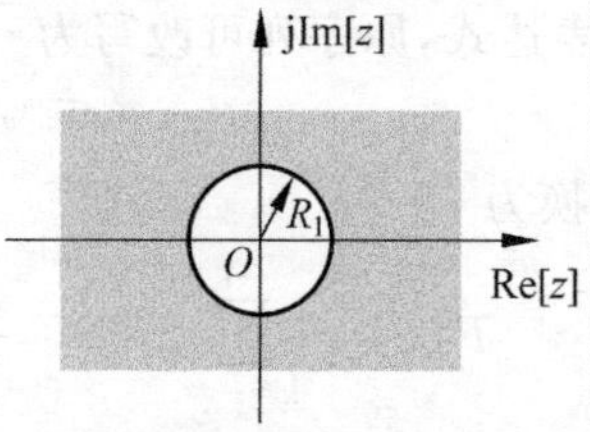	$R_1<\|z\|<\infty$
	$n_1\geqslant 0$	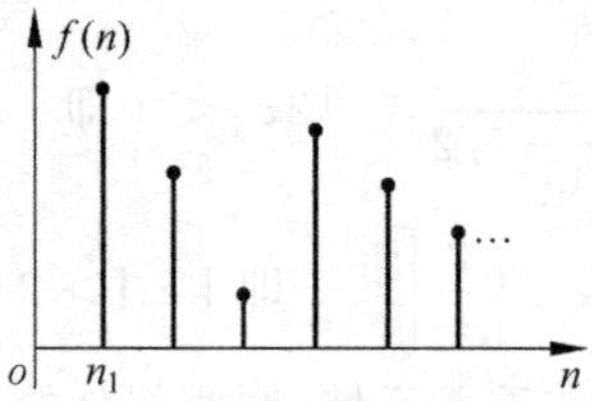	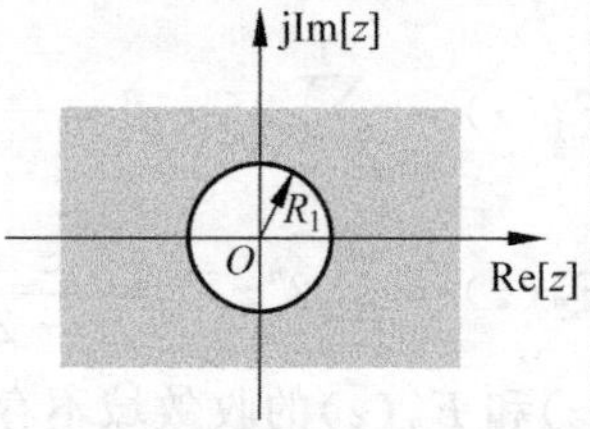	$\|z\|>R_1$
左边序列	$n_2>0$	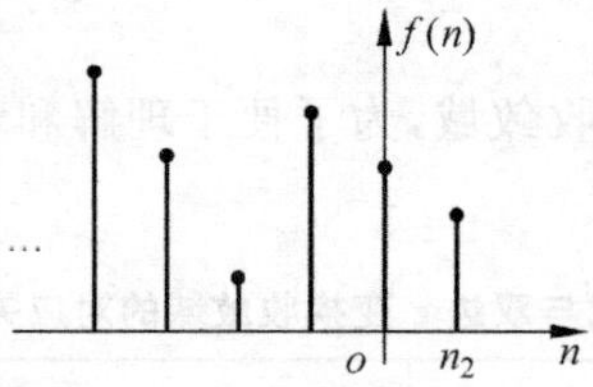	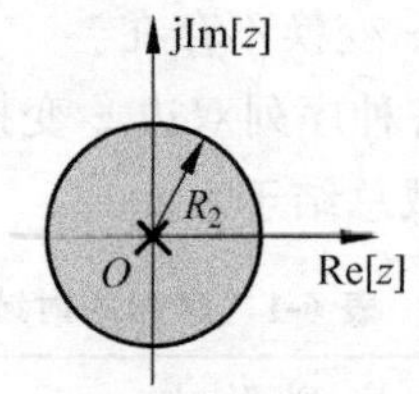	$0<\|z\|<R_2$
	$n_2\leqslant 0$	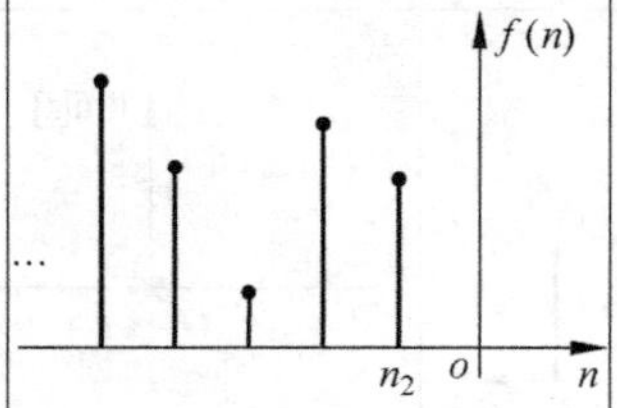	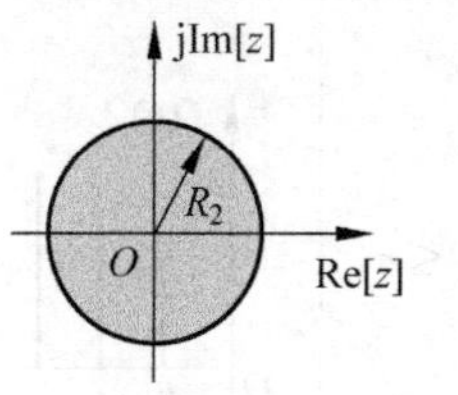	$\|z\|<R_2$
双边序列	无始无终	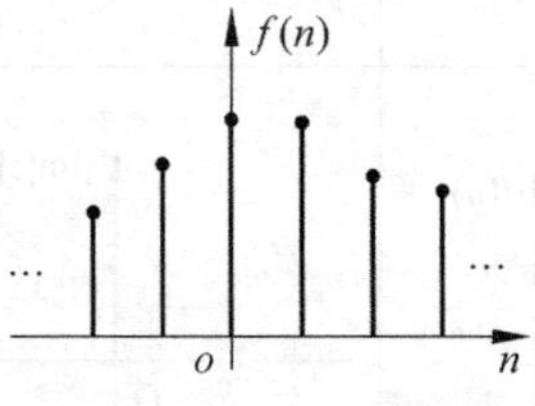	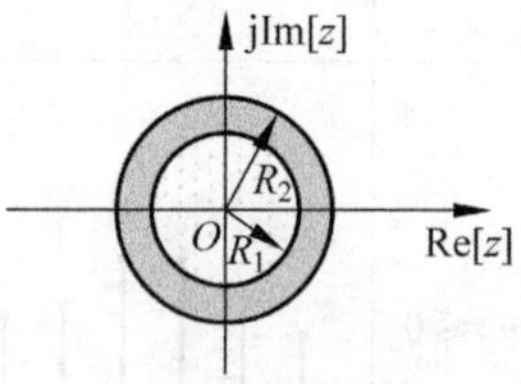	$R_1<\|z\|<R_2$

6.1.3 常用信号的 z 变换

常用信号的 z 变换是分析复杂序列 z 变换的基础。在连续时间信号分析中，信号一般为因果的，因而拉普拉斯变换着重讨论的是单边拉式变换。对于离散时间信号，非因果序列也有一定的应用领域，因此，序列的 z 变换着重讨论双边 z 变换。下面列举常用序列的 z 变换。

1. 单位样值序列

$$\mathcal{Z}[\delta(n)]=\sum_{n=-\infty}^{+\infty}\delta(n)z^{-n}=1 \tag{6.1-17}$$

可见，与连续时间信号 $\delta(t)$ 的拉氏变换类似，单位样值序列 $\delta(n)$ 的 z 变换也等于 1，收敛域为整个 z 平面。

2. 单位阶跃序列

$$\mathcal{Z}[u(n)]=\sum_{n=-\infty}^{+\infty}u(n)z^{-n}=\sum_{n=0}^{+\infty}z^{-n} \tag{6.1-18}$$

若 $|z|>1$，则式(6.1-18)收敛，所以，

$$\mathcal{Z}[u(n)]=\frac{1}{1-z^{-1}}=\frac{z}{z-1},\quad |z|>1 \tag{6.1-19}$$

3. 单边指数序列

根据例 6-3 和例 6-4 所求结果，得

$$a^n u(n)\leftrightarrow\frac{z}{z-a},\quad |z|>|a| \tag{6.1-20}$$

$$-a^n u(-n-1)\leftrightarrow\frac{z}{z-a},\quad |z|<|a| \tag{6.1-21}$$

4. 正弦序列

根据式(6.1-20)，若令 $a=\mathrm{e}^{\pm \mathrm{j}\omega_0}$，得

$$\mathrm{e}^{\mathrm{j}\omega_0 n}u(n)\leftrightarrow\frac{z}{z-\mathrm{e}^{\mathrm{j}\omega_0}},\quad |z|>1 \tag{6.1-22}$$

$$\mathrm{e}^{-\mathrm{j}\omega_0 n}u(n)\leftrightarrow\frac{z}{z-\mathrm{e}^{-\mathrm{j}\omega_0}},\quad |z|>1 \tag{6.1-23}$$

由欧拉公式，可得

$$\mathcal{Z}[\cos(\omega_0 n)u(n)]=\mathcal{Z}\left[\frac{1}{2}\mathrm{e}^{\mathrm{j}\omega_0 n}u(n)\right]+\mathcal{Z}\left[\frac{1}{2}\mathrm{e}^{-\mathrm{j}\omega_0 n}u(n)\right]$$

$$= \frac{z(z-\cos\omega_0)}{z^2-2z\cos\omega_0+1}, \quad |z|>1 \tag{6.1-24}$$

同理，

$$\mathcal{Z}[\sin(\omega_0 n)u(n)] = \mathcal{Z}\left[\frac{1}{2\mathrm{j}}\mathrm{e}^{\mathrm{j}\omega_0 n}u(n)\right] - \mathcal{Z}\left[\frac{1}{2\mathrm{j}}\mathrm{e}^{-\mathrm{j}\omega_0 n}u(n)\right]$$

$$= \frac{z\sin\omega_0}{z^2-2z\cos\omega_0+1}, \quad |z|>1 \tag{6.1-25}$$

表 6-2 列出了几种常用序列的双边 z 变换。

表 6-2　常用序列的 z 变换列表

序　号	序列 $f(n)$	$F(z)$	收　敛　域
1	$\delta(n)$	1	$\|z\|\geqslant 0$
2	$\delta(n\pm m)$	$z^{\pm m}$	$\|z\|>0$ 或 $\|z\|<\infty$
3	$u(n)$	$\frac{1}{1-z^{-1}}=\frac{z}{z-1}$	$\|z\|>1$
4	$a^n u(n)$	$\frac{1}{1-az^{-1}}=\frac{z}{z-a}$	$\|z\|>a$
5	$-a^n u(-n-1)$	$\frac{1}{1-az^{-1}}=\frac{z}{z-a}$	$\|z\|<a$
6	$nu(n)$	$\frac{z^{-1}}{(1-z^{-1})^2}=\frac{z}{(z-1)^2}$	$\|z\|>1$
7	$\frac{n(n-1)}{2}u(n)$	$\frac{z^{-2}}{(1-z^{-1})^3}=\frac{z}{(z-1)^3}$	$\|z\|>1$
8	$na^n u(n)$	$\frac{az^{-1}}{(1-az^{-1})^2}=\frac{az}{(z-a)^2}$	$\|z\|>a$
9	$R_N(n)$	$\frac{1-z^{-N}}{1-z^{-1}}=\frac{z^N-1}{z^N-z^{N-1}}$	$\|z\|>0$
10	$\cos(\omega_0 n)u(n)$	$\frac{z(z-\cos\omega_0)}{z^2-2z\cos\omega_0+1}$	$\|z\|>1$
11	$\sin(\omega_0 n)u(n)$	$\frac{z\sin\omega_0}{z^2-2z\cos\omega_0+1}$	$\|z\|>1$

6.1.4　z 变换与拉普拉斯变换的关系

6.1 节从采样信号的拉普拉斯变换推导出了序列的 z 变换，其中复变量 z 与 s 之间的关系为

$$z = \mathrm{e}^{sT} \tag{6.1-26}$$

或

$$s=\frac{1}{T}\ln z \tag{6.1-27}$$

式中，T 为采样间隔，复变量 s 可表示成直角坐标形式

$$s=\sigma+\mathrm{j}\omega$$

将复变量 z 表示成极坐标形式

$$z=r\mathrm{e}^{\mathrm{j}\Omega}$$

将两个变量代入式(6.1-26)，有

$$r\mathrm{e}^{\mathrm{j}\Omega}=\mathrm{e}^{(\sigma+\mathrm{j}\omega)T}=\mathrm{e}^{\sigma T}\cdot \mathrm{e}^{\mathrm{j}\omega T} \tag{6.1-28}$$

故有

$$\begin{cases} r=\mathrm{e}^{\sigma T} \\ \Omega=\omega T \end{cases} \tag{6.1-29}$$

注意：式中 ω 表示模拟角频率，而 $\Omega=\omega T$ 为数字角频率。

式(6.1-29)表明 z 平面与 s 平面之间具有如下映射关系：

(1) s 平面上的原点 $s=0(\sigma=0,\omega=0)$ 映射到 z 平面是 $z=1(r=1,\Omega=0)$ 的点。

(2) s 平面上的虚轴$(\sigma=0,s=\mathrm{j}\omega)$映射到 z 平面是单位圆，即 $|z|=1$；s 右半平面$(\sigma>0)$映射到 z 平面是单位圆外部区域，即 $|z|>1$；而左半平面$(\sigma<0)$映射到 z 平面是单位圆内部区域，即 $|z|<1$；平行于虚轴的直线$(\sigma<0)$映射到 z 平面是半径小于 1 的圆；平行于虚轴的直线$(\sigma>0)$映射到 z 平面是半径大于 1 的圆。

(3) s 平面的实轴$(\omega=0,s=\sigma)$映射到 z 平面是正实轴$(\Omega=0)$；平行于实轴的直线$(\omega=\omega_1,\omega_1$ 为常数)映射到 z 平面是始于原点的辐射线。

s 平面与 z 平面的映射关系见表 6-3。

表 6-3 s 平面与 z 平面的映射关系

s 平面		z 平面	
虚轴$(\sigma=0,s=\mathrm{j}\omega)$	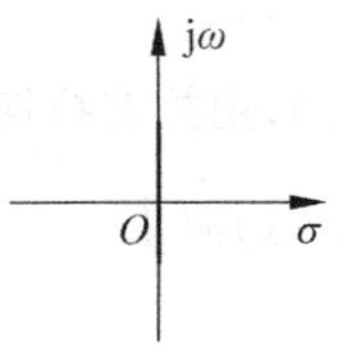 jω, O, σ	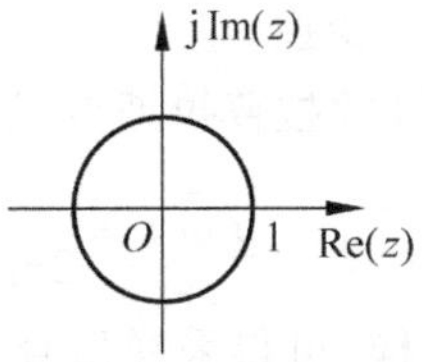 jIm(z), O, 1, Re(z)	单位圆$(r=1,\Omega=$任意值)
左半平面$(\sigma<0)$	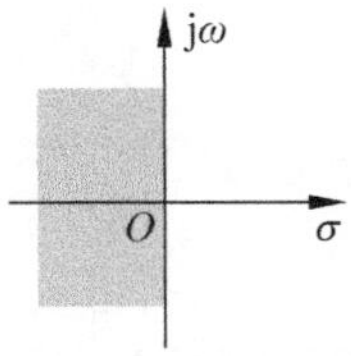 jω, O, σ	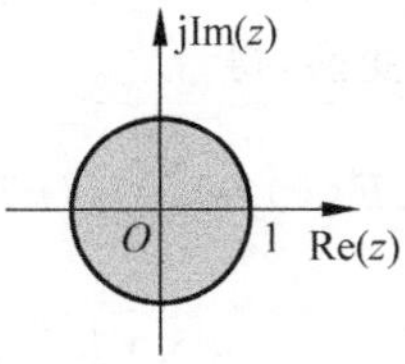 jIm(z), O, 1, Re(z)	单位圆内$(r<1,\Omega=$任意值)

续表

s 平 面		z 平 面	
右半平面($\sigma>0$)	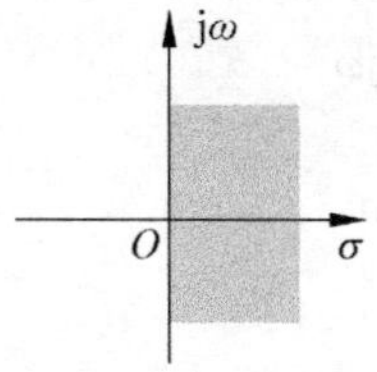	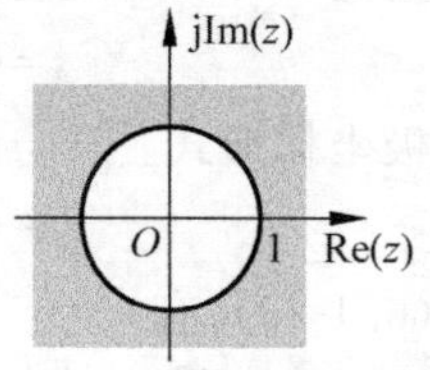	单位圆外($r>1,\Omega=$任意值)
平行于虚轴的直线($\sigma=$常数)	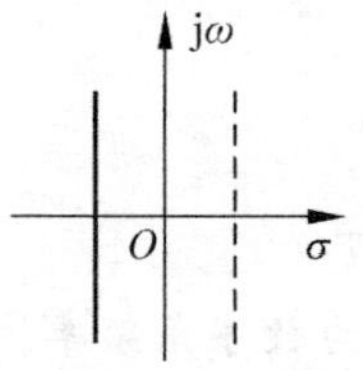	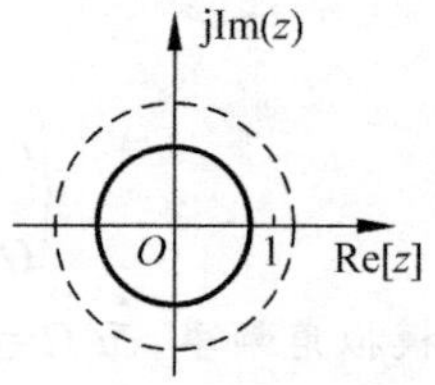	圆($\sigma>0,r>1$)($\sigma<0,r<1$)
实轴($\omega=0,s=\sigma$)	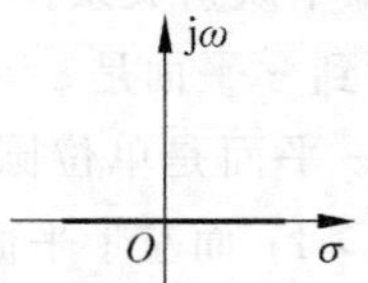	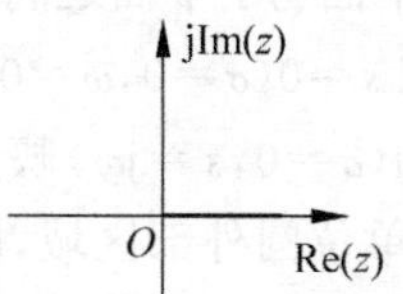	正实轴($r=$任意值,$\Omega=0$)
平行于实轴的直线($\omega=\omega_1$)	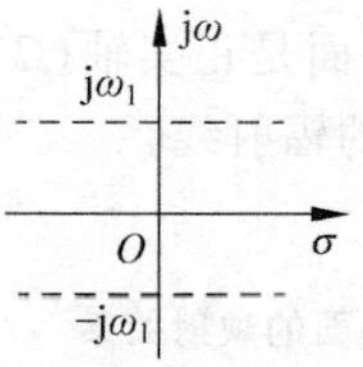	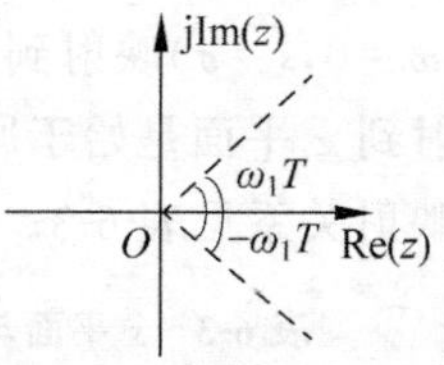	始于原点的辐射线($r=$任意值,$\Omega=$常数)

根据以上 s 平面与 z 平面的映射关系,可实现直接由连续时间信号的拉普拉斯变换求得其对应采样信号的 z 变换。

若已知连续时间信号的拉普拉斯变换为 $F(s)$,由拉普拉斯反变换可得

$$f(t)=\frac{1}{2\pi j}\int_{\sigma-j\infty}^{\sigma+j\infty}F(s)e^{st}\,ds$$

将 $f(t)$进行理想采样,可得采样信号

$$f(nT)=\frac{1}{2\pi j}\int_{\sigma-j\infty}^{\sigma+j\infty}F(s)e^{snT}\,ds$$

对 $f(nT)$取单边 z 变换,得

$$\begin{aligned}F(z)&=\sum_{n=0}^{+\infty}f(nT)z^{-n}\\&=\sum_{n=0}^{+\infty}\left[\frac{1}{2\pi j}\int_{\sigma-j\infty}^{\sigma+j\infty}F(s)e^{nTs}\,ds\right]z^{-n}\end{aligned}$$

$$=\frac{1}{2\pi j}\int_{\sigma-j\infty}^{\sigma+j\infty}F(s)\left[\sum_{n=0}^{+\infty}e^{nTs}z^{-n}\right]ds$$

当$|e^{sT}z^{-1}|<1$,即$|z|>|e^{sT}|$时,

$$\sum_{n=0}^{+\infty}(e^{sT}z^{-1})^n=\frac{1}{1-e^{sT}z^{-1}}$$

则

$$F(z)=\frac{1}{2\pi j}\int_{\sigma-j\infty}^{\sigma+j\infty}\frac{F(s)}{1-e^{sT}z^{-1}}ds \tag{6.1-30}$$

若$F(s)$为有理分式,且只含单极点,即

$$F(s)=\sum_{i=1}^{n}\frac{A_i}{s-p_i}$$

利用复变函数理论可得,$f(nT)$的单边z变换为

$$F(z)=\sum_{i=1}^{n}\frac{A_i}{1-e^{p_iT}z^{-1}} \tag{6.1-31}$$

利用式(6.1-31)可直接写出连续时间信号经理想抽样后的单边z变换。

6.2 逆z变换

根据6.1节的讨论可知,若序列$f(n)$的z变换为

$$F(z)=\mathcal{Z}[f(n)]$$

则$F(z)$的逆变换为

$$f(n)=\mathcal{Z}^{-1}[F(n)]=\frac{1}{2\pi j}\oint_C F(z)z^{n-1}dz$$

求逆z变换的方法有围线积分法(留数法)、幂级数展开法以及部分分式展开法。若$F(z)$为有理函数,可采用幂级数展开法和部分分式展开法求逆变换。

1. 幂级数展开法(长除法)

根据z变换的定义可知,$f(n)$的z变换是关于z的幂级数求和,即

$$F(z)=\sum_{n=-\infty}^{+\infty}f(n)z^{-n}=\cdots+f(-2)z^2+f(-1)z+f(0)+f(1)z^{-1}+f(2)z^{-2}+\cdots \tag{6.2-1}$$

由式(6.2-1)可以看出,级数中z各次幂的系数就是序列$f(n)$。

例6-7 已知$F(z)=3z+1-2z^{-1}+z^{-2}$,求原序列$f(n)$。

解:由z变换的定义,可知

$$F(z)=3z+1-2z^{-1}+z^{-2}=f(-1)z+f(0)+f(1)z^{-1}+f(2)z^{-2}$$

故可得

$$f(-1)=3,\quad f(0)=1,\quad f(1)=-2,\quad f(2)=1$$

即

$$f(n)=\{3,\underset{\uparrow}{1},-2,1\}$$

若 $F(z)$可表示为有理分式,即

$$F(z)=\frac{N(z)}{D(z)}=\frac{b_M z^M+b_{M-1}z^{M-1}+\cdots+b_1 z+b_0}{a_N z^N+a_{N-1}z^{N-1}+\cdots+a_1 z+a_0} \tag{6.2-2}$$

通常称分母多项式 $D(z)=0$ 的根为极点,分子多项式 $N(z)=0$ 的根为零点。如果能将式(6.2-2)转化为式(6.2-1)的形式,提取级数中的系数便可以得到原序列 $f(n)$。

利用长除法可将 $N(z)/D(z)$展开成幂级数形式。若 $F(z)$的收敛域为$|z|>R_1$,则逆变换 $f(n)$为因果序列,此时将 $D(z)$和 $N(z)$按 z 的降幂次序排列后再进行长除。若 $F(z)$的收敛域为$|z|<R_2$,则逆变换 $f(n)$为左边序列,此时 $D(z)$和 $N(z)$按 z 的升幂次序排列。

例 6-8 已知 $F(z)=\dfrac{z^2+2z}{z^2-2z+1}$,求收敛域分别为$|z|>1$ 和$|z|<1$ 的逆 z 变换。

解:当收敛域$|z|>1$ 时,$f(n)$为因果序列。此时将 $F(z)$按 z 的降幂排列,即

$$F(z)=\frac{z^2+2z}{z^2-2z+1}$$

长除得

$$\begin{array}{r@{}l}
 & 1+4z^{-1}+7z^{-2}+\cdots \\
z^2-2z+1\,\big) & z^2+2z \\
 & \underline{z^2-2z+1} \\
 & 4z-1 \\
 & \underline{4z-8+4z^{-1}} \\
 & 7-4z^{-1} \\
 & \underline{7-14z^{-1}+7z^{-2}} \\
 & 10z^{-1}-7z^{-2} \\
 & \vdots
\end{array}$$

所以,

$$F(z)=1+4z^{-1}+7z^{-2}+\cdots=\sum_{n=0}^{+\infty}(3n+1)z^{-n}$$

求得序列为

$$f(n)=(3n+1)u(n)$$

当收敛域为$|z|<1$ 时,逆变换 $f(n)$为左边序列,$F(z)$按 z 的升幂排列,有

$$F(z)=\frac{2z+z^2}{1-2z+z^2}$$

长除得

$$
\begin{array}{r}
2z+5z^2+8z^3+\cdots \\
1-2z+z^2 \overline{\big)\, 2z+z^2} \\
\underline{2z-4z^2+2z^3} \\
5z^2-2z^3 \\
\underline{5z^2-10z^3+5z^4} \\
8z^3-5z^4 \\
\underline{8z^3-16z^4+8z^5} \\
11z^4-8z^5 \\
\vdots
\end{array}
$$

所以，

$$F(z)=2z+5z^2+8z^3+\cdots=-\sum_{n=-\infty}^{-1}(3n+1)z^{-n}$$

求得序列为

$$f(n)=-(3n+1)u(-n-1)$$

长除法过程简单,但将有理分式展开成 z 的幂级数后,有时难以从系数中看出原序列的解析式。

2. 部分分式展开法

若已知序列 $f(n)$的 z 变换 $F(z)$为

$$F(z)=\frac{N(z)}{D(z)}=\frac{b_Mz^M+b_{M-1}z^{M-1}+\cdots+b_1z+b_0}{a_Nz^N+a_{N-1}z^{N-1}+\cdots+a_1z+a_0}$$

部分分式展开法就是将 $F(z)$展开为简单有理分式之和,与拉普拉斯逆变换中的部分分式展开法类似,但也有所区别。由于指数序列的 z 变换对为

$$a^nu(n)\leftrightarrow\frac{z}{z-a},\quad |z|>|a|$$

或

$$-a^nu(-n-1)\leftrightarrow\frac{z}{z-a},\quad |z|<|a|$$

因此,在部分分式展开之前,通常先将 $F(z)$除以 z,对$\frac{F(z)}{z}$进行部分分式展开,然后对每个展开的分式乘以 z,最后进行逆变换。

这里围绕分式的阶次及$\frac{F(z)}{z}$的极点分几种情况讨论。

(1) 当 $M\leqslant N$,且$\frac{F(z)}{z}$的极点均为单根,对$\frac{F(z)}{z}$进行部分分式展开,得

$$\frac{F(z)}{z}=\frac{A_0}{z-z_0}+\frac{A_1}{z-z_1}+\frac{A_2}{z-z_2}+\cdots+\frac{A_N}{z-z_N}=\sum_{i=0}^{N}\frac{A_i}{z-z_i}$$

其中，

$$A_i=(z-z_i)\frac{F(z)}{z}\bigg|_{z=z_i}$$

然后对每个展开的分式乘以 z，即

$$F(z)=\frac{A_0z}{z-z_0}+\frac{A_1z}{z-z_1}+\frac{A_2z}{z-z_2}+\cdots+\frac{A_Nz}{z-z_N}=\sum_{i=0}^{N}\frac{A_iz}{z-z_i}$$

再根据指数序列的 z 变换及其收敛域，可得 $F(z)$ 的逆变换。

(2) 当 $M\leqslant N$，且 $\frac{F(z)}{z}$ 在 $z=a$ 处有 r 重极点，则 $\frac{F(z)}{z}$ 的部分分式展开式为

$$\frac{F(z)}{z}=\frac{A_1}{(z-a)^r}+\frac{A_2}{(z-a)^{r-1}}+\cdots+\frac{A_r}{z-a}+\frac{N_1(z)}{D_1(z)}$$

其中，$\frac{N_1(z)}{D_1(z)}$ 是重极点以外只含单极点的有理分式。重极点各系数由下式求得：

$$A_i=\frac{1}{(i-1)!}\frac{\mathrm{d}^{i-1}}{\mathrm{d}z^{i-1}}\left[(z-a)^r\frac{F(z)}{z}\right]\bigg|_{z=a},\quad i=1,2,\cdots,r \tag{6.2-3}$$

根据表 6-2 所列的常用序列，可写出二重根及三重根所对应分式的逆变换。

(3) 当 $M>N$，则 $F(z)$ 可展开为

$$F(z)=k_1z^{M-N}+k_2z^{M-N-1}+\cdots+k_{M-N}z+k_{M-N+1}+\frac{N_2(z)}{D_2(z)}$$

设 $F_1(z)=k_1z^{M-N}+k_2z^{M-N-1}+\cdots+k_{M-N}z+k_{M-N+1}$，根据 z 变换的定义，则逆变换 $f_1(n)$ 为

$$f_1(n)=k_1\delta(n+M-N)+k_2\delta(n+M-N-1)+\cdots+k_{M-N}\delta(n+1)+k_{M-N+1}\delta(n)$$

而 $\frac{N_2(z)}{D_2(z)}$ 的反变换可以按照情况(1)或(2)的方式处理。

例 6-9 用部分分式展开法求 $F(z)=\frac{z+1}{z^2-1.5z+0.5}$，$|z|>1$ 的逆 z 变换。

解：$F(z)=\frac{z+1}{z^2-1.5z+0.5}=\frac{z+1}{(z-1)(z-0.5)}$，$|z|>1$

将 $\frac{F(z)}{z}$ 展开成部分分式为

$$\frac{F(z)}{z}=\frac{z+1}{z(z-1)(z-0.5)}=\frac{k_1}{z}+\frac{k_2}{z-1}+\frac{k_3}{z-0.5}$$

式中，

$$k_1=z\frac{F(z)}{z}\bigg|_{z=0}=\frac{z+1}{(z-1)(z-0.5)}\bigg|_{z=0}=2$$

$$k_2=(z-1)\frac{F(z)}{z}\bigg|_{z=1}=\frac{z+1}{z(z-0.5)}\bigg|_{z=1}=4$$

$$k_3=(z-0.5)\frac{F(z)}{z}\bigg|_{z=0.5}=\frac{z+1}{z(z-1)}\bigg|_{z=0.5}=-6$$

则有

$$F(z)=2+\frac{4z}{z-1}-\frac{6z}{z-0.5},\quad |z|>1$$

根据收敛域$|z|>1$得

$$f(n)=2\delta(n)+(4-6\cdot 0.5^n)u(n)$$

例 6-10 已知$F(z)=\dfrac{3z}{(z+1)(z-0.5)}$,求在以下三种收敛域情况下的序列$f(n)$。

(1) $|z|>1$;(2) $|z|<0.5$;(3) $0.5<|z|<1$。

解:$\dfrac{F(z)}{z}=\dfrac{3}{(z+1)(z-0.5)}=\dfrac{k_1}{z+1}+\dfrac{k_2}{z-0.5}$

$$k_1=(z+1)\frac{F(z)}{z}\bigg|_{z=-1}=\frac{3}{z-0.5}\bigg|_{z=-1}=-2$$

$$k_2=(z-0.5)\frac{F(z)}{z}\bigg|_{z=0.5}=\frac{3}{z+1}\bigg|_{z=0.5}=2$$

则

$$F(z)=\frac{-2z}{z+1}+\frac{2z}{z-0.5}$$

(1) 当收敛域为$|z|>1$时,$f(n)$是右边序列,得

$$f(n)=[2\cdot 0.5^n-2(-1)^n]u(n)$$

(2) 当收敛域为$|z|<0.5$时,$f(n)$是左边序列,得

$$f(n)=[2(-1)^n-2\cdot 0.5^n]u(-n-1)$$

(3) 当收敛域为$0.5<|z|<1$时,$f(n)$是双边序列,得

$$f(n)=2\cdot 0.5^n u(n)+2(-1)^n u(-n-1)$$

例 6-11 已知$F(z)=\dfrac{2}{z(z-1)}$,$|z|>1$,求序列$f(n)$。

解:

$$\frac{F(z)}{z}=\frac{2}{z^2(z-1)}=\frac{k_1}{z^2}+\frac{k_2}{z}+\frac{k_3}{z-1}$$

$$k_1=z^2\frac{F(z)}{z}\bigg|_{z=0}=\frac{2}{z-1}\bigg|_{z=0}=-2$$

$$k_2=\frac{\mathrm{d}}{\mathrm{d}z}\left[z^2\frac{F(z)}{z}\right]\bigg|_{z=0}=\frac{-2}{(z-1)^2}\bigg|_{z=0}=-2$$

$$k_3=(z-1)\frac{F(z)}{z}\bigg|_{z=1}=\frac{2}{z^2}\bigg|_{z=1}=2$$

则有

$$F(z)=-2\cdot\frac{1}{z}-2+2\cdot\frac{z}{z-1},\quad |z|>1$$

逆变换为

$$f(n)=-2\delta(n-1)-2\delta(n)+2u(n)=2u(n-2)$$

例 6-12 已知 $F(z)=\dfrac{z^3+3z^2-z+3}{z^2+4z+3}$，$3<|z|<\infty$，求序列 $f(n)$。

解：由于 $F(z)$为假分式，因而先将 $F(z)$展开为

$$F(z)=z-1+\frac{6}{z^2+4z+3}$$

令 $F_1(z)=\dfrac{6}{z^2+4z+3}$，则对 $F_1(z)$进行部分分式展开，可得

$$\frac{F_1(z)}{z}=\frac{6}{z(z+1)(z+3)}=\frac{2}{z}+\frac{-3}{z+1}+\frac{1}{z+3}$$

即

$$F_1(z)=2+\frac{-3z}{z+1}+\frac{z}{z+3}$$

故 $F(z)$的展开式为

$$F(z)=z+1+\frac{-3z}{z+1}+\frac{z}{z+3}$$

根据收敛域 $3<|z|<\infty$ 得

$$f(n)=\delta(n+1)+\delta(n)+[-3(-1)^n+(-3)^n]u(n)$$

6.3 z 变换的性质与定理

z 变换的性质与定理揭示了序列时域特性与 z 域特性之间的对应关系，利用 z 变换的性质与定理可以为复杂序列的 z 域分析以及系统分析提供简便方法。

6.3.1 z 变换的常用性质

1. 线性

若有

$$f_1(n)\leftrightarrow F_1(z),\quad a_1<|z|<b_1$$
$$f_2(n)\leftrightarrow F_2(z),\quad a_2<|z|<b_2$$

则有

$$k_1f_1(n)+k_2f_2(n)\leftrightarrow k_1F_1(z)+k_2F_2(z),\quad \max(a_1,a_2)<|z|<\min(b_1,b_2) \tag{6.3-1}$$

式中，k_1，k_2 为任意常数。一般情况下，序列 $k_1f_1(n)+k_2f_2(n)$的 z 变换收敛域是 $F_1(z)$的收敛域和 $F_2(z)$收敛域的重叠部分。当然，也可能存在特殊情况，例如若出现分子因式与分母因式可相互抵消时，收敛域范围会扩大。

例 6-13 求 $f(n)=\delta(n)+\delta(n-1)$的 z 变换。

解：利用线性性质，可知

$$F(z)=\mathcal{Z}[\delta(n)+\delta(n-1)]=Z[\delta(n)]+Z[\delta(n-1)]$$

由于

$$\mathcal{Z}[\delta(n)]=1,\quad 0\leqslant|z|\leqslant\infty$$

$$\mathcal{Z}[\delta(n-1)]=\sum_{n=-\infty}^{+\infty}\delta(n-1)z^{-n}=z^{-1},\quad |z|>0$$

故

$$F(z)=1+z^{-1},\quad |z|>0$$

$F(z)$的收敛域是$\delta(n)$的z变换收敛域和$\delta(n-1)$的z变换收敛域的公共部分。

例 6-13 中的$f(n)$还可改写为

$$f(n)=u(n)-u(n-2)$$

其z变换为

$$F(z)=\mathcal{Z}[u(n)-u(n-2)]=\mathcal{Z}[u(n)]-\mathcal{Z}[u(n-2)]$$

由于

$$\mathcal{Z}[u(n)]=\frac{z}{z-1},\quad |z|>1$$

$$\mathcal{Z}[u(n-2)]=\sum_{n=2}^{\infty}z^{-n}=\frac{z^{-2}}{1-z^{-1}}=\frac{1}{z^2-z},\quad |z|>1$$

故可得

$$F(z)=\frac{z}{z-1}-\frac{1}{z^2-z}=\frac{z^2-1}{z(z-1)}=\frac{z+1}{z}=1+z^{-1},\quad |z|>0$$

由于$F(z)$的分子和分母有相同的因式,故相互抵消,收敛域由$|z|>1$扩展为$|z|>0$。

例 6-14 求$f(n)=u(n)-(-3)^n u(n)$的z变换。

解:利用线性性质,有

$$\mathcal{Z}[u(n)-(-3)^n u(n)]=\mathcal{Z}[u(n)]-\mathcal{Z}[(-3)^n u(n)]$$

$$\mathcal{Z}[u(n)]=\frac{z}{z-1},\quad |z|>1$$

$$\mathcal{Z}[(-3)^n u(n)]=\frac{z}{z+3},\quad |z|>3$$

则有

$$\mathcal{Z}[u(n)-(-3)^n u(n)]=\frac{z}{z-1}-\frac{z}{z+3}=\frac{4z}{z^2+2z-3},\quad |z|>3$$

例 6-15 求因果序列$\beta^n\cos\omega_0 nu(n)$的$z$变换。

解:利用欧拉公式

$$\beta^n\cos\omega_0 nu(n)=\frac{\beta^n}{2}(\mathrm{e}^{\mathrm{j}\omega_0 n}+\mathrm{e}^{-\mathrm{j}\omega_0 n})u(n)$$

根据指数序列的z变换关系式,有

$$\beta^n e^{j\omega_0 n}u(n) \leftrightarrow \frac{z}{z-\beta e^{j\omega_0}},\quad |z|>|\beta|$$

$$\beta^n e^{-j\omega_0 n}u(n) \leftrightarrow \frac{z}{z-\beta e^{-j\omega_0}},\quad |z|>|\beta|$$

根据 z 变换的线性性质,可得

$$\mathcal{Z}[\beta^n \cos\omega_0 n u(n)] = \frac{1}{2}\left[\frac{z}{z-\beta e^{-j\omega_0}} + \frac{z}{z-\beta e^{j\omega_0}}\right] = \frac{z(z-\beta\cos\omega_0)}{z^2 - 2\beta z\cos\omega_0 + \beta^2},\quad |z|>|\beta|$$

2. 位移性

由于差分方程是由未知序列及其移位序列组成的,所以位移性在求解差分方程和分析系统特性有重要作用。下面分几种情况进行讨论。

1) 双边 z 变换的位移性

若序列 $f(n)$ 的双边 z 变换为

$$F(z) = \mathcal{Z}[f(n)] = \sum_{n=-\infty}^{+\infty} f(n)z^{-n},\quad R_1<|z|<R_2$$

则

$$f(n+m) \leftrightarrow z^m F(z),\quad R_1<|z|<R_2 \tag{6.3-2}$$

一般情况下,双边序列移序后其双边 z 变换的收敛域不变,但是对于一些移位后特殊的情况,其收敛域可能会在 $z=0$ 或 $z=\infty$ 处发生变化。

证明:根据双边 z 变换的定义,$f(n+m)$ 的 z 变换为

$$\mathcal{Z}[f(n+m)] = \sum_{n=-\infty}^{+\infty} f(n+m)z^{-n} \tag{6.3-3}$$

令 $n+m=k$,则 $n=k-m$,当 $n=-\infty$ 时,$k=-\infty$;当 $n=\infty$ 时,$k=\infty$。故式(6.3-3)可改写为

$$\mathcal{Z}[f(n+m)] = \sum_{k=-\infty}^{+\infty} f(k)z^{-(k-m)} = z^m \sum_{k=-\infty}^{+\infty} f(k)z^{-k} = z^m F(z)$$

例 6-16 求以下两个序列的双边 z 变换:

(1) $\delta(n+2)$;(2) $\delta(n-2)$。

解:已知 $\delta(n) \leftrightarrow 1, 0\leqslant|z|\leqslant\infty$。

(1) $F_1(z) = \mathcal{Z}[\delta(n+2)] = 1\times z^2 = z^2, 0\leqslant|z|<\infty$;

(2) $F_2(z) = \mathcal{Z}[\delta(n-2)] = 1\times z^{-2} = z^{-2}, 0<|z|\leqslant\infty$。

可以看出 $\delta(n+2)$ 的收敛域与 $\delta(n)$ 的收敛域相比,在 $z=\infty$ 处发生了变化。而 $\delta(n-2)$ 的收敛域与 $\delta(n)$ 的收敛域相比,在 $z=0$ 处发生了变化。

2) 单边 z 变换的位移性

若序列 $f(n)$ 的单边 z 变换为

$$F(z)=\mathcal{Z}[f(n)u(n)]=\sum_{n=0}^{+\infty}f(n)z^{-n},\quad |z|>R$$

若 $m>0$，则有

$$f(n-m)u(n)\leftrightarrow z^{-m}\left[F(z)+\sum_{n=-m}^{-1}f(n)z^{-n}\right],\quad |z|>R \tag{6.3-4}$$

$$f(n+m)u(n)\leftrightarrow z^{m}\left[F(z)-\sum_{n=0}^{m-1}f(n)z^{-n}\right],\quad |z|>R \tag{6.3-5}$$

证明：根据单边 z 变换的定义，有

$$\mathcal{Z}[f(n-m)u(n)]=\sum_{n=0}^{+\infty}f(n-m)z^{-n}$$

令 $n-m=k$，当 $n=0$ 时 $k=-m$；当 $n=\infty$ 时，$k=\infty$。代入上式得

$$\sum_{n=0}^{+\infty}f(n-m)z^{-n}=\sum_{k=-m}^{+\infty}f(k)z^{-k-m}=z^{-m}\left[\sum_{k=-m}^{-1}f(k)z^{-k}+\sum_{k=0}^{+\infty}f(k)z^{-k}\right]$$

$$=z^{-m}\left[\sum_{k=-m}^{-1}f(k)z^{-k}+F(z)\right]$$

式(6.3-4)可用图6-7所示的序列加以说明。序列 $f(n)$ 进行右移后，其单边 z 变换的序列长度会随着位移量 m 的增加而变长，故其 z 变换级数求和的项数随之增加。

当 $m=1$ 时，式(6.3-4)可写为

$$\mathcal{Z}[f(n-1)u(n)]=z^{-1}F(z)+f(-1)$$

当 $m=2$ 时，式(6.3-4)可写为

$$\mathcal{Z}[f(n-2)u(n)]=z^{-2}F(z)+z^{-1}f(-1)+f(-2)$$

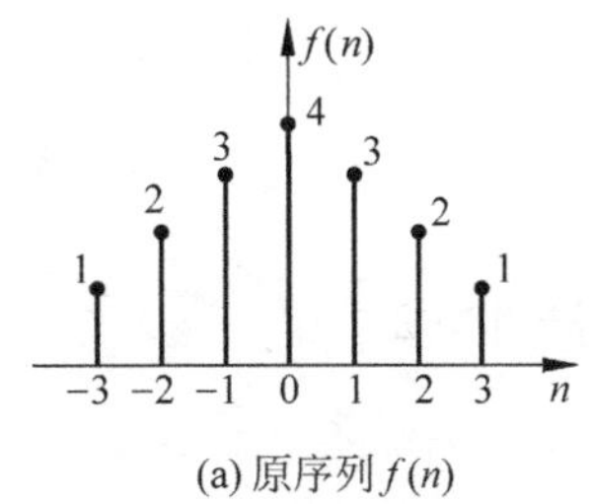

(a) 原序列 $f(n)$

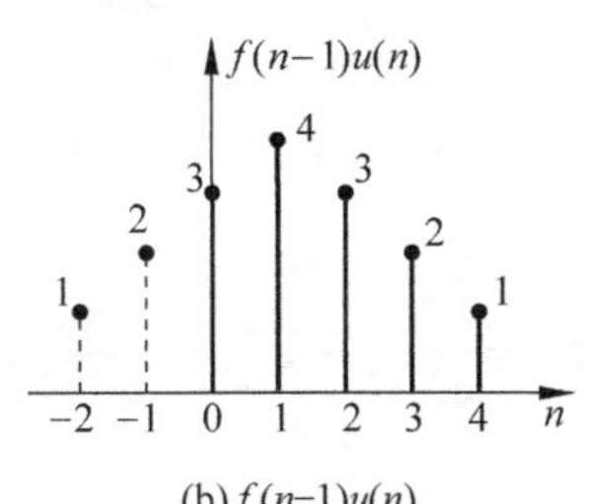

(b) $f(n-1)u(n)$

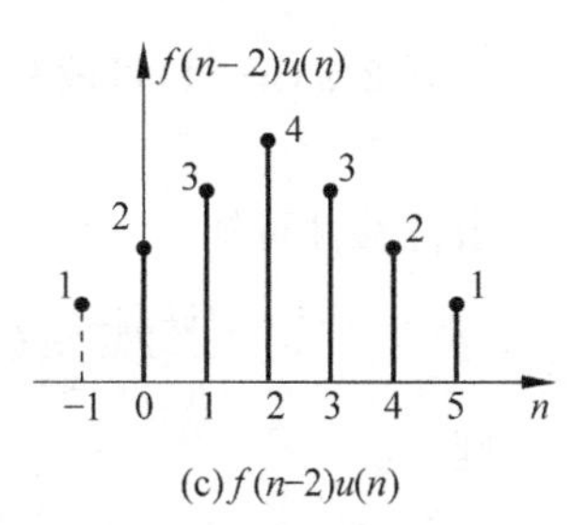

(c) $f(n-2)u(n)$

图6-7　序列 $f(n)$ 右移

同理可证

$$f(n+m)u(n)\leftrightarrow z^{m}\left[F(z)-\sum_{n=0}^{m-1}f(n)z^{-n}\right]$$

式(6.3-5)可用图6-8所示的序列加以说明。序列 $f(n)$ 进行左移后，其单边 z 变换的序列长度会随着位移量 m 的增加而变短，故其 z 变换级数求和的项数随之减少。

当 $m=1$ 时，式(6.3-5)可写为

$$\mathcal{Z}[f(n+1)u(n)]=zF(z)-zf(0)$$

当 $m=2$ 时，式(6.3-5)可写为

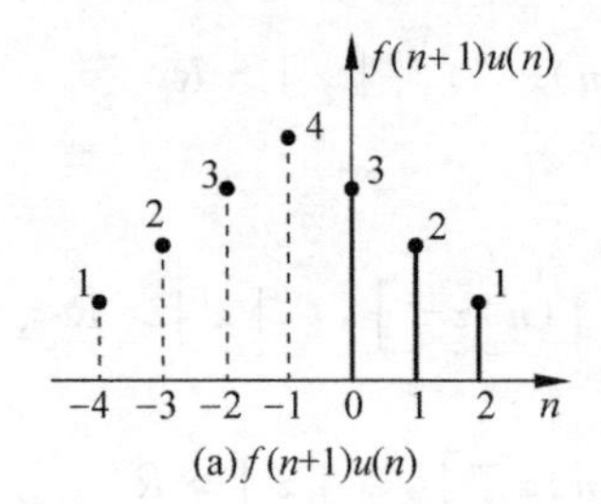

(a) $f(n+1)u(n)$

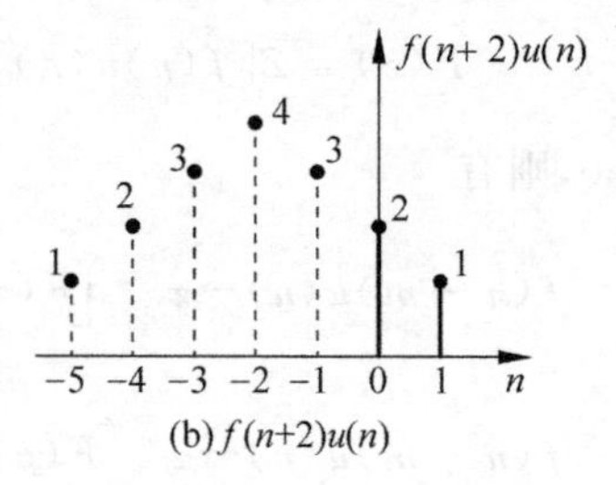

(b) $f(n+2)u(n)$

图 6-8 序列 $f(n)$左移

$$\mathcal{Z}[f(n+2)u(n)]=z^2F(z)-z^2f(0)-zf(1)$$

若 $f(n)$是因果序列，则 $\sum_{k=-m}^{-1}f(k)z^{-k}=0$，因而其右移序列的单边 z 变换为

$$f(n-m)\leftrightarrow z^{-m}F(z),\quad |z|>R \tag{6.3-6}$$

其左移序列的单边 z 变换同式(6.3-5)。

因果系统常使用后向差分方程描述，因而右移序列的单边 z 变换，即式(6.3-4)和式(6.3-6)是最常使用的两种形式。

例 6-17 求序列 $2^{n-1}u(n)$和 $2^nu(n-1)$的 z 变换。

解：根据指数序列的 z 变换，得

$$\mathcal{Z}[2^nu(n)]=\frac{z}{z-2},\quad |z|>2$$

则

$$\mathcal{Z}[2^{n-1}u(n)]=\mathcal{Z}[2^{-1}\cdot 2^nu(n)]=\frac{z}{2(z-2)},\quad |z|>2$$

序列 $2^nu(n-1)$可改写为

$$2^nu(n-1)=2\cdot 2^{n-1}u(n-1)$$

由位移性可知

$$\mathcal{Z}[2^{n-1}u(n-1)]=\frac{z}{z-2}\cdot z^{-1}=\frac{1}{z-2},\quad |z|>2$$

则

$$\mathcal{Z}[2^nu(n-1)]=\mathcal{Z}[2\cdot 2^{n-1}u(n-1)]=\frac{2}{z-2},\quad |z|>2$$

例 6-18 已知 $f_1(n)$为在$[0,N-1]$区间定义的有限长序列，若 $f_1(n)\leftrightarrow F_1(z)$，$|z|>0$。求序列 $f(n)=\sum_{k=0}^{+\infty}f_1(n-kN)u(n-kN)$ 的 z 变换。

解：根据位移性，可知

$$f_1(n-kN)u(n-kN)\leftrightarrow F_1(z)z^{-kN}$$

再根据线性性质，可得

$$F(z)=\sum_{k=0}^{+\infty}F_1(z)z^{-kN}=F_1(z)\sum_{k=0}^{+\infty}z^{-kN}$$

若$|z|>1$，则$\sum_{k=0}^{+\infty} z^{-kN}$级数收敛，此时$F(z)$的收敛域是函数$F_1(z)$和$\sum_{k=0}^{+\infty} z^{-kN}$的收敛域的重叠区域，即$|z|>1$。

故可得

$$F(z)=F_1(z)\frac{1}{1-z^{-N}}=F_1(z)\frac{z^N}{z^N-1},\quad |z|>1$$

3. z域尺度变换(序列指数加权)

若已知

$$f(n)\leftrightarrow F(z),\quad R_1<|z|<R_2$$

则

$$a^n f(n)\leftrightarrow F\left(\frac{z}{a}\right),\quad R_1<\left|\frac{z}{a}\right|<R_2 \text{ 或 } |a|R_1<|z|<|a|R_2 \tag{6.3-7}$$

其中，a为非零常数。

证明：已知

$$\mathcal{Z}[f(n)]=F(z)=\sum_{n=-\infty}^{+\infty} f(n)z^{-n},\quad R_1<|z|<R_2$$

$$\mathcal{Z}[a^n f(n)]=\sum_{n=-\infty}^{+\infty} a^n f(n)z^{-n}=\sum_{n=-\infty}^{+\infty} f(n)\left(\frac{z}{a}\right)^{-n}=F\left(\frac{z}{a}\right)$$

显然，其收敛域为$R_1<\left|\frac{z}{a}\right|<R_2$

z域尺度变换性反映的时域与z域对应关系为：在时域对序列$f(n)$乘以指数序列，对应到z域为尺度变换。特殊地，当$a=-1$时，

$$(-1)^n f(n)\leftrightarrow F(-z),\quad R_1<|z|<R_2$$

例 6-19 求$\beta^n\cos\omega_0 n u(n)$的$z$变换。

解：已知$\cos\omega_0 n u(n)\leftrightarrow\dfrac{z(z-\cos\omega_0)}{z^2-2z\cos\omega_0+1}$，$|z|>1$。

利用z域尺度变换性，有

$$\mathcal{Z}[\beta^n\cos\omega_0 n u(n)]\leftrightarrow\frac{\frac{z}{\beta}\left(\frac{z}{\beta}-\cos\omega_0\right)}{\left(\frac{z}{\beta}\right)^2-2\frac{z}{\beta}\cos\omega_0+1}=\frac{z(z-\beta\cos\omega_0)}{z^2-2\beta z\cos\omega_0+\beta^2}$$

收敛域$\left|\frac{z}{\beta}\right|>1$，即$|z|>|\beta|$。

4. z域微分(序列线性加权)

若已知

$$f(n)\leftrightarrow F(z),\quad R_1<|z|<R_2$$

则

$$nf(n) \leftrightarrow -z\frac{\mathrm{d}}{\mathrm{d}z}F(z),\quad R_1<|z|<R_2 \tag{6.3-8}$$

证明：$\mathcal{Z}[f(n)]=F(z)=\sum_{n=-\infty}^{+\infty} f(n)z^{-n},\quad R_1<|z|<R_2$

等式两边对 z 求导，得

$$\frac{\mathrm{d}}{\mathrm{d}z}F(z)=\frac{\mathrm{d}}{\mathrm{d}z}\left[\sum_{n=-\infty}^{+\infty} f(n)z^{-n}\right]=\sum_{n=-\infty}^{+\infty} f(n)\frac{\mathrm{d}}{\mathrm{d}z}(z^{-n})$$

$$=-z^{-1}\sum_{n=-\infty}^{+\infty} nf(n)z^{-n}=-z^{-1}\mathcal{Z}[nf(n)],\quad R_1<|z|<R_2$$

将等式两边再同乘 $-z$，得

$$-z\frac{\mathrm{d}}{\mathrm{d}z}F(z)=\mathcal{Z}[nf(n)]$$

即为式(6.3-8)。由式(6.3-8)可见序列乘以 n，其 z 变换求导并乘以 $-z$。

以此类推可得 $n^k f(n)$ 的 z 变换为

$$\mathcal{Z}[n^k f(n)]=\left[-z\frac{\mathrm{d}}{\mathrm{d}z}\right]^k F(z),\quad R_1<|z|<R_2 \tag{6.3-9}$$

式中，$\left[-z\frac{\mathrm{d}}{\mathrm{d}z}\right]^k$ 表示为

$$\left[-z\frac{\mathrm{d}}{\mathrm{d}z}\right]^k=-z\frac{\mathrm{d}}{\mathrm{d}z}\left\{-z\frac{\mathrm{d}}{\mathrm{d}z}\left[-z\frac{\mathrm{d}}{\mathrm{d}z}\cdots\left(-z\frac{\mathrm{d}}{\mathrm{d}z}F(z)\right)\right]\right\}$$

例 6-20 求 $nu(n)$ 和 $n^2u(n)$ 的 z 变换。

解：已知

$$u(n)\leftrightarrow\frac{z}{z-1},\quad |z|>1$$

利用 z 域微分性，有

$$\mathcal{Z}[nu(n)]=-z\frac{\mathrm{d}}{\mathrm{d}z}\left[\frac{z}{z-1}\right]=\frac{z}{(z-1)^2},\quad |z|>1$$

$$\mathcal{Z}[n^2u(n)]=-z\frac{\mathrm{d}}{\mathrm{d}z}\left[\frac{z}{(z-1)^2}\right]=-z\frac{-z-1}{(z-1)^3}=\frac{z^2+z}{(z-1)^3},\ |z|>1$$

例 6-21 求 $na^nu(n)$ 的 z 变换。

解：已知

$$a^nu(n)\leftrightarrow\frac{z}{z-a},\quad |z|>|a|$$

利用 z 域微分性，有

$$\mathcal{Z}[na^nu(n)]=-z\frac{\mathrm{d}}{\mathrm{d}z}\left[\frac{z}{z-a}\right]=\frac{az}{(z-a)^2},\quad |z|>|a|$$

6.3.2 z变换的常用定理

1. 初值定理

若$f(n)$为因果序列，其z变换为$F(z)=\mathcal{Z}[f(n)]$，则$f(n)$初值为

$$f(0)=\lim_{z\to\infty}F(z) \tag{6.3-10}$$

证明：因果序列$f(n)$的z变换为

$$\mathcal{Z}[f(n)]=F(z)=\sum_{n=0}^{+\infty}f(n)z^{-n}=f(0)+f(1)z^{-1}+f(2)z^{-2}+\cdots \tag{6.3-11}$$

当$z\to\infty$时，式(6.3-11)中除第一项$f(0)$以外，其余z的负幂级项都趋近于0，故

$$\lim_{z\to\infty}F(z)=\lim_{z\to\infty}[f(0)+f(1)z^{-1}+f(2)z^{-2}+\cdots]=f(0)$$

2. 终值定理

已知$f(n)$为因果序列，其z变换为$F(z)=\mathcal{Z}[f(n)]$，若$F(z)$的极点除了在$z=1$处有单极点外，其余极点全部落在单位圆内，则$f(n)$的终值存在，且终值为

$$f(\infty)=\lim_{n\to\infty}f(n)=\lim_{z\to1}(z-1)F(z) \tag{6.3-12}$$

注意，只有当终值存在时，才可以利用式(6.3-12)求终值$f(\infty)$。

证明：$\mathcal{Z}[f(n+1)-f(n)]=zF(z)-zf(0)-F(z)=(z-1)F(z)-zf(0)$

当$z\to1$时，

$$\begin{aligned}\lim_{z\to1}[(z-1)F(z)]&=zf(0)+\lim_{z\to1}\sum_{n=0}^{N}[f(n+1)-f(n)]z^{-n}\\&=f(0)+[f(1)-f(0)+f(2)-f(1)+\cdots]\\&=f(\infty)\end{aligned}$$

即

$$f(\infty)=\lim_{z\to1}[(z-1)F(z)]$$

例6-22　已知因果序列$f(n)$的z变换$F(z)=\dfrac{2+z^{-1}}{(1+z^{-1})(1-3z^{-1})}$，求$f(0)$和$f(\infty)$。

解：由于$f(n)$为因果序列，则根据初值定理知

$$f(0)=\lim_{z\to\infty}F(z)=\lim_{z\to\infty}\frac{2+z^{-1}}{(1+z^{-1})(1-3z^{-1})}=2$$

由于$F(z)$极点位于$z=-1$和$z=3$处，其中$z=-1$位于单位圆上，$z=3$位于单位圆外，则终值$f(\infty)$不存在。

3. 时域卷积定理

若已知两个序列$f_1(n)$和$f_2(n)$，其z变换分别为

$$F_1(z)=\mathcal{Z}[f_1(n)],\quad a_1<|z|<b_1$$
$$F_2(z)=\mathcal{Z}[f_2(n)],\quad a_2<|z|<b_2$$

则有

$$\mathcal{Z}[f_1(n)*f_2(n)]=F_1(z)\cdot F_2(z),$$
$$\max(a_1,a_2)<|z|<\min(b_1,b_2) \tag{6.3-13}$$

证明：
$$\begin{aligned}\mathcal{Z}[f_1(n)*f_2(n)]&=\sum_{n=-\infty}^{+\infty}[f_1(n)*f_2(n)]z^{-n}\\&=\sum_{n=-\infty}^{+\infty}\Big[\sum_{n=-\infty}^{+\infty}f_1(m)f_2(n-m)\Big]z^{-n}\\&=\sum_{n=-\infty}^{+\infty}f_1(m)\Big[\sum_{n=-\infty}^{+\infty}f_2(n-m)z^{-(n-m)}\Big]z^{-m}\\&=\sum_{n=-\infty}^{+\infty}f_1(m)z^{-m}F_2(z)=F_1(z)\cdot F_2(z)\end{aligned}$$

例 6-23 已知 $f(n)=u(n),h(n)=2^nu(n)-2^{n-1}u(n-1)$，求卷积和 $y(n)=f(n)*h(n)$。

解：已知

$$F(z)=\mathcal{Z}[u(n)]=\frac{z}{z-1},\quad |z|>1$$

$$H(z)=\mathcal{Z}[2^nu(n)-2^{n-1}u(n-1)]=\frac{z}{z-2}-z^{-1}\ \frac{z}{z-2}=\frac{z-1}{z-2},\quad |z|>2$$

根据时域卷积定理知

$$Y(z)=F(z)\cdot H(z)=\frac{z}{z-1}\cdot\frac{z-1}{z-2}=\frac{z}{z-2},\quad |z|>2$$

则

$$y(n)=f(n)*h(n)=2^nu(n)$$

z 变换的主要性质与定理汇总于表 6-4。

表 6-4 z 变换主要性质与定理

<table>
<tr><th colspan="3">名　称</th><th>时　域</th><th>z　域</th></tr>
<tr><td colspan="3">线性</td><td>$k_1f_1(n)+k_2f_2(n)$</td><td>$k_1F_1(z)+k_2F_2(z)$</td></tr>
<tr><td rowspan="5">位移性</td><td colspan="2">双边 z 变换</td><td>$f(n\pm m)$</td><td>$z^{\pm m}F(z)$</td></tr>
<tr><td rowspan="4">单边 z 变换</td><td rowspan="2">双边序列</td><td>$f(n-m)u(n)$</td><td>$z^{-m}\Big[F(z)+\sum_{k=-m}^{-1}f(k)z^{-k}\Big]$</td></tr>
<tr><td>$f(n+m)u(n)$</td><td>$z^{m}\Big[F(z)-\sum_{k=0}^{m-1}f(k)z^{-k}\Big]$</td></tr>
<tr><td rowspan="2">因果序列</td><td>$f(n-m)u(n)$</td><td>$z^{-m}F(z)$</td></tr>
<tr><td>$f(n+m)u(n)$</td><td>$z^{m}\Big[F(z)-\sum_{k=0}^{m-1}f(k)z^{-k}\Big]$</td></tr>
</table>

续表

名　称	时　域	z　域
z域尺度变换	$a^n f(n)$	$F\left(\dfrac{z}{a}\right)$
z域微分	$n^k f(n)$	$\left[-z\dfrac{\mathrm{d}}{\mathrm{d}z}\right]^k F(z)$
时域卷积	$f_1(n) * f_2(n)$	$F_1(z)\cdot F_2(z)$
初值定理	$f(0)=\lim\limits_{z\to\infty} F(z)$	
终值定理	$f(\infty)=\lim\limits_{z\to 1}(z-1)F(z)$	

6.4　系统响应的 z 域分析

系统响应的 z 域分析就是利用 z 变换来求解离散时间系统的响应。由于离散系统的时域数学模型是差分方程，在 z 域分析时，可以利用 z 变换的线性和位移性把差分方程变换为 z 域的代数方程，在 z 域求解后，再进行逆 z 变换。这样不仅简化了数学运算，并能在变换过程中自动引入 $r(-1),r(-2),\cdots$等条件，故可以同时求解出零输入响应分量和零状态响应分量。系统分析中的激励一般为因果序列，若要求 $n\geqslant 0$ 时的系统响应，所采用的 z 变换为单边 z 变换。

设 N 阶 LTI 因果离散时间系统的后向差分方程为

$$\sum_{m=0}^{N} a_m r(n-m)=\sum_{r=0}^{M} b_r e(n-r) \tag{6.4-1}$$

激励 $e(n)$为因果序列，并且已知 $r(-1),r(-2),\cdots,r(-N)$，若$\mathcal{Z}[e(n)]=E(z)$，$\mathcal{Z}[r(n)]=R(z)$，对式(6.4-1)进行单边 z 变换，可得

$$\sum_{m=0}^{N} a_m z^{-m}\left[R(z)+\sum_{k=-m}^{-1} r(k)z^{-k}\right]=\sum_{r=0}^{M} b_r z^{-r}E(z) \tag{6.4-2}$$

整理式(6.4-2)，全响应的 z 变换表达式为

$$R(z)=-\frac{\sum\limits_{m=0}^{N}\left[a_m z^{-m}\cdot\sum\limits_{k=-m}^{-1} r(k)z^{-k}\right]}{\sum\limits_{m=0}^{N} a_m z^{-m}}+\frac{\sum\limits_{r=0}^{M} b_r z^{-r}}{\sum\limits_{m=0}^{N} a_m z^{-m}}E(z) \tag{6.4-3}$$

式(6.4-3)中$-\dfrac{\sum\limits_{m=0}^{N}\left[a_m z^{-m}\cdot\sum\limits_{k=-m}^{-1} r(k)z^{-k}\right]}{\sum\limits_{m=0}^{N} a_m z^{-m}}$项只与条件 $r(-1),r(-2),\cdots,r(-N)$

和系统参数有关，是零输入响应的 z 变换，即

$$R_{zi}(z)=-\frac{\sum_{m=0}^{N}\left[a_m z^{-m}\cdot\sum_{k=-m}^{-1}r(k)z^{-k}\right]}{\sum_{m=0}^{N}a_m z^{-m}} \tag{6.4-4}$$

对式(6.4-4)求逆变换得零输入响应为

$$r_{zi}(n)=\mathcal{Z}^{-1}[R_{zi}(z)]$$

式(6.4-3)中 $\dfrac{\sum_{r=0}^{M}b_r z^{-r}}{\sum_{m=0}^{N}a_m z^{-m}}E(z)$ 项只与激励和系统参数有关，是零状态响应的 z 变换，即

$$R_{zs}(z)=\frac{\sum_{r=0}^{M}b_r z^{-r}}{\sum_{m=0}^{N}a_m z^{-m}}E(z) \tag{6.4-5}$$

故零状态响应为

$$r_{zs}(n)=\mathcal{Z}^{-1}[R_{zs}(z)]$$

若激励 $e(n)=0$，则 $E(z)=0$，此时系统响应为零输入响应。将 $E(z)=0$ 代入式(6.4-3)可得零输入响应的 z 变换，对其进行逆变换即可求解出零输入响应。

若系统起始条件 $r(k)=0(-N\leqslant k\leqslant -1)$，此时仅考虑激励 $e(n)$ 的作用，因而产生的响应为零状态响应。在零状态的条件下对方程进行 z 变换，可得

$$\sum_{m=0}^{N}a_m z^{-m}R_{zs}(z)=\sum_{r=0}^{M}b_r z^{-r}E(z) \tag{6.4-6}$$

由式(6.4-6)整理出零状态响应的 z 变换，再进行逆变换，即可求解出零状态响应。

例 6-24 已知某 LTI 因果系统的差分方程 $r(n)+3r(n-1)+2r(n-2)=0$，且 $r(-1)=-1, r(-2)=3/2$，求 $n\geqslant 0$ 时系统的响应 $r(n)$。

解：对差分方程两边取单边 z 变换，得

$$R(z)+3[z^{-1}R(z)+r(-1)]+2[z^{-2}R(z)+z^{-1}r(-1)+r(-2)]=0$$

整理得

$$(1+3z^{-1}+2z^{-2})R(z)=-3r(-1)-2[z^{-1}r(-1)+r(-2)] \tag{6.4-7}$$

将 $r(-1)=-1, r(-2)=3/2$ 代入式(6.4-7)，得

$$R(z)=\frac{2z^{-1}}{1+3z^{-1}+2z^{-2}} \tag{6.4-8}$$

对式(6.4-8)求逆变换，得

$$\frac{R(z)}{z}=\frac{2}{z^2+3z+2}=\frac{2}{z+1}-\frac{2}{z+2}$$

即

$$R(z)=\frac{2z}{z+1}-\frac{2z}{z+2}$$

故可求得

$$r(n)=2\cdot[(-1)^n-(-2)^n]u(n)$$

例 6-25 描述某LTI因果离散时间系统的差分方程为 $r(n)-5r(n-1)+6r(n-2)=e(n)$，已知 $r(-1)=1, r(-2)=-1, e(n)=4^n u(n)$，求 $n\geqslant 0$ 时系统的零输入响应 $r_{zi}(n)$、零状态响应 $r_{zs}(n)$ 和全响应 $r(n)$。

解：对差分方程两边取 z 变换，设 $R(z)=\mathcal{Z}[r(n)], E(z)=\mathcal{Z}[e(n)]$，则有

$$R(z)-5[z^{-1}R(z)+r(-1)]+6[z^{-2}R(z)+z^{-1}r(-1)+r(-2)]=E(z)$$

整理上式，得

$$\begin{aligned}R(z)&=\frac{5r(-1)-6z^{-1}r(-1)-6r(-2)}{1-5z^{-1}+6z^{-2}}+\frac{1}{1-5z^{-1}+6z^{-2}}E(z)\\&=R_{zi}(z)+R_{zs}(z)\end{aligned}$$

由上式可以对应出

$$R_{zi}(z)=\frac{5r(-1)-6z^{-1}r(-1)-6r(-2)}{1-5z^{-1}+6z^{-2}}$$

$$R_{zs}(z)=\frac{1}{1-5z^{-1}+6z^{-2}}E(z)$$

(1) 求零输入响应：

$$\begin{aligned}R_{zi}(z)&=\frac{5r(-1)-6z^{-1}r(-1)-6r(-2)}{1-5z^{-1}+6z^{-2}}\\&=\frac{11z^2-6z}{z^2-5z+6}=\frac{z(11z-6)}{(z-2)(z-3)}=\frac{-16z}{z-2}+\frac{27z}{z-3}\end{aligned}$$

故零输入响应为

$$r_{zi}(n)=(27\cdot 3^n-16\cdot 2^n)u(n)=(3^{n+3}-2^{n+4})u(n)$$

(2) 求零状态响应：

$$\begin{aligned}R_{zs}(z)&=\frac{1}{1-5z^{-1}+6z^{-2}}E(z)\\&=\frac{z^2}{z^2-5z+6}\times\frac{z}{z-4}=\frac{z^3}{(z-2)(z-3)(z-4)}=\frac{2z}{z-2}-\frac{9z}{z-3}+\frac{8z}{z-4}\end{aligned}$$

故零状态响应为

$$r_{zs}(n)=(2^{n+1}-3^{n+2}+2\cdot 4^{n+1})u(n)$$

(3) 求全响应：

$$\begin{aligned}r(n)&=r_{zi}(n)+r_{zs}(n)\\&=(-7\cdot 2^{n+1}+2\cdot 3^{n+2}+2\cdot 4^{n+1})u(n)\end{aligned}$$

6.5 系统特性的 z 域分析

在离散时间系统的时域分析中，可以通过单位样值响应分析系统的时域特性，例如因果性和稳定性。在离散时间系统的 z 域分析中，可以利用系统函数来分析系统特性。

6.5.1 系统函数

根据离散时间系统的时域分析可知，系统的零状态响应等于单位样值响应与激励信号的卷积和，即

$$r_{zs}(n)=e(n)*h(n)$$

若 $R_{zs}(z)=\mathcal{Z}[r_{zs}(n)]$，$E(z)=\mathcal{Z}[e(n)]$，$H(z)=\mathcal{Z}[h(n)]$，根据时域卷积定理，可得

$$R_{zs}(z)=E(z)H(z) \tag{6.5-1}$$

定义系统函数 $H(z)$ 为

$$H(z)=\frac{R_{zs}(z)}{E(z)}$$

即系统函数为零状态响应 $r_{zs}(n)$ 的 z 变换与激励 $e(n)$ 的 z 变换的比值。可以看出，系统函数 $H(z)$ 与单位样值响应 $h(n)$ 为一组 z 变换对。

若 N 阶 LTI 因果离散时间系统的差分方程为

$$\sum_{m=0}^{N}a_m r(n-m)=\sum_{r=0}^{M}b_r e(n-r) \tag{6.5-2}$$

设激励 $e(n)$ 为因果序列，在零状态条件下，对式(6.5-2)取单边 z 变换，可得

$$\sum_{m=0}^{N}a_m z^{-m}R_{zs}(z)=\sum_{r=0}^{M}b_r z^{-r}E(z)$$

系统函数为

$$H(z)=\frac{R_{zs}(z)}{E(z)}=\frac{\sum\limits_{r=0}^{M}b_r z^{-r}}{\sum\limits_{m=0}^{N}a_m z^{-m}} \tag{6.5-3}$$

从式(6.5-3)可以看出，系统函数 $H(z)$ 仅取决于系统的结构与参数，故可体现自身特性。

例 6-26 已知某 LTI 因果离散时间系统的差分方程为

$$r(n)-5r(n-1)+6r(n-2)=e(n)+e(n-1)$$

求：(1) $H(z)$；(2) $h(n)$；(3) 当激励为 $u(n)$ 时，系统的零状态响应。

解：(1) 求系统函数 $H(z)$。

在零状态条件下，对差分方程两边取 z 变换，设 $\mathcal{Z}[e(n)]=E(z)$，$\mathcal{Z}[r(n)]=R(z)$，则

$$R(z)-5z^{-1}R(z)+6z^{-2}R(z)=E(z)+z^{-1}E(z)$$

整理得

$$H(z)=\frac{R(z)}{E(z)}=\frac{1+z^{-1}}{1-5z^{-1}+6z^{-2}}$$

(2) 求系统单位脉冲响应 $h(n)$。

$$H(z)=\frac{z(z+1)}{z^2-5z+6}=-3\cdot\frac{z}{z-2}+4\cdot\frac{z}{z-3}$$

由于该系统为因果系统,上式逆变换为

$$h(n)=(-3\cdot 2^n+4\cdot 3^n)u(n)$$

(3) 求系统零状态响应。

当 $E(z)=\dfrac{z}{z-1}$时,零状态响应的 z 变换为

$$R_{zs}(z)=H(z)E(z)=\frac{z}{z-1}\cdot\frac{z(z+1)}{z^2-5z+6}=\frac{z}{z-1}-\frac{6z}{z-2}+\frac{6z}{z-3}$$

对上式进行逆变换,得系统零状态响应为

$$r_{zs}(n)=(1-6\cdot 2^n+6\cdot 3^n)u(n)$$

6.5.2 系统函数的零、极点分布对系统特性的影响

根据式(6.5-3)可知,系统函数可写为有理分式的形式,将式(6.5-3)的分子多项式和分母多项式进行因式分解,可得

$$H(z)=\frac{\sum_{r=0}^{M}b_r z^{-r}}{\sum_{m=0}^{N}a_m z^{-m}}=H_0\frac{\prod_{r=1}^{M}(z-z_r)}{\prod_{m=1}^{N}(z-p_m)} \tag{6.5-4}$$

式中,z_r 称为 $H(z)$的零点;p_m 称为 $H(z)$的极点。由式(6.5-4)可见,若已知常数 H_0,那么由极点 p_m 和零点 z_r 可以确定系统函数 $H(z)$。

1. 系统函数的零极点图

把系统函数的零、极点标注在 z 平面上的图形,称为系统函数的零极点图。其中零点用"○"表示,极点用"×"表示。若零点或极点为 n 重根,则在零点或极点所在位置标注 n 个相应的符号。由零极点图可直观看出系统函数的零、极点分布。

例如,某系统的系统函数为

$$H(z)=\frac{z^2(z+2)}{(z-1/2)(z^2-1)}$$

则系统函数的零点为

$$\begin{cases}z_1=z_2=0, & \text{二阶}\\ z_3=-2, & \text{一阶}\end{cases}$$

极点为

$$\begin{cases} p_1 = 1/2, & 一阶 \\ p_2 = 1, & 一阶 \\ p_3 = -1, & 一阶 \end{cases}$$

将零、极点画于 z 平面上，得系统零极点图如图 6-9 所示。

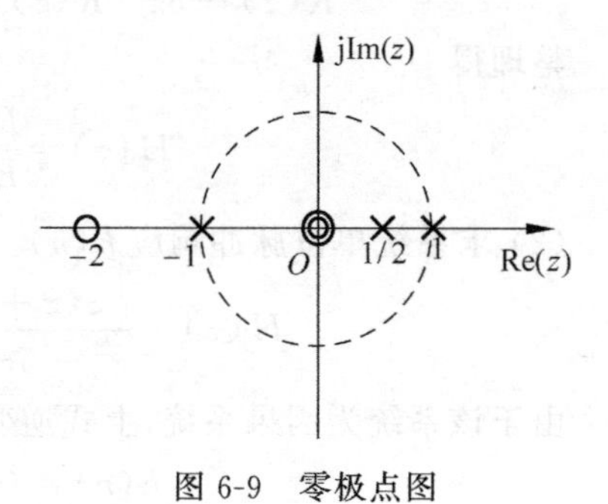

图 6-9 零极点图

2. 由系统函数的零、极点确定系统的单位样值响应

若已知 $H(z)$ 为

$$H(z) = \frac{\prod_{r=1}^{M}(z - z_r)}{\prod_{m=1}^{N}(z - p_m)}$$

当 $M \leqslant N$，且 $H(z)/z$ 的极点皆为单根时，将 $H(z)/z$ 进行部分分式展开，然后再将等式左右两边同乘以 z，得

$$H(z) = \sum_{m=0}^{N} \frac{A_m z}{z - p_m} \tag{6.5-5}$$

当系统为因果系统时，式(6.5-5)的逆变换为

$$h(n) = \mathscr{Z}^{-1}\left[\sum_{m=0}^{N} \frac{A_m z}{z - p_m}\right] = \sum_{m=0}^{N} A_m \cdot p_m^n u(n) \tag{6.5-6}$$

此处极点 p_m 既可能是实数，也可能是成对出现的共轭复数。由式(6.5-6)可知，单位样值响应 $h(n)$ 的形式取决于 $H(z)$ 的极点，零点影响 A_m 的取值。此规律与 s 域系统函数 $H(s)$ 的零、极点对冲激响应 $h(t)$ 的影响类似。

由 $H(z)$ 的零极点分布可确定单位样值响应 $h(n)$ 的时域变化规律。系统函数 $H(z)$ 的极点处于 z 平面的不同位置时，对应不同函数形式的 $h(n)$。下面针对单极点 p_m 分如下几种情况进行讨论。

(1) 若极点在单位圆内，即 $|p_m| < 1$。

若 p_m 为实数时，对应的 $|h(n)|$ 指数衰减，即当 $n \to \infty$ 时，$h(n) \to 0$。若 p_m 为共轭极点时，对应的 $h(n)$ 衰减振荡。

(2) 若极点在单位圆上，即 $|p_m| = 1$。

若 $p_m = 1$ 时，$h(n)$ 的幅度恒为 1。若 $p_m = -1$ 时，$h(n)$ 的幅度以 1 和 −1 交替出现。若 p_m 为共轭极点时，对应的 $h(n)$ 等幅振荡。

(3) 若极点在单位圆外，即 $|p_m| > 1$。

若 p_m 为实数时，对应的 $|h(n)|$ 指数增长，即当 $n \to \infty$ 时，$h(n) \to \infty$。若 p_m 为共轭极点时，对应的 $h(n)$ 增幅振荡。

表 6-5 给出了部分一阶极点 p_m 与时域波形 $h(n)$ 之间的对应关系。

表 6-5　$H(z)$一阶极点位置与$h(n)$波形的对应关系

极 点 图	时 域 波 形
jIm(z)　O　1　Re(z)	$h(n)=A\cdot p_m^n\,u(n)$
jIm(z)　r　Ω　O　1　Re(z)	$h(n)=A\cdot r^n\cos(n\Omega+\theta)u(n)$
jIm(z)　O　1　Re(z)	$h(n)=Au(n)$
jIm(z)　r　Ω　O　1　Re(z)	$h(n)=A\cdot r^n\cos(n\Omega+\theta)$
jIm(z)　O　1　Re(z)	$h(n)=A\cdot p_m^n\,u(n)$
jIm(z)　r　Ω　O　1　Re(z)	$h(n)=A\cdot r^n\cos(n\Omega+\theta)u(n)$

若 p_m 为重根时，则 $h(n)$波形在单根对应的形式上进行线性加权，由 p_m 的分布同样可知$h(n)$的波形变化。若$|p_m|<1$，$h(n)$随 n 的增大而衰减，即当 $n\to\infty$时，$h(n)\to 0$；若$|p_m|\geqslant 1$，$h(n)$随 n 的增大而增大，即当 $n\to\infty$时，$h(n)\to\infty$。

3. 离散系统的因果性

对于因果系统，$h(n)$为因果序列，故 $H(z)$的收敛域为以最大极点为半径的某圆外部，即$|z|>R$。因而可以从 $H(z)$的收敛域来判断系统的因果性。

例如，某系统的系统函数为$H(z)=\dfrac{z}{z-0.5}$，当$|z|>0.5$时，其对应的$h(n)=0.5^n u(n)$为因果序列，该系统为因果系统；当$|z|<0.5$时，其对应的 $h(n)=-0.5^n u(-n-1)$为非因果序列，该系统为非因果系统。

4. 离散系统的稳定性

5.4 节给出了稳定系统的定义，对于稳定的离散时间系统，其$h(n)$应满足

$$\sum_{n=-\infty}^{+\infty}|h(n)|<\infty \tag{6.5-7}$$

由系统函数定义可知

$$H(z)=\sum_{n=-\infty}^{+\infty}h(n)z^{-n}$$

当$|z|=1$时，

$$\sum_{n=-\infty}^{+\infty}|h(n)z^{-n}|=\sum_{n=-\infty}^{+\infty}|h(n)| \tag{6.5-8}$$

若系统稳定，则$|z|=1$在 $H(z)$的收敛域内，即稳定系统 $H(z)$的收敛域包括单位圆。若 $H(z)$的收敛域不包括单位圆，则系统不稳定。系统 $H(z)$的收敛域包含单位圆是判断系统稳定性的充要条件。

当单位样值响应 $h(n)$为不同类型时，稳定系统的收敛域有不同的表现形式。

(1) 若单位样值响应 $h(n)$是因果序列，则 $H(z)$的收敛域为圆外部分，即

$$|z|>R_1$$

由于系统稳定要求收敛域包含单位圆，故

$$R_1<1$$

此时，$H(z)$的全部极点必落在单位圆之内，其收敛域如图 6-10(a)所示。

(2) 若单位样值响应 $h(n)$是左边序列，则 $H(z)$的收敛域为圆内部分，即

$$|z|<R_2$$

由于系统稳定要求收敛域包含单位圆，故

$$R_2>1$$

此时，$H(z)$的全部极点必落在单位圆之外，其收敛域如图 6-10(b)所示。

(3) 若单位样值响应 $h(n)$ 是双边序列,则 $H(z)$ 的收敛域为圆环部分,即

$$R_1<|z|<R_2$$

由于系统稳定要求收敛域包含单位圆,故

$$R_1<1,\quad R_2>1$$

此时,$H(z)$ 的一部分极点落在单位圆之内,另一部分极点则在单位圆之外,其收敛域如图 6-10(c)所示。

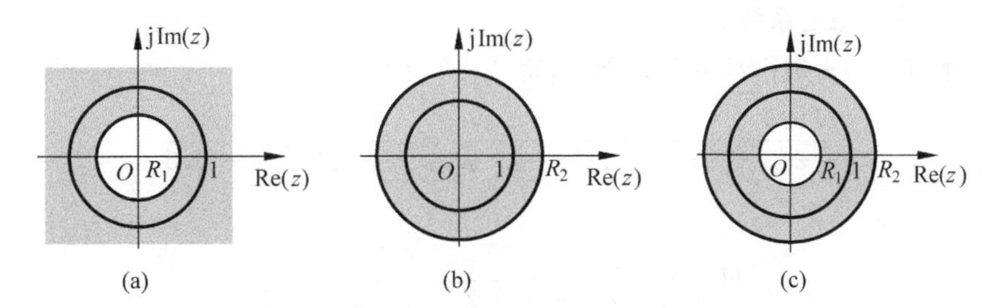

图 6-10 稳定系统的收敛域

总之,从 z 域判断系统稳定的标准就是 $H(z)$ 的收敛域是否包含单位圆。

例 6-27 判断下列各系统的因果性与稳定性:

(1) $H(z)=\dfrac{z}{z-0.5},|z|>0.5$;

(2) $H(z)=\dfrac{z}{z-2},|z|>2$;

(3) $H(z)=\dfrac{z}{z-2},|z|<2$;

(4) $H(z)=\dfrac{z}{(z-0.5)(z-2)},0.5<|z|<2$。

解:(1) 由于收敛域为 $|z|>0.5$,所以该系统为因果系统。又因为收敛域包含单位圆,所以该系统为稳定系统。

(2) 由于收敛域为 $|z|>2$,所以该系统为因果系统。该收敛域不包含单位圆,所以该系统为不稳定系统。

(3) 由于收敛域为 $|z|<2$,对应的 $h(n)$ 为非因果序列,所以该系统为非因果系统。又因为该收敛域包含单位圆,所以该系统为稳定系统。

(4) 由于收敛域为 $0.5<|z|<2$,对应的 $h(n)$ 为双边序列,所以该系统为非因果系统。由于该收敛域包含单位圆,所以该系统为稳定系统。

例 6-28 已知某因果系统的差分方程为

$$r(n)-0.3r(n-1)-0.1r(n-2)=e(n)$$

(1) 求系统函数 $H(z)$,并说明它的收敛域和稳定性;

(2) 求单位样值响应 $h(n)$;

(3) 当激励为 $e(n)=u(n)$ 时,求零状态响应 $r(n)$。

解：(1) 在零状态条件下，对差分方程两边取 z 变换，得

$$R(z)-0.3z^{-1}R(z)-0.1z^{-2}R(z)=E(z)$$

系统函数为

$$H(z)=\frac{R(z)}{E(z)}=\frac{1}{1-0.3z^{-1}-0.1z^{-2}}=\frac{z^2}{z^2-0.3z-0.1}=\frac{z^2}{(z+0.2)(z-0.5)}$$

收敛域为不包含极点的连通区域。该因果系统 $H(z)$ 的收敛域为 $|z|>0.5$，包括单位圆，故该系统为稳定系统。

(2) 对 $H(z)/z$ 进行部分分式展开，得

$$\frac{H(z)}{z}=\frac{z}{(z+0.2)(z-0.5)}=\frac{2/7}{z+0.2}+\frac{5/7}{z-0.5}$$

即

$$H(z)=\frac{2}{7}\cdot\frac{z}{z+0.2}+\frac{5}{7}\cdot\frac{z}{z-0.5}$$

由于该系统为因果系统，故单位样值响应为

$$h(n)=\left[\frac{2}{7}(-0.2)^n+\frac{5}{7}\cdot 0.5^n\right]u(n)$$

(3) 激励 $e(n)=u(n)$，其 z 变换为

$$E(z)=\frac{z}{z-1}$$

系统零状态响应的 z 变换为

$$R(z)=H(z)E(z)=\frac{z}{z-1}\cdot\frac{z^2}{(z+0.2)(z-0.5)}$$

$$=\frac{5}{3}\cdot\frac{z}{z-1}+\frac{1}{21}\cdot\frac{z}{z+0.2}-\frac{5}{7}\cdot\frac{z}{z-0.5}$$

故系统的零状态响应为

$$r(n)=\left[\frac{5}{3}+\frac{1}{21}(-0.2)^n-\frac{5}{7}\cdot 0.5^n\right]u(n)$$

6.5.3 离散时间系统的 z 域模拟

LTI 离散时间系统的数学模型是常系数差分方程，该形式的方程中包含了相加、数乘及位移运算，因而可以利用加法器、数乘器和延时器这三种基本运算单元实现离散时间系统的模拟。根据 z 变换的位移性，时间上延时一位对应到 z 域就是乘以因子 z^{-1}，因而延时器的系统函数等于 z^{-1}。离散时间系统模拟所用的基本运算单元列于表 6-6 中。在已知系统函数 $H(z)$ 的情况下，利用这些基本运算单元的 z 域表示就可以构成系统的 z 域模拟图。

表 6-6　离散时间系统基本运算单元模型

名　　称	时域模型	z 域模型
加法器	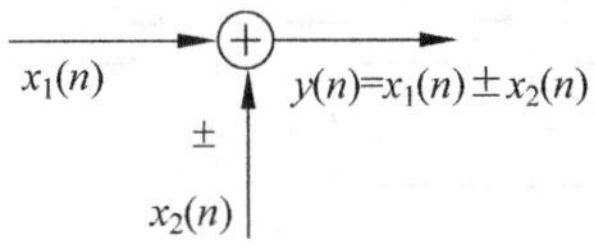 $x_1(n)$, $\pm$ $x_2(n)$, $y(n)=x_1(n)\pm x_2(n)$	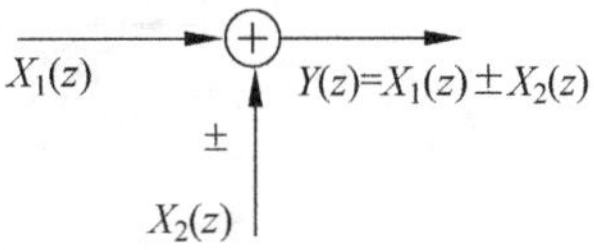 $X_1(z)$, $\pm$ $X_2(z)$, $Y(z)=X_1(z)\pm X_2(z)$
数乘器	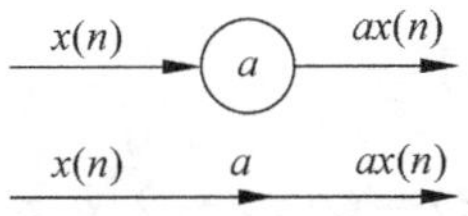 $x(n)$ → a → $ax(n)$ $x(n)$ a $ax(n)$	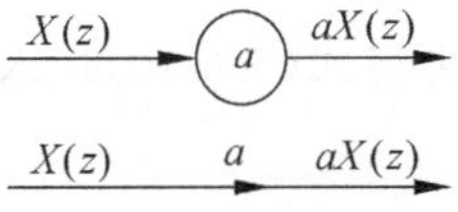 $X(z)$ → a → $aX(z)$ $X(z)$ a $aX(z)$
延时器	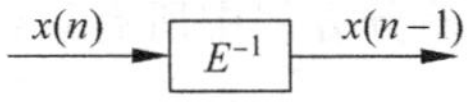 $x(n)$ → E^{-1} → $x(n-1)$	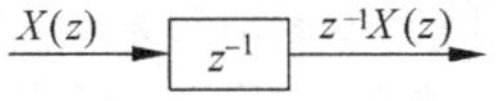 $X(z)$ → z^{-1} → $z^{-1}X(z)$

1. 直接形式

设系统函数 $H(z)$ 为

$$H(z)=\frac{R_{zs}(z)}{E(z)}=\frac{\sum_{r=0}^{M}b_r z^{-r}}{1+\sum_{m=1}^{N}a_m z^{-m}}$$

即

$$R_{zs}(z)=\frac{\sum_{r=0}^{M}b_r z^{-r}}{1+\sum_{m=1}^{N}a_m z^{-m}}E(z)=\frac{1}{1+\sum_{m=1}^{N}a_m z^{-m}}E(z)\cdot\sum_{r=0}^{M}b_r z^{-r} \tag{6.5-9}$$

令

$$Q(z)=\frac{1}{1+\sum_{m=1}^{N}a_m z^{-m}}E(z) \tag{6.5-10}$$

即

$$Q(z)=E(z)-\sum_{m=1}^{N}Q(z)a_m z^{-m} \tag{6.5-11}$$

根据式(6.5-11),可画出$E(z)$与$Q(z)$的模拟图,如图6-11所示。

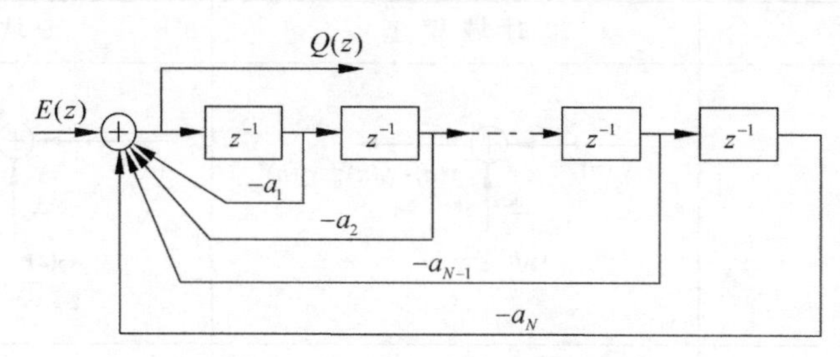

图6-11 系统直接形式模拟框图

再将式(6.5-10)代入式(6.5-9)得

$$R_{zs}(z)=Q(z)\cdot\sum_{r=0}^{M}b_r z^{-r} \tag{6.5-12}$$

根据式(6.5-12),在图6-11的基础上可进一步画出$Q(z)$与$R_{zs}(z)$的模拟图,即画出系统直接形式的模拟图。当$M=N$时,系统直接形式的模拟图如图6-12所示。直接形式的模拟图结构紧凑,系统特性由差分方程中所有系数a_m、b_r共同决定。在实际系统中,某些系数a_m、b_r可能为0。

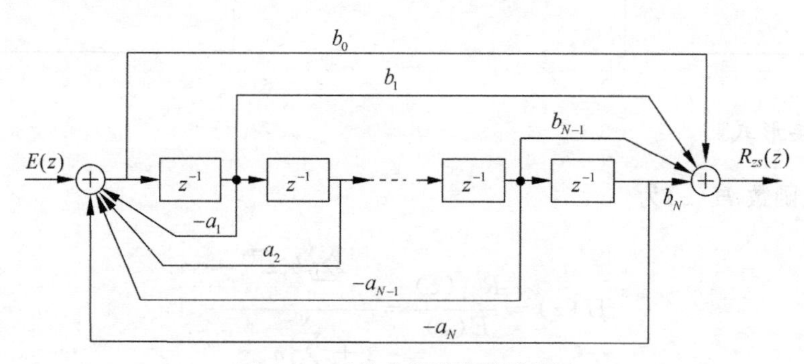

图6-12 系统直接形式模拟框图

当$N=1,M=0$时,系统的模拟图如图6-13(a)所示。当$N=1,M=1$时,系统的模拟图如图6-13(b)所示。当$N=2,M=2$时,系统的模拟图如图6-13(c)所示。

例6-29 某二阶离散时间系统的模拟图如图6-14所示。

(1) 请写出系统函数$H(z)$;

(2) 请写出系统差分方程;

(3) 当激励为$e(n)=0.5^n u(n)$时,求系统的零状态响应$r(n)$。

解:引入中间变量$Q(z)$,表示左侧加法器的输出。由此,各输出端信号表示如图6-15所示。

(1) 系统函数$H(z)$。

围绕左侧加法器,可得

$$Q(z)=E(z)+3z^{-1}Q(z)-2z^{-2}Q(z)$$

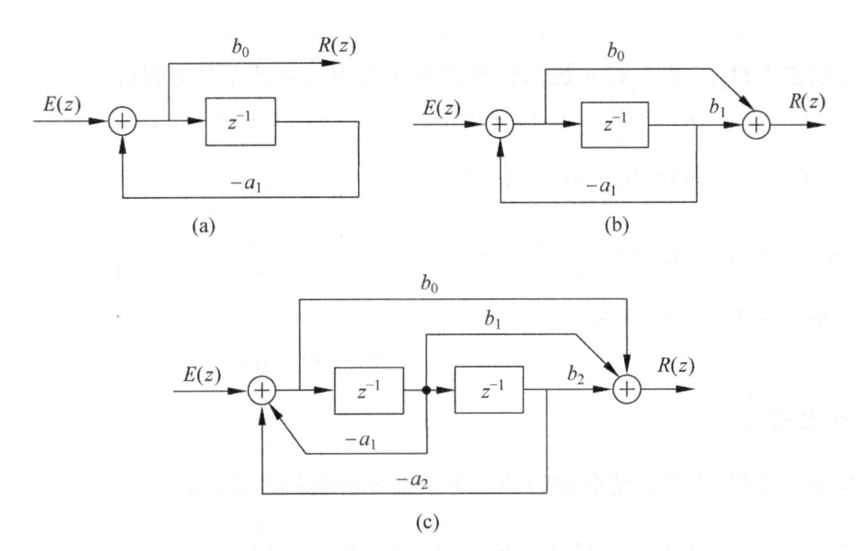

图 6-13　一阶、二阶系统直接形式模拟框图

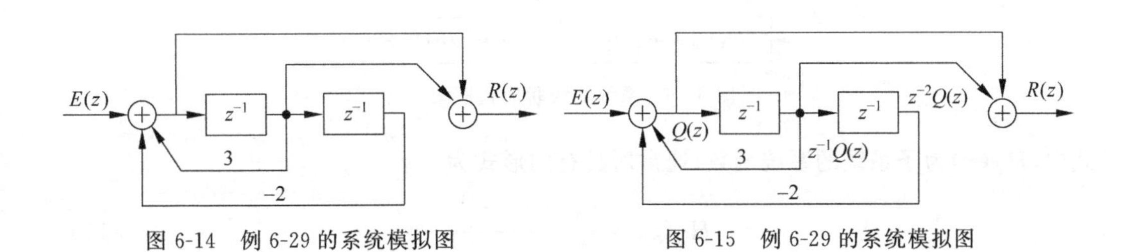

图 6-14　例 6-29 的系统模拟图

图 6-15　例 6-29 的系统模拟图

整理得

$$Q(z)=\frac{1}{1-3z^{-1}+2z^{-2}}E(z) \tag{6.5-13}$$

围绕右侧加法器,可得

$$R(z)=Q(z)+z^{-1}Q(z)$$

即

$$R(z)=(1+z^{-1})Q(z) \tag{6.5-14}$$

将式(6.5-13)代入式(6.5-14),可得

$$R(z)=\frac{1+z^{-1}}{1-3z^{-1}+2z^{-2}}E(z)$$

根据系统函数的定义,可得

$$H(z)=\frac{R(z)}{E(z)}=\frac{1+z^{-1}}{1-3z^{-1}+2z^{-2}} \tag{6.5-15}$$

(2) 系统的差分方程。

由式(6.5-15)可得

$$(1-3z^{-1}+2z^{-2})R(z)=E(z)(1+z^{-1})$$

在零状态条件下，将上式 z 域的代数方程回写为时域的差分方程可得

$$r(n)-3r(n-1)+2r(n-2)=e(n)+e(n-1)$$

(3) 当激励为 $e(n)=0.5^n u(n)$时，$E(z)=\frac{z}{z-0.5}$，则

$$R(z)=H(z)E(z)=\frac{z}{z-0.5}\cdot\frac{z^2+z}{z^2-3z+2}=\frac{z}{z-0.5}-\frac{4z}{z-1}+\frac{4z}{z-2}$$

所以系统的零状态响应为

$$r(n)=(0.5^n+4\cdot 2^n-4)u(n)$$

2. 级联形式

级联形式是将 N 阶系统分解为若干个子系统的乘积形式，即

$$H(z)=H_1(z)H_2(z)\cdots H_N(z)=\prod_{i=1}^{N}H_i(z) \tag{6.5-16}$$

根据式(6.5-16)，可以得到 N 阶系统的结构框图，如图 6-16 所示。

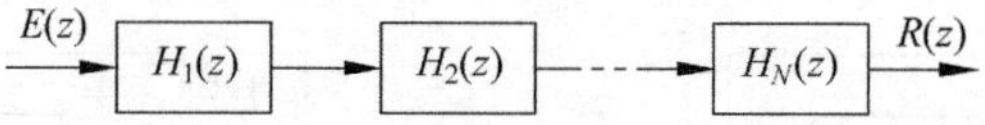

图 6-16　系统的级联形式框图

式中，$H_i(z)$为子系统的系统函数，通常所具有的形式为

$$H_i(z)=\frac{b_{0i}+b_{1i}z^{-1}}{1+a_{1i}z^{-1}} \tag{6.5-17}$$

或

$$H_i(z)=\frac{b_{0i}+b_{1i}z^{-1}+b_{2i}z^{-2}}{1+a_{1i}z^{-1}+a_{2i}z^{-2}} \tag{6.5-18}$$

式(6.5-17)和式(6.5-18)可分别采用如图 6-13(b)、(c)所示的直接形式实现。

例 6-30　已知某系统的系统函数 $H(z)=\frac{(2-z^{-1})(1-z^{-1}-z^{-2})}{(1-0.5z^{-1})(1-1.2z^{-1}-0.7z^{-2})}$，画出系统级联形式模拟图。

解：将系统函数改写为

$$H(z)=\frac{2-z^{-1}}{1-0.5z^{-1}}\times\frac{1-z^{-1}-z^{-2}}{1-1.2z^{-1}-0.7z^{-2}}=H_1(z)\times H_2(z)$$

分别画出 $H_1(z)$和 $H_2(z)$的直接形式模拟图，然后将 $H_1(z)$和 $H_2(z)$级联，即可得到系统 $H(z)$的级联形式模拟图，如图 6-17 所示。

3. 并联形式

并联形式是将系统分解为若干个子系统的求和形式，即

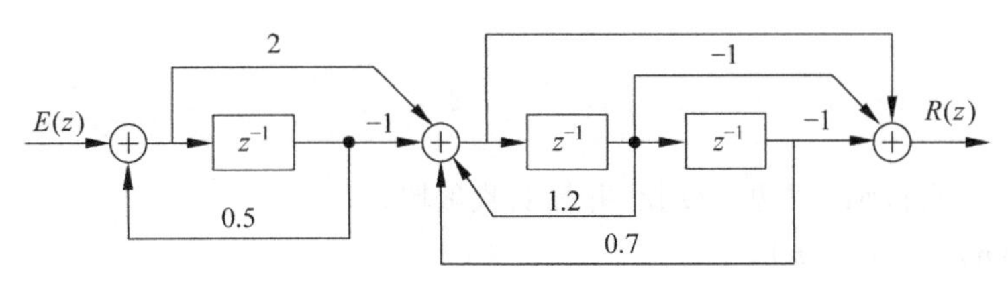

图 6-17　系统的级联形式模拟图

$$H(z)=H_1(z)+H_2(z)+\cdots+H_N(z)=\sum_{i=1}^{N}H_i(z) \tag{6.5-19}$$

根据式(6.5-19),将各子系统并联后可得到整个系统的框图,如图 6-18 所示。

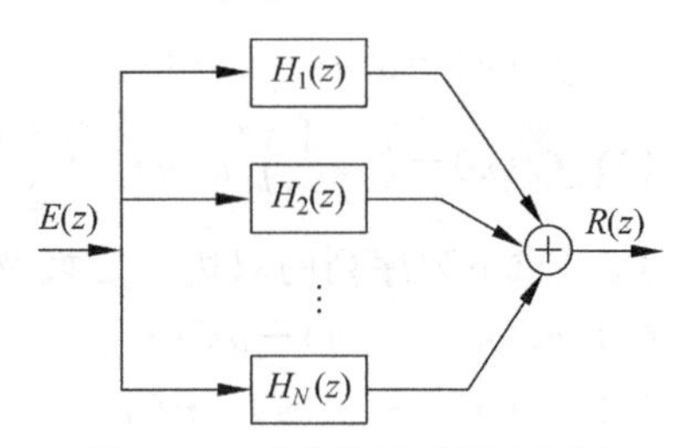

图 6-18　系统的并联形式框图

例 6-31　已知某系统的系统函数 $H(z)=\dfrac{3-z^{-1}}{1-1.5z^{-1}+0.5z^{-2}}$,画出系统并联形式模拟图。

解:将系统函数改写为

$$H(z)=\frac{4}{1-z^{-1}}+\frac{-1}{1-0.5z^{-1}}=H_1(z)+H_2(z)$$

分别画出 $H_1(z)$和 $H_2(z)$的直接形式模拟图,然后将 $H_1(z)$和 $H_2(z)$并联,即可得到系统 $H(z)$的并联形式模拟图,如图 6-19 所示。

例 6-32　已知某系统的系统函数 $H(z)=\dfrac{4z^2+6z+5}{(z^2+z+1)(z+2)}$,画出系统并联形式模拟图。

解:系统函数可分解为

$$H(z)=\frac{3}{z+2}+\frac{z+1}{z^2+z+1}=\frac{3z^{-1}}{1+2z^{-1}}+\frac{z^{-1}+z^{-2}}{1+z^{-1}+z^{-2}}=H_1(z)+H_2(z)$$

分别画出 $H_1(z)$和 $H_2(z)$的直接形式模拟图,然后将 $H_1(z)$和 $H_2(z)$并联,即可得到系统 $H(z)$的并联形式模拟图,如图 6-20 所示。

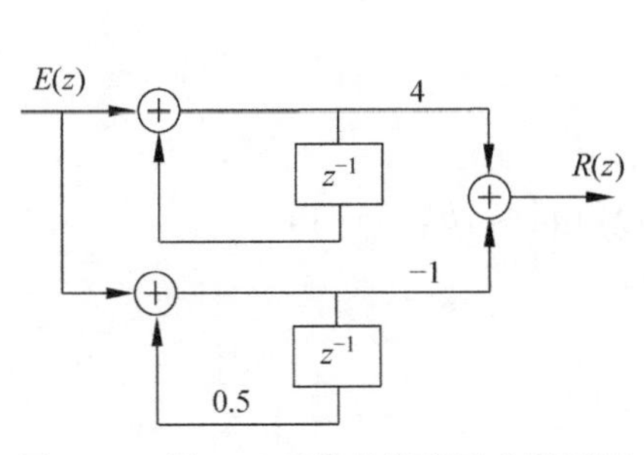

图 6-19　例 6-31 系统的并联形式模拟图

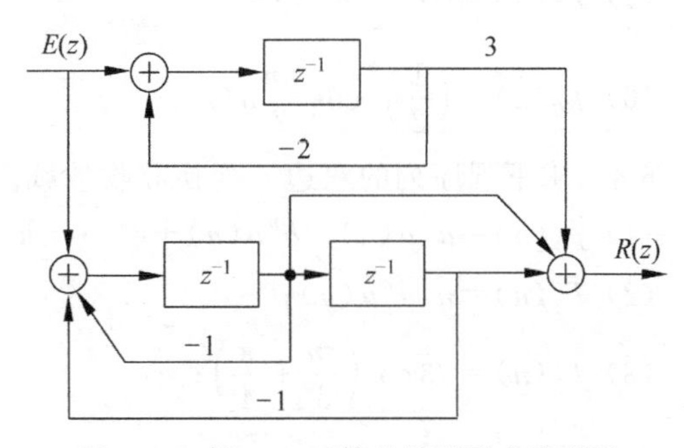

图 6-20　例 6-32 系统的并联形式模拟图

习题 6

6-1　求下列序列的双边 z 变换，并标明收敛域。

(1) $f_1(n)=0.2^n u(n)$；

(2) $f_2(n)=\delta(n)+2\delta(n-1)$；

(3) $f_3(n)=0.2^n u(-n)$；

(4) $f_4(n)=\left(\frac{1}{3}\right)^{-n} u(n)$；

(5) $f_5(n)=3^n u(-n-1)$；

(6) $f_6(n)=\left(-\frac{1}{10}\right)^n u(n)-\left(\frac{1}{2}\right)^n u(-n-1)$。

6-2　求下列序列的双边 z 变换及收敛域。

(1) $f_1(n)=u(n)-u(n-4)$；

(2) $f_2(n)=n[u(n)-u(n-4)]$；

(3) $f_3(n)=n\cdot 0.2^n u(n)$；

(4) $f_4(n)=(n-3)u(n)$；

(5) $f_5(n)=\left(\frac{1}{4}\right)^{-n} u(-n-1)+3^n u(n)$；

(6) $f_6(n)=\delta(n+1)+2\delta(n)+\delta(n-1)$。

6-3　求下列序列的双边 z 变换及收敛域。

(1) $f_1(n)=\begin{cases} N, & n\geqslant N>0 \\ 0, & n<N \end{cases}$；

(2) $f_2(n)=(0.2)^{n-1} u(n-1)$；

(3) $f_3(n)=(n-1)^2 u(n)$；

(4) $f_4(n)=\left(\frac{1}{5}\right)^n R_{10}(n)$；

(5) $f_5(n)=\cos\frac{\pi n}{2} u(n)$；

(6) $f_6(n)=\left(\frac{1}{2}\right)^n \cos\frac{\pi n}{2} u(n)$。

6-4　求下列序列的双边 z 变换和收敛域。

(1) $f_1(n)=a^n u(n)+b^n u(n)+c^n u(-n-1)$，$|a|<|b|<|c|$；

(2) $f_2(n)=n^2 a^n u(n)$；

(3) $f_3(n)=\sqrt{3}\cos\left(\frac{\pi n}{3}+\frac{\pi}{4}\right)$；

(4) $f_4(n)=\sum_{m=0}^{n}(-1)^m$，$n>0$。

6-5 求下列各象函数的逆变换。

(1) $F_1(z)=1$;

(2) $F_2(z)=z^3, |z|<\infty$;

(3) $F_3(z)=z^{-2}, |z|>0$;

(4) $F_4(z)=z^{-2}+1+2z+z^3, 0<|z|<\infty$;

(5) $F_5(z)=\dfrac{1}{1-az^{-1}}, |z|<a$;

(6) $F_6(z)=\dfrac{1}{1-az^{-1}}, |z|>a$。

6-6 求下列各象函数的逆变换。

(1) $F_1(z)=\dfrac{1}{1+\frac{1}{3}z^{-1}}, |z|>\dfrac{1}{3}$;

(2) $F_2(z)=\dfrac{z^{-1}}{1-\frac{1}{3}z^{-1}}, |z|>\dfrac{1}{3}$;

(3) $F_3(z)=\dfrac{1-\frac{1}{2}z^{-1}}{1-\frac{1}{4}z^{-1}}, |z|>\dfrac{1}{4}$;

(4) $F_4(z)=\dfrac{2z+1}{z-\frac{1}{2}}, |z|>\dfrac{1}{2}$;

(5) $F_5(z)=\dfrac{z^2}{z^2-1.5z+0.5}, |z|>1$;

(6) $F_6(z)=\dfrac{z}{(z-1)^2(z+2)}, |z|>2$;

(7) $F_7(z)=\dfrac{6z^2}{z^2-1}, |z|>1$;

(8) $F_8(z)=\dfrac{2}{z(z-0.5)}, |z|>0.5$。

6-7 已知如下 $F(z)$,求序列的逆变换。

(1) $F_1(z)=\dfrac{1+z}{(z+0.5)(z-2)}, |z|>2$;

(2) $F_2(z)=\dfrac{z}{(z-0.5)(8-z)}, 0.5<|z|<8$;

(3) $F_3(z)=\dfrac{z^{-3}}{\left(1-\frac{1}{4}z^{-1}\right)^2}, |z|>\dfrac{1}{4}$。

6-8 已知$F(z)=\frac{z^2}{z^2+5z+6}$,求$F(z)$在以下三种不同收敛域情况下的逆变换。

(1) $|z|>3$;

(2) $|z|<2$;

(3) $2<|z|<3$。

6-9 已知$F(z)$及收敛域,试求其对应序列的初值$f(0)$和终值$f(\infty)$。

(1) $F(z)=\frac{z^2}{(z-1)(z-2)}, |z|>2$;

(2) $F(z)=\frac{2z\left(z-\frac{1}{6}\right)}{z^2-\frac{3}{4}z+\frac{1}{8}}, |z|>\frac{1}{2}$。

6-10 已知某序列的z变换为

$$F(z)=\frac{\frac{1}{3}}{1-\frac{1}{2}z^{-1}}+\frac{\frac{1}{4}}{1-2z^{-1}}$$

该序列收敛域包含单位圆。请利用初值定理求$f(0)$。

6-11 利用时域卷积定理求系统的零状态响应。

(1) $e(n)=a^n u(n), h(n)=b^n u(n)$;

(2) $e(n)=u(n-1), h(n)=5\cdot 2^n u(n)$;

(3) $e(n)=a^n u(n), h(n)=\delta(n-1)$;

(4) $e(n)=\frac{3}{4}\cdot 0.3^n u(n), h(n)=\frac{1}{3}\cdot 0.5^n u(n)$。

6-12 用z变换求解下列差分方程。

(1) $r(n)-0.3r(n-1)=0, r(-1)=1$;

(2) $r(n)-r(n-1)-6r(n-2)=0, r(-1)=r(-2)=1$。

6-13 已知某LTI离散时间系统的差分方程为

$$r(n)-3r(n-1)=2e(n)$$

系统的边界条件$r(-1)=1$,激励$e(n)=2^n u(n)$,求$n\geqslant 0$时系统的零输入响应$r_{zi}(n)$、零状态响应$r_{zs}(n)$及全响应$r(n)$。

6-14 已知LTI离散时间系统的差分方程为$r(n)-r(n-1)-6r(n-2)=e(n)$,系统的初始状态为$r(-1)=1, r(-2)=2$,激励为$e(n)=u(n)$,求$n\geqslant 0$时系统的零输入响应$r_{zi}(n)$、零状态响应$r_{zs}(n)$及全响应$r(n)$。

6-15 已知描述LTI因果离散时间系统的差分方程如下列各式,分别求系统的系统函数$H(z)$和单位样值响应$h(n)$。

(1) $r(n)-0.3r(n-1)=0.5e(n)$;

(2) $r(n)-5r(n-1)+6r(n-2)=e(n)-e(n-1)$;

(3) $r(n)=e(n)-2e(n-1)-5e(n-2)$。

6-16　已知某 LTI 因果离散时间系统的差分方程为

$$r(n)-7r(n-1)+12r(n-2)=2e(n-1)$$

(1) 求系统函数 $H(z)$；

(2) 求单位样值响应 $h(n)$；

(3) 画出该系统的零极点图。

6-17　已知系统的系统函数 $H(z)$如下列所示，说明系统的因果、稳定性。

(1) $H(z)=\dfrac{z+2}{2z^2-5z+2}$，$0.5<|z|<2$；

(2) $H(z)=z^2-z+1+\dfrac{1}{3}z^{-1}+\dfrac{1}{4}z^{-2}$，$0<|z|<\infty$；

(3) $H(z)=\dfrac{z(z+1)}{(z-1)(z+0.5)}$，$|z|>1$；

(4) $H(z)=\dfrac{z}{(10-z)(z-0.5)}$。

6-18　已知某二阶 LTI 离散时间系统具备以下 4 个特点：

(1) 系统单位样值响应 $h(n)$是右边序列；

(2) $\lim\limits_{z\to\infty}H(z)=2$；

(3) $H(z)$有两个零点，分别为 $z_1=-1$，$z_2=-2$；

(4) $H(z)$有两个共轭极点，分别为 $p_1=0.8+\mathrm{j}0.8$，$p_2=0.8-\mathrm{j}0.8$。

求该系统的系统函数 $H(z)$，并判断系统的因果性、稳定性。

6-19　已知某 LTI 因果离散时间系统的系统函数为 $H(z)=\dfrac{z(z-3)}{(z-1)(z-2)}$，当激励为 $e(n)=(-1)^n u(n)$时，系统的全响应为 $r(n)=\left[2+\dfrac{4}{3}\cdot 2^n+\dfrac{2}{3}(-1)^n\right]u(n)$。

(1) 求单位样值响应；

(2) 写出该系统的差分方程；

(3) 求系统的零输入响应及零状态响应；

(4) 画出该系统的模拟图。

6-20　已知离散时间系统的差分方程为 $r(n)=e(n)-5e(n-1)+7e(n-3)$。

(1) 求系统函数 $H(z)$；

(2) 求单位样值响应 $h(n)$；

(3) 画出该系统的模拟图。

6-21　已知某 LTI 因果系统的系统函数为

$$H(z)=\frac{1-z^{-1}}{1-0.25z^{-2}}$$

(1) 求当激励为 $e(n)=u(n)$时的系统输出；

(2) 当该系统的输出为 $r(n)=\delta(n)-\delta(n-1)$时，求系统的输入 $e(n)$。

6-22　已知某 LTI 因果系统框图如图 6-21 所示。

(1) 写出该系统的差分方程；

(2) 求该系统函数 $H(z)$；

(3) 求单位样值响应 $h(n)$；画出系统函数的零、极点图。

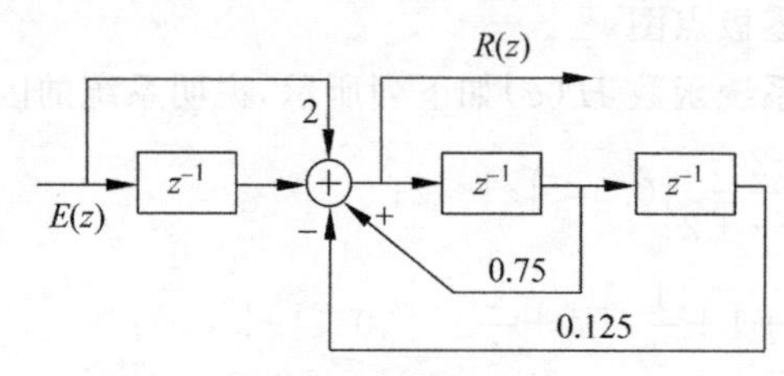

图 6-21　题 6-22 图

6-23　已知某 LTI 离散时间系统具有如下特点：

(1) 系统单位样值响应是实序列且为右边序列；

(2) $H(z)$只有两个极点，其中一个极点为 $p_1=\dfrac{\sqrt{3}}{4}+\mathrm{j}\,\dfrac{1}{4}$；

(3) $H(z)$只在原点处有两个零点；

(4) $h(0)=\dfrac{8}{3}$。

请写出满足上述条件的系统函数 $H(z)$，并判断该系统的因果性、稳定性。

6-24　当系统激励为 $e(n)=u(n)$时，系统的零状态响应为 $r(n)=3\left[1-\left(\dfrac{1}{2}\right)^n\right]u(n)$。

(1) 求系统函数 $H(z)$；

(2) 求单位样值响应 $h(n)$；

(3) 写出描述该系统的差分方程。

第7章 基于MATLAB/Simulink的实例仿真

信号与系统相关理论包含大量的数学运算和丰富的工程应用，借助软件仿真可以完成复杂的数值计算与分析，得到可视化的仿真结果，使得许多抽象的理论得以形象模拟，有助于加强对信号与系统理论的理解与应用。

MATLAB(Matrix Laboratory)是由 MathWorks 公司推出的一款具有较强功能性和应用性的仿真软件，目前已成为信号处理、图像处理、通信原理、自动控制等课程的常用仿真平台。而 Simulink 是集成在 MATLAB 中的一种可视化软件，其主要采用图形化模块对系统进行模拟与仿真，具有适应面广、结构和流程清晰、仿真精细、显示直观、贴近实际、效率高等优点，可实现动态系统建模、仿真和分析，被广泛应用于线性系统、信号处理、自动控制的建模和仿真。

本章基于 MATLAB 2018b 版本，介绍 MATLAB/Simulink 的基本操作，并对信号与系统课程中相关的实际应用案例进行建模与仿真。

7.1 MATLAB/Simulink 软件介绍

7.1.1 MATLAB 简介

MATLAB 是 Matrix 和 Laboratory 两个词的组合，此软件主要面向科学计算、可视化以及交互式程序设计。MATLAB 在信号处理、通信、自动控制等多领域的数值以及系统设计中提供了方便的环境。本节主要从数值计算、信号的产生以及系统建模三方面介绍 MATLAB 在信号与系统仿真中的基础知识，至于 MATLAB 的基本语法以及涉及的函数集，可利用 MATLAB 的 help 命令在帮助浏览器中获得更多细节，或参考相关书籍以获得更多的解释说明。

1. 数值计算

数值计算是 MATLAB 使用最广的功能之一。在 MATLAB 中对信号处理时，实际是将信号表示为数组进行计算。对信号数组的计算包括常数与数组的运算以及数组间的运算，常用的运算主要有相加、相减与点乘，运算符号分别为“+”、“−”与“.*”。

例如，创建常数 k、数组 A 与 B，并进行相加、相减和点乘运算。MATLAB 程序如下：

```
%数组的计算
k = 2;              %创建常数
A = [1 2 3; 4 5 6]; %创建数组
B = [4 5 6; 7 8 9];
C1 = k + A
C2 = A - k
C3 = k. * A
D1 =  A + B
D2 =  A - B
D3 =  A. * B
```

程序运行后,计算结果如下:

```
C1 =
     3     4     5
     6     7     8
C2 =
    -1     0     1
     2     3     4
C3 =
     2     4     6
     8    10    12
D1 =
     5     7     9
    11    13    15
D2 =
    -3    -3    -3
    -3    -3    -3
D3 =
     4    10    18
    28    40    54
```

在信号处理中,可以将信号表示为数组,有时还采用复数的表示形式。例如,频域分析时,傅里叶变换将信号表示为复指数的叠加。MATLAB中复数的常用运算有相加、相乘、相除、求复数实部、求复数虚部、求模、求相角以及复数的直角坐标表示与极坐标表示间相互转换等。

例如,创建名为y和z的复数,并进行复数的相乘运算时,通过调用MATLAB的函数real与imag可分别获取复数的实部和虚部,调用函数abs与angle可分别获取复数的模与相角,调用函数cart2pol与pol2cart实现直角坐标与极坐标的相互转换。具体MATLAB程序如下:

```
%复数的计算
y=8-3*j;                               %创建复数
z=1+2*j;
a=y*z
Re=real(a)
Img=imag(a)
M=abs(a)
theta=angle(a)
[theta1,r]=cart2pol(a)                 %直角坐标转极坐标
[m,n]=pol2cart(theta1,r)               %极坐标转直角坐标
```

程序运行后,结果为

```
a = 14.0000 + 13.0000i
Re = 14
Img = 13
M = 19.1050
```

```
theta = 0.7484
theta1 = 0.7484
r = 19.1050
m = 14.0000
n = 13
```

2. 信号产生

严格来讲,MATLAB处理的都是离散时间信号,而连续时间信号是通过等间隔的离散采样点近似表示,当采样间隔足够小时,这些离散采样点就可以近似为连续信号。MATLAB可通过创建向量产生一维信号,创建矩阵产生二维信号,创建矩阵阵列产生三维信号。向量可以表示以时间为变量的信号,比如语音信号,而矩阵可以表示图像信号。通过MATLAB的图形函数,可将生成的信号直观地展示出来。

通过调用MATLAB提供的数学函数,经数值计算可产生自定义的信号。例如,生成门信号 $f(t)=G_2(t)$,MATLAB程序如下:

```
%生成门信号
t = -2:0.01:2;                                  %建立时间序列
f = heaviside(t+1) - heaviside (t-1);           %生成门信号
plot(t,f);                                      %绘制信号波形
axis([-1.5 1.5 -0.5 1.5]);                      %限定图形坐标显示范围
xlabel('t');                                    %横坐标标注
ylabel('G2(t)');                                %纵坐标标注
```

上述程序中,调用MATLAB的单位阶跃函数heaviside,经延时后再叠加生成门信号,并调用plot绘制出波形,程序运行结果如图7-1所示。

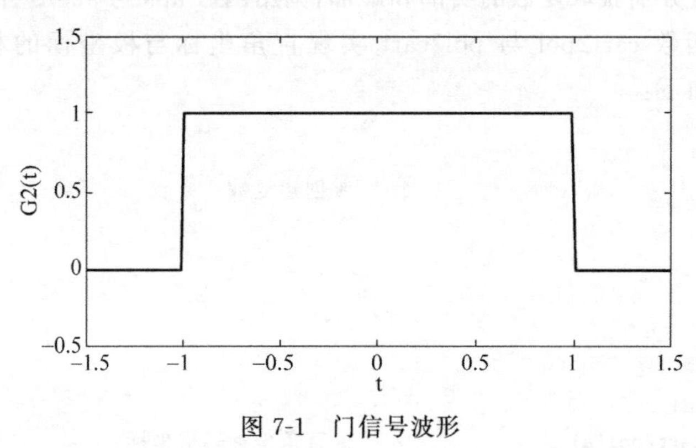

图7-1 门信号波形

在MATLAB中还可调用符号计算来生成信号。符号计算是指对未赋值的符号常数、符号变量和符号表达式进行运算和处理。在利用符号计算时,首先要调用syms定义基本的符号对象,再按照与数值计算相同的运算法则进行计算。

例如,用符号计算生成 $f(t)=G_2(t)$ 的积分函数,MATLAB程序如下:

```
%门信号积分
```

```
syms t                                          % 定义符号变量
f = heaviside(t + 1) - heaviside (t - 1);       % 生成门信号
z = int(f);                                     % 求信号积分
fplot(z);                                       % 绘制信号波形
axis([ - 1.5 1.5  - 0.5 2.5]);                  % 限定图形坐标范围
xlabel('t');ylabel('G2(t)的积分');
```

上述程序中，由符号计算生成门信号，调用 int 函数对信号求积分，调用 fplot 函数绘制积分信号的波形。

运行程序后，结果如图 7-2 所示。

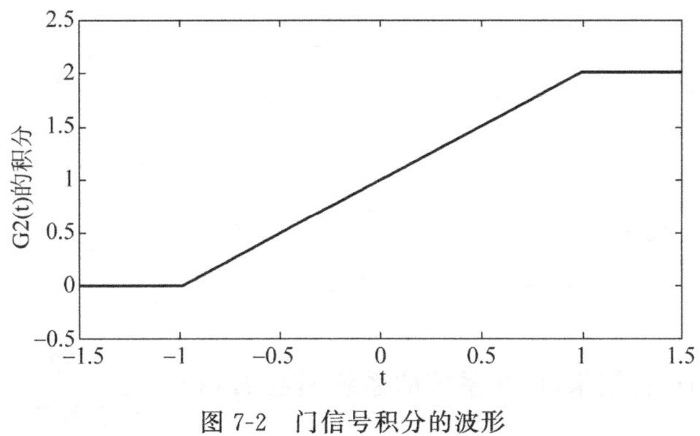

图 7-2　门信号积分的波形

3. 系统分析

MATLAB 作为一种高级矩阵编程语言，也是系统分析的利器。对系统进行仿真分析的首要工作是系统建模。在连续时间系统中，常用系统函数 $H(s)$来分析系统的特性，相比于微分方程，其提供的信息更为直观。系统函数分母多项式的根是系统的极点，分子多项式的根为系统的零点。通过系统零、极点可以分析系统的稳定性等特性。利用 MATLAB 可较为方便地求解系统的零极点。

通过 MATLAB 可将微分方程、系统函数以及零极点相互求解。MATLAB 的 tf 函数可由系统的微分方程得到系统函数，其常用调用格式为 sys＝tf(num,den)，其中 num 和 den 分别为系统微分方程的输入多项式和输出多项式的系数向量。pzmap 函数用于系统的零极点求解和绘制零极点图，其中零极点求解的调用格式为[p,z]＝pzmap(num,den)，而绘制零极点图的调用格式为 pzmap(num,den)。此外，调用 impulse 函数可求解连续系统的单位冲激响应。

例如，已知某连续时间系统的微分方程为

$$\frac{\mathrm{d}^2 r(t)}{\mathrm{d}t^2}+4\frac{\mathrm{d}r(t)}{\mathrm{d}t}+5r(t)=\frac{\mathrm{d}e(t)}{\mathrm{d}t}+3e(t) \tag{7.1-1}$$

求该系统的系统函数 $H(s)$、零极点、绘制零极点图和单位冲激响应的 MATLAB 程序如下：

```
%求解系统的系统函数
```

```
num = [1 3];
den = [1 4 5];
H = tf(num,den)
%求解零极点
[p,z] = pzmap(num,den)
%绘制零极点图
subplot(121),pzmap(num,den);
%求解单位冲激响应
subplot(122),impulse(num,den);
```

程序运行结果为

```
H =
      s + 3
  -------------
  s^2 + 4 s + 5
p =
   - 2.0000 + 1.0000i
   - 2.0000 - 1.0000i
z =
    - 3
```

由上述程序的运行结果,可知系统的系统函数 $H(s)=\dfrac{s+3}{s^2+4s+5}$,极点为 $-2+\mathrm{j}$ 和 $-2-\mathrm{j}$,零点为 -3,零极点图如图 7-3(a)所示。

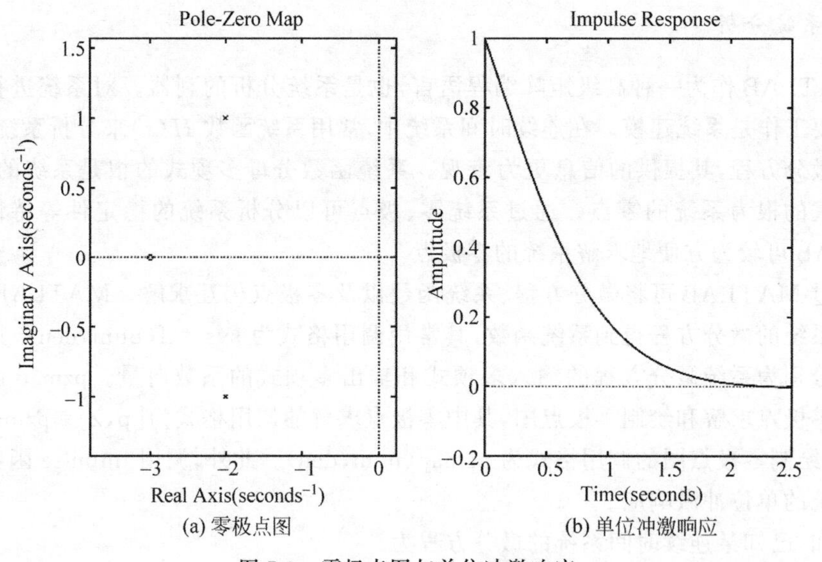

(a) 零极点图　　(b) 单位冲激响应

图 7-3　零极点图与单位冲激响应

7.1.2　Simulink 简介

Simulink 是 Simu(仿真)和 Link(连接)两个词的组合,它是一个基于模型的系统设计与仿真工具。Simulink针对信号处理、通信、控制、视频处理和图像处理等各类系统，提供了交互式图形化环境和可定制的模块库，来对系统进行设计、仿真、执行和测试。本节主要从Simulink的模块库、模型参数设置和仿真参数设置三个方面，介绍通过Simulink进行信号处理与系统建模的基础知识。

1. Simulink模块库

Simulink是利用框图编程的系统仿真软件，并提供了各类系统建模模块，其模块可分为两大类，一是Simulink基本模块，主要包括常用模块库、连续函数模块库、离散函数模块库、信号源模块库、数学模块库、数据输出显示模块库、逻辑控制器模块库、查表模块库和用户自定义模块等；二是相关领域的应用模块，主要包括通信模块库、数字信号处理模块库、系统识别模块库、神经网络模块库、模糊逻辑模块库等。用户可根据实际问题背景与模型需要，选择不同的模块进行设计与仿真。

通过Simulink的库浏览器便可从庞大的模块库中快速查询到所需模块，将选取的模块拖至Simulink的模型编辑框中，即可建立从非常简单的系统模型到相对复杂的系统模型。

例如，建立直流信号$K=2$与正弦信号$f(t)=\sin 10\pi t\,(0\leqslant t\leqslant 5)$相加的仿真模型时，可在模块库中选择Sine Wave模块、Constant模块、Sum模块和Scope模块（示波器模块）拖入模型编辑框，根据运算关系连接各模块的输入输出，如图7-4所示。

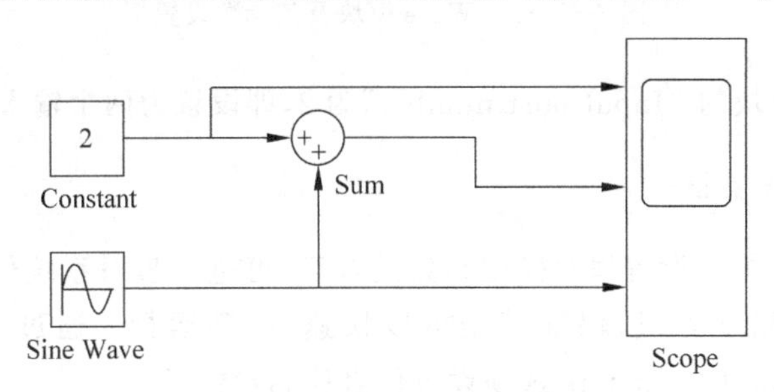

图7-4 信号相加的Simulink模型

2. 模块参数设置

通过Simulink模块库建立系统仿真模型后，则需要根据对模块功能的需求设置各个模块的参数值。

如图7-5(a)所示的Sine Wave模块，其参数设置框如图7-5(b)所示。通过参数设置框上部的模块说明可知，此模块可生成以下形式的正弦信号

$$f(t)=\text{Amp}\cdot\sin(\text{Freq}\cdot t+\text{Phase})+\text{Bias}$$

其中，Amp为正弦信号的振幅；Freq为正弦信号的频率；Phase为正弦信号的初相位；Bias为正弦信号的幅度偏移量。具体参数可以在参数设置框下部进行设置。

建立信号相加模型后，根据直流信号和正弦信号的参数，可设置常量模块的“Constant value”为2，正弦信号发生器模块的“Amplitude”与“Frequency”分别设置为1

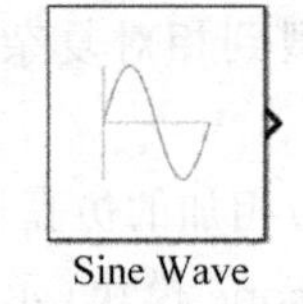

(a) Sine Wave模块

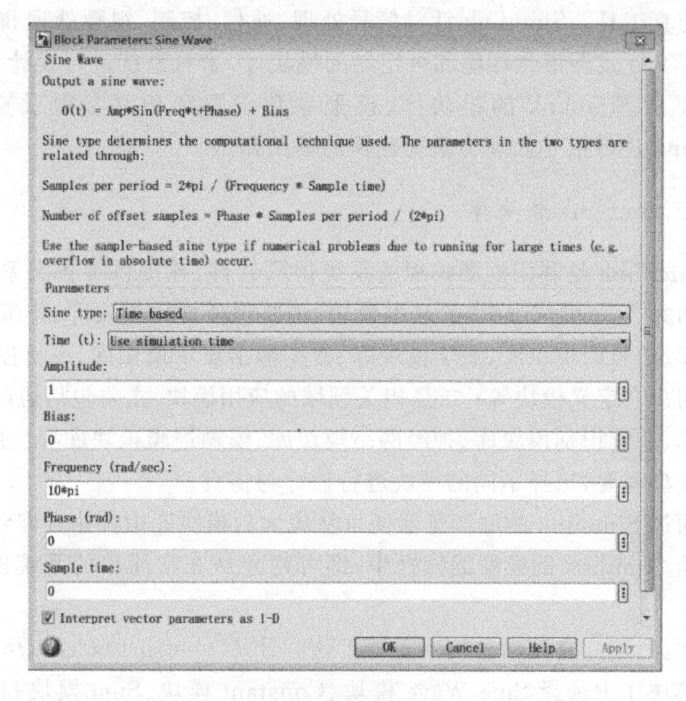

(b) Sine Wave模块参数设置框

图 7-5　Sine Wave 模块及其参数设置框

与 10 * pi，Scope 模块的“Input port number”为 2，即设置为两个输入端口。

3. 仿真参数设置框

通过 Simulink 模块设置框对模型参数设置后，可进一步对系统仿真参数设置，例如步长、采样间隔和精度等，以保证模型可以快速、准确运行。通过 Simulation 菜单下 Model Configuration Parameters 选项设置仿真控制参数。

Solver 是在仿真时用于计算模型状态的求解器，它也是 Simulink 设置仿真参数的第一步，其参数主要有：

(1) Simulation time。包括 Star time 与 Stop time，分别表示仿真的起始时间与结束时间，以秒为单位，默认值分别为 0.0 与 10.0。根据本节仿真模型中正弦信号的区间，设置 Star time 为 0，Stop time 为 5。

(2) Solver selection/detail。包括 Type 与 Solver，分别表示求解器的类型和具体的求解器，其中 Type 可设置为固定步长和变化步长，Solver 可设置为 auto、discrete 等。当 Type 为变化步长，Solver 为 auto，并设置 Solver detail 中最大时间步长为 0.002s 时，程序运行后，仿真结果如图 7-6 所示。因正弦信号 $f(t)=\sin 10\pi t$ 的周期为 0.2，此时每个周期采样点为 100 个。

Simulink 在信号与系统的建模仿真中，主要有以下几个优点：

(1) 内置丰富的可扩充预定义模块库，可满足各类信号的生成与系统建模仿真的

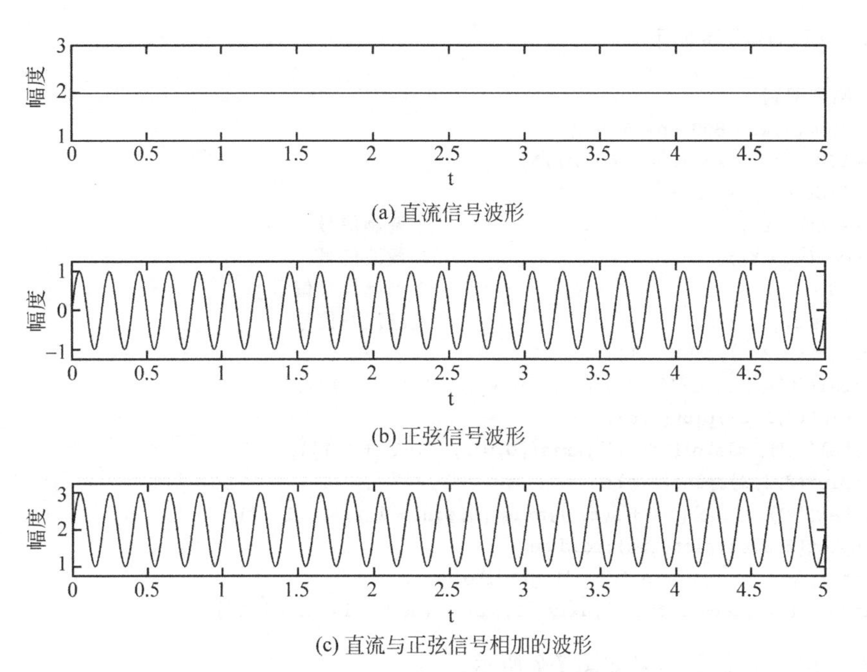

(a) 直流信号波形

(b) 正弦信号波形

(c) 直流与正弦信号相加的波形

图 7-6 设置最大步长为 0.002s 的仿真结果

需要。

(2) 利用交互式的图形编辑器直观地选取模块。Simulink 为用户提供了采用方框图进行系统建模的图形接口,此种方法设计系统与传统软件用的微分方程和差分方程相比,更直观、简单、灵活。

(3) 根据设计功能的层次性分割模型,便于复杂设计的管理。Simulink 在对复杂系统模型设计时,可根据需要将部分模块组合起来构成子系统,进而减少模型块数,提高模型可读性,使系统模型具有层次性。

(4) 通过图形化的调试器检查仿真结果,诊断设计的性能和异常行为。

7.2 连续时间信号与系统时域分析仿真

7.2.1 连续信号相加与相乘

信号的相加或相乘是指两信号在同一时刻的幅度值相加或相乘,进而可产生一个新的信号。在无线电通信和广播中应用较多的幅度调制就可以通过将调制信号与直流相加,再与载波信号相乘来实现。

根据 3.8.1 节幅度调制的相关内容,将调制信号 $f(t)$叠加一个直流偏量 A_0 后,再与载波 $\cos\omega_0 t$ 相乘,即可得到调幅(AM)信号,即

$$s(t)=[A_0+f(t)]\cos\omega_0 t$$

假设调制信号的频率 $\omega=20\pi\text{rad/s}$,载波信号的频率 $\omega_0=800\pi\text{rad/s}$,直流偏置 $A_0=$

4,则 MATLAB 程序如下：

```
% 幅度调制
w = 20 * pi;wc = 800 * pi;A0 = 4;
N = 1000; win = 4 * pi/w; dt = win/N;
t = 0:dt:win;
f = sin(w * t);                                    % 调制信号
c = cos(wc * t);                                   % 载波信号
p = A0 + f;                                        % 调制信号偏置
s = p. * c;                                        % 已调制信号
subplot(2,2,1);plot(t,f);
xlabel('t');ylabel('f(t)');axis([0,win, - 1.1, + 1.1]);
subplot(2,2,2);plot(t,c);
xlabel('t'); ylabel('c(t)');axis([0,win, - 1.1, + 1.1]);
subplot(2,2,3);plot(t,p);
xlabel('t');ylabel('A0 + f(t)');axis([0,win, - 1.1,A0 + 1.1]);
subplot(2,2,4);plot(t,s);hold on
plot(t, p,'r-- ',t, - p,'r-- ');grid;hold off
xlabel('t');ylabel('s(t)');axis([0,win, - (A0 + 1.1),A0 + 1.1]);
```

程序运行后，仿真结果如图 7-7 所示。

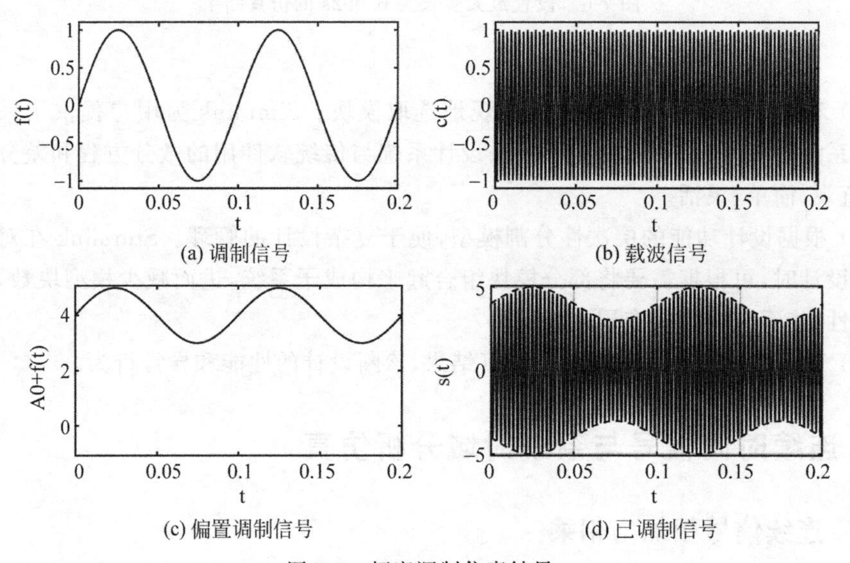

(a) 调制信号　(b) 载波信号

(c) 偏置调制信号　(d) 已调制信号

图 7-7　幅度调制仿真结果

由仿真结果可见，因调幅偏置为常数，调制信号与其相加后，波形沿纵轴上移 4 个单位得到了偏置调制信号，如图 7-7(c)所示。图 7-7(d)中虚线为已调信号的包络线，其波形与调制信号一致。因此在信号接收端，通过解调系统筛选出包络信号波形，即可从已调制信号中恢复出原信号。

7.2.2 *RC* 电路的零状态响应

零状态响应是电路在初始状态(初始储能)为零时,仅由外加激励所产生的响应。本节通过 MATLAB 求解一阶 *RC* 电路的零状态响应,并讨论参数 *R* 和 *C* 变化对零状态响应的影响。

如图 7-8 所示电路,设电压源 $v_S(t)=10[u(t-5)-u(t-10)]$V。

假设开关在 $t<0$ 时处于断开状态,且电容无初始储能,在 $t=0$ 时开关闭合。当 $t>0$ 时,可列得电路的微分方程为

$$\frac{\mathrm{d}v_C(t)}{\mathrm{d}t}+\frac{1}{RC}v_C(t)=\frac{1}{RC}v_S(t) \quad (7.2\text{-}1)$$

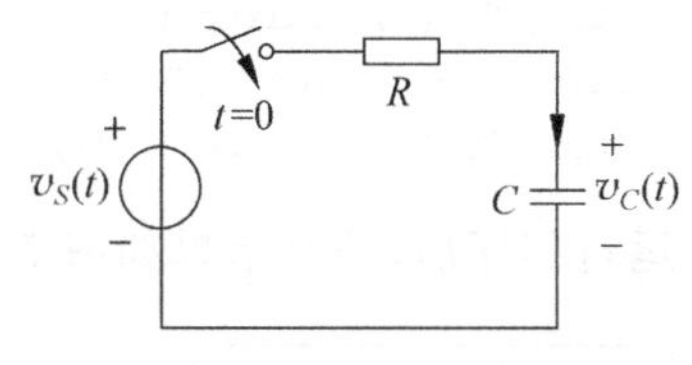

图 7-8 *RC* 串联电路

求解电路的系统函数与零状态响应可调用 MATLAB 的 tf 函数与 lsim 函数。tf 函数的调用格式为 tf(num,den),num 表示系统方程输出多项式的系数向量,den 表示系统方程输入多项式的系数向量;lsim 函数调用格式为 lsim(sys, f,t),sys 表示系统的微分方程系数,f 表示输入信号,t 表示对应的时间序列。为讨论 *R*、*C* 的数值对零状态响应的影响,可选取 5 组电阻电容值,分别为 $R_1=2\Omega$,$C_1=0.04\text{F}$;$R_2=2\Omega$,$C_2=0.4\text{F}$;$R_3=2\Omega$,$C_3=4\text{F}$;$R_4=8\Omega$,$C_4=0.04\text{F}$;$R_5=20\Omega$,$C_5=0.04\text{F}$。

求解 $t>0$ 时 *RC* 电路零状态响应的 MATLAB 具体程序如下:

```
%RC 电路零状态响应的求解
ks = 10;
R1 = 2;C1 = 0.04;
R2 = 2;C2 = 0.4;
R3 = 2;C3 = 4;
R4 = 8;C4 = 0.04;
R5 = 20;C5 = 0.04;
ts = 0;te = 10;t1 = 5;dt = 0.001;
t = ts:dt:te;
N = length(t);
n1 = floor((t1 - ts)/dt);
sys1 = tf([1],[R1 * C1 1]);                     %RC 电路的系统函数
sys2 = tf([1],[R2 * C2 1]);
sys3 = tf([1],[R3 * C3 1]);
sys4 = tf([1],[R4 * C4 1]);
sys5 = tf([1],[R5 * C5 1]);
Us = ks * [zeros(1,n1 - 1),ones(1,N - n1 - 1)]; %RC 电路输入
Uc1 = lsim(sys1,Us,t);                          %RC 电路零状态响应
Uc2 = lsim(sys2,Us,t);
Uc3 = lsim(sys3,Us,t);
Uc4 = lsim(sys4,Us,t);
Uc5 = lsim(sys5,Us,t);
```

```
subplot(2,3,1);stairs(t,Us);                    %绘制方波信号波形
ylabel('Us(t)');xlabel('t');title('输入信号'); axis([0 10 -1 11]);
subplot(2,3,2);plot(t,Uc1);
ylabel('Uc1(t)');xlabel('t');title('R=2,C=0.04');axis([0 10 -1 11]);
subplot(2,3,3);plot(t,Uc2);
ylabel('Uc2(t)');xlabel('t');title('R=2,C=0.4');axis([0 10 -1 11]);
subplot(2,3,4);plot(t,Uc3);
ylabel('Uc3(t)');xlabel('t');title('R=2,C=4');axis([0 10 -1 11]);
subplot(2,3,5);plot(t,Uc4);
ylabel('Uc4(t)');xlabel('t');title('R=8,C=0.04');axis([0 10 -1 11]);
subplot(2,3,6);plot(t,Uc5);
ylabel('Uc5(t)');xlabel('t');title('R=20,C=0.04');axis([0 10 -1 11]);
```

运行程序后，仿真结果如图 7-9 所示。

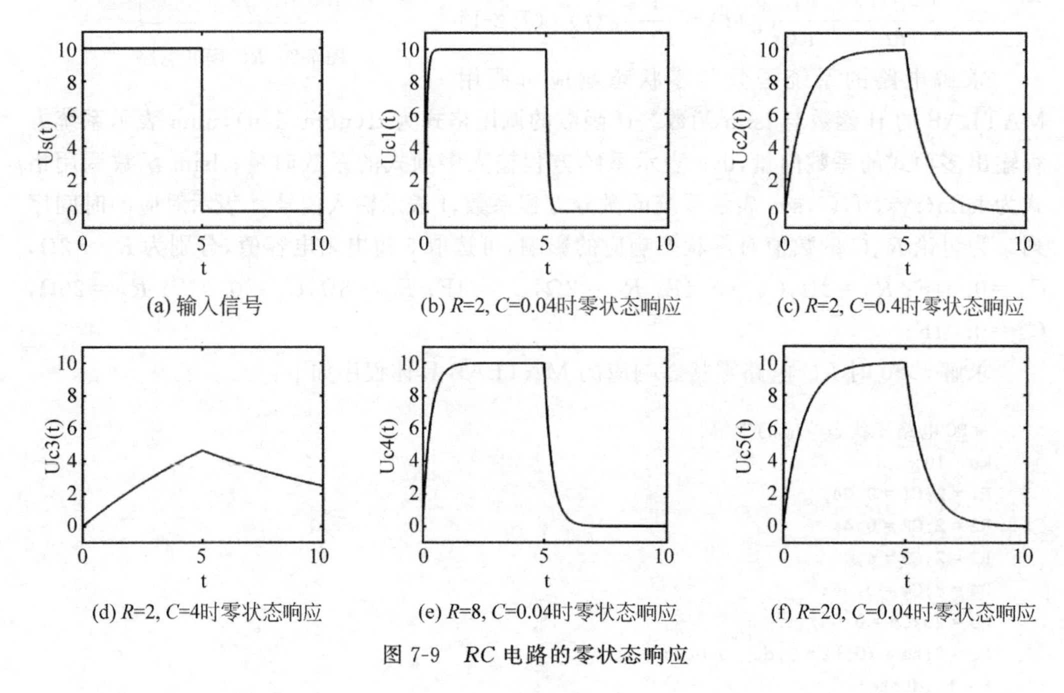

图 7-9 *RC* 电路的零状态响应

如图 7-9 的仿真结果所示，0～5 的时间范围内，输入信号幅度为 10，电路的零状态响应 $v_C(t)$从零时刻开始，逐渐上升直至稳态值；而从 5 时刻开始，输入信号幅度为 0，则 $v_C(t)$由稳态值逐渐衰减至零。当 R 值不变，随着 C 值取值增大，RC 电路 $v_C(t)$递增和衰减的时间越长。当 C 值不变，随着 R 取值增大，$v_C(t)$递增至稳态和衰减至零的时间也越长。

图 7-8 所示的 RC 电路在方波信号作用下，电容输出电压 $v_C(t)$的递增和衰减，其实是电容的充电和放电的过程。可以看出，R 值或 C 值越大，充电和放电时间越长。此外，电容的输出电压在输入信号跳变的时刻没有发生跃变，而是连续变化。

7.2.3 双音多频信号

双音多频(Dual-tone multifrequency,DTMF)是由贝尔实验室开发的一种用高、低两个频率的信号合成电话拨号音的信令表示方法,其频率组合方式如表 7-1 所示。DTMF 是从表中的高频组和低频组各选取一个频率,可生成 12 种组合,表示 12 个电话按键信号。比如按键 1 的电话拨号音是由频率为 1209Hz 与 697Hz 的两个信号合成,而按键 9 的电话拨号音是由频率为 1447Hz 与 852Hz 的两个信号合成。

表 7-1 DTMF 信号频率与拨号按键对应表

低 频 组	高 频 组		
	1209Hz	1336Hz	1447Hz
697Hz	1	2	3
770Hz	4	5	6
852Hz	7	8	9
941Hz	*	0	#

根据国际电报电话咨询委员会的建议,DTMF 的编码定义式为

$$f(t)=K_1\sin(2\pi f_1 t)+K_2\sin(2\pi f_2 t) \tag{7.2-2}$$

其中,f_1 和 f_2 分别表示低频和高频,且 $0.7<\frac{K_1}{K_2}<0.9$,频率 f_1 和 f_2 的误差要小于 1.5%。根据式(7.2-2)选择高频正弦信号与低频正弦信号相加,即可生成 DTMF 信号。

通过 Simulink 生成 DTMF 信号的仿真模型时,利用正弦信号发生器产生低频组信号和高频组信号,从高频组与低频组中各选取一个信号,再利用加法器将两者相加即可生成 DTMF 信号,最后利用 Scope 模块显示信号波形。图 7-10 给出了产生“#”键 DTMF 信号的仿真模型,即选择低频组 941Hz 与高频组 1447Hz 的正弦信号输入加法器叠加,并设式(7.2-2)中 $K_1=4$,$K_2=5$。

运行 Simulink 仿真模型后,仿真结果如图 7-11 所示,图(c)即为“#”键的时域波形。选取不同的频率组合,即可获得其他按键的信号波形。

7.2.4 *RLC* 电路的线性和时不变性

RLC 串联电路是由电容、电感和电阻串联组成的电路,如图 7-12 所示,其多应用于电子谐波振荡器、带通或带阻滤波器等电路中。本节通过 Simulink 仿真零状态条件下 *RLC* 串联电路的线性和时不变性。

假设电路中的开关在 $t<0$ 时一直处于断开状态,且电容和电感无初始储能,其中电阻 $R=5\Omega$,电容 $C=0.5\text{F}$,电感 $L=1\text{H}$。电压 $v_S(t)$ 为输入,电流 $i(t)$ 为输出。在 $t=0$ 时开关闭合,则 $t>0$ 时,电路的数学模型为

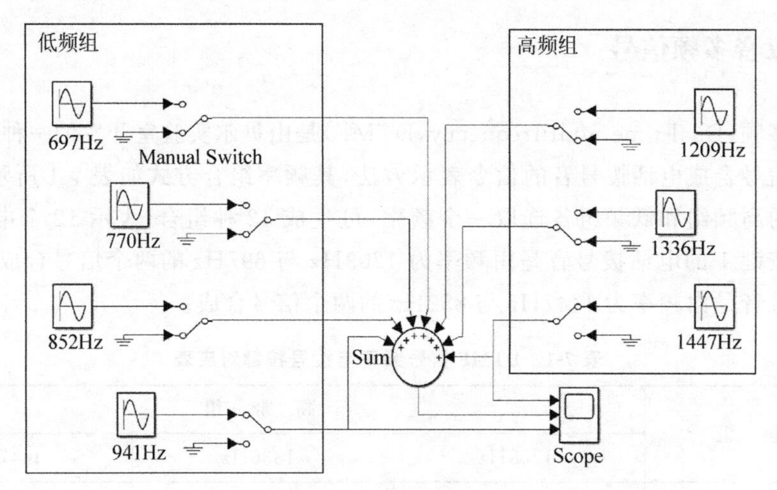

图 7-10　Simulink 合成 DTMF 信号仿真图

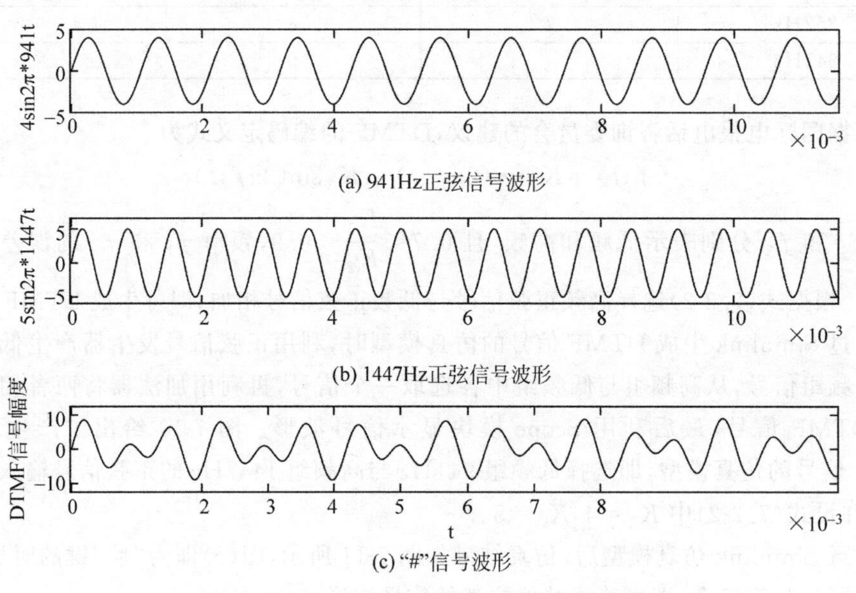

图 7-11　Simulink 生成"＃"DTMF 信号波形

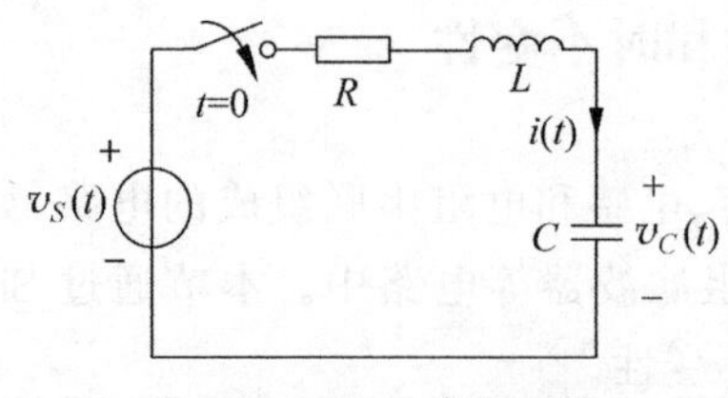

图 7-12　*RLC* 串联电路

$$\frac{d^2 i(t)}{dt^2}+5\frac{di(t)}{dt}+2i(t)=\frac{dv_S(t)}{dt} \tag{7.2-3}$$

根据式(7.2-3),建立此 *RLC* 电路的 Simulink 仿真模型,如图 7-13(a)所示,其中调用了积分模块、比例模块和加法器模块。Simulink 可以将此模型生成为一个子系统方便调用,如图 7-13(b)所示。

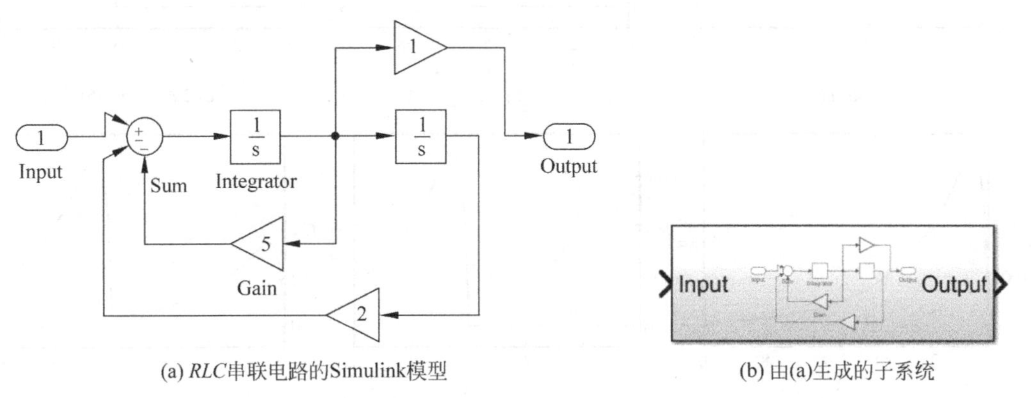

(a) *RLC*串联电路的Simulink模型　　(b) 由(a)生成的子系统

图 7-13　*RLC* 串联电路的 Simulink 仿真图及其子系统图

图 7-14 为建立验证 *RLC* 串联电路 LTI 性的仿真模型。在此模型中,通过 step 模块生成 $u(t)$与 $u(t-6)$分别作为两个子系统的输入,再利用 Gain 模块和 Add 模块生成 $2u(t)+4u(t-6)$输入到第三个子系统中,最后调用 Scope 模块显示三个子系统的输入和输出波形。

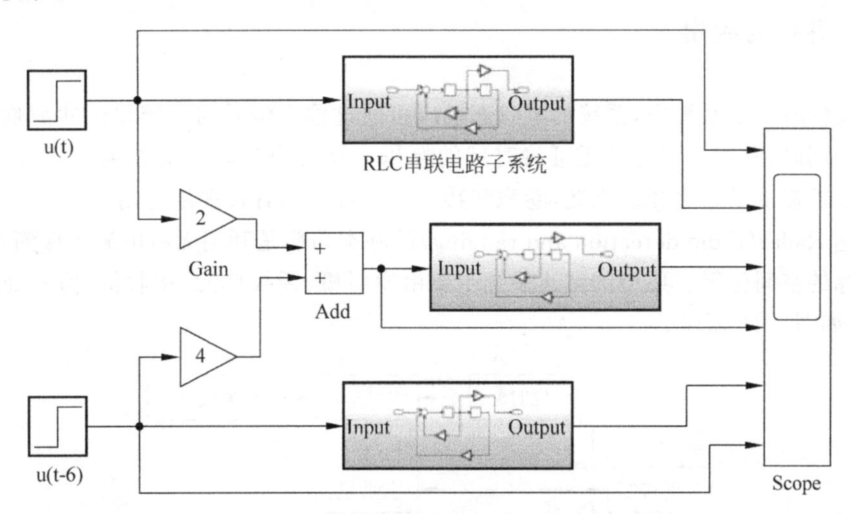

图 7-14　*RLC* 串联电路 LTI 性仿真模型

运行此模型后,仿真结果如图 7-15 所示。

图 7-15(a)和(b)是信号 $u(t)$和 $u(t-6)$的波形,图 7-15(d)和(e)是它们分别通过系统所产生的响应,可以看出 $u(t-6)$的响应是将 $u(t)$的响应右移了 6 个单位,此仿真结果显示了图 7-12 电路具有时不变性。图 7-15(c)和(f)分别是信号 $2u(t)+4u(t-6)$及其

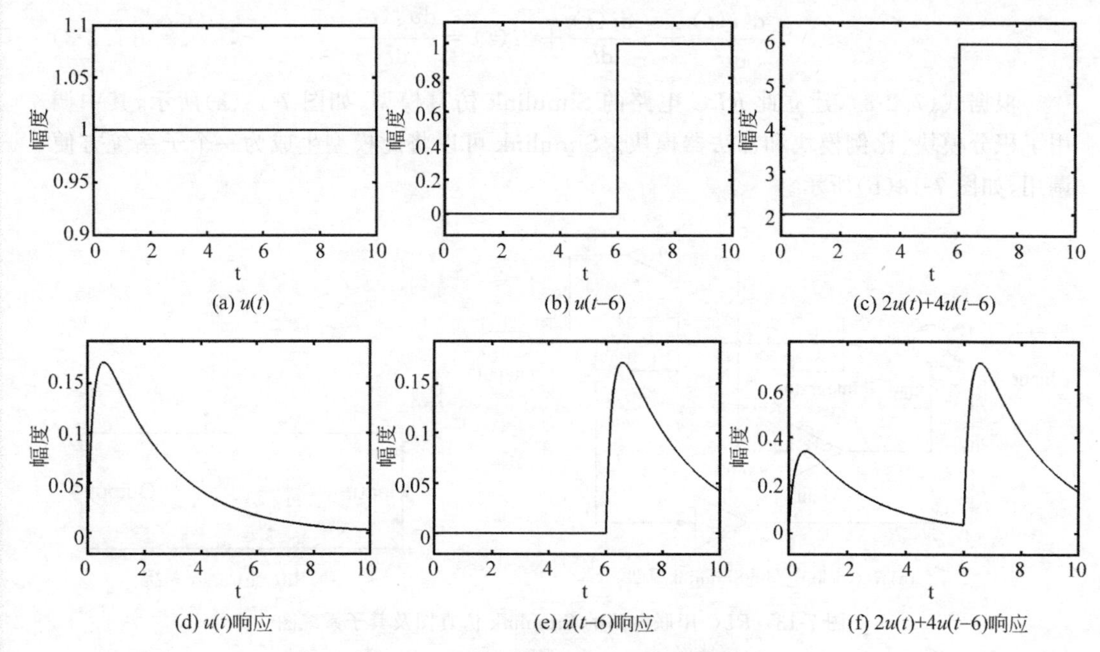

图 7-15　*RLC* 串联电路 LTI 性仿真结果

通过系统响应的波形，可以看出响应波形是将 $u(t)$ 响应的幅度放大 2 倍，再与 $u(t-6)$ 响应的幅度放大 4 倍后相加，故该电路具有线性。

7.2.5　卷积的应用

在线性时不变系统中，系统的零状态响应可通过输入信号与系统单位冲激响应的卷积求得。同时，利用卷积定理还可将时域的卷积运算转换为频域的相乘，为系统响应的求解与分析提供了新途径。因此，卷积在数学和工程中都有较多的应用。

雷达 Radar(radio detection and ranging)的基本功能是利用无线电波来探测目标，并测定目标的空间位置。典型的雷达系统主要由发射机、天线单元、接收机、信号处理等设备组成，如图 7-16 所示。

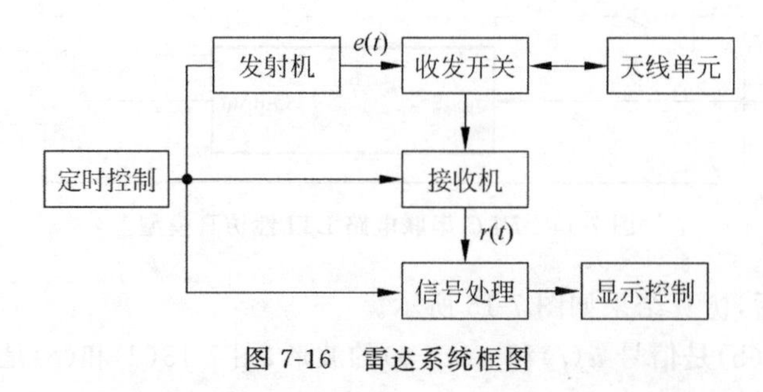

图 7-16　雷达系统框图

在此系统中，首先由雷达发射机产生发射信号 $e(t)$，经收发开关由天线单元辐射出去，遇到目标后，部分发射信号被反射，经接收机、天线单元和收发开关接收，得到雷达回波信号 $r(t)$，再对其做适当处理后，即可获得目标与雷达的距离、径向速度、方位、高度等信息。

设雷达系统是一个统线性时不变系统，则图7-16的原理图可简化为图7-17所示的等效LTI系统。

若雷达发射信号被反射回雷达时，幅度衰减系数为 k，延时 t_0，则图7-17中系统的单位冲激响应为

$$h(t)=k\delta(t-t_0) \tag{7.2-4}$$

雷达发射信号 $e(t)$ 经此LTI系统的输出信号，即回波信号 $r(t)$ 为

$$r(t)=e(t)*h(t)=ke(t-t_0) \tag{7.2-5}$$

从回波信号 $r(t)$ 中提取表征目标特性的 k（表征目标反射特性）与 t_0（表征相对距离），是获取目标空间位置信息的关键，常用匹配滤波器实现，如图7-18所示。

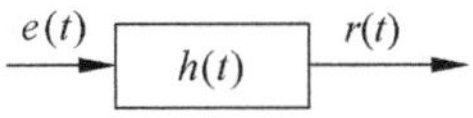

图7-17　雷达等效LTI系统

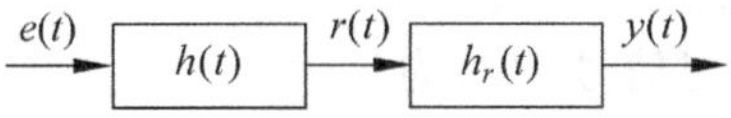

图7-18　雷达回波信号匹配滤波器

匹配滤波器的单位冲激响应为

$$h_r(t)=e(-t) \tag{7.2-6}$$

则雷达回波信号 $r(t)$ 经匹配滤波器的输出为

$$y(t)=r(t)*h_r(t)=ke(t-t_0)*e(-t) \tag{7.2-7}$$

在信号分析理论中，为了便于分析两个信号 $f_1(t)$ 与 $f_2(t)$ 波形的相似程度，定义了互相关函数为

$$R_{12}(t)=f_1(t)*f_2(-t)=\int_{-\infty}^{+\infty}f_1(\tau)f_2(\tau-t)\mathrm{d}\tau \tag{7.2-8}$$

若式(7.2-8)中 $f_1(t)=f_2(t)=f(t)$，此时相关函数称为自相关函数，表示为

$$R(t)=f(t)*f(-t)=\int_{-\infty}^{+\infty}f(\tau)f(\tau-t)\mathrm{d}\tau \tag{7.2-9}$$

设 $f(t)=\sin(t)$，则其波形和自相关函数波形如图7-19所示，可以看出在 $t=0$ 时刻相关函数取得最大值。

根据自相关函数的定义式(7.2-9)，则雷达回波信号经匹配滤波后，输出式(7.2-7)可表示为

$$\begin{aligned}y(t)&=ke(t-t_0)*e(-t)\\&=\int_{-\infty}^{+\infty}ke(\tau-t_0)e(\tau-t)\mathrm{d}\tau\\&=kR(t-t_0)\end{aligned} \tag{7.2-10}$$

可见，匹配滤波相当于对雷达发射信号 $e(t)$ 进行了自相关运算，且时移了 t_0 个单位，则自相关函数 $R(t-t_0)$ 在 $t=t_0$ 时刻取得最大值。所以，匹配滤波器输出信号取得最大值的时刻，即代表了雷达信号的延时。

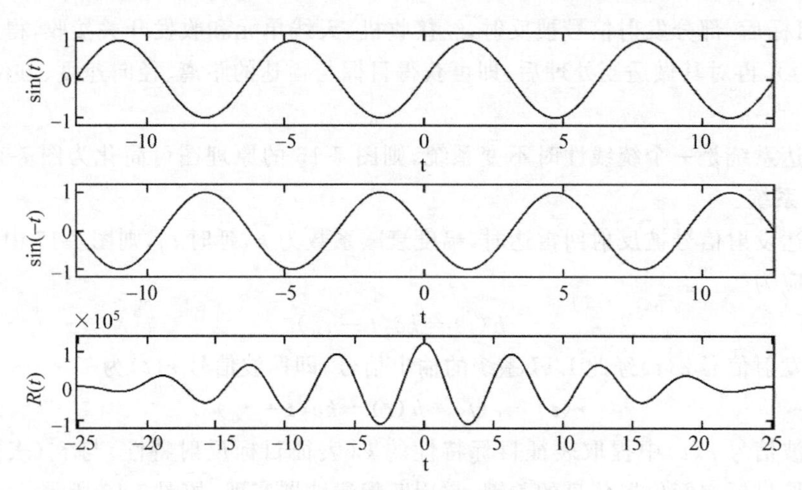

图 7-19　正弦信号的自相关函数

设雷达发射信号 $e(t)$ 为

$$e(t)=\sin(\omega_0 t)[u(t)-u(t-T_0)] \tag{7.2-11}$$

下面通过 MATLAB 仿真雷达测距，程序中雷达发射信号调用 sin 函数与 rectpuls 函数生成。设雷达接收的回波信号延时为 5，匹配滤波器的单位冲激响应调用 fliplr 函数求解，最后调用 conv 函数卷积计算雷达回波信号经匹配滤波后的输出，通过此输出信号峰值的时刻，便得到雷达信号延时。具体程序如下：

```
%雷达测距系统
T = 1;N = 20;f = 1/T;dt = T/N;nt = 4;
t0 = 5;                                   %延迟时间
k = 0.5;                                  %衰减系数
t = - nt * T:dt:nt * T + t0;
N = length(t);
w0 = 2 * pi * f;
u1 = rectpuls(t - nt * T/2,nt * T);
u2 = rectpuls(t - nt * T/2 - t0,nt * T);
x = sin(w0 * t). * u1;                    %雷达发射信号
r = k * sin(w0 * (t - t0)). * u2;         %雷达回波信号
tr = - fliplr(t);
hr = fliplr(x);                           %匹配滤波器冲激响应
y = conv(hr,r);                           %匹配滤波器输出
subplot(4,1,1); plot(t,x);
axis([ - nt * T,nt * T + t0, - 1.2,1.2]);
xlabel('t');ylabel('x(t)');
subplot(4,1,2);plot(t,r);
axis([ - nt * T,nt * T + t0, - 1.2,1.2]);
xlabel('t');ylabel('r(t)');
subplot(4,1,3);plot(tr,hr);
axis([min(tr),max(r), - 1.2,1.2]);
xlabel('t');ylabel('hr(t)');
```

```
subplot(4,1,4);
tc = - 2 * nt * T - t0:dt:2 * nt * T + t0;
plot(tc,y);
axis([min(tc),max(tc),min(y) - 2,max(y) + 2]);
xlabel('t');ylabel('y(t)');
```

程序运行后,仿真结果如图 7-20 所示。

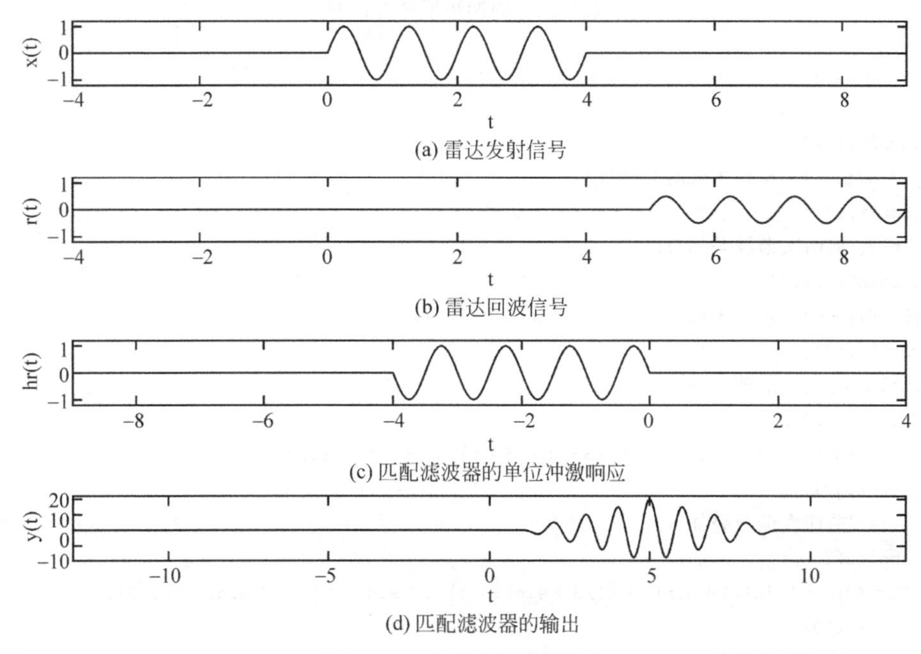

图 7-20 雷达系统测距仿真

由仿真结果可见,图 7-20(b)的雷达回波信号是图 7-20(a)发射信号延时了 5 个单位。雷达发射信号经匹配滤波后,输出信号出现了明显的峰值,其对应的时刻为 5,如图 7-20(d)所示,此时刻即为回波信号的延时,这与仿真中假设的延时一致。

7.3 连续时间信号与系统的频域分析仿真

7.3.1 傅里叶级数

根据傅里叶级数的定义,满足狄里赫利条件的周期信号,可展开为无穷多个正弦信号的叠加。例如,图 7-21 给出了周期矩形脉冲信号的波形,其傅里叶级数展开式为

$$f(t)=\sum_{n=0}^{+\infty}\frac{4}{(2n+1)\pi}\sin[(2n+1)t] \tag{7.3-1}$$

根据式(7.3-1)可以看出,周期矩形脉冲可由不同频率的正弦信号叠加而成。合成周期矩形脉冲信号的 MATLAB 程序如下:

```
%正弦信号叠加合成矩形脉冲信号
```

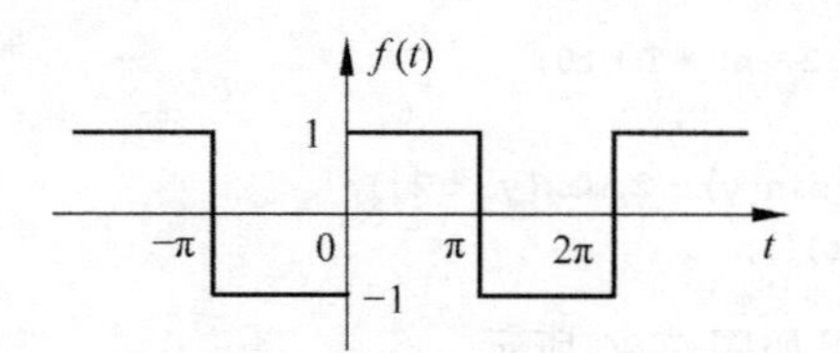

图 7-21　周期矩形脉冲信号

```
ts = 0.0001;
t = 0:ts:4 * pi;
subplot(2,2,1);
y7 = 4/pi * (sin(t) + sin(3 * t)/3);
plot(t,y7);
title('前两次谐波叠加');
subplot(2,2,2);
y8 = 4/pi * (sin(t) + sin(3 * t)/3 + sin(5 * t)/5);
plot(t,y8);
title('前三次谐波叠加');
subplot(2,2,3);
y9 = 4/pi * (sin(t) + sin(3 * t)/3 + sin(5 * t)/5 + sin(7 * t)/7);
plot(t,y9);
title('前四次谐波叠加');
subplot(2,2,4);
y10 = 4/pi * (sin(t) + sin(3 * t)/3 + sin(5 * t)/5 + sin(7 * t)/7 + sin(9 * t)/9);
plot(t,y10);
title('前五次谐波叠加');
x = zeros(size(t));
for k = 1:2:201
    x = x + 4/pi * (sin(k * t)/k);
  if k == 21|k == 61|k == 101|k == 201       % 10 次、30 次、50 次和 100 次谐波叠加
  figure,plot(t,x);
  title([num2str((k - 1)/2) '次谐波叠加']);
  end
end
```

程序运行后，结果如图 7-22 所示。仿真结果显示了正弦信号叠加过程中波形的变化。从图中明显可以看出，随着谐波次数的增加，叠加波形越来越接近周期矩形脉冲信号。

MATLAB 也可以用于分析周期矩形脉冲信号的频谱，其中矩形脉冲信号可通过调用 square 函数生成，调用 stairs 函数绘制其波形。这里利用傅里叶级数的定义式计算其傅里叶级数，调用 abs 函数绘制图 7-23 所示周期矩形脉冲信号的振幅谱。

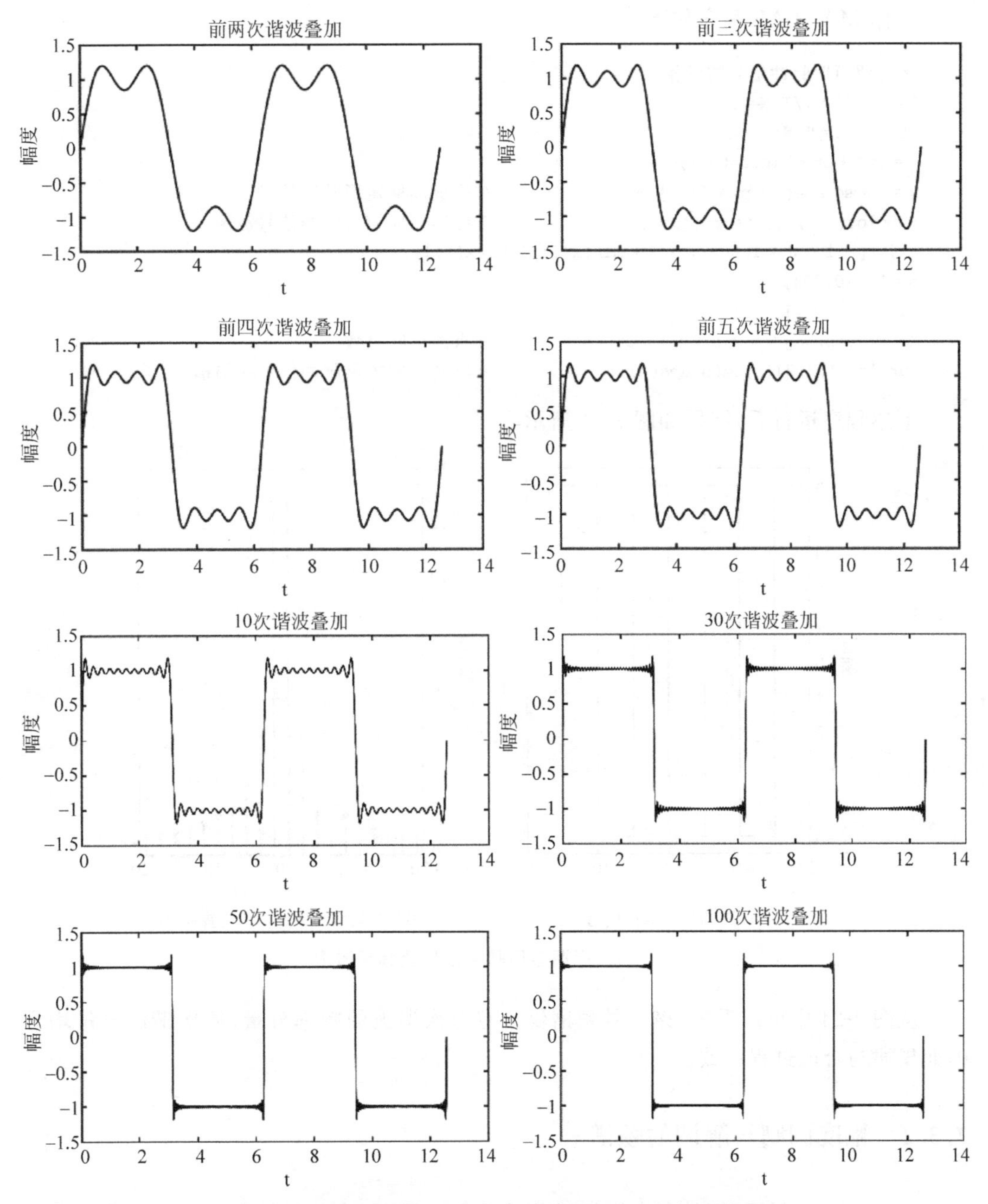

图 7-22 周期矩形脉冲信号的不同次谐波叠加仿真结果

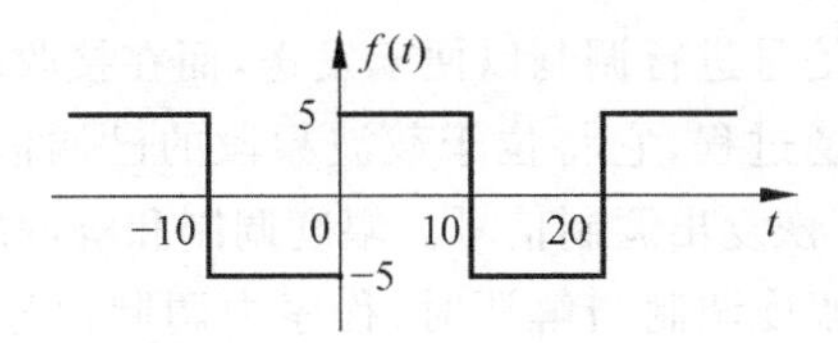

图 7-23 周期矩形脉冲信号

具体 MATLAB 程序如下：

```
%周期矩形脉冲信号的频谱
T = 10;f1 = 1/T;N = 512;
nt = 2;dt = T/N;
t = - 1 * nt * T:dt:nt * T;
x = 5 * square(2 * pi * f1 * t,50);                %生成周期矩形脉冲信号
subplot(1,2,1),stairs(t,x);                         %绘制周期矩形脉冲信号波形
axis([ - 1 * nt * T,nt * T,1.1 * min(x),1.1 * max(x)]);
n = [ - 20:20];
w1 = 2 * pi * f1;
X = x * exp( - j * t' * n * w1) * dt/T;             %求傅里叶级数
subplot(1,2,2),stem(n,abs(X));                      %绘制周期矩形脉冲信号振幅谱
```

上述程序运行后，结果如图 7-24 所示。

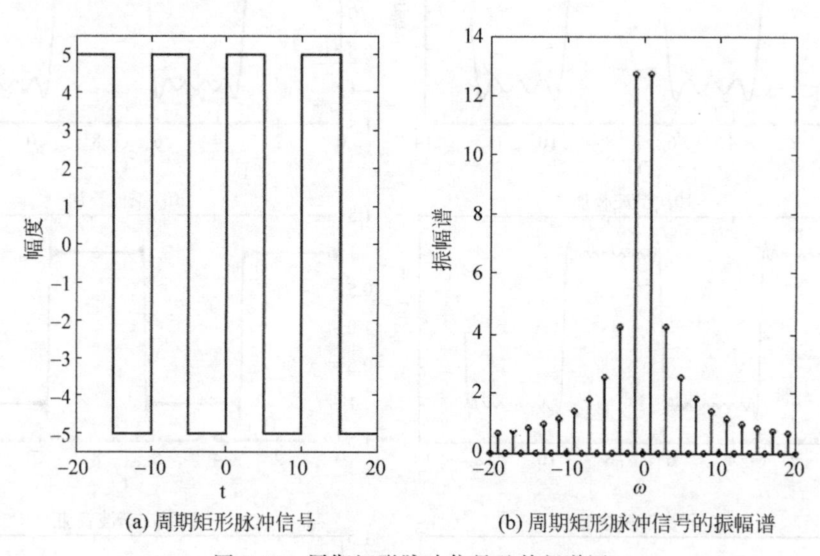

(a) 周期矩形脉冲信号　　(b) 周期矩形脉冲信号的振幅谱

图 7-24　周期矩形脉冲信号及其频谱图

从图 7-24 中可以看出，该信号频谱仅含有奇次谐波的频率分量，偶次谐波分量均为 0，此规律与合成过程一致。

7.3.2　幅度调制与解调的频谱

7.2.1 节从时域运算的角度介绍了信号的幅度调制，本节将从频率的角度分析调制解调过程中信号频谱的变化情况。

在通信系统中通常对信号进行调制以便于发送，而在接收端通过解调以完成调制信号的接收。解调是调制的逆过程，它将位于载波频段的已调信号频谱搬移至原频段，再经过低通滤波器处理，即可恢复出调制信号。幅度调制和解调的模型如图 7-25 所示。

通过 MATLAB 仿真幅度调制与解调时，程序中调制信号与载波信号分别调用 sin

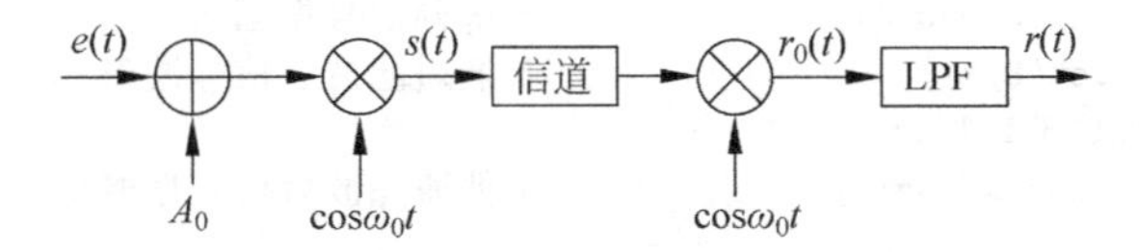

图 7-25　幅度调制与解调原理图

函数与 cos 函数产生。假设调制信号 $e(t)$的频率 $\omega_1=5\text{rad/s}$,载波信号频率 $\omega_0=50\text{rad/s}$,根据解调信号的频域特性调用 ones 函数与 zeros 函数生成一个带宽为 $2\omega_1+80$,增益为 2 的理想低通滤波器,调幅偏置 $K=0$。具体程序如下:

```
% 幅度调制与解调
w1 = 5;w0 = 50;K = 0;km = 1; kc = 1;
N = 1000; win = 4 * pi/w1; lp = 2 * w1 + 80;
t = linspace(0,win,N);
dt = win/N;
m = km * sin(w1 * t);                        % 调制信号
c = kc * cos(w0 * t);                        % 载波信号
p = K + m;                                   % 调制信号偏置
y = p. * c;                                  % 已调制信号
m0 = y. * c;                                 % 解调信号
w = linspace( - 3 * w0,3 * w0,N);            % 频率序列
M = m * exp( - j * t' * w) * dt;             % 傅里叶变换
C = c * exp( - j * t' * w) * dt;
Y = y * exp( - j * t' * w) * dt;
M0 = m0 * exp( - j * t' * w) * dt;
LPF = [zeros(1,(N - 2 * lp)/2 - 1),2 * ones(1,2 * lp + 1),zeros(1,(N - 2 * lp)/2)];
                                             % 低通滤波器振幅谱
M1 = M0. * LPF;                              % 低通滤波器滤波
dw = 2 * w0/N;
m1 = M1 * exp(j * w' * t)/pi * dw;           % 傅里叶反变换
magM = abs(M);                               % 振幅谱
magC = abs(C);
magY = abs(Y);
magM0 = abs(M0);
magM1 = abs(M1);
figure;
subplot(5,2,1);plot(t,m);                    % 调制信号波形
axis([0,win, - 1.1, + 1.1]);
subplot(5,2,2);plot(w,magM);                 % 调制信号振幅谱
subplot(5,2,3);plot(t,c);                    % 载波信号波形
axis([0,win, - 1.1, + 1.1]);
subplot(5,2,4);plot(w,magC);                 % 载波信号振幅谱
subplot(5,2,5);plot(t,y);                    % 已调制信号波形
axis([0,win, - 1.1, + 1.1]);
subplot(5,2,6);plot(w,magY);                 % 已调制信号振幅谱
subplot(5,2,7);plot(t,m0);                   % 解调信号波形
axis([0,win, - 1.1, + 1.1]);
```

```
subplot(5,2,8);plot(w,magM0);                    % 解调信号振幅谱
subplot(5,2,9);plot(t,m1);                       % 低通滤波后信号波形
axis([0,win,-1.1,+1.1]);
subplot(5,2,10);plot(w,magM1);                   % 低通滤波后信号振幅谱
```

程序运行后，仿真结果如图 7-26 所示。

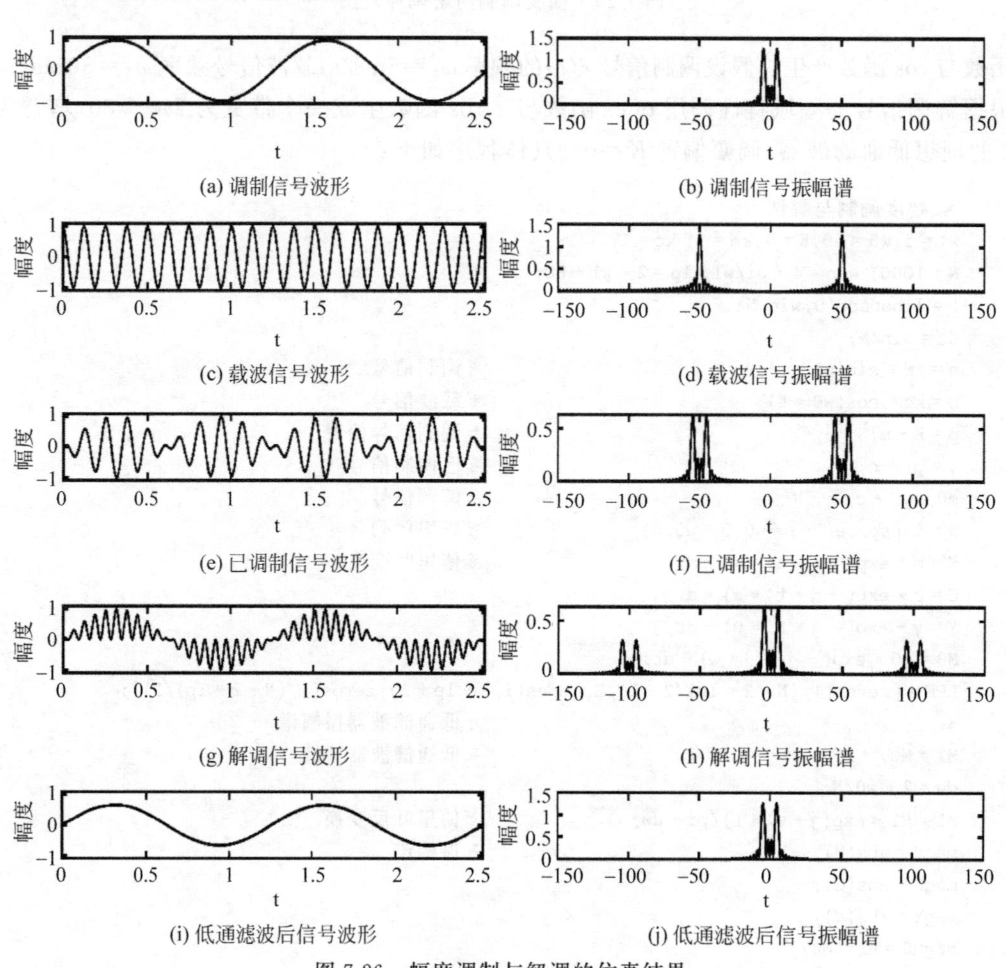

图 7-26　幅度调制与解调的仿真结果

仿真结果显示，调制信号经同频同相的载波信号调制与解调后，在解调信号的频谱中，包含了调制信号的频率分量及其频谱搬移后的频率分量，如图 7-26(h)所示。因此，要恢复出调制信号，需将其经过低通滤波器，保留低频分量，去除高频分量。从图中可以看出，在调制解调过程中调制信号的振幅降为原来 1/2，因此低通滤波器的增益设为 2，恢复信号的频谱如图 7-26(j)所示。

7.3.3　语音信号采样

通常人说话的语音信号频率为 300～3400Hz。根据奈奎斯特采样定理，当采样频率

f_s 大于或等于信号最高频率的 2 倍时，可以从采样之后的信号中恢复出原始信号。因此，一般对语音信号进行采样时，采样频率选择 8kHz。

本节分别采用 4kHz 和 2kHz 的采样频率对语音信号采样，通过 MATLAB 仿真不同采样率时，输出语音的波形与频谱。

MATLAB 程序中，调用 audioread 函数读入选定的语音信号，调用 fft 函数求解信号的傅里叶变换，调用 abs 函数计算语音信号的振幅谱。具体程序如下：

```
%语音信号采样
[x1,Fs] = audioread('demo.wav');                                %读取语音文件
N = length(x1);
delta_t = 1/(Fs-1);                                             %设置时间的间隔
t = (0:N-1) * delta_t;                                          %时间序列
subplot(321),plot(t,x1);                                        %原始语音信号的波形
title('原始语音信号');
xlabel('时间/s');ylabel('幅度');
y1 = fft(x1);                                                   %傅里叶变换
delta_Fs = Fs/(N-1);                                            %设置频谱的间隔
f = (0:N-1) * delta_Fs;                                         %频率序列
subplot(322),plot(f,abs(y1));                                   %原始语音信号的频谱图
title('原始语音信号的频谱');grid on;
xlabel('频率/Hz');ylabel('幅度谱');
Fs2 = 4000; xx1 = x1(1:2:end); N2 = length(xx1);                % 4kHz 采样
Fs3 = 2000; xx2 = x1(1:4:end); N3 = length(xx2);                % 2kHz 采样
delta_t2 = 1/(Fs2-1);
delta_t3 = 1/(Fs3-1);
t2 = (0:N2-1) * delta_t2;
t3 = (0:N3-1) * delta_t3;
subplot(323),plot(t2,xx1);
title('4kHz 采样语音信号'); xlabel('时间/s');ylabel('幅度');
y2 = fft(xx1);                                                  %傅里叶变换
y3 = fft(xx2);
delta_Fs2 = Fs2/(N2-1);
f2 = (0:N2-1) * delta_Fs2;
delta_Fs3 = Fs3/(N3-1)
f3 = (0:N3-1) * delta_Fs3;
subplot(324),plot(f2,abs(y2));
title('4kHz 采样语音信号的频谱');
xlabel('频率/Hz');ylabel('幅度谱');
subplot(325),plot(t3,xx2);
title('2kHz 采样语音信号');
xlabel('时间/s');ylabel('幅度');
subplot(326),plot(f3,abs(y3));
title('2kHz 采样语音信号的频谱');
xlabel('频率/Hz');ylabel('幅度谱');
```

程序运行后的仿真结果，如图 7-27 所示。

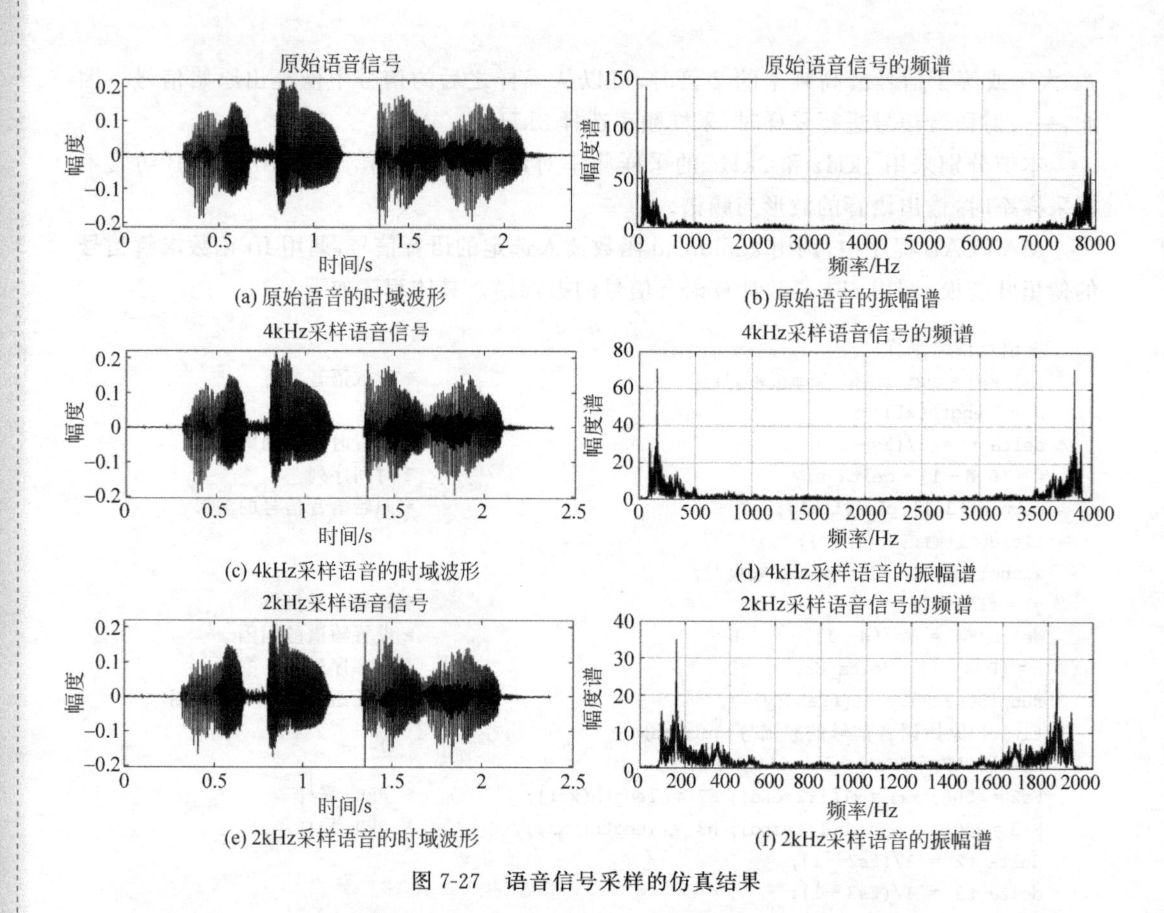

(a) 原始语音的时域波形　(b) 原始语音的振幅谱

(c) 4kHz采样语音的时域波形　(d) 4kHz采样语音的振幅谱

(e) 2kHz采样语音的时域波形　(f) 2kHz采样语音的振幅谱

图 7-27　语音信号采样的仿真结果

根据图 7-27 的仿真结果可以看出，当采样率低于 8kHz，信号的频谱出现了混叠，且采样频率越低，信号频谱混叠越严重。

7.3.4　滤波器应用

滤波器是一种可筛选出需要的频率分量，抑制不需要频率分量的系统。根据筛选出的频率分量不同，滤波器可分为低通滤波器、高通滤波器、带通滤波器和带阻滤波器，关于四种滤波器的特性在本书 3.4.6 节已介绍。

7.2.3 节中介绍电话拨号的原理，按键信号发送至交换机，需要经过 DTMF 译码后识别出要呼叫用户的电话号码。DTMF 译码是其编码的逆过程，即将 DTMF 编码后按键信号中的高频分量和低频分量检测出来，再根据信号频率与拨号按键对应表即可识别号码。而要筛选出信号的频率分量，则需要借助滤波器来实现。图 7-28 为利用 Simulink 建立的解码仿真模型，此处需要解码的号码为“2”。

从图 7-28 所示模型可以看出，信号解码模型是由低频分量滤波器组和高频分量滤波器组两部分组成。其中，高频分量滤波器组是由 1 个高通滤波器（截止频率 1000Hz）和 3 个并联的带通滤波器（中心频率分别为 1209 Hz、1336Hz 和 1477Hz）组成，低频分量滤波器组是由 1 个低通滤波器（截止频率 1000Hz）和 4 个并联的带通滤波器（中心频率分别为 697Hz、770Hz、852Hz 和 941Hz)组成。本节要仿真“2”的 DTMF 信号解码，在编码模型中由低频组的 697Hz 与高频组的 1336H 正弦信号叠加生成。

运行模型后，仿真结果如图 7-29 和图 7-30 所示。

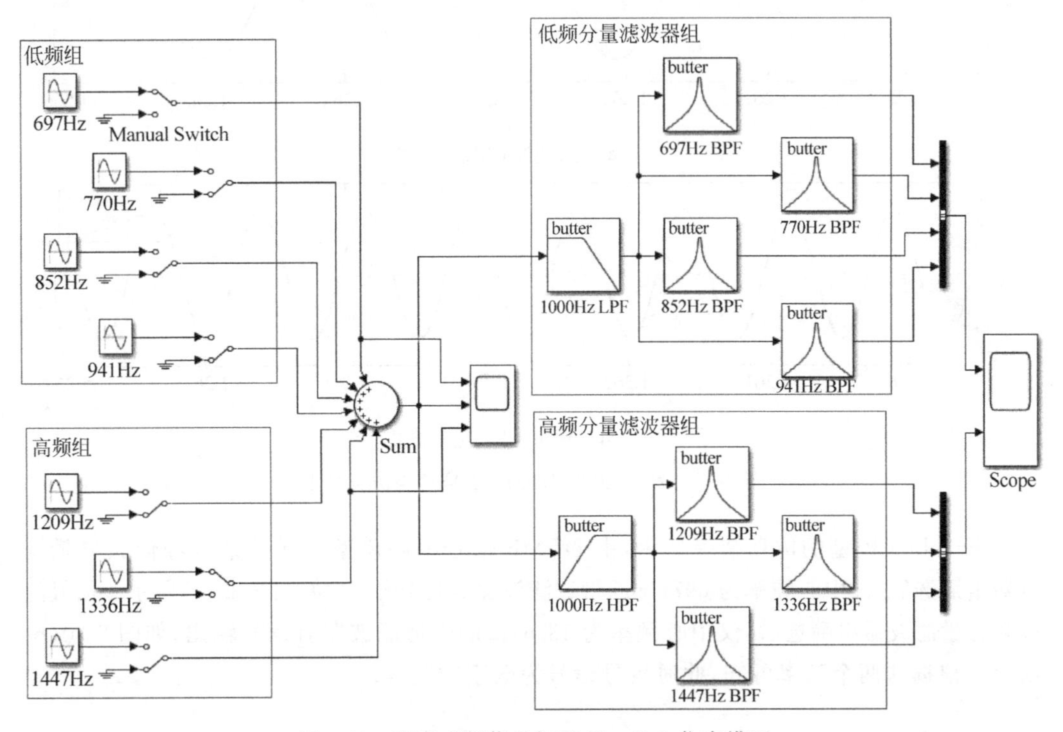

图 7-28 双音多频信号解码 Simulink 仿真模型

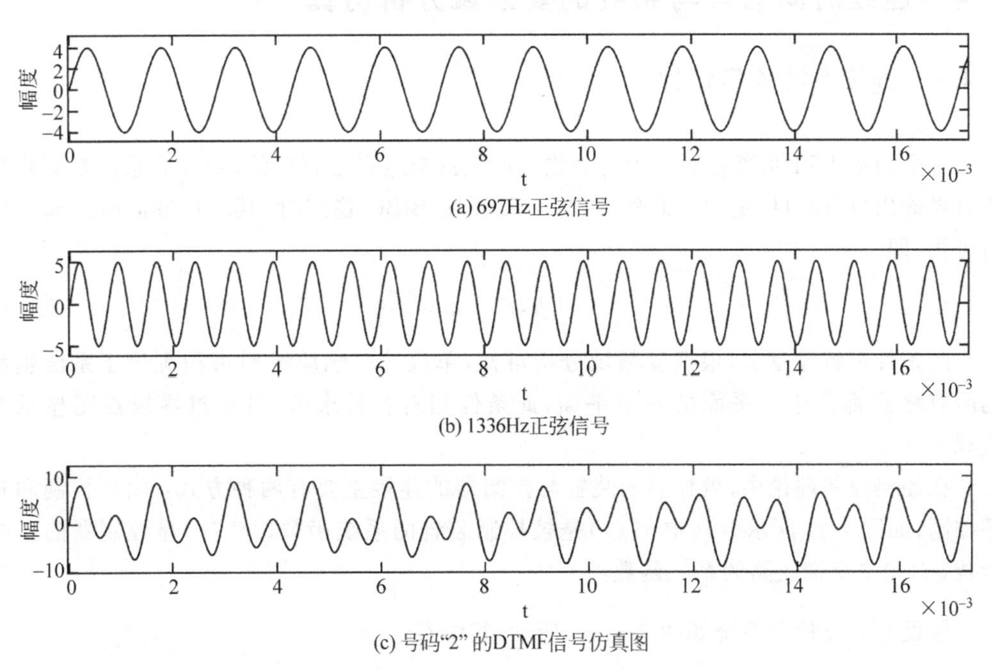

图 7-29 号码“2”的 DTMF 信号编码仿真结果

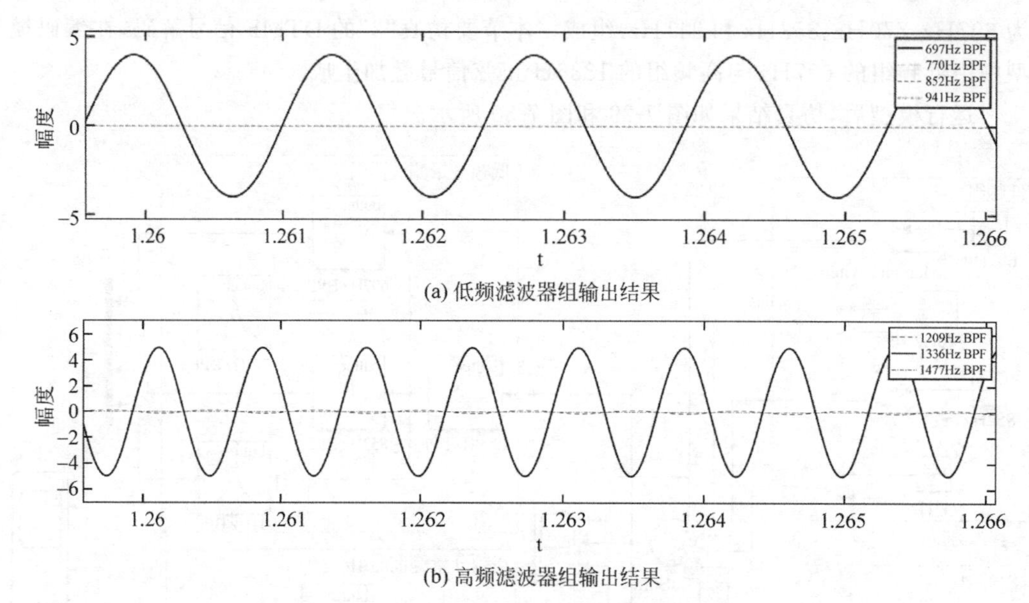

(a) 低频滤波器组输出结果

(b) 高频滤波器组输出结果

图 7-30 号码“2”的 DTMF 信号解码仿真结果

Simulink 模型的仿真结果显示，由 DTMF 信号编码模型生成的信号经低频分量滤波器组筛选后，仅中心频率为 697Hz 的带通滤波器有信号输出，如图 7-30(a)所示。信号经高频分量滤波器组筛选后，仅中心频率为 1336Hz 的带通滤波器有信号输出，如图 7-30(b)所示。根据这两个频率可知，此时拨号信号为数字“2”。

7.4 连续时间信号与系统的复频域分析仿真

7.4.1 连续系统的稳定性

一个因果 LTI 系统若对一个有界输入产生的响应也是有界的，则称此系统是有界输入有界输出(BIBO)稳定的。此外，因果 LTI 系统 BIBO 稳定时，其单位冲激响应满足绝对可积，即

$$\int_{0}^{+\infty} |h(t)| \, \mathrm{d}t < \infty \tag{7.4-1}$$

此条件求解较复杂，根据复频域分析可知，单位冲激响应绝对可积等价于系统函数的所有极点都位于 s 平面的左半平面，此条件相对容易求解，且通过零极点图显示更直观。

在经典控制理论中，被控制的装置与控制器的连接主要有两种方式：闭环控制和开环控制，如图 7-31 所示。其中，$G(s)$是被控制装置的系统函数，$H_c(s)$是控制器的系统函数，$F(s)$是反馈支路的系统函数。

假设某开环控制系统如图 7-31(a)所示，其中 $G(s)=\dfrac{1}{s^3+2s^2-5s-6}$，$H_c(s)=5$，则

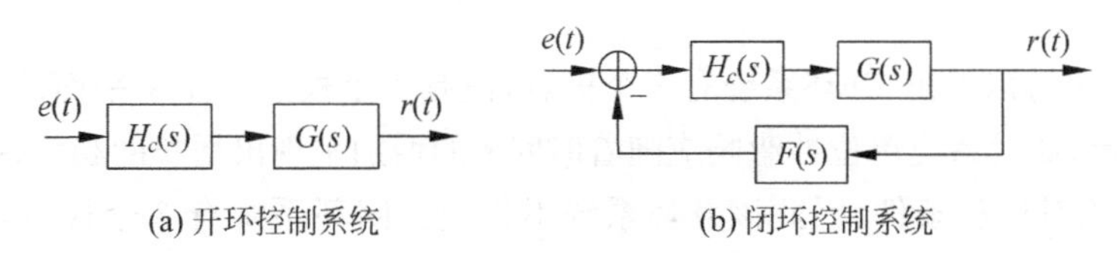

(a) 开环控制系统 (b) 闭环控制系统

图 7-31 经典控制系统

此开环控制系统的系统函数为

$$H_1(s)=H_c(s)G(s)=\frac{5}{s^3+2s^2-5s-6} \tag{7.4-2}$$

假设某闭环控制系统如图 7-31(b)所示，其中 $G(s)$和 $H_c(s)$与开环系统的相同，$F(s)=2s+3$，则此闭环控制系统的系统函数为

$$H_2(s)=\frac{H_c(s)G(s)}{1+F(s)H_c(s)G(s)}=\frac{5}{s^3+2s^2+5s+9} \tag{7.4-3}$$

下面根据式(7.4-2)和式(7.4-3)，通过 MATLAB 绘制上述开环系统与闭环系统的零极点图来判断系统稳定性，程序中调用 pzmap 函数绘制系统的零极点图。具体程序如下：

```
%零极点图与单位冲激响应
num1 = [5];den1 = [1,2, - 5, - 6];          %开环系统的系统函数系数
num2 = [5];den2 = [1,2,5,9];                %闭环系统的系统函数系数
subplot(221),pzmap(num1,den1);              %开环系统零极点图
subplot(222),impulse(num1,den1);            %开环系统单位冲激响应
subplot(223),pzmap(num2,den2);              %闭环系统零极点图
subplot(224),impulse(num2,den2);            %闭环系统单位冲激响应
```

程序运行后，仿真结果如图 7-32 所示。

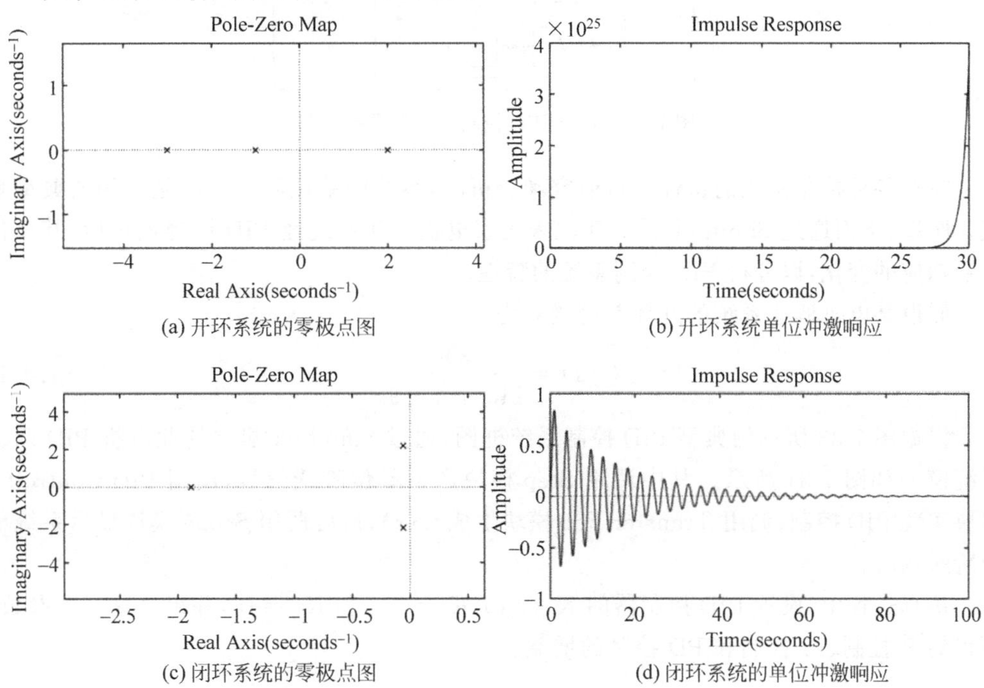

(a) 开环系统的零极点图 (b) 开环系统单位冲激响应

(c) 闭环系统的零极点图 (d) 闭环系统的单位冲激响应

图 7-32 零极点图与单位冲激响应仿真图

从仿真结果可以看出，开环系统有3个极点，但有1个极点位于s平面的右半平面，如图7-32(a)所示，此时系统单位冲激响应随着时间t的增加呈现出增长的趋势，如图7-32(b)所示，不满足绝对可积条件，因此该开环系统不稳定。闭环系统有3个极点，均位于s平面的左半平面，如图7-32(c)所示，此时系统单位冲激响应随着时间t的增加呈现出振荡衰减的趋势，如图7-32(d)所示，满足绝对可积条件，因此该闭环系统稳定。由以上分析可见，反馈的加入使得不稳定的开环系统成为了稳定系统，这也是闭环系统的重要特性之一。

7.4.2 PID控制

在控制系统设计中，经常需要对控制系统进行校正，以达到系统要求的控制性能。在实际工程应用中，PID控制(Proportional Integral Derivative Control)已发展成为应用最广泛的反馈控制方式之一。PID控制是比例(P)控制、积分(I)控制和微分(D)控制三种控制的统称。根据控制系统和应用条件的不同，可采用三种控制组合在一起构成PID控制器，如图7-33所示。其中常数K_d(微分增益)与微分器组成D控制，常数K_p(比例系数)为P控制，常数K_i(积分增益)与积分器组成I控制，$G(s)$为被控制系统的开环传递函数。

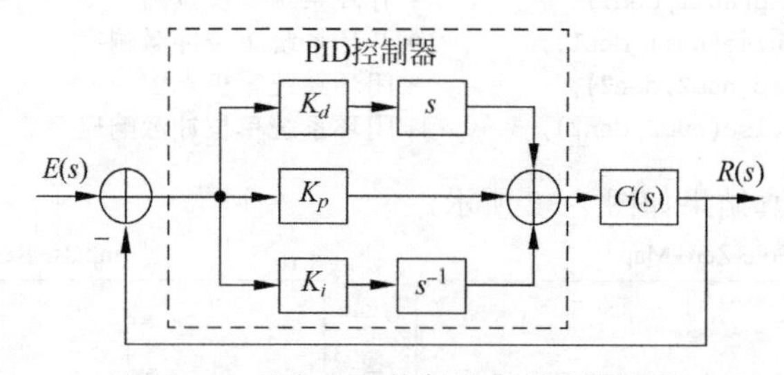

图7-33　具有PID控制的典型系统框图

在对各种控制系统的特性进行研究和分析时，系统的单位阶跃响应是常用的典型响应。所以，下面通过Simulink仿真实验来观察电机调速系统经PID控制校正后，其单位阶跃响应的变化，以分析PID控制系统的特性。

假设某电机调速系统的开环系统函数为

$$G(s)=\frac{300}{140.4s^2+9s} \tag{7.4-4}$$

根据图7-33所示的典型PID控制系统框图，通过Simulink建立的此电机PID调速系统模型如图7-34所示。其中调用Step模块产生单位阶跃信号，调用PID Controller模块实现PID控制，调用Transfer Fcn模块生成$G(s)$，最后调用Scope模块显示系统单位阶跃响应。

仿真过程中，设置PID控制器的$K_p=10$、$K_i=0.1$和$K_d=15$，并组合这三个参数，可得到P控制、PI控制和PD控制的增益。

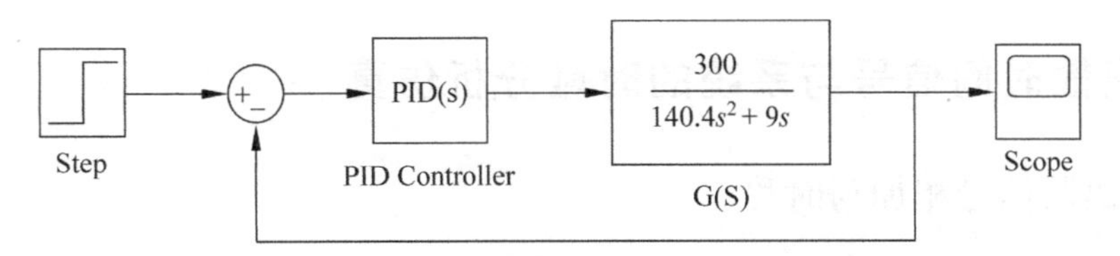

图 7-34　某电机 PID 调速系统 Simulink 模型

仿真模型运行后,仿真结果如图 7-35 所示。

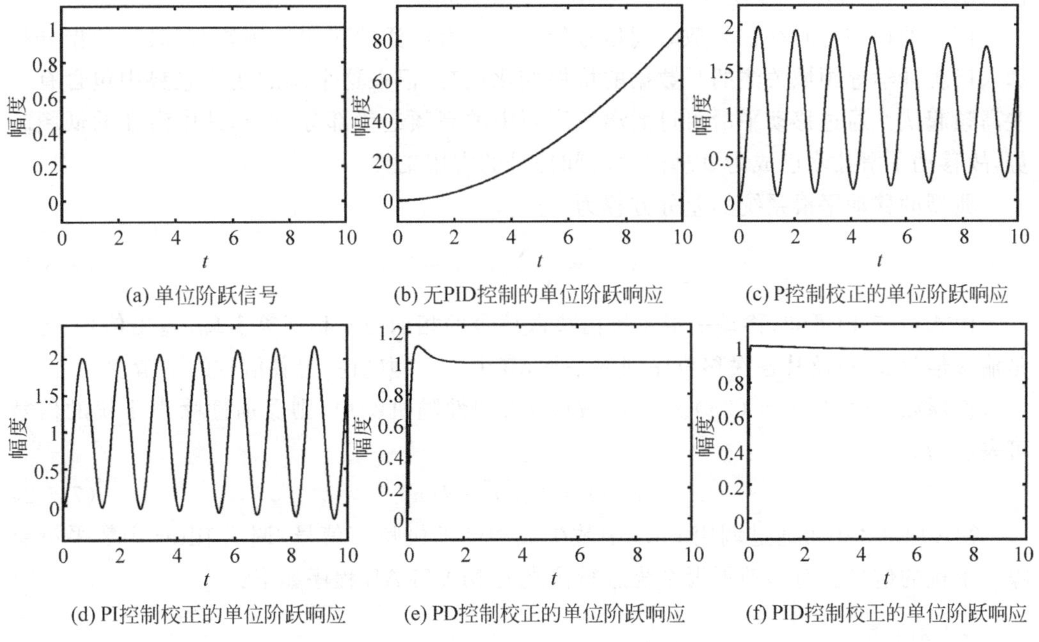

图 7-35　PID 控制校正 Simulink 仿真结果

根据仿真结果可以看出,图 7-35(b)为无 PID 控制的单位阶跃响应,相比图 7-35(a)所示的单位阶跃信号,发生失真。经 P 控制校正和 PI 控制校正后的响应如图 7-35(c)和(d)所示,可以看出系统的响应速度加快,但引起了响应的振荡,幅度最大值超过了单位阶跃响应的幅度 1,两者差值称为超调量。经过 PD 控制校正后,相比 P 控制与 PI 控制,进一步加快了系统的响应速度,减小了超调量,消除了响应的振荡,如图 7-35(e)所示。图 7-35(f)为经过 PID 控制校正后的响应波形,可以看出系统的响应速度继续被加快,减小了超调量,单位阶跃响应较接近输入的单位阶跃信号。

通过上述对 PID 控制的仿真可知,P 控制中选取适当的参数有助于提高系统响应速度,但容易产生振荡。I 控制中选取适当的参数可减少系统响应的超调量,但也会产生振荡。D 控制中选取适当的参数有助于减小超调量,克服振荡。

7.5 离散时间信号与系统的时域分析仿真

7.5.1 离散信号相加与时移

离散时间信号的相加与连续时间信号类似，也是对应时刻的信号值相加。信号的时移是指序列 $x(n)$ 逐项依次右移或左移 m 位得到一个新序列。若 $m>0$，则序列右移 m 位表示为 $x(n-m)$，序列左移 m 位表示为 $x(n+m)$。

信号的相加与时移在离散时间信号处理中具有广泛的应用。例如，在股票数据分析和人口统计学等领域关注的是数据的快慢变化趋势，但在这个总的变化趋势中包含有一些高频起伏。通过移动平滑可过滤离散序列中的高频起伏部分，得到其中潜在的低频趋势，故移动平滑技术已成为处理离散时间信号的常用工具。

典型的移动平滑系统的差分方程为

$$r(n)=\frac{1}{N}\sum_{k=0}^{N-1}e(n-k) \tag{7.5-1}$$

由式(7.5-1)可知，移动平滑系统由离散信号的相加与时移运算实现，输出信号 $r(n)$ 是输入信号 $e(n)$ 及其各次移位序列的平均，其中 N 的取值决定着信号的平滑度。

设原始信号 $f(n)=(3n)\cdot 0.8^n$，$d(n)$ 为加性随机噪声，则受加性噪声干扰的信号可表示为

$$x(n)=f(n)+d(n) \tag{7.5-2}$$

MATLAB 中可通过调用 rand 函数生成加性随机噪声信号，调用 filter 函数平滑受噪声干扰的信号。对移动平滑系统进行仿真的 MATLAB 程序如下：

```
%移动平滑
R = 61; a = 1;
N1 = 3;N2 = 9;N3 = 30;
n = 0:0.1:(R - 1);
d = 0.5 * rand(1, length(n));                         %随机噪声信号
s = 3 * n. * (0.8.^n);                                %原始信号
x = s + d;                                            %加噪信号
b1 = ones(N1,1)/N1;
b2 = ones(N2,1)/N2;
b3 = ones(N3,1)/N3;
y1 = filter(b1,a,x);
y2 = filter(b2,a,x);
y3 = filter(b3,a,x);
subplot(2,3,1);stem(d);axis([0 600 1.1 * min(d) 1.1 * max(d)]);
title('噪声信号');
subplot(2,3,2); stem(s);axis([0 600 1.1 * min(s) 1.1 * max(s)]);
title('原始信号');
subplot(2,3,3); stem(x);axis([0 600 1.1 * min(x) 1.1 * max(x)]);
title('加噪信号');
```

```
subplot(2,3,4); stem(y1);axis([0 600 1.1 * min(y1) 1.1 * max(y1)]);
title(['N = ' num2str(N1) '平滑结果']);
subplot(2,3,5); stem(y2);axis([0 600 1.1 * min(y2) 1.1 * max(y2)]);
title(['N = ' num2str(N2) '平滑结果']);
subplot(2,3,6); stem(y3);axis([0 600 1.1 * min(y3) 1.1 * max(y3)]);
title(['N = ' num2str(N3) '平滑结果']);
```

程序运行后，仿真结果如图 7-36 所示。

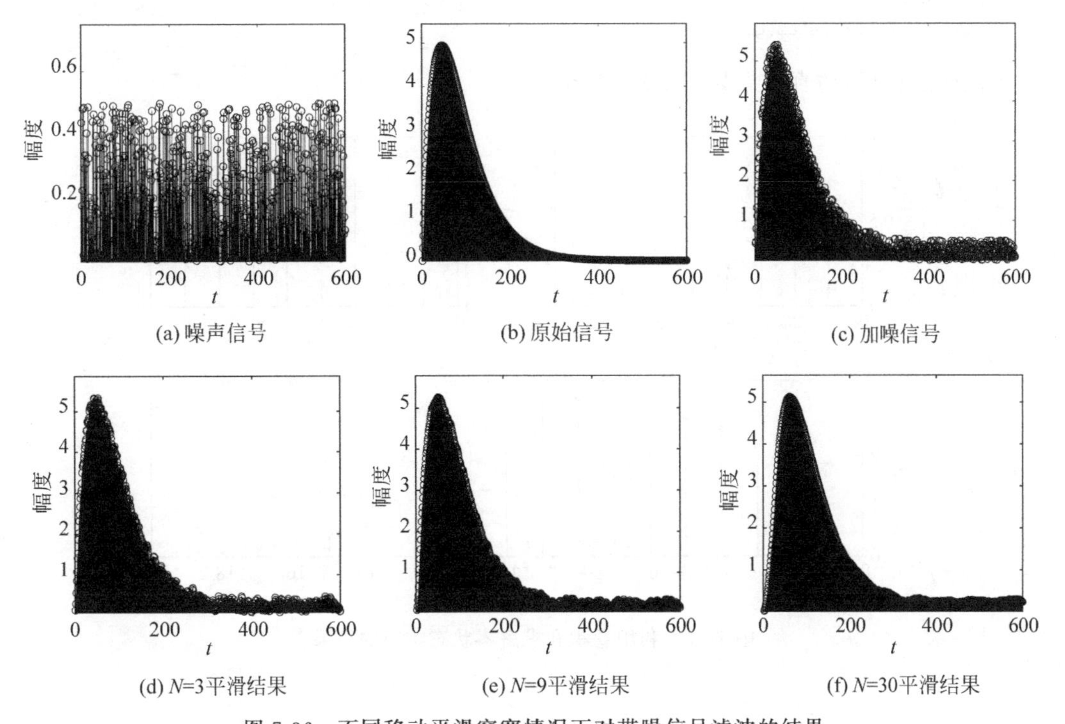

图 7-36 不同移动平滑窗宽情况下对带噪信号滤波的结果

从仿真结果中可以看出，随着移动平滑窗宽 N 的增大，移动平滑处理后的波形越平滑。

7.5.2 卷积和

卷积和运算是离散系统时域求解零状态响应的重要方法。若已知 LTI 离散时间系统的单位样值响应 $h(n)$，系统的输入为 $e(n)$，则系统的零状态响应 $r(n)$可表示为

$$r(n) = e(n) * h(n) \tag{7.5-3}$$

设某离散系统的单位样值响应为

$$h(n) = (0.7)^n[u(n) - u(n-10)] \tag{7.5-4}$$

下面通过 MATLAB 利用卷积和，调用 conv 函数求解此系统的单位阶跃响应 $g(n)$，并调用 stem 函数显示波形。具体程序如下：

```
%利用卷积和求解系统单位阶跃响应
n1 = 0:9;
h = 0.7.^n1;
subplot(2,2,1),stem(n1,h);
n2 = 0:9;
u = ones(1,length(n2));
subplot(2,2,2),stem(n2,u);
g = conv(u,h);
subplot(2,1,2),stem(g);
```

程序运行后,仿真结果如图 7-37 所示。

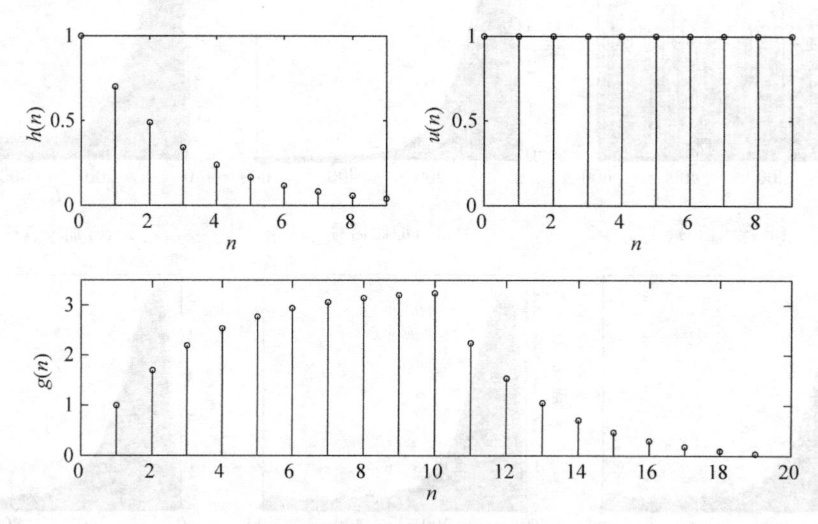

图 7-37　利用卷积和求解零状态响应的结果

7.6　离散时间信号与系统的 z 域分析仿真

7.6.1　零状态响应求解

z 变换是分析离散系统的有力工具。在系统响应求解和特性分析中,常用 z 变换将差分方程转化成 z 域的代数方程,可以使得响应求解和系统分析过程变得简单。本节通过 MATLAB 仿真 z 变换与 z 反变换来求解系统零状态响应。

设某系统的差分方程为

$$r(n)+3r(n-1)+2r(n-2)=e(n-1) \tag{7.6-1}$$

由 z 变换得系统函数为

$$H(z)=\frac{z}{z^2+3z+2} \tag{7.6-2}$$

下面用 MATLAB 通过 z 变换求解输入 $e(n)=2^n u(n)$ 的零状态响应,程序中 z 变换与 z 反变换分别调用 ztrans 函数与 iztrans 函数求解。MATLAB 仿真程序如下:

```
% z 变换求解系统零状态响应
syms z n
en = 2.^n;
Ez = ztrans(en);
Hz = z/(z^2 + 3 * z + 2);
Rz = Ez * Hz;
rn = iztrans(Rz)
```

上述程序运行后，在命令行显示：

```
rn =
( - 1)^n/3 - ( - 2)^n/2 + 2^n/6
```

根据 MATLAB 程序运行结果，可得此系统的零状态响应为

$$r(n)=\frac{1}{3}(-1)^n-\frac{1}{2}(-2)^n+\frac{1}{6}2^n$$

7.6.2 离散系统的稳定性

因果离散时间系统的单位样值响应满足绝对可和，或系统函数的所有极点均位于 z 平面的单位圆内时，此离散系统是稳定的。

设某离散系统是一个自回归移动平均系统，差分方程为

$$r(n)+0.2r(n-1)-0.24r(n-2)=e(n)+e(n-1) \tag{7.6-3}$$

可得其系统函数为

$$H(z)=\frac{1+z^{-1}}{1+0.2z^{-1}-0.24z^{-2}} \tag{7.6-4}$$

通过 MATLAB 可以方便地求解系统零极点和单位样值响应，从而便于判断系统的稳定性。根据系统函数式(7.6-4)，通过调用 zplane 函数求解零极点并绘制系统的零极点图，调用 impz 函数求解单位样值响应。MATLAB 仿真程序如下：

```
% 系统的零极点图与单位样值响应
num = [1 1];den = [1 0.2  - 0.24];
[z,p] = zplane(num,den)
subplot(1,2,1),zplane(num,den);
subplot(1,2,2),impz(num,den,20);
```

程序运行后，零极点在命令行显示，仿真结果如图 7-38 所示。

```
z =
    - 1
p =
    - 0.6
   0.4
```

从图 7-38(a)可以看出，此系统的系统函数的极点为-0.6和0.4，都位于 z 平面的

单位圆内，所以此系统稳定。同时，此系统的单位样值响应随时间增大呈指数递减的规律，满足绝对可积，如图 7-38(b)所示，也可证明此系统稳定。

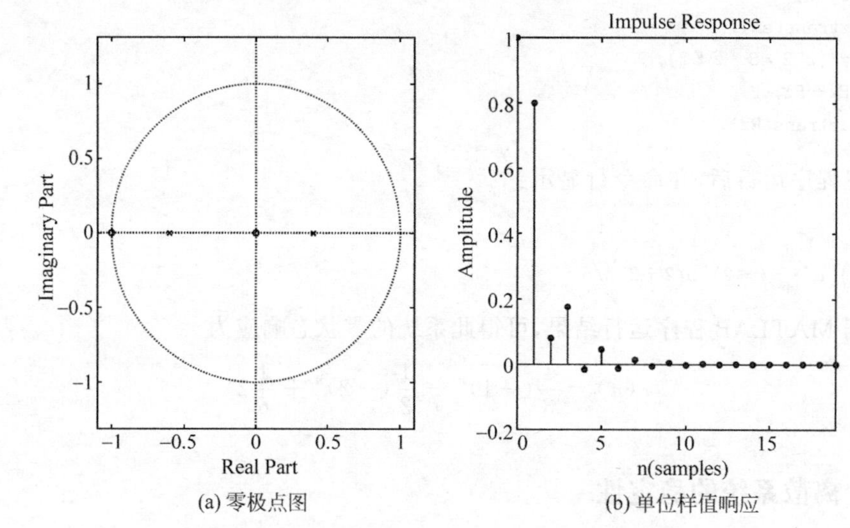

(a) 零极点图　(b) 单位样值响应

图 7-38　系统零极点图与单位样值响应仿真结果

习题答案

习 题 1

1-1 (a)和(c)是连续时间信号,其中(a)是模拟信号;(b)和(d)是离散时间信号,其中(b)是数字信号。

1-2 (a)是非周期信号,(b)、(c)和(d)是周期信号,其中(b)的周期为2,(c)的周期为4,(d)的周期为3。

1-3 $f_1(t)=(t+2)[u(t+2)-u(t+1)]-t[u(t+1)-u(t)]-[u(t)-u(t-3)]$

$f_2(t)=2t[u(t)-u(t-1)]+2[u(t-1)-u(t-2)]$

1-4 略

1-5 (1) $\cos\omega_0$;(2) $1+\mathrm{e}^{-2}$;(3) $u(t)$;(4) 1;(5) $u(-t_0)$;(6) $u(t+1)-u(t-3)$;(7) 0

1-6 (1) $\delta(t)-2\mathrm{e}^{-2t}u(t)$;(2) $\mathrm{e}^2\delta(t)$;(3) $4\delta(t-1)$

1-7 略

1-8 $f'(t)=[u(t+1)-u(t)]-2\delta(t)+2\delta(t-1)-\delta(t-2)$

1-9 $y(t)=(2t+2)[u(t+1)-u(t)]+2[u(t)-u(t-1)]+(4-2t)[u(t-1)-u(t-2)]$

1-10 略

1-11 略

1-12 (1) 非线性,时不变,因果;(2) 线性,时变,非因果;

(3) 线性,时变,非因果;(4) 线性,时变,因果;

(5) 线性,时不变,因果

1-13 略

1-14 $r_2(t)=a\mathrm{e}^{-at}u(t)$

1-15 $r''(t)+3r'(t)+2r(t)=e'(t)$

1-16 略

习 题 2

2-1 (1) $\frac{\mathrm{d}v_L(t)}{\mathrm{d}t}+v_L(t)=\frac{1}{2}\frac{\mathrm{d}v_s(t)}{\mathrm{d}t}$

(2) $\frac{\mathrm{d}i(t)}{\mathrm{d}t}+i(t)=\frac{1}{4}\frac{\mathrm{d}v_s(t)}{\mathrm{d}t}$

2-2 $\frac{\mathrm{d}^2 i_L(t)}{\mathrm{d}t^2}+\frac{1}{RC}\frac{\mathrm{d}i_L(t)}{\mathrm{d}t}+\frac{1}{LC}i_L(t)=\frac{1}{L}\frac{\mathrm{d}v_S(t)}{\mathrm{d}t}+\frac{1}{RLC}v_S(t)$

2-3 $\frac{\mathrm{d}^2 i(t)}{\mathrm{d}t^2}+3\frac{\mathrm{d}i(t)}{\mathrm{d}t}+3i(t)=\frac{\mathrm{d}^2 v_s(t)}{\mathrm{d}t^2}+2\frac{\mathrm{d}v_s(t)}{\mathrm{d}t}+v_s(t)$

2-4　$t>0$ 时完全响应为 $r(t)=-2e^{-t}+2e^{-2t}-e^{-3t}$，其中自由响应为 $-2e^{-t}+2e^{-2t}$，强迫响应为 $-e^{-3t}$。

2-5　自由响应为 $\left(\frac{14}{3}e^{-t}-\frac{7}{2}e^{-2t}\right)u(t)$，强迫响应为 $-\frac{1}{6}e^{-4t}u(t)$。

2-6　$r_{zi}(t)=(3t+1)e^{-t}, t>0$

2-7　$r_{zi}(t)=(4e^{-2t}-3e^{-3t})u(t)$

2-8　$v_C(t)=(8e^{-2t}-2e^{-8t})u(t)$

2-9　$h(t)=10(e^{-0.5t}-e^{-t})u(t)$

2-10　(1) 微分方程为 $\frac{d^2v_C(t)}{dt^2}+3\frac{dv_C(t)}{dt}+2v_C(t)=2v_s(t)$

(2) 单位冲激响应为 $h(t)=2(e^{-t}-e^{-2t})u(t)$

(3) 单位阶跃响应为 $g(t)=(1+e^{-2t}-2e^{-t})u(t)$

2-11　单位冲激响应 $h(t)=\frac{1}{2}e^{-3t}u(t)$

2-12　(1) $\frac{d^2r(t)}{dt^2}+6\frac{dr(t)}{dt}+5r(t)=e(t)$

(2) $h(t)=\frac{1}{4}(e^{-t}-e^{-5t})u(t)$

2-13　$f(-1)=4$；$f(0)=6$；$f(2)=2$

2-14　略

2-15　(1) $tu(t)$；(2) $(e^{-t}-e^{-2t})u(t)$；(3) $\frac{1}{2}t^2u(t)$；

(4) $\delta(t-1)-2e^{-2(t-1)}u(t-1)$；(5) $\frac{1}{2}t^2u(t)-\frac{1}{2}(t-2)^2u(t-2)$

2-16　略

2-17　略

2-18　$h(t)=u(t)+u(t+1)$

2-19　$h(t)=tu(t)-(t-1)u(t-1)-(t-2)u(t-2)+(t-3)u(t-3)$

2-20　单位冲激响应为 $h(t)=(e^{-t}-e^{-2t})u(t)$；零状态响应为 $r(t)=(te^{-t}-e^{-t}+e^{-2t})u(t)$

2-21　$r_{zi}(t)=2e^{-2t}u(t)$

2-22　全响应为 $r(t)=\left(\frac{3}{4}+\frac{5}{2}e^{-2t}-\frac{9}{4}e^{-4t}\right)u(t)$，零输入响应为 $r_{zi}(t)=(3e^{-2t}-2e^{-4t})u(t)$

零状态响应为 $r_{zs}(t)=\left(\frac{3}{4}-\frac{1}{2}e^{-2t}-\frac{1}{4}e^{-4t}\right)u(t)$，瞬态响应为 $\left(\frac{5}{2}e^{-2t}-\frac{9}{4}e^{-4t}\right)u(t)$，稳态响应 $\frac{3}{4}u(t)$。

2-23　零输入响应为 $v_{Czi}(t)=4e^{-t}u(t)$；零状态响应为 $v_{Czs}=(e^{-t}-e^{-2t})u(t)$；

全响应为 $v_C(t)=(5\mathrm{e}^{-t}-\mathrm{e}^{-2t})u(t)$。

2-24 零状态响应 $r_{zs}(t)=(3\mathrm{e}^{-t}-4\mathrm{e}^{-2t}+\mathrm{e}^{-3t})u(t)$；零输入响应为 $r_{zi}(t)=(2\mathrm{e}^{-2t}-2\mathrm{e}^{-3t})u(t)$

全响应为 $r(t)=(3\mathrm{e}^{-t}-2\mathrm{e}^{-2t}-\mathrm{e}^{-3t})u(t)$

习 题 3

3-1 $f(t)=\sum\limits_{n=1}^{\infty}\frac{2E}{n\pi}[\cos(n\pi-1)]\sin n\omega_1 t$

3-2 $f(t)=\sum\limits_{n=-\infty}^{+\infty}\frac{\mathrm{j}}{n\pi}(\mathrm{e}^{-\mathrm{j}n\pi}-1)\mathrm{e}^{\mathrm{j}n\frac{\pi}{2}t}$

3-3 略

3-4 $f(t)=\frac{2}{3}+\cos\left(t+\frac{\pi}{2}\right)+\cos\left(3t+\frac{3}{4}\pi\right)+\frac{1}{2}\cos\left(5t+\frac{\pi}{4}\right)$

3-5 $f(t)=\frac{2}{3}+\frac{1}{2}\mathrm{e}^{\mathrm{j}\frac{\pi}{2}}\mathrm{e}^{\mathrm{j}t}+\frac{1}{2}\mathrm{e}^{-\mathrm{j}\frac{\pi}{2}}\mathrm{e}^{-\mathrm{j}t}+\frac{1}{2}\mathrm{e}^{\mathrm{j}\frac{3\pi}{4}}\mathrm{e}^{\mathrm{j}3t}+\frac{1}{2}\mathrm{e}^{-\mathrm{j}\frac{3\pi}{4}}\mathrm{e}^{-\mathrm{j}3t}+\frac{1}{4}\mathrm{e}^{\mathrm{j}\frac{\pi}{4}}\mathrm{e}^{\mathrm{j}5t}+\frac{1}{4}\mathrm{e}^{-\mathrm{j}\frac{\pi}{4}}\mathrm{e}^{-\mathrm{j}5t}$

3-6 $f(t)=3+6\cos\left(t-\frac{\pi}{4}\right)+4\cos(2t)+4\cos\left(3t+\frac{2\pi}{3}\right)$

3-7 (1) $a_0=\frac{1}{8},\omega_1=5\pi\times10^5\,\mathrm{rad/s}$

(2) $a_0=\frac{3}{2},\omega_1=\frac{2\pi}{3}\times10^6\,\mathrm{rad/s}$

3-8 $F(\omega)=\frac{2\mathrm{j}}{\omega}(\mathrm{e}^{-3\mathrm{j}\omega}-\mathrm{e}^{\mathrm{j}\omega})$

3-9 $f(t)=\frac{1}{3}(\mathrm{e}^{-t}-\mathrm{e}^{-4t})u(t)$

3-10 (1) $3F(3\omega)$ (2) $F(\omega)\mathrm{e}^{3\mathrm{j}\omega}$

(3) $\frac{1}{3}F\left(\frac{\omega}{3}\right)\mathrm{e}^{-\frac{4}{3}\mathrm{j}\omega}$ (4) $\frac{1}{2}F\left(-\frac{\omega}{2}\right)\mathrm{e}^{-\mathrm{j}\omega}$

(5) $\frac{1}{2}[F(\omega+1)+F(\omega-1)]$ (6) $F(\omega+\omega_0)\mathrm{e}^{-\mathrm{j}(\omega+\omega_0)}$

(7) $-F(\omega)-\omega\frac{\mathrm{d}}{\mathrm{d}\omega}F(\omega)$ (8) $\mathrm{j}F(\omega)\mathrm{e}^{-3\mathrm{j}\omega}$

3-11 (1) $\frac{2}{3}\mathrm{Sa}\left(\frac{\omega}{3}\right)$；(2) $2\pi\delta(\omega-2)$；(3) $\pi G_4(\omega)$

3-12 $12\mathrm{Sa}(3\omega)(1-\mathrm{e}^{-3\mathrm{j}\omega})$

3-13 $T\mathrm{Sa}[T(\omega+\omega_0)]+T\mathrm{Sa}[T(\omega-\omega_0)]$

3-14 (a) $\frac{2}{j\omega}[\mathrm{Sa}(2\omega)-\cos(2\omega)]$

(b) $4j\mathrm{Sa}(\omega)\sin\omega$

3-15 $F_1(-\omega)e^{-j\omega t_0}$

3-16 (1) $\frac{\omega_0}{\pi}\mathrm{Sa}(\omega_0 t)$；(2) $\frac{1}{2\pi}e^{j\omega_0 t}$

3-17 $\frac{16}{\pi}\mathrm{Sa}(8t)-\frac{8}{\pi}\mathrm{Sa}(4t)$

3-18 略

3-19 $F(\omega)=\sum_{n=-\infty}^{+\infty}\frac{E}{jn}(1-e^{-jn\pi})\delta\left(\omega-\frac{2\pi n}{T}\right)$

3-20 $H(\omega)=\frac{2}{(j\omega)^2+6j\omega+8}$

$h(t)=(e^{-2t}-e^{-4t})u(t)$

3-21 $H(\omega)=\frac{2}{j\omega+3}$

3-22 $H(\omega)=\frac{1}{(j\omega)^2+1}$

3-23 $H(\omega)=\frac{1}{(j\omega)^2+2j\omega+1}$

$h(t)=te^{-t}u(t)$

3-24 $r''(t)+3r'(t)+2r(t)=e'(t)+3e(t)$

$h(t)=(2e^{-t}-e^{-2t})u(t)$

3-25 (1) $2\sin\left(t-\frac{\pi}{2}\right)$；(2) $2\cos\left(2t-\frac{\pi}{3}\right)$；(3) $4\sin\left(2t-\frac{\pi}{2}\right)-2\cos\left(3t-\frac{\pi}{2}\right)$

3-26 $r(t)=\frac{1}{3}(e^{-2t}-e^{-5t})u(t)$

3-27 $r(t)=\cos 3t+\frac{1}{2}\cos 7t$

3-28 $h(t)=2e^{-t}u(t)-\delta(t)$

$r(t)=(2e^{-t}-3e^{-2t})u(t)$

3-29 $r(t)=-2\sin(2t)+\frac{2}{3}\sin 5t$，幅度失真

3-30 略

3-31 $r(t)=2\mathrm{Sa}(2t-4)\cos(4t-8)$

3-32 略

3-33 略

3-34 略

3-35 (1) 200Hz; (2) 100Hz; (3) 100Hz; (4) 260Hz

3-36 (1) 160rad/s; (2) 320rad/s; (3) 640rad/s

习 题 4

4-1 (1) $\frac{s}{s^2+\pi^2}$; (2) $1+\frac{2}{s-2}$; (3) $\frac{1}{s}(1-e^{-s})$; (4) $\frac{1}{s}(1-e^{-s})$;

(5) $\frac{1}{s}+\frac{6}{s^2}+\frac{5}{s+4}$; (6) $\frac{s}{(s+1)^2+\omega_0^2}$; (7) $\frac{5}{(s+3)^2}$; (8) $\left(\frac{1}{s^2}+\frac{2}{s}\right)e^{-2s}$;

(9) $\frac{1}{s(s+a)}$; (10) $\frac{1}{(s+2)(s+3)}$

4-2 (1) $\frac{1}{s+1}e^{-3(s+1)}$; (2) $\frac{e^3}{s+1}$; (3) $\left(\frac{\omega_0\cos\omega_0 t_0+s\sin\omega_0 t_0}{s^2+\omega_0^2}\right)e^{-st_0}$;

(4) $\frac{e^{-2s}-e^{-3s}}{s^2}-\frac{e^{-3s}}{s}$; (5) $\frac{s\cos 2e^{-2s}-2\sin 2e^{-2s}}{s^2+4}$; (6) $\frac{e^{-2(s+1)}}{(s+1)^2+1}$

4-3 $\frac{3}{s}(1-e^{-s})+\frac{2}{s^2+1}$

4-4 $\frac{1}{1+e^{-\frac{sT}{2}}}$

4-5 (1) $(e^{-2t}-e^{-3t})u(t)$; (2) $(5e^{-3t}-4e^{-4t})u(t)$; (3) $\frac{1}{2}(e^{-t}+e^{-3t})u(t)$;

(4) $(-3e^{-2t}+6e^{-4t})u(t)$; (5) $\frac{1}{2}\sin 2tu(t)$; (6) $e^{-4t}\cos tu(t)$;

(7) $\frac{1}{4}u(t)-\frac{1}{4}\cos 2tu(t)+\frac{1}{2}\sin 2tu(t)$; (8) $te^{-t}u(t)$;

(9) $\frac{1}{2}te^{-t}u(t)+\frac{1}{12}e^{-3t}u(t)-\frac{3}{4}e^{-t}u(t)+\frac{2}{3}u(t)$; (10) $\delta(t)+\frac{1}{2}(e^{-t}+e^{-3t})u(t)$

4-6 (1) $eu(t-5)$; (2) $\frac{1}{4}[e^{2(t-2)}-e^{-2(t-2)}]u(t-2)$;

(3) $\cos\pi tu(t)-\cos\pi(t-1)u(t-1)$; (4) $\sum_{k=0}^{+\infty}(-1)^k\delta(t-k)$;

(5) $\sum_{n=0}^{+\infty}e^{-(t-2n)}u(t-2n)$; (6) $\sum_{n=0}^{+\infty}[u(t-2k)-u(t-2k-1)]$

4-7 (1) $f(0_+)=1, f(\infty)=0$; (2) $f(0_+)=0, f(\infty)=0$;

(3) $f(0_+)=1, f(\infty)=0$; (4) $f(0_+)=-2, f(\infty)=0$;

(5) $f(0_+)=1$, $f(\infty)$不存在

4-8 (1) $y(t)=(2e^{-t}-3e^{-2t}+e^{-3t})u(t)$;

(2) $y(t)=(t^2+t)u(t)$

4-9 $y_{zi}(t)=(4e^{-t}-3e^{-2t})u(t)$; $y_{zs}(t)=\left(\frac{3}{2}-2e^{-t}+\frac{1}{2}e^{-2t}\right)u(t)$; $y(t)=\left(\frac{3}{2}+2e^{-t}-\frac{5}{2}e^{-2t}\right)u(t)$

4-10 $H(s)=\frac{2s+8}{s^2+5s+6}$, $h(t)=(4e^{-2t}-2e^{-3t})u(t)$

4-11 $H(s)=\frac{s^2+4s+5}{s^2+5s+6}$, $h(t)=\delta(t)+(e^{-2t}-2e^{-3t})u(t)$

4-12 $y(0)=3, y(0')=-5, y_{zi}(t)=(4e^{-2t}-e^{-3t})u(t), y_{zs}(t)=\frac{1}{3}(1-e^{-3t})u(t)$

4-13 (1) $y_3(t)=(2e^{-2t}+e^{-t})u(t)$; (2) $y_4(t)=2e^{-t}u(t)+u(t-1)$

4-14 $i_L(t)=e^{-\frac{t}{2}}\left(\cos\frac{\sqrt{3}}{2}t+\frac{1}{\sqrt{3}}\sin\frac{\sqrt{3}}{2}t\right)u(t)\text{A}$

4-15 $v_c(t)=\frac{1}{2}(3-e^{-2t})u(t)$

4-16 $4u(t)-4e^{-\frac{3}{2}t}\left(\cos\frac{\sqrt{3}}{2}t+\frac{1}{\sqrt{3}}\sin\frac{\sqrt{3}}{2}t\right)u(t)\text{V}$

4-17 (1) $i_L(0_-)=2\text{A}, v_C(0_-)=-1\text{V}$

(2) $v_c(t)=(5+2e^{-2t}-8e^{-t})u(t)$

4-18 $H(s)=\frac{s}{RC\left(s^2+\frac{3}{RC}s+\frac{1}{R^2C^2}\right)}$

4-19 $H(s)=\frac{R_2+sR_1R_2C}{R_1+R_2+sR_1R_2C}$

4-20 $H(s)=\frac{1}{R^2C^2s^2+3RCs+1}$

4-21 $H(s)=\frac{25}{8}\cdot\frac{s+2}{s^2+2s+\frac{5}{4}}$

4-22 $H(s)=\frac{2s[(s-1)^2+1]}{(s+1)^2(s^2+4)}$

4-23 $H(s)=\frac{1/2}{s^3+s^2+s+1}$,无零点,极点为：$p_1=-1, p_{2,3}=\pm j$

4-24 (1) 稳定；(2) 稳定；(3) 不稳定；

(4) 稳定；(5) 不稳定；(6) 不稳定

4-25 (1) $H(s)=\frac{5}{s^2+s+5}$；

(2) 无零点,极点为:$p_{1,2}=\dfrac{-1\pm j\sqrt{19}}{2}$;

(3) $h(t)=\dfrac{10}{\sqrt{19}}e^{-\frac{t}{2}}\sin\left(\dfrac{\sqrt{19}}{2}t\right)u(t)$;

(4) $y(t)=-e^{-\frac{t}{2}}\left[\cos\left(\dfrac{\sqrt{19}}{2}t\right)+\dfrac{1}{\sqrt{19}}\sin\left(\dfrac{\sqrt{19}}{2}t\right)\right]u(t)$

$$+e^{-\frac{(t-1)}{2}}\left[\cos\left(\frac{\sqrt{19}}{2}(t-1)\right)+\frac{1}{\sqrt{19}}\sin\left(\frac{\sqrt{19}}{2}(t-1)\right)\right]u(t-1)$$

4-26 (1) $H(s)=\dfrac{6}{s^2+5s+6}$, $h(t)=(6e^{-2t}-6e^{-3t})u(t)$;

(2) $y(t)=(3e^{-t}-3e^{-2t}+e^{-3t})u(t)$;

(3) 系统稳定,因为极点均在 s 平面的左半平面。

4-27 $v_L(t)=-\dfrac{3}{4}e^{-t}\sin 2t u(t)$

4-28 (1) $H(s)=\dfrac{k}{s^2+(3-k)s+1}$;

(2) $k<3$;

(3) $h(t)=\dfrac{4}{\sqrt{3}}e^{-\frac{1}{2}t}\sin\left(\dfrac{\sqrt{3}}{2}t\right)u(t)$

4-29 略

4-30 $H(s)=\dfrac{s}{s^2+(4+k)s+4}$, $k>-4$

4-31 $H(s)=\dfrac{ks}{s^2+(4-k)s+4}$, $k<4$

4-32 $H(s)=\dfrac{2}{s^3+3s^2+(2+2\beta)s+4}$, $\beta>-\dfrac{1}{3}$ 时系统稳定

4-33 (1) $H(s)=1+ae^{-st_0}$;

(2) $H_1(s)=\dfrac{1}{1+ae^{-st_0}}$

习 题 5

5-1 略

5-2 略

5-3 $f_1(n)=2[u(n+1)-u(n-3)]=2[\delta(n+1)+\delta(n)+\delta(n-1)+\delta(n-2)]$

$f_2(n)=\delta(n+1)+2\delta(n)+\delta(n-1)+0.5\delta(n-2)$

$f_3(n)=\dfrac{1}{2}(n+1)u(n)$

$f_4(n)=(-1)^n u(n)$

5-4 略

5-5 略

5-6 (1) 周期信号,$N=4$;(2) 非周期;(3) 周期信号,$N=8$;(4)非周期;(5)周期信号,$N=15$

5-7 略

5-8 (a) $r(n)+2r(n-1)=3e(n)+e(n-1)$;一阶

(b) $r(n)-2r(n-1)=e(n)+e(n-1)$;一阶

(c) $r(n)+2r(n-1)+4r(n-2)=3e(n)+e(n-1)$;二阶

(d) $r(n)-r(n-2)=e(n)$;二阶

5-9 (1) 线性;时不变;(2) 非线性;时不变;(3) 非线性;时不变;(4) 线性;时不变;(5) 非线性;时不变;(6) 线性;时变

5-10 $r(n)-(1+\beta)r(n-1)=-0.4u(n-1)$

5-11 $r(n)-r(n-1)=n$

5-12 (1) $r_{zi}(n)=\left(\frac{1}{3}\right)^n u(n)$;(2) $r_{zi}(n)=\frac{1}{2}\cdot 2^n u(n)$;

(3) $r_{zi}(n)=[3(-1)^n-8(-2)^n]u(n)$;

(4) $r_{zi}(n)=(-4n-6)(-1)^n u(n)$;(5) $r_{zi}(n)=\cos\left(\frac{n\pi}{2}\right)+3\sin\left(\frac{n\pi}{2}\right)$

5-13 $r(n)=(0.5n^2+0.5n+1)u(n)$

5-14 $r(n)=\left[\frac{5}{2}(-1)^n-\frac{20}{3}(-2)^n+\frac{1}{6}\right]u(n)$

5-15 (1) $h(n)=2^{n+1}u(n)$;(2) $h(n)=10(0.2^n-0.3^n)u(n)$;

(3) $h(n)=[3(-2)^n-2(-1)^n]u(n)$;

(4) $h(n)=\left[\frac{1}{3}\left(\frac{1}{4}\right)^n+\frac{2}{3}\left(-\frac{1}{2}\right)^n\right]u(n)$;

(5) $h(n)=\delta(n)-\delta(n-1)-2\delta(n-3)+\delta(n-4)$

5-16 (1) 因为 $n<0, h(n)=0$,所以系统因果:$\sum_{n=0}^{\infty}|h(n)|<\infty$,所以系统稳定;

(2) 因为 $n<0, h(n)=0$,所以系统因果:$\sum_{n=0}^{\infty}|h(n)|<\infty$,所以系统稳定;

(3) 因为 $n<0, h(n)=0$,所以系统因果:$\sum_{n=0}^{\infty}|h(n)|=\infty$,所以系统不稳定;

(4) 因为 $n<0, h(n)=0$,所以系统因果:$\sum_{n=0}^{\infty}|h(n)|<\infty$,所以系统稳定;

(5) 因为 $n<0, h(n)\neq 0$,所以系统非因果:$\sum_{n=0}^{\infty}|h(n)|<\infty$,所以系统稳定;

(6) 因为 $n<0, h(n)=0$,所以系统因果：$\sum_{n=0}^{\infty}|h(n)|<\infty$,所以系统稳定。

5-17 $h(n)=\frac{3}{2}(-2)^n u(n)+\frac{1}{2}\delta(n)$

5-18 略

5-19 $h(n)=u(n-1)+u(n-2)$

5-20 (1) $h(n)=\delta(n)-2\delta(n-1)-\delta(n-2)$;

(2) $r(n)=\delta(n)-\delta(n-1)-3\delta(n-2)-\delta(n-3)$

5-21 (1) 零输入响应：$r_{zi}(n)=\frac{1}{3}\left(-\frac{1}{3}\right)^n u(n)$；零状态响应：$r_{zs}(n)=\left[\frac{3}{5}\left(\frac{1}{2}\right)^n+\frac{2}{5}\left(-\frac{1}{3}\right)^n\right]u(n)$；

全响应：$r(n)=\left[\frac{3}{5}\left(\frac{1}{2}\right)^n+\frac{11}{15}\left(-\frac{1}{3}\right)^n\right]u(n)$

(2) 零输入响应：$r_{zi}(n)=\left[\left(\frac{1}{3}\right)^{n+1}-\left(\frac{1}{2}\right)^{n+1}\right]u(n)$；

零状态响应：$r_{zs}(n)=\left[3\left(\frac{1}{2}\right)^n-2\left(\frac{1}{3}\right)^n\right]u(n)$；全响应：$r(n)=\left[\frac{5}{2}\left(\frac{1}{2}\right)^n-\frac{5}{3}\left(\frac{1}{3}\right)^n\right]u(n)$

5-22 (1) $h(n)=[4(-3)^n-3(-2)^n]u(n)$；(2) 不稳定；

5-23 (1) $r(n)-4r(n-1)+3r(n-2)=e(n)-e(n-1)$；(2) $h(n)=3^n u(n)$；

(3) $(-3\cdot 3^n+1)u(n)$

5-24 (1) $r(n)-4r(n-1)+3r(n-2)=3e(n)-5e(n-1)$；(2) 因果、不稳定；

(3) $r(n)=\left(\frac{8}{3}\cdot 3^n+2\right)u(n)-\frac{5}{3}\delta(n)$

习 题 6

6-1 (1) $F_1(z)=\frac{z}{z-0.2}, |z|>0.2$；(2) $F_2(z)=1+2z^{-1}, |z|>0$；

(3) $F_3(z)=\frac{1}{1-5z}, |z|<0.2$；

(4) $F_4(z)=\frac{z}{z-3}, |z|>3$；(5) $F_5(z)=-\frac{z}{z-3}, |z|<3$；

(6) $F_6(z)=\frac{z}{z+1/10}+\frac{z}{z-1/2}, \frac{1}{10}<|z|<\frac{1}{2}$

6-2 (1) $F_1(z)=1+z^{-1}+z^{-2}+z^{-3}, |z|>0$；(2) $F_2(z)=z^{-1}+2z^{-2}+3z^{-3}$, $|z|>0$；

(3) $F_3(z)=\dfrac{0.2z}{(z-0.2)^2}, |z|>0.2$；(4) $F_4(z)=\dfrac{4z-3z^2}{(z-1)^2}, |z|>1$；

(5) $F_5(z)=\dfrac{z}{z-3}-\dfrac{z}{z-4}, 3<|z|<4$；(6) $F_6(z)=z+2+z^{-1}, 0<|z|<\infty$

6-3 (1) $F_1(z)=\dfrac{Nz^{-N}}{1-z^{-1}}, |z|>1$；(2) $F_2(z)=\dfrac{1}{z-0.2}, |z|>0.2$；

(3) $F_3(z)=\dfrac{z^3-3z^2+4z}{(z-1)^3}, |z|>1$；

(4) $F_4(z)=\dfrac{z}{z-0.2}-0.2^{10}\cdot\dfrac{z^{-9}}{z-0.2}, |z|>0.2$；

(5) $F_5(z)=\dfrac{z^2}{z^2+1}, |z|>1$；

(6) $F_6(z)=\dfrac{4z^2}{4z^2+1}, |z|>\dfrac{1}{2}$

6-4 (1) $F_1(z)=\dfrac{z}{z-a}+\dfrac{z}{z-b}-\dfrac{z}{z-c}, b<|z|<c$；

(2) $F_2(z)=\dfrac{az^2+a^2z}{(z-a)^3}, |z|>|a|$；

(3) $F_3(z)=\dfrac{\sqrt{6}}{2}\dfrac{z^2-\dfrac{1}{2}z-\dfrac{\sqrt{3}}{2}z}{z^2-z+1}, |z|>1$；(4) $F_4(z)=\dfrac{z^2}{z^2-1}, |z|>1$

6-5 (1) $f_1(n)=\delta(n)$；(2) $f_2(n)=\delta(n+3)$；(3) $f_3(n)=\delta(n-2)$；

(4) $f_4(n)=\delta(n+3)+2\delta(n+1)+\delta(n)+\delta(n-2)$；

(5) $f_5(n)=-a^n u(-n-1)$；

(6) $f_6(n)=a^n u(n)$；

6-6 (1) $f_1(n)=\left(-\dfrac{1}{3}\right)^n u(n)$；(2) $f_2(n)=\left(\dfrac{1}{3}\right)^{n-1} u(n-1)$；

(3) $f_3(n)=2\delta(n)-\left(\dfrac{1}{4}\right)^n u(n)$；

(4) $f_4(n)=4\left(\dfrac{1}{2}\right)^n u(n)-2\delta(n)$；(5) $f_5(n)=\left[2-\left(\dfrac{1}{2}\right)^n\right]u(n)$；

(6) $f_6(n)=\left[\dfrac{1}{9}(-2)^n-\dfrac{1}{9}+\dfrac{1}{3}n\right]u(n)$；(7) $f_7(n)=[3+3(-1)^n]u(n)$；

(8) $f_8(n)=8\left(\dfrac{1}{2}\right)^n u(n)-8\delta(n)-4\delta(n-1)$

6-7 (1) $f_1(n)=\left[\dfrac{2}{5}\left(-\dfrac{1}{2}\right)^n+\dfrac{3}{5}2^n\right]u(n)-\delta(n)$；

(2) $f_2(n)=\dfrac{2}{15}\left[\left(\dfrac{1}{2}\right)^n u(n)+8^n u(-n-1)\right]$；

(3) $f_3(n)=(n-2)\left(\frac{1}{4}\right)^{n-3}u(n-2)$

6-8　(1) $f(n)=[(-2)^{n+1}+3(-3)^n]u(n)$；

(2) $f(n)=[2(-2)^n-3(-3)^n]u(-n-1)$；

(3) $f(n)=(-2)^{n+1}u(n)-3(-3)^n u(-n-1)$

6-9　(1) $f(0)=1, f(\infty)$不存在；(2) $f(0)=2, f(\infty)=0$

6-10　$f(0)=\frac{1}{3}$

6-11　(1) $r_{zs}(n)=\left(\frac{a}{a-b}\cdot a^n+\frac{b}{b-a}\cdot b^n\right)u(n)$；(2) $r_{zs}(n)=(5\cdot 2^n-5)u(n)$；

(3) $r_{zs}(n)=a^{n-1}u(n-1)$；(4) $r_{zs}(n)=\left[\frac{5}{8}\cdot 0.5^n-\frac{3}{8}\cdot 0.3^n\right]u(n)$

6-12　(1) $r(n)=0.3^{n+1}u(n)$；(2) $r(n)=\left[\frac{27}{5}\cdot 3^n+\frac{8}{5}\cdot(-2)^n\right]u(n)$

6-13　$r_{zi}(n)=3^{n+1}u(n)$；$r_{zs}(n)=(6\cdot 3^n-4\cdot 2^n)u(n)$；$r(n)=(9\cdot 3^n-4\cdot 2^n)u(n)$

6-14　$r_{zi}(n)=[9\cdot 3^n+4\cdot(-2)^n]u(n)$；$r_{zs}(n)=\left[\frac{9}{10}\cdot 3^n+\frac{4}{15}\cdot(-2)^n-\frac{1}{6}\right]u(n)$

$r(n)=\left[\frac{99}{10}\cdot 3^n+\frac{64}{15}\cdot(-2)^n-\frac{1}{6}\right]u(n)$

6-15　(1) $H(z)=\frac{0.5}{1-0.3z^{-1}}, h(n)=0.5(0.3)^n u(n)$；

(2) $H(z)=\frac{1-z^{-1}}{1-5z^{-1}+6z^{-2}}, h(n)=(2\cdot 3^n-2^n)u(n)$；

(3) $H(z)=1-2z^{-1}-5z^{-2}, h(n)=\delta(n)-2\delta(n-1)-5\delta(n-2)$

6-16　(1) $H(z)=\frac{2z^{-1}}{1-7z^{-1}+12z^{-2}}$；(2) $h(n)=2(4^n-3^n)u(n)$

6-17　(1) 非因果,稳定；(2) 非因果,稳定；(3) 因果,不稳定；(4) 当$|z|<0.5$时,非因果,不稳定；当$0.5<|z|<10$时,非因果,稳定；当$|z|>10$时,因果,不稳定

6-18　$H(z)=\frac{2(z+1)(z+2)}{(z-0.8)^2+0.64}$,因果,不稳定

6-19　(1) $h(n)=(2-2^n)u(n)$；

(2) $r(n)-3r(n-1)+2r(n-2)=e(n)-3e(n-1)$；

(3) $r_{zi}(n)=(1+2^{n+1})u(n), r_{zs}(n)=\left[\frac{2}{3}\cdot(-1)^n-\frac{2}{3}\cdot 2^n+1\right]u(n)$

6-20　(1) $H(z)=1-5z^{-1}+7z^{-3}$；(2) $h(n)=\delta(n)-5\delta(n-1)+7\delta(n-3)$

6-21　(1) $r(n)=0.5[(-0.5)^n+0.5^n]u(n)$；(2) $e(n)=\delta(n)-0.25\delta(n-2)$

6-22　(1) $r(n)-0.75r(n-1)+0.125r(n-2)=2e(n)+e(n-1)$；

(2) $H(z)=\dfrac{2+z^{-1}}{1-0.75z^{-1}+0.125z^{-2}}$；

(3) $h(n)=[8(0.5)^n-6(0.25)^n]u(n)$

6-23 $H(z)=\dfrac{8}{3}\dfrac{z^2}{z^2-\dfrac{\sqrt{3}}{2}z+\dfrac{1}{4}}$；因果；稳定

6-24 (1) $H(z)=\dfrac{\dfrac{3}{2}}{z-\dfrac{1}{2}}$；

(2) $h(n)=\dfrac{3}{2}\left(\dfrac{1}{2}\right)^{n-1}u(n-1)$；

(3) $r(n)-0.5r(n-1)=1.5e(n-1)$

参考文献

[1] 吴大正. 信号与线性系统[M]. 4 版. 北京：高等教育出版社，2006.

[2] 张小虹. 信号与系统[M]. 4 版. 西安：西安电子科技大学出版社，2018.

[3] 燕庆明. 信号与系统教程[M]. 2 版. 北京：高等教育出版社，2007.

[4] 陈生谭，郭宝龙，李学武，等. 信号与系统[M]. 西安：西安电子科技大学出版社，2001.

[5] 郑君里. 教与写的记忆——信号与系统评注[M]. 北京：高等教育出版社，2005.

[6] 郑君里，应启珩，杨为理. 信号与系统[M]. 3 版. 北京：高等教育出版社，2011.

[7] 张建奇，张增年，陈琢，等. 信号与系统[M]. 杭州：浙江大学出版社，2006.

[8] 岳振军，贾永兴，余远德，等. 信号与系统[M]. 北京：机械工业出版社，2008.

[9] 陈亮，刘景夏，贾永兴，等. 电路与信号分析[M]. 北京：电子工业出版社，2014.

[10] 王丽娟，贾永兴，王友军，等. 信号与系统[M]. 北京：机械工业出版社，2015.

[11] Alan V. Oppenheim，等. 信号与系统[M]. 刘树棠，译. 2 版. 西安：西安交通大学出版社，2002.

[12] B. L. Lathi. 线性系统与信号[M]. 刘树棠，王薇洁，译. 2 版. 西安：西安交通大学出版社，2006.

[13] 郑君里，应启珩，杨为理. 信号与系统引论[M]. 北京：高等教育出版社，2009.

[14] Alan V. Oppenheim，等. 信号与系统[M]. 刘树棠，译. 北京：电子工业出版社，2013.

[15] 严国志. 信号与系统[M]. 北京：电子工业出版社，2018.

[16] 邵英. 信号与系统基本理论[M]. 北京：电子工业出版社，2018.

[17] Edward A. Lee，Pravin Varaiya. 信号与系统结构精析[M]. 吴利民，等译. 北京：电子工业出版社，2006.

[18] 李光泽. 信号与系统分析和应用[M]. 北京：高等教育出版社，2015.

[19] 樊昌信，曹丽娜. 通信原理[M]. 7 版. 北京：国防工业出版社，2012.

[20] 张卫钢，曹丽娜. 通信原理教程[M]. 北京：清华大学出版社，2016.

[21] 徐天成，谷亚林，钱玲. 信号与系统[M]. 4 版. 北京：电子工业出版社，2012.

[22] 徐以涛. 数字信号处理[M]. 西安：西安电子科技大学出版社，2018.

[23] Oppenheim A V，Schafer R W. 离散时间信号处理[M]. 黄建国，刘树棠，张国梅，译. 北京：电子工业出版社，2015.

[24] Haykin S，Veen B V. 信号与系统[M]. 林秩盛，黄元福，等译. 2 版. 北京：电子工业出版社，2013.

[25] Chaparro L F. 信号与系统[M]. 宋琪，译. 北京：清华大学出版社，2017.

[26] 沈再阳. MATLAB 信号处理[M]. 北京：清华大学出版社，2017.

[27] 宋知用. MATLAB 语音信号分析与合成[M]. 2 版. 北京：北京航空航天大学出版社，2017.

[28] 丁亦农. Simulink 与信号处理[M]. 北京：北京航空航天大学出版社，2010.

[29] Alan V. Oppenheim，Alan S. Willsky，S. Hamid Nawadb. 信号与系统[M]. 刘树棠，译. 2 版. 西安：西安交通大学出版社，2007.

[30] 王华，李有军，等. MATLAB 电子仿真与应用教程[M]. 2 版. 北京：国防工业出版社，2007.

图 书 资 源 支 持

感谢您一直以来对清华大学出版社图书的支持和爱护。为了配合本书的使用，本书提供配套的资源，有需求的读者请扫描下方的“书圈”微信公众号二维码，在图书专区下载，也可以拨打电话或发送电子邮件咨询。

如果您在使用本书的过程中遇到了什么问题，或者有相关图书出版计划，也请您发邮件告诉我们，以便我们更好地为您服务。

我们的联系方式：

地　　址：北京市海淀区双清路学研大厦 A 座 701

邮　　编：100084

电　　话：010-83470236　010-83470237

资源下载：http://www.tup.com.cn

客服邮箱：tupjsj@vip.163.com

QQ：2301891038（请写明您的单位和姓名）

教学资源 · 教学样书 · 新书信息

人工智能科学与技术
人工智能|电子通信|自动控制

资料下载 · 样书申请

书圈

用微信扫一扫右边的二维码，即可关注清华大学出版社公众号。